Growing Up

Seed to Sunflower

by Lisa M. Herrington

EXPLORE The LIFE CYCLE!

Content Consultant

Diane Turner, Program Assistant

Purdue Horticulture Department

Purdue University

SCHOLASTIC

Library of Congress Cataloging-in-Publication Data
Names: Herrington, Lisa M., author.
Title: Seed to sunflower / Lisa Herrington.
Description: New York: Children's Press, an imprint of Scholastic Inc.,
   2021. | Series: Growing up | Includes index. | Audience: Ages 6-7. |
   Audience: Grades K-1. | Summary: "Book introduces the reader to the life
   cycle of a sunflower"— Provided by publisher.
Identifiers: LCCN 2020031789 | ISBN 9780531136966 (library binding) | ISBN 9780531137079 (paperback)
Subjects: LCSH: Sunflowers—Life cycles—Juvenile literature.
Classification: LCC QK495.C74 H47 2021 | DDC 583/.983—dc23
LC record available at https://lccn.loc.gov/2020031789

Produced by Spooky Cheetah Press. Book Design by Kimberly Shake.
Original series design by Maria Bergós, Book&Look.

Printed in Heshan, China 62

1 2 3 4 5 6 7 8 9 10 R 30 29 28 27 26 25 24 23 22 21

Scholastic Inc., 557 Broadway, New York, NY 10012.

Photos ©: 1 and throughout: Freepik; 4-5: Okea/Dreamstime; 9: Bogdan Wańkowicz/Dreamstime; 10: Nigel Cattlin/Science Source; 12: miguelangelortega/Getty Images; 14 foreground: Sean Gladwell/Getty Images; 18: Mitsuhiko Imamori/Minden Pictures; 21: Tim Graham/Getty Images; 23 left: laurie campbell/NHPA/age fotostock; 26 top: The Granger Collection; 26 center: Danilo Forcellini/Dreamstime; 26 bottom: William Wise/Dreamstime; 27 top: Stefan Büntig/picture-alliance/dpa/AP Images; 27 center right: USDA/Nature Source/Science Source; 27 bottom: Ian Dagnall/Alamy Images.

All other photos © Shutterstock.

Table of Contents

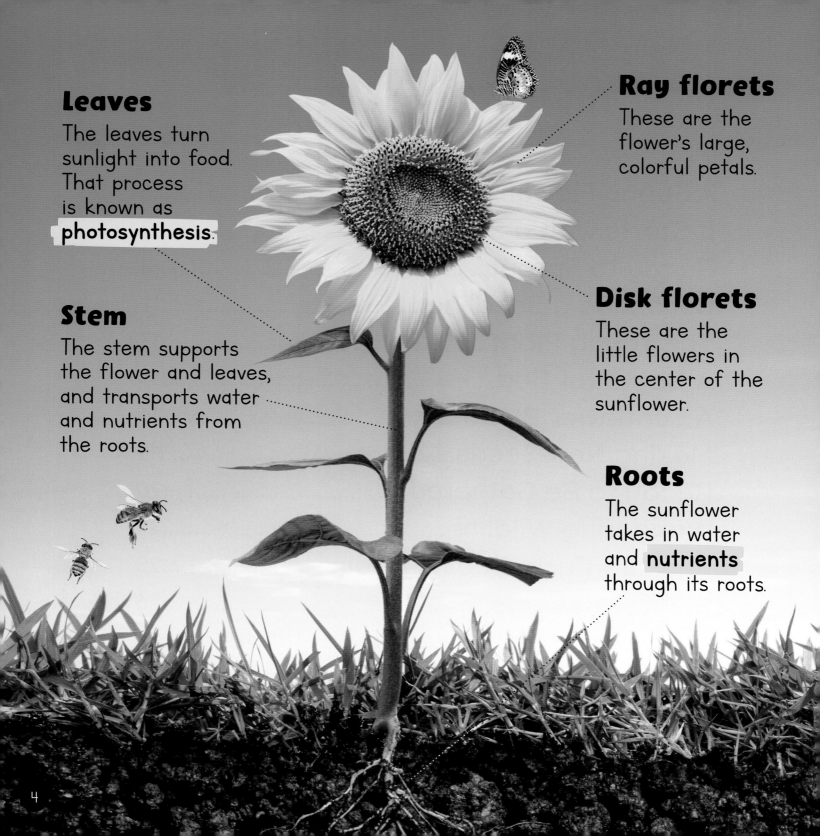

Leaves

The leaves turn sunlight into food. That process is known as **photosynthesis**.

Ray florets

These are the flower's large, colorful petals.

Stem

The stem supports the flower and leaves, and transports water and nutrients from the roots.

Disk florets

These are the little flowers in the center of the sunflower.

Roots

The sunflower takes in water and **nutrients** through its roots.

A Sunny Flower

A sunflower is a flowering plant. Like all flowering plants, a sunflower has a stem, a flower, leaves, and roots. The flower is brown in the center and usually has yellow **petals**. It looks like a small sun! Each part of this beautiful plant has an important job.

Hull

The outside of the seed is called the seed casing or the hull.

Kernel

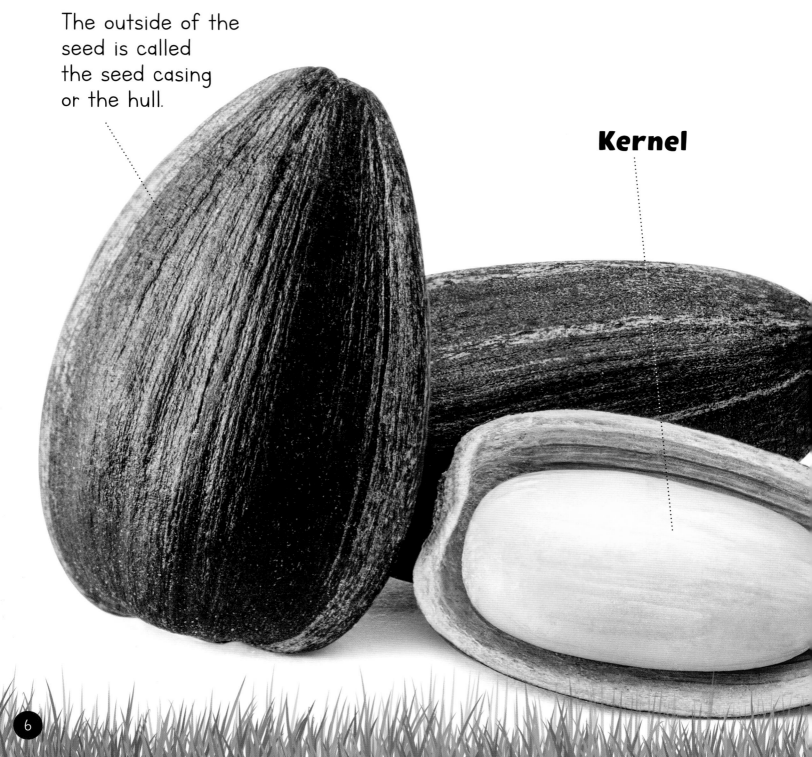

It Starts with a Seed

There are about 70 kinds of sunflowers. They may be tall or short. But every sunflower's life starts the same way—with a seed. A hard case covers the outside of the seed. Inside is the **kernel**. That's the part that will develop into a new plant.

Some sunflowers grow to be more than 10 feet tall. That's higher than a basketball hoop!

Ready to Sprout

A sunflower seed is buried in the soil. It needs water, air, and sunlight to grow. The soil causes the hard seed case to soften and split open. A root grows down into the soil. A **shoot** rises toward the air. After 5 to 10 days, the shoot pushes through the soil.

In 2012, an astronaut took sunflower seeds to the International Space Station. He wanted to see if the flower would grow in space.

Shoot

Roots

Seedlings

Becoming a Seedling

As the shoot rises, it pushes the seed case out. Two small leaves grow at the top of the shoot. This tiny plant is called a sprout. The roots begin to spread out. Roots take in rainwater from the soil. They help hold the plant in place. Now the little sunflower plant is called a seedling.

The plants in this field are only a few weeks old.

Some roots go as deep as nine feet!

The Young Plant

The seedling starts to grow into a young plant 10 to 35 days after planting. The stem becomes taller and thicker. It carries water and nutrients from the roots to the rest of the plant. The plant grows bigger. More leaves grow from the stem. The plant's roots stretch farther into the soil.

Bud

The bud will track the path of the sun even on a cloudy day!

A Beautiful Bud

A green **bud** appears at the top of the stem 35 to 65 days after planting. The sunflower's pretty petals are hidden inside. Sunflowers grow best in very sunny places. They need six to eight hours of sunlight a day. During the day, the bud turns to follow the sun as it moves across the sky. That allows the plant to collect more energy from sunlight. As the days pass, the bud grows bigger.

A Sunflower Blooms

It can take up to 85 days after the seed is planted for the bud to open and the petals to unfold. Now the sunflower is fully grown. It stops following the sun and faces east. There are hundreds of tiny disk florets—or little flowers—in the center of the sunflower.

Pollen sticks to
the hairs on a
bee's body.

Making New Seeds

Insects such as bees visit sunflowers to eat the flowers' **nectar**. When a bee lands on a sunflower, **pollen** sticks to its legs and body. As the bee travels from flower to flower, it spreads the pollen. This is called **pollination**. The sunflower uses the pollen to make new seeds.

Without pollination, new flowers can't grow.

Ready to Be Gathered

When fall comes, the sunflower dries up. It loses its petals. The sunflower's head is very heavy. It hangs down. It is filled with seeds that are ready to **harvest**. Many people like to snack on sunflower seeds. The seeds can also be made into cooking oil.

The heads of these flowers are weighed down by seeds.

Deer find young sunflower plants delicious and often bite off the heads.

Chipmunks munch on sunflower seeds that have fallen to the ground.

22

Wandering Wildlife

It's not just people that get food from sunflowers. Many different critters love these pretty plants. Some feast on the tasty seeds, which are packed with energy. Other animals even eat the plants themselves!

Squirrels and **mice** dig up sunflower seeds from the soil.

A sunflower's head
can grow as big as
a dinner plate.

The Life Cycle Begins Again

Not all of the sunflower's seeds get eaten. Some simply fall to the ground. Others are carried away by the wind. The seeds get buried deep in the soil. Nothing happens during the cold winter months. Once spring arrives, some of the seeds awaken. They grow into new sunflowers. The life cycle begins again!

Sunflower Facts

Indigenous people in North America started growing sunflowers about 3,000 years ago. They used sunflowers to make medicine, food, dye, and cooking oil.

Not all sunflowers are yellow. They come in different shades, including red and orange.

There are two types of sunflower seeds. Black seeds are usually used for cooking oil and birdseed. Striped seeds are usually eaten.

The tallest known sunflower grew to more than 30 feet. That's almost as tall as a telephone pole!

North Dakota grows the most sunflowers in the United States.

You can make your own bird feeder. Just snip off the sunflower's head before it loses its seeds. Then place it on a stand or on the ground for the birds to visit.

In the late 1800s, Dutch artist Vincent van Gogh painted a famous series of sunflower paintings.

Growing Up from Seed to Sunflower

It takes three to four months for a seed to grow into a beautiful sunflower.

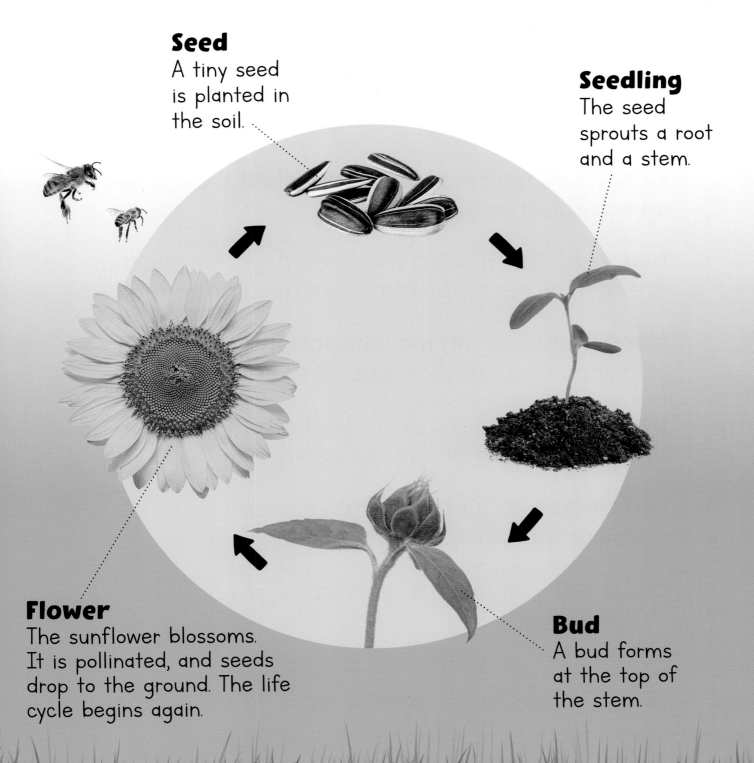

Seed
A tiny seed is planted in the soil.

Seedling
The seed sprouts a root and a stem.

Bud
A bud forms at the top of the stem.

Flower
The sunflower blossoms. It is pollinated, and seeds drop to the ground. The life cycle begins again.

Glossary

bud (BUHD) a small knob on a plant that grows into a leaf, shoot, or flower

harvest (HAHR-vist) the gathering of crops that are ripe, or the crops that have been gathered

kernel (KUR-nuhl) the soft part inside the shell of a seed or a nut that is good to eat

nectar (NEK-tur) a sweet liquid from flowers that bees gather and make into honey

nutrients (NOO-tree-uhnts) substances that promote growth and maintain life

petals (PET-uhlz) the colored outer parts of a flower

photosynthesis (foh-toh-SIN-thuh-sis) a chemical process by which plants use energy from the sun to turn water and carbon dioxide into food

pollen (POL-uhn) a powdery yellow grain produced by male flower parts

pollination (pah-luh-NAY-shuhn) the process by which seeds are created through the transfer of pollen between flowering plants

sprout (SPROWT) a new or young plant growth

Index

About the Author

Lisa M. Herrington has written many books and magazine articles for kids. She loves to plant sunflowers and has harvested them at her local nature center. Herrington lives in Trumbull, Connecticut, with her husband and daughter.

FOURTH EDITION

IMAGINEZ

LE FRANÇAIS SANS FRONTIÈRES

cours de français intermédiaire

Séverine Champeny

VISTA®
HIGHER LEARNING

Boston, Massachusetts

On the cover: the **Château de Chenonceau**
spans the Cher River.

Creative Director: José A. Blanco
Publisher: Sharla Zwirek
Editorial Development: Judith Bach, Armando Brito, Deborah Coffey, Joanna Duffy, Catalina Pire-Schmidt
Project Management: Brady Chin, Faith Ryan
Rights Management: Annie Fuller, Ashley Poreda
Technology Production: Egle Gutiérrez, Daniel Lopera López, Paola Ríos Schaaf
Design: Radoslav Mateev, Sara Montoya, Gabriel Noreña, Andrés Vanegas
Production: Oscar Díez, Sebastián Díez, Adriana Jaramillo

Student Text (Perfectbound) ISBN: 978-1-54330-370-4
Student Text (Casebound) ISBN: 978-1-54330-372-8
Instructor's Annotated Edition ISBN: 978-1-54330-373-5
Library of Congress Control Number: 2017955119

1 2 3 4 5 6 7 8 9 TC 23 22 21 20 19 18

Printed in Canada.

Introduction

Welcome to IMAGINEZ, Fourth Edition, an exciting intermediate French program designed to provide you with an active and rewarding learning experience as you continue to strengthen your language skills and develop your cultural competency.

Here are some of the key features you will find in **IMAGINEZ**:

- A cultural focus integrated throughout the entire lesson

- Authentic and engaging **Le Zapping** video clips and short-subject films by contemporary francophone filmmakers that carefully tie in the lesson theme and grammar structures

- A fresh, magazine-like design and lesson organization that both supports and facilitates language learning

- A highly structured, easy-to-navigate design based on spreads of two facing pages

- An abundance of photos, illustrations, charts, and diagrams, all specifically chosen or created to help you learn

- An emphasis on authentic language and practical vocabulary for communicating in real-life situations

- Abundant guided and communicative activities

- Clear, comprehensive, and well-organized grammar explanations that highlight the most important concepts in intermediate French

- Short and comprehensible literary and cultural readings that recognize and celebrate the diversity of the francophone world

- A built-in, optional **Fiches de grammaire** section for reference, review, and additional practice

- A complete set of print and technology ancillaries to equip you with the materials you need to make learning French easier

TABLE DES MATIÈRES

TABLE DES MATIÈRES

APPENDICE

Icons

Familiarize yourself with these icons that appear throughout **IMAGINEZ**.

 Presentational content for this section available online

 Textbook activity available online

 Partner Chat or Virtual Chat activity available online

 Pair activity

 Group activity

Additional practice on the Supersite, not included in the textbook, is indicated with this icon feature:

 Practice more at **vhlcentral.com**.

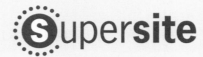

Each section of the textbook comes with resources and activities on the **IMAGINEZ** Supersite, many of which are auto-graded with immediate feedback. Visit **vhlcentral.com** to explore this wealth of exciting resources.

POUR COMMENCER
- Audio of the **Vocabulary** with recording activity for oral practice
- Textbook and extra practice activities
- Partner Chat and Virtual Chat activities for increased oral practice

COURT MÉTRAGE
- Streaming video of the short film with instructor-controlled options for subtitles
- Audio of the **Vocabulary**
- Pre- and post-viewing activities

IMAGINEZ
- Main **IMAGINEZ** strand cultural reading
- Streaming video of **Le Zapping** video clips with instructor-controlled options for subtitles
- Auto-graded textbook and extra practice activities

STRUCTURES
- Textbook grammar presentations
- Textbook and extra practice activities
- Partner Chat and Virtual Chat activities for increased oral practice
- **Révision** self-test

CULTURE
- Audio-sync reading of the main **CULTURE** text
- Textbook and extra practice activities

LITTÉRATURE
- Audio-sync reading of the literary text
- Textbook and extra practice activities
- **Rédaction** writing activity

VOCABULAIRE
- Vocabulary list with audio
- Vocabulary Tools: customizable word lists, flashcards with audio

FICHES DE GRAMMAIRE
- Textbook grammar presentations
- Practice activities with immediate feedback

Plus! Also found on the Supersite:
- Lab audio MP3 files
- Forums for oral assignments, group presentations, and projects
- Live Chat tool for video chat, audio chat, and instant messaging without leaving your browser
- Communication center for instructor notifications and feedback
- WebSAM—the online Student Activities Manual (Workbook, Lab Manual)
- vText—the online, interactive student edition with access to Supersite activities, audio, and video.

Supersite features vary by access level.

Program Components

Student Edition vText

This virtual, interactive student edition provides a digital text, plus links to all Supersite activities and media.

Student Activities Manual (SAM)

The **Student Activities Manual** consists of the **Workbook**, the **Lab Manual**, **Video Activities**, and **Integrated Writing Activities**.

- ### Workbook
  The **Workbook** activities provide additional practice of the vocabulary and grammar for each textbook lesson. They also reinforce the content of the **Imaginez** section.

- ### Lab Manual
  The **Lab Manual** activities focus on building your pronunciation and listening comprehension skills in French. They provide additional practice of the vocabulary and grammar of each lesson. They also revisit the **Littérature** reading with dramatic recordings and activities.

- ### Video Activities & Integrated Writing Activities
  These activities provide **Court métrage** and **Littérature** writing topics to expand on those presented in the textbook.

WebSAM

Completely integrated with the **IMAGINEZ** Supersite, the **WebSAM** provides access to the online **Student Activities Manual** with instant feedback and grading for select activities. The complete audio program is accessible online in the **Lab Manual** and features record-submit functionality for select activities. The MP3 files can be downloaded from the **IMAGINEZ** Supersite and can be played on a computer, portable MP3 player, or mobile device.

IMAGINEZ, Fourth Edition, Supersite

Included with the purchase of every new student edition, the passcode to the Supersite (**vhlcentral.com**) gives you access to a wide variety of interactive activities for each section of every lesson of the student text, including auto-graded activities for extra practice with vocabulary, grammar, video, and cultural content; reference tools; the **Le Zapping** TV clips; the short films; the Lab Program MP3 files; and more.

SOMMAIRE

outlines the content and themes of each lesson.

LEÇON **3**

L'influence des médias

La télévision. La radio. Internet. Les journaux. Les magazines. Nous sommes bombardés 24 heures sur 24, sept jours sur sept. Les médias divertissent. Ils informent. Ils mobilisent. Ils agacent. Ils font peur. Les médias sont-ils trop présents dans notre vie? Quelle influence ont-ils sur nous?

SOMMAIRE

L'influence des médias   81

Lesson opener The first two pages introduce you to the lesson theme. Dynamic photos and brief descriptions of the theme's film, culture topics, and readings serve as a springboard for class discussion.

Lesson overview A lesson outline prepares you for the linguistic and cultural topics you will study in the lesson.

ⓢupersite

Supersite resources are available for every section of the lesson at **vhlcentral.com.** Icons show you which textbook activities are also available online, and where additional practice activities are available. The description next to the ⓢ icon indicates what additional resources are available for each section: videos, audio recordings, readings and presentations, and more!

POUR COMMENCER

practices the lesson vocabulary with thematic activities.

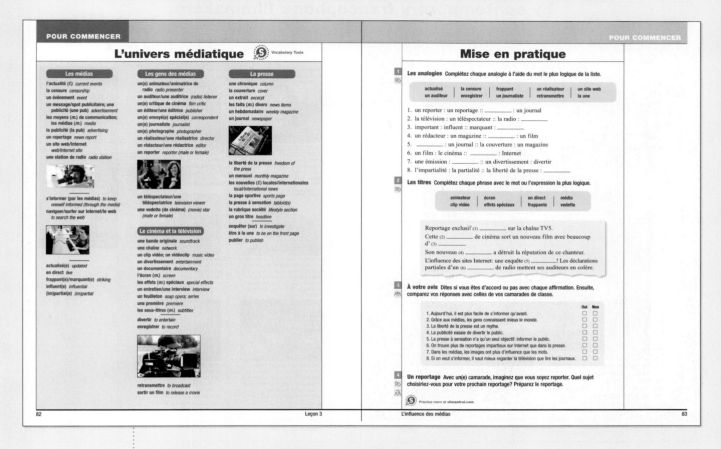

Vocabulary Easy-to-study thematic lists present useful vocabulary.

Photos and illustrations Dynamic, full-color photos and art illustrate selected vocabulary terms.

Mise en pratique This set of activities practices vocabulary in diverse formats and engaging contexts.

Supersite

- Audio recordings of all vocabulary items
- Textbook activities, including Partner and Virtual Chat activities
- Additional activities for extra practice

COURT MÉTRAGE

features award-winning short films
by contemporary francophone filmmakers.

Films Compelling short films let you see and hear French in authentic contexts. Films are thematically linked to the lessons.

Scènes Video stills with captions prepare you for the film and introduce some of the expressions you will encounter.

Notes culturelles These sidebars with cultural information related to the **Court métrage** help you understand the cultural context and background surrounding the film.

Supersite

- Streaming video of short films with instructor-controlled subtitle options

PRÉPARATION & ANALYSE

provide pre- and post-viewing support for each film.

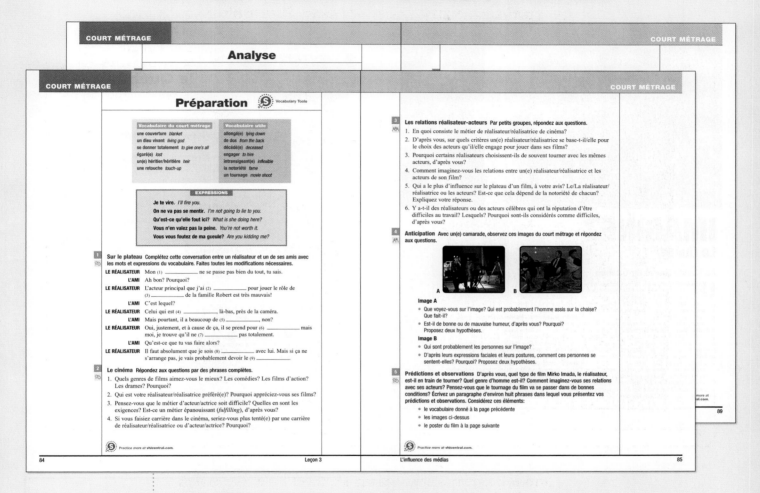

Préparation Pre-viewing activities set the stage for the film by providing
vocabulary support, background information, and opportunities to anticipate
the film content.

Analyse Post-viewing activities check your comprehension and allow you
to explore broader themes from the film in relation to your own life.

⑤upersite

• Textbook activities

• Additional activities for extra practice

IMAGINEZ

simulates a voyage to the featured country or region.

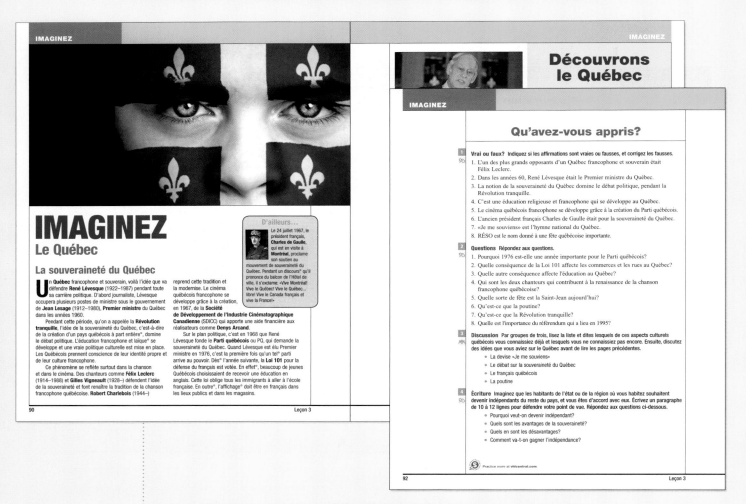

Magazine-like design Each reading is presented in the attention-grabbing visual style you would expect from a magazine.

Readings Dynamic readings draw your attention to culturally significant locations, traditions, and monuments of the country or region.

Lexical variations Terms and expressions specific to the country or region are highlighted in easy-to-reference lists.

Qu'avez-vous appris? Post-reading activities check your comprehension of the readings and invite you to discuss and write about them.

Supersite

- All reading selections
- Textbook activities

LE ZAPPING & GALERIE DE CRÉATEURS

feature video clips and profile important artistic figures from the region.

Le Zapping Each lesson features an authentic video clip in French—commercial, public service announcement, etc.—supported by background information, video stills, and activities.

Profiles and dramatic images Brief descriptions provide a synopsis of the featured person's life and cultural importance. Colorful photos show their artistic creations.

Compréhension et Rédaction Post-reading activities check your understanding of the paragraphs' content and provide topics for writing assignments.

Ⓢupersite

- All reading selections
- Textbook activities
- Additional activities for extra practice

STRUCTURES

presents key intermediate grammar topics with detailed visual support.

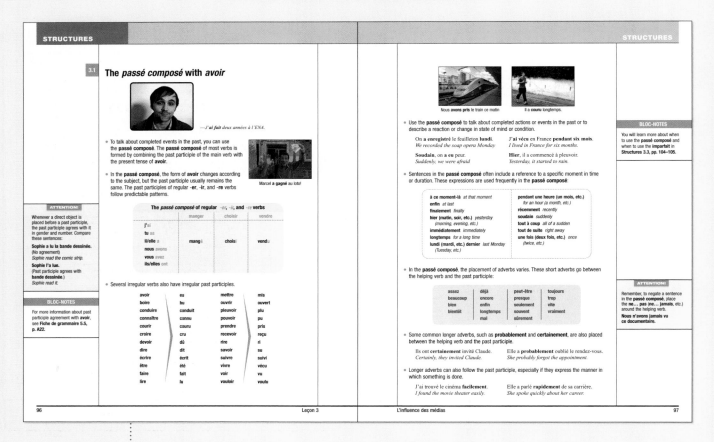

Integration of Court métrage Photos with quotes or captions from the lesson's short film show the new grammar structures in meaningful contexts.

Charts and diagrams Colorful, easy-to-understand charts and diagrams highlight key grammar structures and related vocabulary.

Grammar explanations Explanations are written in clear, comprehensible language for reference both in and outside of class.

Attention! These sidebars expand on the current grammar point and call attention to possible sources of confusion.

Bloc-notes These sidebars reference relevant grammar points presented actively in **Structures**, and refer you to the supplemental **Fiches de grammaire** found at the end of the book.

STRUCTURES & SYNTHÈSE

progress from discrete to communicative practice and integrate the lesson grammar and vocabulary topics.

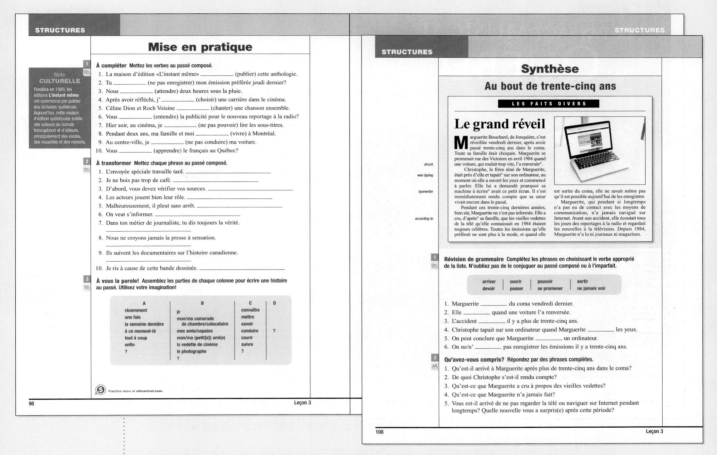

Mise en pratique & Communication Discrete activities support you as you begin working with the grammar structures, and open-ended activities help you internalize them.

Fiches de grammaire Practice for grammar points related to those taught in **Structures** are included for review and/or enrichment at the end of the book.

Synthèse Theme-related readings reinforce the lesson vocabulary and grammar topics, and activities integrate them.

Supersite

- Grammar presentations
- Textbook activities, including Partner and Virtual Chat activities
- Additional activities for extra practice
- **Fiches de grammaire** with corresponding activities
- **Révision** self-tests

CULTURE

features a dynamic cultural reading.

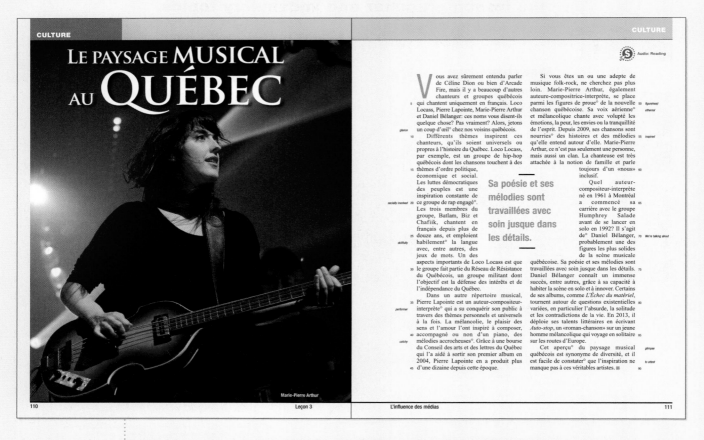

LE PAYSAGE MUSICAL AU QUÉBEC

🎧 Audio: Reading

Vous avez sûrement entendu parler de Céline Dion ou bien d'Arcade Fire, mais il y a beaucoup d'autres chanteurs et groupes québécois qui chantent uniquement en français. Loco Locass, Pierre Lapointe, Marie-Pierre Arthur et Daniel Bélanger: ces noms vous disent-ils quelque chose? Pas vraiment? Alors, jetons un coup d'œil° chez nos voisins québécois.

Différents thèmes inspirent ces chanteurs, qu'ils soient universels ou propres à l'histoire du Québec. Loco Locass, par exemple, est un groupe de hip-hop québécois dont les chansons touchent à des thèmes d'ordre politique, économique et social. Les luttes démocratiques des peuples est une inspiration constante de ce groupe de rap engagé°. Les trois membres du groupe, Batlam, Biz et Chafiik, chantent en français depuis plus de douze ans, et emploient habilement° la langue avec, entre autres, des jeux de mots. Un des aspects importants de Loco Locass est que le groupe fait partie du Réseau de Résistance du Québécois, un groupe militant dont l'objectif est la défense des intérêts et de l'indépendance du Québec.

Dans un autre répertoire musical, Pierre Lapointe est un auteur-compositeur-interprète° qui a su conquérir son public à travers des thèmes personnels et universels à la fois. La mélancolie, le plaisir des sens et l'amour l'ont inspiré à composer, accompagné ou non d'un piano, des mélodies accrocheuses°. Grâce à une bourse du Conseil des arts et des lettres du Québec qui l'a aidé à sortir son premier album en 2004, Pierre Lapointe en a produit plus d'une dizaine depuis cette époque.

> Sa poésie et ses mélodies sont travaillées avec soin jusque dans les détails.

Si vous êtes un ou une adepte de musique folk-rock, ne cherchez pas plus loin. Marie-Pierre Arthur, également auteure-compositrice-interprète, se place parmi les figures de proue° de la nouvelle chanson québécoise. Sa voix aérienne° et mélancolique chante avec volupté les émotions, la peur, les envies ou la tranquillité de l'esprit. Depuis 2009, ses chansons sont nourries° des histoires et des mélodies qu'elle entend autour d'elle. Marie-Pierre Arthur, ce n'est pas seulement une personne, mais aussi un clan. La chanteuse est très attachée à la notion de famille et parle toujours d'un «nous» inclusif.

Quel auteur-compositeur-interprète né en 1961 à Montréal a commencé sa carrière avec le groupe Humphrey Salade avant de se lancer en solo en 1992? Il s'agit de° Daniel Bélanger, probablement une des figures les plus solides de la scène musicale québécoise. Sa poésie et ses mélodies sont travaillées avec soin jusque dans les détails. Daniel Bélanger connaît un immense succès, entre autres, grâce à sa capacité à habiter la scène en solo et à innover. Certains de ses albums, comme *L'Échec du matériel*, tournent autour de questions existentielles variées, en particulier l'absurde, la solitude et les contradictions de la vie. En 2013, il déploie ses talents littéraires en écrivant *Auto-stop*, un «roman-chanson» sur un jeune homme mélancolique qui voyage en solitaire sur les routes d'Europe.

Cet aperçu° du paysage musical québécois est synonyme de diversité, et il est facile de constater° que l'inspiration ne manque pas à ces véritables artistes. ∎

glance
socially involved
skillfully
performer
catchy
figurehead
ethereal
inspired
We're talking about
glimpse
to attest

Marie-Pierre Arthur

110   Leçon 3   L'influence des médias   111

Readings Brief, comprehensible readings present additional cultural information related to the lesson theme.

Design Readings are carefully laid out with line numbers, margin glosses, pull quotes, and box features to help make each piece easy to navigate.

Photos Vibrant, dynamic photos visually illustrate the reading.

🅢upersite

- Audio-sync technology for the cultural reading that highlights text as it is being read
- Additional activities for extra practice

LITTÉRATURE

showcases literary readings by well-known writers from across the francophone world.

Littérature Comprehensible and compelling, these readings present new avenues for using the lesson's grammar and vocabulary.

Design Each reading is presented in the attention-grabbing visual style you would expect from a magazine, along with glosses of unfamiliar words.

⑤upersite

• Audio-sync technology for the literary reading that highlights text as it is being read

PRÉPARATION & ANALYSE

activities provide in-depth pre- and post-reading support for each selection in Culture and Littérature.

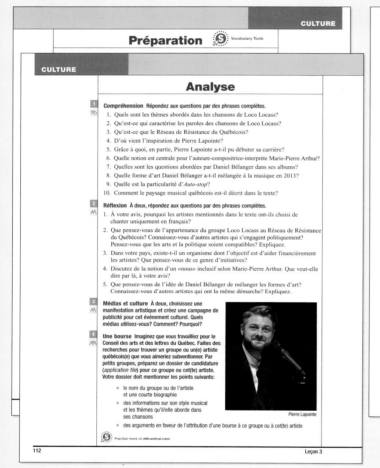

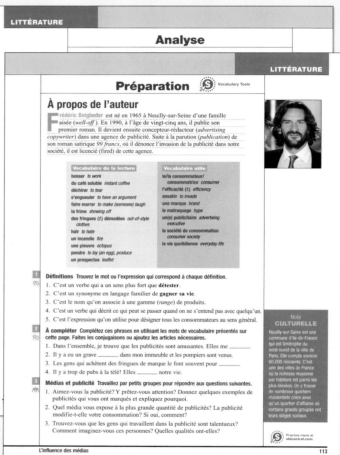

Préparation Vocabulary presentation and practice, **À propos de l'auteur** biographies, and pre-reading discussion activities prepare you for the reading.

Analyse Post-reading activities check your understanding and guide you to discuss the topic of the reading, express your opinions, and explore how it relates to your own experiences.

Rédaction A guided writing assignment concludes every **Littérature** section.

Supersite

- Textbook activities
- Additional activities for extra practice

VOCABULAIRE

summarizes the active vocabulary in each lesson.

L'influence des médias (S) Vocabulary Tools

Les médias

l'actualité (f.) *current events*
la censure *censorship*
un événement *event*
un message/spot publicitaire; une
  publicité (une pub) *advertisement*
les moyens (m.) de communication;
  les médias (m.) *media*
la publicité (la pub) *advertising*
un reportage *news report*
un site web/Internet *web/Internet site*
une station de radio *radio station*

s'informer (par les médias) *to keep
  oneself informed (through the media)*
naviguer/surfer sur Internet/le web
  to search the web

actualisé(e) *updated*
en direct *live*
frappant(e)/marquant(e) *striking*
influent(e) *influential*
(im)partial(e) *(im)partial*

Les gens des médias

un(e) animateur/animatrice de radio
  radio presenter
un auditeur/une auditrice (radio) *listener*
un(e) critique de cinéma *film critic*
un éditeur/une éditrice *publisher*
un(e) envoyé(e) spécial(e) *correspondent*
un(e) journaliste *journalist*
un(e) photographe *photographer*
un réalisateur/une réalisatrice *director*
un rédacteur/une rédactrice *editor*
un reporter *reporter (male or female)*
un téléspectateur/une téléspectatrice
  television viewer
une vedette (de cinéma) *(movie) star
  (male or female)*

Le cinéma et la télévision

une bande originale *soundtrack*
une chaîne *network*
un clip vidéo; un vidéoclip *music video*
un divertissement *entertainment*
un documentaire *documentary*
l'écran (m.) *screen*

les effets (m.) spéciaux *special effects*
un entretien/une interview *interview*
un feuilleton *soap opera; series*
une première *premiere*
les sous-titres (m.) *subtitles*

divertir *to entertain*
enregistrer *to record*
retransmettre *to broadcast*
sortir un film *to release a movie*

La presse

une chronique *column*
la couverture *cover*
un extrait *excerpt*
les faits (m.) divers *news items*
un hebdomadaire *weekly magazine*
un journal *newspaper*
la liberté de la presse *freedom of the press*
un mensuel *monthly magazine*
les nouvelles (f.) locales/internationales
  local/international news
la page sportive *sports page*
la presse à sensation *tabloid(s)*
la rubrique société *lifestyle section*
un gros titre *headline*

enquêter (sur) *to investigate*
être à la une *to be on the front page*
publier *to publish*

Court métrage

une couverture *blanket*
un dieu vivant *living god*
un(e) héritier/héritière *heir*
la notoriété *fame*
une retouche *touch-up*
un tournage *movie shoot*

se donner totalement *to give one's all*
engager *to hire*

allongé(e) *lying down*
de dos *from the back*
décédé(e) *deceased*
égaré(e) *lost*
intransigeant(e) *inflexible*

Culture

une bourse *scholarship, grant*
une campagne de promotion *promotional
  campaign*
la carrière *career*
une démarche *approach*
un jeu de mots *play on words*
une lutte *struggle, fight*
les paroles *lyrics*
un peuple *people*
la tranquillité de l'esprit *peace of mind*

aborder *to broach*
attribuer *to grant*
dire quelque chose *to ring a bell*
entendre parler de *to hear about*
être propre à *to be specific to*
subventionner *to subsidize*
tourner autour de *to revolve around*

Littérature

du café soluble *instant coffee*
le/la consommateur/consommatrice
  consumer
l'efficacité (f.) *efficiency*
la frime *showing off*
des fringues (f.) démodées *out-of-style
  clothes*
un incendie *fire*
une marque *brand*
le matraquage *hype*
une pieuvre *octopus*
un(e) publicitaire *advertising executive*
un prospectus *leaflet*
la société de consommation *consumer
  society*
la vie quotidienne *everyday life*

bosser *to work*
déchirer *to tear*
s'engueuler *to have an argument*
envahir *to invade*
faire marrer *to make (someone) laugh*
haïr *to hate*
pondre *to lay (an egg), produce*

L'influence des médias   117

Vocabulaire All the lesson's active vocabulary is grouped in
easy-to-study thematic lists and tied to the lesson section in which
it was presented.

(S)upersite

- Audio recordings of all vocabulary items
- Vocabulary Tools

IMAGINEZ Film Collection

The **IMAGINEZ** Film Collection features dramatic short films by francophone filmmakers. These short films are a central feature of every lesson, providing opportunities to review and recycle **Pour commencer** vocabulary and preview and contextualize the **Structures** grammar. The films are available for viewing on the Supersite.

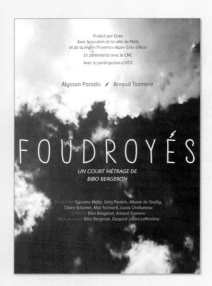

This component features authentic video clips from around the francophone world. The clips, many new to the Fourth Edition, are available for viewing on the Supersite. Textbook as well as online-only activities support each clip.

LEÇON 1
NEW! Foudroyés
(France; 12 minutes)

He's cursed. So is she. Their relationship might be doomed from the start, and lightning threatens to ruin their picnic at any moment. Then again, something else might strike instead.

LEÇON 2
J'attendrai le suivant…
(France; 4.5 minutes)

Tonight's ride on the Lyon **métro** is far from ordinary for one young woman. She may have finally found love.

LEÇON 3
NEW! Merci Monsieur Imada
(France; 11 minutes)

Mirko Imada is a celebrated film director. Indeed, the four young actors he cast for his latest film feel privileged to work with him, and Mr. Imada makes sure they play their roles exactly as he wishes.

LEÇON 4
Le Courrier du parc
(France; 9 minutes)

A man and a woman turn to an unlikely intermediary to help them resolve a misunderstanding that threatens to end their relationship. Will the last-ditch effort salvage their relationship?

LEÇON 5
Samb et le commissaire
(Suisse; 15 minutes)

Police Commissioner Knöbel's holiday is interrupted by a report of a stolen soccer ball, and he finds himself face to face with an African boy named Samb.

LEÇON 6
NEW! Le Monde du petit monde
(France; 15 minutes)

A young mother tells her baby daughter a love story worthy of a fairy tale. Her story is so important that she takes the precaution of recording it on video.

LEÇON 7
Strict Eternum
(France; 8 minutes)

A husband and wife feel bored and frustrated with the monotony of their life. They can argue all they want about it, but in the end, a solution is beyond their control.

LEÇON 8
NEW! Le Grand Bain
(France; 16 minutes)

Newly divorced and unemployed, Mia is feeling directionless, until her neighbors start coming to her for swimming lessons —in her apartment. A trickle will turn to a flood, whether Mia is ready or not.

LEÇON 9
Bonbon au poivre
(France; 34 minutes)

Annick takes a training course to become a candy sales representative. Mélanie, who is in charge of the training, cannot tolerate Annick's reluctance to speak enthusiastically about the product. Conflict proves inevitable until an unexpected circumstance intervenes.

LEÇON 10
Un héros de la nature gabonaise
(France, 9 minutes)

The forests of Gabon are being cut down at an alarming rate, but one local environmentalist is fighting the trend by becoming a logger himself.

Reviewers

On behalf of its writers and editors, Vista Higher Learning expresses its sincere appreciation to the many professors nationwide who reviewed **IMAGINEZ**. Their insights, ideas, and detailed comments were invaluable to the final product.

Maria Adamowicz-Hariasz
University of Akron, OH

Anne Bazile
Mountain View High School, CA

Gale Benn
Immaculata High School, NJ

Danielle J. Berry
College of DuPage, IL

Didier Bertrand
Indiana University – Purdue University Indianapolis, IN

Joyce Besserer
Brookfield Academy, WI

Deborah Beyer
University of Wisconsin – Oshkosh, WI

C. Henrik Borgstrom, PhD
Niagara University, NY

Ginny G. Boyd
Colony High School, AK

Francis T. Bright
University of Redlands, CA

K. Bruegging
Ulster County Community College, NY

Maura Bulman
Marshfield High School, MA

Christen L. Campbell
Chapel Hill High School, NC

Claude Cassagne
Macalester College, MN

Marianne Cheramie
Lafayette High School, LA

Anna Maria Cherubin
Eleanor Roosevelt High School, MD

Domenick Anthony Chiddo
Annapolis High School, MD

Annmarie Cipollo
Glens Falls High School, NY

Kathy Comfort
University of Arkansas, AR

Melinda A. Cro
Kansas State University, KS

Anne Culberson
Furman University, SC

Melissa Daniels-Peroutseas
Northwest High School, MD

Emily N. Davison
Yarmouth High School, ME

Melissa Deininger
Iowa State University, IA

S. Olivia Donaldson, PhD
University of Maine at Farmington, ME

Olha Drobot
Lancaster Country Day School, PA

Carmen Durrani
Concord University, WV

Andrzej Dziedzic
University of Wisconsin – Oshkosh, WI

Heather Mueller Edwards
Longwood University, VA

Laura Edwards
Illinois State University, IL

Wade Edwards
Longwood University, VA

Michelle Emery
Burr and Burton Academy, VT

John T. Falls
Sherwood High School, MD

Karla Feghali Semaan
James Madison University, VA

Julie Filliez Werren
GlenOak High School, OH

Allison Fong
Clark University, MA

Ramon A. Fonkoue

Michigan Technological University, MI

Jocelyne M. Frazier
Virginia Episcopal School, VA

Christele Furey
Episcopal Academy, PA

Hadley Galbraith
University of Iowa, IA

Jessica Gillespie
Park Center Senior High, MN

Kenia C. González
Christopher Columbus High School, FL

Debra Grant
Foxborough High School, MA

John Greene
University of Louisville, KY

Delphine Gueren
Roy C. Ketcham Senior High School, NY

Ngoc-My Guidarelli
Virginia Commonwealth University, VA

Celine Guillerm
American Heritage School, FL

M. Martin Guiney
Kenyon College, OH

Erika Gunderson
Coeur d'Alene High School, ID

Kwaku A. Gyasi
University of Alabama in Huntsville, AL

Mary Haight
Madison Area Technical College, WI

Béatrice Hallier, PhD
University of San Francisco, CA

Gaylene R. Hayden
Harrison High School, IN

Araceli Hernández-Laroche, PhD
University of South Carolina Upstate, SC

Eilene Hoft-March
Lawrence University, WI

Jennifer L. Holm
The University of Virginia's College at Wise, VA

Laura Houlette
The Winsor School, MA

René Houngblamé
Lovett School, GA

Julie Huntington
Marymount Manhattan College, NY

Peggy A. Huycke
Pembroke Hill School, MO

Kim P. Icsman
Saint Ursula Academy, OH

Julie Johnson
Binghamton University, NY

Norah Lulich Jones
Holy Cross Regional Catholic School, VA

Helen Kent
Red Bank Catholic High School, NJ

Mary Kern
Bowling Green State University, OH

Christine King
Trinity High School, TX

Dr. Kris Aric Knisely
University of South Dakota, SD

Angela Kintscher
Sunnyslope High School, AZ

Julia Caroline Knowlton
Agnes Scott College, GA

Arthur Edward Kölzow
East Tennessee State University, TN

David A. Kozy
Bexley High School, OH

Linda Krause
Grossmont College, CA

ACKNOWLEDGMENTS

Monica Kumar
St. Agnes Academy, TN

Christine L'Hermine-Vlach
Saint Francis High School, CA

Amanda LaFleur
Louisiana State University, LA

John C. Lawrence
Chattanooga State Community
College and IBJM, TN

Mike D. Ledgerwood
Samford University, AL

Hiam Léonard
Lake Highland Preparatory
School, FL

Margaret Leone, PhD
SUNY Plattsburgh, NY

Christina Leps
Pine Crest, FL

Myra Y. Lerma
San Diego Mesa College, CA

Stephen Lord
Oyster River High School, NH

Diana Maggini
Episcopal School of Acadiana, LA

Chantal Maher
Palomar College, CA

Daniela Malczewski
Lockport Township High school, IL

Michelle A. Martin
Brebeuf Jesuit Preparatory
School, IN

Susan L. Mason
Darien High School, CT

Lise Mba Ekani
Louisiana State University, LA

Jo-Ann McCauley
Wesleyan School, GA

Shelley Messer
Folsom High School, CA

A. Kate Miller
Indiana University – Purdue
University Indianapolis, IN

Mihai Miroiu PhD
Elmira College, NY

Caron L. Morton
Suncoast High School, FL

Kathryn Murphy-Judy
Virginia Commonwealth
University, VA

Dr. Stéphane Natan
Rider University, PA

Claudine Nicolay
Holy Ghost Prep, PA

BioDun J. Ogundayo
University of Pittsburgh, PA

Philip Ojo
Agnes Scott College, GA

Katia Olsen
Loudoun County High School, VA

Kory Olson
Stockton University, NJ

Dr. Margaret Ozierski
Virginia Commonwealth
University, VA

Jacqueline Parr
Stillwater Area High School, MN

Pamela A. Pears
Washington College, MD

Meredith Peccolo
Webb School of Knoxville, TN

Sandrine Pell
University of Wisconsin –
Madison, WI

Chauncy Gardner Pogue
Community School, ID

Mary Poteau-Tralie
Rider University, NJ

Marie Isabelle Pualoa
Le Jardin Academy, HI

Dr. Stève Puig
St. John's University, NY

Sudarsan Rangarajan
University of Alaska Anchorage, AK

Gay Rawson, PhD
Concordia College, MN

Pauline Remy
Hope College, MI

Rebecca Richardson
Sumner High School, WA

Caroline M. Ridenour
Heritage Christian School, CA

Peggy Rocha
San Joaquin Delta College, CA

Emily Rogers
Hoover High School, CA

Kelly Rogers
St. Mary's Academy, CO

Jeff Royer
La Salle High School, OH

Anthony Rufo, Jr.
Natick High School, MA

Lorie Sauble-Otto, PhD
University of Northern Colorado, CO

Dr. Terri Schroth
Aurora University, IL

Monica Schwaner
Rancho Buena Vista High
School, CA

Maryann Seeley
SUNY Adirondack, NY

Dr. Lisa F. Signori
College of Charleston, SC

Diane G. Smith
East Mecklenburg High School, NC

Melva C. Smith
The Tatnall School, DE

Julie H. Solomon
Trinity College, CT

Ellen Spence
Beavercreek High School, OH

Ginnae Stamanis
The Meadows School, NV

Michael C. C. Stasack
South Eugene High School, OR

Jeff Stein
Webster Groves High School, MO

Kara Torkelson
Wausau West High School, WI

Patricia Uniacke
Dover-Sherborn High School, MA

Dr. F. Vionnet-Bracher
Texas A&M University, TX

Dr. Joëlle Vitiello
Macalester College, MN

Dr. Lynn Vogel-Zuiderweg
East Los Angeles College, CA

Catherine S. Webster
University of Central Oklahoma, OK

Jennifer Wolter
Bowling Green State University, OH

Meekyoung Yi
Northern Virginia Community
College, VA

Trésor Simon Yoassi
University of Arizona, AZ

Kimberly Young
Delaware City Schools, OH

Dan Zhang
University of Wisconsin-
Madison, WI

L'Amérique du Nord et du Sud

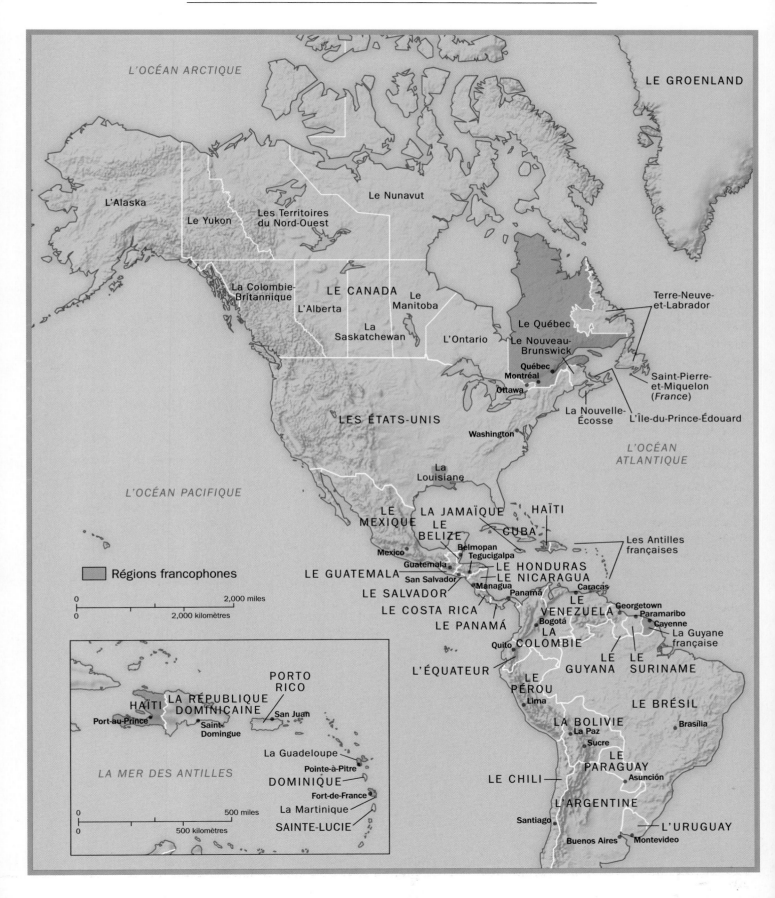

L'OCÉAN ARCTIQUE

LE GROENLAND

L'Alaska

Le Yukon

Les Territoires du Nord-Ouest

Le Nunavut

La Colombie-Britannique

LE CANADA

L'Alberta

Le Manitoba

La Saskatchewan

L'Ontario

Le Québec

Le Nouveau-Brunswick

Terre-Neuve-et-Labrador

Québec
Montréal

Saint-Pierre-et-Miquelon
(*France*)

La Nouvelle-Écosse

L'Île-du-Prince-Édouard

Ottawa

LES ÉTATS-UNIS

Washington

L'OCÉAN ATLANTIQUE

L'OCÉAN PACIFIQUE

La Louisiane

LE MEXIQUE

LA JAMAÏQUE

HAÏTI

LE BELIZE

CUBA

Les Antilles françaises

Mexico

Belmopan
Tegucigalpa

LE HONDURAS

Guatemala

LE NICARAGUA

LE GUATEMALA

San Salvador

Managua

Panamá

Caracas

Régions francophones

LE SALVADOR

Georgetown

LE VENEZUELA

Paramaribo

Cayenne

LE COSTA RICA

Bogotá

La Guyane française

0   2,000 miles

LE PANAMÁ

Quito

LA COLOMBIE

LE GUYANA

LE SURINAME

0   2,000 kilomètres

L'ÉQUATEUR

LE PÉROU

LE BRÉSIL

Lima

Brasília

PORTO RICO

LA BOLIVIE

La Paz

LA RÉPUBLIQUE DOMINICAINE

Sucre

HAÏTI

San Juan

Port-au-Prince

Saint-Domingue

LE PARAGUAY

LA MER DES ANTILLES

La Guadeloupe

Asunción

LE CHILI

Pointe-à-Pitre

L'ARGENTINE

DOMINIQUE

Fort-de-France

Santiago

L'URUGUAY

0   500 miles

La Martinique

Montevideo

0   500 kilomètres

SAINTE-LUCIE

Buenos Aires

Le monde francophone

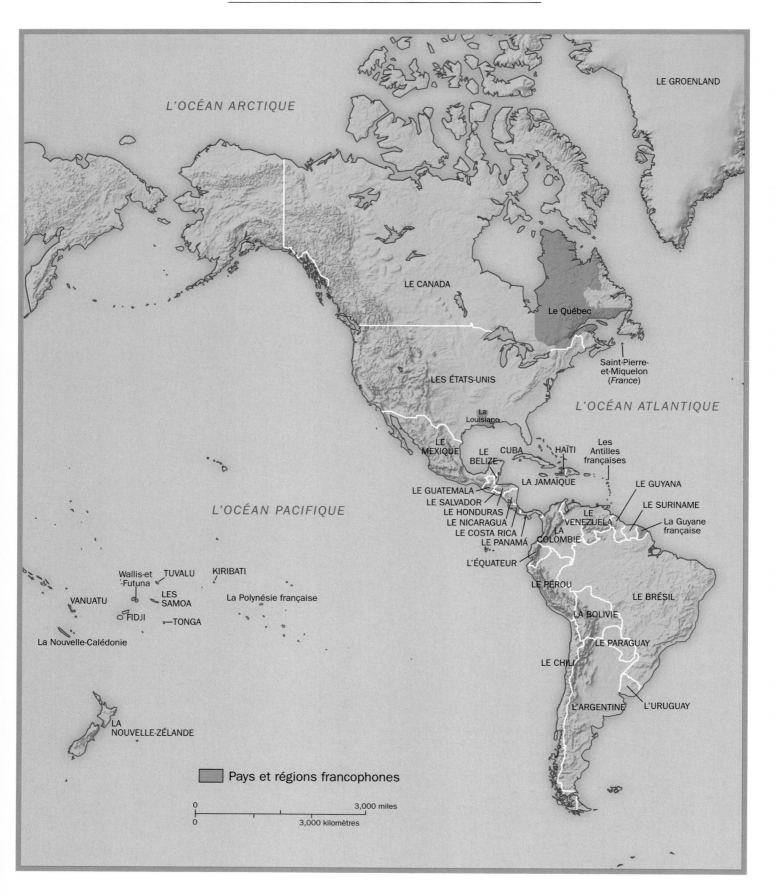

L'OCÉAN ARCTIQUE

LE GROENLAND

LE CANADA

Le Québec

LES ÉTATS-UNIS

Saint-Pierre-
et-Miquelon
(*France*)

L'OCÉAN ATLANTIQUE

La
Louisiane

LE
MEXIQUE

LE
BELIZE

CUBA

HAÏTI

Les
Antilles
françaises

L'OCÉAN PACIFIQUE

LA JAMAÏQUE

LE GUYANA

LE SURINAME

LE GUATEMALA

LE SALVADOR

LE HONDURAS

LE NICARAGUA

LE COSTA RICA

LE PANAMÁ

LE
VENEZUELA

La
COLOMBIE

La Guyane
française

L'ÉQUATEUR

LE PÉROU

LE BRÉSIL

Wallis-et-
-Futuna

TUVALU

KIRIBATI

VANUATU

LES
SAMOA

La Polynésie française

FIDJI

TONGA

La Nouvelle-Calédonie

LA BOLIVIE

LE PARAGUAY

LE CHILI

LA
NOUVELLE-ZÉLANDE

L'ARGENTINE

L'URUGUAY

Pays et régions francophones

0 — 3,000 miles

0 — 3,000 kilomètres

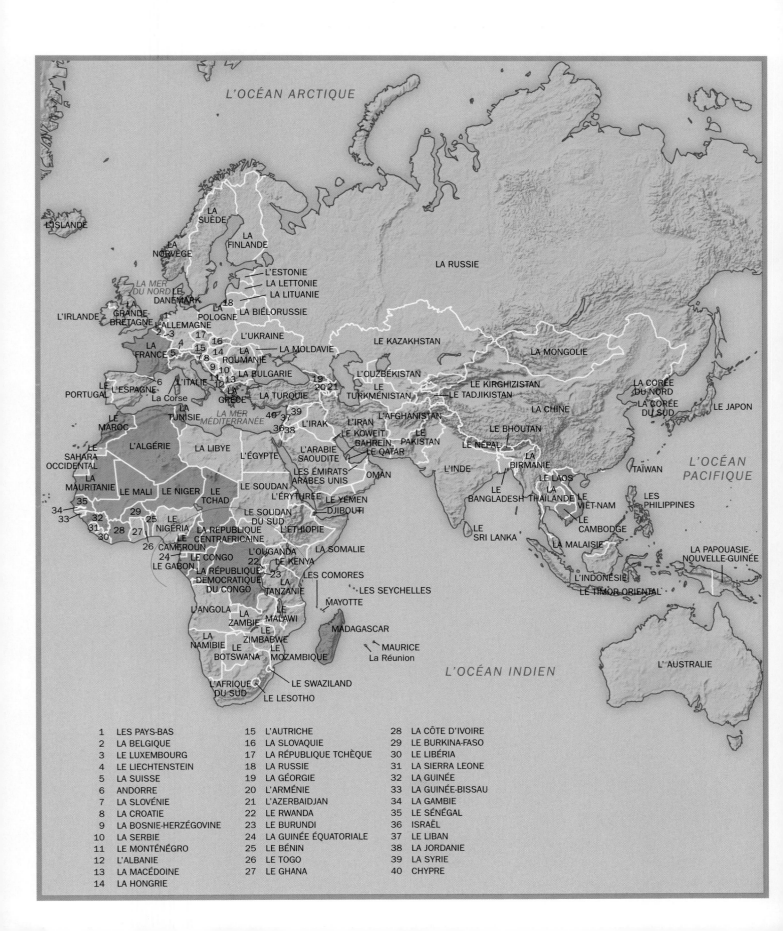

L'OCÉAN ARCTIQUE

L'ISLANDE

LA SUÈDE

LA NORVÈGE

LA FINLANDE

L'ESTONIE

LA LETTONIE

LA LITUANIE

LA RUSSIE

LA MER DU NORD

LE DANEMARK

L'IRLANDE

LA GRANDE-BRETAGNE

1

L'ALLEMAGNE

18

LA POLOGNE

LA BIÉLORUSSIE

2 3

17 16

L'UKRAINE

LE KAZAKHSTAN

LA MONGOLIE

LA FRANCE 5

4

15 14

LA ROUMANIE

LA MOLDAVIE

7 8

9

LA CORÉE DU NORD

10

LA BULGARIE

L'OUZBÉKISTAN

LE KIRGHIZISTAN

LA CORÉE DU SUD

6

L'ITALIE

11 13

12

19

20 21

LE TURKMÉNISTAN

LE TADJIKISTAN

LA CHINE

LE JAPON

LE PORTUGAL

L'ESPAGNE

La Corse

LA GRÈCE

LA TURQUIE

LA TUNISIE

LA MER MÉDITERRANÉE

40

39

37

L'AFGHANISTAN

LE BHOUTAN

L'OCÉAN PACIFIQUE

LE MAROC

36 38

L'IRAK

L'IRAN

LE NÉPAL

TAÏWAN

LE SAHARA OCCIDENTAL

L'ALGÉRIE

LA LIBYE

L'ÉGYPTE

L'ARABIE SAOUDITE

LE KOWEÏT

BAHREÏN

LE QATAR

LE PAKISTAN

LA BIRMANIE

LA MAURITANIE

LES ÉMIRATS ARABES UNIS

OMAN

L'INDE

LE LAOS

LE MALI

LE NIGER

LE TCHAD

LE SOUDAN

L'ÉRYTHRÉE

LE YÉMEN

LE BANGLADESH

LA THAÏLANDE

LE VIÊT-NAM

LES PHILIPPINES

34 35

LE SOUDAN DU SUD

DJIBOUTI

LE SRI LANKA

LE CAMBODGE

33 32 29 25

LE NIGÉRIA

30 31 28 27

L'ÉTHIOPIE

LA RÉPUBLIQUE CENTRAFRICAINE

LA MALAISIE

26

LE CAMEROUN

LA SOMALIE

LA PAPOUASIE-NOUVELLE-GUINÉE

24

LE CONGO

L'OUGANDA

L'INDONÉSIE

LE GABON

22

LE KENYA

LE TIMOR ORIENTAL

23

LES COMORES

LA RÉPUBLIQUE DÉMOCRATIQUE DU CONGO

LA TANZANIE

LES SEYCHELLES

MAYOTTE

L'ANGOLA

LE MALAWI

MADAGASCAR

LA ZAMBIE

MAURICE

La Réunion

LA NAMIBIE

LE ZIMBABWE

L'OCÉAN INDIEN

L'AUSTRALIE

LE BOTSWANA

LE MOZAMBIQUE

L'AFRIQUE DU SUD

LE SWAZILAND

LE LESOTHO

1	LES PAYS-BAS	15	L'AUTRICHE	28	LA CÔTE D'IVOIRE
2	LA BELGIQUE	16	LA SLOVAQUIE	29	LE BURKINA-FASO
3	LE LUXEMBOURG	17	LA RÉPUBLIQUE TCHÈQUE	30	LE LIBÉRIA
4	LE LIECHTENSTEIN	18	LA RUSSIE	31	LA SIERRA LEONE
5	LA SUISSE	19	LA GÉORGIE	32	LA GUINÉE
6	ANDORRE	20	L'ARMÉNIE	33	LA GUINÉE-BISSAU
7	LA SLOVÉNIE	21	L'AZERBAIDJAN	34	LA GAMBIE
8	LA CROATIE	22	LE RWANDA	35	LE SÉNÉGAL
9	LA BOSNIE-HERZÉGOVINE	23	LE BURUNDI	36	ISRAËL
10	LA SERBIE	24	LA GUINÉE ÉQUATORIALE	37	LE LIBAN
11	LE MONTÉNÉGRO	25	LE BÉNIN	38	LA JORDANIE
12	L'ALBANIE	26	LE TOGO	39	LA SYRIE
13	LA MACÉDOINE	27	LE GHANA	40	CHYPRE
14	LA HONGRIE				

La France

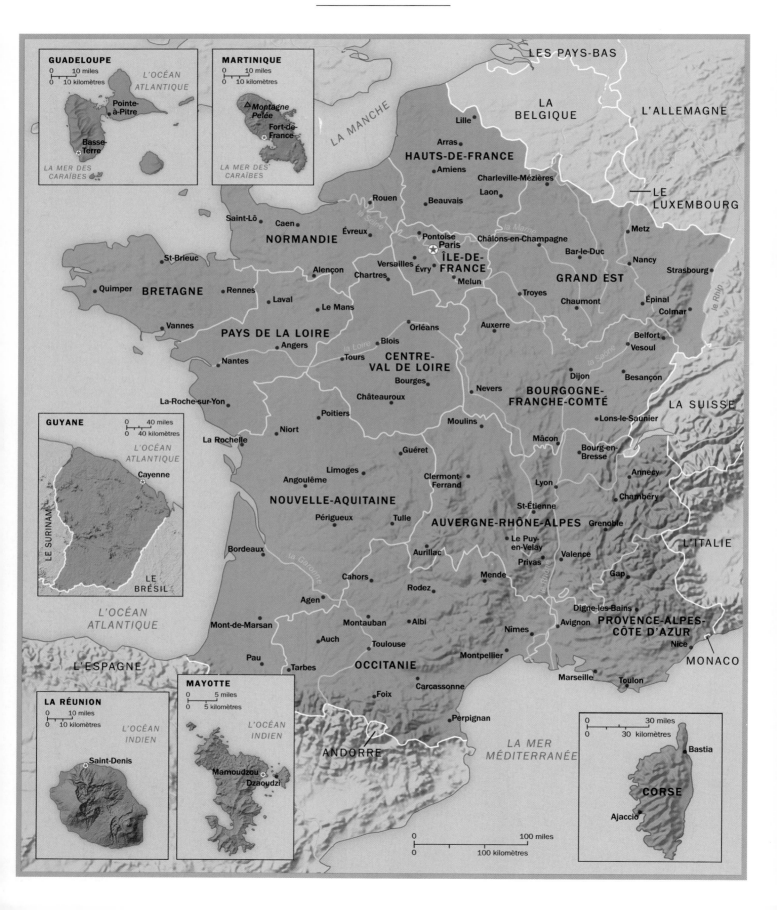

GUADELOUPE
0 — 10 miles
0 — 10 kilomètres
L'OCÉAN ATLANTIQUE
Pointe-à-Pitre
Basse-Terre
LA MER DES CARAÏBES

MARTINIQUE
0 — 10 miles
0 — 10 kilomètres
△ Montagne Pelée
Fort-de-France
LA MER DES CARAÏBES

LES PAYS-BAS
LA BELGIQUE
L'ALLEMAGNE
LA MANCHE

Lille
Arras
HAUTS-DE-FRANCE
Amiens
Charleville-Mézières
Laon
Beauvais
Rouen
LE LUXEMBOURG
Metz
Saint-Lô
Caen
Évreux
NORMANDIE
la Seine
Pontoise
Paris
Châlons-en-Champagne
Bar-le-Duc
Nancy
Strasbourg
ÎLE-DE-FRANCE
Versailles
Chartres
Évry
Melun
la Marne
GRAND EST
Troyes
Chaumont
Épinal
Colmar
le Rhin

St-Brieuc
Quimper
BRETAGNE
Rennes
Laval
Le Mans
Orléans
Auxerre
Belfort
Vesoul
Vannes
PAYS DE LA LOIRE
Angers
la Loire
Blois
Tours
CENTRE-VAL DE LOIRE
Dijon
Besançon
Nantes
Bourges
la Seine
BOURGOGNE-FRANCHE-COMTÉ
LA SUISSE

GUYANE
0 — 40 miles
0 — 40 kilomètres
L'OCÉAN ATLANTIQUE
LE SURINAM
Cayenne
LE BRÉSIL

La-Roche-sur-Yon
Poitiers
Châteauroux
Nevers
Moulins
Lons-le-Saunier
Niort
Guéret
Mâcon
Bourg-en-Bresse
La Rochelle
Limoges
Annecy
Angoulême
Clermont-Ferrand
Lyon
Chambéry
NOUVELLE-AQUITAINE
St-Étienne
Périgueux
Tulle
AUVERGNE-RHÔNE-ALPES
Grenoble
Bordeaux
la Garonne
Aurillac
Le Puy-en-Velay
Valence
L'ITALIE
Privas
Cahors
Mende
Gap
Agen
Rodez
Digne-les-Bains
Mont-de-Marsan
Montauban
Albi
Avignon
PROVENCE-ALPES-CÔTE D'AZUR
Nîmes
Auch
Toulouse
Nice
Pau
MONACO
L'ESPAGNE
Tarbes
OCCITANIE
Montpellier
Marseille
Toulon
Foix
Carcassonne
Perpignan
ANDORRE
LA MER MÉDITERRANÉE

LA RÉUNION
0 — 10 miles
0 — 10 kilomètres
L'OCÉAN INDIEN
Saint-Denis

MAYOTTE
0 — 5 miles
0 — 5 kilomètres
L'OCÉAN INDIEN
Mamoudzou
Dzaoudzi

L'OCÉAN ATLANTIQUE

0 — 100 miles
0 — 100 kilomètres

0 — 30 miles
0 — 30 kilomètres
Bastia
CORSE
Ajaccio

L'Europe

0   500 miles
0   500 kilomètres

Pays francophones

LA MER DE BARENTS

LA MER DE NORVÈGE

L'ISLANDE
Reykjavik

LA SUÈDE

LA FINLANDE

LA RUSSIE

LA NORVÈGE

Helsinki

Oslo
Stockholm
L'ESTONIE
Tallinn
Moscou

LA MER DU NORD
LE DANEMARK
Copenhague
LA MER BALTIQUE
Riga
LA LETTONIE
LA LITUANIE
Vilnius
LA RUSSIE
Minsk
LA BIÉLORUSSIE

Dublin
L'IRLANDE
LA GRANDE BRETAGNE
LES PAYS-BAS
La Haye
Berlin
Varsovie
Kiev
Londres
Bruxelles
L'ALLEMAGNE
LA POLOGNE
L'UKRAINE
LA BELGIQUE
Luxembourg
Prague
Paris
LE LUXEMBOURG
LA RÉPUBLIQUE TCHÈQUE
LA SLOVAQUIE
LA MOLDAVIE
LE LIECHTENSTEIN
Bratislava
Chisinau
L'OCÉAN ATLANTIQUE
Berne
L'AUTRICHE
Vienne
Budapest
LA SUISSE
LA HONGRIE
LA ROUMANIE
LA FRANCE
Ljubljana
Zagreb
LA SLOVÉNIE
Belgrade
Bucarest
LA MER NOIRE
LA CROATIE
LA BOSNIE-HERZÉGOVINE
LA SERBIE
Monte Carlo
Sarajevo
LA BULGARIE
Andorre-la-Vieille
L'ITALIE
Podgorica
Sofia
LE PORTUGAL
ANDORRE
MONACO
LE MONTÉNÉGRO
Skopje
La Corse
Rome
Tirana
LA MACÉDOINE
LA TURQUIE
Madrid
L'ALBANIE
L'ESPAGNE
LA GRÈCE
Lisbonne
La Sardaigne
La Sicile
Athènes
Nicosie
CHYPRE
MALTE
La Valette
LE MAROC
LA MER MÉDITERRANÉE
LA TUNISIE
L'ALGÉRIE
LA LIBYE
L'ÉGYPTE

L'Afrique

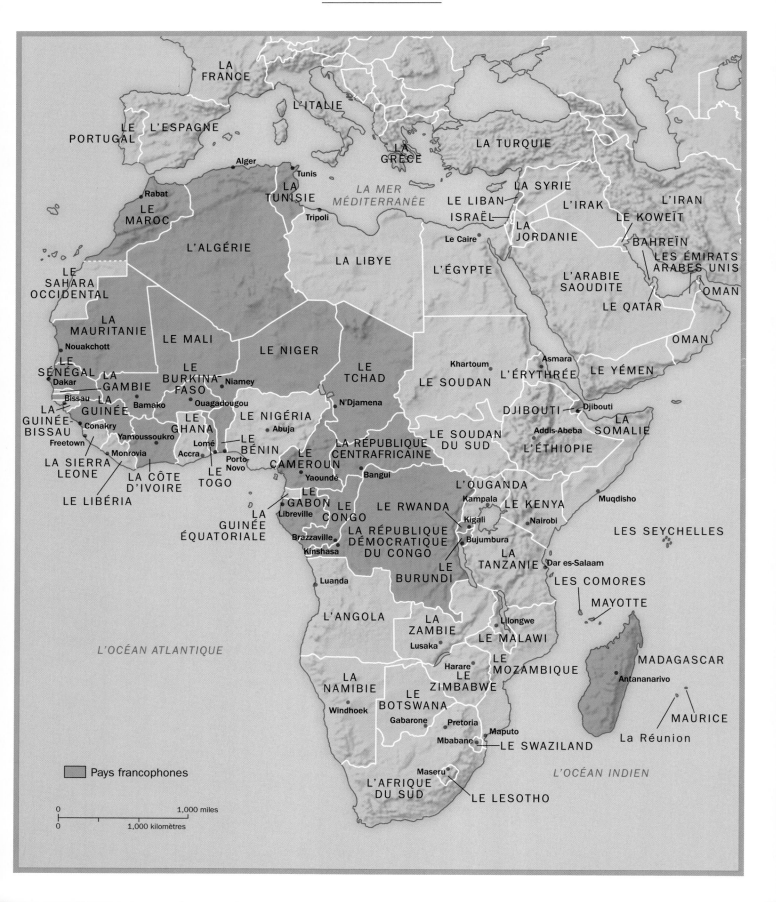

LA FRANCE

PORTUGAL LE L'ESPAGNE

L'ITALIE

LA GRÈCE

LA TURQUIE

Alger
Tunis
LA TUNISIE

LA MER MÉDITERRANÉE

LA SYRIE
LE LIBAN
ISRAËL
LA JORDANIE

L'IRAN
LE KOWEÏT
BAHREÏN
LES ÉMIRATS ARABES UNIS
OMAN

Rabat
LE MAROC

L'ALGÉRIE

LA LIBYE

Tripoli

L'ÉGYPTE

Le Caire

L'ARABIE SAOUDITE
LE QATAR

OMAN

LE SAHARA OCCIDENTAL

LA MAURITANIE

LE MALI

LE NIGER

LE TCHAD

Khartoum

LE SOUDAN

L'ÉRYTHRÉE
Asmara

LE YÉMEN

Nouakchott

LE SÉNÉGAL
Dakar
LA GAMBIE
Bissau
LA GUINÉE-BISSAU
Conakry
Freetown
LA SIERRA LEONE
LE LIBÉRIA

LA GUINÉE
Bamako
LE BURKINA-FASO
Niamey
Ouagadougou
LE GHANA
Yamoussoukro
Accra
LE TOGO
LA CÔTE D'IVOIRE
Monrovia
Lomé
LE BÉNIN
Porto-Novo

LE NIGÉRIA
Abuja

N'Djamena

LA RÉPUBLIQUE CENTRAFRICAINE

LE SOUDAN DU SUD

DJIBOUTI
Djibouti
Addis-Abeba
L'ÉTHIOPIE
LA SOMALIE

LE CAMEROUN
Yaoundé
Bangui

L'OUGANDA
Kampala
LE KENYA
Nairobi
Muqdisho

LE GABON
Libreville
LA GUINÉE ÉQUATORIALE
LE CONGO
Brazzaville
Kinshasa

LE RWANDA
Kigali
LA RÉPUBLIQUE DÉMOCRATIQUE DU CONGO
Bujumbura
LE BURUNDI
LA TANZANIE
Dar es-Salaam

LES SEYCHELLES

LES COMORES
MAYOTTE

Luanda

L'ANGOLA

LA ZAMBIE
Lusaka
Llongwe
LE MALAWI

MADAGASCAR
Antananarivo

MAURICE
La Réunion

L'OCÉAN ATLANTIQUE

LA NAMIBIE
Windhoek

LE BOTSWANA
Gabarone

Harare
LE ZIMBABWE

LE MOZAMBIQUE

Pretoria
Maputo
Mbabane
LE SWAZILAND

L'AFRIQUE DU SUD
Maseru
LE LESOTHO

L'OCÉAN INDIEN

Pays francophones

0   1,000 miles
0   1,000 kilomètres

FOURTH EDITION

IMAGINEZ

LE FRANÇAIS SANS FRONTIÈRES

Ressentir et vivre

S i tous les êtres humains ont la capacité d'éprouver des émotions, tous ne se sentent pas nécessairement libres de les exprimer. Pour diverses raisons, personnelles, sociales ou autres, certains ont du mal à révéler aux autres leurs vrais sentiments. Ils pensent peut-être que c'est une faiblesse. La plupart des gens que vous connaissez sont-ils plutôt ouverts ou réservés? Et vous? De quelle façon votre personnalité affecte-t-elle vos relations avec les autres?

9

32

Destination:
ÉTATS-UNIS

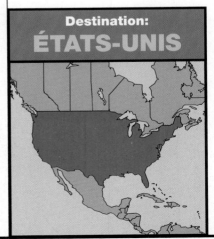

Les relations personnelles

 Vocabulary Tools

Les relations

une âme sœur *soulmate*
une amitié *friendship*

des commérages (m.) *gossip*
un esprit *spirit*
un mariage *marriage; wedding*
un rendez-vous *date*
une responsabilité *responsibility*
_____
compter sur *to rely on*
draguer *to flirt*
s'engager (envers
    quelqu'un) *to commit
    (to someone)*
faire confiance
    (à quelqu'un)
    to trust (someone)
mentir *(conj. like **sentir**) to lie*
mériter *to deserve*
partager *to share*
poser un lapin (à quelqu'un) *to stand
    (someone) up*
quitter quelqu'un *to leave someone*
rompre *(irreg.) to break up*

sortir avec *to go out with*
_____
(in)fidèle *(un)faithful*

Les sentiments

agacer/énerver *to annoy*
aimer *to love; to like*
avoir honte (de) *to be ashamed (of)/
    embarrassed*
en avoir marre (de) *to be fed up (with)*
s'entendre bien (avec) *to get along
    well (with)*
gêner *to bother; to embarrass*
se mettre en colère contre
    to get angry with
ressentir *(conj. like **sentir**) to feel*
rêver de *to dream about*
tomber amoureux/amoureuse (de) *to fall
    in love (with)*
_____
accablé(e) *overwhelmed*
anxieux/anxieuse *anxious*
contrarié(e) *upset*
déprimé(e) *depressed*
enthousiaste *enthusiastic*
fâché(e) *angry*
inquiet/inquiète *worried*

jaloux/jalouse *jealous*
passager/passagère *fleeting*

L'état civil

divorcer *to get a divorce*
se fiancer *to get engaged*
se marier avec
    to marry
vivre *(irreg.)* *en union libre
    to live together
    (as a couple)*
_____
célibataire *single*
veuf/veuve *widowed; widower/widow*

La personnalité

avoir confiance en soi *to be confident*
_____
affectueux/affectueuse *affectionate*

charmant(e) *charming*
économe *thrifty*
franc/franche *frank*
génial(e) *great*
(mal)honnête *(dis)honest*
idéaliste *idealistic*
inoubliable *unforgettable*
(peu) mûr *(im)mature*
orgueilleux/orgueilleuse *proud*
prudent(e) *careful*
séduisant(e) *attractive*
sensible *sensitive*
timide *shy*
tranquille *calm; quiet*

_____
*The verb **vivre** is irregular in the present tense: **je vis, tu vis, il/elle vit, nous vivons, vous vivez, ils/elles vivent**.

Mise en pratique

1 **L'intrus** Quel mot ne va pas avec les autres? Entourez-le.

1. affectueux • contrarié • déprimé • accablé
2. inquiet • tranquille • anxieux • économe
3. fidèle • honnête • sincère • malhonnête
4. direct • franc • loyal • jaloux
5. beau • orgueilleux • séduisant • charmant
6. fiancés • commérages • âme sœur • union libre
7. agacer • en avoir marre • bien s'entendre • se mettre en colère
8. rompre • aimer • compter sur • faire confiance

2 **La description** Quel terme de la liste correspond le mieux à chaque phrase? Soyez logique!

avoir honte	draguer	poser un lapin	sensible
déprimé	inoubliable	responsabilité	veuf/veuve

1. Je rêve de sortir avec elle depuis longtemps. Chaque fois que je la vois, j'essaie de la convaincre d'aller au restaurant ou au cinéma.
2. Ma tante habite seule. Son mari est mort il y a quatre ans.
3. Je suis souvent triste et je n'ai pas envie de sortir ni de voir des gens.
4. J'ai vu un film dont je me souviendrai toujours.
5. Ma petite sœur pleure facilement si on lui fait une critique.
6. J'avais rendez-vous avec quelqu'un. Je l'ai attendu au restaurant jusqu'à dix heures et quart mais il n'est jamais venu.

3 **Votre personnalité** Répondez aux questions puis calculez vos points. Quel est le résultat de votre test? Comparez-le avec celui d'un(e) camarade de classe.

Oui	Quelquefois	Non		Barème (*Key*)
☐	☐	☐	1. Devenez-vous anxieux/anxieuse quand il y a beaucoup de monde?	**Oui** = 0 point
☐	☐	☐	2. Est-ce que ça vous gêne de montrer vos émotions?	**Quelquefois** = 1 point
☐	☐	☐	3. Avez-vous peur d'être le premier/la première à parler?	**Non** = 2 points
☐	☐	☐	4. L'idée d'avoir un rendez-vous avec quelqu'un que vous ne connaissez pas vous fait-elle peur?	**Résultats**
☐	☐	☐	5. Est-ce que ça vous intimide de flirter avec quelqu'un que vous ne connaissez pas?	**0 à 7** Vous avez tendance à être introverti(e). Sortez plus souvent!
☐	☐	☐	6. Avez-vous peur de parler en public?	
☐	☐	☐	7. Réfléchissez-vous longtemps avant de prendre une décision?	**8 à 11** Vous n'êtes ni introverti(e) ni extraverti(e). Bon équilibre!
☐	☐	☐	8. Est-il plus important d'être agréable que franc dans la vie?	**12 à 20** Vous avez tendance à être extraverti(e). Écoutez un peu les autres!
☐	☐	☐	9. Diriez-vous que vous êtes d'accord avec un(e) de vos ami(e)s juste pour éviter un conflit?	
☐	☐	☐	10. Vous sentez-vous facilement gêné(e) dans certaines situations?	

S Practice more at vhlcentral.com.

Préparation

 Vocabulary Tools

Vocabulaire du court métrage

un casque *helmet*
la colonne vertébrale *spine*
une course *race*
fétiche *favorite*
la foudre *lightning*
foudroyé(e) *struck by lightning*
s'inscrire *to register*
plaire (à) (*past part.* plu) *to please, delight (somebody)*
un rancard *date*
un type *guy*

Vocabulaire utile

blessé(e) *injured*
désastreux/désastreuse *disastrous*
être (mal) à l'aise *to be (un)comfortable*
gâcher *to ruin*
se rendre compte *to realize*
un site de rencontres *dating website*
trempé(e) *soaked*

EXPRESSIONS

apprendre à ses dépens *to learn the hard way*

le coup de foudre *love at first sight*

être crevé(e) par le décalage horaire *to be jetlagged*

la peau de chamois *chamois leather*

1 **Un premier rendez-vous désastreux** Romane a fait une rencontre sur Internet. Complétez sa conversation avec son amie Perrine. Utilisez les mots et les expressions du vocabulaire.

— Salut, Perrine. Écoute, il est arrivé quelque chose d'horrible hier!

— Oh non! Qu'est-ce qui s'est passé?

— J'ai rencontré (1) _____ qui me (2) _____ beaucoup sur le (3) _____ sur lequel je me suis inscrite.

— Ça n'a rien d'horrible, ça!

— Attends! Il s'appelle Emmanuel et il me proposait (4) _____. On a décidé de se retrouver le lendemain pour déjeuner. Alors que je quittais la maison, il s'est mis à pleuvoir très fort. Il y avait même de (5) _____. Je venais d'entrer dans le restaurant quand j'ai vu Emmanuel qui arrivait à vélo, complètement (6) _____, et là, tout d'un coup, il a été (7) _____!

— Oh là là! Il a été (8) _____?

— Non, heureusement, il portait son (9) _____ de vélo, et ça l'a sauvé!

— Quelle histoire! J'espère que rien ne viendra (10) _____ votre prochain rendez-vous!

2 **La suite de leur histoire** À vous de continuer l'histoire de Romane et d'Emmanuel. Vont-ils décider de se revoir après ce premier rendez-vous désastreux? Que va-t-il se passer? Travaillez par petits groupes pour imaginer la suite de leur histoire.

 Practice more at vhlcentral.com.

3 **Et vous?** Comment s'est passé votre dernier rancard? À deux, répondez aux questions.

1. Quand êtes-vous sorti(e) avec quelqu'un pour la dernière fois? Où êtes-vous allés? Avez-vous passé un bon moment avec cette personne? Expliquez.

2. Comment avez-vous trouvé la personne avec qui vous êtes sorti(e)? Donnez votre première impression d'elle.

3. Avez-vous beaucoup de choses en commun avec cette personne? Avez-vous envie de la revoir pour un autre rendez-vous? Pourquoi ou pourquoi pas?

4 **Test: Comment êtes-vous en amour?** Selon les spécialistes, il existe plusieurs types d'amoureux/amoureuse. Quel est le vôtre?

A. Découvrez comment vous aimez en répondant aux questions du test.

...... TEST: COMMENT ÊTES-VOUS EN AMOUR? ......

1. **Vous avez fait la connaissance de quelqu'un. Il/Elle vous plaît parce qu'il/elle...**
   a semble honnête et mûr(e).
   b est beau/belle et vous semble inoubliable.
   c a l'air sensible (*sensitive*).

2. **Vous avez rendez-vous et la personne avec qui vous sortez a une heure de retard. Vous...**
   a êtes contrarié(e) (*frustrated*).
   b dites «tant pis» et sortez avec des amis.
   c lui téléphonez parce que vous êtes inquiet/inquiète.

3. **Quand vous êtes amoureux/amoureuse, vous êtes...**
   a idéaliste et affectueux/affectueuse.
   b séduisant(e) mais un peu jaloux/jalouse.
   c timide et prudent(e).

4. **Dans une relation amoureuse, le plus difficile pour vous, c'est de...**
   a toujours comprendre votre partenaire.
   b faire vraiment confiance à votre partenaire.
   c partager vos sentiments.

5. **Avec le temps, l'amour change des choses en vous. Vous...**
   a avez envie de vous marier: à deux, rien ne fait peur.
   b ressentez des sentiments, mais vous regrettez (*miss*) votre vie de célibataire.
   c voulez vous engager envers votre partenaire, mais vous avez peur.

6. **Vous ne pourriez jamais tomber amoureux/ amoureuse d'une personne...**
   a distante et égoïste.
   b qui a toujours besoin de vous.
   c malhonnête ou orgueilleuse.

Si vous avez obtenu un maximum de:
   a Avec vous, c'est le grand amour pour toujours.
   b L'idée d'être amoureux/amoureuse vous rend anxieux/anxieuse.
   c Vous manquez un peu de confiance en vous.

B. Par groupes de trois, partagez vos résultats. Êtes-vous plutôt du genre **a**, **b** ou **c**? Êtes-vous d'accord avec ces résultats? Discutez-en avec vos camarades.

5 **Prédictions** Regardez les images et, à deux, répondez aux questions.

1. Décrivez les jeunes gens sur les deux images. Quel âge ont-ils environ? Comment sont-ils physiquement? Comment imaginez-vous leurs personnalités?

2. D'après vous, ces deux jeunes gens se connaissent-ils? Sont-ils célibataires? Sont-ils en couple? Faites des hypothèses sur la situation personnelle de chacun.

 Practice more at vhlcentral.com.

 Short Film

Produit par Doko
Avec le soutien de la ville de Paris
et de la région Provence-Alpes-Côte d'Azur

En partenariat avec le CNC

Avec la participation d'OCS

Alysson Paradis ⚡ Arnaud Tsamere

FOUDROYÉS

UN COURT MÉTRAGE DE
BIBO BERGERON

Production **Sylvaine Mella, Greg Panteix, Albane de Grailly,**
Claire Schumm, Max Tuckwell, Lucas Chahuneau
Scénario **Bibo Bergeron, Arnaud Tsamere**
Mise en scène **Bibo Bergeron, Gaspard Julien-Lafferrière**

INTRIGUE *Hannah est une jeune femme qui, pour des raisons personnelles, n'accepte d'aller à des rendez-vous qu'en intérieur°. Un jour, elle fait la rencontre de Natan, un jeune homme pas comme les autres.*

HANNAH Je sors là. Un rancard. Je me suis inscrite sur le site. Il a l'air bête. Il porte des petites lunettes qui lui donnent un air de mouche° et un casque de vélo. Je suis absolument certaine que ce type ne peut rien déclencher° d'agréable chez moi!

HANNAH On s'installe là?
NATAN Là, ce n'est pas très beau; on doit pouvoir trouver mieux.
HANNAH Voilà, pas très beau, ce sera parfait.
NATAN Parfait! Ce sera là.

Note
CULTURELLE

Les jeunes Français et l'amour

On entend parfois dire que les jeunes ne savent plus ce qu'est l'amour, mais une étude semble prouver le contraire. En effet, près de 50% d'entre eux sont en couple (plus de 50% pour les 19 à 21 ans et 55% pour les 22 à 25 ans), et, parmi les sondés°, plus de 75% croit au coup de foudre.

sondés *those surveyed*

NATAN Je t'explique. J'attire° la foudre. Je suis le recordman de prise de foudre sur la tronche°.
HANNAH Et donc, tu peux prendre la foudre à n'importe quel moment?
NATAN Oui et non. Allez, assez parlé de ma malédiction°.

HANNAH Natan, est-ce que tu me croirais si je te disais que moi aussi, je suis atteinte d'°une sorte de malédiction?
NATAN Ben non.
HANNAH Si. En fait, quand quelqu'un ou quelque chose me plaît, immédiatement, il y a un orage° qui éclate° au-dessus de ma tête.

HANNAH Tu sais pourquoi j'ai accepté ce rendez-vous?
NATAN Je commence à comprendre. Tu savais qu'il n'y avait aucune chance que je te plaise.
HANNAH Mais je parle pas de toi, patate°! En fait, je n'accepte jamais des rendez-vous romantiques à l'extérieur°.

HANNAH En plus d'être marrant° et gentil, tu es beau.
NATAN Ah bon? Ah non! Ça va sentir le cramé.° Qu'est-ce qui s'est passé? Il n'y a pas eu de coup de foudre?
HANNAH Tu crois?

en intérieur *indoors* **mouche** *fly* **déclencher** *to trigger*
J'attire *I attract* **tronche** *head* **malédiction** *curse* **suis atteinte**
de *suffer from* **orage** *storm* **éclate** *bursts* **patate** *goofball* **à**
l'extérieur *outdoors* **marrant** *funny* **le cramé** *something burning*

Analyse

1

Compréhension Répondez aux questions par des phrases complètes.

1. Qu'est-ce qu'Hannah annonce à son amie au téléphone?

2. Comment Hannah décrit-elle Natan à son amie?

3. Qu'est-ce qu'Hannah et Natan vont faire pour leur premier rendez-vous?

4. Qu'est-ce que Natan dit à Hannah pour expliquer sa tenue (*outfit*)?

5. Quand est-ce que Natan a pris la foudre pour la première fois?

6. Quelle est la malédiction (*curse*) d'Hannah?

7. Que s'est-il passé au mariage de l'amie d'Hannah?

8 Pourquoi Natan n'est-il pas allé au mariage de ses amis?

9. Quelles sont les trois choses positives qu'Hannah finit par remarquer au sujet de Natan?

10. Qu'est-ce qu'Hannah et Natan pensent qu'il va arriver à la fin du court métrage? Qu'est-ce qui arrive en fin de compte?

2

Interprétation À deux, répondez aux questions.

1. Hannah a-t-elle l'air enthousiaste à l'idée de son rendez-vous avec Natan? Comment le savez-vous?

2. Au début du rendez-vous, Hannah dit à Natan qu'elle ne veut pas chercher un endroit plus joli pour le pique-nique. Comment trouvez-vous son comportement? Pourquoi agit-elle comme ça, à votre avis?

3. Comment est la conversation entre Natan et Hannah au départ? Ont-ils l'air d'être à l'aise? Qu'est-ce que cela révèle sur leurs personnalités et sur leurs sentiments? Donnez des exemples précis du film.

4. Comment leur conversation évolue-t-elle pendant le rendez-vous? Pourquoi?

5. D'après les histoires que Natan et Hannah se racontent, pensez-vous qu'ils soient heureux dans la vie? Que se passe-t-il quand ils commencent à se rendre compte qu'ils ont des choses en commun?

6. D'après la fin du court métrage, pensez-vous que les malédictions vont continuer pour Natan et Hannah? Expliquez votre opinion.

3

Les malédictions d'Hannah et de Natan Les vies d'Hannah et de Natan ont souvent été affectées par leurs malédictions. Par groupes de trois, regardez ces deux images et, pour chacune, résumez en un paragraphe ce qui s'est passé.

4 **Comment sont-ils en amour?** D'après ce que vous avez vu dans le court métrage, comment pensez-vous qu'Hannah et Natan sont en amour? Relisez les questions et les réponses possibles du test à la page 7. À votre avis, comment Natan et Hannah répondraient-ils aux questions du test? Quel serait le résultat de chacun? Discutez-en avec un(e) partenaire.

5 **Un coup de foudre?** À la fin du film, Hannah et Natan regardent le ciel et prononcent les phrases ci-dessous. Par petits groupes, discutez de cette scène. De quoi parle Natan quand il constate qu'il n'y a pas eu de coup de foudre? Qu'est-ce que la réponse d'Hannah suggère?

NATAN Il n'y a pas eu de coup de foudre.
HANNAH Tu crois?

6 **Leur avenir** Imaginez que le coup de foudre entre Hannah et Natan se confirme et qu'ils décident de se revoir. À deux, faites des hypothèses sur leur avenir en tant que (*as a*) couple. Comment sera leur vie? Remplissez le tableau avec quelques idées d'évolution possible.

	leur état civil	leurs sentiments	leur relation en général
Dans trois mois			
Dans deux ans			
Dans dix ans			

7 **Citation** Lisez cette citation célèbre de l'écrivain et philosophe Blaise Pascal. Par groupes de quatre, discutez de sa pertinence (*relevance*) en ce qui concerne les relations personnelles, et plus particulièrement l'amour. Sommes-nous toujours rationnels en amour ou faisons-nous parfois des choix contraires à la logique? Faut-il écouter sa raison ou son cœur?

«Le cœur a ses raisons que la raison ignore.»
Blaise Pascal

Practice more at vhlcentral.com.

La statue de la Liberté à New York

IMAGINEZ
Les États-Unis

Une amitié historique

D'ailleurs…

Avec environ 1.300.000 étudiants, le français est la deuxième langue la plus étudiée aux USA, après l'espagnol. Plus de 300 programmes d'échanges existent entre la France et les États-Unis, et il y a plus de 110 Alliances françaises sur le territoire américain, qui organisent plus de 1.000 manifestations culturelles par an.

Les liens° qui unissent la **France** et les **États-Unis** sont solides, fondés sur une histoire commune. À l'époque° coloniale, plusieurs Français ont participé à l'exploration de l'Amérique du Nord. Ainsi°, l'explorateur **Cavelier de La Salle** a été le premier Européen à descendre le **fleuve du Mississippi** et c'est **Antoine Cadillac**, un aventurier acadien°, qui a fondé la ville de **Detroit** en 1701. La **Louisiane française** était alors° un immense territoire avec, en son centre, le Mississipi. Elle s'étendait° des **Grands Lacs** au **golfe du Mexique**. Cet espace représente aujourd'hui dix États américains, et c'est pour cette raison que beaucoup de lieux dans cette région, comme **Belleville**, **Illinois** ou **Des Moines**, **Iowa**, portent° des noms français.

L'alliance franco-américaine s'est surtout renforcée° pendant la **guerre° d'Indépendance**. Avec le **marquis de Lafayette** et le **comte de Rochambeau**, l'armée française a offert une aide cruciale aux révolutionnaires américains,

comme pendant la bataille° de la **baie de Chesapeake**, à la fin de la guerre. Ensuite, la France a été la première nation à reconnaître officiellement les nouveaux **États-Unis d'Amérique**. Des personnalités de cette période révolutionnaire comme **Benjamin Franklin**, **John Adams** et **Thomas Jefferson** étaient très francophiles et ont tous fait des séjours en France. De plus, les deux pays ont créé leur constitution en même temps et ont partagé la philosophie des **Lumières°**. Au cours des années, d'étroites° relations économiques et culturelles se sont développées entre eux, et en 1886, pour symboliser cette amitié, la France a offert aux États-Unis la **statue de la Liberté**, qu'on voit à l'entrée du port de **New York**.

Aujourd'hui, la France est le neuvième partenaire commercial des États-Unis, et hors de° l'Union Européenne, les États-Unis constituent le premier marché d'exportation

Audrey Tautou

de la France. Au niveau de la culture, les films français figurent parmi les films étrangers les plus vus aux États-Unis et les plus appréciés du public américain. Quel Américain ne connaît pas **Gérard Depardieu**, **Catherine Deneuve** ou **Audrey Tautou**, qui a incarné° l'héroïne d'*Amélie*? De même, les grands artistes sont toujours appréciés, et dans les musées américains, les expositions sur **Monet**, **Gauguin** ou **Cézanne** sont très populaires. Pour les Américains, la France est le pays de la bonne cuisine, des petits cafés, de la mode et du romantisme; et l'Amérique reste l'une des destinations préférées des Français. En somme, l'amitié entre ces deux pays semble faite pour durer°!

liens *ties* **À l'époque** *At the time* **Ainsi** *In this way* **acadien** *from the Canadian region of Acadia* **alors** *at that time* **s'étendait** *stretched* **portent** *have* **s'est renforcée** *strengthened* **guerre** *war* **bataille** *battle* **Lumières** *Enlightenment* **étroites** *tight* **hors de** *outside* **a incarné** *embodied* **durer** *last*

Le français dans l'anglais

Mots et expressions venus du français

à la carte	en route
art déco	hors-d'œuvre
avant-garde	je ne sais quoi
camouflage	protégé
cliché	raison d'être
crème de la crème	rendez-vous
déjà vu	résumé
encore	touché

Mots anglais empruntés au français au Moyen Âge

armée	army
bœuf	beef
espion	spy
honneur	honor
joie	joy
liberté	liberty
loisir	leisure
mariage	marriage
mouton	mutton
oncle	uncle
salaire	salary
vallée	valley

La francophonie aux USA

Chevrolet C'est un Suisse francophone, **Louis Chevrolet** (1878–1941), qui a fondé cette compagnie maintenant américaine. Après avoir été mécanicien en France et au Canada, Chevrolet déménage  à New York en 1901. Là, il travaille pour **Fiat** et, en 1905, commence sa carrière de pilote de course°. Plus tard, Chevrolet dessine des voitures de course et bat° le record du monde de vitesse! La **Chevrolet Motor Car Company** est devenue une division de **General Motors** en 1918.

Les contes de Perrault Les contes du Français **Charles Perrault** (1628–1703) divertissent° les petits et les grands depuis des siècles, dans le monde occidental. Ses histoires, comme *Cendrillon*, *Le Petit Chaperon° rouge*, *La Belle au bois dormant°*, et *Le Chat botté°* ont inspiré des films,  des ballets et des opéras. La compagnie Walt Disney en a même fait des films d'animation.

Tony Parker Malgré° son nom anglophone, **Tony Parker**, joueur professionnel de basket, est en fait° d'origine belge et française. Il est né à **Bruges**, en Belgique, et a été élevé en France. On le connaît bien aux États-Unis, parce qu'il joue dans l'équipe des **Spurs** à **San Antonio**, **Texas**. Avant  de rejoindre° cette équipe de la **NBA** en 2001, Tony jouait en France dans la **LNB** (**Ligue Nationale de Basketball**).

Céline Dion Dernière-née d'une famille québécoise de 14 enfants, **Céline Dion** enregistre sa première chanson à 12 ans. Sa carrière commence en français, mais à l'âge de 18 ans elle apprend l'anglais et part à la conquête du monde anglophone. Son succès aux États-  Unis est considérable; elle a vendu des millions d'albums, chanté pour la bande originale° de plusieurs films américains, et gagné de nombreux **Grammys**. Céline a encore connu un énorme succès avec son spectacle *A New Day…* créé en 2003, à **Las Vegas**.

pilote de course *race car driver* **bat** *breaks* **divertissent** *entertain* **Chaperon** *hood* **dormant** *sleeping* **Le Chat botté** *Puss in Boots* **Malgré** *Despite* **en fait** *in fact* **rejoindre** *join* **bande originale** *sound track*

Qu'avez-vous appris?

1

Vrai ou faux? Indiquez si ces affirmations sont vraies ou fausses et corrigez celles qui sont fausses.

1. C'est Cavelier de La Salle qui a fondé Detroit en 1701.
2. La Louisiane française s'étendait des Grands Lacs au golfe du Mexique.
3. Le marquis de Lafayette et le comte de Rochambeau ont offert leur aide aux révolutionnaires américains.
4. Les films français ne sont pas appréciés des Américains.
5. Monet fait partie des peintres les moins populaires dans les musées américains.
6. Tony Parker est un joueur de basket d'origine belge et française.
7. Louis Chevrolet a écrit des contes connus dans le monde occidental.
8. Les films de Céline Dion connaissent un énorme succès aux États-Unis.

2

Que sais-je? Répondez aux questions.

1. Qui a été le premier Européen à descendre le fleuve du Mississippi?
2. Quels lieux aux États-Unis portent des noms français? Citez-en deux exemples.
3. Quelles personnalités américaines de la période révolutionnaire étaient très francophiles?
4. Qu'est-ce que la France et les États-Unis ont créé en même temps?
5. Que symbolise la statue de la Liberté?
6. Quelle est la situation commerciale entre les États-Unis et la France?
7. Qui a fondé la compagnie Chevrolet et de quelle nationalité était-il?
8. De quoi les films d'animation de Walt Disney s'inspirent-ils beaucoup?

3

Discussion Par groupes de trois, choisissez trois personnes de la liste ci-dessous et, pour chacune, écrivez plusieurs adjectifs à côté de son nom pour la décrire. Ensuite, posez-vous ces questions:

- Connaissiez-vous déjà ces trois personnes avant de lire les pages précédentes?
- Êtes-vous d'accord avec tous les adjectifs proposés? Pourquoi ou pourquoi pas?
- Quel est l'adjectif le plus approprié pour décrire chacune des trois personnes choisies? Justifiez votre choix.

Louis Chevrolet	Tony Parker
Le marquis de Lafayette	Charles Perrault
Catherine Deneuve	Audrey Tautou

4

Écriture Comme vous avez découvert à la page précédente, la langue anglaise possède beaucoup de mots, des milliers (*thousands*) en fait (*fact*), d'origine française. Ce fait vous a-t-il surpris(e)? Pourquoi ou pourquoi pas? Écrivez un paragraphe de 10 à 12 lignes où vous expliquez votre réponse.

Practice more at
vhlcentral.com.

 Video

Préparation À deux, répondez à ces questions.

1. Vos cours vous stressent-ils beaucoup? Pourquoi? À quelles périodes de l'année êtes-vous plus stressé(e)? Pourquoi?

2. Connaissez-vous des techniques de relaxation? Que faites-vous pour évacuer (*release*) votre stress?

Bac 2017: la sophrologie

La sophrologie essaie de montrer aux gens comment atteindre la sérénité de l'esprit (*mind*). Ce qui distingue la sophrologie de méthodes similaires est la grande variété de techniques utilisées: il y a des exercices de respiration, de relaxation physique et mentale, de méditation et de visualisation. Une autre caractéristique est l'importance de l'effort collectif.

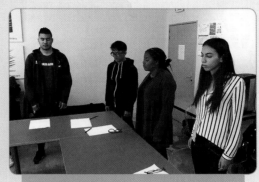

Ça permet de prendre un peu de recul (*a step back*).

Compréhension Regardez la vidéo et répondez par **Oui** ou **Non** pour indiquer si ces techniques de relaxation sont utilisées par les élèves et les professeurs.

1. _____ Fermer les yeux

2. _____ Écrire une description de ses émotions

3. _____ Tenir la main de son voisin

4. _____ Chanter une chanson

5. _____ Se toucher le front (*forehead*) ou le ventre

6. _____ Marcher en silence

Discussion Par petits groupes, discutez de ces questions.

1. Quels sont les effets et les résultats des séances (*sessions*) de sophrologie, d'après les élèves et les professeurs interviewés?

2. La sophrologie vous semble-t-elle efficace? Pourquoi? Aimeriez-vous avoir accès à des séances de sophrologie? Pourquoi?

Présentation Choisissez votre méthode anti-stress préférée et présentez-la devant la classe. Expliquez comment et quand il faut utiliser cette méthode et quels sont ses bénéfices. Expliquez aussi quelles sont ses limites.

VOCABULAIRE

l'angoisse (*f.*) *anxiety*
décompresser *to decompress*
lâcher prise *to let go*
le mal-être *uneasiness*
la pression *pressure*
se relaxer *to relax*

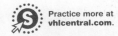 Practice more at **vhlcentral.com.**

GALERIE DE CRÉATEURS

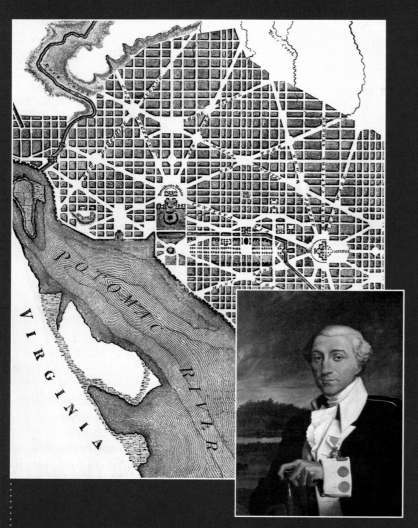

PEINTURE
George Rodrigue (1944–2013)

En 1964, ce Cadien (*Cajun*) découvre la grande différence qui existe entre la Louisiane, sa région natale (*native*) et le reste des États-Unis. Les tableaux du début de sa carrière représentent les purs Cadiens dont on lui a parlé dans les histoires hautes en couleur (*colorful*) de sa famille. Mais c'est la série de tableaux contemporains, *Chien bleu*, créée en 1984, qui va surtout le rendre célèbre. Sa chienne Tiffany, morte en 1980, y est représentée comme un fantôme. *Chien bleu* a eu un tel succès qu'il a paru dans la série télévisée *Friends* et même dans une campagne présidentielle. Rodrigue est aussi le peintre des portraits de présidents américains comme George Bush et Bill Clinton.

URBANISME Pierre Charles L'Enfant (1754–1825)

Venu pour aider Washington pendant la guerre d'Indépendance, l'ingénieur français Pierre L'Enfant a gagné le concours (*contest*) pour la construction de la nouvelle capitale américaine, Washington D.C. Le travail commence en 1791, mais L'Enfant ne termine pas le projet. Au début du 20e siècle, les plans de L'Enfant sont repris pour construire le *National Mall* de Washington, et le génie (*genius*) de l'architecte français est enfin reconnu. Aujourd'hui, la vision de L'Enfant se révèle dans le système de quadrillage, les boulevards avec les grands monuments et les espaces verts de Washington, D.C. L'Enfant est enterré (*buried*) au cimetière d'Arlington.

GASTRONOMIE
Julia Child
(1912–2004)

Vers 1948, Julia Child découvre la cuisine française dans un restaurant de Rouen. Elle prend alors des cours au Cordon Bleu (*Blue Ribbon*), célèbre école de cuisine parisienne, puis elle écrit plusieurs guides culinaires français, dont le volumineux *Mastering the Art of French Cooking*. Elle est invitée à participer à une émission aux États-Unis, et en février 1963, l'émission culinaire, *The French Chef*, est lancée. Cette émission et ses guides culinaires ont eu un très grand succès. Julia Child devient une ambassadrice de la culture française aux États-Unis. Depuis 2001, on peut voir sa cuisine personnelle au *Smithsonian National Museum of American History*.

DESIGN/ARCHITECTURE
Philippe Starck (1949–)

Le designer et architecte, Philippe Starck, est tout aussi connu aux États-Unis où il réside, qu'en France où il est né. Avec plusieurs projets d'architecture et de décoration d'intérieur à l'étranger, entre autres aux États-Unis, en Australie, au Japon, en Argentine et en Turquie, il est l'un des décorateurs les plus originaux de sa génération. On compte, parmi ses créations, l'hôtel Mondrian à Los Angeles, le Royalton et le Hudson à New York et l'École Nationale Supérieure des Arts Décoratifs à Paris. Avec son concept de «design démocratique», Starck essaie de faire de la qualité pour tous et dessine, par exemple, des chaises en plastique. Plus récemment, ses créations deviennent aussi écologiques. Elles incluent une voiture électrique ou des vélos pour la ville de Bordeaux.

Compréhension

Vrai ou faux? Indiquez si chaque phrase est vraie ou fausse. Corrigez les phrases fausses.

1. Pierre L'Enfant a gagné le concours pour la construction de Washington, D.C.

2. George Rodrigue est le peintre des portraits de présidents américains comme George Washington et John Adams.

3. Julia Child découvre la cuisine française dans une école de cuisine de New York.

4. Philippe Starck n'est pas encore bien connu en France.

5. La construction de la nouvelle capitale américaine commence au début du 20e siècle.

6. La série de tableaux *Chien bleu* rend George Rodrigue célèbre.

7. Les guides culinaires de Julia Child ont eu beaucoup de succès, mais pas son émission *The French Chef*.

8. Philippe Starck veut faire du design de qualité pour tous, ou ce qu'il appelle du «design démocratique».

Rédaction

À vous! Choisissez un de ces thèmes et écrivez un paragraphe d'après les indications.

- **Promenade dans la capitale** Vous visitez Washington, D.C. dessinée par Pierre L'Enfant. Décrivez les rues et les bâtiments de la capitale.

- **Chez les présidents** Le président des États-Unis demande à Philippe Starck de redécorer ses appartements privés, à la Maison Blanche. Décrivez ce que va faire M. Starck.

- **La cuisine française** Vous voulez suivre l'exemple de Julia Child. Décrivez ce que vous allez faire pour devenir un grand chef cuisinier.

 Practice more at **vhlcentral.com**.

1.1

Spelling-change verbs

*—Essentiellement, quand je **lève** un bras, en fait.*

- Several -**er** verbs require spelling changes in certain forms of the present tense. These changes usually reflect variations in pronunciation or are made to avoid a change in pronunciation.

- For verbs that end in -**ger**, add an **e** before the -**ons** ending of the **nous** form.

voyager (*to travel*)	
je voyage	nous voyag**e**ons
tu voyages	vous voyagez
il/elle voyage	ils/elles voyagent

Nous **mangeons** ensemble.

- Other verbs like **voyager** are **déménager** (*to move*), **déranger** (*to bother*), **manger** (*to eat*), **partager** (*to share*), **plonger** (*to dive*), and **ranger** (*to tidy up*).

- In verbs that end in -**cer**, the **c** becomes **ç** before the -**ons** ending of the **nous** form.

commencer (*to begin*)	
je commence	nous commen**ç**ons
tu commences	vous commencez
il/elle commence	ils/elles commencent

Nous **commençons** à 8h30.

- Other verbs like **commencer** are **avancer** (*to advance*), **effacer** (*to erase*), **forcer** (*to force*), **lancer** (*to throw*), **menacer** (*to threaten*), **placer** (*to place*), and **remplacer** (*to replace*).

- The **y** in verbs that end in -**yer** changes to **i** in all forms *except* for the **nous** and **vous** forms.

envoyer (*to send*)	
j'envoie	nous envoyons
tu envoies	vous envoyez
il/elle envoie	ils/elles envoient

Elle **paie** par chèque.

- Other verbs like **envoyer** are **balayer** (*to sweep*), **ennuyer** (*to annoy; to bore*), **essayer** (*to try*), **nettoyer** (*to clean*), and **payer** (*to pay*).

ATTENTION!

The **y** in verbs that end in -**ayer** can either remain **y** or change to **i**. Both forms are correct.

je paie	*or*	je paye
ils essaient	*or*	ils essayent

- Often the spelling change is simply the addition of an accent. Notice that the **nous** and **vous** forms of verbs like **acheter** have no accent added.

<table>
<tr><td colspan="2" align="center">acheter (to buy)</td></tr>
<tr><td>j'achète</td><td>nous achetons</td></tr>
<tr><td>tu achètes</td><td>vous achetez</td></tr>
<tr><td>il/elle achète</td><td>ils/elles achètent</td></tr>
</table>

Il **achète** un appareil photo.

- Other verbs like **acheter** are **amener** (*to bring someone*), **élever** (*to raise*), **emmener** (*to take someone*), **lever** (*to lift*), **mener** (*to lead*), and **peser** (*to weigh*).

- In verbs like **préférer**, the **é** in the last syllable of the verb stem changes to **è** in all forms *except* for the **nous** and **vous** forms.

<table>
<tr><td colspan="2" align="center">préférer (to prefer)</td></tr>
<tr><td>je préfère</td><td>nous préférons</td></tr>
<tr><td>tu préfères</td><td>vous préférez</td></tr>
<tr><td>il/elle préfère</td><td>ils/elles préfèrent</td></tr>
</table>

Je **préfère** cette robe rouge.

ATTENTION!

The **é** in the first syllable of verbs like **élever** and **préférer** never changes. Spelling changes occur only in the last syllable of the verb stem.

- Other verbs like **préférer** are **considérer** (*to consider*), **espérer** (*to hope*), **posséder** (*to possess*), and **répéter** (*to repeat; to rehearse*).

- In certain verbs that end in -**eler** or -**eter**, the last consonant in the stem is doubled in all forms *except* for the **nous** and **vous** forms.

<table>
<tr><td colspan="2" align="center">appeler (to call)</td><td colspan="2" align="center">jeter (to throw)</td></tr>
<tr><td>j'appelle</td><td>nous appelons</td><td>je jette</td><td>nous jetons</td></tr>
<tr><td>tu appelles</td><td>vous appelez</td><td>tu jettes</td><td>vous jetez</td></tr>
<tr><td>il/elle appelle</td><td>ils/elles appellent</td><td>il/elle jette</td><td>ils/elles jettent</td></tr>
</table>

BLOC-NOTES

To review the present tense of -**er** verbs and the forms of regular -**ir** and -**re** verbs, see **Fiche de grammaire 1.4, p. A4.**

Seydou **appelle** son ami.

- Other verbs like **appeler** and **jeter** are **épeler** (*to spell*), **projeter** (*to plan*), **rappeler** (*to recall; to call back*), **rejeter** (*to reject*), and **renouveler** (*to renew*).

Mise en pratique

1

Les fiancés Jérôme et Mathilde vont bientôt se marier. Jérôme a fait une liste de toutes les tâches à accomplir. Dites ce que fait chaque personne mentionnée.

> **Modèle**   **appeler le fleuriste: Mathilde et moi**
> Nous appelons le fleuriste.

> 1. *payer le pâtissier: moi*
>
> 2. *remplacer les invitations: ma sœur*
>
> 3. *amener les grands-parents: maman et papa*
>
> 4. *ranger l'appartement: Mathilde et moi*
>
> 5. *nettoyer la salle de bains: mon frère*
>
> 6. *répéter demain soir: les musiciens*
>
> 7. *jeter les vieux journaux: moi*
>
> 8. *acheter de nouvelles chaussures: mon frère et moi*

2

En famille Kader est déprimé et il en donne les raisons aux membres de sa famille. Formez des phrases complètes.

1. mes enfants / préférer / leur mère

2. nous / ne… aucune / payer / dette

3. je / s'ennuyer / souvent / le dimanche

4. personne / ne… jamais / balayer dehors

5. Martine et Sonya / effacer / messages / sur / répondeur

6. mon frère / élever / mal / mes neveux

7. nous / ne… pas / remplacer / les fleurs fanées (*withered*)

8. vous / me / déranger / quand / je / amener / clients / à la maison

3

Les amis Avec un(e) camarade, faites des phrases complètes avec les éléments de chaque colonne.

> **Modèle**   Les vrais amis appellent souvent.

A	B	
je	acheter	menacer
tu	amener	nettoyer
un(e) bon(ne) ami(e)	appeler	partager
nous	commencer	payer
vous	considérer	préférer
les faux/fausse(s) ami(e)s	emmener	rejeter
?	ennuyer	voyager
	envoyer	?

Practice more at
vhlcentral.com.

Communication

4

Les jeunes mariés Jacqueline et Thierry viennent de se marier. Avec un(e) camarade, décrivez leur vie ensemble à l'aide des mots de la liste.

commencer	espérer	préférer
considérer	essayer	projeter
déménager	mener	renouveler

Modèle —Thierry projette de chercher un nouveau travail.
—Jacqueline préfère vivre près de Marseille.

5

Conversation Avec un(e) camarade, décrivez chaque personne à l'aide du verbe qui lui correspond.

Modèle **préférer: mon frère**
—Mon frère préfère travailler très tard le soir.
—Ma sœur aussi. Elle préfère commencer ses devoirs après dix heures.

1. acheter: mon père
2. posséder: le prof de français
3. rejeter: nos camarades de classe
4. ennuyer: je
5. avancer: nous
6. déranger: mes amis

6

J'en ai besoin. Par groupes de trois, dites pourquoi vous avez besoin des éléments de la liste ou pourquoi vous n'en avez pas besoin. Employez des verbes comme **voyager**, **commencer, envoyer, acheter, préférer** ou **appeler**. Chaque phrase doit avoir un verbe différent.

Modèle **une chaîne stéréo**
J'ai besoin d'une chaîne stéréo parce que j'achète beaucoup de CD.

- de l'argent
- une voiture
- un portable
- un appartement
- un ordinateur
- un aspirateur
- un(e) camarade de chambre
- ?

1.2

The irregular verbs *être*, *avoir*, *faire*, and *aller*

—*Papa **a** un rendez-vous!*

- The four most common irregular verbs in French are **être**, **avoir**, **faire**, and **aller**. These verbs are considered irregular because they do not follow the predictable patterns of regular -**er**, -**ir**, or -**re** verbs.

- The verb **être** means *to be*. It is often followed by an adjective.

être (*to be*)	
je suis	**nous** sommes
tu es	**vous** êtes
il/elle est	**ils/elles** sont

Je **suis** américain.
I am American.

C'**est** un bon film.
It is a good movie.

Ils **sont** timides.
They are shy.

Nous **sommes** fiancés.
We are engaged.

- The verb **avoir** means *to have*.

avoir (*to have*)	
j'ai	**nous** avons
tu as	**vous** avez
il/elle a	**ils/elles** ont

Ils **ont** froid.

- The verb **avoir** is used in many idiomatic expressions.

avoir... ans *to be ... years old*	**avoir envie de** *to feel like*	**avoir de la patience** *to be patient*
avoir besoin de *to need*	**avoir faim** *to be hungry*	
avoir de la chance *to be lucky*	**avoir froid** *to be cold*	**avoir peur de** *to be afraid*
avoir chaud *to be hot*	**avoir honte de** *to be ashamed*	**avoir raison** *to be right*
avoir du courage *to be brave*	**avoir mal à** *to ache, to hurt*	**avoir soif** *to be thirsty*
		avoir sommeil *to be sleepy*
		avoir tort *to be wrong*

● The verb **faire** means *to do* or *to make*.

faire (*to do, to make*)	
je fais	**nous** faisons
tu fais	**vous** faites
il/elle fait	**ils/elles** font

Elle **fait** de l'exercice.

● **Faire** is also used in numerous idiomatic expressions. Many of these expressions are related to weather, sports and leisure activities, or household tasks.

BLOC-NOTES

The verb **faire** followed by an infinitive means *to have something done* or *to cause something to happen*. To learn more about **faire causatif**, see **Fiche de grammaire 9.5, p. A38.**

les sports et les loisirs

faire de l'aérobic
to do aerobics

faire du camping
to go camping

faire du cheval *to ride a horse*

faire de l'exercice
to exercise

faire la fête *to party*

faire de la gym *to work out*

faire du jogging *to go jogging*

faire de la planche à voile
to go windsurfing

faire une promenade
to go for a walk

faire une randonnée
to go for a hike

faire un séjour *to spend time (somewhere)*

faire du shopping
to go shopping

faire du ski *to go skiing*

faire du sport *to play sports*

faire un tour (en voiture)
to go for a walk (for a drive)

faire les valises *to pack one's bags*

faire du vélo *to go cycling*

le temps

Il fait beau.
The weather's nice.

Il fait chaud. *It's hot.*

Il fait froid. *It's cold.*

Il fait mauvais.
The weather's bad.

Il fait (du) soleil. *It's sunny.*

Il fait du vent. *It's windy.*

les tâches ménagères

faire la cuisine *to cook*

faire la lessive *to do laundry*

faire le lit *to make the bed*

faire le ménage *to do the cleaning*

faire la poussière *to dust*

faire la vaisselle *to do the dishes*

d'autres expressions

faire attention (à) *to pay attention (to)*

faire la connaissance de
to meet (someone)

faire mal *to hurt*

faire peur *to scare*

faire des projets
to make plans

faire la queue *to wait in line*

● The verb **aller** means *to go*.

aller (*to go*)	
je vais	**nous** allons
tu vas	**vous** allez
il/elle va	**ils/elles** vont

Ils **vont** au cinéma.

● You can use **aller** with another verb to tell what is going to happen in the near future. The second verb is in the infinitive. This construction is called the **futur proche** (*immediate future*).

Je **vais quitter** mon mari.
I'm going to leave my husband.

Vous **allez lui mentir**?
Are you going to lie to him?

ATTENTION!

Remember, when you negate a sentence in the **futur proche**, place **ne... pas** around the form of **aller**.

Tu ne vas pas regarder le match?
Are you not going to watch the game?

Mise en pratique

1

Le mariage Complétez toutes les phrases. Soyez logique!

1. Soraya et Georges sont _____
2. Alors, ils vont _____
3. La mère de Soraya a _____
4. Son père est _____
5. Le jour du mariage, il fait _____
6. Soraya et Georges ont _____
7. Nous, leurs amis, nous sommes _____
8. La semaine prochaine, les jeunes mariés font _____

a. du soleil.
b. se marier.
c. amoureux.
d. déprimé parce qu'il pense au coût (*cost*) du mariage!
e. avec eux.
f. de la chance.
g. un séjour à Tahiti.
h. peur de perdre sa fille.

2

Au musée Complétez cette histoire à l'aide d'une forme correcte des verbes **être**, **avoir**, **faire** ou **aller**. Employez le présent de l'indicatif.

Kristen Aucoin et son frère Matt habitent dans le Rhode Island, et ils (1) _____ des ancêtres franco-canadiens. Ils adorent le sport et ils (2) _____ du vélo presque tous les week-ends, mais cet après-midi, il (3) _____ mauvais et il pleut. Alors, ils (4) _____ visiter le musée du Travail et de la Culture. Ils (5) _____ curieux de connaître l'histoire de leur région, et ce musée (6) _____ le meilleur endroit pour ça. Au musée, on (7) _____ la possibilité de voir des expositions sur l'immigration québécoise en Nouvelle-Angleterre. Kristen (8) _____ envie d'acheter quelques livres. Matt (9) _____ parler en français aux employés du musée. Il (10) _____ des efforts pour ne pas perdre la langue de ses grands-parents.

Practice more at vhlcentral.com.

Communication

3

Comparaisons Avec un(e) camarade, décrivez les personnes de la liste à l'aide de ces expressions. Expliquez vos choix. Ensuite, comparez vos réponses avec celles d'un autre groupe.

> **Modèle** Madonna fait évidemment de la gym parce qu'elle est en forme.

avoir du courage	faire la cuisine
avoir honte	faire la fête
avoir de la patience	faire de la gym
avoir sommeil	faire le ménage
avoir tort	faire du shopping
?	?

- Taylor Swift
- Harry Styles
- Jennifer Lawrence
- Justin Timberlake
- Audrey Tautou
- Robert Pattinson

4

Conseils À deux, donnez des conseils à ces personnes. Employez à chaque fois le verbe **être** ou **avoir**, une expression avec **faire** et un verbe au futur proche.

> **Modèle** Vous êtes fatiguée. Si vous faites une promenade, vous n'allez pas vous endormir.

5

Promesses Vous avez beaucoup agacé votre petit(e) ami(e) qui menace de vous quitter. Vous promettez de ne plus faire ce qui l'énerve. Il/Elle vous pose des questions pour en être sûr(e). Jouez la scène pour la classe.

> **Modèle** —Je ne vais plus draguer les filles!
> —Bon, mais est-ce que tu vas être plus affectueux?

1.3 Forming questions

—*Qu'est-ce qui s'est passé?*

- Rising intonation is the simplest way to ask a yes/no question. Just say the same words as when making a statement and raise your pitch at the end.

Tu connais mon ami Pascal?
Do you know my friend Pascal?

- You can also ask a question by placing **est-ce que** before the subject. If the latter begins with a vowel sound, **est-ce que** becomes **est-ce qu'**.

Est-ce que vous prenez des risques?
Do you take risks?

Est-ce qu'il a cinq ans?
Is he five years old?

- You can place a tag question at the end of a statement.

Tu es canadien, **n'est-ce pas**?
You are Canadian, right?

On va partir à 8h00, **d'accord**?
We're going to leave at 8 o'clock, OK?

- You can invert the order of the subject pronoun and the verb. Remember to add a hyphen whenever you use inversion. If the verb ends in a vowel and the subject is **il**, **elle**, or **on**, add -**t**- between the verb and the pronoun.

Aimes-tu les maths?
Do you like math?

Préfère-t-il le bleu ou le vert?
Does he prefer blue or green?

- To ask for specific types of information, use the appropriate interrogative words and *falling* intonation.

Interrogative words

combien (de)? *how much/many?*

comment? *how?*

où? *where?*

pourquoi? *why?*

quand? *when?*

que/qu'? *what?*

(à/avec/pour) qui? *(to/with/for) who(m)?*

(avec/de) quoi? *(with/about) what?*

Où est-ce qu'on peut faire du vélo?
Where can we go cycling?

- You can use various methods of question formation with interrogative words.

> **Quand** est-ce qu'ils mangent?   **Combien** d'étudiants y a-t-il?
> *When are they eating?*   *How many students are there?*

- The interrogative adjective **quel** means *which* or *what*. Like other adjectives, it agrees in gender and number with the noun it modifies.

The interrogative adjective quel		
	singular	**plural**
masculine	quel	quels
feminine	quelle	quelles

> —Je suis à l'hôtel.   —Carole aime cette chanson.
> —**Quel** hôtel?   —**Quelle** chanson?

- **Quel(le)(s)** can be used with a noun or with a form of the verb **être**.

> **Quelle est** ton adresse?   **Quelles sont** tes fleurs préférées?
> *What is your address?*   *What are your favorite flowers?*

- To avoid repetition, use the interrogative pronoun **lequel**. Like **quel**, it agrees in number and gender with the noun it modifies. Since it is a pronoun, the noun is not stated.

The interrogative pronoun lequel		
	singular	**plural**
masculine	lequel	lesquels
feminine	laquelle	lesquelles

> —Je vais prendre cette jupe.   —Laure adore ces bonbons.
> —*I'm going to take this skirt.*   —*Laure loves these candies.*
>
> —**Laquelle**?   —**Lesquels**?
> —*Which one?*   —*Which ones?*

- **Lequel** and its forms can be used with the prepositions **à** and **de**. When this occurs, the usual contractions with **à** and **de** are made. In the singular, contractions are made only with the masculine forms.

> à + lequel = **auquel**   *but*   à + laquelle = **à laquelle**
> de + lequel = **duquel**   *but*   de + laquelle = **de laquelle**

> —Mon frère a peur du chien.   —Nous allons au cinéma.   —Je vais à l'université.
> —**Duquel** est-ce qu'il a peur?   —**Auquel** allez-vous?   —**À laquelle** vas-tu?

- In the plural, contractions are made with both the masculine and feminine forms: **auxquels, auxquelles; desquels, desquelles**.

> —Le prof parle aux étudiantes.   —Il a besoin de livres.
> —**Auxquelles** est-ce qu'il parle?   —**Desquels** a-t-il besoin?

ATTENTION!

When *what* or *who* is the subject of the verb, use **est-ce qui**. When *what* or *who* is the object of the verb or of a preposition, use **est-ce que**.

What
(Subject)
Qu'est-ce qui va changer?
What's going to change?
(Object)
Qu'est-ce que tu veux?
What do you want?

Who
(Subject)
Qui est-ce qui arrive à midi?
Who is arriving at noon?
(Object)
À qui est-ce que vous parlez?
To whom are you speaking?

Mise en pratique

1 **Les copains** Posez des questions à Gisèle. Formulez chaque question deux fois, d'abord avec **est-ce que**, puis avec l'inversion.

> **Modèle** **nous / avoir rendez-vous / avec Karim / au café**
>
> Est-ce que nous avons rendez-vous avec Karim au café? Avons-nous rendez-vous avec Karim au café?

1. tu / avoir confiance / en Myriam
2. Lucie et Ahmed / aller / faire / du sport
3. vous / rêver / de / tomber / amoureux
4. Alain / draguer / filles / de / la classe
5. Stéphanie / se mettre / souvent / en colère
6. mes copines / espérer / faire / un séjour / Canada

2 **Des parents contrariés** Ces parents sont fâchés contre leurs deux enfants adolescents. La mère pose des questions et le père les réitère avec des interrogatifs. Avec un(e) camarade, alternez les rôles, puis jouez la scène pour la classe.

> **Modèle** **Tu rentres <u>à trois heures du matin</u>?**
>
> À quelle heure est-ce que tu rentres?!

1. Vous mangez <u>cinq éclairs</u> par jour?
2. Tu travailles <u>avec Laurent</u>?
3. <u>Ce</u> mauvais élève est ton meilleur ami?
4. Vous allez <u>au parc</u> pendant les cours?
5. Vos amis achètent <u>des jeux vidéo</u> avec leur argent?

3 **Chez le conseiller matrimonial** D'après (*According to*) les réponses, devinez les questions. Employez l'inversion.

CONSEILLER (1) _____

M. LEROUX Ah, oui! Ma femme travaille trop!

CONSEILLER (2) _____

M. LEROUX Elle est psychologue.

CONSEILLER (3) _____

MME LEROUX Non, malheureusement, nous ne sortons jamais ensemble.

CONSEILLER (4) _____

MME LEROUX Oui, mon mari me demande souvent de rentrer plus tôt.

CONSEILLER (5) _____

M. LEROUX Bien sûr que ses heures de travail me gênent!

CONSEILLER Bon, (6) _____

M. LEROUX Prenons le prochain rendez-vous pour onze heures.

Communication

4 À vous de décrire! Par groupes de trois, regardez chaque photo et posez-vous mutuellement des questions pour décrire ce qui se passe.

> **Modèle** —Combien de personnes y a-t-il?
> —Il y a cinq personnes.
> —Que font-elles?

5 Des curieux Dites à votre camarade ce que vous allez faire pendant les prochaines vacances, à l'aide des mots de la liste. Ensuite, votre camarade va formuler une question avec **lequel** pour avoir plus de détails.

> **Modèle** —Je vais lire un livre.
> —Ah bon? Lequel?
> —Je vais lire *De la démocratie en Amérique*.

bronzer sur une plage	sortir avec des copains/copines
descendre dans une auberge	visiter des musées
manger dans un restaurant	visiter une ville
regarder des émissions à la télé	voir un film
?	?

6 Questions personnalisées Avec un(e) camarade, posez-vous mutuellement au moins trois questions sur ces thèmes. Présentez ensuite vos réponses à la classe.

> **Modèle** **le/la petit(e) ami(e)**
> As-tu un(e) petit(e) ami(e)? Comment est-ce qu'il/elle s'appelle?
> À quelle université va-t-il/elle?

- les cours
- les parents
- les copains
- l'argent
- les passe-temps
- la nourriture

Note
CULTURELLE

En 1831, le gouvernement français envoie aux États-Unis un écrivain de science politique âgé de 25 ans, **Alexis de Tocqueville**, pour y étudier les prisons. Après un séjour de neuf mois, Tocqueville retourne en France, enthousiasmé par le système démocratique américain, et il écrit *De la démocratie en Amérique*. Cette analyse politique, qui décrit tout aussi bien la réalité d'aujourd'hui que celle du 19e siècle, est un classique de la littérature française.

Synthèse

Où allons-nous habiter?

De:	Martin <martin.compeau@courriel.ca>
Pour:	Docteur Lesage <etienne24@courriel.qc>
Sujet:	Où allons-nous habiter?

J'ai 30 ans et je suis marié. Mon problème a commencé à cause d'une blague. Je fais des blagues tout le temps.

Ma femme Pauline et moi déménageons bientôt à New York, où nous faisons un tour chaque année. Elle considère que c'est la ville idéale. Nous avons deux enfants, et nous sommes tous très heureux d'aller habiter à New York. Un weekend, j'y vais pour chercher un appartement, pendant que Pauline essaie de vendre notre maison. Mais on s'envoie des messages instantanés pour être en contact. Elle m'appelle aussi chaque soir.

La semaine dernière, pour rire, j'ai l'idée d'envoyer un e-mail à Pauline pour lui dire que je n'ai plus envie de déménager. Et je réussis à la convaincre°! C'est incroyable, n'est-ce pas? Cette situation m'inquiète beaucoup, parce que ma femme s'est mise en colère. Elle ne veut plus me parler. Quelle solution me suggérez-vous? Comment vais-je lui dire que c'est une blague? Ne va-t-elle pas se mettre encore plus en colère? Êtes-vous capable de m'aider?

to convince

---

1 **Révision de grammaire** Relisez *Où allons-nous habiter?* Ensuite, choisissez la bonne réponse. N'oubliez pas de conjuguer les verbes.

1. Martin et Pauline _____ (être / mener / avoir) deux enfants.

2. Pauline _____ (espérer / rejeter / détester) habiter à New York.

3. Martin _____ (répéter / faire / détester) des blagues.

4. Cette blague de Martin _____ (renouveler / ennuyer / faire peur à) Pauline.

5. Martin et Pauline ne/n' _____ pas (déménager / acheter / aller) tout de suite une maison à New York.

6. Martin écrit à un docteur. _____ (Auxquels / Auquel / Duquel) écrit-il?

7. Comment Martin _____-il (faire / aller / avoir) dire à sa femme que c'est une blague?

2 **Qu'avez-vous compris?** Répondez par des phrases complètes.

1. Que font Martin et Pauline chaque année?

2. Comment Martin et Pauline sont-ils en contact quand ils ne sont pas ensemble?

3. Quelle idée Martin a-t-il un jour?

4. À votre avis, Pauline a-t-elle raison d'être en colère contre Martin? Que suggérez-vous comme solution au problme de Martin?

Préparation  Vocabulary Tools

Vocabulaire de la lecture	Vocabulaire utile
à partir de *from*	**un(e) ancêtre** *ancestor*
fuir (*irreg.*) *to flee*	**s'assimiler à** *to blend in*
grâce à *thanks to*	**bilingue** *bilingual*
un mélange *mix*	**un choc culturel** *culture shock*
une nouvelle vague *new wave*	**le dépaysement** *change of scenery; disorientation*
rejoindre (*irreg.*) *to join*	**émigrer** *to emigrate*
un soldat *soldier*	**immigrer** *to immigrate*
	s'intégrer (à un groupe) *to integrate (into a group)*

1

Vocabulaire Choisissez le bon mot de vocabulaire pour compléter chaque phrase.

1. _____ mes parents, je vais à l'université.
2. Il est normal de rendre hommage à nos _____, plusieurs fois dans l'année.
3. Une personne qui parle couramment deux langues est _____.
4. Dans les films d'horreur, le héros ou l'héroïne _____ toujours le monstre ou le méchant (*bad guy*).
5. Cette _____ artistique mélange le moderne et le traditionnel.
6. Benjamin Franklin a peut-être ressenti _____ quand il est arrivé pour la première fois en France, comme représentant des États-Unis.

2

Chez vous Répondez individuellement aux questions par des phrases complètes. Ensuite, comparez vos réponses avec celles de votre camarade.

1. Votre famille a-t-elle conservé des éléments de sa culture ancestrale? Si oui, lesquels? Lesquels préférez-vous? Sinon, quels sont les éléments des autres cultures que vous appréciez le plus?
2. Voudriez-vous que vos enfants et petits-enfants transmettent les traditions que vous avez maintenues dans votre famille?
3. Quelles communautés ethniques différentes de la vôtre existent près de chez vous? Ont-elles parfois des festivals ou des événements qui célèbrent leur culture? Si oui, y avez-vous déjà assisté? Décrivez votre expérience.

3

Sujets de réflexion Discutez de ces questions par groupes de trois et comparez vos réponses à celles des autres groupes.

1. Quelles sont les raisons pour lesquelles une personne immigre dans un autre pays?
2. Quand quelqu'un part vivre dans un pays étranger où on parle une autre langue, devrait-il/elle parler à ses futurs enfants dans sa langue ou dans la langue du pays? Expliquez votre réponse.
3. Comment peut-on préserver une culture? Quel rôle joue la langue dans cet effort de préservation?
4. Faut-il s'assimiler pour s'intégrer, ou peut-on arriver à l'intégration en gardant (*while keeping*) sa propre culture?

 Practice more at vhlcentral.com.

Les **Francophones** d'Amérique

 Audio: Reading

Chaque année, en octobre, les Festivals acadiens et créoles de Lafayette, en Louisiane, célèbrent les divers aspects de la culture cadienne:
5 musique, gastronomie, art et artisanat… Cette tradition a fait redécouvrir une culture en voie de disparition.

C'est au 17ᵉ siècle qu'une communauté francophone a fondé l'Acadie, à l'est
10 du Canada, où on trouve aujourd'hui la Nouvelle-Écosse° et les régions voisines. La communauté a souffert de l'invasion des Britanniques pendant la guerre de Sept Ans (1754–1763)
15 et de la déportation en France, en Angleterre et dans les colonies britanniques. De nombreux Acadiens ont fui. Beaucoup ont suivi le fleuve Mississippi pour aboutir° en Louisiane, en 1764. C'est alors qu'est
20 née la culture cadienne, ce terme étant° une altération anglaise du mot «acadien». Jusqu'au 20ᵉ siècle, d'autres francophones, du Canada, des Antilles et d'ailleurs, ont rejoint
25 les Acadiens.

En 1921, un nouvel obstacle se présente, quand le gouvernement de la Louisiane déclare
30 obligatoire l'éducation en anglais. À partir de ce moment, la culture cadienne est en danger d'extinction.
35 Heureusement, en 1968, le gouvernement local crée le Conseil pour le Développement du Français en Louisiane (CODOFIL) et on appelle Acadiana le sud-ouest de l'État, où se trouve la majorité
40 des Cadiens. Aujourd'hui, le français est enseigné dans les écoles, parfois dans des programmes d'immersion.

Outre° le retour de l'enseignement du français, la culture cadienne a connu
45 une renaissance, dans les domaines de la gastronomie et de la musique. Depuis ses origines, la musique est un mélange

Nova Scotia (line 11)
end up (line 18)
being (line 20)
Besides (line 43)

Les instruments de musique

Le violon° et l'accordéon, les principaux instruments de la musique cadienne, sont accompagnés de la guitare, du triangle, de l'harmonica et de la planche à laver°, ou «frottoir» en cadien. Ce dernier instrument se joue à l'aide de dés à coudre° avec lesquels on frotte° la planche ou on tape° dessus.

fiddle
washboard
thimbles
rubs/hits

d'influences étrangères provenant d'Afrique, des Antilles ou du reste des États-Unis. Le musicien Dewey Balfa a contribué à la 50 popularité de la musique cadienne depuis les années 1960, et la nouvelle vague de musiciens cadiens continue de la faire évoluer. Celle-ci est devenue si populaire que des groupes se sont 55 formés dans d'autres endroits des États-Unis, comme les Whozyamama dans l'état de Washington ou The Bone Tones 60 à Minneapolis.

La gastronomie est l'autre ambassadeur culturel des Cadiens. Originaire de l'Acadiana, 65 la cuisine cadienne est rustique et ses ingrédients de base sont le poivron, l'oignon et le céleri. Grâce à des chefs comme Paul Prudhomme et Emeril Lagasse, dont on voit les émissions télévisées, cette 70 gastronomie s'est répandue° dans beaucoup de villes et de cuisines américaines.

Les cultures cadienne et créole ont su résister à tous les événements qui ont voulu les détruire. Le peuple cadien a réussi son 75 intégration: il s'est assimilé à la société américaine sans abandonner ses traditions ni son mode de vie. ■

has spread (line 71)

> La culture cadienne a connu une renaissance, dans les domaines de la gastronomie et de la musique.

Analyse

1

Compréhension Répondez aux questions par des phrases complètes.

1. D'où est venue la majorité des francophones qui se sont installés en Louisiane au 18ᵉ siècle?

2. Pour quelle raison ont-ils quitté leur colonie?

3. Pourquoi la langue et la culture cadiennes ont-elles été en danger d'extinction au 20ᵉ siècle?

4. À part (*Apart from*) la langue, quels sont les deux éléments les plus visibles de la culture cadienne sur le continent américain?

5. Quels sont les deux instruments principaux de la musique cadienne?

6. Quels ingrédients sont beaucoup utilisés dans la cuisine cadienne?

2

Opinion Répondez à ces questions avec un(e) camarade.

1. Que ressentiriez-vous si le gouvernement vous interdisait de parler votre langue?

2. Pensez-vous que votre langue et votre culture fassent partie de votre personnalité? Expliquez votre réponse.

3. Pensez-vous que la coexistence de plusieurs cultures crée une société plus forte ou plus faible?

3

Prédiction Vous avez lu que d'autres cultures et des influences extérieures ont menacé l'existence de la culture cadienne. Pourtant, cette culture existe encore et a de l'influence sur le continent nord-américain. Par groupes de trois ou quatre, imaginez la communauté cadienne en 2100. Existera-t-elle encore, à votre avis? Le français cadien sera-t-il encore parlé?

4

Allez plus loin Pour aller plus loin, imaginez le continent nord-américain en 2100 et répondez aux questions par groupes de trois.

- À votre avis, quelles seront les cultures dominantes sur le territoire?
- Quelles seront les cultures en déclin?
- Quelles langues le peuple américain parlera-t-il?
- L'anglais persistera-t-il à dominer comme unique langue officielle?
- L'éducation bilingue ou plurilingue (*multilingual*) sera-t-elle une réalité?

Practice more at
vhlcentral.com.

Préparation Vocabulary Tools

À propos de l'auteur

Guillaume Apollinaire (1880–1918), de son vrai nom Wilhelm Apollinaris de Kostrowitcki, est né à Rome, d'une mère polonaise. Il passe son enfance avec sa mère et son frère sur la Côte d'Azur. En 1899, ils déménagent à Paris où Wilhelm devient précepteur (*tutor*) dans une famille allemande. Il accompagne cette famille en Allemagne, en Autriche et en Hollande. Ces voyages lui inspirent de nombreux poèmes, notamment *Nuit rhénane*. De retour à Paris, Apollinaire rencontre des artistes d'avant-garde: Derain, Vlaminck, Picasso et d'autres. En 1914, il s'engage dans l'armée où il continue d'écrire des poèmes. Il est grièvement (*seriously*) blessé en 1916 et meurt de la grippe espagnole deux ans plus tard. Guillaume Apollinaire a joué un rôle considérable dans la création de mouvements littéraires et artistiques.

Vocabulaire de la lecture	**Vocabulaire utile**
s'en aller *to go/fade (away)*	**des amants** (*m.*) *lovers*
couler *to flow*	**désabusé(e)** *disillusioned*
la joie *joy*	**une liaison** *affair; relationship*
las/lasse *weary*	**mélancolique** *melancholic*
la peine *sorrow*	**une rupture** *breakup*
sonner *to strike; to sound*	**la tristesse** *sadness*

1

Définitions Faites correspondre les mots avec leur définition.

_____ 1. Fait de mettre fin à quelque chose
_____ 2. Bonheur, grand plaisir
_____ 3. Tourment, souffrance morale
_____ 4. Relation amoureuse
_____ 5. Symboliser ou décrire
_____ 6. Action de l'eau qui se déplace ou du temps qui passe
_____ 7. Qui a tendance à être triste et rêveur
_____ 8. Qui n'a plus d'illusions

a. représenter
b. mélancolique
c. sonner
d. couler
e. désabusé
f. rupture
g. liaison
h. peine
i. onde
j. joie

Marie Laurencin

2

Préparation Répondez individuellement à ces questions, puis discutez-en avec un(e) camarade de classe.

1. Quels sont les événements de la vie qui symbolisent la joie? Et la peine?

2. Peut-on dire que la vie a des vagues (*waves*) de bonheur ou de tristesse? Comment peut-on l'expliquer?

3. Dans l'art et la littérature, pourquoi l'eau représente-t-elle le temps qui passe? Quelles autres métaphores ou images vous font penser au temps qui passe?

4. Êtes-vous désabusé(e)? À cause de qui ou de quoi?

5. Avez-vous vécu une rupture? Comment cela s'est-il passé? Si non, connaissez-vous quelqu'un d'autre qui a vécu une rupture?

Note CULTURELLE

En 1907, **Pablo Picasso** présente **Marie Laurencin**, peintre et poétesse, à **Guillaume Apollinaire**. Ils tombent amoureux et vivent une liaison passionnée qui durera cinq ans. Le poème *Le Pont Mirabeau*, écrit en 1912, exprime les sentiments de l'auteur juste après sa rupture avec Marie. Le pont Mirabeau est un pont de Paris sur lequel Apollinaire passait souvent.

 Practice more at vhlcentral.com.

LE PONT Mirabeau

Guillaume Apollinaire

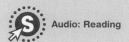

Sous le pont Mirabeau coule la Seine

    Et nos amours

  Faut-il qu'il m'en souvienne

La joie venait toujours après la peine

5   Vienne la nuit sonne l'heure

remain   Les jours s'en vont je demeure°

Les mains dans les mains restons face à face

    while   Tandis que° sous

    Le pont de nos bras passe

water 10 Des éternels regards l'onde° si lasse

    Vienne la nuit sonne l'heure

    Les jours s'en vont je demeure

———

La joie venait toujours
après la peine

———

running   L'amour s'en va comme cette eau courante°

    L'amour s'en va

15   Comme la vie est lente

hope   Et comme l'Espérance° est violente

    Vienne la nuit sonne l'heure

    Les jours s'en vont je demeure

Passent les jours et passent les semaines

20   Ni temps passé

    Ni les amours reviennent

Sous le pont Mirabeau coule la Seine

    Vienne la nuit sonne l'heure

    Les jours s'en vont je demeure ■

Analyse

1 Compréhension Répondez aux questions, si possible par des phrases complètes.

1. Qui parle, dans le poème? À qui parle cette personne?
2. De quoi se souvient le poète?
3. Qu'est-ce qui forme un «pont», à part le pont Mirabeau?
4. Dans le poème, quels sont les éléments que l'eau représente?
5. Quel est l'objet qui symbolise le poète quand il dit «je demeure»? Pourquoi?
6. Quelles sont des expressions de sentiments désabusés?
7. Y a-t-il du bonheur ou de l'optimisme dans le poème?
8. Quels sont les thèmes principaux du poème?

2 Interprétation Répondez aux questions par des phrases complètes.

1. Que ressent l'auteur? Ses sentiments changent-ils pendant le poème?
2. Que veut dire le poète quand il écrit que «… sous le pont de nos bras passe / des éternels regards l'onde si lasse»?
3. Et que veulent dire «Vienne la nuit sonne l'heure / Les jours s'en vont je demeure»? Pourquoi le poète répète-t-il ces vers quatre fois?
4. La liaison de ce couple était-elle heureuse, turbulente ou tranquille, à votre avis? Décrivez-la dans un court paragraphe.

3 Imaginez Avec un(e) camarade, imaginez l'histoire d'amour de ce poète et de son amie. Préparez une conversation qui explique pourquoi leur rupture est nécessaire. Servez-vous du nouveau vocabulaire et des nouvelles structures.

4 Rédaction Écrivez une lettre, réelle ou imaginaire, à votre (petit[e]) ami(e) ou à quelqu'un dont vous êtes amoureux / amoureuse. Suivez le plan de rédaction.

Plan

1 Préparation Pensez à la personne à laquelle vous adressez la lettre. Choisissez une salutation, comme: **Cher** _____ / **Chère** _____, **Mon amour**, **Mon cœur**…

2 Développement Organisez vos idées. Quels sont les sentiments que vous voulez exprimer? Aidez-vous de ces questions pour écrire votre lettre:
1. Comment est la personne qui va lire la lettre?
2. Que ressentez-vous quand vous pensez à cette personne?
3. Pourquoi aimez ou aimiez-vous cette personne?
4. Pensez-vous que vos sentiments sont ou étaient réciproques?
5. Quels contacts espérez-vous avoir avec cette personne à l'avenir?

3 Conclusion Terminez votre lettre par une phrase qui convient, telle que: **Amitiés**, **Bises** / **Bisous**, **Je t'embrasse**, **Je t'aime**, ou **Ton amour**. Ces exemples vont de la simple amitié au grand amour.

Practice more at
vhlcentral.com.

Ressentir et vivre

 Vocabulary Tools

Les relations

une âme sœur *soulmate*
une amitié *friendship*
des commérages (*m.*) *gossip*
un esprit *spirit*
un mariage *marriage; wedding*
un rendez-vous *date*
une responsabilité *responsibility*

compter sur *to rely on*
draguer *to flirt*
s'engager (envers quelqu'un) *to commit (to someone)*
faire confiance (à quelqu'un) *to trust (someone)*
mentir *(conj. like **sentir**) to lie*
mériter *to deserve*
partager *to share*
poser un lapin (à quelqu'un) *to stand (someone) up*
quitter quelqu'un *to leave someone*
rompre *(irreg.) to break up*
sortir avec *to go out with*

(in)fidèle *(un)faithful*

Les sentiments

agacer/énerver *to annoy*
aimer *to love; to like*
avoir honte (de) *to be ashamed (of)/embarrassed*
en avoir marre (de) *to be fed up (with)*
s'entendre bien (avec) *to get along well (with)*
gêner *to bother; to embarrass*
se mettre en colère contre *to get angry with*
ressentir *(conj. like **sentir**) to feel*
rêver de *to dream about*
tomber amoureux/amoureuse (de) *to fall in love (with)*

accablé(e) *overwhelmed*
anxieux/anxieuse *anxious*
contrarié(e) *upset*
déprimé(e) *depressed*
enthousiaste *enthusiastic*
fâché(e) *angry*
inquiet/inquiète *worried*
jaloux/jalouse *jealous*
passager/passagère *fleeting*

L'état civil

divorcer *to get a divorce*
se fiancer *to get engaged*
se marier avec *to marry*
vivre *(irreg.)* en union libre *to live together (as a couple)*

célibataire *single*
veuf/veuve *widowed; widower/widow*

La personnalité

avoir confiance en soi *to be confident*

affectueux/affectueuse *affectionate*
charmant(e) *charming*
économe *thrifty*
franc/franche *frank*
génial(e) *great*
(mal)honnête *(dis)honest*
idéaliste *idealistic*
inoubliable *unforgettable*
(peu) mûr *(im)mature*
orgueilleux/orgueilleuse *proud*
prudent(e) *careful*
séduisant(e) *attractive*
sensible *sensitive*
timide *shy*
tranquille *calm; quiet*

Court métrage

un casque *helmet*
la colonne vertébrale *spine*
une course *race*
la foudre *lightning*
un rancard *date*
un site de rencontres *dating website*
un type *guy*

être (mal) à l'aise *to be (un)comfortable*
gâcher *to ruin*
s'inscrire *to register*
plaire (à) *(past part. **plu**) to please, delight (somebody)*
se rendre compte *to realize*

blessé(e) *injured*
désastreux/désastreuse *disastrous*
fétiche *favorite*
foudroyé(e) *struck by lightning*
trempé(e) *soaked*

Culture

un(e) ancêtre *ancestor*
un choc culturel *culture shock*
le dépaysement *change of scenery; disorientation*
un mélange *mix*
une nouvelle vague *new wave*
un soldat *soldier*

s'assimiler à *to blend in*
émigrer *to emigrate*
fuir *(irreg.) to flee*
immigrer *to immigrate*
s'intégrer (à un groupe) *to integrate (into a group)*
rejoindre *(irreg.) to join*

bilingue *bilingual*

à partir de *from*
grâce à *thanks to*

Littérature

des amants (*m.*) *lovers*
la joie *joy*
une liaison *affair; relationship*
la peine *sorrow*
une rupture *breakup*
la tristesse *sadness*

s'en aller *to go/fade (away)*
couler *to flow*
sonner *to strike; to sound*

désabusé(e) *disillusioned*
las/lasse *weary*
mélancolique *melancholic*

Habiter en ville

Ah, l'attrait de la ville! Depuis des années, la campagne perd ses habitants. Qu'implique la vie urbaine, en fait? Est-il nécessairement plus facile de rencontrer des gens en ville qu'à la campagne? Oui, habiter en ville, c'est pratique... mais à quel prix?

Destination:
FRANCE

47

70

En ville  Vocabulary Tools

Les lieux

un arrêt d'autobus *bus stop*
une banlieue *suburb*
une caserne de pompiers *fire station*
le centre-ville *city/town center; downtown*
un cinéma *movie theater*

un commissariat de police
  police station
un édifice *building*
un gratte-ciel *skyscraper*
un hôtel de ville *city/town hall*
un jardin public *public garden*
un logement/une habitation *housing*
un musée *museum*
le palais de justice *courthouse*
une place *(town/city) square*
la préfecture de police
  police headquarters
un quartier *neighborhood*
une station de métro *subway station*

Les indications

la circulation *traffic*
les clous *crosswalk*

un croisement *intersection*
un embouteillage *traffic jam*
un feu (tricolore) *traffic light*
un panneau *road sign*
un panneau d'affichage *billboard*
un pont *bridge*
un rond-point *traffic circle*
une rue *street*
les transports en commun
  public transportation
un trottoir *sidewalk*
une voie *lane; road*

descendre *to go down; to get off*
donner des indications *to give directions*
être perdu(e)
  to be lost
monter (dans une
  voiture, dans un
  train) *to get (in
  a car, on a train)*
se trouver
  to be located

Les gens

un agent de police *police officer*
un(e) citadin(e) *city-/town-dweller*
un(e) citoyen(ne) *citizen*
un(e) colocataire *roommate*
un(e) conducteur/conductrice *driver*
un(e) étranger/étrangère *foreigner;
  stranger*
le maire *mayor*
un(e) passager/passagère *passenger*
un(e) piéton(ne) *pedestrian*

Les activités

les travaux *construction*
l'urbanisme (*m.*) *city/town planning*
la vie nocturne *nightlife*

améliorer *to improve*
s'amuser *to have fun*
construire *to build*
empêcher (de) *to keep from
  (doing something)*
s'ennuyer *to get bored*
s'entretenir (avec)
  to converse
passer (devant)
  to go past
peupler *to populate*
rouler (en voiture)
  to drive
vivre *to live*

(peu/très) peuplé(e)
  (sparsely/densely) populated

Pour décrire

animé(e) *lively*
bruyant(e) *noisy*

inattendu(e) *unexpected*
plein(e) *full*
privé(e) *private*
quotidien(ne) *daily*
sûr(e)/en sécurité *safe*
vide *empty*

Mise en pratique

1 **Correspondances** Trouvez le mot qui correspond à chaque définition.

_____ 1. Gens qui habitent le même logement — a. gratte-ciel

_____ 2. De tous les jours — b. passager

_____ 3. Habitant d'une ville — c. hôtel de ville

_____ 4. Expliquer comment aller d'un endroit à un autre — d. améliorer

_____ 5. Région autour d'une ville — e. colocataires

_____ 6. Édifice aux nombreux étages — f. citadin

_____ 7. Bâtiment où se trouve l'administration municipale — g. donner des indications

_____ 8. Passage où les piétons traversent la rue — h. banlieue

_____ 9. Personne qui monte dans un bus — i. clous

_____ 10. Rendre ou devenir meilleur — j. quotidien

2 **À la une** Complétez chaque titre de journal à l'aide du terme le plus logique de la liste.

| bruyant | embouteillage | musée | transports en commun |
| commissariat de police | hôtel de ville | peuplé | travaux |

1. BORDEAUX—Suspect retenu au _____ pour interrogatoire

2. CAEN—_____ énorme sur l'autoroute 88 à cause d'un accident

3. CHARTRES—Les _____ du centre-ville, commencés il y a dix ans, sont enfin terminés!

4. LIMOGES—Exposition de masques africains au _____ des Beaux-arts jusqu'au 12 mai

5. LILLE—La ville aujourd'hui: deux fois plus _____ qu'en 1970

6. PARIS—Grève (*Strike*) des employés du métro: prenez d'autres _____ aujourd'hui

3 **Centre-ville ou banlieue?** Répondez au questionnaire. Ensuite, comparez vos réponses avec celles d'un(e) camarade de classe et expliquez-les en une phrase. Avez-vous les mêmes préférences?

Préférez-vous…	A	B
…(A) habiter au centre-ville ou (B) en banlieue?	☐	☐
…(A) sortir en boîte ou (B) aller au cinéma?	☐	☐
…(A) vivre seul(e) ou (B) avec des colocataires?	☐	☐
…(A) habiter dans une petite rue ou (B) sur une grande avenue?	☐	☐
…(A) parler aux étrangers dans la rue ou (B) les éviter?	☐	☐
…(A) préserver les parcs publics ou (B) construire plus d'édifices?	☐	☐
…(A) rouler en voiture ou (B) prendre les transports en commun?	☐	☐

4 **À la mairie** Imaginez que vous soyez le maire de la ville. Que pourriez-vous faire pour améliorer la vie des citoyens? Qu'aimeriez-vous changer dans votre ville? Faites une liste de quatre ou cinq idées. Comparez-la avec celles de vos camarades de classe.

Practice more at vhlcentral.com.

Préparation

 Vocabulary Tools

---

Vocabulaire du court métrage

débile *moronic*
un marché *deal*
se plaindre *(conj. like* **éteindre***) to complain*
une rame de métro *subway train*
se rassurer *to reassure oneself*

réitérer *to reiterate*
rejoindre *to join*
un sketch *skit*
solliciter *to solicit*
une voie *means*

Vocabulaire utile

duper *to trick*
gêné(e) *embarrassed*
insensible *insensitive*
un lien *connection*
se méfier de *to be distrustful of*
un wagon *subway car*

EXPRESSIONS

avoir du mal *to have difficulty*

C'est ça. *That's right.*

Vous êtes mal barré(e). *You won't get far.*

Excusez-moi de vous déranger. *Sorry to bother you.*

se faire poser un lapin *to get stood up*

---

1 **Un marché de dupes?** Complétez cette conversation à l'aide des mots ou des expressions que vous venez d'apprendre. Faites tous les changements nécessaires.

HOMME Allô?

VENDEUR Bonjour, Monsieur, (1) _____. Je vends des aspirateurs à distance, et je ne (2) _____ que quelques minutes de votre temps.

HOMME Allez-y, je vous écoute.

VENDEUR Nos aspirateurs sont révolutionnaires! Non seulement ils sont puissants (*powerful*), mais en plus ils se vident automatiquement à l'aide d'un bouton! Et ils coûtent la moitié du prix des autres! C'est (3) _____ exceptionnel que je vous propose. Ça vous intéresse?

HOMME Écoutez, j'ai vraiment du mal à croire ce que vous me dites. Vous essayez de me (4) _____ et je ne suis pas (5) _____ de vous le dire.

VENDEUR Mais Monsieur, (6) _____! Nos aspirateurs sont garantis!

HOMME Si vous pensez vendre vos aspirateurs de cette façon, vous (7) _____ dans la vie! Je reste (8) _____ à votre offre. Et si vous insistez je vais (9) _____ à la police!

VENDEUR Eh bien, je vous laisse. Au revoir.

HOMME (10) _____! Au revoir.

2

Questions À deux, répondez aux questions par des phrases complètes.

1. Avez-vous l'habitude de faire confiance aux inconnus ou vous méfiez-vous toujours des autres?

2. Vous êtes-vous déjà trompé(e) sur le caractère de quelqu'un? En bien ou en mal? Sinon, connaissez-vous quelqu'un que les apparences ont trompé?

3. Quels traits de caractère ont de l'importance pour vous quand vous choisissez un copain ou une copine?

4. Avez-vous déjà ressenti un lien très fort avec quelqu'un que vous veniez juste de rencontrer ou avec qui vous n'aviez jamais parlé? Sinon, pensez-vous qu'un vrai rapport de ce type est possible?

3

Que se passe-t-il? À deux, observez ces images extraites du court métrage et imaginez, en deux ou trois phrases par photo, ce qui va se passer.

4

Petites annonces Remplissez les colonnes du tableau pour vous décrire et dire ce que vous recherchez chez une personne. Puis, à l'aide de ces idées, écrivez un paragraphe. Enfin, comparez-le à celui d'un(e) camarade de classe.

Modèle   Bonjour! Je suis un charmant jeune homme de vingt ans. Je cherche une femme intelligente et amusante entre dix-huit et trente ans. Je suis aussi…

	Vous	La personne recherchée
Âge		
Physique		
Personnalité		
Loisir(s) et intérêt(s)		

5

À votre avis Répondez aux questions à deux. Puis, donnez votre avis sur la question suivante: Est-ce qu'habiter en ville rapproche ou éloigne les gens?

- Habitez-vous en ville ou à la campagne?
- Connaissez-vous bien vos voisins?
- Rencontrez-vous souvent dans la rue quelqu'un que vous connaissez?
- Faites-vous facilement des rencontres (amicales ou romantiques) là où vous habitez?

Short Film

J'attendrai le suivant...

Prix du Court Métrage aux European Film Awards, 2004; Nominé aux Oscars 2003, aux Césars 2004

Une production de LA BOÎTE   Scénario THOMAS GAUDIN/PHILIPPE ORREINDY
Réalisation PHILIPPE ORREINDY   Production CAROLINE PERCHAUD/ÉRIC PATTEDOIE
Production exécutive VALÉRIE REBOUILLAT   Photographie ÉRIC GENILLIER
Montage ANNE ARAVECCHI   Musique ALAIN MARNA   Son DOMINIQUE DAVY
Acteurs SOPHIE FORTE/THOMAS GAUDIN/PASCAL CASANOVA

INTRIGUE *Une jeune femme pense trouver l'amour de sa vie dans le métro.*

ANTOINE Bonsoir. Je m'appelle Antoine et j'ai 29 ans. Rassurez-vous, je ne vais pas vous demander d'argent. J'ai lu récemment qu'il y avait, en France, près de cinq millions de femmes célibataires. Où sont-elles?

ANTOINE Je crois au bonheur. Je cherche une jeune femme qui aurait du mal à rencontrer quelqu'un et qui voudrait partager quelque chose de sincère avec quelqu'un.

ANTOINE Voilà. Si l'une d'entre vous se sent intéressée, elle peut descendre discrètement à la station suivante. Je la rejoindrai sur le quai.

HOMME Mais arrêtez! Restez célibataire! Moi ça fait cinq ans que je suis marié avec une emmerdeuse°. Si vous voulez, je vous donne son numéro et vous voyez avec elle. Mais il ne faudrait pas venir vous plaindre après!

ANTOINE C'est très aimable, Monsieur, mais je ne cherche pas la femme d'un autre. Je cherche l'amour, Monsieur. Je ne cherche pas un marché. (*À tout le monde*) Excusez ce monsieur qui, je pense, ne connaîtra jamais l'amour.

emmerdeuse *pain in the neck*

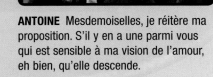

ANTOINE Mesdemoiselles, je réitère ma proposition. S'il y en a une parmi vous qui est sensible à ma vision de l'amour, eh bien, qu'elle descende.

La femme descend.

Analyse

1

Compréhension Répondez aux questions par des phrases complètes.

1. Que demande Antoine aux passagers?
2. Comment se décrit-il?
3. Pourquoi dit-il qu'il cherche une femme célibataire de cette façon?
4. Pourquoi un homme dans la rame de métro l'interrompt-il?
5. Que propose cet homme?
6. Quelle est la vraie raison du discours d'Antoine?

2

Opinion À deux, répondez aux questions par des phrases complètes.

1. À quoi pense la jeune femme tout au début du film quand elle marche seule en ville?
2. À votre avis, que ressent Antoine quand la femme descend de la rame de métro?
3. Que ressent la jeune femme une fois sur le quai?
4. Pourquoi pensez-vous que le court métrage s'intitule *J'attendrai le suivant...*? Expliquez bien votre réponse.

3

Jeu de rôles Imaginez-vous dans une situation similaire à celle du film. Vous pensez trouver l'amour avec un(e) inconnu(e) (*stranger*) que vous trouvez séduisant(e). Que feriez-vous à la fin et que diriez-vous à l'inconnu(e)? Devant la classe, jouez vos rôles ou lisez votre réponse.

4

La fin Par groupes de trois, imaginez en cinq ou six phrases deux autres fins à cette histoire. Ensuite, comparez vos idées à celles des autres groupes.

- une fin heureuse
- une fin triste

5

Comment faire? À deux, faites une liste de quatre ou cinq moyens qu'une personne a aujourd'hui de trouver l'âme sœur. Dites quels sont leurs avantages et leurs inconvénients. Ensuite, comparez votre liste à celles de vos camarades de classe et discutez-en.

6

Qui est-ce? Par groupes de trois, décrivez la vie des trois personnages du film. Pour chacun des personnages, écrivez au moins cinq phrases sur sa vie quotidienne, sa vie sentimentale et sa vie professionnelle.

- Où habite-t-il/elle?
- Quelle est sa profession?
- Comment est-il/elle physiquement?
- Qu'aime-t-il/elle faire le week-end?

7

À vous la parole! Répondez aux questions par des phrases complètes.

1. Avez-vous déjà joué un mauvais tour (*dirty trick*) à quelqu'un? Si oui, l'avez-vous regretté? Sinon, n'avez-vous jamais eu envie de le faire?
2. À votre avis, quel est le meilleur moyen de rencontrer quelqu'un quand on habite en ville?
3. Qu'aimeriez-vous trouver en ville?
4. Qu'y a-t-il en ville que vous n'aimeriez pas voir?
5. Est-ce mieux d'habiter en ville ou à la campagne? Pourquoi?
6. Pensez-vous qu'on se sente plus souvent seul(e) en ville ou à la campagne?

8

Réalisation À deux, imaginez que vous deviez faire un court métrage sur le thème de la ville. Quel sujet choisiriez-vous? Expliquez votre choix. Comparez-le à ceux de la classe.

Les berges° de la Saône, à Lyon

IMAGINEZ
La France

Marseille et Lyon

La France compte environ 36.000 villes et villages de toutes tailles. La ville la plus connue, c'est bien sûr Paris, mais d'autres villes ont aussi beaucoup d'intérêt. **Marseille** et **Lyon**, qui se disputent le titre de deuxième ville de France, ont toutes les deux leur charme propre et méritent le détour.

Appelée la «cité phocéenne» pour avoir été fondée par des **Grecs** de la ville de **Phocée**, en **Asie Mineure**, en 600 avant J.-C.°, Marseille est aujourd'hui une ville très peuplée de la **côte méditerranéenne**. Elle est d'une grande diversité culturelle grâce à sa situation géographique. Parler de Marseille, c'est parler de la bouillabaisse (soupe de poissons), de la pétanque, des plages, d'un grand port commercial et surtout du **Vieux-Port**. Celui-ci est maintenant un lieu de rencontre très animé, avec une succession de restaurants et de magasins. Marseille est une ville très urbanisée, mais elle possède aussi des atouts° naturels. Ses calanques°, qui donnent sur la mer, sont appréciées pour leur caractère secret et sauvage. Au large de° la côte, les **îles du Frioul** constituent un site exceptionnel pour les plongeurs° et les amoureux de la nature. Non loin de là se trouve le **château d'If**, une prison rendue célèbre par la légende de l'homme au masque de fer et par **Alexandre Dumas** avec son roman *Le Comte de Monte-Cristo*.

De son côté, Lyon, antique cité romaine fondée en 43 avant J.-C., est une ville attirante° pour de multiples raisons. Traversée par un fleuve, le **Rhône**, et par une rivière, la **Saône**, et voisine des **Alpes** et de **Genève**, Lyon a été la capitale de la **Gaule** sous l'Antiquité, un grand centre de la **Renaissance** et la capitale de la **Résistance** pendant la **Seconde Guerre mondiale**. La richesse de son histoire a été reconnue par l'**UNESCO**, qui a fait d'une grande partie de la ville le plus grand espace classé° au patrimoine° mondial. Lyon est

D'ailleurs…

Marseille et Lyon se disputent la place de deuxième ville de France en raison de l'ambiguïté du nombre d'habitants. Si on parle de la ville intra-muros°, Marseille est deuxième avec environ 850.000 habitants contre environ 480.000 pour Lyon. Par contre, si on considère l'agglomération, c'est Lyon qui est la première, avec un peu plus de 2.000.000 d'habitants contre environ 1.600.000 pour Marseille. C'est une question qui n'est toujours pas réglée°.

Vue sur le Vieux-Port de Marseille

aussi un grand carrefour° économique européen établi et elle est le siège° de quelques organisations internationales comme **Interpol**. Son statut de capitale de la gastronomie et de la soie, et de lieu de naissance du cinéma renforce sa notoriété. Lyon connaît un grand succès en France et en Europe avec un événement annuel: la **fête des Lumières**. Pendant cette célébration, les Lyonnais mettent des lumières à leurs fenêtres et les bâtiments de la ville sont illuminés par des jeux de lumière.

Les villes françaises composent toutes le visage du pays. Il serait dommage de passer à côté.

avant J.-C. *BC* **atouts** *assets* **calanques** *rocky coves* **Au large de** *Off* **plongeurs** *scuba divers* **attirante** *attractive* **classé** *listed* **patrimoine** *heritage* **carrefour** *hub* **siège** *headquarters* **intra-muros** *proper* **réglée** *settled* **berges** *riverbanks*

Le français parlé en France

Paris

balayer devant sa porte	s'occuper de ses affaires d'abord
Ça ne mange pas de pain.	Ça ne demande pas un gros effort.
le macadam	le trottoir
le trottoir	la croûte (*crust*) autour d'une tarte

Lyon

un bouchon	restaurant typique de Lyon
le dégraissage	le pressing; *dry-cleaning*
la ficelle	le funiculaire
une gâche	une place (dans un bus, dans un avion, etc.)
un(e) gone	un(e) enfant
s'en voir	avoir du mal à faire quelque chose: **Je m'en vois pour faire la cuisine.** (*I can't cook.*)

Marseille

et tout le bataclan	et tout le reste
fada	fou/folle
un(e) collègue	un(e) ami(e), copain/copine
Peuchère!	Le/La pauvre!
un(e) pitchoun(ette)	un(e) enfant
Zou!	Allez!

Découvrons la France

Rollers en ville On pratique la randonnée urbaine en rollers dans la France entière. Des associations organisent ces

randonnées dans les rues, de jour ou de nuit. Même les policiers sont en rollers pour en assurer la sécurité. C'est d'abord à Paris que les gens se sont enthousiasmés pour ce genre d'activité. Le but° de ces randonnées, qui peuvent compter jusqu'à 15.000 participants dans la capitale, est de partager le plaisir du sport et son sentiment de liberté.

Trompe-l'œil Une partie des murs en France sont nus, ce qui n'est pas joli. L'idée est alors née de couvrir ces murs de **fresques murales° en trompe-l'œil**. Ce sont des peintures qui simulent, de manière très réaliste, des façades d'immeubles. Les plus belles façades, comme la **Fresque des Lyonnais** à Lyon ou le **Mur du cinéma** à Cannes, trompent° beaucoup de visiteurs.

Les péniches Mode de transport fluvial°, les péniches° sont aussi à l'origine d'un nouveau style de vie depuis la

fin des années 1960; elles ont été transformées en **bateaux-logements**. Les berges, principalement à **Paris**, sont donc devenues l'adresse d'un grand nombre de personnes. Petit à petit, ces maisons-péniches sont devenues presque conventionnelles et elles ont aujourd'hui tout le confort nécessaire.

La fête du Citron Inaugurée en 1934, cette fête a le même esprit que les carnavals d'hiver. Chaque année en février, la ville de **Menton**, sur la **Côte d'Azur**, organise un ensemble de manifestations liées à un thème choisi. La décoration des chars°

et des expositions est faite de citrons, d'oranges et d'autres agrumes°. Pour finir, il y a un grand feu d'artifice°.

but *purpose* **fresques murales** *murals* **trompent** *fool* **fluvial** *on rivers* **péniches** *barges* **chars** *parade floats* **agrumes** *citrus fruit* **feu d'artifice** *fireworks display*

Qu'avez-vous appris?

1 **Vrai ou faux?** Indiquez si ces affirmations sont vraies ou fausses, et corrigez les fausses.

1. Il existe environ 26.000 villes et villages en France.
2. Marseille est une ville de la côte atlantique.
3. Lyon est connue pour sa bouillabaisse, ses plages et son grand port de commerce.
4. La ville de Lyon est traversée par la Seine.
5. L'agglomération de Lyon est plus grande que celle de Marseille.
6. Les policiers aussi participent aux randonnées en rollers, dans les villes.
7. Les péniches sur les fleuves de France sont utilisées uniquement dans un but commercial.
8. Marseille et Genève sont des villes voisines.

2 **Questions** Répondez aux questions.

1. Pourquoi appelle-t-on Marseille «la cité phocéenne»?
2. Comment certaines villes de France ont-elles décidé de s'embellir?
3. Comment le château d'If est-il devenu célèbre?
4. Quelle fête a lieu chaque année dans la ville de Menton?
5. De quoi la ville de Lyon est-elle la capitale aujourd'hui?
6. Quel événement lyonnais rassemble chaque année un grand nombre de Français et d'Européens?
7. Où peut-on trouver des fresques murales?
8. Comment les péniches sont-elles à l'origine d'un nouveau style de vie?

3 **Discussion** À deux, identifiez d'abord les descriptions qui correspondent à leur endroit ou événement. Ensuite, corrigez le reste des éléments des deux colonnes.

Endroit ou événement	Description
La fête du Citron	Fête où les décorations sont faites d'agrumes
La Saône	Site exceptionnel pour les plongeurs
Les péniches	Murs couverts de fresques murales
Lyon	Capitale de la gastronomie
Le château d'If	Port sur la mer Méditerranée

4 **Écriture** Choisissez Lyon ou Marseille et écrivez un paragraphe de 10 à 12 lignes où vous essayez de convaincre quelqu'un de visiter cette ville. Répondez à ces questions:

- Pourquoi votre lecteur/lectrice devrait-il/elle y aller?
- Quels sont les lieux d'intérêt touristique de la ville?
- Quels avantages votre ville choisie a-t-elle sur l'autre?
- Comment imaginez-vous la ville?

Practice more at
vhlcentral.com.

 Video

Préparation Par groupes de trois, répondez à ces questions.

1. Quels types de transports en commun y a-t-il dans votre ville? Ses habitants ont-ils beaucoup de choix pour se déplacer?

2. Si vous pouviez introduire un nouveau type de transport dans votre ville, lequel choisiriez-vous? Pourquoi?

Le vélo en ville

Le «vélopartage» est un moyen de transport populaire dans les villes francophones. En France, 35 villes au moins se sont déjà équipées. Le plus fameux, c'est le Vélib' de Paris, mais la première ville du monde à avoir proposé des vélos gratuits au public est La Rochelle, en 1974. Aujourd'hui, le vélopartage se trouve aux États-Unis et dans beaucoup d'autres pays aussi.

Une fois les conditions acceptées, ... vous pouvez retirer votre vélo.

Compréhension Regardez la vidéo et faites correspondre les éléments de la colonne A avec ceux de la colonne B.

1. La dame interviewée
2. Les vélos en libre-service
3. L'agent régulateur Vélib'

a. peuvent être utilisés pour aller au travail ou pour se balader.
b. remplit ou désemplit (*empties*) les stations Vélib' selon les besoins.
c. utilise Vélib' pour la première fois.

Discussion Existe-t-il dans votre ville un système de vélopartage? Si oui, est-ce que vous l'utilisez? Pourquoi? Sinon, s'il en existait un, est-ce que vous l'utiliseriez? Pourquoi? Discutez-en avec un(e) partenaire.

Présentation Réfléchissez à quatre endroits dans votre ville où ce serait une bonne idée d'avoir une station Vélib'. Ensuite, suivez les instructions ci-dessous.

1. Faites une liste des quatre endroits.

2. À côté de chaque endroit, écrivez pourquoi il bénéficierait de la station.

3. Écrivez votre liste au tableau et donnez vos arguments à la classe.

VOCABULAIRE

la borne *pay station*
(in)efficace *(in)efficient*
le fonctionnement *operation*
le passe Navigo *subway pass*
un(e) utilisateur/ utilisatrice *user*

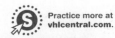 Practice more at vhlcentral.com.

GALERIE DE CRÉATEURS

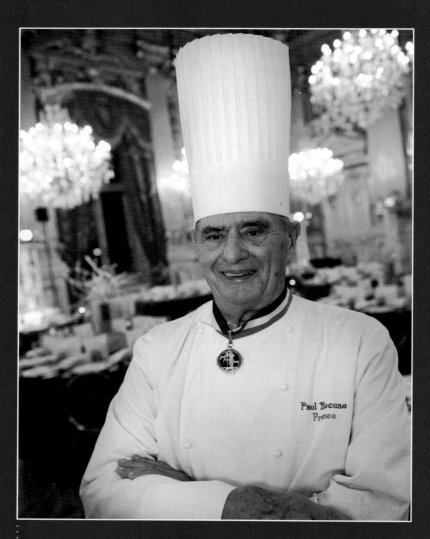

Paul Bocuse
France

MOTS D'ART

un(e) cuisinier/cuisinière *cook*
un écrivain *writer*
la mode *fashion*
un(e) réalisateur/réalisatrice *director*
un(e) styliste *fashion designer*

COUTURE Sonia Rykiel (1930–2016)
Pour ses pulls, Sonia Rykiel a été consacrée en 1968 «Reine du tricot (*Queen of knitwear*) dans le monde» par le journal américain *Women's Wear Daily*. Styliste, écrivain et gastronome, cette femme aux multiples talents est un emblème de la mode française. Ses collections — qui incluaient toujours le noir, les rayures (*stripes*) et la maille (*jersey*) — étaient à la fois élégantes et bohèmes. Elles provoquaient souvent de fortes réactions. Pour Rykiel, la mode doit s'adapter à la personne, et non pas le contraire. Rykiel a été un peu touche-à-tout (*multi-talented*), sa carrière va des chaussures, aux accessoires, au parfum et à la mode pour homme et pour enfant.

GASTRONOMIE Paul Bocuse (1926–2018)
Paul Bocuse était un des chefs cuisiniers les plus importants de France. Né dans une famille de cuisiniers, il a reçu en 1965 trois étoiles du guide gastronomique *Michelin*, la plus grande distinction de la cuisine française. Plus tard, en 1989, le guide *Gault et Millau* l'a nommé «Cuisinier du siècle». La base de son empire se trouvait à Lyon, où il avait ouvert des brasseries, son restaurant principal et l'Institut Paul Bocuse de l'hôtellerie et des arts culinaires, créé en 1990. Bocuse a aussi ouvert des épiceries fines au Japon, et son fils Jérôme dirige les restaurants du pavillon français d'Epcot Center, à Disney World.

LITTÉRATURE
Marguerite Duras (1914–1996)

Certains (*Some*) disent que la vie de Marguerite Duras est un roman. En effet, cette grande femme écrivain française a eu une vie mouvementée (*hectic*). Née en Indochine (à Gia Dinh, près de Saïgon), elle a rejoint (*joined*) la Résistance à Paris, aux côtés du futur président de la République française, François Mitterrand. Elle est l'auteur d'une quarantaine (*about forty*) de romans et d'une douzaine de pièces de théâtre, la scénariste (*scriptwriter*) et la réalisatrice d'une vingtaine de films. Avec un de ses romans, *L'Amant*, dans lequel elle recrée l'Indochine française des années 1930, elle gagne le prix Goncourt, grand prix de littérature français, en 1984.

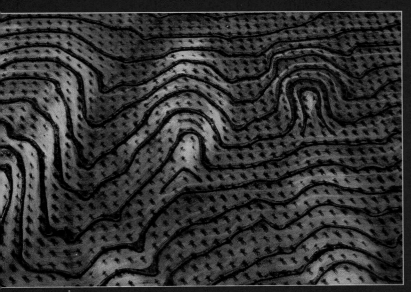

Plantation d'oliviers, Tunisie

PHOTOGRAPHIE
Yann Arthus-Bertrand (1946–)

Amoureux de la nature, Yann Arthus-Bertrand a dirigé une réserve naturelle dans le sud de la France. C'est au Kenya qu'il a découvert que la photographie permettait de faire passer ses messages mieux que les mots. Il s'est alors engagé dans ce domaine et a publié un grand nombre de livres sur la nature. Sa plus grande entreprise a été, avec l'aide de l'UNESCO, la création d'une banque d'images sous forme de livre, *La Terre vue du ciel*, qui a eu un succès international. Son dernier film *Human* a pour objectif d'éveiller (*awaken*) les consciences.

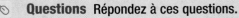

Compréhension

Questions Répondez à ces questions.

1. De quoi Sonia Rykiel est-elle un emblème?

2. Quelle est la plus grande distinction de la cuisine française?

3. Dans quels genres littéraires Marguerite Duras a-t-elle écrit?

4. Qu'est-ce que Yann Arthus-Bertrand a découvert au Kenya?

5. D'après Sonia Rykiel, que doit faire la mode?

6. Que Paul Bocuse a-t-il ouvert à Lyon?

7. Quel grand prix de littérature français Marguerite Duras a-t-elle gagné en 1984?

8. Quelle a été la plus grande entreprise de Yann Arthus-Bertrand?

9. Que fait Jérôme Bocuse en Floride?

10. Avec quel futur président de France Marguerite Duras a-t-elle rejoint la Résistance à Paris?

Rédaction

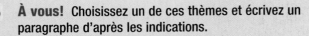

À vous! Choisissez un de ces thèmes et écrivez un paragraphe d'après les indications.

- **Guide gastronomique** Vous écrivez des critiques culinaires pour le guide *Gault et Millau*. Vous venez de dîner au restaurant de Paul Bocuse à Lyon et maintenant vous devez décrire et juger votre repas.

- **Toujours à la mode** Vous faites du shopping dans un grand magasin et, tout à coup, vous voyez le rayon (*department*) «Sonia Rykiel» avec les créations de la couturière. Décrivez les vêtements que vous voyez.

- **Vu du ciel** Vous connaissez un endroit que Yann Arthus-Bertrand n'a jamais pris en photo. Vous pensez qu'une photo aérienne de cet endroit serait assez belle pour être ajoutée à son prochain livre, et vous lui écrivez un e-mail pour le persuader de le faire.

 Practice more at vhlcentral.com.

2.1

Reflexive and reciprocal verbs

- Reflexive verbs typically describe an action that the subject does to or for himself, herself, or itself. Reflexive verbs are conjugated like their non-reflexive counterparts but always use reflexive pronouns.

Reflexive verb

Bruno se réveille.

Non-reflexive verb

Bruno réveille son fils.

Reflexive verbs	
se réveiller ***to wake up***	
je	me **réveille**
tu	te **réveilles**
il/elle	se **réveille**
nous	nous **réveillons**
vous	vous **réveillez**
ils/elles	se **réveillent**

- Many verbs used to describe routines are reflexive.

s'arrêter *to stop (oneself)*	**se fâcher (contre)** *to get angry (with)*	**se lever** *to get up*
se brosser *to brush*	**s'habiller** *to get dressed*	**se maquiller** *to put on makeup*
se coucher *to go to bed*	**s'habituer à** *to get used to*	**se peigner** *to comb*
se couper *to cut oneself*	**s'inquiéter** *to worry*	**se raser** *to shave*
se dépêcher *to hurry*	**s'intéresser (à)** *to be interested (in)*	**se rendre compte de** *to realize*
se déshabiller *to undress*	**se laver** *to wash oneself*	**se reposer** *to rest*
se détendre *to relax*		

- Some verbs can be used reflexively or non-reflexively. Use the non-reflexive form if the verb acts upon something other than the subject.

La passagère **se fâche**.
The passenger is getting angry.

Tu **fâches** la passagère.
You are angering the passenger.

- Many non-reflexive verbs change meaning when they are used with a reflexive pronoun and might not literally express a reflexive action.

aller *to go*	**s'en aller** *to go away*
amuser *to amuse*	**s'amuser** *to have fun*
apercevoir *to catch sight of*	**s'apercevoir** *to realize*
attendre *to wait (for)*	**s'attendre à** *to expect*
demander *to ask*	**se demander** *to wonder*
douter *to doubt*	**se douter de** *to suspect*
ennuyer *to bother*	**s'ennuyer** *to get bored*
entendre *to hear*	**s'entendre bien avec** *to get along with*
mettre *to put*	**se mettre à** *to begin*
servir *to serve*	**se servir de** *to use*
tromper *to deceive*	**se tromper** *to be mistaken*

- A number of verbs are used only in the reflexive form, but may not literally express a reflexive action.

se méfier de *to distrust*	**se souvenir de** *to remember*
se moquer de *to make fun of*	**se taire** *to be quiet*

- Form the affirmative imperative of a reflexive verb by adding the reflexive pronoun at the end of the verb with a hyphen in between. For negative commands, begin with **ne** and place the reflexive pronoun immediately before the verb.

Habillons-nous. Il faut partir!
Let's get dressed. We have to leave!

Ne vous inquiétez pas.
Don't worry.

- Remember to change **te** to **toi** in affirmative commands.

Repose-toi avant de sortir ce soir.
Rest before going out tonight.

Tais-toi!
Be quiet!

- In reciprocal reflexives, the pronoun means *(to) each other* or *(to) one another*. Because two or more subjects are involved, only plural verb forms are used.

Nous **nous retrouvons** au stade.
We are meeting each other at the stadium.

Elles **s'écrivent** des e-mails.
They write one another e-mails.

- Use **l'un(e) l'autre** and **l'un(e) à l'autre**, or their plural forms **les un(e)s les autres** and **les un(e)s aux autres**, to emphasize that an action is reciprocal.

Béa et Yves se regardent.   *but*   Béa et Yves se regardent **l'un l'autre**.
Béa and Yves look at each other.   *Béa and Yves look at each other.*
Béa and Yves look at themselves.

Ils s'envoient des e-mails.   *but*   Ils s'envoient des e-mails **les uns aux autres**.
They send each other e-mails.   *They send each other e-mails.*
They send themselves e-mails.

BLOC-NOTES

Commands with non-reflexive verbs are formed the same way as with reflexive verbs. See **Fiche de grammaire 1.5, p. A6** for a review of the imperative.

BLOC-NOTES

The pronoun **se** can also be used with verbs in the third person to express the passive voice. See **Fiche de grammaire 10.5, p. A42.**

Mise en pratique

1 **Le lundi matin** Complétez le paragraphe sur ce que font Charles et Hélène le lundi matin. Utilisez la forme correcte des verbes pronominaux correspondants.

s'apercevoir	s'habiller	se quitter
se brosser	se laver	se raser
se coucher	se lever	se réveiller
se dépêcher	se maquiller	se sécher

Le dimanche soir, Charles et Hélène (1) _____ tard. Évidemment, ils mettent du temps à (2) _____ le lendemain matin. Charles est celui qui (3) _____ le premier. Il (4) _____ de prendre sa douche et de (5) _____ avec un rasoir électrique. Deux minutes plus tard, Hélène entre dans la salle de bain. Pendant qu'elle prend sa douche, (6) _____ les cheveux et (7) _____, Charles prépare le petit-déjeuner. Quand Hélène est prête, ils prennent leur petit-déjeuner. Puis, ils (8) _____ les dents et (9) _____ les mains. Ensuite, ils vont dans la chambre pour choisir leurs vêtements et (10) _____.

2 **Tous les samedis**

A. À deux, décrivez ce que fait Sylvie tous les samedis, d'après (*according to*) les illustrations.

B. Quelles sont les habitudes de quatre amis ou membres de la famille de Sylvie le samedi matin? Décrivez ce qu'ils font en cinq ou six phrases. Utilisez des verbes pronominaux et soyez créatifs.

Practice more at
vhlcentral.com.

Communication

3 **Et toi?** À deux, posez-vous tour à tour ces questions. Répondez-y avec des phrases complètes et expliquez vos réponses.

1. À quelle heure te réveilles-tu généralement le samedi matin? Pourquoi?
2. T'endors-tu en cours?
3. En général, à quelle heure te couches-tu pendant le week-end?
4. Que fais-tu pour te détendre après une longue journée?
5. Te lèves-tu toujours juste après que tu t'es réveillé(e)? Pourquoi?

6. Comment t'habilles-tu pour sortir le week-end? Et tes amis?
7. Quand t'habilles-tu de façon élégante?
8. T'amuses-tu quand tu vas à une fête? Et quand tu vas à une réunion de famille?
9. Mets-tu beaucoup de temps à te préparer avant de sortir?
10. T'inquiètes-tu de ton apparence?

11. Est-ce que tes amis et toi vous téléphonez souvent? Combien de fois par semaine?
12. Connais-tu quelqu'un qui s'inquiète toujours de tout?
13. T'excuses-tu parfois pour des choses que tu as faites?
14. Te disputes-tu avec tes amis? Et avec ta famille?
15. T'est-il déjà arrivé de te tromper sur quelqu'un?

4 **Au café** Imaginez que vous soyez au café et que vous voyiez un(e) ami(e) se faire voler de l'argent (*have his/her money stolen*). Que faites-vous? Travaillez par groupes de trois pour représenter la scène. Employez au moins cinq verbes de la liste.

s'arrêter	se fâcher	se servir de
s'attendre à	se mettre à	se taire
se douter	se moquer de	se tromper
s'en aller	se rendre compte de	s'inquiéter

2.2

Descriptive adjectives and adjective agreement

*—J'ai lu qu'il y avait en France près de cinq millions de femmes **célibataires**.*

Gender

- Adjectives in French agree in gender and number with the nouns they modify. Masculine adjectives with these endings derive irregular feminine forms.

Ending	Examples
-c → -che	blanc → blanche; franc → franche
-eau → -elle	beau → belle; nouveau → nouvelle
-el → -elle	cruel → cruelle; intellectuel → intellectuelle
-en → -enne	ancien → ancienne; canadien → canadienne
-er → -ère	cher → chère; fier → fière
-et → -ète	complet → complète; inquiet → inquiète
-et → -ette	muet → muette (*mute*); net → nette
-f → -ve	actif → active; naïf → naïve
-on → -onne	bon → bonne; mignon → mignonne (*cute*)
-s → -sse	bas → basse (*low*); gros → grosse
-x → -se	dangereux → dangereuse; heureux → heureuse

Cette station de métro
est-elle **dangereuse**?
Is this subway station dangerous?

Les **nouvelles** banlieues se trouvent
loin d'ici.
The new suburbs are located far from here.

- Adjectives whose masculine singular form ends in **-eur** generally derive one of three feminine forms.

Condition	Ending	Examples
the adjective is directly derived from a verb	-eur → -euse	(rêver) rêveur → rêveuse (travailler) travailleur → travailleuse
the adjective is not directly derived from a verb	-eur → -rice	(conserver) conservateur → conservatrice (protéger) protecteur → protectrice
the adjective expresses a comparative or superlative	-eur → -eure	inférieur → inférieure meilleur → meilleure

ATTENTION!

Remember that the first letter of adjectives of nationality is not capitalized.

Ahmed préfère le cinéma italien.
Ahmed prefers Italian cinema.

Laura Johnson est citoyenne américaine.
Laura Johnson is an American citizen.

ATTENTION!

Remember to use the masculine plural form of an adjective to describe a series of two or more nouns in which at least one is masculine.

La rue et le quartier sont animés.
The street and the neighborhood are lively.

- Some adjectives have feminine forms that differ considerably from their masculine singular counterparts, either in spelling, pronunciation, or both.

doux → douce	frais → fraîche	public → publique
faux → fausse	gentil → gentille	roux → rousse
favori → favorite	grec → grecque	vieux → vieille
fou → folle	long → longue	

Position

- French adjectives are usually placed after the noun they modify, but these adjectives are usually placed *before* the noun: **autre**, **beau**, **bon**, **court**, **gentil**, **grand**, **gros**, **haut**, **jeune**, **joli**, **long**, **mauvais**, **meilleur**, **nouveau**, **petit**, **premier**, **vieux**, and **vrai**.

Je ne connais pas ce **jeune** homme.
I don't know that young man.

Vous aimez les **nouveaux** films?
Do you like new movies?

- Before a masculine singular noun that begins with a vowel sound, use these alternate forms of **beau**, **fou**, **nouveau**, and **vieux**.

beau	bel	un bel édifice
fou	fol	un fol espoir (*hope*)
nouveau	nouvel	un nouvel appartement
vieux	vieil	un vieil immeuble

- Notice that the meanings of these adjectives are generally more figurative when they appear before the noun and more literal when they appear after the noun.

ancien	un **ancien** château	a **former** castle
	un château **ancien**	an **ancient** castle
cher	un **cher** ami	a **dear** friend
	une voiture **chère**	an **expensive** car
dernier	la **dernière** semaine	the **final** week
	la semaine **dernière**	**last** week
grand	une **grande** femme	a **great** woman
	une femme **grande**	a **tall** woman
même	le **même** musée	the **same** museum
	le musée **même**	this **very** museum
pauvre	ces **pauvres** étudiants	those **poor (unfortunate)** students
	ces étudiants **pauvres**	those **poor (penniless)** students
prochain	le **prochain** cours	the **following** class
	mercredi **prochain**	**next** Wednesday
propre	ma **propre** chambre	my **own** room
	une chambre **propre**	a **clean** room
seul	la **seule** personne	the **only** person
	la personne **seule**	the person **who is alone**

ATTENTION!

Color adjectives that are named after nouns include **argent** (*silver*), **citron** (*lemon*), **crème** (*cream*), **marron** (*chestnut*), **or** (*gold*), and **orange** (*orange*).

Remember that the adjective **châtain** is used to describe brown hair. You can use it in the plural, but it is very rarely used in the feminine.

Elle a les cheveux châtains.
She has brown hair.

ATTENTION!

Color adjectives that are named after nouns are invariable, as are color adjectives that are qualified by a second adjective.

Il conduit une voiture marron.
He's driving a brown car.

Elle porte une jupe bleu clair.
She's wearing a light blue skirt.

BLOC-NOTES

Adjectives can also be derived from verb forms like the present and past participles. See **Fiche de grammaire 7.4, p. A28** and **Structures 9.2, pp. 332–333.**

Mise en pratique

Note CULTURELLE

Nice est située dans le sud de la **France**, sur la **Côte d'Azur**, à proximité de l'**Italie**. Ses plages de granit sur la **Méditerranée**, sa cuisine caractéristique et sa situation géographique font de Nice la deuxième ville touristique française.

1

Les Niçois Christophe habite à Nice. Lisez ses commentaires et accordez les adjectifs.

1. L'ancien maire de Nice, Christian Estrosi, est vraiment _____ (fier) de sa ville.

2. Les citadins et les touristes apprécient l'action _____ (protecteur) des policières.

3. Ma copine et sa colocataire habitent un _____ (beau) appartement en banlieue.

4. Ses colocataires sont de _____ (bon) citoyennes.

5. Une conductrice ne doit pas être _____ (rêveur) sur la route!

6. Les piétons qui traversent l'avenue Jean Médecin en dehors (*outside*) des clous sont _____ (fou)!

Les plages de Nice, sur la Méditerranée

2

La vie de Marine Complétez chaque phrase et choisissez le bon adjectif.

1. Marine cherche une colocataire _____ (bon, bonne, franc, franche).

2. À vingt ans, c'est une femme _____ (intellectuel, folles, naïve, jeunes).

3. Elle s'entend bien avec les gens _____ (bon, belles, sincères, travailleur).

4. Marine essaie d'acheter des légumes _____ (frais, fraîche, propre, chères).

5. Ses parents sont _____ (conservateurs, grec, protectrices, actives).

6. Elle habite un _____ (complet, vieil, bruyant, élégant) appartement.

7. Elle préfère regarder de _____ (nouvelles, favorites, publiques, rousses) émissions de télévision.

8. Marine adore son copain parce que c'est un homme _____ (beaux, jeunes, mignonne, heureux).

3

Une petite annonce Gabrielle recherche une compagne (*companion*) de voyage. Complétez sa petite annonce et accordez les adjectifs de la liste.

aventurier	châtain	dernier	nouveau	seul
bleu	cher	français	propre	violet foncé

petite ANNONCE

MERCREDI	20 septembre

Gabrielle, voyageuse extraordinaire!

Pendant mon séjour en France, je voudrais voyager dans autant de villes (1) _____ que possible! Je n'aime pas visiter de (2) _____ endroits toute (3) _____. Alors, je cherche une personne qui aime l'aventure parce que moi aussi, je suis (4) _____. Je n'ai pas beaucoup d'argent, donc je ne peux pas acheter de billets (5) _____. En plus, je suis indépendante, alors le week-end (6) _____, quand j'ai voyagé à Paris, j'ai fait mes (7) _____ projets de voyages. Si vous voulez me rencontrer, je serai la fille en robe (8) _____, aux yeux (9) _____ et aux cheveux (10) _____, au café des Artistes du centre-ville. Rendez-vous le 27 septembre, à 16h30.

Communication

4

Dans ma ville Quelqu'un vous arrête dans la rue pour vous poser des questions sur votre ville. Vous ne répondez que par le contraire. Posez ces questions et répondez-y avec un(e) camarade de classe.

> **Modèle** —Les logements sont-ils grands?
> —Non, ils sont petits.

1. Ce quartier est-il sûr? Non, _____.
2. Votre rue est-elle tranquille? Non, _____.
3. Les voies sont-elles privées? Non, _____.
4. Cet édifice est-il nouveau? Non, _____.
5. Les gratte-ciel sont-ils bas? Non, _____.
6. Les gens sont-ils paresseux? Non, _____.

5

Un entretien Vous emménagez dans une nouvelle ville et vous avez des entretiens pour trouver des colocataires. Jouez les deux rôles avec un(e) camarade de classe.

1. Êtes-vous étranger/étrangère? Si oui, quelle est votre nationalité?
2. Quels sont les trois adjectifs qui vous décrivent le mieux?
3. Comment était votre ancien(ne) appartement/maison?
4. Gardez-vous toujours votre logement propre?
5. Dans quelle sorte de quartier préférez-vous habiter?
6. Décrivez votre colocataire idéal avec au moins trois adjectifs.
7. Et vous? Avez-vous des questions à me poser?

6

Comment est...? Avec un(e) camarade de classe, inspirez-vous des éléments de la liste pour décrire la ville représentée sur les photos. Utilisez autant d'adjectifs que possible. Comparez vos descriptions avec un autre groupe et discutez des différences avec la classe.

> le temps (*weather*)
> les habitants
> la circulation
> l'architecture
> les quartiers
> l'économie

2.3

Adverbs

—Eh bien, elle peut descendre ***discrètement*** *à la station suivante.*

Formation of adverbs

- To form an adverb from an adjective whose masculine singular form ends in a consonant, add the ending -**ment** to the adjective's feminine singular form. If the masculine singular ends in a vowel, simply add the ending -**ment** to that form.

absolu	**absolu**ment *absolutely*
doux	**douce**ment *gently*
franc	**franche**ment *frankly*
naturel	**naturelle**ment *naturally*
poli	**poli**ment *politely*

- To form an adverb from an adjective whose masculine singular form ends in -**ant** or -**ent**, replace the ending with -**amment** or -**emment**, respectively.

bruyant	**bruy**amment *noisily*
constant	**const**amment *constantly*
évident	**évid**emment *obviously*
patient	**pati**emment *patiently*

- An exception to this rule is the adjective **lent**, whose corresponding adverb is **lentement**. Remember that the endings -**amment** and -**emment** are pronounced identically.

- A limited number of adverbs are formed by adding -**ément** to the masculine singular form of the adjective. If this form ends in a silent final -**e**, drop it before adding the suffix.

confus	**confus**ément *confusedly*
énorme	**énorm**ément *enormously*
précis	**précis**ément *precisely*
profond	**profond**ément *profoundly*

- A few adverbs, like **bien**, **gentiment**, **mal**, and **mieux**, are entirely irregular. The irregular adverb **brièvement** (*briefly*) is derived from **bref** (**brève**).

Categories of adverbs

● Most common adverbs can be grouped by category.

time	alors, aujourd'hui, bientôt, d'abord, de temps en temps, déjà, demain, encore, enfin, ensuite, hier, jamais, maintenant, parfois, quelquefois, rarement, souvent, tard, tôt, toujours
manner	ainsi (*thus*), bien, donc, en général, lentement, mal, soudain, surtout, très, vite
opinion	heureusement, malheureusement, peut-être, probablement, sans doute
place	dedans, dehors, ici, là, là-bas, nulle part (*nowhere*), partout (*everywhere*), quelque part (*somewhere*)
quantity	assez, autant, beaucoup, peu, trop

Position of adverbs

● In the case of a simple tense (present indicative, **imparfait**, future, etc.), an adverb immediately follows the verb it modifies.

> Gérard s'arrête **toujours** au centre-ville.
> *Gérard always stops downtown.*

> Il attend **patiemment** au feu.
> *He waits patiently at the traffic light.*

● In the **passé composé**, place short or common adverbs before the past participle. Place longer or less common adverbs after the past participle.

> Nous sommes **déjà** arrivés à la gare.
> *We already arrived at the train station.*

> Vous avez **vraiment** compris ses indications?
> *Did you really understand his directions?*

> Il a conduit **prudemment**.
> *He drove prudently.*

> Tu t'es levée **régulièrement** à six heures.
> *You got up regularly at six o'clock.*

● In negative sentences, the adverbs **peut-être**, **sans doute**, and **probablement** usually precede **pas**.

> Elle n'est pas **souvent** chez elle.   ***but***
> *She is not often at home.*

> Elle n'a **peut-être** pas lu ton e-mail.
> *She probably has not read your e-mail.*

● Common adverbs of time and place typically follow the past participle.

> Elle a commencé **tôt** ses devoirs.
> *She started her homework early.*

> Nous ne sommes pas descendus **ici**.
> *We did not get off here.*

● In a few expressions, an adjective functions as an adverb. Therefore, it is invariable.

> **coûter cher** *to cost a lot*
> **parler bas/fort** *to speak softly/loudly*
>
> **sentir bon/mauvais** *to smell good/bad*
> **travailler dur** *to work hard*

ATTENTION!

In English, adverbs sometimes immediately follow the subject. In French, this is *never* the case.

*My roommate **constantly** wakes me up.*
Mon colocataire me réveille constamment.

BLOC-NOTES

There are other compound tenses in French that require a form of **avoir** or **être** and a past participle. See **Structures 4.1, pp. 134–135** for an introduction to the **plus-que-parfait**.

Mise en pratique

1 **Les adverbes** Écrivez l'adverbe qui correspond à chaque adjectif.

1. facile _____
2. heureux _____
3. jaloux _____
4. quotidien _____
5. mauvais _____

6. conscient _____
7. profond _____
8. meilleur _____
9. public _____
10. indépendant _____

2 **Deux sortes d'amis** Décidez s'il faut placer les adverbes avant ou après les mots qu'ils modifient.

Jérôme et Patricia (1) _____ habitent _____ (maintenant) à Lyon. Ils ont beaucoup d'amis à Paris qui leur (2) _____ rendent _____ (souvent) visite. Ils sont (3) _____ heureux _____ (toujours) de les recevoir parce qu'ils sont (4) _____ fiers _____ (très) de leur ville. Ils ont deux sortes d'amis: ceux qui (5) _____ sortent _____ (fréquemment) en boîte, et ceux qui (6) _____ aiment _____ (mieux) les musées. Les amis qui préfèrent les musées ont (7) _____ téléphoné _____ (hier) pour dire qu'ils ne viendront (8) _____ pas _____ (peut-être) cet été. Ils ont (9) _____ fait _____ (déjà) des projets! Ils ont (10) _____ choisi _____ (tôt) leurs vacances cette année: ils ne visiteront (11) _____ pas _____ (obligatoirement) Lyon tous les ans. Ils dansent (12) _____ bien _____ (incroyablement) et ils ont envie d'aller chez des amis qui sortent en boîte!

3 **La famille Giscard** Travaillez à deux pour dire, à tour de rôle, comment les membres de cette famille font les choses quand ils sont en ville.

> **Modèle** **Isabelle est à la poste. Elle est rapide.**
> Elle achète rapidement des timbres.

1. Martin est au magasin. Il est impatient.
2. Mme Giscard est à la banque. C'est une femme polie.
3. Paul et Franck sont au café. Ce sont des frères bruyants.
4. Maryse est à la gare. Elle est nerveuse.
5. Les grands-parents sont au supermarché. Ils sont lents.
6. M. Giscard se promène avec son fils Alain. C'est un bon père.
7. Alain est avec M. Giscard. C'est un garçon très franc.
8. Les cousines sont au cinéma. C'est cher.
9. Sophie va au restaurant ce soir. Elle a une robe élégante.
10. Isabelle va au jardin public avec sa petite cousine. Elle est gentille quand elle parle à sa cousine.

Practice more at
vhlcentral.com.

Communication

4

Sondage Interviewez un maximum de camarades différent(e)s. Font-ils/elles ces choses toujours, fréquemment, parfois, rarement ou jamais? Comparez vos résultats avec ceux du reste de la classe.

Modèle **travailler à la bibliothèque**
—Travailles-tu toujours à la bibliothèque?
—Non, mais j'y travaille parfois.

	Toujours	Fréquemment	Parfois	Rarement	Jamais
1. sortir en boîte de nuit					
2. se retrouver dans un embouteillage					
3. prendre le métro					
4. brûler (*to run*) les feux rouges					
5. aller en cours à pied					
6. visiter un musée le week-end					
7. assister à des concerts					
8. s'ennuyer le samedi soir					

5

Vivre en ville À tour de rôle, posez ces questions à un(e) camarade de classe. Dans vos réponses, employez les adverbes de la liste ou d'autres adverbes.

absolument	mal	simplement
énormément	peut-être	souvent
franchement	quelquefois	tard
jamais	récemment	?

1. Traverses-tu la rue dans les clous? Pourquoi?
2. As-tu déjà été obligé(e) d'aller à la préfecture de police? Pourquoi?
3. Es-tu monté(e) au dernier étage d'un gratte-ciel? Lequel?
4. Fais-tu des promenades dans les jardins publics? Où?
5. As-tu fait du sport cette semaine? Où? Quand?
6. Que fais-tu quand on te demande des indications en ville?
7. T'es-tu entretenu(e) avec quelqu'un en particulier cette semaine? Qui? De quoi avez-vous parlé?
8. Que fais-tu pour éviter les embouteillages?

6

Les gens heureux Travaillez à deux pour dire ce que les gens font pour être heureux. Employez des adverbes dans vos réponses.

Modèle Pour rester heureux, ils font souvent de la gym.

Synthèse

Un rendez-vous inattendu

Depuis un bon moment, je me rends compte que je ne vais presque jamais en ville! J'habite dans une belle ville animée, pourtant je reste trop souvent à la maison, le soir et le week-end. Je m'ennuie! Il est évident qu'il faut faire des projets…

Je décide donc de me lever tôt parce que j'ai rendez-vous avec cette ville merveilleuse! Je me réveille précisément à 7h00. Je me lave et je me rase juste avant de prendre tranquillement un bon petit-déjeuner: du thé chaud et des fruits frais. Je m'habille rapidement. Je mets un jean, une chemise blanche, et un pull bleu. Ensuite, je prends mon sac à dos et je m'en vais!

À la station de métro près de chez moi, j'achète un carnet de dix tickets parce que ça coûte moins cher. En attendant° le prochain train, j'aperçois sur le quai° une jolie musicienne folklorique qui chante agréablement et joue de la guitare. La musique de la charmante jeune femme est mélodieuse mais son chapeau est vide! Je lui laisse quelques modestes pièces. Je me demande comment elle s'appelle, mais je suis tellement timide que je reste muet. Fâché contre moi-même, je monte dans le métro sans rien dire.

While waiting for
platform

Je passe une matinée passionnante au centre-ville. Je vois des tableaux splendides et de belles sculptures au musée d'art moderne. L'après-midi, je me perds complètement! Avant même que je demande des indications, un conducteur sympa m'indique que l'édifice juste en face de moi, c'est l'hôtel de ville. Heureusement, je m'oriente facilement.

Il est tard et je suis fatigué, alors je me détends dans le parc municipal. Tout à coup, la belle musicienne du métro se présente devant moi. Nous nous regardons longuement. Ensuite, nous nous parlons!

Une fin de journée inoubliable et inattendue en ville… j'espère en vivre d'autres comme celle-là! ■

1 **Révision de grammaire** Relisez *Un rendez-vous inattendu* et trouvez dans le texte trois exemples pour chaque catégorie ci-dessous.

- Verbes réfléchis qui décrivent une routine
- Verbes réfléchis qui n'expriment pas littéralement une action réfléchie
- Adjectifs féminins irréguliers
- Adverbes de temps

2 **Qu'avez-vous compris?** Répondez par des phrases complètes.

1. Pourquoi le jeune homme a-t-il rendez-vous avec sa ville?

2. Décrivez la musicienne qu'il aperçoit dans le métro? Décrivez sa musique.

3. Après s'être perdu complètement, le jeune homme a-t-il des difficultés pour s'orienter?

4. À votre avis, quand le jeune homme et la musicienne vont-ils se revoir? Que vont-ils faire?

Préparation 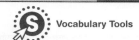 Vocabulary Tools

Vocabulaire de la lecture	Vocabulaire utile
une ambiance *atmosphere*	la batterie *drums*
s'étendre *to spread*	un défilé *parade*
une fanfare *marching band*	une fête foraine *carnival*
une manifestation *demonstration*	un feu d'artifice *fireworks display*
rassembler *to gather*	une foire *fair*
le soutien *support*	se réunir *to get together*
	unir *to unite*
	un violon *violin*

1 **À choisir** Choisissez le mot qui correspond à chaque définition. Ensuite, utilisez cinq de ces mots pour écrire des phrases.

1. Ce que fait un groupe de personnes dans la rue pour exprimer leurs idées ou leurs opinions

   a. une ambiance   b. une manifestation   c. un défilé

2. Le climat psychologique d'un événement ou d'un endroit

   a. la promotion   b. la fanfare   c. l'ambiance

3. Le fait que quelque chose prenne de plus grandes proportions

   a. se promener   b. s'étendre   c. rassembler

4. Quand quelqu'un aide quelqu'un d'autre, physiquement ou moralement

   a. le soutien   b. la publicité   c. la fanfare

5. L'action de réunir plusieurs personnes

   a. inviter   b. protéger   c. rassembler

6. Un groupe de musiciens qui défilent dans la rue

   a. une fanfare   b. des spectateurs   c. un chanteur

2 **Sujets de réflexion** Répondez individuellement aux questions par des phrases complètes. Ensuite, comparez vos réponses avec celles d'un(e) camarade de classe.

1. À quels événements culturels avez-vous assisté? Étaient-ils locaux, régionaux, nationaux ou internationaux?

2. Qu'est-ce que vous aimez dans les grands événements culturels?

3. Vous est-il arrivé de participer activement à l'un de ces événements?

4. Allez-vous souvent à des concerts?

5. Jouez-vous d'un instrument de musique? Si oui, lequel? Sinon, de quel instrument aimeriez-vous jouer?

6. Quel est votre genre de musique préféré? Pourquoi?

7. À quoi vous fait penser le concept d'une fête de la musique?

3 **À votre avis** Par groupes de trois, donnez votre avis sur les avantages que peut avoir un événement culturel ou artistique organisé par le gouvernement local ou fédéral. Qu'est-ce que ce genre d'événement apporte à un peuple?

 Practice more at vhlcentral.com.

Rythme dans la rue:
La Fête de la Musique

Audio: Reading

Le 21 juin 1982, le Ministre de la Culture, Jack Lang, a inauguré la fête de la Musique, destinée à promouvoir la musique au quotidien, en France. Plus manifestation musicale que festival, cette fête encourage les musiciens amateurs et professionnels à descendre dans la rue et à partager leur musique avec le public.

La France s'y connaît en manifestations. Ses citoyens descendent le plus souvent dans la rue pour exprimer leur colère. Mais le 21 juin, la rue devient, pendant toute une journée, un lieu où on exprime sa joie et l'amour de la musique, et où on célèbre l'arrivée de l'été.

Le ministère de la Culture et de la Communication supervise l'organisation de cette fête, aujourd'hui l'un des événements les plus importants de France. La principale fonction du ministère dans cette manifestation est d'organiser de grands concerts de musiciens professionnels, sur les places ou dans les édifices publics des grandes villes. La place de la République à Paris et la place Bellecour à Lyon, par exemple, deviennent des lieux de concerts de rock en plein air, alors que° *while* les musées, les écoles et les hôpitaux accueillent° *host* des spectacles moins importants. On trouve partout en France d'autres événements plus modestes. Ceux-ci sont en grande partie organisés par des personnes ou des groupes de personnes, avec le soutien du ministère. Une promenade en ville peut amener° *lead* à la rencontre d'un groupe d'enfants qui chantent devant leur école, d'étudiants en musique qui testent leur dernière composition sur le trottoir ou d'un cadre qui saisit l'occasion de montrer ses talents de guitariste.

Tous les concerts et spectacles de la fête de la Musique sont gratuits, ce qui permet aux Français de tous âges et de toutes catégories socioprofessionnelles d'y

Faites de la musique

Ce slogan est particulièrement bien choisi. C'est un jeu de mots qui illustre la raison pour laquelle la fête de la Musique a été créée: permettre à tout le monde d'y participer, d'une manière ou d'une autre.

participer. Cela crée une ambiance populaire et conviviale.

Un des buts° de la fête de la Musique est de révéler les musiques du monde. Elle prête autant d'attention à la musique contemporaine qu'aux genres musicaux plus traditionnels. Par exemple, on trouve un DJ de musique électronique à deux rues d'un quatuor à cordes°, ou on peut voir une fanfare passer devant un concert de rap. Le reggae, le jazz, la musique classique, le funk, la pop, l'opéra, le hip-hop, le hard rock… tous les genres y sont représentés. C'est ce côté éclectique qui donne de l'intérêt à cette célébration.

Au cours de° son histoire, la France a connu peu d'événements qui aient réussi à rassembler les Français. Mais en voilà un qui relève le défi° chaque année, depuis plusieurs décennies. On voit ce désir d'unir les gens s'étendre toujours plus loin. La fête de la Musique a eu un tel° succès en France que depuis 1985, à l'occasion de l'Année européenne de la musique, des villes comme Berlin, Bruxelles, Rome et Londres organisent leur propre manifestation, le même jour. Aujourd'hui, le 21 juin représente la célébration de la musique dans plus de cent pays. Cela prouve que cette fête de la joie a encore un bel avenir devant elle. ■

goals

string quartet

In the course of

rises to the challenge

such

> La rue devient, pendant toute une journée, un lieu où on exprime sa joie.

Analyse

1

Compréhension Répondez aux questions par des phrases complètes.

1. Pourquoi la fête de la Musique a-t-elle été créée?
2. Qui organise les grands concerts professionnels?
3. Où ont lieu les manifestations musicales?
4. Qui peut participer à cette fête? Pourquoi?
5. Quels sont les genres de musique représentés à cette fête?
6. Qui, avec la France, célèbre la fête de la Musique?

2

La musique et vous À deux, répondez aux questions par des phrases complètes.

1. Aimeriez-vous célébrer la fête de la Musique?
2. Quels événements ressemblant à la fête de la Musique connaissez-vous?
3. Écoutez-vous de la musique étrangère? Pourquoi?
4. Quand écoutez-vous le plus souvent de la musique? Donnez des détails.
5. Y a-t-il un type de musique que vous n'aimez pas? Pourquoi?

3

Un bon adage Que pensez-vous de l'adage «La musique adoucit les mœurs.» (Équivalent en anglais: *Music soothes the savage breast* [soul].)? La musique peut-elle avoir cet effet? Que ressentez-vous quand vous en écoutez? Comparez votre réponse à celle d'un(e) camarade de classe.

4

C'est vous l'organisateur! Imaginez que vous représentiez le ministère de la Culture et de la Communication. Par groupes de trois, organisez un concert. Où va-t-il avoir lieu? Quels artistes allez-vous inviter? Écrivez le programme de la fête avec une description des artistes. N'oubliez pas le caractère éclectique de l'événement. Ensuite, comparez votre proposition à celles des autres groupes.

Nom de l'événement	
Ville et lieux	
Dates et heures	
Type(s) de musique	
Artistes invités	

5

Chez vous Chaque année, le gouvernement français organise certaines fêtes nationales. Votre ville organise-t-elle des événements gratuits et publics? Sinon, que proposeriez-vous à votre gouvernement local? Expliquez vos idées à la classe.

Practice more at vhlcentral.com.

Préparation 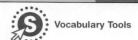 Vocabulary Tools

À propos de l'auteur

Née à Paris en 1951, Martine Mangeon a décidé de se consacrer à sa passion et de devenir conteuse (*storyteller*) professionnelle en 2004. Formée (*Trained*) auprès de grands conteurs, Martine Mangeon conte et organise des balades (*walks*) contées à la découverte de lieux chargés d'histoire. Elle participe également à des festivals et anime des formations pour adultes et enfants. Ses contes sont souvent inspirés de souvenirs et de rencontres.

Vocabulaire de la lecture	
côtoyer	*to rub shoulders with*
croiser	*to run into someone*
le désarroi	*distress*
hâter le pas	*to hurry*
jauger	*to gauge*
matinal(e)	*early bird*
une rame (de métro)	*(subway) train*
rouspéter	*to gripe*
un(e) SDF (sans domicile fixe)	*homeless person*

Vocabulaire utile	
un animal de compagnie	*pet*
apporter du réconfort	*to bring comfort*
atténuer	*to alleviate*
l'isolement (*m.*)	*isolation*
monotone	*monotonous*
la mort	*death*
la perte d'un être cher	*loss of a loved one*
se sentir	*to feel*
le train-train quotidien	*daily grind*
la tristesse	*sadness*

1

À compléter Complétez cette conversation avec le nouveau vocabulaire.

PIERRE J'en ai vraiment marre d'habiter en ville, moi! Je fais tous les jours la même chose et je trouve ce (1) _____ vraiment (2) _____. En plus, je dois me lever très tôt, et comme tu le sais, je ne suis pas du tout (3) _____.

MARINE Il te faut combien de temps pour aller à ton travail?

PIERRE J'ai plus d'une heure de métro et il y a toujours trop de passagers dans les (4) _____!

MARINE Et au boulot, ça va?

PIERRE Non plus. Je ne (5) _____ que des gens désagréables!

2

Vrai ou faux? Lisez ces phrases et dites si elles sont vraies ou fausses. Corrigez les phrases fausses.

1. À la perte d'un être cher, on ressent beaucoup de tristesse.
2. Une personne SDF possède un logement en centre-ville.
3. Le désarroi est un sentiment associé à quelque chose de négatif.
4. Les animaux de compagnie apportent du réconfort à ceux qui vivent seuls.
5. Quand on est pressé, il faut marcher lentement.

3

La vie en ville Par groupes de trois, discutez de la vie moderne dans une grande ville. Considérez les questions suivantes et utilisez le nouveau vocabulaire.

- À votre avis, les citadins ont-ils une routine monotone? Pourquoi?
- Peut-on parfois ressentir de l'isolement dans une grande ville? Pourquoi? Qu'est-ce qui peut apporter du réconfort dans ce genre de situation?

S Practice more at **vhlcentral.com**.

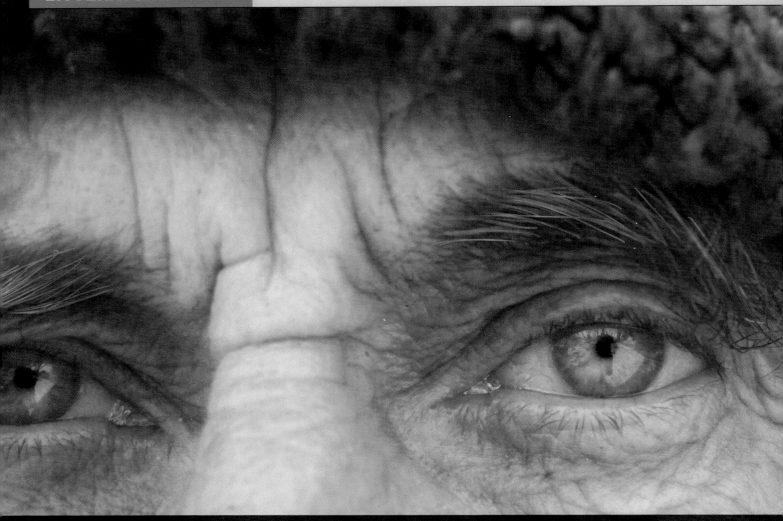

Le Chocolat partagé

Martine Mangeon

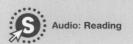 Audio: Reading

La jeune femme hâte le pas pour ne pas être trop en retard. Elle a des horaires souples permettant une certaine flexibilité qui, parfois, ne suffit pas. Elle sort de la station de métro Sablons perdue dans ses pensées, les mêmes, tous les matins: son mari parti tôt, son fils à l'école maternelle, son père souffrant° qu'elle va visiter ce soir avant de rentrer. Bientôt ses pensées matinales sont remplacées par celles du travail: terminer le dossier untel, demander un rendez-vous à sa directrice, lui parler de...

D'autres fois, elle se surprend à rouspéter intérieurement: de quoi sommes-nous donc faits, pétris°, empêtrés°? De notre vie de tous les jours, il ressort que nous sommes englués d'us et de coutumes°, enfin d'habitudes, quoi! Se lever le matin, répéter les mêmes gestes, voir les mêmes choses, les mêmes personnes et pourtant, il suffit de faire attention autour de soi pour remarquer que des choses apparaissent, changent, bougent, disparaissent.

Aujourd'hui, elle a réussi à être en avance par rapport à son horaire habituel. Elle ne rencontre pas les mêmes visages. Ceux-là sont matinaux. La plupart présentent déjà des signes de fatigue. Elle en est là de ses réflexions lorsque, pour la première fois, elle le remarque: il sort d'un bel immeuble haussmannien. Il a grand ouvert la porte, maintenu le battant° d'une main, et de l'autre, il pilote un vélo chargé de sacs plastique. Puis il fait un petit signe de la tête et un chien sort, la truffe° et la queue° en mouvement. L'équipage se dirige vers la station de métro. Le spectacle amuse la jeune femme,

surtout ce contraste entre l'immeuble très bourgeois et l'homme habillé simplement, affublé de° ses deux complices: le vélo et le chien.

La journée passe.

Le lendemain matin, elle est juste à l'heure pour son travail, elle le croise dans l'escalier qui mène au métro, descendant sa bicyclette et ses sacs en plastique, son chien derrière lui. Elle sourit intérieurement: il sort d'un immeuble chic avec un attirail° de SDF, en plus, il

---

Elle en est là de ses réflexions lorsque, pour la première fois, elle le remarque.

---

prend le métro! Les Neuilléens doivent le jauger de loin, pire l'éviter. Elle en reste là de ses réflexions.

Et la journée passe.

La journée suivante, elle le trouve installé sur le quai du métro, assis sur un banc, sa bicyclette posée derrière, ses sacs en plastique sous le banc et son chien assis devant lui. Dès l'arrêt de la rame, elle le remarque et prend quelques secondes pour le détailler°: l'homme est grand, il porte «beau», comme on dit. Il a le cheveu blanc, l'œil bleu pétillant°. Son imagination vagabonde°: peut-être est-ce un aristocrate qui a connu des revers de fortune. Elle n'aurait pas été étonnée si, à la place de la bicyclette, il avait tenu les rênes d'un cheval et si, au lieu du

Margin glosses:
- *ill* (line 9, souffrant)
- *made of* (line 17, pétris)
- *entangled* (line 18, empêtrés)
- *stuck in our habits* (line 20, coutumes)
- *door panel* (line 36, battant)
- *nose* (line 39, truffe)
- *tail* (line 40, queue)
- *saddled with* (line 45, affublé de)
- *gear* (line 53, attirail)
- *to scrutinize* (line 65, détailler)
- *sparkling* (line 67, pétillant)
- *wanders* (line 68, vagabonde)

mutt / pack (of dogs) bâtard°, une meute° l'avait suivi. Mais les horaires étant ce qu'ils sont, elle ne
75 fait que passer, sans s'arrêter.

Et la journée passe.

Le rencontrant tous les jours, avec son attirail et son fidèle compagnon, elle finit par se demander ce qu'ils peuvent
80 bien faire tous les deux, installés là, sur le quai du métro. Cette question n'est

---

Avec son vélo, ses sacs et son chien, l'homme faisait partie du décor quotidien.

---

pas concrètement formulée, mais elle s'impose quelques secondes à chaque fois qu'elle les rencontre.

85 Un jour, elle est arrivée très en retard, peut-être inconsciemment, rien que pour savoir. Elle descend de la rame de métro: ils sont installés, l'un en face de l'autre. L'homme sourit. Il sort de sa poche une
90 tablette de chocolat, la queue du chien
moves s'agite° faiblement. L'homme retire le papier d'emballage, la queue du chien
wags/tears remue° plus fort. Mais lorsqu'il déchire° le papier doré, la queue du chien joue
drum 95 franchement du tambour° sur le quai.
one-on-one Un tête-à-tête° plein d'amitié se déroule sous ses yeux: l'homme dit doucement en cassant le chocolat:

square «Un carré° pour toi, un carré pour moi, un carré 100 pour moi, un carré pour moi, un carré pour toi, un carré pour moi, un carré pour toi, un carré pour moi.»

Instant rare d'un double plaisir:
love of food celui de la gourmandise° satisfaite, mais surtout celui du partage. 105

Elle n'est pas restée jusqu'à la fin de la tablette de chocolat. Elle était étrangère à ce bonheur. Il n'y avait pas de
to spy raison de les épier°. Elle a pressé le pas pour remonter vers la ville, en gardant au 110 fond d'elle-même l'image de cet homme et de son chien qui vivaient dans leur monde souterrain°, sans faire attention *underground* à ce qui les entourait°, préservant *surrounded* leur intimité au milieu du passage de 115 la foule du matin.

Le temps a passé. Les jours, les semaines, les mois. Le travail, la famille, les activités. Avec son vélo, ses sacs et son chien, l'homme faisait partie du 120 décor quotidien.

Le changement ne se remarque pas immédiatement…

Un jour pourtant, elle a constaté qu'elle ne les voyait plus, ni lui ni 125 son chien. Depuis combien de temps n'étaient-ils plus là? Des jours? Des semaines? Des mois? Oh! elle aurait pu poser des questions aux gens qu'elle côtoie chaque jour, comme le vendeur 130 de journaux ou le guichetier°. Mais ce *ticket window agent* n'est pas parce qu'il y a un bonjour, une question, une réponse, un bref passage, qu'il y a connivence°, connaissance. Et *complicity* elle n'a pas osé poser la question, la seule 135 qui prenait de l'importance dès que le métro entrait en gare des Sablons:

«Où est-il? Que s'est-il passé?»

Après des jours, des semaines, des

140 mois, un matin, à peine le pied sur le quai, elle le voit. Installé sur un banc, toujours le même, sa bicyclette appuyée derrière le banc, ses sacs en plastique en dessous. Il est voûté°, ses cheveux se
145 sont clairsemés° et son regard a perdu son éclat°. Il ne mange pas de chocolat.

stooped
thinned
sparkle

La jeune femme doit faire un effort pour le regarder. Elle a mal pour lui, elle ne sait pas pourquoi. Quel changement
150 a amené en lui un tel désarroi? Elle s'arrête, le regarde, oubliant son retard: l'homme est penché en avant°, il fait des gestes saccadés°, il remue des lèvres, comme s'il suçait° un bonbon
155 ou un carré de chocolat.

is leaning forward
jerky movements
were sucking on

Et tout d'un coup, elle comprend: le chien! Son chien, son compagnon, n'est pas en face de lui. L'homme reste un long moment à remuer les doigts pour casser
160 une plaquette de chocolat imaginaire et à bouger les lèvres pour murmurer les mêmes mots d'amitié à son compagnon. Elle reste là quand il se lève pour remonter à la surface. Il sort son vélo, ramasse ses sacs. Puis il se retourne, regarde à terre° et fait un petit geste de la tête, comme pour 165 dire: «On y va.»

looks at the ground

Lorsqu'il passe près d'elle, elle a l'impression qu'une truffe froide frôle son mollet°. Dans sa tête est venue l'idée que ce n'est pas parce que l'on 170 donne l'apparence d'être seul qu'on l'est réellement.

calf

Depuis, bien des rames de métro sont passées à la station Sablons. La jeune femme vit sa vie. Lui, un beau 175 matin, a disparu mais elle n'a jamais cherché à savoir ce qu'il était devenu, car elle ne s'est jamais sentie seule. Il est des rencontres qui, malgré le temps qui fuit°, demeurent comme une petite 180 braise° au cœur. ■

flies by
ember

Analyse

1

Le bon ordre Numérotez ces événements du 1 au 7 dans l'ordre chronologique d'après l'histoire.

_____ La jeune femme croise de nouveau l'homme dans l'escalier du métro.

_____ La jeune femme ne voit plus l'homme et son chien pendant plusieurs semaines.

_____ La jeune femme revoit l'homme mais son chien n'est plus avec lui.

_____ La jeune femme voit l'homme et son chien installés sur le quai du métro.

_____ La jeune femme pense à ses activités de la journée en allant au travail.

_____ L'homme ouvre et partage une tablette de chocolat avec son chien.

_____ Dans la rue, la jeune femme remarque un homme qui sort d'un bel immeuble.

2

Compréhension Répondez aux questions par des phrases complètes.

1. À qui pense la jeune femme quand elle se rend à son travail le matin?

2. Quel sujet fait parfois rouspéter la jeune femme le matin?

3. Qu'est-ce qu'elle remarque au sujet de l'homme qui sort de l'immeuble?

4. Pourquoi pense-t-elle que les habitants de Neuilly jaugent cet homme et l'évitent?

5. Comment la jeune femme décrit-elle cet homme physiquement quand elle a l'occasion de mieux l'observer?

6. Que font l'homme et son chien sur le quai du métro?

7. Qu'est-ce qui est différent la dernière fois que la jeune femme revoit l'homme?

8. Qu'est-il probablement arrivé au chien?

3

Discussion À deux, répondez à ces questions.

1. Comment la jeune femme décrit-elle le moment de partage entre l'homme et le chien? Qu'est-ce que cela suggère sur la relation de cet homme avec son chien?

2. En quoi l'homme a-t-il changé entre le jour où la jeune femme l'a vu partager la tablette de chocolat avec son chien et la dernière fois qu'elle l'a vu? Pourquoi ces changements ont-ils eu lieu, d'après vous?

3. Comment la jeune femme se sent-elle à la vue de l'homme seul sur le quai du métro? Quels sont les différents sentiments qu'elle éprouve?

4

Rédaction La présence de nos compagnons à quatre pattes atténue souvent le stress et le sentiment d'isolement. Pensez-vous qu'il est bon d'avoir un animal de compagnie? Écrivez un essai pour répondre à cette question. Suivez le plan de rédaction.

Plan

1 Préparation Pensez aux avantages et aux inconvénients associés au fait d'avoir un animal de compagnie. Organisez vos idées de façon logique dans un tableau **avantages/inconvénients**.

2 Écriture Écrivez deux paragraphes: un dans lequel vous décrivez les avantages d'avoir un animal de compagnie et un dans lequel vous décrivez les inconvénients. Partagez des anecdotes qui illustrent votre point de vue.

3 Conclusion Rédigez une conclusion dans laquelle vous donnez votre opinion personnelle sur le sujet.

S Practice more at vhlcentral.com.

Habiter en ville  Vocabulary Tools

Les lieux

un arrêt d'autobus *bus stop*
une banlieue *suburb*
une caserne de pompiers *fire station*
le centre-ville *city/town center; downtown*
un cinéma *movie theater*
un commissariat de police *police station*
un édifice *building*
un gratte-ciel *skyscraper*
un hôtel de ville *city/town hall*
un jardin public *public garden*
un logement/une habitation *housing*
un musée *museum*
le palais de justice *courthouse*
une place *(town/city) square*
la préfecture de police
  police headquarters
un quartier *neighborhood*
une station de métro *subway station*

Les indications

la circulation *traffic*
les clous *crosswalk*
un croisement *intersection*
un embouteillage *traffic jam*
un feu (tricolore) *traffic light*
un panneau *road sign*
un panneau d'affichage *billboard*
un pont *bridge*
un rond-point *traffic circle*
une rue *street*
les transports en commun
  public transportation
un trottoir *sidewalk*
une voie *lane; road*

descendre *to go down; to get off*
donner des indications *to give directions*
être perdu(e) *to be lost*
**monter (dans une voiture, dans un
  train)** *to get (in a car, on a train)*
se trouver *to be located*

Les gens

un agent de police *police officer*
un(e) citadin(e) *city-/town-dweller*
un(e) citoyen(ne) *citizen*

un(e) colocataire *roommate*
un(e) conducteur/conductrice *driver*
un(e) étranger/étrangère
  foreigner; stranger
le maire *mayor*
un(e) passager/passagère *passenger*
un(e) piéton(ne) *pedestrian*

Les activités

les travaux *construction*
l'urbanisme (m.) *city/town planning*
la vie nocturne *nightlife*

améliorer *to improve*
s'amuser *to have fun*
construire *to build*
empêcher (de) *to keep from
  (doing something)*
s'ennuyer *to get bored*
s'entretenir (avec) *to converse*
passer (devant) *to go past*
peupler *to populate*
rouler (en voiture) *to drive*
vivre *to live*

(peu/très) peuplé(e)
  (sparsely/densely) populated

Pour décrire

animé(e) *lively*
bruyant(e) *noisy*
inattendu(e) *unexpected*
plein(e) *full*
privé(e) *private*
quotidien(ne) *daily*
sûr(e)/en sécurité *safe*
vide *empty*

Court métrage

un lien *connection*
un marché *deal*
une rame de métro *subway train*
un sketch *skit*
une voie *means*
un wagon *subway car*

duper *to trick*
se méfier de *to be distrustful of*

se plaindre *(conj. like **éteindre**) to complain*
se rassurer *to reassure oneself*
réitérer *to reiterate*
rejoindre *to join*
solliciter *to solicit*

débile *moronic*
gêné(e) *embarrassed*
insensible *insensitive*

Culture

une ambiance *atmosphere*
la batterie *drums*
un défilé *parade*
une fanfare *marching band*
une fête foraine *carnival*
un feu d'artifice *fireworks display*
une foire *fair*
une manifestation *demonstration*
le soutien *support*
un violon *violin*

s'étendre *to spread*
rassembler *to gather*
se réunir *to get together*
unir *to unite*

Littérature

un animal de compagnie *pet*
le désarroi *distress*
l'isolement (m.) *isolation*
la mort *death*
la perte d'un être cher *loss of a loved one*
un(e) SDF (sans domicile fixe)
  homeless person
une rame (de métro) *(subway) train*
le train-train quotidien *daily grind*
la tristesse *sadness*

apporter du réconfort *to bring comfort*
atténuer *to alleviate*
côtoyer *to rub shoulders with*
croiser *to run into someone*
hâter le pas *to hurry*
jauger *to gauge*
rouspéter *to gripe*
se sentir *to feel*

matinal(e) *early bird*
monotone *monotonous*

L'influence des médias

La télévision. La radio. Internet. Les journaux. Les magazines. Nous sommes bombardés 24 heures sur 24, sept jours sur sept. Les médias divertissent. Ils informent. Ils mobilisent. Ils agacent. Ils font peur. Les médias sont-ils trop présents dans notre vie? Quelle influence ont-ils sur nous?

87

110

Destination:
QUÉBEC

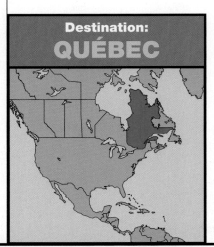

L'univers médiatique

 Vocabulary Tools

Les médias

l'actualité (*f.*) *current events*
la censure *censorship*
un événement *event*
un message/spot publicitaire; une
  publicité (une pub) *advertisement*
les moyens (*m.*) de communication;
  les médias (*m.*) *media*
la publicité (la pub) *advertising*
un reportage *news report*
un site web/Internet
  web/Internet site
une station de radio *radio station*

s'informer (par les médias) *to keep
  oneself informed (through the media)*
naviguer/surfer sur Internet/le web
  to search the web

actualisé(e) *updated*
en direct *live*
frappant(e)/marquant(e) *striking*
influent(e) *influential*
(im)partial(e) *(im)partial*

Les gens des médias

un(e) animateur/animatrice de
  radio *radio presenter*
un auditeur/une auditrice *(radio) listener*
un(e) critique de cinéma *film critic*
un éditeur/une éditrice *publisher*
un(e) envoyé(e) spécial(e) *correspondent*
un(e) journaliste *journalist*
un(e) photographe *photographer*
un réalisateur/une réalisatrice *director*
un rédacteur/une rédactrice *editor*
un reporter *reporter (male or female)*

un téléspectateur/une
  téléspectatrice *television viewer*
une vedette (de cinéma) *(movie) star
  (male or female)*

Le cinéma et la télévision

une bande originale *soundtrack*
une chaîne *network*
un clip vidéo; un vidéoclip *music video*
un divertissement *entertainment*
un documentaire *documentary*
l'écran (*m.*) *screen*
les effets (*m.*) spéciaux *special effects*
un entretien/une interview *interview*
un feuilleton *soap opera; series*
une première *premiere*
les sous-titres (*m.*) *subtitles*

divertir *to entertain*
enregistrer *to record*

retransmettre *to broadcast*
sortir un film *to release a movie*

La presse

une chronique *column*
la couverture *cover*
un extrait *excerpt*
les faits (*m.*) divers *news items*
un hebdomadaire *weekly magazine*
un journal *newspaper*

la liberté de la presse *freedom of
  the press*
un mensuel *monthly magazine*
les nouvelles (*f.*) locales/internationales
  local/international news
la page sportive *sports page*
la presse à sensation *tabloid(s)*
la rubrique société *lifestyle section*
un gros titre *headline*

enquêter (sur) *to investigate*
être à la une *to be on the front page*
publier *to publish*

Mise en pratique

1

Les analogies Complétez chaque analogie à l'aide du mot le plus logique de la liste.

actualisé	la censure	frappant	un réalisateur	un site web
un auditeur	enregistrer	un journaliste	retransmettre	la une

1. un reporter : un reportage :: _____ : un journal
2. la télévision : un téléspectateur :: la radio : _____
3. important : influent :: marquant : _____
4. un rédacteur : un magazine :: _____ : un film
5. _____ : un journal :: la couverture : un magazine
6. un film : le cinéma :: _____ : Internet
7. une émission : _____ :: un divertissement : divertir
8. l'impartialité : la partialité :: la liberté de la presse : _____

2

Les titres Complétez chaque phrase avec le mot ou l'expression la plus logique.

animateur	écran	en direct	média
clip vidéo	effets spéciaux	frappante	vedette

Reportage exclusif (1) _____ sur la chaîne TV5.

Cette (2) _____ de cinéma sort un nouveau film avec beaucoup
d' (3) _____.

Son nouveau (4) _____ a détruit la réputation de ce chanteur.

L'influence des sites Internet: une enquête (5) _____! Les déclarations
partiales d'un (6) _____ de radio mettent ses auditeurs en colère.

3

À votre avis Dites si vous êtes d'accord ou pas avec chaque affirmation. Ensuite,
comparez vos réponses avec celles de vos camarades de classe.

	Oui	Non
1. Aujourd'hui, il est plus facile de s'informer qu'avant.	☐	☐
2. Grâce aux médias, les gens connaissent mieux le monde.	☐	☐
3. La liberté de la presse est un mythe.	☐	☐
4. La publicité essaie de divertir le public.	☐	☐
5. La presse à sensation n'a qu'un seul objectif: informer le public.	☐	☐
6. On trouve plus de reportages impartiaux sur Internet que dans la presse.	☐	☐
7. Dans les médias, les images ont plus d'influence que les mots.	☐	☐
8. Si on veut s'informer, il vaut mieux regarder la télévision que lire les journaux.	☐	☐

4

Un reportage Avec un(e) camarade, imaginez que vous soyez reporter. Quel sujet
choisiriez-vous pour votre prochain reportage? Préparez le reportage.

Ⓢ Practice more at **vhlcentral.com.**

Préparation 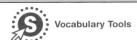 Vocabulary Tools

Vocabulaire du court métrage	
une couverture *blanket*	
un dieu vivant *living god*	
se donner totalement *to give one's all*	
égaré(e) *lost*	
un(e) héritier/héritière *heir*	
une retouche *touch-up*	

Vocabulaire utile	
allongé(e) *lying down*	
de dos *from the back*	
décédé(e) *deceased*	
engager *to hire*	
intransigeant(e) *inflexible*	
la notoriété *fame*	
un tournage *movie shoot*	

EXPRESSIONS

Je te vire. *I'll fire you.*

On ne va pas se mentir. *I'm not going to lie to you.*

Qu'est-ce qu'elle fout ici? *What is she doing here?*

Vous n'en valez pas la peine. *You're not worth it.*

Vous vous foutez de ma gueule? *Are you kidding me?*

---

1 **Sur le plateau** Complétez cette conversation entre un réalisateur et un de ses amis avec les mots et expressions du vocabulaire. Faites toutes les modifications nécessaires.

LE RÉALISATEUR Mon (1) _____ ne se passe pas bien du tout, tu sais.

L'AMI Ah bon? Pourquoi?

LE RÉALISATEUR L'acteur principal que j'ai (2) _____ pour jouer le rôle de (3) _____ de la famille Robert est très mauvais!

L'AMI C'est lequel?

LE RÉALISATEUR Celui qui est (4) _____, là-bas, près de la caméra.

L'AMI Mais pourtant, il a beaucoup de (5) _____, non?

LE RÉALISATEUR Oui, justement, et à cause de ça, il se prend pour (6) _____ mais moi, je trouve qu'il ne (7) _____ pas totalement.

L'AMI Qu'est-ce que tu vas faire alors?

LE RÉALISATEUR Il faut absolument que je sois (8) _____ avec lui. Mais si ça ne s'arrange pas, je vais probablement devoir le (9) _____.

2 **Le cinéma** Répondez aux questions par des phrases complètes.

1. Quels genres de films aimez-vous le mieux? Les comédies? Les films d'action? Les drames? Pourquoi?

2. Qui est votre réalisateur/réalisatrice préféré(e)? Pourquoi appréciez-vous ses films?

3. Pensez-vous que le métier d'acteur/actrice soit difficile? Quelles en sont les exigences? Est-ce un métier épanouissant (*fulfilling*), d'après vous?

4. Si vous faisiez carrière dans le cinéma, seriez-vous plus tenté(e) par une carrière de réalisateur/réalisatrice ou d'acteur/actrice? Pourquoi?

S Practice more at **vhlcentral.com**.

3

Les relations réalisateur-acteurs Par petits groupes, répondez aux questions.

1. En quoi consiste le métier de réalisateur/réalisatrice de cinéma?

2. D'après vous, sur quels critères un(e) réalisateur/réalisatrice se base-t-il/elle pour le choix des acteurs qu'il/elle engage pour jouer dans ses films?

3. Pourquoi certains réalisateurs choisissent-ils de souvent tourner avec les mêmes acteurs, d'après vous?

4. Comment imaginez-vous les relations entre un(e) réalisateur/réalisatrice et les acteurs de son film?

5. Qui a le plus d'influence sur le plateau d'un film, à votre avis? Le/La réalisateur/réalisatrice ou les acteurs? Est-ce que cela dépend de la notoriété de chacun? Expliquez votre réponse.

6. Y a-t-il des réalisateurs ou des acteurs célèbres qui ont la réputation d'être difficiles au travail? Lesquels? Pourquoi sont-ils considérés comme difficiles, d'après vous?

4

Anticipation Avec un(e) camarade, observez ces images du court métrage et répondez aux questions.

A   B

Image A

● Que voyez-vous sur l'image? Qui est probablement l'homme assis sur la chaise? Que fait-il?

● Est-il de bonne ou de mauvaise humeur, d'après vous? Pourquoi? Proposez deux hypothèses.

Image B

● Qui sont probablement les personnes sur l'image?

● D'après leurs expressions faciales et leurs postures, comment ces personnes se sentent-elles? Pourquoi? Proposez deux hypothèses.

5

Prédictions et observations D'après vous, quel type de film Mirko Imada, le réalisateur, est-il en train de tourner? Quel genre d'homme est-il? Comment imaginez-vous ses relations avec ses acteurs? Pensez-vous que le tournage du film va se passer dans de bonnes conditions? Écrivez un paragraphe d'environ huit phrases dans lequel vous présentez vos prédictions et observations. Considérez ces éléments:

● le vocabulaire donné à la page précédente

● les images ci-dessus

● le poster du film à la page suivante

 Practice more at **vhlcentral.com**.

INTRIGUE *C'est le premier jour de tournage du nouveau film du célèbre réalisateur Mirko Imada, et celui-ci attend beaucoup de choses des jeunes acteurs qu'il a engagés.*

LE RIRE Alors, je m'appelle Karine. J'ai 22 ans. J'ai fait quatre ans de théâtre à Niort. En parallèle, j'ai tourné dans plusieurs courts métrages. Je vous donne les titres?
MIRKO IMADA Surtout pas, non. Je m'en fous.°
LE RIRE Très bien.

LE MENTON Philippe de Bonneville. J'ai 29 ans, tout juste. J'ai tourné dans quelques publicités, un peu de figuration°...
MIRKO IMADA Ne bougez plus!° Gardez la pose. Il y a une vraie force expressive au niveau du bas du visage. Vous avez un menton° très agréable.

MIRKO IMADA Coupez, c'est mauvais. C'est mauvais. Vous êtes mauvais, vous êtes mauvais. Ils sont tous mauvais, non? Si vous ne m'en donnez pas plus, je vous fous dehors°, c'est compris?
ACTEURS Oui, Monsieur Imada.

MIRKO IMADA Regardez la caméra, mademoiselle. Elle a des yeux incroyables, non?
LES YEUX Attendez, je vais mettre mes lunettes parce que sinon, je ne vois pas grand-chose°.
MIRKO IMADA Non, non, sans lunettes.

MIRKO IMADA Tu as compté tes pas°?
LA TIGE Non.
MIRKO IMADA Moi, j'ai compté. Tu en as fait huit. J'en veux six.

MIRKO IMADA Ce n'est jamais facile. Le problème avec les jeunes acteurs, c'est qu'ils ne se donnent jamais totalement. Le don de soi°, ça ne vient qu'avec l'âge.
ACTEUR Et moi, j'étais comment?
MIRKO IMADA Impeccable, comme toujours. L'ancienne génération, c'était quand même autre chose.

Je m'en fous. *I don't care.* **grand-chose** *much* **la figuration** *secondary roles* **Ne bougez plus!** *Don't move!* menton *chin* pas *steps* je vous fous dehors *I'll kick you out* don de soi *total commitment*

Analyse

1 Compréhension Répondez aux questions par des phrases complètes.

| Actrice A | Actrice B | Acteur A | Acteur B |

1. Qui est Mirko Imada? Comment sait-on qu'il est célèbre?
2. Pendant le casting, qu'est-ce qu'Imada aime chez l'actrice A?
3. Quel problème y a-t-il pendant le casting de l'actrice B? Qu'est-ce qu'Imada décide de faire? Pourquoi?
4. Qu'est-ce qu'Imada apprécie chez l'acteur A?
5. Quel genre d'expérience a l'acteur B? Qu'est-ce qu'Imada pense de lui?
6. Qui est l'homme sur le lit? Comment les deux actrices réagissent-elles face à l'idée de jouer avec un cadavre?
7. Pourquoi les quatre jeunes acteurs se retrouvent-ils dehors dans le froid?
8. Quelle observation Imada partage-t-il au sujet de la réalisation d'un film à la fin du court métrage?

2 Interprétation Répondez aux questions avec un(e) camarade.

1. Que pensez-vous du comportement de Mirko Imada pendant les castings?
2. D'après vous, les jeunes acteurs sont-ils impressionnés par Imada? Comment le savez-vous?
3. Êtes-vous surpris de la façon dont Imada traite les acteurs pendant le tournage? Pourquoi ou pourquoi pas?
4. Pourquoi les acteurs se laissent-ils traiter comme ils le sont par Imada, sans réagir, d'après vous?
5. Le comportement d'Imada a un impact sur la façon de jouer des acteurs. Cet impact est-il positif ou négatif, à votre avis? Donnez des exemples du court métrage pour justifier votre réponse.

3 Réplique À la fin du court métrage, le producteur fait la remarque ci-dessous au comédien qui joue le rôle de l'homme décédé. Son évaluation est-elle justifiée, à votre avis? Trouvez-vous aussi que ce comédien a joué de façon «impeccable»? Pourquoi ou pourquoi pas? Discutez-en par petits groupes.

> **Impeccable, comme toujours. L'ancienne génération, c'était quand même autre chose.**

4 Jeu de rôles Imaginez que les quatre jeunes acteurs se retrouvent un an plus tard sur le tournage d'un autre film. Ils discutent ensemble de leurs carrières et se remémorent leur expérience pendant le tournage du film de Mirko Imada. Par groupes de quatre, créez cette conversation et jouez-la pour la classe.

5 Si j'étais acteur/actrice... Avec un(e) partenaire, discutez de ces questions puis partagez vos réflexions avec deux autres camarades.

- Si vous étiez un(e) jeune acteur/actrice, à quoi seriez-vous prêt(e) pour lancer votre carrière?
- Accepteriez-vous de tourner dans un film qui vous met mal à l'aise (*ill at ease*)?
- Vous laisseriez-vous intimider par un(e) réalisateur/réalistrice?

6 Le titre Que pensez-vous du titre de ce court métrage? Est-il approprié, à votre avis? Pensez-vous que les jeunes acteurs ont eu envie de remercier Mirko Imada à la fin du tournage? Pourquoi ou pourquoi pas? Discutez de ces questions par petits groupes.

7 Recherches Dans la **Note culturelle** à la page 87, vous avez lu que le public français apprécie tout particulièrement le cinéma d'auteur. Faites des recherches sur Internet pour en apprendre plus sur ce qui constitue un film d'auteur. Puis, choisissez-en un et écrivez un paragraphe. Suivez ces instructions:

- Identifiez et résumez ce film.
- Parlez brièvement de son/sa réalisateur/réalisatrice en évoquant sa carrière.
- Expliquez pourquoi le film choisi est considéré comme un film d'auteur.

8 Art ou entreprise commerciale? En France, le cinéma est considéré comme «le septième art». Pensez-vous que ce terme soit justifié? Le cinéma est-il avant tout un art ou une entreprise commerciale, d'après vous? Divisez-vous en deux équipes, selon vos opinions, et débattez de la question. Utilisez des arguments précis et des exemples pour soutenir et illustrer votre point de vue.

Arguments	Exemples

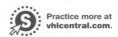

IMAGINEZ
Le Québec

La souveraineté du Québec

Un **Québec** francophone et souverain, voilà l'idée que va défendre **René Lévesque** (1922–1987) pendant toute sa carrière politique. D'abord journaliste, Lévesque occupera plusieurs postes de ministre sous le gouvernement de **Jean Lesage** (1912–1980), **Premier ministre** du Québec dans les années 1960.

Pendant cette période, qu'on a appelée la **Révolution tranquille**, l'idée de la souveraineté du Québec, c'est-à-dire de la création d'un pays québécois à part entière°, domine le débat politique. L'éducation francophone et laïque° se développe et une vraie politique culturelle est mise en place. Les Québécois prennent conscience de leur identité propre et de leur culture francophone.

Ce phénomène se reflète surtout dans la chanson et dans le cinéma. Des chanteurs comme **Félix Leclerc** (1914–1988) et **Gilles Vigneault** (1928–) défendent l'idée de la souveraineté et font renaître la tradition de la chanson francophone québécoise. **Robert Charlebois** (1944–) reprend cette tradition et la modernise. Le cinéma québécois francophone se développe grâce à la création, en 1967, de la **Société de Développement de l'Industrie Cinématographique Canadienne** (SDICC) qui apporte une aide financière aux réalisateurs comme **Denys Arcand**.

Sur le plan politique, c'est en 1968 que René Lévesque fonde le **Parti québécois** ou PQ, qui demande la souveraineté du Québec. Quand Lévesque est élu Premier ministre en 1976, c'est la première fois qu'un tel° parti arrive au pouvoir. Dès° l'année suivante, la **Loi 101** pour la défense du français est votée. En effet°, beaucoup de jeunes Québécois choisissaient de recevoir une éducation en anglais. Cette loi oblige tous les immigrants à aller à l'école française. En outre°, l'affichage° doit être en français dans les lieux publics et dans les magasins.

> ### D'ailleurs…
>
>
>
> Le 24 juillet 1967, le président français, **Charles de Gaulle**, qui est en visite à **Montréal**, proclame son soutien au mouvement de souveraineté du Québec. Pendant un discours° qu'il prononce du balcon de l'Hôtel de ville, il s'exclame: «Vive Montréal! Vive le Québec! Vive le Québec... libre! Vive le Canada français et vive la France!»

René Lévesque, fondateur du Parti québécois

Aujourd'hui, grâce à ces mesures, 80% des Québécois ont pour langue maternelle le français. Cependant, le cœur° du programme indépendantiste est bien la souveraineté totale. Celle-ci ne peut vraiment se faire que si la majorité des Québécois votent en sa faveur.

Une série de **référendums** est organisée: si la population répond «oui», le Québec s'émancipera. Mais voilà: à chaque fois, le «non» l'emporte°! Au référendum de 1995, il n'y avait plus que 50.000 voix° de différence, alors les partisans du «oui» n'ont pas encore dit leur dernier mot. Affaire à suivre…

à part entière *on its own* **laïque** *secular* **un tel** *such a* **Dès** *From* **En effet** *Indeed* **En outre** *In addition* **affichage** *display/posting* **cœur** *core* **emporte** *wins* **voix** *votes* **discours** *speech*

Le français parlé au Québec

un abreuvoir	une fontaine; *drinking fountain*
l'achalandage (*m.*)	la circulation
une aubaine	une promotion; *sale, promotion*
avoir l'air bête	être de mauvaise humeur
bienvenue	de rien
une blonde	une copine; *girlfriend*
bonjour	bonjour, au revoir
un breuvage	une boisson
un char	une voiture
chauffer	conduire
un chum	un copain; *boyfriend, male friend*
la crème glacée	la glace
débarquer	descendre
(du bus, du métro)	
le déjeuner	le petit-déjeuner
le dîner	le déjeuner
être plein	avoir trop mangé; *to be full*
magasiner (faire	faire des courses
du magasinage)	
ça mouille	il pleut
le souper	le dîner

Découvrons le Québec

Je me souviens Cette devise° est apparue sur les plaques d'immatriculation° québécoises en 1978. **Eugène-Étienne Taché**, architecte et homme politique québécois, fait graver°, en 1883, «Je me souviens» au-dessus de° la porte du parlement québécois. Taché n'a jamais précisé ce qu'il a voulu dire par ces mots, mais ils sont probablement liés à l'histoire de la Province que cette façade rappelle.

La fête de la Saint-Jean Le 24 juin, c'est le jour de la **Saint-Jean-Baptiste**, le patron des Canadiens francophones. C'est aussi, depuis 1977, la Fête nationale du Québec. Arrivée en Amérique avec les premiers colons français, cette fête, qui a des racines° à la fois païennes° et religieuses, y est célébrée depuis 1646 environ. Aujourd'hui, c'est un immense festival qui donne aux Québécois l'occasion de montrer leur fierté° et leur héritage culturel.

La poutine Elle consiste en un mélange de frites et de fromage en grains°, le tout recouvert d'une sauce brune chaude qui fait fondre° le fromage. C'est une spécialité québécoise très appréciée qui trouve son origine dans les milieux ruraux° des années 1950. Aujourd'hui, au Québec, presque tous les restaurants à service rapide offrent de la poutine.

La ville souterraine de Montréal Construite vers 1960 et appelée RÉSO depuis 2004, la ville souterraine° comprend 63 complexes résidentiels et commerciaux reliés par° 32 kilomètres de tunnels. On y trouve huit stations de métro et cinq gares qui desservent° la banlieue, des banques, des centres commerciaux, des bureaux et même des hôtels. Plus de 500.000 personnes y passent chaque jour, surtout en hiver!

devise *motto* **plaques d'immatriculation** *licence plates* **graver** *to engrave* **au-dessus de** *above* **racines** *roots* **païennes** *pagan* **fierté** *pride* **en grains** *curds* **fondre** *melt* **ruraux** *rural* **souterraine** *underground* **reliés par** *linked by* **desservent** *serve*

Qu'avez-vous appris?

1

Vrai ou faux? Indiquez si les affirmations sont vraies ou fausses, et corrigez les fausses.

1. L'un des plus grands opposants d'un Québec francophone et souverain était Félix Leclerc.

2. Dans les années 60, René Lévesque était le Premier ministre du Québec.

3. La notion de la souveraineté du Québec domine le débat politique, pendant la Révolution tranquille.

4. C'est une éducation religieuse et francophone qui se développe au Québec.

5. Le cinéma québécois francophone se développe grâce à la création du Parti québécois.

6. L'ancien président français Charles de Gaulle était pour la souveraineté du Québec.

7. «Je me souviens» est l'hymne national du Québec.

8. RÉSO est le nom donné à une fête québécoise importante.

2

Questions Répondez aux questions.

1. Pourquoi 1976 est-elle une année importante pour le Parti québécois?

2. Quelle conséquence de la Loi 101 affecte les commerces et les rues au Québec?

3. Quelle autre conséquence affecte l'éducation au Québec?

4. Qui sont les deux chanteurs qui contribuent à la renaissance de la chanson francophone québécoise?

5. Quelle sorte de fête est la Saint-Jean aujourd'hui?

6. Qu'est-ce que la poutine?

7. Qu'est-ce que la Révolution tranquille?

8. Quelle est l'importance du référendum qui a lieu en 1995?

3

Discussion Par groupes de trois, lisez la liste et dites lesquels de ces aspects culturels québécois vous connaissiez déjà et lesquels vous ne connaissiez pas encore. Ensuite, discutez des idées que vous aviez sur le Québec avant de lire les pages précédentes.

- La devise «Je me souviens»
- Le débat sur la souveraineté du Québec
- Le français québécois
- La poutine

4

Écriture Imaginez que les habitants de l'état ou de la région où vous habitez souhaitent devenir indépendants du reste du pays, et vous êtes d'accord avec eux. Écrivez un paragraphe de 10 à 12 lignes pour défendre votre point de vue. Répondez aux questions ci-dessous.

- Pourquoi veut-on devenir indépendant?
- Quels sont les avantages de la souveraineté?
- Quels en sont les désavantages?
- Comment va-t-on gagner l'indépendance?

 Practice more at **vhlcentral.com**.

 *Le* **Zapping**

 Video

1

Préparation Avec un(e) partenaire, regardez cette image extraite de la vidéo et répondez aux questions.

1. Voyez-vous un décor moderne ou rétro? D'après le décor, en quelle décennie (decade) sommes-nous?

2. Que fait la dame? Pourquoi a-t-elle l'air heureuse?

3. Qu'est-ce que cette pub essaie de vendre, d'après vous?

Canal+

Née dans les années 80, Canal+ (plus) est la première chaîne (*channel*) de télévision privée française. À son arrivée, elle a aussi révolutionné le monde audiovisuel français par sa liberté de ton et son impertinence. Aujourd'hui, la chaîne est devenue un grand producteur et distributeur de films en Europe et domine le marché de la télé digitale en France.

À chacun son téléviseur

2

Compréhension Regardez la vidéo et dites si ces actions font référence à **l'homme** ou à **la femme**.

1. _____ Regarder le foot à la télé

2. _____ S'intéresser aux histoires d'amour

3. _____ Porter des lunettes pour regarder la télé

4. _____ Aimer beaucoup la couleur jaune

5. _____ Faire autre chose en regardant la télé

6. _____ Regarder la télé dans le garage

3

Discussion Par petits groupes, discutez de ces questions.

1. Combien d'écrans y a-t-il chez vous? Ce sont tous des téléviseurs? Quels autres types d'écrans utilisez-vous pour regarder la télé?

2. D'où viennent les programmes que vous regardez le plus? Sont-ils produits par des chaînes de télé ou par d'autres sources? Les regardez-vous en direct (*live*)?

3. Connaissez-vous des programmes qui plaisent à presque tout le monde? Pourquoi sont-ils aussi populaires?

4

Présentation Faites un sondage pour connaître les habitudes télé de quelques camarades. Qu'est-ce qu'ils/elles aiment regarder seul(e)s? Et en groupe? Ensuite, faites une présentation à la classe où vous expliquez les tendances révélées par les réponses des camarades consulté(e)s.

VOCABULAIRE

l'abonnement (*m.*) *subscription*

l'écran (*m.*) *screen*

le présentateur *host*

la télé *TV*

la télécommande *remote control*

le téléviseur *TV set*

 Practice more at vhlcentral.com.

GALERIE DE CRÉATEURS

MOTS D'ART

un(e) dramaturge *playwright*
un(e) romancier/romancière *novelist*
un(e) trapéziste *trapeze artist*
la verrerie *glass-making*
un vitrail (vitraux *pl.*) *stained glass (window)*

DANSE Édouard Lock (1954–)

Né au Maroc, ce Québécois a vite trouvé son bonheur dans l'univers de la danse contemporaine. En 1975, à l'âge de 21 ans, il présente sa première chorégraphie. Quelques années plus tard, les Grands Ballets Canadiens l'invitent à réaliser des chorégraphies. Fort de ses expériences, il fonde, à 26 ans, sa propre troupe de danseurs, Lock-Danseurs, qui devient plus tard La La La Human Steps. Ses chorégraphies connaissent un succès international. En 1986, il reçoit le prestigieux Bessie Award à New York pour la reconnaissance (*recognition*) de son talent. Aujourd'hui, il travaille dans les théâtres du monde entier. Il a su créer un style, un langage qui n'appartiennent qu'à lui, où il cherche à retrouver les impressions de l'enfance.

SCULPTURE/VERRERIE Marcelle Ferron (1924–2001)

Peintre, femme sculpteur et artiste verrier (*stained glass maker*), Marcelle Ferron était une figure importante de l'art contemporain québécois. Dès les années 1940, elle fait partie d'un mouvement artistique révolutionnaire de la Province, les Automatistes, dérivé du Surréalisme. Ce mouvement influence toute sa carrière. Elle prend aussi part à un manifeste politique et artistique appelé le Refus global. Publié le 9 août 1948, ce manifeste remet en question les valeurs traditionnelles de la société québécoise; il est à l'origine de la «Révolution tranquille», dans les années 1960, période de grandes transformations politiques, sociales, économiques et religieuses, comparable à mai 1968 en France. En 1953, Marcelle Ferron part vivre à Paris où elle apprend l'art du vitrail, grâce auquel elle devient plus connue. On peut admirer ses œuvres dans certaines stations du métro de Montréal et dans d'autres villes du Québec.

LITTÉRATURE
Antonine Maillet (1929–)

Née en Acadie, dans le Nouveau-Brunswick, cette romancière et dramaturge de grand talent, qui a passé sa vie au Québec, commence sa carrière comme professeur de littérature à l'université. Elle se lance ensuite dans (*went into*) l'écriture avec un premier roman en 1958, suivi par une trentaine (*about thirty*) d'œuvres. Ses livres s'inspirent de la langue, de l'histoire, des traditions et des caractéristiques géographiques de l'Acadie. Antonine Maillet a été lauréate (*winner*) de plusieurs prix (*awards*) littéraires, dont le prix Goncourt en France, en 1979, pour son roman, *Pélagie la charrette*. Elle est la première femme écrivain francophone qui n'habite pas en France à l'avoir reçu. Membre du Haut conseil de la francophonie depuis 1987, elle contribue, par ses œuvres et son action, à promouvoir la littérature francophone.

CIRQUE Guy Laliberté (1959–)
Le co-fondateur du Cirque du Soleil commence sa carrière à 14 ans, après avoir quitté la maison familiale. En 1982, il fait partie du Club des talons hauts (*high heels*), groupe d'acrobates des rues montés sur des échasses (*stilts*) qui jonglent, jouent de l'accordéon et crachent le feu (*eat fire*). C'est le début d'un nouveau concept du cirque. Et en 1984, l'année du 450e anniversaire de l'arrivée de Jacques Cartier au Canada, il crée le Cirque du Soleil avec un ami, Daniel Gauthier. Ils ont su imposer une idée novatrice du cirque où la beauté est aussi essentielle que les exploits des acrobates. Laliberté a été président du cirque jusqu'en 1990. Depuis, devenu homme d'affaires, il est l'administrateur du Cirque du Soleil qui est bien connu sur plusieurs continents.

Compréhension

À compléter Complétez chaque phrase logiquement.

1. En 1975, à l'âge de 21 ans, Édouard Lock présente sa première _____.

2. Dès les années 1940, Marcelle Ferron fait partie des Automatistes, mouvement _____ révolutionnaire.

3. Les livres d'Antonine Maillet s'inspirent de la langue, de l'histoire et des traditions de l'_____.

4. Co-fondateur du _____, Guy Laliberté commence sa carrière à 14 ans.

5. Édouard Lock a su créer un style où il cherche à retrouver les _____ de l'enfance.

6. La «Révolution tranquille» est une période de grandes _____ politiques et sociales au Québec.

7. Antonine Maillet est la première femme écrivain francophone qui n'habite pas en France à recevoir le prestigieux prix _____.

8. Les _____ du Club des talons hauts jonglent et crachent du feu montés sur des échasses.

Rédaction

À vous! Choisissez un de ces thèmes et écrivez un paragraphe d'après les indications.

- **Resto U** Vous aimeriez qu'on installe des vitraux (*stained glass*) inspirés du style de Marcelle Ferron dans le resto U. Décrivez ce que vous envisagez.

- **Lumière sur l'Acadie** Vous êtes Antonine Maillet et vous avez gagné le prix Goncourt. Expliquez l'importance de ce grand prix littéraire pour l'Acadie.

- **Au cirque** Décrivez un spectacle au Cirque du Soleil. En quoi diffère-t-il des cirques traditionnels?

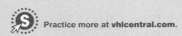
Practice more at **vhlcentral.com**.

3.1 The *passé composé* with *avoir*

—*J'**ai fait** deux années à l'ENA.*

- To talk about completed events in the past, you can use the **passé composé**. The **passé composé** of most verbs is formed by combining the past participle of the main verb with the present tense of **avoir**.

Marcel **a gagné** au loto!

- In the **passé composé**, the form of **avoir** changes according to the subject, but the past participle usually remains the same. The past participles of regular -**er**, -**ir**, and -**re** verbs follow predictable patterns.

The *passé composé* of regular -*er*, -*ir*, and -*re* verbs			
	manger	choisir	vendre
j'ai			
tu as			
il/elle a	mangé	choisi	vendu
nous avons			
vous avez			
ils/elles ont			

- Several irregular verbs also have irregular past participles.

avoir	eu	mettre	mis
boire	bu	ouvrir	ouvert
conduire	conduit	pleuvoir	plu
connaître	connu	pouvoir	pu
courir	couru	prendre	pris
croire	cru	recevoir	reçu
devoir	dû	rire	ri
dire	dit	savoir	su
écrire	écrit	suivre	suivi
être	été	vivre	vécu
faire	fait	voir	vu
lire	lu	vouloir	voulu

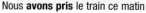
Nous **avons pris** le train ce matin

Il a **couru** longtemps.

BLOC-NOTES

You will learn more about when to use the **passé composé** and when to use the **imparfait** in **Structures 3.3, pp. 104–105.**

- Use the **passé composé** to talk about completed actions or events in the past or to describe a reaction or change in state of mind or condition.

On **a enregistré** le feuilleton **lundi**.
We recorded the soap opera Monday

J'**ai vécu** en France **pendant six mois**.
I lived in France for six months.

Soudain, on **a eu** peur.
Suddenly, we were afraid

Hier, il a commencé à pleuvoir.
Yesterday, it started to rain.

- Sentences in the **passé composé** often include a reference to a specific moment in time or duration. These expressions are used frequently in the **passé composé**:

à ce moment-là *at that moment*	**pendant une heure (un mois, etc.)** *for an hour (a month, etc.)*
enfin *at last*	
finalement *finally*	**récemment** *recently*
hier (matin, soir, etc.) *yesterday (morning, evening, etc.)*	**soudain** *suddenly*
	tout à coup *all of a sudden*
immédiatement *immediately*	**tout de suite** *right away*
longtemps *for a long time*	**une fois (deux fois, etc.)** *once (twice, etc.)*
lundi (mardi, etc.) dernier *last Monday (Tuesday, etc.)*	

- In the **passé composé**, the placement of adverbs varies. These short adverbs go between the helping verb and the past participle:

assez	déjà	peut-être	toujours
beaucoup	encore	presque	trop
bien	enfin	seulement	vite
bientôt	longtemps	souvent	vraiment
	mal	sûrement	

ATTENTION!

Remember, to negate a sentence in the **passé composé**, place the **ne... pas** (**ne... jamais**, etc.) around the helping verb.

Nous n'avons jamais vu ce documentaire.

- Some common longer adverbs, such as **probablement** and **certainement**, are also placed between the helping verb and the past participle.

Ils ont **certainement** invité Claude.
Certainly, they invited Claude.

Elle a **probablement** oublié le rendez-vous.
She probably forgot the appointment.

- Longer adverbs can also follow the past participle, especially if they express the manner in which something is done.

J'ai trouvé le cinéma **facilement**.
I found the movie theater easily.

Elle a parlé **rapidement** de sa carrière.
She spoke quickly about her career.

Mise en pratique

1

À compléter Mettez les verbes au passé composé.

1. La maison d'édition «L'instant même» _____ (publier) cette anthologie.
2. Tu _____ (ne pas enregistrer) mon émission préférée jeudi dernier?
3. Nous _____ (attendre) deux heures sous la pluie.
4. Après avoir réfléchi, j' _____ (choisir) une carrière dans le cinéma.
5. Céline Dion et Roch Voisine _____ (chanter) une chanson ensemble.
6. Vous _____ (entendre) la publicité pour le nouveau reportage à la radio?
7. Hier soir, au cinéma, je _____ (ne pas pouvoir) lire les sous-titres.
8. Pendant deux ans, ma famille et moi _____ (vivre) à Montréal.
9. Au centre-ville, je _____ (ne pas conduire) ma voiture.
10. Vous _____ (apprendre) le français au Québec?

2

À transformer Mettez chaque phrase au passé composé.

1. L'envoyée spéciale travaille tard. _____
2. Je ne bois pas trop de café. _____
3. D'abord, vous devez vérifier vos sources. _____
4. Les acteurs jouent bien leur rôle. _____
5. Malheureusement, il pleut sans arrêt. _____
6. On veut s'informer. _____
7. Dans ton métier de journaliste, tu dis toujours la vérité.

_____

8. Nous ne croyons jamais la presse à sensation.

_____

9. Ils suivent les documentaires sur l'histoire canadienne.

_____

10. Je ris à cause de cette bande dessinée. _____

3

À vous la parole! Assemblez les parties de chaque colonne pour écrire une histoire au passé. Utilisez votre imagination!

A	B	C	D
récemment	je	connaître	
une fois	mon/ma camarade de chambre/colocataire	mettre	
la semaine dernière		savoir	
à ce moment-là	mes amis/copains	conduire	?
tout à coup	mon/ma (petit[e]) ami(e)	courir	
enfin	la vedette de cinéma	suivre	
?	le photographe	?	
	?		

Communication

4

Vos activités Voici une liste d'activités. Quand avez-vous fait ces choses récemment? Avec un(e) camarade de classe, posez-vous des questions à tour de rôle.

> Modèle **écouter une bande originale**
> —Quand est-ce que tu as écouté une bande originale récemment?
> —J'ai écouté une bande originale ce matin.
> —Quelle bande originale as-tu écoutée?
> —J'ai écouté la bande originale du film *Slumdog Millionaire*.

regarder un documentaire	lire un hebdomadaire	naviguer sur le web
voir un feuilleton	réussir à un examen	faire une annonce
écrire/recevoir un e-mail	graver un CD pour un(e) ami(e)	ouvrir un journal
être en vacances	prendre une photographie	rire aux éclats

5

La première Imaginez que quelqu'un vous ait invité(e) à la première d'un film populaire. Avec un(e) camarade, discutez de l'événement auquel vous avez assisté le week-end passé.

- Quels vêtements as-tu mis?
- As-tu vu des personnes célèbres?
- Les reporters ont-ils interviewé les vedettes?
- Quelles questions ont-ils posées?
- Comment ont-elles répondu?
- Tes amis et toi, avez-vous pris des photos?
- De qui avez-vous fait la connaissance?
- …?

6

Les divertissements Que faites-vous pour vous divertir? Quelles sortes d'activités pratiquez-vous?

A. Faites une liste de dix à quinze choses amusantes que vous avez faites ou que vous avez eu envie de faire le mois dernier.

B. À deux, demandez à votre camarade s'il/si elle a pratiqué les activités de votre liste et écrivez oui ou non à côté de chacune.

C. Par groupes de quatre, décrivez tour à tour ce que votre camarade a fait ou n'a pas fait le mois dernier. Limitez-vous à quatre ou cinq activités par personne.

3.2

The *passé composé* with *être*

—*Je me suis trompée de casting?*

- Some verbs use the present tense of **être** instead of **avoir** as the helping verb in the **passé composé**. Notice that most of them are verbs of motion.

Infinitive	Past participle	
aller	allé	*to go*
arriver	arrivé	*to arrive*
descendre	descendu	*to go down*
devenir	devenu	*to become*
entrer	entré	*to enter*
monter	monté	*to go up*
mourir	mort	*to die*
naître	né	*to be born*
partir	parti	*to leave*
passer	passé	*to pass by*
rentrer	rentré	*to go back (home)*
rester	resté	*to stay*
retourner	retourné	*to return*
revenir	revenu	*to come back*
sortir	sorti	*to go out*
tomber	tombé	*to fall*
venir	venu	*to come*

- When the helping verb is **être**, the past participle agrees in gender and number with the subject.

Mélanie est **rentrée** tôt.
Mélanie came home early.

Ses parents sont **sortis**.
Her parents went out.

Je suis **arrivée** à l'hôtel.

Nous sommes **allés** au supermarché.

ATTENTION!

These verbs usually do not take direct objects. When they do take one, their meanings are usually different and they use the helping verb **avoir** instead of **être**.

Elle est sortie.
She went out.

Il a sorti un livre de son sac.
He took a book out of his bag.

Nous sommes passés par là.
We went through there.

Nous avons passé une semaine à faire ce reportage.
We spent a week doing that piece.

The verbs **monter**, **descendre**, and **rentrer** can also take direct objects.

BLOC-NOTES

For more information about past participle agreement, see **Fiche de grammaire 5.5, p. A22**.

- Reflexive and reciprocal verbs also use the helping verb **être** in the **passé composé**. The reflexive or reciprocal pronoun is placed before the form of **être**.

  Vous **vous êtes** blessé?
  Did you hurt yourself?

  On **s'est** téléphoné.
  We called each other.

- To negate a reflexive or reciprocal verb in the **passé composé**, place the **ne… pas** (**ne… jamais**, etc.) around the pronoun and the helping verb.

  Je **ne** me suis **pas** rappelé son nom.
  I didn't remember her name.

  Tu **ne** t'es **pas** endormi avant minuit?
  Didn't you fall asleep before midnight?

- Like other verbs that take **être** in the **passé composé**, the past participle *usually* agrees in gender and number with the subject when the subject is also the direct object.

  Elle s'est **habillée** rapidement.
  She got dressed quickly.

  Nous nous sommes **disputés**.
  We argued.

Ils se sont **regardés** dans le miroir.

- If the verb is followed by a direct object, the past participle *does not agree* with the subject. Compare these two sentences.

  Elle s'est **lavée**.
  She washed (herself).

  Elle s'est **lavé** les cheveux.
  She washed her hair.

- Some reciprocal verbs take indirect rather than direct objects. In this case, the past participle *does not agree*. Here is a partial list of reciprocal verbs that take indirect objects: **s'écrire**, **se dire**, **se téléphoner**, **se parler**, **se demander**, and **se sourire**.

  Nous nous sommes **écrit**.
  We wrote to each other.

  Elles se sont **demandé** pourquoi.
  They wondered why.

Ils se sont **parlé**.

Mise en pratique

1 **Des accusations** Votre patron accuse souvent ses employés. Employez le passé composé pour lui prouver que ses accusations sont injustes.

> **Modèle** **PATRON** Édouard arrive toujours en retard!
>
> **VOUS** Mais non. Il ___*est arrivé*___ tôt hier.

PATRON Vous partez toujours à quatre heures!

VOUS Mais non. Nous (1) _____ à six heures hier.

PATRON Élisabeth rentre toujours chez elle à midi!

VOUS Mais non. Elle (2) _____ chez elle, à sept heures hier soir.

PATRON Vous revenez du déjeuner au bout de (*after*) trois heures!

VOUS Mais non. Je (3) _____ au bout de vingt minutes aujourd'hui.

PATRON Personne ne vient au bureau le week-end!

VOUS Mais si. Abdel et Sofia (4) _____ samedi.

PATRON Valérie et Carine descendent trop souvent au café!

VOUS Mais non. Elles (5) _____ au café une fois.

2 **Grand reportage** Hier, l'équipe de la chaîne de télé a eu beaucoup de travail. Dites comment la journée a différé d'une journée normale.

> **Modèle** **Le rédacteur se réveille à six heures normalement. (cinq heures)**
> Hier, il s'est réveillé à cinq heures.

1. La journaliste se maquille une fois normalement. (trois fois)
2. Les réalisatrices se lèvent tôt normalement. (encore plus tôt)
3. Les envoyés spéciaux se couchent à minuit normalement. (une heure du matin)
4. La rédactrice et l'envoyée spéciale s'écrivent dix e-mails normalement. (trente)
5. Normalement, le reporter s'endort après le déjeuner. (après le dîner)

3 **Soirée romantique** Employez au passé composé chaque verbe de la liste, une fois avec **avoir** et une fois avec **être**.

> descendre | monter | passer | sortir

Samedi, mon petit ami Arnaud et moi, nous (1) _____ pour aller au cinéma. Gaumont (2) _____ un nouveau film et Arnaud voulait le voir. Il (3) _____ chez moi vers 18h00. Après le film, nous (4) _____ la rue des Orfèvres, où Arnaud m'a acheté de belles fleurs. Nous avons dîné au Café des vedettes et ensuite, nous (5) _____ sur la colline (*hill*), derrière la place du général de Gaulle. Nous (6) _____ une heure plus tard. Arnaud a pris un bus pour rentrer chez lui, et moi, j'ai pris un taxi. Chez moi, ma mère (7) _____ les fleurs dans sa chambre, parce que j'ai un secret qu'Arnaud ne connaît pas: je suis allergique aux fleurs! Mais nous (8) _____ une très bonne soirée quand même.

Practice more at vhlcentral.com.

Communication

4

La semaine dernière Circulez dans la classe pour demander à différent(e)s camarades s'ils/si elles ont fait ces choses la semaine dernière. Écrivez leur nom dans la colonne de droite.

Modèle **aller au cinéma**

—Es-tu allé(e) au cinéma la semaine dernière?

—Oui, je suis allé(e) au cinéma. J'ai vu un excellent film!

—Ah bon? Lequel?

Activités	Noms
1. s'endormir pendant une émission	_____
2. rentrer après minuit	_____
3. se réveiller après onze heures du matin	_____
4. partir en voyage	_____
5. arriver en retard quelque part (*somewhere*)	_____
6. se disputer avec quelqu'un	_____
7. passer chez quelqu'un	_____
8. tomber	_____
9. se coucher avant neuf heures du soir	_____
10. devenir impatient(e)	_____

5

En ville Avec un(e) partenaire, parlez de la dernière fois que vous avez visité une ville.

Modèle —Et où es-tu allé(e) à Québec?

—Je suis allé(e) au musée de la Civilisation. Ma famille et moi, nous nous sommes promené(e)s sur la terrasse Dufferin aussi.

- Pourquoi y es-tu allé(e)?
- Quand es-tu parti(e)?
- Où t'es-tu promené(e)?
- Où es-tu sorti(e) le soir?
- Où es-tu resté(e)? À l'hôtel?
- Quand es-tu rentré(e)?

6

Interview Par groupes de trois, jouez le rôle d'un reporter et d'un couple vedette. Le couple décrit au reporter sa journée d'hier, une journée typique… de vedette! Utilisez les verbes de la liste au passé composé et jouez la scène pour la classe.

aller	s'habiller	se raser
arriver	se lever	rentrer
se brosser les dents	se maquiller	se réveiller
se coucher	partir	…?

3.3

The *passé composé* vs. the *imparfait*

—*On m'a toujours **dit** que j'**avais** un rire bête.*

- Although the **passé composé** and the **imparfait** both express past actions or states, the two tenses have different uses and, therefore, are not interchangeable.

- In general, the **passé composé** is used to describe events that were *completed* in the past, whereas the **imparfait** refers to *continuous* states of being or repetitive actions.

Uses of the passé composé

- Use the **passé composé** to express actions viewed by the speaker as completed.

- Use it to express the beginning or end of a past action.

> L'émission **a commencé** à huit heures.   J'**ai fini** mes devoirs.
> *The show started at eight o'clock.*   *I finished my homework.*

- Use it to tell the duration of an event or the number of times it occurred in the past.

> J'**ai habité** en Europe pendant six mois.   Il **a regardé** le clip vidéo trois fois.
> *I lived in Europe for six months.*   *He watched the music video three times.*

- Use it to describe a series of past actions.

- Use it to indicate a reaction or change in condition or state of mind.

> Il **s'est fâché**.   À ce moment-là, j'**ai eu** envie de partir.
> *He became angry.*   *At that moment, I felt like leaving.*

Uses of the imparfait

- Use the **imparfait** to describe ongoing past actions without reference to beginning or end.

> Tu **faisais** la cuisine.   Et moi, je **faisais** la vaisselle.
> *You used to cook.*   *And I would do the dishes.*

- Use it to express habitual actions in the past.

> D'habitude, je **prenais** le métro.   On se **promenait** dans le parc.
> *Usually, I took the subway.*   *We used to take walks in the park.*

- Use it to describe mental, physical, and emotional states.

- Use it to describe conditions or to tell what things were like in the past.

> Les effets spéciaux **étaient** superbes!   Il **faisait** froid.
> *The special effects were superb!*   *It was cold.*

Ils **sont arrivés** à 14h00, ils **ont pris** un café et ils **sont partis**.

Hier, Martine **était** malade.

The passé composé and the imparfait used together

- The **passé composé** and the **imparfait** often appear together in the same sentence or paragraph.

- When narrating in the past, the **imparfait** describes *what was happening*, while the **passé composé** describes the actions that *occurred* or *interrupted* the ongoing activity. Use the **imparfait** to provide background information and the **passé composé** to tell what happened.

Je **faisais** mes devoirs quand tu **es arrivé.**

> Samedi soir, je **regardais** la télévision quand j'**ai entendu** un bruit bizarre. J'**avais** l'impression que c'**était** un animal. Le bruit **semblait** venir de la cuisine. J'**ai ouvert** la porte très lentement. Sur la table, il y **avait** un écureuil! Il **mangeait** mon pain. Quand il m'**a vue**, il **a eu** peur et il **est parti** par la fenêtre.

> *Saturday evening, I was watching television when I heard a strange noise. I had the impression that it was an animal. The noise seemed to be coming from the kitchen. I opened the door very slowly. On the table, there was a squirrel! It was eating my bread. When it saw me, it got scared and went out the window.*

Different meanings in the imparfait and the passé composé

- The verbs **vouloir**, **pouvoir**, **devoir**, **savoir**, and **connaître** have particular meanings in the **passé composé** and in the **imparfait**.

infinitive	passé composé	imparfait
connaître	Quand as-tu **connu** ma femme?	Je **connaissais** très bien la ville.
	*When did you **meet** my wife?*	*I **knew** the city very well.*
devoir	Nous **avons dû** payer en espèces.	Je **devais** arriver à sept heures.
	*We **had to** pay in cash.*	*I **was supposed to** arrive at 7 o'clock.*
	Il **a dû** oublier.	Il **devait** faire ses devoirs le soir.
	*He **must have** forgotten.*	*He **used to have to** do his homework in the evening.*
pouvoir	Il pleuvait, mais Florent **a pu** venir quand même.	Elle **pouvait** m'aider.
	*It was raining, but Florent **managed to** come anyway.*	*She **could** help me.*
savoir	Il **a su** qui était le rédacteur.	Elle **savait** vraiment chanter.
	*He **found out** who the editor was.*	*She really **knew** how to sing.*
vouloir	Véronique **a voulu** faire du ski.	Nous **voulions** aller à la première.
	*Véronique **tried to** ski.*	*We **wanted** to go to the premiere.*
	Je **n'ai pas voulu** aller avec lui.	
	*I **refused** to go with him.*	

ATTENTION!

Here are some transitional words that are useful for narrating past events:

d'abord *first*

après *afterwards*

au début *in the beginning*

avant *before*

enfin *at last*

ensuite *next*

finalement *finally*

pendant que *while*

puis *then*

BLOC-NOTES

Savoir and **connaître** are *not* interchangeable. For more information about their uses, see **Fiche de grammaire 9.4, p. A36.**

Mise en pratique

1 **À compléter** Choisissez le passé composé ou l'imparfait pour compléter ces phrases.

1. Dans mon enfance, je/j' _____ (lire) presque tous les soirs *Stuart Little*.

2. Après avoir terminé leurs études, Hélène et Danielle _____ (devenir) rédactrices.

3. Le documentaire _____ (être) intéressant au début, mais on _____ (ne pas aimer) la fin.

4. Le jour où tu _____ (avoir) dix-huit ans, tu _____ (décider) de passer une année au Canada.

5. Les enfants _____ (se coucher) quand vous _____ (rentrer).

2 **Une célébrité** Monique et Étienne sont allés au cinéma plus tôt ce soir. Complétez ce courriel et conjuguez logiquement les verbes à l'imparfait ou au passé composé.

arriver	bien rentrer	ne pas encore répondre	ne rien faire	recevoir
avoir	être	ne pas se parler	pleuvoir	voir

De:	Étienne <etienne24@courriel.qu>
Pour:	Monique <monique.compeau@courriel.ca>
Sujet:	Une histoire incroyable!

Salut Monique,
Tu (1) _____ chez toi? Je m'inquiète parce que tu (2) _____ à mon texto. ☹ Tu l' (3) _____?

Tu ne vas jamais croire ce qui me/m' (4) _____ après notre rendez-vous au ciné. Tu te souviens qu'il (5) _____ à verse? Alors, je/j' (6) _____ en train de marcher vers mon arrêt de bus quand, tout à coup, je/j' (7) _____ notre réalisateur préféré—Denys Arcand! Son épouse et lui (8) _____ l'air pressé, donc nous (9) _____ immédiatement. Je/J' (10) _____ de spécial, mais j'ai réussi à converser avec eux!

Appelle-moi bientôt pour qu'on en parle!

Grosses bises,
Étienne

3 **Des interruptions** Combinez les mots de chaque colonne pour dire ce que les gens faisaient quand ils ont été interrompus.

> **Modèle** **Vous écoutiez la radio quand le téléphone a sonné.**

je	aller		vous	commencer à...
tu	conduire	q	le professeur	dire que...
nous	dormir	u a	mes parents	savoir que...
la vedette	écouter	n	mon ami(e)	sortir de...
vous	manger	d	le public	voir...
?	?		?	?

Ⓢ Practice more at vhlcentral.com.

Communication

4

Des dates marquantes

A. Voici cinq événements marquants dans la vie de Benoît. À deux, posez-vous les questions à tour de rôle pour compléter la description de chaque événement.

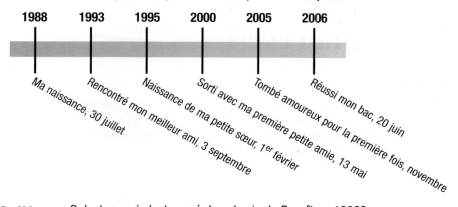

| 1988 | 1993 | 1995 | 2000 | 2005 | 2006 |

Ma naissance, 30 juillet

Rencontré mon meilleur ami, 3 septembre

Naissance de ma petite sœur, 1er février

Sorti avec ma première petite amie, 13 mai

Tombé amoureux pour la première fois, novembre

Réussi mon bac, 20 juin

Modèle —Qu'est-ce qui s'est passé dans la vie de Benoît en 1988?
—Le 30 juillet 1988, Benoît est né.
—Où et avec qui était-il?
—Il était à l'hôpital avec sa mère.

B. Maintenant, pensez à cinq dates marquantes de votre vie et écrivez-les. Ensuite, par petits groupes, décrivez les détails de chaque événement.

Date	Qu'est-ce qui s'est passé?	Avec qui étiez-vous?	Où étiez-vous?	Quel temps faisait-il?
Modèle				
le 3 août 2006	J'ai fait la connaissance du président.	J'étais avec un copain.	Nous étions à New York.	Il pleuvait.

5

Une histoire Par groupes de trois ou quatre, complétez ces phrases, en utilisant (*using*) le passé composé ou l'imparfait. Ensuite, changez l'ordre des phrases pour raconter une histoire logique.

1. Ensuite, sur la chaîne 2, …
2. Pendant que nous…
3. Puis, à la station de radio, …
4. À ce moment-là, …
5. Soudain, …
6. Récemment, …

6

Interview À deux, jouez les rôles d'un reporter et d'une personne célèbre. Le reporter doit informer le public sur le passé de la personne et c'est à vous de décider ce que l'interviewé(e) a fait pour devenir célèbre. Utilisez le passé composé et l'imparfait dans toutes les questions et toutes les réponses.

Modèle **REPORTER** Saviez-vous que votre ex-fiancé s'est marié en secret avec l'actrice vedette de son dernier film?

VEDETTE Oui, bien sûr, je l'ai su tout de suite.

Synthèse

Au bout de trente-cinq ans

LES FAITS DIVERS

Le grand réveil

Marguerite Bouchard, de Jonquière, s'est réveillée vendredi dernier, après avoir passé trente-cinq ans dans le coma. Toute sa famille était choquée. Marguerite se promenait rue des Victoires en avril 1984 quand une voiture, qui roulait trop vite, l'a renversée°.

Christophe, le frère aîné de Marguerite, était près d'elle et tapait° sur son ordinateur, au moment où elle a ouvert les yeux et commencé à parler. Elle lui a demandé pourquoi sa machine à écrire° avait ce petit écran. Il s'est immédiatement rendu compte que sa sœur vivait encore dans le passé.

Pendant ces trente-cinq dernières années, bien sûr, Marguerite ne s'est pas informée. Elle a cru, d'après° sa famille, que les vieilles vedettes de la télé qu'elle connaissait en 1984 étaient toujours célèbres. Toutes les émissions qu'elle préférait ne sont plus à la mode, et quand elle est sortie du coma, elle ne savait même pas qu'il est possible aujourd'hui de les enregistrer.

Marguerite, qui pendant si longtemps n'a pas eu de contact avec les moyens de communication, n'a jamais navigué sur Internet. Avant son accident, elle écoutait tous les jours des reportages à la radio et regardait les nouvelles à la télévision. Depuis 1984, Marguerite n'a lu ni journaux ni magazines.

struck

was typing

typewriter

according to

1

Révision de grammaire Complétez les phrases en choisissant le verbe approprié de la liste. N'oubliez pas de le conjuguer au passé composé ou à l'imparfait.

arriver	ouvrir	pouvoir	sortir
devoir	passer	se promener	ne jamais voir

1. Marguerite _____ du coma vendredi dernier.
2. Elle _____ quand une voiture l'a renversée.
3. L'accident _____ il y a plus de trente-cinq ans.
4. Christophe tapait sur son ordinateur quand Marguerite _____ les yeux.
5. On peut conclure que Marguerite _____ un ordinateur.
6. On ne/n' _____ pas enregistrer les émissions il y a trente-cinq ans.

2

Qu'avez-vous compris? Répondez par des phrases complètes.

1. Qu'est-il arrivé à Marguerite après plus de trente-cinq ans dans le coma?
2. De quoi Christophe s'est-il rendu compte?
3. Qu'est-ce que Marguerite a cru à propos des vieilles vedettes?
4. Qu'est-ce que Marguerite n'a jamais fait?
5. Vous est-il arrivé de ne pas regarder la télé ou naviguer sur Internet pendant longtemps? Quelle nouvelle vous a surpris(e) après cette période?

Préparation

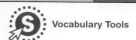 Vocabulary Tools

Vocabulaire de la lecture	
une bourse *scholarship, grant*	
dire quelque chose *to ring a bell*	
entendre parler de *to hear about*	
être propre à *to be specific to*	
un jeu de mots *play on words*	
une lutte *struggle, fight*	
un peuple *people*	
tourner autour de *to revolve around*	
la tranquillité de l'esprit *peace of mind*	

Vocabulaire utile
aborder *to broach*
attribuer *to grant*
une campagne de promotion *promotional campaign*
la carrière *career*
une démarche *approach*
les paroles *lyrics*
subventionner *to subsidize*

1

Vocabulaire Complétez les phrases à l'aide des mots de vocabulaire présentés sur cette page. Faites les conjugaisons ou ajoutez les articles nécessaires.

1. Dans leurs chansons, les artistes engagés parlent souvent des _____ démocratiques.

2. Céline Dion chante depuis très longtemps et elle a eu beaucoup de grands succès au cours de sa _____.

3. Il est parfois difficile de comprendre _____ d'une chanson la première fois qu'on l'écoute.

4. Les Québécois sont _____ très attaché à la culture francophone.

5. Certains organismes gouvernementaux _____ la culture en proposant des aides financières aux artistes.

6. Le nom de ce groupe me _____ mais je ne connais pas leur musique.

7. Les _____ sont importantes parce qu'elles contribuent à faire connaître les jeunes artistes.

8. Les paroles des chansons de ce groupe sont amusantes parce qu'elles contiennent beaucoup de _____.

2

Discussion À deux, répondez aux questions.

1. Quels groupes ou artistes appréciez-vous particulièrement? Qu'est-ce qui vous plaît dans leur style?

2. Connaissez-vous des artistes qui s'engagent politiquement ou pour une cause? Lesquels et pour quelles causes?

3. L'engagement d'un(e) artiste pour ou contre une cause peut-il avoir une influence sur votre appréciation de cet(te) artiste? Expliquez.

4. Pensez-vous qu'il soit nécessaire de subventionner les arts? Pourquoi?

5. D'après vous, les campagnes de promotion contribuent-elles pour beaucoup au succès des jeunes artistes? À votre avis, quel est le meilleur média pour faire connaître ces jeunes artistes? Pourquoi?

3

Artistes en herbe Par petits groupes, jouez la situation suivante: Vous êtes de jeunes artistes francophones qui essaient de percer (*become famous*) dans le monde de la musique. Vous vous retrouvez dans un avion entre New York et Paris et vous parlez de vos styles musicaux et de vos sources d'inspiration. Vous discutez aussi des difficultés que vous rencontrez en ce début de carrière et vous échangez des conseils pour la promotion de votre travail créatif.

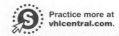 Practice more at vhlcentral.com.

LE PAYSAGE MUSICAL AU QUÉBEC

Marie-Pierre Arthur

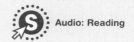

Vous avez sûrement entendu parler de Céline Dion ou bien d'Arcade Fire, mais il y a beaucoup d'autres chanteurs et groupes québécois qui chantent uniquement en français. Loco Locass, Pierre Lapointe, Marie-Pierre Arthur et Daniel Bélanger: ces noms vous disent-ils quelque chose? Pas vraiment? Alors, jetons un coup d'œil° chez nos voisins québécois.

glance

Différents thèmes inspirent ces chanteurs, qu'ils soient universels ou propres à l'histoire du Québec. Loco Locass, par exemple, est un groupe de hip-hop québécois dont les chansons touchent à des thèmes d'ordre politique, économique et social. Les luttes démocratiques des peuples est une inspiration constante de ce groupe de rap engagé°. Les trois membres du groupe, Batlam, Biz et Chafiik, chantent en français depuis plus de douze ans, et emploient habilement° la langue avec, entre autres, des jeux de mots. Un des aspects importants de Loco Locass est que le groupe fait partie du Réseau de Résistance du Québécois, un groupe militant dont l'objectif est la défense des intérêts et de l'indépendance du Québec.

socially involved

skillfully

Dans un autre répertoire musical, Pierre Lapointe est un auteur-compositeur-interprète° qui a su conquérir son public à travers des thèmes personnels et universels à la fois. La mélancolie, le plaisir des sens et l'amour l'ont inspiré à composer, accompagné ou non d'un piano, des mélodies accrocheuses°. Grâce à une bourse du Conseil des arts et des lettres du Québec qui l'a aidé à sortir son premier album en 2004, Pierre Lapointe en a produit plus d'une dizaine depuis cette époque.

performer

catchy

Sa poésie et ses mélodies sont travaillées avec soin jusque dans les détails.

Si vous êtes un ou une adepte de musique folk-rock, ne cherchez pas plus loin. Marie-Pierre Arthur, également auteure-compositrice-interprète, se place parmi les figures de proue° de la nouvelle chanson québécoise. Sa voix aérienne° et mélancolique chante avec volupté les émotions, la peur, les envies ou la tranquillité de l'esprit. Depuis 2009, ses chansons sont nourries° des histoires et des mélodies qu'elle entend autour d'elle. Marie-Pierre Arthur, ce n'est pas seulement une personne, mais aussi un clan. La chanteuse est très attachée à la notion de famille et parle toujours d'un «nous» inclusif.

figurehead

ethereal

inspired

Quel auteur-compositeur-interprète né en 1961 à Montréal a commencé sa carrière avec le groupe Humphrey Salade avant de se lancer en solo en 1992? Il s'agit de° Daniel Bélanger, probablement une des figures les plus solides de la scène musicale québécoise. Sa poésie et ses mélodies sont travaillées avec soin jusque dans les détails. Daniel Bélanger connaît un immense succès, entre autres, grâce à sa capacité à habiter la scène en solo et à innover. Certains de ses albums, comme *L'Échec du matériel*, tournent autour de questions existentielles variées, en particulier l'absurde, la solitude et les contradictions de la vie. En 2013, il déploie ses talents littéraires en écrivant *Auto-stop*, un «roman-chanson» sur un jeune homme mélancolique qui voyage en solitaire sur les routes d'Europe.

We're talking about

Cet aperçu° du paysage musical québécois est synonyme de diversité, et il est facile de constater° que l'inspiration ne manque pas à ces véritables artistes. ■

glimpse

to attest

Analyse

1

Compréhension Répondez aux questions par des phrases complètes.

1. Quels sont les thèmes abordés dans les chansons de Loco Locass?
2. Qu'est-ce qui caractérise les paroles des chansons de Loco Locass?
3. Qu'est-ce que le Réseau de Résistance du Québécois?
4. D'où vient l'inspiration de Pierre Lapointe?
5. Grâce à quoi, en partie, Pierre Lapointe a-t-il pu débuter sa carrière?
6. Quelle notion est centrale pour l'auteure-compositrice-interprète Marie-Pierre Arthur?
7. Quelles sont les questions abordées par Daniel Bélanger dans ses albums?
8. Quelle forme d'art Daniel Bélanger a-t-il mélangée à la musique en 2013?
9. Quelle est la particularité d'*Auto-stop*?
10. Comment le paysage musical québécois est-il décrit dans le texte?

2

Réflexion À deux, répondez aux questions par des phrases complètes.

1. À votre avis, pourquoi les artistes mentionnés dans le texte ont-ils choisi de chanter uniquement en français?
2. Que pensez-vous de l'appartenance du groupe Loco Locass au Réseau de Résistance du Québécois? Connaissez-vous d'autres artistes qui s'engagent politiquement? Pensez-vous que les arts et la politique soient compatibles? Expliquez.
3. Dans votre pays, existe-t-il un organisme dont l'objectif est d'aider financièrement les artistes? Que pensez-vous de ce genre d'initiatives?
4. Discutez de la notion d'un «nous» inclusif selon Marie-Pierre Arthur. Que veut-elle dire par là, à votre avis?
5. Que pensez-vous de l'idée de Daniel Bélanger de mélanger les formes d'art? Connaissez-vous d'autres artistes qui ont la même démarche? Expliquez.

3

Médias et culture À deux, choisissez une manifestation artistique et créez une campagne de publicité pour cet événement culturel. Quels médias utilisez-vous? Comment? Pourquoi?

4

Une bourse Imaginez que vous travailliez pour le Conseil des arts et des lettres du Québec. Faites des recherches pour trouver un groupe ou un(e) artiste québécois(e) que vous aimeriez subventionner. Par petits groupes, préparez un dossier de candidature (*application file*) pour ce groupe ou cet(te) artiste. Votre dossier doit mentionner les points suivants:

Pierre Lapointe

- le nom du groupe ou de l'artiste et une courte biographie
- des informations sur son style musical et les thèmes qu'il/elle aborde dans ses chansons
- des arguments en faveur de l'attribution d'une bourse à ce groupe ou à cet(te) artiste

 Practice more at **vhlcentral.com**.

Préparation  Vocabulary Tools

À propos de l'auteur

Frédéric Beigbeder est né en 1965 à Neuilly-sur-Seine d'une famille aisée (*well-off*). En 1990, à l'âge de vingt-cinq ans, il publie son premier roman. Il devient ensuite concepteur-rédacteur (*advertising copywriter*) dans une agence de publicité. Suite à la parution (*publication*) de son roman satirique *99 francs*, où il dénonce l'invasion de la publicité dans notre société, il est licencié (*fired*) de cette agence.

Vocabulaire de la lecture

bosser *to work*
du café soluble *instant coffee*
déchirer *to tear*
s'engueuler *to have an argument*
faire marrer *to make (someone) laugh*
la frime *showing off*
des fringues (f.) démodées *out-of-style clothes*
haïr *to hate*
un incendie *fire*
une pieuvre *octopus*
pondre *to lay (an egg), produce*
un prospectus *leaflet*

Vocabulaire utile

le/la consommateur/consommatrice *consumer*
l'efficacité (f.) *efficiency*
envahir *to invade*
une marque *brand*
le matraquage *hype*
un(e) publicitaire *advertising executive*
la société de consommation *consumer society*
la vie quotidienne *everyday life*

---

1 **Définitions** Trouvez le mot ou l'expression qui correspond à chaque définition.

1. C'est un verbe qui a un sens plus fort que **détester**.
2. C'est un synonyme en langage familier de **gagner sa vie**.
3. C'est le nom qu'on associe à une gamme (*range*) de produits.
4. C'est un verbe qui décrit ce qui peut se passer quand on ne s'entend pas avec quelqu'un.
5. C'est l'expression qu'on utilise pour désigner tous les consommateurs au sens général.

2 **À compléter** Complétez ces phrases en utilisant les mots de vocabulaire présentés sur cette page. Faites les conjugaisons ou ajoutez les articles nécessaires.

1. Dans l'ensemble, je trouve que les publicités sont amusantes. Elles me _____.
2. Il y a eu un grave _____ dans mon immeuble et les pompiers sont venus.
3. Les gens qui achètent des fringues de marque le font souvent pour _____.
4. Il y a trop de pubs à la télé! Elles _____ notre vie.

3 **Médias et publicité** Travaillez par petits groupes pour répondre aux questions suivantes.

1. Aimez-vous la publicité? Y prêtez-vous attention? Donnez quelques exemples de publicités qui vous ont marqués et expliquez pourquoi.
2. Quel média vous expose à la plus grande quantité de publicités? La publicité modifie-t-elle votre consommation? Si oui, comment?
3. Trouvez-vous que les gens qui travaillent dans la publicité sont talentueux? Comment imaginez-vous ces personnes? Quelles qualités ont-elles?

Note CULTURELLE

Neuilly-sur-Seine est une commune d'Ile-de-France qui est limitrophe du nord-ouest de la ville de Paris. Elle compte environ 60.000 résidents. C'est une des villes de France où la richesse moyenne par habitant est parmi les plus élevées. On y trouve de nombreux quartiers résidentiels chics ainsi qu'un quartier d'affaires où certains grands groupes ont leurs sièges sociaux.

 Practice more at vhlcentral.com.

99 FRANCS

Frédéric Beigbeder

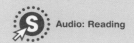
Audio: Reading

Mon titre exact, c'est concepteur-rédacteur; ainsi appelle-t-on, de nos jours, les écrivains publics. Je conçois° des scénarios de films de trente secondes et des slogans pour les affiches. Je dis «slogans» pour que vous compreniez mais sachez que le mot «slogan» est complètement has-been. Aujourd'hui on dit «accroche» ou «titre». J'aime bien «accroche» mais «titre» est plus frime. Les rédacteurs les plus snobs disent tous «titre», je ne sais pas pourquoi.

Du coup, moi aussi je dis que j'ai pondu tel ou tel «titre» parce que si tu es snob tu es augmenté plus souvent. Je bosse sur huit budgets: un parfum français, une marque de fringues démodées, des pâtes italiennes, un édulcorant° de synthèse, un téléphone portable, un fromage blanc sans matière grasse°, un café soluble et un soda à l'orange. Mes journées s'écoulent° comme une longue séance de zapping entre ces huit différents incendies à éteindre. Je dois sans cesse m'adapter à des problèmes différents. Je suis un caméléon camé°.

Je sais que vous n'allez pas me croire mais je n'ai pas choisi ce métier seulement pour l'argent. J'aime imaginer des phrases. Aucun métier ne donne autant de pouvoir aux mots. Un rédacteur publicitaire, c'est un auteur d'aphorismes qui se vendent. J'ai beau° haïr ce que je suis devenu, il faut admettre qu'il n'existe pas d'autre métier où l'on puisse s'engueuler pendant trois semaines à propos d'un adverbe. Quand Cioran écrivit°: «Je rêve d'un monde où l'on mourrait pour une virgule», se doutait-il qu'il parlait du monde des concepteurs-rédacteurs?

Le concepteur-rédacteur travaille en équipe avec un directeur artistique. Les directeurs artistiques aussi ont trouvé un truc° pour faire snob: ils disent qu'ils sont «A.D.» (abréviation de «Art Director»). Ils pourraient dire «D.A.», mais non, ils disent «A.D.», l'abréviation britannique. Bon, je ne vais pas vous expliquer tous les tics de la pub, on n'est pas là pour ça, vous n'avez qu'à lire les vieilles bédés° de Lauzier ou regarder à la télé (souvent le dimanche soir) les comédies des années 70, où le rôle du publicitaire est toujours interprété par Pierre Richard. À l'époque, la pub faisait rire. Aujourd'hui elle ne fait plus marrer personne. Ce n'est plus une joyeuse aventure mais une industrie invincible. Travailler dans une agence est devenu à peu près aussi excitant qu'être expert-comptable°.

Bref, il est passé le temps où les pubeux° étaient des saltimbanques bidon°. Désormais° ce sont des hommes d'affaires dangereux, calculateurs, implacables. Le public commence à s'en apercevoir: il évite nos écrans, déchire nos prospectus, fuit° nos Abribus°, tague° nos 4 x 3. On nomme cette réaction la «publiphobie». C'est qu'entre-temps, telle une pieuvre, la réclame° s'est mise à tout régenter°. Cette activité qui avait démarré comme une blague domine désormais nos vies: elle finance la télévision, dicte la presse écrite, règne sur le sport (ce n'est pas la France qui a battu le Brésil en finale de la Coupe du Monde, mais Adidas qui a battu Nike), modèle la société, influence la sexualité, soutient la croissance°. Un petit chiffre? Les investissements publicitaires des annonceurs en 1998 dans le monde s'élèvent à 2.340 milliards de francs (même en euros, c'est une somme). Je peux vous certifier qu'à ce prix-là, tout est à vendre - surtout votre âme. ■

Aucun métier ne donne autant de pouvoir aux mots.

design 5

sweetener

non-fat

flow by

addicted

no matter how much I 35

wrote

gimmick 45

comic strips

certified public accountant

advertisers / bogus entertainers
Nowadays

flees / bus shelters / put graffiti on

advertisement / control

supports growth

Analyse

1 **Vrai ou faux?** Indiquez si les affirmations sont vraies ou fausses, et corrigez les fausses.

1. Le narrateur travaille sur des publicités et sur des slogans d'affiche.

2. Dans le monde publicitaire, on ne travaille que sur une publicité à la fois.

3. Le narrateur trouve que son travail est assez facile.

4. Le narrateur aime son métier parce qu'il gagne beaucoup d'argent.

5. D'après le narrateur, la publicité a de plus en plus d'impact sur la vie des gens.

2 **Compréhension** Répondez aux questions par des phrases complètes.

1. Pour quels types de produits le narrateur crée-t-il des publicités?

2. D'après le narrateur, comment la publicité a-t-elle évolué depuis les années 70?

3. Comment sont les gens qui travaillent dans la publicité aujourd'hui, d'après le narrateur?

4. Qu'est-ce que la «publiphobie», d'après le narrateur?

5. Dans quels domaines la publicité exerce-t-elle son influence aujourd'hui?

3 **Une publicité** Pensez à une publicité que vous avez vue récemment et que vous avez aimée. Écrivez un paragraphe pour la résumer (*summarize*) et pour expliquer son message. Puis, dites pourquoi vous l'avez trouvée intéressante et analysez son efficacité.

4 **Les chiffres de la publicité** Dans le texte, l'auteur mentionne qu'en 1998, les annonceurs publicitaires ont dépensé 2.340 milliards de francs, l'équivalent d'environ 350 millions d'euros. Que pensez-vous de ce chiffre? Vous choque-t-il? Ce genre de budget est-il justifié, d'après vous? Discutez-en avec un(e) camarade de classe.

5 **Discussion** Êtes-vous plutôt «publiphile» ou «publiphobe»? Discutez de cette question par petits groupes. Donnez des raisons et des exemples précis pour justifier et illustrer votre réponse.

6 **Rédaction** Dans le texte, Frédéric Beigbeder nous dit que «telle une pieuvre, la réclame s'est mise à tout régenter. Cette activité qui avait démarré comme une blague domine désormais nos vies...». Commentez cette citation à l'aide du plan de rédaction.

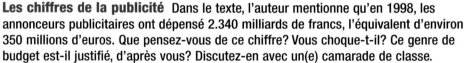

Plan

1 Préparation Réfléchissez aux questions suivantes: Comment la publicité a-t-elle évolué depuis les années 1970? A-t-elle réellement envahi la vie des consommateurs? Comment? Les nouveaux médias ont-ils contribué à l'évolution de la publicité? Comment? Quel est le véritable impact de la publicité sur le consommateur? Et sur la société en général?

2 Point de vue Que pensez-vous des arguments de Beigbeder? Reprenez le dernier paragraphe du texte point par point. Notez les assertions de l'auteur et réfléchissez à leurs implications. Êtes-vous d'accord avec lui? Résumez brièvement ce qu'il dit, puis donnez votre point de vue personnel sur le sujet.

3 Conclusion Résumez vos arguments et concluez en disant si vous êtes d'accord ou non avec l'analyse de Beigbeder.

Practice more at
vhlcentral.com.

L'influence des médias

 **Vocabulary Tools**

Les médias

l'actualité (f.) *current events*
la censure *censorship*
un événement *event*
un message/spot publicitaire; une publicité (une pub) *advertisement*
les moyens (m.) de communication; les médias (m.) *media*
la publicité (la pub) *advertising*
un reportage *news report*
un site web/Internet *web/Internet site*
une station de radio *radio station*

s'informer (par les médias) *to keep oneself informed (through the media)*
naviguer/surfer sur Internet/le web *to search the web*

actualisé(e) *updated*
en direct *live*
frappant(e)/marquant(e) *striking*
influent(e) *influential*
(im)partial(e) *(im)partial*

Les gens des médias

un(e) animateur/animatrice de radio *radio presenter*
un auditeur/une auditrice *(radio) listener*
un(e) critique de cinéma *film critic*
un éditeur/une éditrice *publisher*
un(e) envoyé(e) spécial(e) *correspondent*
un(e) journaliste *journalist*
un(e) photographe *photographer*
un réalisateur/une réalisatrice *director*
un rédacteur/une rédactrice *editor*
un reporter *reporter (male or female)*
un téléspectateur/une téléspectatrice *television viewer*
une vedette (de cinéma) *(movie) star (male or female)*

Le cinéma et la télévision

une bande originale *soundtrack*
une chaîne *network*
un clip vidéo; un vidéoclip *music video*
un divertissement *entertainment*
un documentaire *documentary*
l'écran (m.) *screen*

les effets (m.) spéciaux *special effects*
un entretien/une interview *interview*
un feuilleton *soap opera; series*
une première *premiere*
les sous-titres (m.) *subtitles*

divertir *to entertain*
enregistrer *to record*
retransmettre *to broadcast*
sortir un film *to release a movie*

La presse

une chronique *column*
la couverture *cover*
un extrait *excerpt*
les faits (m.) divers *news items*
un hebdomadaire *weekly magazine*
un journal *newspaper*
la liberté de la presse *freedom of the press*
un mensuel *monthly magazine*
les nouvelles (f.) locales/internationales *local/international news*
la page sportive *sports page*
la presse à sensation *tabloid(s)*
la rubrique société *lifestyle section*
un gros titre *headline*

enquêter (sur) *to investigate*
être à la une *to be on the front page*
publier *to publish*

Court métrage

une couverture *blanket*
un dieu vivant *living god*
un(e) héritier/héritière *heir*
la notoriété *fame*
une retouche *touch-up*
un tournage *movie shoot*

se donner totalement *to give one's all*
engager *to hire*

allongé(e) *lying down*
de dos *from the back*
décédé(e) *deceased*
égaré(e) *lost*
intransigeant(e) *inflexible*

Culture

une bourse *scholarship, grant*
une campagne de promotion *promotional campaign*
la carrière *career*
une démarche *approach*
un jeu de mots *play on words*
une lutte *struggle, fight*
les paroles *lyrics*
un peuple *people*
la tranquillité de l'esprit *peace of mind*

aborder *to broach*
attribuer *to grant*
dire quelque chose *to ring a bell*
entendre parler de *to hear about*
être propre à *to be specific to*
subventionner *to subsidize*
tourner autour de *to revolve around*

Littérature

du café soluble *instant coffee*
le/la consommateur/consommatrice *consumer*
l'efficacité (f.) *efficiency*
la frime *showing off*
des fringues (f.) démodées *out-of-style clothes*
un incendie *fire*
une marque *brand*
le matraquage *hype*
une pieuvre *octopus*
un(e) publicitaire *advertising executive*
un prospectus *leaflet*
la société de consommation *consumer society*
la vie quotidienne *everyday life*

bosser *to work*
déchirer *to tear*
s'engueuler *to have an argument*
envahir *to invade*
faire marrer *to make (someone) laugh*
haïr *to hate*
pondre *to lay (an egg), produce*

La valeur des idées

Qu'est-ce qui donne de la valeur à une idée? Son originalité, l'impact qu'elle peut avoir sur un groupe ou sur une société? Cependant, une nouvelle idée fait parfois peur aux membres d'un groupe, parce qu'elle les oblige à changer, et il faut souvent du courage pour la faire adopter. Une idée, même bonne, sert-elle à quelque chose, s'il n'y a personne pour la mettre en pratique?

125

148

Destination:
ANTILLES

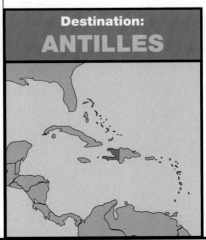

La justice et la politique Vocabulary Tools

Les lois et les droits

un crime *murder, violent crime*
la criminalité *crime (in general)*
un délit *(a) crime*
les droits *(m.)* **de l'homme** *human rights*
une (in)égalité *(in)equality*

une (in)justice *(in)justice*
la liberté *freedom*
un tribunal *court*

abuser *to abuse*
approuver une loi *to pass a law*
défendre *to defend*
emprisonner *to imprison*
juger *to judge*

analphabète *illiterate*
coupable *guilty*
(in)égal(e) *(un)equal*
(in)juste *(un)fair*
opprimé(e) *oppressed*

La politique

un abus de pouvoir *abuse of power*

une armée *army*
une croyance *belief*
la cruauté *cruelty*

la défaite *defeat*
une démocratie *democracy*
une dictature *dictatorship*
un drapeau *flag*

le gouvernement *government*
la guerre (civile) *(civil) war*
la paix *peace*
un parti politique *political party*
la politique *politics*
la victoire *victory*

avoir de l'influence (sur) *to have influence (over)*
se consacrer à *to dedicate oneself to*
élire *to elect*
gagner/perdre les élections *to win/lose elections*
gouverner *to govern*
voter *to vote*

conservateur/conservatrice *conservative*
libéral(e) *liberal*
modéré(e) *moderate*
pacifique *peaceful*
puissant(e) *powerful*
victorieux/victorieuse *victorious*

Les gens

un(e) activiste *militant activist*
un(e) avocat(e) *lawyer*

un(e) criminel(le) *criminal*
un(e) député(e) *deputy (politician); representative*
un homme/une femme politique *politician*
un(e) juge *judge*
un(e) juré(e) *juror*
un(e) président(e) *president*
un(e) terroriste *terrorist*
une victime *victim*
un voleur/une voleuse *thief*

La sécurité et le danger

une arme *weapon*
une menace *threat*
la peur *fear*

un scandale *scandal*
la sécurité *safety*
le terrorisme *terrorism*
la violence *violence*

combattre *(irreg.) to fight*
enlever/kidnapper *to kidnap*
espionner *to spy*
faire du chantage *to blackmail*
sauver *to save*

Mise en pratique

1 **Synonymes et antonymes** Remplissez la liste de synonymes et d'antonymes pour les mots suivants.

Synonymes	Antonymes
1. équivalence _____	6. défaite _____
2. terreur _____	7. guerre _____
3. protéger _____	8. victime _____
4. calme _____	9. conservateur _____
5. opinion _____	10. innocent _____

2 **Qui est-ce?** Dites qui parle dans chaque situation.

> **1. une activiste   2. un terroriste   3. un voleur   4. une avocate   5. un homme politique**

_____ a. J'espionnais des résidences dans un quartier riche. Quand une famille est partie en vacances, je suis entré dans leur maison. Je n'ai pas eu le temps de prendre l'argent, parce que des policiers sont arrivés. J'ai essayé de fuir, mais ils m'ont arrêté. Au tribunal, le juge m'a condamné à trois mois de prison.

_____ b. Je suis membre d'un groupe politique qui croit en la démocratie. Nous sommes pour la liberté des citoyens du monde et contre la dictature. Nous combattons les dictatures, parce que nous pensons que c'est une forme d'emprisonnement.

_____ c. Je m'occupe des affaires publiques dans ma région. Aux dernières élections, soixante-quinze pour cent des habitants qui ont voté m'ont choisi. J'ai aussi gagné les élections il y a quatre ans.

_____ d. Je m'intéresse beaucoup plus à la justice qu'à la politique. Chaque jour, je défends mes clients, qui sont souvent victimes d'injustices. En plus, je me consacre à la défense des droits de l'homme.

_____ e. Je suis membre d'une armée spéciale. Nous faisons peur aux gens pour les informer sur nos croyances et sur nos luttes. Nous utilisons aussi la violence et la cruauté pour détruire ce qui est injuste dans le monde. Nous utilisons fréquemment le chantage pour atteindre notre but.

3 **Définir et inventer** Dans un groupe de trois ou quatre, définissez les mots de la liste. Ensuite, inventez une histoire qui inclut au moins huit des douze mots.

chantage	démocratie	espionner	politique
combattre	dictature	libéral	scandale
criminel	égalité	pacifique	sécurité

4 **Au tribunal** Imaginez que vous soyez avocat(e). Décrivez quelle sorte de droit vous pratiquez. Si vous choisissez le droit pénal (*criminal*), défendez-vous des clients qui sont coupables? Qu'est-ce qui est le plus important: défendre la justice ou gagner un salaire élevé? Discutez de vos idées avec un(e) camarade de classe.

Practice more at vhlcentral.com.

Préparation

Vocabulary Tools

Vocabulaire du court métrage

la colère *rage*

défendre de *to forbid*

enfreindre une injonction *to disobey a command*

faire confiance *to trust*

les flics* *cops*

griller quelqu'un* *to catch someone*

mépriser *to scorn*

se planter* *to blow it*

une syncope *(heart) attack*

une volaille* *doll, woman*

Vocabulaire utile

l'argot (*m.*) *slang*

la jalousie *jealousy*

un malaise *dizzy spell*

un malentendu *misunderstanding*

se réconcilier *to make up*

un registre soutenu *formal register*

une trahison *betrayal*

tromper quelqu'un *to cheat on someone*

EXPRESSIONS

Ça craint!* *That really stinks!*

Ça lui a filé la gerbe.* *It made her want to puke.*

Ça schlinguait le parfum.* *It reeked of perfume.*

Casse-toi et bon vent!* *Get lost and good riddance!*

Il dit qu'il se tire.* *He says he's splitting.*

Si c'est chelou...* *If it looks shady…*

*slang word or phrase

1

Le bon choix Choisissez le terme approprié pour compléter chaque phrase.

1. Tromper quelqu'un est une forme de _____ difficile à pardonner.

   a. trahison　　　　b. jalousie　　　c. registre

2. Si on _____ à une personne de faire une chose, on lui interdit de la faire.

   a. défend　　　　b. trompe　　　c. enfreint

3. On peut _____ à cet homme car (*because*) c'est un excellent médecin.

   a. mépriser　　　b. se réconcilier　c. faire confiance

4. Quand elle a découvert que son petit ami la trompait, elle a ressenti beaucoup de _____.

   a. malentendu　　b. colère　　　c. malaise

5. Quelqu'un qui a des troubles cardiaques peut faire une _____.

   a. colère　　　　b. syncope　　　c. injonction

2

À remplacer Dans les phrases suivantes, remplacez les mots soulignés par leurs équivalents en argot.

1. Après nos études, on veut <u>partir</u> en Afrique.

2. Il y avait un homme louche dans le parc, alors elle a appelé <u>la police</u>.

3. Zut alors! Je me suis <u>trompé</u>! Excuse-moi.

4. Elle ne connaît pas la <u>femme</u> qu'elle a vue avec son mari au parc.

5. Qu'est-ce que c'est que cette odeur? Ça <u>sent</u> le poisson ici!

3

Questions Répondez aux questions par des phrases complètes.

1. Utilisez-vous souvent des mots et des expressions d'argot? Dans quelles circonstances? Y a-t-il des mots et des expressions que vous utilisez seulement avec vos amis ou avec votre famille? Pourquoi? Donnez quelques exemples.

2. En quoi notre façon de nous exprimer change-t-elle d'après les circonstances? Considérez ces deux situations et décrivez un style de communication approprié pour chacune.

   - une soirée avec des jeunes de votre âge
   - un entretien d'embauche pour un poste haut placé

3. D'après vous, dans les relations personnelles, qu'est-ce qui peut être une source de malentendu? Les gestes? Le langage? Expliquez en donnant des exemples. Comment peut-on éviter les malentendus?

4

Anticipation Avec un(e) camarade, observez ces images du court métrage et répondez aux questions.

Image A

- Que voyez-vous sur l'image? Où est la jeune femme? Que fait-elle? Quel temps fait-il? Quelle est l'atmosphère du lieu où la jeune femme se trouve?

- Pourquoi la jeune femme est-elle triste, d'après vous? Imaginez des raisons possibles qui pourraient expliquer ses sentiments et son état d'esprit.

Image B

- Décrivez les deux personnages sur l'image. Qui sont-ils? Quelle est leur relation?

- Pensez-vous que ces deux personnes connaissent la jeune fille qu'on voit dans la première image? Faites des hypothèses en ce qui concerne leurs relations.

5

Résumé Le titre de ce court métrage est *Le Courrier du parc*. Par petits groupes, essayez de deviner de quoi le film va parler. Considérez le vocabulaire donné à la page 122, les images ci-dessus et le titre. Inventez votre propre résumé (*summary*) du film.

6

Le courrier Qu'évoque, pour vous, le mot **courrier**? À quoi pensez-vous quand on prononce ce mot aujourd'hui? La communication a-t-elle beaucoup évolué au cours des dernières décennies? Les gens utilisent-ils les mêmes moyens de communication? Se parlent-ils de la même manière qu'avant? Discutez-en avec un(e) partenaire.

 Practice more at **vhlcentral.com**.

 Short Film

Bérénice Bejo Côme Levin Sylvain Jacques

Le Courrier du parc

Un film d'Agnès Caffin

Produit par Olivier Charvet
Acteurs Bérénice Bejo, Sylvain Jacques et Côme Levin

INTRIGUE *Dans un parc, deux amants en conflit échangent un courrier inhabituel. C'est un adolescent qui se charge de transmettre oralement les messages.*

LE JEUNE HOMME Tiens, viens. Prends ça! Tu vois la jeune femme assise sur le banc la-bàs? Elle me brise° le cœur. Va lui dire ça. Allez!

L'ADOLESCENT Il dit qu'il veut savoir ce qui te prend. Et pourquoi tu ne veux plus lui parler? Parce que là, il ne capte rien°. Et c'est dégueulasse° vu que tu es la seule meuf° qu'il kiffe° sur la terre.
LA JEUNE FEMME: Va lui dire que je ne devrais pas avoir à lui rappeler ce qu'il sait déjà.

LA JEUNE FEMME S'il ne comprend toujours pas, demande-lui si le parfum de jasmin de Suzanna ne suffit pas à le retenir en Europe. L'autre soir, dans le jardin d'hiver, l'envoûtement° semblait pourtant parfait.

LE JEUNE HOMME Quoi? Quelle autre femme?
L'ADOLESCENT: Suzanna, elle a dit.
LE JEUNE HOMME: Va lui porter ça! Dis-lui que sa méprise° nous a mis au calvaire° inutilement, qu'elle n'aurait jamais dû douter, que j'aurais préféré subir mille morts plutôt que de lui infliger la moindre peine°.

L'ADOLESCENT Cher Docteur Mortimer. Je tiens à vous remercier chaleureusement pour l'efficacité et la compétence dont vous avez fait preuve vendredi soir lorsque ma fille, Suzanna, est tombée dans vos bras dans le jardin d'hiver. Sans vous, le temps aurait, hélas° joué contre elle.

LA JEUNE FEMME Va lui dire que... Va lui dire de venir chercher sa meuf, s'il veut toujours d'elle.

brise *breaks* **ne capte rien** *doesn't get it* **dégueulasse** *messed up (slang)* **meuf** *woman (slang)* **kiffe** *loves (slang)* **envoûtement** *magic* **méprise** *error* **nous a mis au calvaire** *tormented us* **infliger la moindre peine** *inflict the least bit of hurt* **hélas** *alas*

Note CULTURELLE

Le verlan

Le verlan, qui vient du mot **l'envers**°, est une forme d'argot qui contient des déformations de mots. Le plus souvent, on inverse les syllabes, comme par exemple dans le mot **chelou**, qui est le verlan de **louche**°. On peut aussi inverser, éliminer ou ajouter des lettres, comme par exemple dans le mot **meuf** qui est l'équivalent verlan de **femme**. Le verlan est un jeu de langage dont l'origine exacte est difficile à établir, mais on attribue souvent son développement et sa popularité à son utilisation dans les banlieues. On trouve d'ailleurs de nombreux exemples de verlan dans les chansons de rap des années 1990 et 2000.

l'envers *back to front* **louche** *dishonest*

Analyse

1

Vrai ou faux? Indiquez si chaque phrase est vraie ou fausse et corrigez les phrases fausses.

1. Le jeune homme est un ami de l'adolescent du parc.
2. Le jeune homme donne de l'argent à l'adolescent pour qu'il lui rende un service.
3. La jeune femme refuse de parler au jeune homme.
4. La jeune femme est fâchée contre le jeune homme parce qu'il veut aller vivre en Afrique.
5. Le jeune homme est médecin.
6. Suzanna est une amie de la jeune femme.
7. L'adolescent apporte une lettre écrite par le jeune homme à la jeune femme.
8. La lettre explique que Suzanna est morte.
9. Quand l'adolescent lui lit la lettre, la jeune femme comprend qu'il y a eu un malentendu.
10. À la fin, la jeune femme souhaite se réconcilier avec son petit ami.

2

Compréhension et discussion À deux, répondez aux questions par des phrases complètes.

1. À quoi pense la jeune femme assise sur le banc? Pourquoi pleure-t-elle?
2. Comment expliquez-vous que le jeune homme préfère s'adresser à un jeune inconnu pour l'aider à résoudre son problème?
3. Décrivez la source du malentendu. Qu'auriez-vous fait à la place de la jeune femme si vous aviez vu votre petit(e) ami(e) avec une autre personne? Expliquez et justifiez votre réponse.
4. Que pensez-vous du fait que l'adolescent demande de l'argent plusieurs fois au jeune homme? Essaie-t-il de profiter de la situation? Sa façon de se comporter évolue-t-elle au fil de (*in the course of*) l'histoire? Pourquoi, à votre avis?
5. Comparez le langage utilisé par les deux jeunes gens et celui de l'adolescent. Pensez-vous que l'adolescent transmette le message du jeune homme de façon efficace? Expliquez votre réponse.

3

Les personnages Par petits groupes, imaginez et décrivez la vie quotidienne des trois personnages. Écrivez un paragraphe d'au moins quatre phrases pour chacun.

 Practice more at **vhlcentral.com**.

4

Un non-dit Dans le court métrage, la jeune femme dit le début de phrase suivant pour décrire sa réaction quand elle a vu son petit ami et Suzanna ensemble. À votre avis, qu'est-ce qu'elle a voulu dire? Ensuite, travaillez avec un(e) camarade et imaginez plusieurs fins possibles pour cette phrase.

> **«Dis-lui que ce jour-là, j'ai failli (*I almost*)...»**
>
> — LA JEUNE FEMME

5

Une lettre Imaginez qu'au lieu de communiquer avec la jeune femme par l'intermédiaire de l'adolescent, le jeune homme ait décidé d'écrire une lettre à sa petite amie. Écrivez cette lettre.

- Essayez de faire comprendre à la jeune femme qu'il y a eu un malentendu.
- Exprimez-lui aussi votre amour pour elle.
- Le registre de langue que vous utilisez dans votre lettre doit correspondre à la façon de s'exprimer du jeune homme.

6

La dernière réplique Que se passe-t-il, du point de vue du registre de langue, à la fin du film? Quel est l'effet de ce brusque changement dans la dernière réplique (*line*)? Vous surprend-il? Pourquoi? Discutez de ces questions par petits groupes.

7

Après le parc Imaginez une suite à ce court métrage. Que va-t-il se passer après la scène du parc? La fin de l'histoire va-t-elle être heureuse ou triste? Travaillez avec un(e) partenaire pour inventer une fin intéressante. Ensuite, présentez vos idées à la classe.

8

Et vous? À deux, lisez la citation et répondez aux questions.

> Beaucoup de divorces sont nés d'un malentendu. Beaucoup de mariages aussi.
>
> —*Tristan Bernard*

1. Que veut dire cette citation?
2. Êtes-vous d'accord avec la citation? Expliquez.
3. Avez-vous déjà vécu un malentendu comme celui des personnages du film? Si oui, quel en était le résultat?

 Practice more at **vhlcentral.com**.

Vue aérienne d'une île de l'archipel des Saintes, Guadeloupe

IMAGINEZ
Les Antilles

Alerte! Les pirates!

«**À** l'abordage°!» Au 17ᵉ siècle, tous les voyageurs des **Antilles** avaient peur d'entendre ce cri. En effet, chaque traversée° était périlleuse à cause d'horribles pirates qui hantaient la **mer des Caraïbes**. Des noms comme le **capitaine Morgan** ou le **capitaine Kidd** pour les **Britanniques**, et **Jean Bart** ou **Robert Surcouf** pour les **Français** semaient l'épouvante°. **Pirates**, corsaires, et boucaniers… leur réputation était terrible!

Pourtant la piraterie avait son utilité. À l'époque, les nations européennes se disputaient les Caraïbes et n'avaient pas les moyens financiers de mettre en place une force navale dans une région aussi vaste. Les **Espagnols** constituaient la plus grande puissance coloniale des Antilles, mais en 1564, ce sont les **Français** qui ont été les premiers non-espagnols à s'y installer, à **Fort Caroline**, aujourd'hui près de **Jacksonville**, en **Floride**. Bien qu'ils n'y soient pas restés très longtemps — ils en ont vite été chassés par les **Espagnols** —

les **Français** ont profité de l'emplacement de leurs colonies pour saisir° l'or et l'argent que les **Espagnols** extrayaient° des mines sud-américaines. La piraterie permettait aussi de s'emparer° des bateaux marchands qui visitaient les

Un galion, bateau armé des temps anciens

ports de **Saint-Pierre** en **Martinique**, **Basse-Terre** en **Guadeloupe** ou **Cap Français** à **Saint-Domingue** (aujourd'hui **Haïti**), trois colonies françaises à l'époque.

Il existait différents types d'équipages°. Les **corsaires** étaient souvent des nobles ou de riches entrepreneurs qui travaillaient directement pour le roi. Cette piraterie-là rapportait bien°. Les pirates ordinaires, eux, étaient indépendants et beaucoup vivaient sur **l'île de la Tortue**, colonie française au nord de Saint-Domingue. Les **boucaniers**, les pirates des Antilles, étaient de véritables aventuriers. Leur nom vient du «boucan», une grille de bois sur laquelle ils faisaient griller la viande et les poissons, à la manière des populations locales, les **Amérindiens Arawak.** Les Arawaks étaient un groupe linguistique qui comprenait plusieurs tribus. Ils étaient aussi les premiers à avoir été en contact avec des Européens. Sinon, les boucaniers étaient réputés pour leur vie en plein air et leurs festins bruyants. Parmi leurs lieux favoris: **Saint-Barthélemy, Port-de-Paix** à Saint-Domingue et des petites îles comme **les Saintes,** en Guadeloupe.

Les sociétés de pirates, qu'on appelait aussi des **flibustiers,** étaient égalitaires, et même révolutionnaires pour l'époque. Les pirates étaient les seuls marins à pouvoir élire leur capitaine démocratiquement. Celui-ci combattait avec eux, au lieu de° leur donner des ordres de loin. Le butin° était partagé entre tous les membres de l'équipage, et les invalides recevaient des indemnités°. En temps de guerre, la piraterie devenait très active. En temps de paix, les pirates faisaient de la contrebande°, pour le bonheur de tous. Beaucoup allaient par exemple au petit village de **Pointe-Noire,** en Guadeloupe, pour vendre leurs marchandises à très bon prix. Ce village doit son nom aux roches volcaniques qu'on aperçoit au nord.

Aujourd'hui, si vous allez aux Antilles, vous aurez peu de chance de rencontrer des pirates. Par contre, vous pourrez toujours déguster° un bon poulet boucané en souvenir du passé!

À l'abordage! *a pirate cry used when taking over another ship* **traversée** *crossing* **semaient l'épouvante** *spread terror* **saisir** *seize* **extrayaient** *extracted* **s'emparer** *to grab* **équipages** *crews* **rapportait bien** *was profitable* **au lieu de** *instead of* **butin** *booty* **indemnités** *compensation* **contrebande** *smuggling* **déguster** *savor*

Des mots utilisés aux Antilles

Guadeloupe et Martinique

un acra	un beignet de poisson ou de légumes
une anse	une baie
une doudou	une chérie
le giraumon	le potiron; *pumpkin*
une habitation	une plantation, un domaine agricole
le maracudja	le fruit de la passion
une morne	une colline; *hill*
une trace	un chemin; *path*
le vesou	le jus de la canne à sucre
un zombi	un revenant; *ghost; zombie*

Découvrons les Antilles

Saint-Barthélemy **Saint-Barth** est une île du nord des Caraïbes, qui porte le nom du frère de **Christophe Colomb**.

Aujourd'hui, l'île fait partie des **Antilles françaises**, mais elle a aussi été espagnole et suédoise. À présent, elle est connue pour son tourisme de luxe. Entre une chaîne de montagnes et une barrière de corail°, ses 14 plages ont chacune un caractère unique. Cette grande diversité s'accompagne d'un climat paradisiaque. L'île fait ainsi le bonheur des vacanciers et des stars.

Les yoles rondes La yole ronde est un voilier° inventé en **Martinique**, dans les années 1940. Elle s'inspire du **gommier**, le bateau traditionnel, et de la yole européenne. Ses premiers utilisateurs étaient les marins pêcheurs°, qui faisaient la course° quand ils rentraient de la pêche. La yole ronde est aujourd'hui un véritable sport nautique, dont l'événement le plus populaire est le **Tour de la Martinique**, une course en sept étapes° autour de l'île.

Le carnaval de Guyane En **Guyane française**, le carnaval ne ressemble à aucun autre. Il est d'abord exceptionnellement long, parce qu'il dure deux mois: du jour de l'Épiphanie, le 6

janvier, au mercredi des Cendres, début mars. Il est aussi à la fois populaire, multiethnique et traditionnel, avec des costumes historiques comme celui du boulanger ou de l'ours°. C'est surtout une grande fête qui rassemble tous les Guyanais.

John James Audubon (1785–1851) Tout le monde en Amérique connaît **J. J. Audubon**, le fameux ornithologue et naturaliste, et la **National Audubon Society** créée en sa mémoire. Audubon, d'origine française, est né en Haïti. Il a grandi en France, près de Nantes,

et a émigré aux États-Unis en 1803. Dans son œuvre, *Les oiseaux d'Amérique* (1840), il a dessiné, en quatre volumes, toutes les espèces connues d'oiseaux d'Amérique du Nord.

barrière de corail *coral reef* **voilier** *sailboat* **marins pêcheurs** *fishermen* **faisaient la course** *raced* **étapes** *stages* **ours** *bear*

Qu'avez-vous appris?

1 **Correspondances** Faites correspondre les mots et les noms avec les définitions.

1. _____ John James Audubon
2. _____ le boucan
3. _____ Saint-Barthélemy
4. _____ la yole ronde
5. _____ le Tour de la Martinique
6. _____ l'ours
7. _____ Jacksonville
8. _____ Saint-Pierre, Basse-Terre, Cap Français
9. _____ les boucaniers

a. une course nautique en sept étapes
b. une île qui fait le bonheur des touristes et des stars
c. de véritables aventuriers
d. un des costumes traditionnels du carnaval de Guyane
e. trois anciens ports coloniaux français
f. un voilier qui s'inspire du gommier et de la yole européenne
g. aujourd'hui, une ville en Floride
h. une grille de bois pour faire cuire le poisson ou la viande
i. un ornithologue né en Haïti

2 **Complétez** Complétez chaque phrase de manière logique.

1. …est un cri qui faisait peur aux voyageurs du 17e siècle.
2. Aux Antilles, au 17e siècle, on risquait de rencontrer des pirates…
3. La piraterie était utile quand les nations…
4. En 1564, les Français étaient...
5. Les Français ont profité de l'emplacement de leurs colonies...
6. Les pirates ordinaires vivaient...
7. Les touristes qui visitent Saint-Barth peuvent apprécier…
8. Le carnaval de Guyane est…
9. John James Audubon était gardien du patrimoine naturel américain parce qu'…

3 **Discussion** Avec un(e) partenaire, regardez les définitions des trois groupes de pirates: les pirates ordinaires, les corsaires, les boucaniers.

- Selon les différences entre ces groupes, discutez des droits auxquels chaque groupe a recours.
- Y a-t-il un groupe qui est plus (ou moins) accepté que les autres? Pourquoi ou pourquoi pas?

4 **Écriture** Choisissez un endroit ou un événement dans la section «Découvrons les Antilles». Imaginez que vous y êtes allé(e) pendant vos dernières vacances. Écrivez une lettre de 10 à 12 lignes à un(e) camarade de classe où vous expliquez ce que vous y avez fait. Répondez à ces questions:

- Pourquoi avez-vous choisi cet endroit ou cet événement?
- Qu'est-ce que vous y avez fait?
- Recommandez-vous ce voyage à votre camarade? Pourquoi ou pourquoi pas?
- Quelles différences avez-vous notées dans le français utilisé aux Antilles par rapport au français standard?

 Practice more at **vhlcentral.com**.

 Video

1 **Préparation** Par groupes de trois, répondez à ces questions.

1. Avez-vous déjà voté dans des élections? Si oui, décrivez votre expérience. Sinon, aimeriez-vous voter un jour? Pourquoi?

2. Discutez-vous de la politique avec vos amis? Comment peut-on convaincre les jeunes de votre pays que voter est important?

Qu'en pensent les jeunes Belges?

Aux élections européennes de 2009 en Belgique, les primo-votants représentaient environ 8% des électeurs (*voters*). Les primo-votants sont les personnes qui votent pour la première fois, c'est-à-dire une majorité de jeunes.

Je suis assez impliquée dans tout ce qui se passe.

2 **Compréhension** Regardez la vidéo et indiquez si chaque phrase est **logique** ou **illogique**.

1. _____ Les jeunes reçoivent leur convocation aux élections par e-mail.

2. _____ La plupart des gens peuvent voter pendant leur première année à l'université.

3. _____ Les étudiants considèrent le droit de vote comme essentiel pour la démocratie.

4. _____ La majorité des jeunes interviewés sont indifférents à leur rôle dans la vie politique.

5. _____ Le jeune homme à la fin croit qu'il n'y a pas assez de diversité dans le gouvernement.

3 **Discussion** Avec un(e) partenaire, répondez à ces questions.

1. Comment exprimez-vous vos opinions sur la politique? Votre façon est-elle utile? Pourquoi ou pourquoi pas?

2. Pour vous, que doit-on prendre en considération avant de décider pour qui voter?

4 **Présentation** Quelles vont être les prochaines élections dans votre ville, votre état ou votre pays? Écrivez un paragraphe où vous décrivez l'enjeu de ces élections et comment elles peuvent affecter votre vie et votre communauté.

VOCABULAIRE

une convocation
  registration notice
un devoir *duty*
un droit *right*
un(e) élu(e) *elected official*
les enjeux (*m.*) *stakes*
prendre au sérieux
  to take seriously
une voix *vote*

 Practice more at **vhlcentral.com**.

GALERIE DE CRÉATEURS

LITTÉRATURE
Aimé Césaire (1913–2008)

En 1934, ce Martiniquais, qui fait ses études à Paris, fonde le magazine *L'Étudiant noir* avec Léopold Sédar Senghor et Léon-Gontran Damas. Ces trois écrivains créent ensuite un grand mouvement littéraire et culturel, la Négritude. C'est Aimé Césaire qui invente ce nouveau mot. Puis en 1945, il décide de se consacrer à la politique et est élu maire de Fort-de-France. Il le restera jusqu'en 2001. Il est à l'origine de la création du concept des Départements d'Outre-Mer (DOM). Son *Discours sur le colonialisme* s'inscrit (*is engraved*) dans la lutte pour la reconnaissance de l'identité noire. Cette pensée révolutionnaire qui l'anime se reflète dans son œuvre littéraire: poésies, pièces de théâtre, essais… En 2011, Aimé Césaire est entré au Panthéon et a rejoint les plus grandes figures de l'histoire de France.

DANSE Léna Blou (1962–)

Cette danseuse et chorégraphe guadeloupéenne obtient plusieurs diplômes d'interprétation et d'enseignement pour les danses jazz et contemporaine. Elle perfectionne d'abord sa formation par des stages en Europe et aux États-Unis auprès d' (*with*) éminentes personnalités de cette discipline. Forte de son expérience, elle ouvre son école de danse à Pointe-à-Pitre puis crée en 1995 la compagnie Trilogie. Elle veut faire connaître l'esthétique chorégraphique traditionnelle des Caraïbes. Elle modernise même la danse traditionnelle guadeloupéenne, le gwoka, en créant (*by creating*) la technique de danse «Techni'ka». Blou est ainsi une artiste à la fois (*both*) moderne et traditionnelle qui désire mettre la danse de son île au même rang de popularité que les techniques Graham ou Horton. Pour cela, elle dirige des stages de Techni'ka en Europe et aux États-Unis.

LITTÉRATURE
Paulette Poujol-Oriol
(1926–2011)

Paulette Poujol-Oriol était une Haïtienne aux multiples talents — professeur, metteur en scène et auteur. Elle a laissé une œuvre importante, dont des romans et des nouvelles qui présentent des personnages haïtiens. Elle a aussi enseigné le théâtre aux enfants et a milité (*was an activist*) dans plusieurs associations féministes. Elle connaît le succès dès qu'elle publie sa première œuvre, *Le Creuset*. Le style de Paulette Poujol-Oriol est caractéristique: elle mélange (*mixes*) depuis toujours le français et le créole haïtien. Pleins d'ironie, ses livres sont en général perçus comme des œuvres morales.

PEINTURE
Frantz Zéphirin
(1968–)

Frantz Zéphirin est un peintre haïtien extrêmement doué et prolifique. Il commence à peindre vers l'âge de cinq ans. Il apprend d'abord en observant son oncle, Antoine Obin, un grand maître de la peinture (*painting*) haïtienne, puis développe au cours des années un style personnel et unique. Ses tableaux sont inspirés de personnages mythiques, d'animaux réels et imaginaires, et de scènes bibliques ou vaudous. Le tout est représenté avec beaucoup de vie et de couleurs. Zéphirin expose à travers le monde, collabore avec d'autres artistes haïtiens, et ses peintures apparaissent sur des romans et des couvertures de magazines, comme *The New Yorker*. Il décrit sa peinture comme historique et animaliste et explique qu'il capture sur ses toiles les animaux qui sommeillent (*are dormant*) en chacun de nous.

Compréhension

Vrai ou faux? Indiquez si chaque phrase est vraie ou fausse. Corrigez les phrases fausses.

1. Léna Blou enseigne une version modernisée du gwoka, la danse traditionnelle guadeloupéenne.

2. La troupe de danseurs Trilogie se spécialise dans l'interprétation chorégraphique en jazz.

3. Aimé Césaire est un des pères de la Négritude.

4. En plus de sa carrière littéraire, Césaire a aussi été homme politique.

5. La Négritude est un mouvement politique dans les Départements d'Outre-Mer

6. Les livres de Paulette Poujol-Oriol mélangent le français et le créole haïtien.

7. Poujol-Oriol a milité également pour la défense de l'environnement.

8. Frantz Zéphirin a étudié l'art à l'université.

9. Frantz Zéphirin commence à peindre pendant son adolescence.

10. Le style de Zéphirin est minimaliste.

Rédaction

À vous! Choisissez un de ces thèmes et écrivez un paragraphe d'après les indications.

- **La Négritude** Un(e) ami(e) vous demande des informations sur la Négritude. Expliquez-lui ce que vous savez au sujet de ce mouvement en un paragraphe.

- **Aimé Césaire** Vous devez préparer un exposé sur Aimé Césaire. Écrivez-lui un e-mail dans lequel vous lui posez des questions pour en apprendre plus sur sa vie et sa carrière.

- **Critique d'art** Vous êtes critique d'art et vous assistez à une exposition de Frantz Zéphirin. Écrivez un paragraphe dans lequel vous décrivez son style artistique et son inspiration.

 Practice more at vhlcentral.com.

4.1

The *plus-que-parfait*

*La jeune femme **s'était** déjà **fâchée** quand elle a appris la vérité sur Suzanna.*

- The **plus-que-parfait** is used to talk about what someone *had done* or what *had occurred* before another past action, event, or state. Like the **passé composé**, the **plus-que-parfait** uses a form of **avoir** or **être** — in this case, the **imparfait** — plus a past participle.

The *plus-que-parfait*		
voter	**finir**	**perdre**
j'avais **voté**	j'avais **fini**	j'avais **perdu**
tu avais **voté**	tu avais **fini**	tu avais **perdu**
il/elle avait **voté**	il/elle avait **fini**	il/elle avait **perdu**
nous avions **voté**	nous avions **fini**	nous avions **perdu**
vous aviez **voté**	vous aviez **fini**	vous aviez **perdu**
ils/elles avaient **voté**	ils/elles avaient **fini**	ils/elles avaient **perdu**

RECENT PAST	REMOTE PAST
Nous lui avons dit	qu'Hollande avait gagné **les élections.**
We told her	*that Hollande had won the election.*

RECENT PAST	REMOTE PAST
L'accusé souriait	parce que les juges ne l'avaient **pas** mis **en prison.**
The accused was smiling	*because the judges had not put him in prison.*

BLOC-NOTES

See **Fiche de grammaire 5.5, p. A22,** for a review of agreement with past participles.

- Recall that some verbs of motion, as well as a few others, take **être** instead of **avoir** as the auxiliary verb in the **passé composé.** Use the **imparfait** of **être** to form the **plus-que-parfait** of such verbs and make the past participle agree with the subject.

Les avocats ne savaient pas que vous **étiez** déjà **partie.**
The lawyers didn't know that you had already left.

On a découvert que les victimes **étaient mortes** à la suite de leurs blessures.
They discovered that the victims had died of their injuries.

- Use the **imparfait** of **être** as the auxiliary for reflexive and reciprocal verbs. Make agreement whenever you would do so for the **passé composé.**

Avant le dîner, le président et sa femme **s'étaient levés** pour recevoir les invités.
Before dinner, the president and his wife had gotten up to welcome the guests.

Il ne savait pas que nous **nous étions téléphoné** hier soir.
He didn't know that we had called each other last night.

M. Vartan a reçu une amende. Il ne **s'était** pas **arrêté** au feu.

- In all other cases as well, agreement of past participles in the **plus-que-parfait** follows the same rules as in the **passé composé**.

La police a trouvé les armes qu'il avait **cachées.**
The police found the weapons that he had hidden.

Le président a signé la loi que le congrès avait **approuvée.**
The president signed the law that the congress had passed.

- Use the **plus-que-parfait** to emphasize that something happened in the past before something else happened. Use the **passé composé** to describe completed events in the more recent past and the **imparfait** to describe ongoing or habitual actions in the more recent past.

Action in remote past . . .	completed action in recent past

L'activiste n'**avait** pas **fini** de parler quand vous **avez coupé** le micro.
The activist hadn't finished talking when you cut off the microphone.

Ongoing action in recent past . . . action in remote past

Il y **avait** des drapeaux partout parce que le président **était arrivé** la veille.
There were flags everywhere because the president had arrived the day before.

- The **plus-que-parfait** is also used after the word **si** to mean *if only...* (*something else had taken place*). It expresses regret.

Si j'**avais su** que tu avais un plan!
If only I had known you had a map!

Si seulement il n'**était** pas **arrivé** en retard!
If only he hadn't arrived late!

- To say that something had *just* happened in the past, use a form of **venir** in the **imparfait** + **de** + the infinitive of the verb that describes the action.

Je **venais de raccrocher** quand le téléphone a sonné de nouveau.
I had just hung up when the phone rang again.

Le président **venait de signer** l'accord quand on a entendu l'explosion.
The president had just signed the treaty when we heard the explosion.

ATTENTION!

In informal speech, speakers of English sometimes use the simple past to imply the past perfect. In French, you still use the **plus-que-parfait.**

Le voleur a cherché les papiers que l'avocate avait posés sur son bureau.
The thief looked for the papers that the lawyer placed (had placed) on her desk.

BLOC-NOTES

Si clauses can also contain a verb in the present tense or **imparfait**. See **Structures 10.3, pp. 374–375,** to learn more about **si** clauses.

Mise en pratique

1 **Un prix Nobel** Employez le plus-que-parfait pour compléter les phrases d'une militante qui a reçu le prix Nobel de la paix.

Quand j'étais petite, mes parents m' (1) _____ (apprendre) que les gens avaient besoin d'aide et j' (2) _____ (essayer) de nombreuses fois de me rendre utile. À l'université aussi, avant 1998, j' (3) _____ (combattre) l'injustice et j' (4) _____ (défendre) la liberté. Mes amis et moi, nous (5) _____ (se promettre) d'aider les opprimés. À cette époque, j' (6) _____ (penser) devenir avocate. Mais avant de prendre ma décision, la présidente de l'organisation (7) _____ (venir) me parler et elle (8) _____ (finir) par me convaincre de devenir militante

2 **Dans le journal** Les phrases suivantes viennent d'un journal politique. Mettez-les au plus-que-parfait.

se consacrer	fuir	perdre
élire	gagner	retourner

Modèle La femme politique ___*avait eu*___ de l'influence dans son parti, mais au moment des élections, elle n'en avait plus.

1. Le candidat _____ les élections, et il ne le savait pas encore.
2. Les gouvernements _____ à la lutte contre l'inégalité.
3. Tu _____ un bon représentant, le meilleur depuis des années.
4. Les kidnappeurs du fils du président _____ à l'approche de la police.
5. Monsieur et Madame Duval, vous _____ au tribunal avant midi?
6. Je leur disais que nous _____ notre lutte contre la dictature.

3 **De cause à effet** Employez le plus-que-parfait pour expliquer pourquoi ces choses se sont passées.

Modèle **Je me suis réveillé dans la nuit. Le téléphone a sonné.**
Je me suis réveillé dans la nuit parce que le téléphone avait sonné.

1. Elle n'a pas pu rentrer chez elle le soir. Elle a perdu les clés de la maison le matin.
2. Nous avons voté dimanche. Nous avons regardé le débat politique à la télévision samedi.
3. Ma mère nettoyait la cuisine. Les invités sont partis.
4. Le parti conservateur a perdu les élections. Le peuple a voté pour le parti écologiste.
5. Elles sont sorties. Personne ne leur a dit que j'arrivais.
6. J'ai caché (*hid*) les confitures de fraises. Mon colocataire a mangé toutes les confitures de pêches.
7. Les activistes entraient dans la salle. Le maire a fini son discours.
8. La justice régnait. La démocratie a gagné.

Practice more at
vhlcentral.com.

Communication

4

Vacances antillaises Claire revient de ses vacances aux Antilles et raconte tout à son ami. À deux, créez le dialogue avec ces verbes. Employez le plus-que-parfait.

adorer	permettre
aller	préférer
apprécier	savoir
avoir de la chance	visiter
finir	voir

Modèle   **JULIEN** Qu'est-ce que tu as apprécié à la Martinique?

CLAIRE J'ai vu des milliers de papillons dans un jardin. Jamais je n'avais eu la chance d'assister à un tel spectacle!

Note
CULTURELLE
Le **Jardin des papillons** (*butterflies*), à l'**Anse Latouche**, en **Martinique**, est un parc dédié (*dedicated*) à l'élevage (*breeding*) des papillons du monde entier. Les plantes de ce jardin y créent un écosystème idéal. Les visiteurs ont la chance d'évoluer au milieu des innombrables (*countless*) insectes qui y vivent en toute liberté.

5

À votre avis? Que pensez-vous du gouvernement actuel? Est-il meilleur que le gouvernement précédent? À deux, donnez votre opinion et servez-vous du plus-que-parfait.

Modèle   —Le gouvernement actuel a fait de bonnes choses jusqu'à maintenant.

—Peut-être, mais je pense que le gouvernement précédent avait réussi à…

6

Avant la guerre Une guerre a éclaté (*erupted*) dans un pays européen et le Conseil de l'Europe se réunit. Par groupes de trois, imaginez que chacun(e) de vous représente un pays différent. Utilisez le plus-que-parfait pour débattre du rôle du conseil avant la guerre. Consultez la carte de l'Europe au début du livre et servez-vous du vocabulaire suivant.

Modèle   —Avant la guerre, nous avions déjà accusé votre président d'abus de pouvoir.

—Peut-être, mais c'est mon pays qui avait combattu pour les droits de tous les Européens.

—Tous nos pays avaient espionné leur armée, et personne n'avait rien dit!

abuser	espionner
approuver	faire du chantage
avoir de l'influence	juger
combattre	kidnapper
se consacrer à	sauver
défendre	voter

4.2

Negation and indefinite adjectives and pronouns

—... *je n'ai trouvé que toi pour adresser un dernier appel à son sentiment de la justice.*

Negation

ATTENTION!

When forming a question with inversion, place **ne** first, then any pronouns, then the verb. Place **pas** in last position.

Ne vous êtes-vous pas consacré à la lutte contre la criminalité?
Didn't you dedicate yourself to the fight against crime?

BLOC-NOTES

To review commands and how to negate them, see **Fiche de grammaire 1.5, p. A6.** To learn how to negate an infinitive, see **Structures 8.1, pp. 288–289.**

Moi and **toi** are disjunctive pronouns. To learn more about them, see **Fiche de grammaire 6.4, p. A24.**

- To negate a phrase, you typically place **ne... pas** around the conjugated verb. If you are negating a phrase with a compound tense such as the **passé composé** or the **plus-que-parfait**, place **ne... pas** around the auxiliary verb.

Infinitive construction	Passé composé
Ça **ne** va **pas** faire un scandale, j'espère. *This won't cause a scandal, I hope.*	La famille **n'a pas** fui la ville pendant la guerre. *The family didn't flee the town during the war.*

- To be more specific, use variations of **ne... pas**, such as **ne... pas du tout** and **ne... pas encore**.

Le président **n'**aime **pas du tout** les journalistes. *The president doesn't like journalists at all.*	La voleuse **n'a pas encore** choisi sa victime. *The thief has not chosen her victim yet.*

- Use **non plus** to mean *neither* or *not either*. Use **si**, instead of **oui**, to contradict a negative statement or question.

—Je n'aime pas la violence.
—*I don't like violence.*

—Tu n'aimes pas la démocratie?
—*You don't like democracy?*

—Moi **non plus.**
—*I don't either.*

—Mais **si.**
—*Yes, I do.*

- To say *neither... nor*, use **ne... ni... ni...** Place **ne** before the conjugated verb or auxiliary, and **ni** before the word(s) it modifies. Omit the indefinite and partitive articles after **ni**, but use the definite article when appropriate.

Il **n'**y a **ni** justice **ni** liberté dans une dictature.
There is neither justice nor liberty under a dictatorship.

Ni le juge **ni** l'avocat **ne** va juger l'accusé.
Neither the judge nor the lawyer is going to judge the accused.

- It is also possible to combine several negative elements in one sentence.

On **ne** fait **plus jamais rien.**
We never do anything anymore.

Personne **n'a plus rien** écouté.
No one listened to anything anymore.

- Note how the placement of these expressions varies according to their function.

More negative expressions

ne… aucun(e) *none (not any)*	Le congrès **n'**a approuvé **aucune** loi cette année. *The congress didn't approve any laws this year.*
ne… jamais *never (not ever)*	Tu **n'**as **jamais** voté? *You've never voted?*
ne… nulle part *nowhere (not anywhere)*	On **n'**a trouvé l'arme du crime **nulle part**. *They didn't find the crime weapon anywhere.*
ne… personne *no one (not anyone)*	**Personne ne** peut voter; les machines sont en panne. *No one can vote; the machines are broken.*
	Ils **n'**ont vu **personne**. *They didn't see anyone.*
ne… plus *no more (not anymore)*	Il **ne** veut **plus** être analphabète. *He doesn't want to be illiterate anymore.*
ne… que *only*	Je **n'**ai parlé **qu'**à Mathieu. *I only spoke to Mathieu.*
ne… rien *nothing (not anything)*	Les jurés **n'**ont **rien** décidé. *The jury members haven't decided anything.*
	Rien ne leur fait peur. *Nothing frightens them.*

ATTENTION!

To negate a phrase with a partitive article, you usually replace the article with **de** or **d'**.

Il y a des activistes dans la capitale.
There are activists in the capital.

Il n'y a pas d'activistes dans la capitale.
There aren't any activists in the capital.

Indefinite adjectives and pronouns

- Many indefinite adjectives and pronouns can also be used in affirmative phrases.

Indefinite adjectives	Indefinite pronouns
autre(s) *other*	**chacun(e)** *each one*
un(e) autre *another*	**la plupart** *most (of them)*
certain(e)(s) *certain*	**plusieurs** *several (of them)*
chaque *each*	**quelque chose** *something*
plusieurs *several*	**quelques-un(e)s** *some, a few (of them)*
quelques *some*	**quelqu'un** *someone*
tel(le)(s) *such (a)*	**tous/toutes** *all (of them)*
tout(e)/tous/toutes (les) *every, all*	**tout** *everything*

- The adjectives **chaque**, **plusieurs**, and **quelques** are invariable.

  Chaque élève a droit à des livres gratuits.   **Plusieurs** terroristes ont fui.
  Each student is entitled to free books.   *Several terrorists fled.*

- The pronouns **la plupart**, **plusieurs**, **quelque chose**, **quelqu'un**, and **tout** are invariable.

  Tout va bien au gouvernement.   Il y a **quelqu'un** dehors?
  Everything goes well in the government.   *Is there someone outside?*

ATTENTION!

Note that the final **-s** of **tous** is pronounced when it functions as a pronoun, but silent when it functions as an adjective.

When you wish to modify **personne, rien, quelqu'un,** or **quelque chose**, add **de** + [*masculine singular adjective*].

Ce week-end, nous ne faisons rien d'intéressant.
This weekend, we aren't doing anything interesting.

Mise en pratique

1 🔗

Une nouvelle loi Pendant un débat, un défenseur des droits de l'homme contredit une avocate. Complétez leur dispute à l'aide d'une expression négative ou d'un adjectif ou pronom indéfini.

> **Modèle**   **AVOCATE**   Il faut absolument approuver cette nouvelle loi!
>
> **DÉFENSEUR**   Mais non! Il _____*ne faut pas*_____ approuver cette loi!

AVOCATE La loi donne le pouvoir au peuple de notre nation.

DÉFENSEUR Mais non! La loi (1) _____ pouvoir au peuple, et tout le pouvoir au président.

AVOCATE Calmez-vous! Avec cette loi, nous serons toujours une démocratie.

DÉFENSEUR Mais non. Avec cette loi, nous (2) _____ une démocratie.

AVOCATE Le gouvernement sera juste et puissant avec ces changements.

DÉFENSEUR Mais non. Il (3) _____ avec ces changements.

AVOCATE Certains citoyens apprécient les choses que j'essaie de faire.

DÉFENSEUR Mais non. (4) _____ ce que vous essayez de faire.

AVOCATE Une telle loi va réduire la menace du terrorisme partout dans le pays.

DÉFENSEUR Mais non. Elle (5) _____ la menace du terrorisme.

AVOCATE (6) _____ m'a dit que vous étiez désagréable, et maintenant je vois pourquoi.

2 🔗

Voyager Imaginez que vous soyez un homme ou une femme politique qui voyage souvent avec un(e) collègue. Vous l'entendez parler de vos voyages, mais vous n'êtes pas d'accord.

> **Modèle**   **Quand je voyage à l'étranger, je mange toujours des repas authentiques.**
>
> Non, quand vous voyagez à l'étranger, vous ne mangez jamais de repas authentiques.

1. J'ai toujours aimé voyager en avion.

2. Tous sortent dîner avec moi le soir.

3. Toutes les villes que je visite sont dangereuses.

4. Je suis allé(e) partout dans le monde francophone.

5. Je n'ai pas encore vu de pays où il y avait une guerre civile.

6. Je m'intéresse encore à la politique des pays que je visite.

3 👥

Disputes À deux, imaginez les échanges qui provoqueraient ces réponses. Utilisez les adjectifs et les pronoms indéfinis. Ensuite, jouez l'un des dialogues devant la classe.

JE NE FERAI JAMAIS ÇA!

Rien ne t'en empêchera!

Dommage, personne ne s'y intéresse.

Moi non plus.

Chacun de nous doit envoyer une lettre.

Un tel scandale ne détruit que la réputation.

Je ne devrais ni le voir ni lui parler.

Practice more at **vhlcentral.com**.

Communication

4 **Vos idées** Avec un(e) camarade de classe, posez-vous ces questions à tour de rôle. Développez vos réponses et utilisez les nouvelles structures le plus possible. Ensuite, discutez de vos opinions respectives.

> **Modèle** —As-tu déjà été juré(e)?
> —Non, je n'ai jamais été juré(e).

Les gens

As-tu déjà été juré(e)?

Es-tu un(e) militant(e)? En connais-tu un(e)?

As-tu déjà été la victime d'un voleur?

Les lois

Approuves-tu toutes les lois?

Un prisonnier est-il toujours coupable?

L'égalité est-elle présente partout? Dans quelles circonstances ne l'est-elle pas?

La sécurité

As-tu l'impression d'être en sécurité? Pourquoi?

Y a-t-il beaucoup de violence où tu habites?

La menace terroriste te fait-elle peur?

5 **Débat politique** Vous participez à un débat politique. Votre adversaire est le président sortant (*outgoing*) et vous n'êtes pas d'accord avec ce qu'il a fait pendant son mandat. Jouez le dialogue devant la classe.

> **Modèle** —Vous n'avez pas encore démontré que vous êtes le meilleur candidat.
> —Je ne l'ai peut-être pas encore démontré, mais pendant ces dernières années, vous ne l'avez jamais démontré non plus.

Note
CULTURELLE

Née en **Guyane, Christiane Taubira** est une femme politique qui a été candidate aux élections présidentielles françaises de 2002. Elle est surtout connue pour être à l'origine d'une loi de 2001 où la France reconnaît que la traite négrière (*slave trade*) transatlantique et l'esclavage (*slavery*) sont des crimes contre l'humanité.

4.3 Irregular *-ir* verbs

—*... demande-lui si le parfum de jasmin de Suzanna ne suffit pas à le **retenir** en Europe.*

BLOC-NOTES

For a review of the present-tense conjugation of regular **-ir** verbs, see **Fiche de grammaire 1.4, p. A4.**

ATTENTION!

Sentir means *to sense* or *to smell.* The reflexive verb **se sentir** is used with an adverb to tell how a person feels.

Cette fleur sent très bon!
This flower smells very good!

Je sens qu'il t'aime, même s'il ne le dit pas.
I sense that he loves you, even if he doesn't say it.

Tu es rentrée parce que tu ne te sentais pas bien?
Did you go home because you didn't feel good?

BLOC-NOTES

To review formation of the **passé composé** with **être**, see **Structures 3.2, pp. 100–101.** To learn more about past participle agreement, see **Fiche de grammaire 5.5, p. A22.**

- Many commonly used **-ir** verbs are irregular.

- The following irregular **-ir** verbs have similar present-tense forms.

	courir	dormir	partir	sentir	sortir
je	cours	dors	pars	sens	sors
tu	cours	dors	pars	sens	sors
il/elle	court	dort	part	sent	sort
nous	courons	dormons	partons	sentons	sortons
vous	courez	dormez	partez	sentez	sortez
ils/elles	courent	dorment	partent	sentent	sortent

- The past participles of these verbs are, respectively, **couru, dormi, parti, senti,** and **sorti. Sortir** and **partir** take **être** as the auxiliary in the **passé composé** and **plus-que-parfait.**

Pourquoi est-ce que vous **avez dormi** au bureau hier soir?
Why did you sleep in the office last night?

Les armées **sont** définitivement **parties** en 1945, après la guerre.
The armies left for good in 1945, after the war.

- Use **sortir** to say that someone is leaving, as in exiting a building. Use **partir** to say that someone is leaving, as in departing. The preposition **de** often accompanies **sortir,** and the preposition **pour** often accompanies **partir.**

Nous ne **sortons** jamais **de** la salle avant la sonnerie.
We never leave the room before the bell rings.

Le premier ministre **part pour** l'Espagne demain.
The prime minister leaves for Spain tomorrow.

- **Mourir** (*to die*) also is conjugated irregularly in the present tense. Its past participle is **mort,** and it takes **être** as an auxiliary in the **passé composé** and **plus-que-parfait.**

Il fait chaud et je **meurs** de soif!
It's hot, and I'm dying of thirst!

En quelle année la présidente **est-**elle **morte**?
In which year did the president die?

mourir	
je meurs	nous mourons
tu meurs	vous mourez
il/elle meurt	ils/elles meurent

- These verbs are conjugated with the endings normally used for **-er** verbs in the present tense.

	couvrir	découvrir	offrir	ouvrir	souffrir
je	couvre	découvre	offre	ouvre	souffre
tu	couvres	découvres	offres	ouvres	souffres
il/elle	couvre	découvre	offre	ouvre	souffre
nous	couvrons	découvrons	offrons	ouvrons	souffrons
vous	couvrez	découvrez	offrez	ouvrez	souffrez
ils/elles	couvrent	découvrent	offrent	ouvrent	souffrent

- The past participles of the verbs above are, respectively, **couvert**, **découvert**, **offert**, **ouvert**, and **souffert**.

Qu'est-ce que les organisateurs vous **ont offert** comme boisson?
What did the organizers offer you to drink?

Le criminel **avait ouvert** la porte pour entrer dans le garage.
The criminal had opened the door to enter the garage.

- These verbs are conjugated similarly, with one stem for **je**, **tu**, **il/elle/on**, and **ils/elles**, and a different stem for **nous** and **vous**.

	devenir	maintenir	revenir	tenir	venir
je	deviens	maintiens	reviens	tiens	viens
tu	deviens	maintiens	reviens	tiens	viens
il/elle	devient	maintient	revient	tient	vient
nous	devenons	maintenons	revenons	tenons	venons
vous	devenez	maintenez	revenez	tenez	venez
ils/elles	deviennent	maintiennent	reviennent	tiennent	viennent

- The past participles of these verbs are, respectively, **devenu**, **maintenu**, **revenu**, **tenu**, and **venu**. **Venir** and its derivatives **devenir** and **revenir** take **être** as the auxiliary in the **passé composé** and **plus-que-parfait**.

Le criminel **a tenu** son arme à la main pendant quelques secondes.
The criminal held the weapon in his hand for a few seconds.

La juge **était revenue** de son bureau pour parler aux jurés.
The judge came back from her chambers to talk to the jury.

- The construction **venir** + **de** + [*infinitive*] means to have *just* done something. Use it in the present or **imparfait** to say that something happened in the very recent past.

Les militants **viennent de faire** un discours à l'ONU.
The activists just made a speech at the UN.

Je **venais** juste **de poser** mon sac par terre quand le voleur l'a pris.
I had just put my bag down on the ground when the thief took it.

BLOC-NOTES

Remember that a past participle usually agrees with its subject in number and gender for verbs that take **être** as an auxiliary. To learn more about past participle agreement, see **Fiche de grammaire 5.5, p. A22**.

Mise en pratique

1

À compléter Assemblez les éléments des colonnes pour former des phrases complètes. Chaque élément ne doit être utilisé qu'une fois.

_____ 1. Tous les enfants…   a. vient d'un journaliste.

_____ 2. Cet animal…   b. devenons avocats à la fin de l'année.

_____ 3. Tu…   c. tenez une conférence à quelle heure?

_____ 4. Mon ami et moi…   d. dorment paisiblement.

_____ 5. Le scandale…   e. sent toujours d'où vient le danger.

_____ 6. Vous…   f. souffres toujours d'un mal de tête.

2

Cuisine créole Stéphanie et Daniel parlent de leur expérience au restaurant hier soir. Choisissez le bon verbe et conjuguez-le au temps qui convient.

Vous savez que nous (1) _____ (devenir / découvrir) une cuisine exotique tous les mois. Eh bien, hier soir, Daniel et moi (2) _____ (sortir / sentir) manger dans ce nouveau restaurant créole que vous nous aviez suggéré. Il faut dire que je (3) _____ (dormir / mourir) d'envie d'y aller depuis que vous nous en aviez parlé. Nous (4) _____ (sentir / venir) la délicieuse odeur épicée depuis la rue. Nous avons essayé toutes sortes de plats traditionnels. Après ça, nous (5) _____ (ouvrir / revenir) enchantés de notre soirée. Finalement, nous (6) _____ (courir / partir) pour Saint-Martin la semaine prochaine!

3

À choisir Créez des phrases cohérentes avec les éléments du tableau. Faites attention au temps. N'utilisez chaque élément qu'une fois.

A	B	C
Les jurés	courir	me voir pendant les vacances d'été.
La victime	découvrir	son jugement.
Vous	maintenir	dans le tribunal pour prononcer la sentence il y a quelques secondes.
Les policiers	offrir	de l'hôpital, mais elle ne nous l'avait pas dit.
Tu	partir	mes compliments au nouveau président.
Le juge	revenir	une nouvelle île chaque fois que tu vas aux Antilles.
Nous	sortir	toujours après les voleurs.
Je/J'	venir	très bientôt pour Saint-Barthélemy.
?	?	?

 Practice more at vhlcentral.com.

Communication

4 **Votre personnalité** À deux, posez-vous des questions à tour de rôle. Utilisez des verbes irréguliers en **-ir** dans vos réponses.

- Tu dors jusqu'à quelle heure le week-end?
- Sors-tu souvent le week-end? Avec qui?
- Souffres-tu beaucoup de la chaleur en été? Du froid en hiver?
- Qu'offres-tu à tes parents pour leur anniversaire? À ton/ta meilleur(e) ami(e)?
- Est-ce que tu es devenu(e) la personne que tu rêvais de devenir?
- Pars-tu en vacances tous les ans? Où vas-tu?

5 **Saint-Barthélemy ou Marie-Galante?** Sandra et Timothée planifient leurs prochaines vacances. Sandra veut aller à Saint-Barthélemy, mais Timothée préfère visiter l'île de Marie-Galante.

A. À deux, décidez quelles phrases de la liste correspondent à chaque île, puis complétez le tableau.

- Partir en randonnée
- Dormir sur la plage
- Devenir un(e) aventurier/aventurière
- Découvrir la nature luxuriante de l'île
- Sortir en boîte de nuit
- Revenir enchanté(e) de ses vacances

Saint-Barthélemy	Marie-Galante

B. Sandra et Timothée reviennent de leur voyage. À l'aide des phrases ci-dessus, imaginez un dialogue où ils expliquent ce qu'ils ont fait. Faites-le pour chaque île.

Synthèse

L'Union pour la démocratie française

(UDF)

Vous avez voté pour Antoine Éraste en 2012

Parce que vous n'aviez jamais eu un candidat aussi incorruptible!
Sortez de chez vous et votez UDF!

Il faut réélire Antoine!

Le Parti socialiste guyanais PSG

Personne n'a le droit d'être au chômage!

Pour un tel idéal, votez
THÉLOR MADIN

Pour ne plus souffrir, courez aux urnes°!

Le Front national (FN)

Pour maintenir une Cayenne en action et pour ne pas revenir en arrière°!

Votez pour Jean-Baptiste Pancrace, qui n'a jamais peur de prendre les bonnes décisions.

Le Parti écologique
LES VERTS
Pour ne plus jamais perdre face à la pollution,
FLEUR DESMARAIS
est la solution!
Chacun doit voter pour les Verts!

urnes *polls* **en arrière** *backward*

1 **Révision de grammaire** Entourez la structure qui ne se trouve pas dans le slogan indiqué.
1. **UDF:** plus-que-parfait • pronom indéfini • expression négative
2. **PSG:** adjectif indéfini • plus-que-parfait • verbe irrégulier en **-ir**
3. **FN:** verbe irrégulier en **-ir** • expression négative • adjectif indéfini
4. **Les Verts:** expression négative • verbe irrégulier en **-ir** • pronom indéfini

2 **Qu'avez-vous compris?** Répondez par des phrases complètes.
1. Selon le slogan UDF, pourquoi a-t-on voté pour Antoine Éraste en 2012?
2. Quel est l'idéal de Thélor Madin?
3. Que Jean-Baptiste Pancrace n'a-t-il jamais eu peur de faire?
4. Quelle est la mission du Parti écologique?
5. Quel candidat ou parti choisiriez-vous? Pourquoi? Justifiez votre réponse en utilisant des expressions négatives, des pronoms et adjectifs indéfinis et d'autres structures de cette leçon.

Préparation 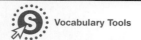 Vocabulary Tools

Vocabulaire de la lecture	Vocabulaire utile	
un colon *colonist*	l'asservissement (*m.*) *enslavement*	un régime totalitaire *totalitarian regime*
l'esclavage (*m.*) *slavery*	la guerre de Sécession *the American Civil War*	la sûreté publique *public safety*
évadé(e) *escaped*	une monarchie absolue *absolute monarchy*	un système féodal *feudal system*
renverser *to overthrow*	la noblesse *nobility*	la traite des Noirs *slave trade*
se révolter *to rebel*	l'ordre (*m.*) public *public order*	
vaincre (*irreg.*) *to defeat*		

1 **Un peuple révolté** Complétez ce petit résumé (*summary*) de la Révolution française à l'aide des mots de la liste de vocabulaire.

Avant la Révolution, la France était une (1) _____. La population était divisée en trois grands groupes: le peuple, le clergé et la (2) _____. En 1789, le peuple commence à (3) _____ contre l'injustice du (4) _____ qui existait depuis le Moyen Âge et qui perpétuait (5) _____ d'une grande partie de la population française au profit des nobles. Le 14 juillet 1789, le peuple prend la Bastille, un symbole de la tyrannie royale. Quelques années plus tard, le roi Louis XVI est (6) _____, la royauté est abolie et l'An I de la République française est proclamé.

2 **Colonisation et esclavage** Répondez aux questions et comparez vos réponses avec celles d'un(e) camarade.

1. Citez les différents types de régimes politiques. Quelles sont leurs caractéristiques?
2. Quels ont été les grands empires coloniaux? Pourquoi ces pays sont-ils devenus colonisateurs?
3. Pouvez-vous citer d'anciennes colonies françaises? Où sont-elles situées? Savez-vous quand et comment elles ont obtenu leur indépendance?
4. À quoi vous fait penser le terme «esclavage»? Expliquez.
5. Que savez-vous d'Haïti?

3 **Les droits de l'homme** Par groupes de quatre, discutez de ces deux extraits de la **Déclaration des droits de l'homme et du citoyen.** Puis, comparez vos idées avec celles d'un autre groupe.

> *Article 1: Les hommes naissent et demeurent (remain) libres et égaux en droits.*
>
> *Article 6: La loi est l'expression de la volonté générale [...] Elle doit être la même pour tous...*

- Êtes-vous d'accord avec les valeurs présentées par ces deux extraits?
- Connaissez-vous des pays où ces principes ne sont pas en vigueur?
- L'égalité existe-t-elle pour tout le monde dans votre pays?

 Practice more at vhlcentral.com.

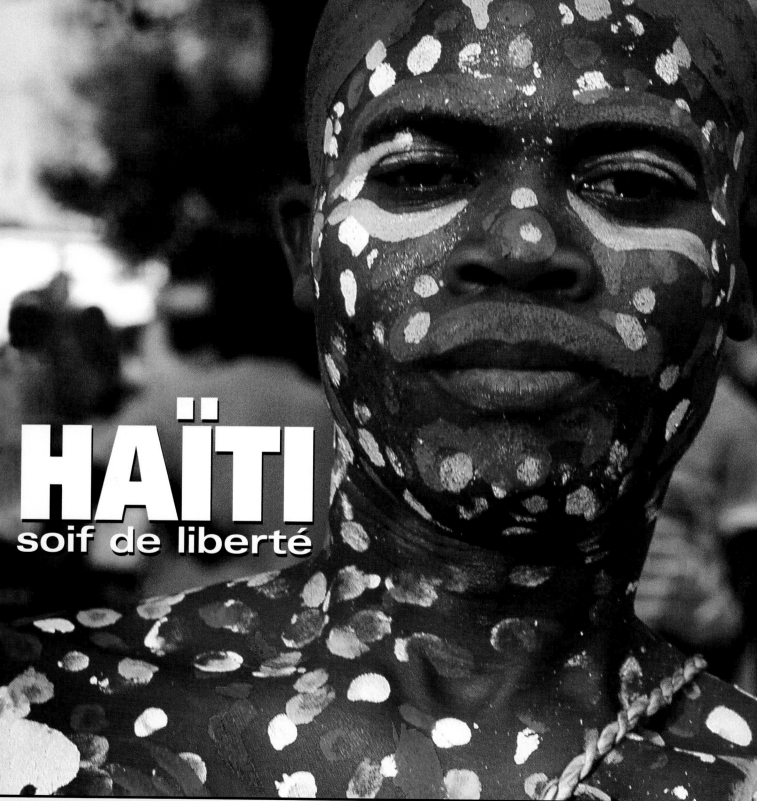

HAÏTI
soif de liberté

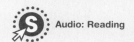

Audio: Reading

Haïti est réellement née le 1er janvier 1804, le jour de la proclamation de son indépendance. L'île devient alors le premier État noir indépendant. Comment y est-elle arrivée?

La société haïtienne, basée sur l'esclavage, était composée de Blancs, de libres°, *free black men* d'esclaves et de Noirs marrons. Extrêmement prospère, l'île était le premier producteur mondial de sucre et la plus riche des colonies françaises. C'est la Déclaration des droits de l'homme en France (1789) qui constitue l'élément déclencheur° de la révolution. *trigger*

En 1791, des esclaves noirs se révoltent contre les colons blancs: c'est le début de la Révolution haïtienne. Pierre Dominique Toussaint Louverture (1743–1803) est un ancien esclave et un des seuls Noirs révolutionnaires qui sachent lire et écrire. Il se joint aux Espagnols, qui occupent l'est de l'île, pour combattre les Français et l'esclavage. Il est fait prisonnier en 1802 et déporté en France, où il mourra en 1803. Avant de quitter Haïti, il dira: «En me renversant°, on n'a abattu° à Saint-Domingue que le tronc de l'arbre de la liberté, mais il repoussera° car ses racines° sont profondes et nombreuses.» Il a raison. Jacques Dessalines, son lieutenant, continue la lutte et finira par vaincre les Français en automne 1803. Il proclame l'indépendance en 1804. *By overthrowing me/ brought down* *will grow again/ roots*

«Cet achat de nègres, pour les réduire en esclavage, est un négoce° qui viole la religion, la morale, les lois naturelles, et tous les droits de la nature humaine.» Cette phrase est écrite en France en 1776, mais la France n'abolit l'esclavage qu'en 1794, par une loi qui ne sera jamais appliquée. Il faut attendre 1848 pour que la France l'abolisse vraiment. La fin de l'esclavage en Haïti est la conséquence de sa lutte pour l'indépendance et de la victoire du peuple haïtien sur les planteurs blancs. *trade*

Aujourd'hui, Haïti a une culture où les arts français et africains fusionnent. La France a eu beaucoup d'influence en Haïti jusqu'au milieu du 20e siècle, et cela se ressent dans les textes, marqués par les courants° littéraires français. Puis, dans les années 1950, il y a une révolution de l'écriture. Les écrivains prennent conscience du sentiment d'être haïtiens et cessent de copier les auteurs français. Les racines africaines et la réalité sociale de l'île les inspirent. D'ailleurs°, le créole devient langue littéraire. *trends* *Moreover*

Mais en Haïti, c'est la peinture qui est le moyen d'expression artistique le plus courant. Elle est présente partout, et tout le monde a peint au moins une fois dans sa vie. C'est pourquoi le style artistique haïtien va d'un extrême à l'autre, du naïf au surréalisme. On y trouve les mêmes thèmes que dans la littérature: l'origine, les peines° et les espoirs de la société haïtienne. *sufferings*

En 2010, un terrible tremblement de terre a touché Haïti et dévasté sa capitale, Port-au-Prince. Depuis, le pays se reconstruit et la situation s'améliore, notamment dans les domaines de la santé et de l'éducation. On peut donc espérer un avenir meilleur pour cette société qui, ne l'oublions pas, est la première à s'être libérée de l'esclavage. ■

Des mots...

Gary Victor (1958–) l'un des écrivains les plus lus, est l'auteur de nouvelles,° de livres pour la jeunesse et de romans. **Kettly Mars** (1958–) décrit, dans ses poèmes, les émotions qu'elle ressent devant l'amour, la beauté de la nature et les objets quotidiens. Avec d'autres auteurs de l'île, qui écrivent en français ou en créole, ils sont garants d'une réelle littérature haïtienne. *short stories*

Des couleurs...

La peinture haïtienne, c'est d'abord de la couleur, vive et généreuse. **Gérard Fortune** (vers 1930–) est l'un des peintres les plus importants de sa génération. Il commence à peindre en 1978, après avoir été pâtissier. Dans ses tableaux, il mélange le vaudou et le christianisme. **Michèle Manuel** (1935–) vient d'une famille riche et apprend à peindre à **Porto-Rico** et aux **États-Unis**. Ses scènes de marchés sont particulièrement appréciées.

Analyse

1

Compréhension Répondez aux questions par des phrases complètes.

1. Décrivez brièvement la société haïtienne avant 1804.
2. Qu'est-ce que la Déclaration des droits de l'homme de 1789 a déclenché en Haïti?
3. Qu'est-ce qu'Haïti a obtenu en 1804?
4. Qui était Pierre Dominique Toussaint Louverture?
5. Quelle différence y a-t-il entre la littérature haïtienne d'avant 1950 et celle d'aujourd'hui?
6. Quelle est la forme d'expression artistique la plus courante en Haïti?

2

Réflexion Répondez aux questions, puis comparez vos réponses avec celles d'un(e) camarade de classe.

1. Ce sont la **Déclaration des droits de l'homme** de 1789 et la Révolution française qui ont été les éléments déclencheurs de la révolte des esclaves en Haïti. Pourquoi, à votre avis?
2. Commentez cette citation de Toussaint Louverture: «En me renversant, on n'a abattu à Saint-Domingue que le tronc de l'arbre de la liberté, mais il repoussera car ses racines sont profondes et nombreuses.»
3. En 1776, on pouvait lire que l'esclavage violait les droits de la nature humaine. Mais il a fallu plus de 70 ans à la France pour réellement abolir l'esclavage. Pourquoi, à votre avis?

3

Perdu Par groupes de trois, imaginez que vous soyez naufragé(e)s (*shipwrecked*) sur une île déserte des Antilles. Vous devez créer une nouvelle civilisation. Quels sont les dix droits principaux dont bénéficieront les citoyens de cette île? Comparez votre nouvelle déclaration des droits de l'homme avec celles des autres groupes.

4

Sûreté publique ou liberté individuelle? Les attentats terroristes de ce début de siècle ont déclenché un débat sur l'équilibre entre la sûreté publique et la liberté individuelle. À votre avis, est-il nécessaire de sacrifier certaines libertés individuelles pour assurer une plus grande sécurité? Par groupes de trois, discutez de ce sujet, puis présentez le résultat de votre discussion à la classe.

Practice more at
vhlcentral.com.

Préparation Vocabulary Tools

À propos de l'auteur

Victor Hugo (1802–1885) est l'un des plus célèbres auteurs français. Poète, dramaturge, critique, romancier, mais aussi intellectuel engagé et homme politique, il est le chef de file (*leader*) du mouvement romantique. Parmi ses principales œuvres, on peut citer *Les Misérables, Notre-Dame de Paris, Ruy Blas,* et *Hernani*, ainsi que plusieurs recueils de poésie, tels que *Les Feuilles d'automne* et *Les Contemplations*. Au cours de sa vie, Hugo a souvent défendu les plus démunis (*destitute*) et il s'est surtout intéressé aux problèmes de société et à la justice. Entre 1840 et 1850, il s'est principalement consacré à la politique. C'est pendant cette période qu'il a été élu député à l'Assemblée nationale législative, le parlement français. Dans son célèbre *Discours sur la misère,* qu'il y prononce en 1849, il s'adresse à ses collègues au sujet de la nécessité de combattre la misère.

Vocabulaire de la lecture	Vocabulaire utile
le devoir *duty*	**le contenu** *content*
épargner *to spare*	**l'inaction (f.)** *lack of action*
un fait *fact*	**s'indigner** *to be angered*
la misère *poverty*	**le manque** *lack*
la souffrance *suffering*	**la pauvreté** *poverty*
un tort *wrong*	**la précarité** *insecurity, instability*
	un problème de société *societal issue*
	la responsabilité *responsibility*
	le ton *tone*

1

Associations Indiquez les associations logiques.

_____ 1. la maladie   a. l'absence de nourriture

_____ 2. la faim   b. se porter mal

_____ 3. les hommes et les femmes politiques   c. perdre la vie

_____ 4. mourir   d. une victime

_____ 5. une personne qui souffre   e. le gouvernement

2

Discussion Par groupes de trois ou quatre, répondez aux questions.

1. Comment imaginez-vous la vie quotidienne dans les quartiers pauvres de Paris au dix-neuvième siècle? Quels sont les problèmes principaux que les gens rencontrent?

2. Et aujourd'hui, quels sont les problèmes de société auxquels les gens doivent faire face? Sont-ils les mêmes qu'au dix-neuvième siècle? Ces problèmes sont-ils semblables dans tous les pays du monde? Discutez de ces questions.

3. À votre avis, à qui revient la responsabilité de résoudre (*resolve*) les problèmes de société? Au gouvernement? Aux citoyens? À des organisations charitables (*charities*)? À d'autres personnes? Est-ce que cette responsabilité devrait être partagée? Donnez votre point de vue en utilisant des exemples pour le justifier.

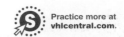 Practice more at vhlcentral.com.

Détruire la misère

Discours à l'Assemblée nationale législative: 9 juillet 1849

Victor Hugo

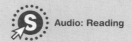
Audio: Reading

Je ne suis pas, messieurs, de ceux qui croient qu'on peut supprimer la souffrance en ce monde; la souffrance est une loi divine; mais je suis de ceux qui pensent et qui affirment qu'on peut détruire la misère.

Remarquez-le bien, messieurs, je ne dis pas diminuer, amoindrir°, limiter, circonscrire°, je dis détruire. Les législateurs et les gouvernants doivent y songer° sans cesse; car, en pareille matière, tant que le possible n'est pas fait, le devoir n'est pas rempli.

reduce — amoindrir
confine — circonscrire
think about it — songer

> Je ne suis pas [...] de ceux qui croient qu'on peut supprimer la souffrance en ce monde [...] mais je suis de ceux qui pensent et qui affirment qu'on peut détruire la misère.

La misère, messieurs, j'aborde ici le vif de la question°, voulez-vous savoir jusqu'où elle est, la misère? Voulez-vous savoir jusqu'où elle peut aller, jusqu'où elle va, je ne dis pas en Irlande, je ne dis pas au Moyen Âge, je dis en France, je dis à Paris, et au temps où nous vivons? Voulez-vous des faits?

Il y a dans Paris, dans ces faubourgs° de Paris que le vent de l'émeute soulevait naguère° si aisément, il y a des rues, des maisons, des cloaques°, où des familles, des familles entières, vivent pêle-mêle, hommes, femmes, jeunes filles, enfants, n'ayant pour lits, n'ayant pour couvertures, j'ai presque dit pour vêtement, que des monceaux infects de chiffons° en fermentation, ramassés dans la fange° du coin des bornes°, espèce de fumier° des

I get to the heart of the matter — le vif de la question
neighborhoods — faubourgs
where the revolt stirred not long ago — naguère
cesspools — cloaques
piles of disgusting rags — chiffons
mire — fange
limits, manure — bornes, fumier

villes, où des créatures s'enfouissent° toutes vivantes pour échapper au froid de l'hiver.

bury themselves — s'enfouissent

Voilà un fait. En voulez-vous d'autres? Ces jours-ci, un homme, mon Dieu, un malheureux homme de lettres, car la misère n'épargne pas plus les professions libérales que les professions manuelles, un malheureux homme est mort de faim, mort de faim à la lettre°, et l'on a constaté, après sa mort, qu'il n'avait pas mangé depuis six jours.

literally — à la lettre

Voulez-vous quelque chose de plus douloureux encore? Le mois passé, pendant la recrudescence du choléra°, on

cholera outbreak — choléra

a trouvé une mère et ses quatre enfants qui cherchaient leur nourriture dans les débris immondes° et pestilentiels des charniers° de Montfaucon!

filthy, mass graves — immondes, charniers

Eh bien, messieurs, je dis que ce sont là des choses qui ne doivent pas être; je dis que la société doit dépenser toute sa force, toute sa sollicitude, toute son intelligence, toute sa volonté, pour que de telles choses ne soient pas! Je dis que de tels faits, dans un pays civilisé, engagent la conscience de la société toute entière; que je m'en sens, moi qui parle, complice et solidaire°, et que de tels faits ne sont pas seulement des torts envers° l'homme, que ce sont des crimes envers Dieu!

knowing and united — solidaire
against — envers

Vous n'avez rien fait, j'insiste sur ce point, tant que l'ordre matériel raffermi° n'a point pour base l'ordre moral consolidé! ■

strengthened — raffermi

Analyse

1

Compréhension Répondez aux questions.

1. À qui s'adresse Victor Hugo dans ce discours?
2. Quel est le but (*goal*) du discours? Que souhaite Victor Hugo?
3. Quels sont les problèmes que Victor Hugo mentionne dans son discours?
4. Comment vivent les familles dans les quartiers pauvres de Paris d'après Hugo?
5. D'après le texte, est-ce que la misère est seulement un problème pour les gens qui ont des professions manuelles? Expliquez et donnez un exemple du texte.
6. Quel problème particulier très grave y a-t-il eu à Paris, d'après le texte?
7. Quelle est la responsabilité de la société envers les problèmes décrits?
8. Est-ce que Victor Hugo pense que les hommes politiques font assez pour détruire la misère? Justifiez votre réponse avec un extrait du texte.

2

Interprétation À deux, répondez par des phrases complètes.

1. Que pensez-vous du ton et du contenu de ce discours? Victor Hugo est-il convaincant, d'après vous? Pourquoi? Justifiez votre opinion.
2. Dans son discours, Hugo dit: «Je dis [...] que de tels faits ne sont pas seulement des torts envers l'homme, que ce sont des crimes envers Dieu!» Que veut-il dire par cette phrase? Comment l'interprétez-vous?
3. Hugo critique l'inaction du gouvernement mais il n'offre pas de suggestions ni de recommandations pour «détruire la misère». Que pensez-vous de cela? Peut-on critiquer le manque d'action des autres sans offrir de solutions?

3

La réponse de l'Assemblée nationale Par petits groupes, imaginez la réponse des hommes politiques de l'Assemblée nationale au discours de Victor Hugo. Que vont suggérer ceux qui sont d'accord avec son évaluation? Et ceux qui ne sont pas d'accord?

4

À vous! Et vous, qu'est-ce que vous suggéreriez pour «détruire la misère» et résoudre les problèmes mentionnés par Victor Hugo? Discutez de ces questions par petits groupes, puis partagez vos idées avec la classe.

5

Rédaction Suivez le plan de rédaction pour écrire un discours que vous aimeriez faire à une personnalité politique pour lui parler d'un problème de société dans votre pays. Employez le plus-que-parfait, la négation, des verbes irréguliers en **-ir** et des adjectifs et des pronoms indéfinis.

Plan

1 Réflexion Pensez aux problèmes de société qui existent aujourd'hui dans votre ville, votre région ou votre pays, par exemple l'injustice, l'inégalité, la violence, la criminalité. Choisissez le problème qui vous semble le plus important.

2 Discours Écrivez le texte d'un discours dans lequel vous présentez et expliquez le problème qui vous inquiète. Parlez de ses causes et de ses conséquences en exprimant des regrets sur la situation.

3 Conclusion et recommandations À la fin de votre discours, résumez brièvement le problème et faites des recommandations pour améliorer la situation.

Practice more at
vhlcentral.com.

La valeur des idées

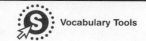 Vocabulary Tools

Les lois et les droits

un crime *murder, violent crime*
la criminalité *crime (in general)*
un délit *(a) crime*
les droits (*m.*) de l'homme *human rights*
une (in)égalité *(in)equality*
une (in)justice *(in)justice*
la liberté *freedom*
un tribunal *court*

abuser *to abuse*
approuver une loi *to pass a law*
défendre *to defend*
emprisonner *to imprison*
juger *to judge*
analphabète *illiterate*
coupable *guilty*
(in)égal(e) *(un)equal*
(in)juste *(un)fair*
opprimé(e) *oppressed*

La politique

un abus de pouvoir *abuse of power*
une armée *army*
une croyance *belief*
la cruauté *cruelty*
la défaite *defeat*
une démocratie *democracy*
une dictature *dictatorship*
un drapeau *flag*
le gouvernement *government*
la guerre (civile) *(civil) war*
la paix *peace*
un parti politique *political party*
la politique *politics*
la victoire *victory*

avoir de l'influence (sur) *to have influence (over)*
se consacrer à *to dedicate oneself to*
élire *to elect*
gagner/perdre les élections *to win/lose elections*
gouverner *to govern*
voter *to vote*

conservateur/conservatrice *conservative*
libéral(e) *liberal*

modéré(e) *moderate*
pacifique *peaceful*
puissant(e) *powerful*
victorieux/victorieuse *victorious*

Les gens

un(e) activiste *militant activist*
un(e) avocat(e) *lawyer*
un(e) criminel(le) *criminal*
un(e) député(e) *deputy (politician); representative*
un homme/une femme politique *politician*
un(e) juge *judge*
un(e) juré(e) *juror*
un(e) président(e) *president*
un(e) terroriste *terrorist*
une victime *victim*
un voleur/une voleuse *thief*

La sécurité et le danger

une arme *weapon*
une menace *threat*
la peur *fear*
un scandale *scandal*
la sécurité *safety*
le terrorisme *terrorism*
la violence *violence*

combattre *(irreg.) to fight*
enlever/kidnapper *to kidnap*
espionner *to spy*
faire du chantage *to blackmail*
sauver *to save*

Court métrage

l'argot (*m.*) *slang*
la colère *rage*
les flics *cops*
la jalousie *jealousy*
un malaise *dizzy spell*
un malentendu *misunderstanding*
un registre soutenu *formal register*
une syncope *(heart) attack*
une trahison *betrayal*
une volaille *doll, woman*

défendre de *to forbid*
enfreindre une injonction *to disobey a command*
faire confiance *to trust*
griller quelqu'un *to catch someone*
mépriser *to scorn*
se planter *to blow it*
se réconcilier *to make up*
tromper quelqu'un *to cheat on someone*

Culture

l'asservissement (*m.*) *enslavement*
un colon *colonist*
l'esclavage (*m.*) *slavery*
la guerre de Sécession *the American Civil War*
une monarchie absolue *absolute monarchy*
la noblesse *nobility*
l'ordre (*m.*) public *public order*
un régime totalitaire *totalitarian regime*
la sûreté publique *public safety*
un système féodal *feudal system*
la traite des Noirs *slave trade*

renverser *to overthrow*
se révolter *to rebel*
vaincre *(irreg.) to defeat*

évadé(e) *escaped*

Littérature

le contenu *content*
le devoir *duty*
un fait *fact*
l'inaction (*f.*) *lack of action*
le manque *lack*
la misère *poverty*
la pauvreté *poverty*
la précarité *insecurity, instability*
un problème de société *societal issue*
la responsabilité *responsibility*
la souffrance *suffering*
le ton *tone*
un tort *wrong*

épargner *to spare*
s'indigner *to be angered*

La société en évolution

Dans un monde où les cultures se rencontrent de plus en plus, quel est le rôle du dialogue? Comment profiter des différences dans la manière de penser, de vivre et de voir le monde? Que devons-nous faire pour assurer l'harmonie et, en même temps, éliminer les conflits? Si la diversité donne l'occasion d'enrichir sa propre culture, qu'apporte-t-elle d'autre à une société?

163

186

Destination:
AFRIQUE
DE L'OUEST

Crises et horizons

 Vocabulary Tools

En mouvement

l'assimilation (*f.*) *assimilation*
un but *goal*
une cause *cause*
le développement *development*
la diversité *diversity*
un(e) émigré(e) *emigrant*
une frontière *border*
l'humanité (*f.*) *humankind*
l'immigration (*f.*) *immigration*
un(e) immigré(e) *immigrant*
l'intégration (*f.*) *integration*
une langue maternelle *native language*
une langue officielle *official language*
le luxe *luxury*
la mondialisation *globalization*
la natalité *birthrate*

le patrimoine culturel *cultural heritage*
les principes (*m.*) *principles*

aller de l'avant *to forge ahead*
s'améliorer *to better oneself*
attirer *to attract*
augmenter *to grow; to raise*

baisser *to decrease*
deviner *to guess*
prédire *(irreg.) to predict*

exclu(e) *excluded*
(non-)conformiste *(non)conformist*

polyglotte *multilingual*
prévu(e) *foreseen*
seul(e) *alone*

Les problèmes et les solutions

le chaos *chaos*
la compréhension *understanding*
le courage *courage*
un dialogue *dialogue*

une incertitude *uncertainty*
l'instabilité (*f.*) *instability*
la maltraitance *abuse*
un niveau de vie *standard of living*
une polémique *controversy*
la surpopulation *overpopulation*
un travail manuel *manual labor*
une valeur *value*
un vœu *wish*

avoir le mal du pays *to be homesick*
faire sans *to do without*
faire un effort *to make an effort*
lutter *to struggle*

dû/due à *due to*
surpeuplé(e) *overpopulated*

Les changements

s'adapter *to adapt*
appartenir (à) *to belong (to)*
dire au revoir *to say goodbye*

s'enrichir *to become rich*

s'établir *to settle*
manquer à *to miss*
parvenir à *to achieve*
projeter *to plan*
quitter *to leave behind*
réaliser (un rêve) *to fulfill (a dream)*
rejeter *to reject*

Mise en pratique

1

L'intrus Dans chaque cas, indiquez le mot qui ne convient pas.

1. **diversité**

   a. immigration   c. mondialisation

   b. patrimoine   d. humanité

2. **population**

   a. habitants   c. résidents

   b. citoyens   d. touristes

3. **but**

   a. faire un effort   c. projeter

   b. incertitude   d. parvenir

4. **prévu**

   a. prédit   c. attendu

   b. exclu   d. deviné

5. **manquer**

   a. appartenir   c. quitter

   b. avoir le mal du pays   d. dire au revoir

6. **polémique**

   a. débat   c. cause

   b. controverse   d. contestation

2

Dans le contexte Écrivez le mot de la liste qui correspond le mieux au contexte de chaque phrase.

s'adapter	émigré	mal du pays	quitter
courage	faire sans	polyglotte	rejeter

1. Il est important de parvenir à se débrouiller (*to manage*) face à une nouvelle situation. _____

2. Au travail, on me demande souvent de voyager parce que je parle plusieurs langues. _____

3. Quand j'étais petit, ma famille n'était pas riche, mais on n'était pas malheureux non plus. _____

4. Je n'hésite pas à dire «non» et je refuse les propositions qu'on me fait neuf fois sur dix. _____

5. J'ai quitté le pays où je suis né pour trouver un meilleur travail, pas pour des raisons politiques. _____

6. Voyager à l'étranger, c'est important et amusant en même temps, mais le problème, c'est que ma famille me manque. _____

3

Questions personnelles Répondez à chaque question. Discutez de vos réponses avec un(e) camarade de classe.

1. Quelle est votre langue maternelle? Combien de langues parlez-vous?

2. Avez-vous déjà eu le mal du pays? Expliquez la situation.

3. Êtes-vous pour ou contre la mondialisation? Expliquez votre point de vue.

4. Êtes-vous plutôt conformiste ou non-conformiste? Citez trois exemples.

5. Quel est votre but dans la vie? Comment est-ce que vous espérez l'atteindre?

6. Comment décririez-vous votre niveau de vie? À quel point est-il différent de celui que vous espérez avoir dans dix ans?

4

À l'avenir Imaginez qu'en 2057, votre enfant trouve une capsule témoin (*time capsule*) que vous aviez préparée cinquante ans auparavant (*prior*). Elle contient des coupures de presse (*clippings*) et des souvenirs. À deux, dites ce que vous aviez mis dans cette capsule et expliquez pourquoi ces objets représentent votre génération.

Practice more at
vhlcentral.com.

Préparation

 Vocabulary Tools

Vocabulaire du court métrage

un(e) bavard(e) *chatterbox*

brûler *to burn*

un commissaire (de police) *(police) commissioner*

(un jour) férié *public holiday*

un flic *cop*

un(e) gamin(e) *kid*

un(e) môme *kid*

nombreux/nombreuse *numerous*

Vocabulaire utile

avoir des préjugés *to be prejudiced*

un châtiment *punishment*

défavorisé(e) *underprivileged*

supposer *to assume*

une supposition *assumption*

témoigner de *to be witness to*

un témoin *witness*

voler *to steal*

EXPRESSIONS

assurer une permanence *to be on duty*

Ce n'est pas grave. *That's okay/not a problem.*

C'est dingue! *It's/That's crazy!*

J'arrive. *I'll be right there./I'm coming.*

porter plainte *to file a complaint*

1 **À choisir** Parmi (*Among*) les phrases suivantes, choisissez celle qui exprime le mieux l'idée de la première phrase.

1. Je ne vais pas au travail lundi parce que c'est un jour férié.

   a. Je ne vais pas au travail lundi parce qu'on fait la grève.

   b. Je ne vais pas au travail lundi à cause des funérailles de ma grand-mère.

   c. Je ne vais pas au travail lundi parce que c'est le 14 juillet.

2. Thomas et sa copine sont tellement bavards.

   a. Thomas est très fâché contre sa copine.

   b. Thomas n'arrête pas de parler avec sa copine.

   c. Thomas et sa copine hésitent à se quitter.

3. La famille habite dans un quartier défavorisé.

   a. La famille habite une grande maison moderne.

   b. Les loyers des appartements du quartier ne sont pas chers.

   c. La famille s'amuse chaque été dans sa piscine privée.

2 **À assortir** À deux, associez logiquement les mots de la première et de la deuxième colonnes. Ensuite, expliquez la différence entre les mots associés.

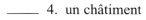

_____ 1. un témoin	a. voler	
_____ 2. un commissaire	b. un(e) môme	
_____ 3. un(e) gamin(e)	c. témoigner de	
_____ 4. un châtiment	d. un flic	

 Practice more at **vhlcentral.com**.

3

Que feriez-vous si...? À deux, répondez aux questions et expliquez vos réponses.

1. Vous êtes professeur et deux de vos étudiants ont séché (*skipped*) le cours. L'un est très studieux et l'autre ne travaille pas beaucoup. Les jugez-vous de la même manière ou favorisez-vous l'étudiant sérieux?

2. Une personne défavorisée et une personne privilégiée commettent le même crime. Devraient-elles recevoir la même punition? Recevraient-elles le même châtiment dans notre société actuelle?

3. Quand un voleur vole quelque chose, est-ce que la valeur de ce qu'il vole devrait être prise en compte au moment de le punir?

4. Votre frère/sœur aîné(e) vous a tourmenté(e) pendant toute votre enfance. Vous comportez-vous de la même manière envers votre frère/sœur cadet(te) ou, au contraire, vous entendez-vous bien avec lui/elle?

5. À la suite d'une erreur commise par votre université, on vous expulse pour des raisons financières. Est-ce que cette injustice vous donnerait le droit d'endommager (*damage*) votre résidence universitaire?

4

Question d'opinion À deux, répondez aux questions et expliquez vos réponses.

1. Vous est-il déjà arrivé de supposer certaines choses au sujet de quelqu'un qui est différent de vous?

2. Pensez-vous que l'immigration permette de mieux apprécier différentes cultures ou encourage-t-elle au contraire le recours aux stéréotypes?

3. Est-ce que quelqu'un vous a déjà jugé(e) sur votre apparence physique, votre nationalité ou votre ethnicité? Comment avez-vous réagi?

5

Qui est-ce? Regardez les images et imaginez la vie de ces personnages. Écrivez cinq phrases qui expliquent ce qu'ils aiment faire, qui ils sont et d'où ils viennent.

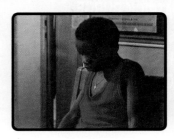

Short Film

Mention spéciale, 48th Berlin International Film Festival, Jury international du 21st Children's FilmFest, 1998

Samb et le commissaire

Une production de CINÉTHIQUE
Scénario et réalisation OLIVIER SILLIG
Photographie FRANÇOIS BOVY Son PATRICK BÜRGE
Montage image KARINE SUDAN Montage son CHRISTIAN DAVI
Musique JEAN-FRANÇOIS BOVARD, JEAN ROCHAT, LA LYRE DE LAVAUX
Acteurs NARCISSE MANI / JEAN-LOUIS MILLET

INTRIGUE *Le jour de la Fête nationale, en Suisse, un commissaire de police interroge un jeune garçon d'origine africaine qui vient de voler un ballon.*

OFFICIER Ils en ont marre, les gens, ils en ont marre.
COMMISSAIRE Je sais, ils sont toujours plus nombreux. Enfin, appeler les flics pour un gamin. Ces stations-service, ils… ils exagèrent, vraiment. Envoyez-le-moi.

COMMISSAIRE Alors, c'est vrai ce qu'on dit? Vous êtes tous des voleurs. Incroyable! À ton âge, tu es déjà un voleur. Tu t'appelles comment? Ton nom?
SAMB S…
COMMISSAIRE Juste ton nom. Je vous connais, vous êtes des bavards terribles.

COMMISSAIRE Vingt francs. Vingt francs. Porter plainte pour vingt balles. Il faut vraiment que les gens en aient marre de vous. Et tes parents? Ils sont où aujourd'hui, tes parents? Ah, eux aussi, ils sont allés apprendre l'hymne° national?

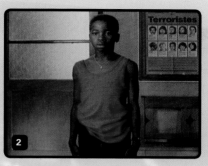

SAMB Monsieur, je m'appelle Samb. Samb, et toi? Non, non. Juste votre nom.
COMMISSAIRE Knöbel.
SAMB Elle est en vie, votre maman?
COMMISSAIRE Ah oui. Bien sûr.
SAMB Et votre papa, aussi?
COMMISSAIRE Ah oui, aussi.

SAMB Vous avez de la chance.
COMMISSAIRE De la chance?
SAMB Oui. Mes parents à moi, ils sont morts. Kakachnikov! Ils se sont mis à tirer° sur moi, mais j'ai réussi à me cacher°. Quand je suis revenu, tout brûlait. Même mon ballon. Il n'y avait plus rien.

COMMISSAIRE Ah, c'est vous les parents? Ce n'est pas grave. C'est un môme. Bon, on laisse tomber la plainte, on écrase°.
Samb revient.
SAMB Eh, mon ballon!
COMMISSAIRE Ton ballon?

hymne *anthem* **tirer** *shoot* **me cacher** *hide* **écrase** oublie

Note CULTURELLE

La Fête nationale suisse

Célébrée le 1er août, la Fête nationale suisse commémore la naissance de ce pays en 1291. Les hommes politiques font des discours°. On voit des drapeaux sur toutes les façades. On allume° des feux de joie°. Les enfants défilent° dans les rues avec des lanternes en papier et les gens illuminent leurs fenêtres avec des bougies°. Enfin, on se réunit sur les places pour chanter ensemble l'hymne national. La journée se termine souvent par un feu d'artifice et par un barbecue en famille ou entre amis.

discours *speeches* **allume** *light* **feux de joie** *bonfires* **défilent** *parade* **bougies** *candles*

Analyse

1 **Compréhension** Répondez aux questions par des phrases complètes.

1. Quel jour sommes-nous dans le film? Que signifie cette date?
2. Comment s'appelle l'homme?
3. Qui est-il?
4. Qu'est-ce que le garçon a volé?
5. Pourquoi l'a-t-il volé?
6. Combien cet objet a-t-il coûté?
7. Qu'est-il arrivé aux parents du garçon?
8. Comment cela s'est-il passé?
9. Pourquoi le garçon dit-il que le commissaire a de la chance?
10. Avec qui part le garçon à la fin du film?

2 **Interprétation** À deux, répondez aux questions et expliquez vos réponses.

1. Pourquoi le commissaire est-il de mauvaise humeur au début du film?
2. De qui parle le commissaire quand il dit: «Vous êtes tous des voleurs»?
3. Pourquoi le commissaire pense-t-il que Samb ne mangera pas le hamburger?
4. Que veut dire le commissaire quand il dit que Samb «connaît» les bananes?
5. Que pense le commissaire quand on lui dit que les parents de Samb sont arrivés?
6. Pourquoi le commissaire met-il de l'argent sur son bureau à la fin du film?

3 **Stéréotypes**

A. Listez les commentaires du commissaire qui révèlent certains stéréotypes.

Vous êtes tous des voleurs.

B. Comparez votre liste avec celle d'un(e) camarade et discutez de chaque commentaire à l'aide de ces questions.

- Comment réagissez-vous à ce que dit le commissaire?
- Comment le jugez-vous? Pensez-vous que ce soit quelqu'un de bien?

4 **Rapports humains** Dans quel sens l'opinion du commissaire change-t-elle à propos de Samb? À deux, discutez-en et citez des exemples du film.

5 **Au tribunal** Imaginez que Samb soit jugé par un tribunal. Le jury n'est pas parvenu à un verdict, et vous êtes les jurés. Formez deux groupes et présentez cinq arguments pour ou contre Samb. Les injustices du passé excusent-elles ses actes d'aujourd'hui?

Pour	Contre

6 **Trois vœux** *Samb et le commissaire* témoigne des changements de la société actuelle et de la diversité culturelle de plus en plus grande dans les pays occidentaux (*western*). Par groupes de trois, imaginez les trois vœux qu'un génie vous accorde pour créer une société plus harmonieuse.

Vous avez droit à trois vœux. Que me demandez-vous?

7 **Intégration** Par groupes de trois, commentez cette déclaration. Dans une société multiculturelle, qui doit s'adapter? Les immigrés ou les habitants? Discutez de cette question et comparez votre point de vue avec la classe.

> **«Les musulmans ne mangent pas de porc. Vous devriez savoir ça. Faut s'adapter, nom de bleu.»**
>
> — COMMISSAIRE KNÖBEL

Arbres de la flore ouest-africaine

IMAGINEZ
L'Afrique de l'Ouest

Sur les traces de mes ancêtres

Vous avez déjà été en Afrique? Moi, une fois, à l'âge de deux ans, mais j'étais trop petite pour m'en souvenir. Mon nom, Grace Kaboré, m'a toujours intriguée sur mes origines. J'habite à Marseille et maintenant que j'ai fini mes études, c'est le moment idéal pour partir! Mais par où commencer? Je décide de suivre les traces de mes ancêtres et commence par le **Burkina Faso**.

J'arrive à **Ouagadougou**, la capitale du «pays des hommes intègres°» fondée au 15e siècle. Les **Ouagalais** sont chaleureux° et je m'y sens comme chez moi. Je visite le Musée National, où j'en apprends plus sur l'histoire du pays et les différentes ethnies. Ensuite, je décide d'approfondir mes connaissances en artisanat burkinabé et me promène au Village Artisanal, un espace de production et de vente où plus de 500 artisans étalent° leurs créations. Après cinq jours dans la capitale dont le nom signifie « là où on reçoit des honneurs, du respect », je décide de faire un long safari en forme de boucle° **au parc national du W**, site

qui s'étend sur l'est du Burkina Faso, une partie du **Niger** et du **Bénin**.

Je commence donc le safari au Burkina Faso, puis continue au Niger. Une fois là-bas, j'en profite pour dévier de ma route et passer une journée sur **l'île de Kanazi**. Là-bas, je fais une ballade en pirogue° sur le **fleuve Niger**, prends en photo des hippopotames et admire le spectacle de la vie courante des habitants sur les berges° du fleuve.

Je reprends mon safari facilement car le parc du W est seulement à une heure et demie de la capitale, **Niamey**. D'ailleurs, les habitants de Kanazi m'ont expliqué que le nom du parc vient de la forme en W du fleuve Niger. La partie nigérienne du parc compte 335.000 hectares, autant vous dire que j'ai vu d'incroyables paysages! La savane avec ses baobabs, antilopes, babouins, et mon animal préféré, l'éléphant! Grâce au guide Djibril, nous avons pu voir cinq lionnes avec leurs lionceaux° boire sur le bord de l'eau. J'ai dormi dans le village de **Karey Kopto**, où les habitants

---

D'ailleurs…

Le **tô** est le plat national du Burkina Faso. Il consiste en une boule de mil ou de maïs accompagnée d'une sauce au gombo°. Au Bénin, c'est le **calalou**, un mélange de gombo, viande, crevettes, feuilles de manioc, oignon, piment et riz.

Place des Cinéastes, Ouagadougou, Burkina Faso

étaient hospitaliers. On a même pu échanger quelques mots en français!

Les jours suivants, je me dirige vers le site **Alfakoara** au nord du Bénin, et reste deux nuits chez une famille **Mokollé** du village **Tchoka**. Gloria, la fille de la famille, me dit que plus tard, elle veut enseigner le français à la capitale du Bénin, **Porto-Novo**.

Mon parcours touche bientôt à sa fin quand j'entre à la **Réserve Nationale de Faune d'Arly**. Cette zone est très prisée° par les chasseurs pour sa faune et sa flore. Je passe mes derniers jours entre Ouagadougou et le parc du W, à **Fada N'Gourma**, où j'assiste au Festival Dilembu au Gulmu pour fêter les récoltes du mil°. Il y a des activités comme la danse et la lutte° traditionnelles, le récit de contes°, la course d'ânes° et le tir à l'arc. Là-bas, j'ai parlé avec beaucoup de touristes et de locaux!

C'est malheureusement la fin de mon voyage… Je garde d'inoubliables souvenirs et prévois de revenir en Afrique de l'Ouest pour visiter le **Mali**, la **Mauritanie**, la **Côte d'Ivoire**, le **Togo**, le **Sénégal** et la **Guinée**.

intègres *honest* **chaleureux** *welcoming* **étalent** *display* **boucle** *loop* **pirogue** *canoe* **berges** *riverbank* **lionceaux** *lion cubs* **prisée** *valued* **mil** *millet* **lutte** *wrestling* **contes** *tales* **ânes** *donkeys* **gombo** *okra*

Le français parlé en Afrique de l'Ouest

Au Sénégal

aller sénégalaisement bien	aller très bien
un(e) chéri(e)-coco	un(e) petit(e) ami(e)
un pain chargé	un sandwich

En Côte d'Ivoire

un maquis	un restaurant, un café
mettre papier dans la tête	éduquer
molo molo	doucement

En Afrique de l'Ouest

payer	acheter
un taxi-brousse	un taxi collectif; *shared taxi*

Découvrons l'Afrique de l'Ouest

La Casamance Située au sud du **Sénégal**, c'est la région agricole la plus riche du pays, grâce au **fleuve Casamance** et à

une abondante saison des pluies. La **Basse-Casamance**, à l'ouest, en est la partie la plus touristique. On y trouve de nombreux villages installés au milieu de canaux appelés «bolongs». À l'est de la ville de **Cap-Skirring**, on peut admirer le **parc national de Basse-Casamance** avec ses buffles°, ses singes°, ses léopards, ses crocodiles et ses nombreuses espèces d'oiseaux.

Djenné C'est une ville du **Mali** à environ 570 km de **Bamako**, la capitale. Fondée au 9e siècle, elle devient un important centre d'échanges commerciaux° au 12e siècle. Cette ville est connue pour son architecture exceptionnelle. Ses bâtiments sont construits en

«banco», ou terre crue°, avec des morceaux de bois appelés «terrons» qui traversent les murs. Le marché du lundi attire le public par ses couleurs et son animation.

Les Touaregs On les appelle souvent «les hommes bleus», en raison de la couleur du turban, ou chèche, qu'ils portent sur

la tête. C'est un peuple nomade d'origine berbère. Ils vivent en tribus dans une société très hiérarchisée. Leur territoire couvre la plus grande partie du désert du **Sahara** et une partie importante du **Sahel** central. C'est un peuple hospitalier° qui accueille les visiteurs de passage avec le cérémonial du thé. Le thé est servi trois fois, et il est impoli de refuser de le boire.

Le cacao et le café ivoiriens La culture du café et du cacao constitue l'activité économique la plus importante de Côte d'Ivoire. En effet, la moitié de la population vit de cette culture. La **Côte d'Ivoire** est le premier producteur mondial

de cacao (40% de la production mondiale) et de noix° de cola. Elle a également été un grand producteur de café. Mais depuis les années 2000, cette production est en baisse et les cultures agricoles d'exportation se sont diversifiées.

buffles *buffalos* **singes** *monkeys* **commerciaux** *trade* **terre crue** *mud* **hospitalier** *hospitable* **noix** *nuts*

Qu'avez-vous appris?

1

Vrai ou faux? Indiquez si ces affirmations sont vraies ou fausses, et corrigez les fausses.

1. Les habitants de Ouagadougou s'appellent les Kaboré.

2. Ouagadougou signifie "là où on reçoit des honneurs, du respect".

3. Ouagadougou a été fondée au 17e siècle.

4. Le parc national du W s'étend sur trois pays.

5. Le Village Artisanal est un espace d'exposition.

6. Djenné est une ville du Mali fondé au 9e siècle.

7. La Casamance est une région du Sénégal.

8. Environ 40% de la production mondiale de cacao vient de Côte d'Ivoire.

2

Questions Répondez aux questions.

1. Que signifie "Burkina Faso"?

2. Où se trouve le village de Karey Kopto?

3. Quel événement a lieu à Fada N'Gourma?

4. À quelles activités physiques peut-on assister au Festival Dilembu au Gulmu?

5. Pour quelle raison la Réserve Nationale de Faune d'Arly est très appréciée des chasseurs?

6. Qu'est-ce qu'on peut voir en Casamance?

7. Qui sont les Touaregs? De quelle origine sont-ils? Où vivent-ils?

8. Comment la production de café a-t-elle évolué en Côte d'Ivoire?

3

Discussion Avec un(e) partenaire, considérez les aventures de Grace Kaboré.

● Discutez de l'aventure que vous rêvez d'avoir un jour. Pourquoi voudriez-vous participer à cette activité? Que voudriez-vous voir pendant votre aventure?

● Réfléchissez aux gens que vous connaissez. Quelqu'un est parti en safari? Où est-il/elle allé(e)? Qu'est-ce qu'il/elle a vu? Qu'est-ce qu'il/elle a fait pendant le safari?

4

Écriture Relisez le paragraphe sur le cacao et le café ivoiriens. Écrivez un e-mail de 10 à 12 lignes à la directrice d'une compagnie de production de cacao en Côte d'Ivoire. Dans votre e-mail, répondez aux questions suivantes.

● Que peut-elle faire pour encourager la vente (*sale*) de chocolat dans votre région ou votre état?

● Pourquoi est-il important de relancer cette production?

● Comment pouvez-vous aider dans ces affaires (*business*) internationales?

 *Le* Zapping

 Video

1

Préparation À deux, répondez à ces questions.

1. Quelles sont les relations historiques entre la France et certains pays asiatiques?

2. Que savez-vous sur les Français d'origine asiatique?

3. Pensez-vous que les Français d'origine asiatique soient victimes de racisme?

Asiatiques de France

La journaliste indépendante Hélène Lam Trong faisait une interview de l'acteur Frédéric Chau quand elle a eu l'idée de réunir plusieurs personnalités françaises d'origine asiatique dans une vidéo contre les discriminations. Une partie du problème, d'après elle, est que les Asiatiques de France n'ont pas l'habitude de réagir contre le racisme dont ils sont victimes.

Tu peux changer les choses.

2

Compréhension Indiquez si les affirmations sont vraies ou fausses.

1. Les Français d'origine asiatique ont combattu pour la France. _____

2. On leur suggère parfois de changer de nom pour réussir. _____

3. Les Français d'origine asiatique parlent mal français. _____

4. La vidéo insiste sur l'inutilité de combattre les préjugés. _____

3

Discussion Par petits groupes, discutez de ces questions.

1. À la fin de la vidéo, on entend la phrase: «Ensemble nous pouvons changer les choses». D'après vous, qu'est-ce que cela veut dire?

2. Cette vidéo est-elle une bonne initiative? Pourquoi ou pourquoi pas?

3. Discutez des initiatives de justice sociale dans votre communauté. S'adressent-elles aux mêmes problèmes? Expliquez.

4

Présentation Certains Français d'origine asiatique pensent qu'il ne faut pas combattre le racisme anti-asiatique séparément des autres racismes. Écrivez un paragraphe où vous expliquez les avantages et inconvénients de cette stratégie contre cette injustice, ou toute autre injustice de votre choix.

VOCABULAIRE

à part entière *full-fledged*
le cliché *stereotype*
discret/discrète
　inconspicuous
marrant(e) *funny*
masser *to massage*
le préjugé *bias*
une vague *wave*

 Practice more at vhlcentral.com.

GALERIE DE CRÉATEURS

un arrêt sur image *freeze frame*
autodidacte *self-taught*
militer *to campaign*
à taille humaine *on a human scale*
un ton *shade*

LITTÉRATURE
Véronique Tadjo (1955–)

Véronique Tadjo est une poétesse et romancière (*novelist*) ivoirienne qui a beaucoup voyagé, mais sa source d'inspiration est sans aucun doute le continent africain. Elle trouve le sujet de ses livres dans l'histoire, parfois bouleversante (*disturbing*), de pays africains comme le Rwanda ou son propre pays. Elle décrit des émotions et des scènes de la vie quotidienne en Afrique. Elle est aussi l'auteur de livres pour enfants qu'elle illustre elle-même. En 2016, elle a reçu le Grand prix national Bernard Dadié de la littérature et elle dirige depuis 2007 le département de français de l'université du Witwatersrand à Johannesburg.

Véronique Tadjo
Loin de mon père

CINÉMA/LITTÉRATURE Ousmane Sembène (1923–2007)

Ce réalisateur et écrivain sénégalais est d'abord soldat dans l'armée française, pendant la Seconde Guerre mondiale, puis il va travailler à Marseille et entre au Parti communiste français. Il milite alors contre la guerre d'Indochine et pour l'indépendance de l'Algérie. En 1956, il publie son premier livre, *Le Docker noir*, qui a une connotation sociale, comme tous ses autres livres. Puis en 1960, l'année de l'indépendance du Sénégal, il rentre en Afrique où il décide de faire du cinéma. Ses films dénoncent tous des injustices, et deux d'entre eux sont censurés. Cependant (*However*), son œuvre est très appréciée. Il reçoit de nombreuses récompenses (*awards*). Il a parcouru les villages d'Afrique pour montrer ses films et transmettre son message.

PHOTOGRAPHIE
Seydou Keïta (1921–2001)

Seydou Keïta était un photographe autodidacte. Son thème préféré était le portrait en noir et blanc. En 1948, il crée un studio de photographie dans sa maison. Il y reçoit ses clients et ses photos les immortalisent dans leurs vêtements traditionnels ou occidentaux. Quand le Mali devient indépendant en 1960, le gouvernement malien oblige Seydou Keïta à fermer son studio et à travailler comme photographe pour l'État. Il cache (*hides*) alors ses photographies dans son jardin, soit (*that is*) près de 7.000 négatifs. Un photographe français découvre cet artiste en 1990. L'art de Seydou Keïta est enfin révélé au public. Grâce à son œuvre, nous découvrons l'évolution des mœurs de la population malienne.

SCULPTURE **Ousmane Sow (1935–2016)**
Après une carrière d'infirmier et de kinésithérapeute (*physical therapist*), Ousmane Sow décide, à l'âge de 50 ans, de se tourner vers la sculpture, une passion de jeunesse. Jusque-là, il avait passé son temps libre à améliorer son style et sa technique. Celle-ci est très personnelle: il utilise une pâte (*paste*), dont lui seul connaît la composition, qu'il modèle sur une armature (*frame*). Ses sculptures sont d'un grand réalisme. Ce sont surtout des séries qui représentent des tribus africaines, mais l'une d'elle montre la bataille de Little Big Horn. Sow a exposé (*exhibited*) dans le monde entier et est considéré comme un des plus grands sculpteurs contemporains. En 2013, il est le premier artiste noir à entrer à l'Académie des beaux-arts.

Compréhension

À compléter Complétez chaque phrase logiquement.

1. Le premier métier d'Ousmane Sembène était _____.

2. Le Mali et _____ ont tous les deux obtenu leur indépendance en 1960.

3. Le thème _____ est présent dans tous les films de Sembène.

4. L'œuvre de Véronique Tadjo s'inspire surtout _____.

5. Véronique Tadjo écrit et illustre aussi _____.

6. Seydou Keïta a été obligé de travailler pour _____.

7. C'est _____ qui a découvert l'art de Keïta.

8. Keïta est surtout connu pour ses _____.

9. Les sculptures d'Ousmane Sow sont de style _____.

10. Les _____ sont souvent le sujet des sculptures de Sow.

Rédaction

À vous! Choisissez un de ces thèmes et écrivez un paragraphe d'après les indications.

- **La censure** Deux des films d'Ousmane Sembène ont été censurés. Que pensez-vous de la censure? Est-elle toujours une atteinte à la liberté personnelle et au droit d'expression ou bien est-elle parfois nécessaire? Expliquez votre opinion personnelle en utilisant quelques exemples précis.

- **L'art de Keïta** Décrivez la photo de Seydou Keïta. Que révèle celle-ci sur les modes de vie et les coutumes de la population malienne?

- **Avis personnel** Que pensez-vous de la sculpture d'Ousmane Sow? Son style vous plaît-il? Décrivez la sculpture présentée sur cette page, puis faites-en la critique.

 Practice more at **vhlcentral.com**.

BLOC-NOTES

For a review of definite and indefinite articles, see **Fiche de grammaire 2.4, p. A8.**

5.1

Partitives

—*Vous avez **de la chance**.*

- You already know how to use the indefinite articles **un**, **une**, and **des**. They are used to refer to whole items. When you want to talk about *part* of something, use partitive articles.

- Partitive articles refer to uncountable items or mass nouns. They usually correspond to *some* or *any* in English.

- The partitive articles are formed by combining **de** with the definite articles **le**, **la**, **l'**, and **les**. Notice that **de** contracts with **le** and **les**.

de + le	du
de + la	**de la**
de + l'	**de l'**
de + les	des

ATTENTION!

Unlike English contractions such as *don't* or *you're*, French contractions are *not* optional or considered informal.

—*Il y a sans doute **du porc** là-dedans.*

- In English, sometimes the words *some* and *any* can be omitted. In French, the partitive *must* be used.

Cet écrivain a **du** courage.
That writer has (some) courage.

Elle lui a montré **de la** compréhension?
Did she show her (any) understanding?

- Some nouns can be countable or mass nouns, depending on the context. Compare these sentences.

Elle prend **un** café.   ***but***   Elle prend **du** café.
She's having a (cup of) coffee.   *She's having (some) coffee.*

- The article **des** can function as either a plural indefinite or plural partitive article, depending on whether the nouns can be counted.

Countable	Uncountable
Nous visiterons **des** musées à Dakar. *We will visit (some) museums in Dakar.*	Nous avons mangé **des** pâtes. *We ate (some) pasta.*

- In a negative sentence, partitive articles become **de/d'**, except after the verb **être**.

  Les émigrés n'ont plus **de** travail. *The emigrants no longer have (any) work.*

  Ce roman? Ce n'**est** pas **de la** littérature! *That novel? That's not literature!*

- Use **de** with most expressions of quantity.

On va acheter **beaucoup de** viande.

- Here are some common expressions of quantity:

assez de *enough*	**un paquet de** *a package of*
beaucoup de *a lot of*	**(un) peu de** *few/(a) little of*
une boîte de *a can/box of*	**un tas de** *a lot of*
une bouteille de *a bottle of*	**une tasse de** *a cup of*
un kilo de *a kilogram of*	**trop de** *too much of*
un litre de *a liter of*	**un verre de** *a glass of*

- In a few exceptions, **des** is used with expressions of quantity:

  bien des *many*
  la moitié des *half of*
  la plupart des *most of*

- No article is used with **quelques** (*a few*) or **plusieurs** (*several*).

  Ils ont mentionné **quelques** incertitudes. *They mentioned a few uncertainties.*

  On utilise **plusieurs** langues officielles. *We use several official languages.*

ATTENTION!

Remember that **des** changes to **de** before an adjective followed by a noun.

Ils préfèrent embaucher de jeunes travailleurs. *They prefer to hire young workers.*

BLOC-NOTES

For more information about negation, see **Structures 4.2, pp. 138–139.**

Note CULTURELLE

French-speaking countries around the world use the metric system. Here are some conversions of metric liquid and dry measures:
25 centiliters = 1.057 cups
1 liter = 1.057 quarts
500 grams = 1.102 pounds
1 kilogram = 2.205 pounds

Mise en pratique

Un week-end à Lomé Thibault écrit un e-mail de Lomé, où il suit une conférence. Complétez le texte à l'aide d'articles indéfinis, de partitifs et d'expressions de quantité.

Lomé est la capitale du **Togo**. Cette ville maritime se situe le long du **Golfe de Guinée**. Lomé est une ville frontalière (*border*); son centre-ville n'est qu'à quelques centaines de mètres du **Ghana**, où se trouve une de ses banlieues.

De:	Thibault <thibault44@email.fr>
Pour:	Edwige <edwige.martin@email.fr>
Sujet:	Un petit coucou de Lomé

Je passe (1) _____ jours à Lomé. C'est incroyable! Cette ville a (2) _____ grandes plages, (3) _____ petits restaurants où on sert (4) _____ nourriture très variée, et (5) _____ boîtes de nuit. J'ai (6) _____ temps le soir pour visiter un peu. Je suis sorti avec (7) _____ collègues hier soir. Il y avait (8) _____ monde. Nous avons commandé (9) _____ champagne! C'est surprenant à quel point il y a (10) _____ diversité dans cette ville.

Grosses bises,
Thibault

2

Un peu d'ordre Reconstituez ces phrases. Utilisez votre imagination pour en créer d'autres.

As-tu	d'	respect de leur part.
Nous demandons	de	valeur à cet objet.
J'ai acheté	de l'	asperges dans le frigo.
Il n'y a plus	de la	courage dans votre vie!
Ces personnes donnent	des	argent dans ton sac?
Vous n'avez jamais eu	du	olives pour la salade de ce soir.
…?		…?

1. _____
2. _____
3. _____
4. _____
5. _____
6. _____

3

À finir À deux, finissez les phrases à l'aide de partitifs et d'expressions de quantité.

1. Ce pays a beaucoup…
2. Je ne veux plus manger…
3. Je sais que la moitié…
4. Notre peuple a peu…
5. Veux-tu que je donne…
6. Mes amis ont manqué quelques…
7. La population de notre État a trop…
8. Nous sommes sortis pour acheter une boîte…

Communication

4

Au supermarché Vous rendez visite à un(e) ami(e) à Abidjan, en Côte d'Ivoire. Vous allez lui préparer un plat typique de votre pays, et vous êtes au supermarché pour acheter les ingrédients. À deux, créez un dialogue où vous expliquez ce qu'il vous faut, et puis échangez vos rôles. Utilisez les partitifs le plus possible.

> **Modèle** —Il te faut des tomates?
> —Non, mais je dois acheter de la crème.

5

Le conseil Le président du Bénin va parler à une conférence de presse. Vous préparez son discours sur les problèmes de son pays et sur leurs solutions. À deux, imaginez ce qu'il va dire. Servez-vous de la liste de vocabulaire. Ensuite, la classe choisira le meilleur discours.

s'améliorer	la mondialisation
augmenter	le niveau de vie
l'incertitude	parvenir à
l'intégration	la population
lutter	réaliser

6

À votre avis? Le monde moderne a beaucoup de problèmes. Lesquels? Selon vous, que doit-on faire pour les résoudre (*solve*)? Par groupes de trois, discutez de ces problèmes et essayez de trouver des solutions.

> **Modèle** —Il n'y a pas assez de compréhension entre les peuples.
> —Il faut encourager le dialogue international.

Problèmes	Solutions

5.2

The pronouns *y* and *en*

- The pronoun **y** often represents a location. In this case, it usually means *there*.

Nous allons **en Côte d'Ivoire**.
We're going to the Ivory Coast.

Nous **y** allons.
We're going there.

Mon sac est **dans ma chambre**.
My purse is in my room.

Mon sac **y** est.
My purse is there.

J'habite **à Ouagadougou**.
I live in Ouagadougou.

J'**y** habite.
I live there.

- The pronoun **y** can stand for these common prepositions of location and their objects.

> **à**   *in* or *at*
>
> **chez**   *at the place or home of*
>
> **dans**   *in* or *inside*
>
> **derrière**   *behind*
>
> **devant**   *in front of*
>
> **en**   *in* or *at*
>
> **sur**   *on*

- **Y** can stand for *non-human* objects of the preposition **à**.

Tu penses toujours **à l'examen**?
Are you still thinking about the test?

Oui, j'**y** pense toujours.
Yes, I'm still thinking about it.

Il a répondu **à la question**?
Did he answer the question?

Oui, il **y** a répondu.
Yes, he answered it.

- You already know that the preposition **à** can be used in contractions. The pronoun **y** can represent the contraction and its object.

Vous assisterez **au cours de maths**?
Will you attend math class?

Oui, nous **y** assisterons.
Yes, we will attend.

Tu vas **aux États-Unis**?
Are you going to the U.S.?

Oui, j'**y** vais.
Yes, I'm going there.

ATTENTION!

Remember, the indirect object pronouns **me**, **te**, **lui**, **nous**, **vous**, and **leur** stand for *human* objects of the preposition **à**.

—**Avez-vous répondu à Danielle?**

—**Non, je ne lui ai pas encore répondu.**

ATTENTION!

The prepositions used in English do not necessarily translate literally into French. Notice that sometimes no preposition is used at all in English.

—**Réponds tout de suite à Danielle!**
—*Answer Danielle right away!*

BLOC-NOTES

For more information about object pronouns, see **Fiche de grammaire 5.4, p. A20**.

- The pronoun **en** stands for the preposition **de** and its object.

  Ils n'ont pas **de villes surpeuplées**.
  They don't have overpopulated cities.

  Ils n'**en** ont pas.
  They don't have any.

- **En** can replace a partitive article and its object.

  Voudriez-vous **de la charcuterie**?
  Would you like some cold cuts?

  Nous **en** voudrions.
  We would like some.

- **En** can replace a noun that follows an expression of quantity. In this case, omit the noun and the preposition **de/d'**, but retain the expression of quantity.

  Les étudiants ont beaucoup **d'idéaux**.
  Students have a lot of ideals.

  Ils **en** ont beaucoup.
  They have a lot (of them).

- **En** can replace a noun that follows a number. In this case, omit the noun, but retain the number.

  Ils veulent **trois tomates**?
  Do they want three tomatoes?

  Non, ils **en** veulent **cinq**.
  No, they want five (of them).

- In a negative sentence, the number is not retained.

  Nathalie a acheté **deux litres de lait**?
  Did Nathalie buy two liters of milk?

  Non, elle n'**en** a pas du tout acheté.
  No, she didn't buy any at all.

- **En** can represent **de** plus a location. In this case, it usually means *from there*.

  Ils reviennent **de Lomé**.
  They are returning from Lomé.

  Ils **en** reviennent.
  They are returning from there.

- **En** can also stand for a verbal expression with **de**. In this case, **en** often means *about it*, *for it*, or *from it*.

  Avez-vous la force **de supporter ce chaos**?
  Are you strong enough to stand this chaos?

  Non, je n'**en** ai pas la force.
  No, I am not strong enough for it.

  Tu es capable **de manger tout le gâteau**?
  Are you capable of eating the whole cake?

  Non, je n'**en** suis pas capable.
  No, I am not capable of it.

ATTENTION!

Remember, the indefinite articles **un** and **une** are also numbers.

J'ai un frère.
I have one brother.

You can use **en** to represent the object of **un** or **une**. In an affirmative sentence, retain the number.

J'en ai **un**.
I have one.

As with other numbers, in a negative sentence, the number is not retained.

Je n'**en** ai pas.
I don't have one.

Mise en pratique

1

Combien y en a-t-il? Écrivez une phrase avec les pronoms **y** et **en** pour indiquer le nombre de choses mentionnées.

> **Modèle** **Pays francophones en Afrique de l'Ouest (8)**
> Il y en a huit.

1. Couleurs du drapeau togolais (4)
2. Habitants de Bamako, au Mali, dans dix ans (2.000.000)
3. Langues couramment employées en Côte d'Ivoire (65)
4. Partis politiques en Guinée depuis 1992 (16)
5. Années de colonisation française au Niger dans le passé (60 environ)
6. Festivals du film à Ouagadougou, au Burkina-Faso (1)

2

À compléter Katie et Jabril se sont rencontrés aux États-Unis, dans un cours d'anglais pour étudiants étrangers. Complétez leur dialogue par le pronom qui convient: **y** ou **en**.

KATIE Salut, tu vas bien?

JABRIL Oui et non. J' (1) _____ ai marre des cours.

KATIE Moi aussi! Qu'est-ce qu'on fait?

JABRIL Je projette un voyage en Afrique. J'aime ce continent. Je m' (2) _____ intéresse beaucoup. Et toi?

KATIE Oui, beaucoup! Où comptes-tu aller?

JABRIL J'ai toujours voulu aller au Sénégal.

KATIE C'est vrai?! Pourquoi as-tu toujours voulu (3) _____ aller?

JABRIL En fait, ma grand-mère est née au Sénégal. Elle m' (4) _____ parle souvent.

KATIE Est-ce que tu prépares beaucoup de plats sénégalais?

JABRIL Non, je n' (5) _____ prépare pas beaucoup.

KATIE D'où vient ton grand-père? Du Sénégal aussi?

JABRIL Non, il n' (6) _____ est même jamais allé. Il est né en France.

KATIE En France? Moi aussi, j' (7) _____ suis née!

JABRIL Tu ne m' (8) _____ avais rien dit! Je croyais que tu avais grandi aux États-Unis.

KATIE Non, c'est ma mère qui a passé son enfance à New York.

JABRIL New York? J' (9) _____ suis allé une fois, pendant une semaine seulement. J' (10) _____ rêve souvent.

3

Notre société À deux, faites des phrases à propos de chaque idée donnée.

> **Modèle** **aller chez mes parents** J'y vais quand j'ai le mal du pays.

- habiter aux États-Unis
- aller faire un séjour en Afrique
- avoir du courage face au danger
- réaliser beaucoup de rêves
- s'adapter à la mondialisation
- faire partie du monde des humains

Communication

4

Sondage Circulez parmi vos camarades de classe afin de leur poser ces questions. Essayez de trouver au moins une personne qui réponde oui à chaque question et une qui réponde non.

> **Modèle** **aimer aller à la campagne pour les vacances**
> —Aimes-tu aller à la campagne pour les vacances?
> —Non, je n'aime pas y aller pour les vacances.
> —Moi si, j'aime y aller pour les vacances.

Et vous?	Noms
1. faire des commérages	_____
2. assister sans exception au cours de français	_____
3. s'attendre à réussir le prochain examen de français	_____
4. aller chez le président de l'université	_____
5. discuter souvent des polémiques	_____
6. souhaiter travailler en Côte d'Ivoire	_____
7. avoir beaucoup d'incertitudes	_____
8. accepter trop d'inégalités dans la vie	_____
9. être parvenu(e) à obtenir une bourse universitaire	_____
10. connaître des personnes d'Afrique de l'Ouest	_____

5

Carte du monde À deux, demandez-vous dans quels pays vous avez déjà voyagé, ce que vous y avez vu et si vous aimeriez y retourner.

> **Modèle** —Es-tu déjà allé(e) au Sénégal?
> —Non, je n'y suis pas allé(e). Mais j'ai fait un séjour en Guinée.
> —Qu'est-ce que tu y as vu?
> —J'y ai vu...

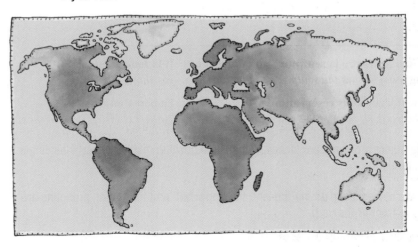

5.3

Order of pronouns

—*Envoyez-**le-moi**.*

- French sentences may contain more than one object.

	DIRECT OBJECT	INDIRECT OBJECT
Le politicien explique	**ses principes**	**au reporter.**
The politician explains	*his principles*	*to the reporter.*

- You can replace multiple objects with multiple object pronouns. Use the same pronouns you would use if there were only one object.

Il **les** explique au reporter.   Il **lui** explique ses principes.
He explains them to the reporter.   *He explains his principles to him.*

Il **les lui** explique.
He explains them to him.

- Where there is more than one object pronoun, they are placed in this order.

me te se nous vous	before	le la les l'	before	lui leur	before	y	before	en

Le guide montre la **sculpture aux touristes**.   Il **la leur** montre.
The guide shows the sculpture to the tourists.   *He shows it to them.*

Qui s'occupe **des réservations**?   Hubert **s'en** occupe.
Who's taking care of the reservations?   *Hubert is taking care of them.*

- Double object pronouns are placed in the same position relative to verbs as single object pronouns.

- In simple tenses, such as the present, the **imparfait**, and the future, pronouns are placed in front of the verb.

Il apporte **le courrier à Mme Delorme**.   Il **le lui** apporte.
He brings the mail to Mrs. Delorme.   *He brings it to her.*

ATTENTION!

The pronouns **me, te, se, le,** and **la** drop their vowel before other vowel sounds. This always occurs before **y** and **en** and frequently occurs in the **passé composé**.

—**Nous t'avons parlé de la polémique?**
—*Did we talk to you about the controversy?*

—**Oui, vous m'en avez parlé.**
—*Yes, you talked to me about it.*

J'attendrai **Jules à la gare**.
I'll wait for Jules at the station.

Je **l'y** attendrai.
I'll wait for him there.

- In compound tenses, such as the **passé composé** and the **plus-que-parfait**, pronouns are placed in front of the helping verb.

On **nous** a parlé **du patrimoine culturel**.
They spoke to us about the cultural heritage.

On **nous en** a parlé.
They spoke to us about it.

Vous aviez rendu **les passeports aux voyageurs**.
You had returned the passports to the travelers.

Vous **les leur** aviez rendus.
You had returned them to them.

- When there is more than one verb, the pronouns are usually placed in front of the second verb, typically an infinitive.

Tu vas offrir un **biscuit aux enfants**?
Are you going to buy the children a cookie?

Tu vas **leur en** offrir un?
Are you going to buy them one?

Je voudrais poser **cette question au prof**.
I'd like to ask the professor this question.

Je voudrais **la lui** poser.
I'd like to ask it to her.

- When negating sentences with pronouns in simple tenses, place **ne** in front of the pronouns and **pas** after the verb. In compound tenses, place **ne... pas** around the pronouns and the helping verb. When there is more than one verb, **ne... pas** is usually placed around the first one.

Il **ne** le lui apporte **pas**.   On **ne** nous en a **pas** parlé.   Je **ne** voudrais **pas** la lui poser.

- The order of object pronouns is different in affirmative commands. Notice that hyphens are placed between the verb and the pronouns.

le la les	before	moi toi lui nous vous leur	before	y	before	en

Apportez **le courrier à Mme Delorme**!
Bring the mail to Mrs. Delorme!

Apportez-**le-lui**!
Bring it to her!

Racontez **l'histoire aux gamins**.
Tell the story to the kids.

Racontez-**la-leur**.
Tell it to them.

- Note that **me** and **te** become **moi** and **toi**. They revert to **m'** and **t'** before **y** or **en**.

Parle-**moi de ta vie**.
Talk to me about your life.

Parle-**m'en**.
Talk to me about it.

- The order of pronouns in negative commands is the same as in affirmative statements. Compare these sentences.

Dis-**le-lui**!
Tell it to him!

Ne **le lui** dis pas!
Don't tell it to him!

BLOC-NOTES

For a review of past participle agreement, see **Fiche de grammaire 5.5, p. A22**.

BLOC-NOTES

For a review of the imperative, see **Fiche de grammaire 1.5, p. A6**.

Mise en pratique

1

À remplacer Remplacez les mots soulignés (*underlined*) par des pronoms.

1. N'oublions pas de mettre <u>les valises</u> dans <u>la voiture</u>.
2. Les voisins ont apporté <u>des cadeaux</u> à <u>mes parents</u>.
3. Pouvez-vous <u>nous</u> emmener <u>à la gare</u>?
4. Laisse <u>son ballon</u> à <u>ton frère</u>!
5. Tu ne <u>m'</u>avais jamais dit <u>que tu voulais y aller</u>.

2

À transformer Faites des phrases avec les éléments et changez les objets en pronoms.

> **Modèle** **je / parler / à vous / de mes cours**
> Je vous parle de mes cours. Je vous en parle.

1. on / avoir / voir / les émigrés / à la frontière / au sud de Sissako / hier soir
2. Matthieu / donner / toujours / des conseils / à ses amis
3. il faut / beaucoup / courage / à cet homme
4. Christine / ne / avoir / jamais / laisser / de pourboire / aux serveurs
5. ma mère / aller / présenter / deux nouveaux produits / au directeur du marketing

3

Carte postale Jérôme est en vacances et raconte ses aventures à sa sœur. Trouvez les phrases qui ont deux objets et transformez-les en faisant attention à l'ordre des pronoms.

Un grand bonjour de l'oasis de Chinguetti où je passe des moments incroyables! Je rencontre souvent les nomades mauritaniens dans cette oasis. Je leur montrerai mes photos pendant mon prochain séjour ici. Des guides locaux m'ont fait visiter l'oasis hier. En ce moment, c'est la grande fête des dattes. Tout le monde les cueille° et on m'a offert des pâtisseries délicieuses faites avec ces dattes. Les gens chez qui je suis m'ont donné leurs recettes.

Quand je partirai, je dirai à mes nouveaux amis que j'ai beaucoup apprécié mon séjour. J'espère que tu recevras bien cette carte du bout du monde.

À bientôt,

Jérôme

Viviane Dubosc

28, rue des Lilas

34000 Montpellier
France

cueille *picks*

1. _____
2. _____
3. _____
4. _____
5. _____
6. _____

 Practice more at vhlcentral.com.

Communication

4 **Qui fait quoi?** À tour de rôle, posez-vous des questions à partir de ces illustrations, répondez-y et employez des pronoms. Utilisez votre imagination. Attention à l'ordre des pronoms.

1.

2.

3.

4.

5.

6.

5 **À votre avis** Que pensez-vous de ces affirmations? Discutez-en par groupes de trois. Chaque membre du groupe donne son avis et les deux autres réagissent. Ensuite, imaginez d'autres affirmations.

- L'immigration est une bonne chose pour l'économie d'un pays.
- Il n'est pas nécessaire de connaître la langue officielle du pays dans lequel on vit pour y habiter.
- La mondialisation est la cause de certains problèmes dans le monde.
- Le travail manuel a beaucoup de valeur.
- La lutte des classes est encore une réalité pour certaines personnes.
- La surpopulation diminue le niveau de vie d'un pays.
- …?

6 **Vos solutions** Vous n'êtes pas d'accord sur les solutions prévues par le gouvernement pour répondre aux problèmes que le pays connaît. Par groupes de trois, exprimez (*express*) votre mécontentement (*dissatisfaction*) par des verbes à l'impératif, à la forme affirmative et négative, et avec des pronoms.

Modèle —Il faut que le gouvernement change de tactique immédiatement. Pourquoi ne pas lui envoyer une pétition?
—Oui, écrivons-lui une pétition!
—Et envoyons-la-lui dès que possible!

Synthèse

Moussa est ivoirien et vit à Yamoussoukro. Il y a deux ans, il a décidé de quitter la campagne pour aller travailler en ville. C'est sa famille d'agriculteurs qui le lui a demandé, pour avoir une aide financière. Il lui a fallu du courage et de la ténacité pour faire face aux problèmes de la grande ville et pour réussir à atteindre son but.

Moussa est un homme parmi beaucoup d'autres qui ont fait le même choix. C'est une tendance qui s'est accélérée dans les années 1980 en Afrique de l'Ouest, mais surtout en Côte d'Ivoire. Beaucoup de villes ont connu une explosion démographique; le nombre des citadins s'est multiplié par dix. Plus d'une dizaine° de villes ont passé le cap du million d'habitants, alors qu'il n'y en avait qu'une dans les années 1960.

Mais ce phénomène d'«exode rural» n'en est pas vraiment un. En effet, si les villes ont bénéficié de la venue° des populations rurales, l'inverse est vrai aussi pour deux raisons principales. L'espace urbain a attiré les populations et empiété sur° l'espace rural où le nombre de villes, petites ou grandes, a augmenté, soit en élargissant un village, soit en créant une nouvelle ville. Mais au-delà de ces nouvelles villes, les campagnes existent toujours et continuent à nourrir les villes. Et celles-ci le leur rendent bien. Elles apparaissent comme un facteur de développement du monde rural. Donc tout le monde s'y retrouve. Et Moussa, comme tous les autres, prend part à cet échange. Mais il ne faudrait pas que la surpopulation de toutes ces villes en soit le résultat néfaste°.

arrivée

encroached upon

ten

mauvais

---

1 **Révision de grammaire** Relisez l'histoire de Moussa et trouvez tous les exemples possibles pour chaque catégorie indiquée.

1. Partitifs et expressions de quantité
2. Pronoms d'objet direct et d'objet indirect
3. Le(s) mot(s) que les pronoms **y** et **en** remplacent dans ces deux phrases
   - Les villes <u>en</u> ont bénéficié.
   - L'espace urbain <u>y</u> a empiété.

2 **Qu'avez-vous compris?** Répondez par des phrases complètes. Employez des pronoms d'objet, des partitifs et des expressions de quantité dans vos réponses.

1. Pourquoi Moussa a-t-il déménagé à Yamoussoukro? Qui le lui a demandé?
2. Qu'est-ce qu'il lui a fallu pour réussir à son but?
3. Est-ce que Moussa est seul à décider de quitter la campagne pour aller en ville?
4. Quelles sont les conséquences de l'exode rural où vous habitez?

Préparation

 Vocabulary Tools

Vocabulaire de la lecture	Vocabulaire utile
le comportement *behavior*	**un(e) allié(e)** *ally*
un(e) gardien(ne) *keeper*	**s'assouplir** *to become more flexible*
un(e) guerrier/guerrière *warrior*	**hétérogène** *heterogeneous*
le patrimoine *cultural heritage*	**homogène** *homogeneous*
rapporter *to tell*	**maintenir** *to maintain*
une règle *rule*	**la mondialisation** *globalization*
un roi *king*	**transmettre** *to pass down*
le savoir *knowledge*	**une valeur** *value*

1 **À compléter** Complétez les phrases avec les mots de vocabulaire présentés sur cette page. Faites les changements nécessaires.

1. Dans une monarchie, _____ est à la tête du pays.

2. Dans toute société, il y a des _____ qu'il ne faut pas transgresser.

3. Ce sont souvent les parents et les grands-parents qui _____ les coutumes familiales aux enfants.

4. Les sites historiques et les monuments font partie du _____ culturel d'un pays.

5. On entend parfois dire que _____ a rendu le monde plus homogène.

2 **Discussion** À deux, répondez aux questions.

1. Quelles coutumes, traditions et cérémonies sont importantes pour vous? Donnez-en quelques exemples et expliquez en quoi elles reflètent votre culture.

2. Dans votre famille ou dans votre communauté, comment transmet-on l'histoire et les valeurs? Y a-t-il une personne ou une institution en particulier qui est responsable de la transmission du patrimoine?

3. Les pratiques culturelles ancestrales sont-elles importantes dans une société? Faut-il les préserver, d'après vous? Pourquoi?

4. Les coutumes et les pratiques d'hier sont-elles compatibles avec la vie moderne ou pensez-vous qu'elles doivent évoluer au fil du temps (*over time*)?

5. À votre avis, quelle est l'influence de la mondialisation sur la culture au niveau local? Et au niveau global?

3 **Pratiques culturelles** Par petits groupes, réfléchissez aux traditions et aux pratiques culturelles des pays francophones que vous connaissez. Complétez le tableau suivant avec vos idées. Ensuite, présentez-les à la classe.

Tradition ou coutume	Pays ou région	Importance de cette pratique culturelle

 Practice more at vhlcentral.com.

Les griots, maîtres de la tradition orale

Il est bien connu que l'histoire de l'Humanité est essentielle pour comprendre le comportement de nos sociétés. En effet, les hommes et les
5 femmes qui contribuent à la préservation des traditions et coutumes de leurs communautés effectuent un travail inestimable. Cela permet aux futures générations non seulement de connaître leur passé, mais également de mieux
10 se connaître elles-mêmes. Historiens, artistes, philosophes et bien d'autres, tous contribuent à la sauvegarde° de la culture de leur société.

safeguarding

Il existe dans les ethnies° d'Afrique de l'Ouest (Sénégal, Guinée, Mali, Côte d'Ivoire, Burkina Faso, Niger, Bénin, Togo 15 et Mauritanie) une figure importante, appelée griot, qui combine simultanément les rôles de conteur°, historien, musicien et poète. Le terme «griot» est générique et peut varier selon le peuple qui l'utilise. Il arrive 20 qu'on parle de *guéwël* chez les Wolofs, de *gawlo* chez les Toucouleurs, de *djéli* chez les Mandingues, ou encore de *jasare* ou *hwaarayko* chez les Zarma. La multitude

ethnic groups

storyteller

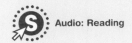

25 de fonctions que le griot représente lui confèrent un statut très important dans les sociétés ouest-africaines.

Dans l'ancien empire Mandingue (régions plus ou moins étendues° du 30 Sénégal, du Mali, de la Mauritanie, du Niger, de la Guinée, du Burkina Faso et de la Côte d'Ivoire) les épopées° des rois étaient contées° par des griots qui accompagnaient leurs familles royales et de guerriers. Les 35 événements de la période coloniale de l'Afrique de l'Ouest ont aussi été rapportés par les griots de manière orale. C'est là 40 que leur rôle d'historiens est le plus évident, car° ce sont les gardiens du savoir historique des communautés ouest-45 africaines. Grâce à leurs récits° chantés, il est possible aujourd'hui de connaître la généalogie de ces peuples et de garder une trace de leurs 50 ancêtres.

Quant au° rôle de chanteur et musicien du griot, il possède des similitudes avec celui des troubadours de l'époque médiévale en France. Les troubadours étaient des poètes qui 55 composaient les fameuses *chansons de geste*, ces longs poèmes qui racontent les exploits héroïques des chevaliers°. Aujourd'hui, ces poèmes musicaux, comme les poèmes des griots, font partie du patrimoine culturel des 60 sociétés contemporaines.

La conservation de ce riche héritage a été possible notamment° parce que les griots constituaient une caste très hermétique qui obéissait à des règles strictes. Par exemple, 65 les enfants de griots étaient initiés très tôt à la tradition orale et au savoir de leurs ancêtres. Il était aussi interdit pour un griot de changer de caste par le mariage, car il devait préserver les techniques apprises 70 entre griots. L'idée dominante était qu'on ne devenait pas griot, mais qu'on naissait griot.

spread

epic poems
related

because

tales

as for

knights

notably

Ces maîtres° assistent à différentes célébrations comme les mariages, les circoncisions, les baptêmes ou les funérailles pour chanter les histoires des 75 familles et de leurs ancêtres. Cependant°, divers facteurs font que les griots deviennent une denrée° rare. Parmi° les causes principales, il y a le contact progressif avec d'autres cultures venues d'Europe, 80 d'Amérique et d'Asie et l'avancement des moyens de communication. De génération en génération, l'utilisation de la technologie et de l'écriture a repoussé° 85 l'art de la transmission orale. Les descendants de griots sont aussi de plus en plus intéressés par la poursuite d'études ou 90 bien par le travail dans des secteurs qui s'éloignent° de leurs responsabilités traditionnelles.

Certains griots ont réussi 95 à vivre de leur vocation par la musique. C'est le cas du chanteur sénégalais Youssou N'Dour, qui a commencé sa carrière en chantant dans des fêtes de famille. Connu internationalement, il chante en wolof, 100 français, anglais et a été fait docteur *honoris causa* en 2011 par l'université de Yale aux États-Unis. Un autre exemple est celui du chanteur Salif Keïta, un descendant du roi Sundjata Keïta, fondateur de l'ancien 105 Empire du Mali. Salif Keïta n'était pas né griot, c'est pourquoi il lui était interdit de chanter. Sa désobéissance aux règles l'a finalement mené à être un artiste reconnu dans le monde entier. Il chante en malinké 110 (langue parlée en Guinée, au Mali, au Sénégal et en Côte d'Ivoire), en anglais et en français.

Ainsi, les griots d'Afrique de l'Ouest sont le véritable ciment° de la cohésion 115 sociale et garantissent la survie° du savoir et des traditions de leurs peuples. ■

masters

However

commodity/Among

displaced

are moving away

glue

survival

> **L'idée dominante était qu'on ne devenait pas griot, mais qu'on naissait griot.**

Analyse

1 🔊

Vrai ou faux? Décidez si ces affirmations sont vraies ou fausses d'après le texte, puis corrigez les fausses.

1. Le griot fait partie de la culture de plusieurs peuples d'Afrique de l'Ouest.

2. Le griot joue un rôle très important parce qu'il transmet l'histoire et les connaissances de géneration en génération.

3. Les griots peuvent être comparés aux chevaliers médiévaux.

4. Pour devenir griot, il est nécessaire de poursuivre des études dans une école spécialisée.

5. Il est interdit aux griots de participer aux cérémonies de la vie quotidienne.

6. C'est par ses récits écrits que le griot préserve l'histoire et la culture de son peuple.

7. Il y a de moins en moins de griots en Afrique aujourd'hui en raison de l'évolution de la société.

8. Youssou N'Dour et Salif Keïta perpétuent la tradition des griots.

2 👥

Un griot moderne En 2013, Youssou N'Dour a reçu le Polar Music Prize pour sa contribution à la musique mondiale. À deux, lisez la déclaration du jury puis répondez aux questions.

> «Youssou N'Dour perpétue l'héritage griot et démontre qu'on peut s'en servir pour raconter non seulement l'Afrique mais le monde tout entier.»

- Quel lien voyez-vous entre la citation et l'article que vous venez de lire?
- Le rôle du griot est-il décrit de la même manière que dans l'article ou bien la citation va-t-elle encore plus loin? Expliquez.

3 👥

Dans 50 ans Comment imaginez-vous l'évolution de la caste des griots dans les années à venir? Discutez-en par petits groupes. Considérez les questions suivantes:

- Faut-il que des gens qui ne sont pas nés griots puissent le devenir?
- Les pratiques des griots devraient-elles changer pour s'adapter aux nouveaux modes de communication? Comment?
- À votre avis, les griots vont-ils de plus en plus s'orienter vers la musique pour faire passer leur message, comme le font Youssou N'Dour et Salif Keïta? Expliquez votre point de vue.
- La mondialisation pourrait-elle devenir une alliée des griots? Pensez au succès international de Youssou N'Dour et de Salif Keïta et au fait que tous les deux chantent en plusieurs langues.

Practice more at
vhlcentral.com.

Préparation

 Vocabulary Tools

À propos de l'auteur

Ghislaine Sathoud (1969–), née à Pointe-Noire, capitale économique et grand port de la République du Congo, est une femme écrivain et une poétesse qui défend la cause des femmes. Elle publie son premier recueil (*collection*) de poèmes à l'âge de 18 ans. Elle part faire des études supérieures en France et au Québec, où elle habite actuellement. Elle écrit pour de grands journaux et participe à des activités qui ont pour but d'améliorer les conditions de vie des femmes immigrées. En 2004, elle sort un premier roman intitulé *Hymne à la tolérance*. Elle a aussi écrit deux pièces de théâtre, dont *Ici, ce n'est pas pareil chérie!* (2005), qui traite de la violence conjugale, et fait partie du Conseil des Montréalaises.

Vocabulaire de la lecture		Vocabulaire utile
une bande *gang*	**pareil(le)** *similar; alike*	**s'acharner sur** *to persist relentlessly*
une couche sociale *social level*	**raffoler de** *to be crazy about*	**se décourager** *to lose heart*
en vouloir (à) *to have a grudge*	**une règle** *rule*	**s'en vouloir** *to be angry with oneself*
s'installer *to settle*	**sourd(e)** *deaf*	**la persévérance** *perseverance*
se lancer *to launch into*	**soutenir** *to support*	**la vengeance** *revenge*
mener *to lead*	**un(e) tel(le)** *such a(n)*	

1

Syllabes Combinez les syllabes du tableau pour former quatre mots du nouveau vocabulaire. Ensuite, écrivez quatre phrases avec ces mots en utilisant des pronoms.

me	dé	ra	sta
vou	se	s'a	ger
s'in	char	ner	ner
ra	cer	cou	ller

2

Discussion Avez-vous déjà vécu une tragédie? Connaissez-vous quelqu'un qui a été victime d'une tragédie? Comment explique-t-on ces tragédies qui surviennent (*happen*) dans notre vie ou dans le monde? Discutez-en par petits groupes.

3

L'Afrique francophone Que savez-vous de l'Afrique francophone et de son histoire? À deux, répondez à autant de questions de la liste que possible. Ensuite, comparez vos connaissances avec celles du reste de la classe.

- Combien de pays francophones y a-t-il en Afrique? Quels sont-ils?
- Quelles autres langues y parle-t-on?
- Quelles religions y pratique-t-on?
- Quels types de gouvernement y trouve-t-on?
- À quelle époque les Européens ont-ils commencé à coloniser le continent?
- Quels pays européens ont colonisé l'Afrique?
- Quels ont été les effets de la colonisation?

 Practice more at **vhlcentral.com.**

Le Marché

Ghislaine Sathoud

Yaba était une femme au courage exceptionnel, une vraie légende. Il y a très longtemps de cela, elle avait décidé de se lancer dans la restauration. À l'époque, 5 personne ne se serait imaginé qu'avec la vie luxueuse qu'elle avait menée du vivant de son mari°, elle en aurait été réduite à s'installer dans un coin de notre rue pour y vendre du poisson grillé. Faute de° moyens 10 financiers, elle avait installé un petit marché de nuit dans un endroit proche de° son domicile. Une telle entreprise demandait beaucoup d'énergie et de courage, mais les clients accueillirent° favorablement l'idée 15 et ses efforts furent° récompensés.

Elle travaillait fort, très fort pour subvenir aux° besoins de ses enfants et au fil des mois et des années° d'autres femmes étaient venues s'installer à côté 20 d'elle pour y vendre leurs spécialités et faire du commerce. La clientèle augmenta° sans qu'on ait besoin de faire de publicité. Pas d'affiches. Pas de publicité dans les journaux. Pas de publicité à la télévision! 25 Seulement du bouche à oreille. De fil en aiguille°, le marché de Yaba devint° un symbole de réussite: Jeunes, adultes, hommes et femmes se retrouvaient là le soir, après de longues journées de travail. 30 Chacun y trouvait son compte à sa manière.

while her husband was alive

Lacking

près de

ont accueilli

étaient

to provide for

over the months and years

a augmenté

One thing leading to another / est devenu

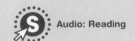
de l'espoir

Les enfants couraient, criaient, jouaient. Les garçons avec des ballons. Les filles avec des cordes à sauter°. De nombreuses ⟨*jump ropes*⟩
35 femmes vendaient du poisson cuit à la braise avec des bananes frites. Dieu° sait si ⟨*God*⟩ les gourmands en raffolaient.

Les vendeuses s'installaient là tous les soirs pour vendre leurs produits, se faire un
40 revenu et nourrir° leurs enfants. Chaque ⟨*to nourish*⟩ année, elles étaient plus nombreuses et les clients aussi. Des clients de toutes les couches sociales. Tout le monde aimait bien acheter du poisson auprès des femmes
45 de notre rue. Certains venaient de loin. On disait que ces femmes avaient une touche spéciale pour l'apprêter°, une façon à nulle ⟨*to prepare*⟩ autre pareille. Nuit et jour, la rue était noire de monde. Les jeunes y trouvaient
50 des occupations en assurant la sécurité des vendeuses. Les vieillards° discutaient en ⟨*old men*⟩ jouant à des jeux de cartes.

Était-il vrai que le poisson vendu dans cette rue était meilleur que celui des
55 cuisines? Était-ce l'ambiance de fête qui y régnait qui donnait l'illusion d'un goût toujours imité mais jamais égalé? Était-ce la présence des filles de Yaba superbement habillées avec des ensembles aux couleurs
60 chatoyantes° et rayonnantes° qui donnait ⟨*shimmering / radiant*⟩ cette impression? Le poisson cuit à la braise servi dans des plats superbement

colorés et accompagné de bananes faisait le bonheur des clients. Les filles qui servaient ces mets° succulents faisaient aussi la réputation de l'endroit et on aurait eu du mal à savoir ce qui attirait le plus la clientèle, de la bonne chère° ou des vendeuses. Les deux sans doute!

Le succès des uns s'accompagnant souvent de la jalousie des autres, des rumeurs commencèrent° à circuler sur les raisons du succès du marché de Yaba. On prétendit° que certaines vendeuses ne respectaient pas les règles élémentaires d'hygiène. On disait aussi que d'autres poussaient° des pères de famille à la débauche° en les exposant à la tentation. Jalouses, les épouses de quelques clients habitués s'inquiétaient. On faisait courir diverses balivernes° pour décourager les clients, de toutes les façons possibles! Mais les vendeuses avaient un moral d'acier° et Yaba qui tenait à son marché comme à la prunelle de ses yeux° affirmait dur comme fer que rien ne pouvait empêcher sa prospérité et celle de ses filles; qu'elles devaient continuer contre vents et marées° leurs activités, des activités qui faisaient par ailleurs° vivre de nombreuses familles élargies°! C'étaient des familles de quatre, cinq voire° six enfants sans compter les autres parents° au sens large du terme.

Sourde aux médisances°, une clientèle fidèle continuait à soutenir les vendeuses et à affluer°. Notre rue continuait à faire le bonheur des habitants de Dilalou. On y mangeait plus que jamais. On y riait. On y dansait. On y rencontrait aussi des amoureux...

Mais un jour, une bande de jeunes inconnus arrivèrent° au marché. Ils firent irruption° brusquement dans notre rue et tout se passa° très vite. Le coup avait certainement été préparé minutieusement°. Les vendeuses furent surprises. Les clients aussi. Et les assaillants devenus furieux cassèrent° tout ce qui pouvait l'être. Ils battirent° à mort les jeunes mères et les vieilles femmes. Ils battirent les clients. Et ceux qui furent les témoins de cette boucherie ne l'oublieront jamais. La radio annonça° plusieurs morts et de très nombreux blessés, mais il était impossible d'en donner le nombre exact. On ne savait pas qui se trouvait là, le jour de la tragédie. En haut lieu°, on ne voulut pas° vraiment savoir qui étaient les victimes ni pourquoi on s'était acharné ainsi° sur des innocents. Comment avait-on pu mettre autant de vies en péril? Pourquoi? Pourquoi?

Par solidarité, nous serrions les coudes°. Nous refusions de donner raison aux responsables de cette tragédie. On

Marginal glosses:
- 65 *delicacies* — mets°
- *good food* — chère°
- 70 *ont commencé* — commencèrent°
- *claimed* — prétendit°
- 80 *drove* — poussaient°
- *debauchery* — débauche°
- *nonsense* — balivernes°
- *steel* — acier°
- *apple of her eye* — prunelle de ses yeux°
- *against all odds* — vents et marées°
- *in addition* — par ailleurs°
- 100 *extended* — élargies°
- *or even* — voire°
- *relatives* — parents°
- *slander* — médisances°
- 105 *to flock* — affluer°
- 110 *sont arrivés* — arrivèrent°
- *burst into* — irruption°
- *s'est passé* — se passa°
- 115 *consciencieusement* — minutieusement°
- 120 *ont cassé* — cassèrent°
- *ont battu* — battirent°
- *a annoncé* — annonça°
- 135 *In high places / n'a pas voulu* — En haut lieu° / ne voulut pas°
- *thus* — ainsi°
- 140 *were sticking together* — serrions les coudes°

settling of scores parlait de règlements de compte°... On parlait de guerre... Mais pourquoi notre

145 marché? Qu'est-ce que notre rue avait fait? Notre marché avait-il vraiment quelque chose à voir dans cette *merciless* impitoyable° tragédie qui transformait des enfants en véritables assassins? Comment pouvait-

150 on en vouloir à notre marché? Personne ne comprenait pourquoi ce marché avait été l'objet d'une telle violence, *excessive* d'actes de vandalisme si démesurés°, pourquoi il avait été la scène de toutes ces

155 horreurs. Personne!

Traumatisés, les habitants avaient perdu leur joie de vivre et quand le ciel *donned* revêtait° son manteau noir, on se réfugiait

160 dans les maisons. À la tombée de la nuit, notre rue était déserte. Pas un chat dehors. Nouvelles *mouvement de retrait* 165 habitudes et repli° sur soi-même. C'était tout le contraire du mode de vie d'ici. Seules les *commençaient à chanter* 170 bottes entonnaient° leur chant de désolation dans les rues et dans les esprits. Des soldats nouveaux modèles. Une jeunesse sacrifiée. Des soldats au sang frais. Des enfants *pillage* soldats qui pillent°, qui tuent. Notre rue

175 n'était plus ce qu'elle était. Pour sortir, on attendait impatiemment le chant du coq qui annoncerait un jour nouveau, mais les pauvres coqs, eux aussi terrorisés, oubliaient d'annoncer le jour.

180 Comme de nombreux habitants de Dilalou, Yaba se retrouvait sans rien. À la

suite° des pillages, elle avait tout perdu. La *following* confusion qui s'était abattue° sur nous dans *beat down* cette période tumultueuse ne l'épargnait° *spared* pas. Mais comme à l'époque de ses 185 débuts, elle refusait de se perdre dans une errance° éternelle, toujours à la recherche *restless wandering* d'un refuge. Les souvenirs de la guerre la hantaient° et elle ne se sentirait jamais *haunted* plus vraiment en sécurité. Mais elle refusait 190 l'idée de déambuler° encore et toujours à la *to wander* recherche d'un refuge qu'elle ne trouverait jamais parce que l'esprit des lieux qu'elle aimait avait été changé à tout jamais par la guerre. Rien n'était plus comme avant. 195 Rien ne serait plus jamais comme avant.

Mais elle était en vie.

Comme les autres rescapées° *survivors* du marché, Yaba se 200 remit° vaillamment° *s'est remise / courageusement* à la tâche. Elle remua° ciel et *moved* terre pour remettre les pendules à 205 l'heure° et redonner *to set the record straight* vie à son marché.

Elle espérait que la guerre était bel et bien finie, que le marché ne serait pas détruit à nouveau. 210 Elle avait peur mais elle touchait du bois! Elle espérait que ces femmes dont elle était la doyenne° connaîtraient *la plus âgée* d'autres espaces de bonheur; que le souvenir des victimes innocentes de la 215 tragédie serait associé à une nouvelle prospérité de son marché, rebaptisé° *renommé* «Marché de l'espoir». Elle espérait, encore et toujours, car avec l'espoir ne dit-on pas que tout est possible? ■ 220

> **Rien n'était plus comme avant. Rien ne serait plus jamais comme avant.**

Analyse

1

Compréhension Répondez aux questions.

1. Comment les clients ont-ils reçu l'idée du marché de Yaba?
2. Qui venait au marché?
3. Qu'est-ce qui faisait l'énorme succès du marché?
4. Quelles rumeurs ont commencé à circuler à propos du marché?
5. Qu'est-ce qu'une bande de jeunes a fait un jour?
6. Qu'est-ce que les habitants ont pensé de la tragédie?
7. Qu'est-ce que les habitants ont perdu à cause des pillages?
8. Pourquoi est-ce que le marché de Yaba a été rebaptisé «Marché de l'espoir»?

2

Interprétation À deux, répondez aux questions par des phrases complètes.

1. Que représente la période de paix et de prospérité de Dilalou?
2. Qu'est-ce que les personnes qui ont fait circuler des rumeurs espéraient gagner par cette réaction de jalousie?
3. Après la tragédie, les habitants de Dilalou ont parlé de règlements de compte. Que pensez-vous de la vengeance?
4. Que veut dire Sathoud quand elle parle de jeunesse sacrifiée et de soldats au sang frais?
5. Qu'est-ce que les habitants de Dilalou avaient en commun avec toutes les victimes de guerre?
6. Que pensez-vous de la fin de cette histoire? Que révèle-t-elle sur la condition humaine?

3

La tragédie Par groupes de trois, discutez de la bande de jeunes assaillants qui ont terrorisé le marché. Répondez aux questions de la liste.

- Que voulaient-ils?
- Pourquoi ont-ils fait connaître leurs sentiments par la violence?
- Qui étaient-ils exactement? De quel groupe de la société faisaient-ils partie?
- Quel sentiment universel représentaient-ils?

3

Rédaction Imaginez que vous soyez journaliste et que vous ayez été témoin d'un acte de violence, réel ou fictif, contre un groupe de personnes. Suivez le plan de rédaction pour écrire un article sur cette tragédie. Employez des partitifs et des pronoms.

Plan

1 Organisation Organisez les faits que vous avez observés. Commencez par les plus importants.

2 Historique Décrivez le contexte dans lequel les événements se sont passés.

3 Comparaison Pour terminer, expliquez les répercussions possibles que cet événement pourrait avoir.

La société en évolution
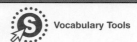 Vocabulary Tools

En mouvement

l'assimilation (*f.*) *assimilation*
un but *goal*
une cause *cause*
le développement *development*
la diversité *diversity*
un(e) émigré(e) *emigrant*
une frontière *border*
l'humanité (*f.*) *humankind*
l'immigration (*f.*) *immigration*
un(e) immigré(e) *immigrant*
l'intégration (*f.*) *integration*
une langue maternelle *native language*
une langue officielle *official language*
le luxe *luxury*
la mondialisation *globalization*
la natalité *birthrate*
le patrimoine culturel *cultural heritage*
les principes (*m.*) *principles*

aller de l'avant *to forge ahead*
s'améliorer *to better oneself*
attirer *to attract*
augmenter *to grow; to raise*
baisser *to decrease*
deviner *to guess*
prédire *(irreg.) to predict*

(non-)conformiste *(non)conformist*
exclu(e) *excluded*
polyglotte *multilingual*
prévu(e) *foreseen*
seul(e) *alone*

Les problèmes et les solutions

le chaos *chaos*
la compréhension *understanding*
le courage *courage*
un dialogue *dialogue*
une incertitude *uncertainty*
l'instabilité (*f.*) *instability*
la maltraitance *abuse*

un niveau de vie *standard of living*
une polémique *controversy*
la surpopulation *overpopulation*
un travail manuel *manual labor*
une valeur *value*
un vœu *wish*

avoir le mal du pays *to be homesick*
faire sans *to do without*
faire un effort *to make an effort*
lutter *to struggle*

dû/due à *due to*
surpeuplé(e) *overpopulated*

Les changements

s'adapter *to adapt*
appartenir (à) *to belong (to)*
dire au revoir *to say goodbye*
s'enrichir *to become rich*
s'établir *to settle*
manquer à *to miss*
parvenir à *to achieve*
projeter *to plan*
quitter *to leave behind*
réaliser (un rêve) *to fulfill (a dream)*
rejeter *to reject*

Court métrage

un(e) bavard(e) *chatterbox*
un châtiment *punishment*
un commissaire (de police)
    (police) commissioner
(un jour) férié *public holiday*
un flic *cop*
un(e) gamin(e) *kid*
un(e) môme *kid*
une supposition *assumption*
un témoin *witness*

avoir des préjugés *to be prejudiced*
brûler *to burn*
supposer *to assume*
témoigner de *to be witness to*
voler *to steal*

défavorisé(e) *underprivileged*
nombreux/nombreuse *numerous*

Culture

un(e) allié(e) *ally*
le comportement *behavior*
un(e) gardien(ne) *keeper*
un(e) guerrier/guerrière *warrior*
la mondialisation *globalization*
le patrimoine *cultural heritage*
une règle *rule*
un roi *king*
le savoir *knowledge*
une valeur *value*

s'assouplir *to become more flexible*
maintenir *to maintain*
rapporter *to tell*
transmettre *to pass down*

hétérogène *heterogeneous*
homogène *homogeneous*

Littérature

une bande *gang*
une couche sociale *social level*
la persévérance *perseverance*
une règle *rule*
la vengeance *revenge*

s'acharner sur *to persist relentlessly*
se décourager *to lose heart*
en vouloir (à) *to have a grudge*
s'en vouloir *to be angry with oneself*
s'installer *to settle*
se lancer *to launch into*
mener *to lead*
raffoler de *to be crazy about*
soutenir *to support*

pareil(le) *similar; alike*
sourd(e) *deaf*
un(e) tel(le) *such a(n)*

Les générations qui bougent

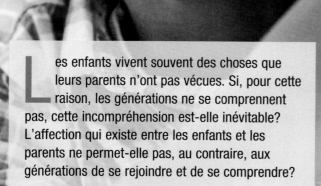

Les enfants vivent souvent des choses que leurs parents n'ont pas vécues. Si, pour cette raison, les générations ne se comprennent pas, cette incompréhension est-elle inévitable? L'affection qui existe entre les enfants et les parents ne permet-elle pas, au contraire, aux générations de se rejoindre et de se comprendre?

203

226

Destination:
AFRIQUE DU NORD ET LIBAN

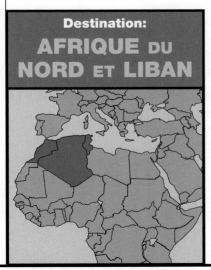

En famille

 Vocabulary Tools

Les membres de la famille

un(e) arrière-grand-père/-mère
great-grandfather/grandmother

un beau-fils/-frère/-père *son-/brother-/
father-in-law; stepson/father*
une belle-fille/-sœur/-mère
*daughter-/sister-/mother-in-law;
stepdaughter/mother*
un(e) demi-frère/-sœur *half brother/sister*
un(e) enfant/fille/fils unique *only child*
un époux/une épouse *spouse;
husband/wife*
un(e) grand-oncle/-tante
great-uncle/-aunt
des jumeaux/jumelles
twin brothers/sisters
un neveu/une nièce *nephew/niece*
un(e) parent(e) *relative*
un petit-fils/une petite-fille
grandson/granddaughter

La vie familiale

déménager *to move*
élever (des enfants) *to raise (children)*
être désolé(e) *to be sorry*
gâter *to spoil*
gronder *to scold*

punir *to punish*
regretter *to regret*
remercier *to thank*
respecter *to respect*
surmonter *to overcome*

La cuisine

un aliment *(type or kind of) food*
une asperge *asparagus*
un citron *lemon*
un citron vert *lime*
un conservateur *preservative*
des épinards (*m.*) *spinach*
une fromagerie *cheese store*
un hypermarché *large supermarket*

un raisin *grape (du raisin grapes)*
un raisin sec *raisin*
le saumon *salmon*
une supérette *mini-market*
la volaille *poultry, fowl*

alimentaire *related to food*
bio(logique) *organic*

La personnalité

le caractère *character, personality*

autoritaire *bossy*
bien/mal élevé(e) *well-/bad-mannered*
égoïste *selfish*
exigeant(e) *demanding*

insupportable *unbearable*
rebelle *rebellious*
soumis(e) *submissive*
strict(e) *strict*
uni(e)/lié(e) *close-knit*

Les étapes de la vie

l'âge (*m.*) adulte *adulthood*
l'enfance (*f.*) *childhood*
la jeunesse *youth*
la maturité *maturity*
la mort *death*
la naissance *birth*

la vieillesse *old age*

Les générations

l'amour-propre (*m.*) *self-esteem*
le fossé des générations *generation gap*
la patrie *homeland*
une racine *root*
un rapport/une relation
relation/relationship
un surnom *nickname*

hériter *to inherit*
ressembler (à) *to resemble*
survivre *to survive*

Mise en pratique

1 **Les analogies** Choisissez le meilleur terme pour compléter chaque analogie. Ajoutez l'article ou le partitif devant le nom quand c'est nécessaire.

alimentaire	gronder	jumelles	supérette
arrière-grand-mère	jeunesse	saumon	volaille

1. un grand-oncle : une grand-tante :: un arrière-grand-père : _____
2. la mort : la naissance :: la vieillesse: _____
3. la famille : familiale :: la nourriture : _____
4. une fromagerie : du camembert :: une poissonnerie : _____
5. un gratte-ciel : une maison :: un hypermarché : _____
6. regretter : être désolé :: punir : _____

2 **Les devinettes** Répondez à chaque devinette. Utilisez uniquement le nouveau vocabulaire de cette leçon.

1. Au début, j'étais fils unique. Mes parents ont divorcé et mon père s'est remarié avec une femme qui a deux filles. Qui suis-je pour ma nouvelle maman?
2. Je suis un légume vert, fin et long. Je suis une bonne source d'acide folique et de potassium. Que suis-je?
3. Nous sommes de petits fruits ronds. Nous pouvons être verts ou rouges et on a besoin de nous pour faire du vin. Que sommes-nous?
4. Je suis un produit naturel et sans conservateurs. Quelle sorte de produit suis-je?
5. Je ne pense qu'à moi. Je n'aide jamais les autres. Comment suis-je?
6. Je demande beaucoup à mes enfants: réussir à l'école, faire du sport, manger des fruits et des légumes et plein d'autres choses. Mais je ne suis pas trop stricte. Quelle sorte de mère suis-je?

3 **Définissez et devinez** Vous définissez six mots et un(e) camarade définit les six autres mots. Ensuite, à tour de rôle, essayez de deviner quel mot va avec chaque définition.

Étudiant(e) 1:

déménager	jumeau	soumis
hériter	petite-fille	surnom

Étudiant(e) 2:

beau-père	gâter	patrie
fille/fils unique	insupportable	surmonter

4 **Un repas de famille** Par groupes de cinq, imaginez que vous soyez un membre de la famille Lavelle. Regardez la photo et prenez quelques minutes pour organiser une conversation qui utilise autant de nouveau vocabulaire que possible.

Practice more at vhlcentral.com.

Préparation

 Vocabulary Tools

Vocabulaire du court métrage

la convivialité *togetherness*
un dragon *dragon*
maladroit(e) *awkward*
plaire (à) *to please*
prédire *to predict*

un prince charmant *prince charming*
une princesse *princess*
un royaume *kingdom*
séduire *to seduce*

Vocabulaire utile

applaudir *to clap*
fonder une famille *to start a family*
Il était une fois... *Once upon a time...*
une maladie (incurable) *(incurable) disease*
mourir *to die*
pleurer *to cry*
se battre (contre) *to fight against*

EXPRESSIONS

en découdre avec quelque chose / quelqu'un *to confront something/someone*

faire le grand saut *to take the plunge*

Ils vécurent heureux. *They lived happily ever after.*

veiller sur quelqu'un *to look after someone*

Plus on est de fous, plus on rit. *The more the merrier.*

profiter de la vie *to live life to the fullest*

---

1 **Un conte de fée** Complétez ce résumé d'un conte de fée (*fairy tale*) en utilisant les mots et les expressions de vocabulaire.

(1) _____ une princesse qui vivait dans un château avec ses parents. Une méchante fée était jalouse de la princesse, et un jour, elle lui jette un sort (*casts a spell*). Elle envoie alors un (2) _____ féroce pour la tuer (*to kill*). Heureusement, un (3) _____ qui habitait dans un (4) _____ près du château voit le dragon et décide d'en (5) _____ avec lui. Il (6) _____ contre lui et le tue. Le prince rencontre alors la princesse. Elle lui (7) _____ immédiatement, et il la (8) _____. Le couple décide alors de se marier. On organise une grande fête pleine de (9) _____. L'histoire finit bien car (*because*) le prince et la princesse (10) _____.

2 **Associez** Trouvez la fin logique de chaque phrase.

_____ 1. Pauline et Hugo ont décidé de se marier. Ils vont...   a. séduire.

_____ 2. Cet homme est malhonnête. Ne le laisse pas te...   b. a prédit.

_____ 3. Le médecin de ma tante lui a appris qu'elle a...   c. faire le grand saut.

_____ 4. Je ne crois pas ce que la voyante (*fortune teller*)...   d. une maladie incurable.

_____ 5. Cette histoire n'est pas si triste que ça! Arrête de...   e. veiller sur lui.

_____ 6. Quand on est jeune, il faut...   f. pleurer!

_____ 7. Mon bébé est malade. Je dois rester à la maison et...   g. profiter de la vie.

3

Les relations amoureuses Avec un(e) partenaire, répondez aux questions en donnant des détails.

1. Aujourd'hui, les rencontres ressemblent-elles aux contes de fée? En quoi sont-elles similaires et différentes?

2. Comment sont les «princes» d'aujourd'hui? Et les «princesses»? Où et comment se rencontrent-ils en général? Quel genre de relation ont-ils?

3. Connaissez-vous un couple qui a eu une belle rencontre et qui vit (*is living*) une belle histoire d'amour? Décrivez l'évolution de la relation de ce couple au fil du temps (*over time*).

4

Qui est-ce? Par petits groupes, regardez les quatre images. Décrivez les personnes et faites des hypothèses sur les relations entre elles.

1.

2.

3.

4.

5

Prédictions Regardez les quatre images dans l'activité précédente et l'affiche du film à la page suivante. Avec un(e) partenaire, écrivez un paragraphe d'environ huit phrases où vous essayez de deviner ce qui va se passer dans le film. Votre paragraphe doit répondre à ces questions.

1. Qui est la fille sur la quatrième image?

2. À votre avis, pourquoi la mère de la fille n'apparaît-elle pas sur l'image? Où est sa mère, d'après vous?

Practice more at vhlcentral.com.

 Short Film

Un court métrage de Fabrice Bracq | Produit par Offshore

LE MONDE DU PETIT MONDE

Delphine Théodore | **Garance B.** | **Stéphane Coulon**
Philippe du Janerand | **Marie-Christine Adam** | **Jeanne Ferron**

Best Foreign Short
London Independent
Film Awards
— 2017 —

Best Foreign Film
Fayetteville Film Festival
— 2017 —

Prix du Public
Paris Courts Devant
— 2017 —

Producteur délégué Fabrice Préel-Cléach
Directeur de la photo Philippe Brelot Monteur · Sam Bouchard
Auteur de la musique Grégory Libessart | Effets spéciaux Benoît Chaslerie

ATTENTION!

The **princesse** in the film uses the **passé simple** tense. See **Fiche de grammaire** 4.5 at the end of the book for a formal grammar explanation and activities. This is a literary tense and the equivalent of the **passé composé**. Note the **passé simple** example on the following page: **disparut, fut, attendit** Can you guess their **passé composé** counterparts?

INTRIGUE *Une princesse des temps modernes désespère de ne pas trouver son prince charmant, jusqu'au jour où...*

LA PRINCESSE Et puis un jour, ce qu'elle venait de voir, elle en était sûre, allait changer sa vie. La princesse savait que c'était lui, son prince charmant.

LA PRINCESSE Le prince charmant disparut. Et la princesse fut très triste. La princesse attendit, des jours et des jours. Au fond de son cœur°, elle savait que c'était lui, son prince, et qu'elle devait attendre encore et encore.

LA PRINCESSE Et la maman du prince a tout de suite adopté la princesse. Le prince et la princesse s'entendaient tellement bien qu'ils décidèrent de faire le grand saut.

LA PRINCESSE Donc ils se marièrent et ils eurent une jolie petite fille, une petite princesse. Si tu savais comme elle était mignonne, cette petite princesse! La plus jolie petite fille du royaume!

LA PRINCESSE Le dragon se présenta à la princesse. Et ce dragon, il voulait en découdre. Ce dragon, il était très grand et très fort. Et ce dragon, seule la princesse pouvait le combattre°.

LA PRINCESSE La princesse décida de raconter son histoire à son bébé. Elle savait bien que sa petite fille ne pouvait pas tout comprendre aujourd'hui, mais il fallait bien qu'elle lui parle avant son départ.

Au fond de son cœur *At the bottom of her heart* **combattre** *to fight*

Analyse

1

Des princes pas si charmants Au début du film, la jeune femme mentionne avoir connu des «princes» qui n'étaient pas vraiment charmants. Associez à chacun la description qui lui convient le mieux.

Le prince du royaume…

_____ «plus on est de fous...»

_____ «des plus grands»

_____ «moi, moi, moi»

_____ «je suis là, je ne suis plus là»

_____ «pourrait être ton père»

_____ a. une personne égoïste

_____ b. une personne qui ne veut pas avoir une seule relation

_____ c. une personne qui n'est pas de petite taille

_____ d. une personne assez âgée

_____ e. une personne sur laquelle on ne peut pas compter

2

De qui s'agit-il? Le court métrage met en scène deux personnages principaux: une princesse (la jeune femme) et un prince charmant (le jeune homme). Indiquez de qui on parle dans chaque phrase: A) **de la princesse** ou B) **du prince charmant**.

A   **B**

Cette personne…

_____ 1. vit avec sa maman.

_____ 2. est un peu maladroite et timide.

_____ 3. court pour attirer l'attention de quelqu'un qui lui plaît.

_____ 4. a grandi dans une famille traditionnelle.

_____ 5. décide de faire une vidéo sur son histoire d'amour.

_____ 6. apprend qu'elle a une maladie incurable.

_____ 7. va devoir surmonter la mort de son épouse.

_____ 8. devra élever son enfant seule.

3

Compréhension Répondez aux questions par des phrases complètes.

1. Pourquoi la princesse est-elle triste au début du film?

2. Où voit-elle son prince charmant pour la première fois?

3. Que fait-elle pour attirer son attention?

4. Que se passe-t-il ensuite?

5. Où sont invitées la princesse et sa mère?

6. Comment la relation entre la jeune fille et le jeune homme évolue-t-elle?

7. Que se passe-t-il chez le médecin?

8. Pourquoi la jeune maman décide-t-elle de faire une vidéo pour son enfant?

Practice more at
vhlcentral.com.

4 **Interprétation** À deux, répondez aux questions.

1. D'après le court métrage, comment décririez-vous la relation entre la princesse et sa mère? Sont-elles très liées? Expliquez.

2. Que pensez-vous de la famille du prince charmant? Ses parents semblent-ils être des personnes sympathiques ou exigeantes? Expliquez.

3. Est-ce que la manière dont la princesse décrit sa première rencontre avec la famille de son prince charmant correspond à la réalité, d'après les images? Expliquez. Pourquoi décrit-elle cette rencontre comme elle le fait, à votre avis?

4. D'après l'évolution de la relation entre la princesse et son prince charmant, diriez-vous que c'est un couple plutôt traditionnel ou plutôt rebelle? Pourquoi?

5. Si vous étiez à la place de la princesse, auriez-vous aussi eu envie de faire une vidéo de votre vie pour votre enfant? Pourquoi ou pourquoi pas?

5 **Dialogues** Le court métrage ne comporte (*contain*) aucun dialogue entre les personnages. Regardez ces images et inventez une conversation entre les personnages pour chacune.

A

B

6 **Une fin plus heureuse** Par petits groupes, imaginez une fin heureuse au court métrage. La princesse a réussi à vaincre (*to defeat*) la maladie. En quoi la vie des trois familles va-t-elle être changée? Faites des hypothèses sur l'évolution de leurs relations et sur leur avenir.

7 **Le dernier souhait de la princesse** Le temps a passé, et la petite fille est maintenant adulte. Par groupes de trois, lisez ce conseil que sa maman avait donné à sa famille. Ensuite, répondez aux questions qui suivent.

> **«Je veux que tous les deux, vous profitiez de la vie. Fais que ta vie soit une fête, la plus belle des fêtes.»**

- La fille a-t-elle suivi le conseil de sa maman?
- Comment est sa vie? Imaginez-en les différentes étapes.
- Comment a été sa jeunesse?
- Que fait-elle maintenant qu'elle est adulte?
- A-t-elle aussi rencontré son prince charmant?
- A-t-elle fondé une famille? Est-elle heureuse?

Practice more at
vhlcentral.com.

La porte Bab Bou Jeloud, à Fès, au Maroc

IMAGINEZ
L'Afrique du Nord et le Liban

Voyage inoubliable!

Parti au **Proche-Orient°** et en **Afrique du Nord**, notre reporter, Jean-Michel Caron, nous fait part de ses impressions de voyage.

«Après un long voyage en avion avec deux escales°, je suis enfin arrivé au **Liban**, le pays du cèdre°, arbre majestueux, qui est devenu le symbole du pays et l'emblème du drapeau. J'ai voulu visiter **Beyrouth**, sa capitale, port de commerce et centre financier, qui est aussi connue pour son intense vie culturelle et nocturne. Cette vie culturelle renaît aujourd'hui et le couturier° à la mode **Elie Saab**, spécialisé dans les sompteuses robes du soir, en est un bel exemple. Comme j'y étais au printemps, je n'ai pas voulu manquer cette expérience unique dont on m'avait parlé: skier le matin dans les montagnes enneigées° de la **chaîne du Liban**, puis aller se baigner dans la **Méditerranée**.

«J'ai repris l'avion pour me rendre au **Maghreb**, et je me suis d'abord arrêté en **Tunisie**. J'ai choisi d'aller à **Matmata**, au sud-est, où j'ai trouvé un paysage lunaire°, formé de cratères. Saviez-vous que **George Lucas** y avait filmé un épisode de *La Guerre des étoiles*? À **Carthage**, près de **Tunis**, la capitale du pays, j'ai visité un site archéologique majeur d'**Afrique du Nord**: les ruines d'une ville dont l'histoire a marqué l'**Antiquité**. Au 9e siècle avant J.-C. (*B.C.*), Carthage, qui veut dire *Nouvelle ville* en phénicien, était un empire tout-puissant. Après avoir été détruite une première fois, elle sera reconstruite et deviendra une grande rivale de **Rome**.

«Puis j'ai quitté la Tunisie pour aller en **Algérie**. **Alger** la blanche offre les charmes d'une capitale portuaire et une vue superbe sur la baie. Elle doit son surnom à la blancheur éclatante des murs de la **Casbah**. La Casbah… on ne peut pas visiter Alger sans passer par ce centre historique. C'est une ancienne forteresse magnifique qui domine la ville. Elle est entourée de petites rues et de maisons aux belles cours intérieures avec une fontaine en leur centre. On voit

D'ailleurs…

Le thé à la menthe est la boisson traditionnelle des pays du Maghreb. Il est aussi symbole d'hospitalité et ne peut se refuser. Contrairement à la cuisine préparée par les femmes, le thé est préparé et servi par les hommes, le chef de famille en général.

Dromadaires dans les dunes du Sahara, au Maroc

aussi beaucoup de vestiges° historiques dans la région d'**Oran**, ville côtière à l'ouest d'Alger. Cette ville a aussi inventé le **raï traditionnel**, qui a donné naissance au pop raï moderne et aux artistes comme **Khaled** et **Cheb Mami**.

«J'ai terminé mon voyage par le **Maroc**. Si **Rabat** en est la capitale, **Casablanca** est plus moderne. J'y ai admiré la **place Mohamed V**, avec son architecture de style art-déco des années 1930 et sa très belle fontaine, j'ai fait mes courses au marché central et je me suis promené dans le quartier des **Habous**. Construit dans les années 1920, mais dans le style d'une vieille médina, j'ai aimé ce quartier qui mélange le traditionnel et le moderne. À **Fès**, j'ai visité la **médina**, l'une des plus anciennes du monde. On se promène dans de petites rues étroites, on s'arrête pour regarder travailler les artisans. J'ai d'ailleurs rapporté en souvenir un magnifique service à thé en céramique bleue, spécialité de Fès. Et un petit thé à la menthe, maintenant, ça vous dirait?»

Proche-Orient *Near East* **escales** *layovers* **cèdre** *cedar* **couturier** *fashion designer* **enneigées** *snowy* **lunaire** *lunar* **vestiges** *remains*

L'arabe dans le français

Mots

un bled	un village
une casbah	une maison
un chouïa	un peu
kiffer	aimer beaucoup
un riad	une villa traditionnelle
une smala	une famille
un souk	un désordre

Expressions

C'est pas bézef.	Ce n'est pas beaucoup.
C'est kif-kif.	C'est pareil.
faire fissa	se dépêcher
Il est maboul!	Il est fou!
Zarma!	Ma parole!; *No way!*

Découvrons le Maghreb!

Essaouira Essaouira est un petit port marocain connu pour la douceur de son climat et la gentillesse de ses habitants. Les touristes aiment aussi visiter ses fortifications, sa médina et ses «riads», maisons marocaines traditionnelles, car la ville possède un patrimoine architectural bien conservé. Ses rues, où se rencontrent petits pêcheurs, commerçants, artisans et artistes du monde entier, offrent une atmosphère unique.

Le site de Timgad Aux portes du désert en Algérie, c'est un site archéologique exceptionnel par sa beauté et son état de conservation remarquables, classé au Patrimoine mondial de l'humanité. C'est une ville romaine construite par l'**empereur Trajan**, en 100 après  J.-C. Son architecture est unique car les artistes **numides** (qui habitaient cette région à l'époque des Romains) ont ajouté des détails qu'on ne trouve nulle part ailleurs.

Les Berbères Ils représentent le groupe ethnique le plus ancien d'**Afrique du Nord**. Nombreux au Maroc et en Algérie,  ils vivent aussi en Mauritanie, en Tunisie, en Libye et dans le Sahara. Unifiés sous le terme *Imazighen*, «hommes libres», les **Berbères** se différencient par des dialectes locaux variés, comme le touareg ou le kabyle. Depuis l'an 2000, **Berbère Télévision** émet° à **Paris** et aide à promouvoir° cette culture.

Sidi Bou Saïd Ce petit village de pêcheurs, perché sur une falaise, a une vue superbe sur Carthage et sur la baie de Tunis. En 1912, l'arrivée du **baron** français **Rodolphe d'Erlanger**, peintre et musicologue spécialiste de la musique arabe, a transformé Sidi  Bou Saïd. Le baron fait restaurer les anciennes maisons et y impose les couleurs **bleu** et **blanc**. Beaucoup d'artistes, comme **Paul Klee**, s'y sont installés pour profiter de la lumière et des couleurs fantastiques. **Camus**, **Hemingway** et **Flaubert** ont tous visité son mythique **Café des Nattes** et ses ruelles à l'ambiance tranquille et charmante.

émet *broadcasts* **promouvoir** *promote*

Qu'avez-vous appris?

1

Vrai ou faux? Indiquez si ces affirmations sont vraies ou fausses. Corrigez les fausses.

1. Le Liban est aussi grand que la France.
2. Au Liban, vous pouvez, dans la même journée, faire du ski et vous baigner dans la mer.
3. George Lucas a filmé un épisode de La Guerre des étoiles au Maroc.
4. Matmata est une ville du nord-est de la Tunisie.
5. Oran en Algérie est le lieu d'origine du raï traditionnel.
6. Les maisons de la Casbah ont des cours intérieures.
7. Oran est une ville du désert algérien.
8. On peut admirer la place Mohamed V à Rabat.
9. Essaouira est connue pour la douceur de son climat et la gentillesse de ses habitants.

2

Questions Répondez aux questions.

1. Que représente le thé à la menthe au Maghreb?
2. Quel est le surnom de la ville d'Alger?
3. Que doit-on visiter à Casablanca?
4. Qui sont les Berbères?
5. Qu'est-ce qui caractérise les maisons de Sidi Bou Saïd?
6. Quels écrivains célèbres ont visité Sidi Bou Saïd?
7. Quelle est l'importance de la ville de Beyrouth?
8. Qui sont Cheb Mami et Khaled?
9. Quel est le point commun des rues de la Casbah, de la médina de Fès et de Sidi Bou Saïd?

3

Discussion Par groupes de trois, considérez ces trois pays mentionnés dans le texte: le Liban, l'Algérie et le Maroc.

- Discutez des similitudes entre les trois pays. Pourquoi ont-ils ces caractéristiques en commun, d'après vous?
- Discutez des différences entre les trois pays. Laquelle vous semble plus intéressante? Pourquoi?

4

Écriture Lisez le proverbe algérien ci-dessous. Dans une composition de 12 à 14 lignes, expliquez votre point de vue selon les questions qui suivent.

> «Instruire la jeunesse, c'est graver sur le marbre; instruire la vieillesse, c'est vouloir graver sur le sable (*sand*).»

- Êtes-vous d'accord avec le proverbe?
- Quels exemples pouvez-vous donner pour défendre votre point de vue?
- Pensez-vous que votre culture joue un rôle dans votre interprétation de la citation?

 Video

1 **Préparation** Par groupes de trois, répondez aux questions.

1. Avez-vous un portable? Vous en servez-vous beaucoup?

2. Quel genre de forfait avez-vous? Dépassez-vous parfois vos limites?

Ados & portables

De nos jours, presque tous les adolescents français sont équipés d'un portable. En effet, environ 95% des 15 à 18 ans en possèdent un. Comment les jeunes utilisent-ils cet outil (*tool*) technologique? Dans le clip que vous allez regarder, une mère décrit de manière humoristique le fossé technologique qui existe entre elle et ses enfants en ce qui concerne l'utilisation des portables.

Votre peine sera l'interdiction du téléphone portable.

2 **Compréhension** Indiquez si ces phrases sont vraies ou fausses, d'après la vidéo.

1. _____ L'adolescente ne fait jamais de tâches ménagères.

2. _____ D'après la mère, la pire punition qu'on puisse donner à sa fille est de lui confisquer son portable.

3. _____ La mère comprend le langage SMS et l'utilise beaucoup.

4. _____ Pour communiquer avec sa fille, la mère doit lui téléphoner en appel masqué.

5. _____ La mère veut garder tous ses points pour changer souvent son portable.

3 **Discussion** Avec un(e) partenaire, discutez de ces questions.

1. Combien de temps par jour utilisez-vous votre portable? Essayez-vous de réduire votre utilisation?

2. Que veut dire la mère quand elle affirme qu'il y a un fossé technologique entre elle et ses enfants? Y a-t-il aussi un fossé technologique entre votre génération et celle de vos parents? Expliquez.

4 **Présentation** Les adolescents américains ont-ils le même rapport aux portables que les adolescents français? Comment pensez-vous que notre relation avec la technologie va changer pour la prochaine génération? Écrivez un paragraphe pour expliquer votre réponse à une de ces deux questions.

VOCABULAIRE

un appel masqué *anonymous call*

dépasser *to exceed*

une facture *bill*

un forfait *plan*

une interdiction *prohibition*

un(e) proche *family member; close friend*

un procureur *prosecutor*

une punition *punishment*

une tâche ménagère *chore*

 Practice more at vhlcentral.com.

GALERIE DE CRÉATEURS

MUSIQUE
Djura (1952–)

D'origine berbère, cette chanteuse est aussi réalisatrice et femme écrivain. Elle s'oppose à sa famille, extrêmement traditionaliste, et décide de vivre sa vie comme elle le souhaite. En 1977, à Paris, elle forme le groupe Djur Djura (nom d'une montagne d'Algérie) avec ses deux sœurs puis plus tard, avec d'autres chanteuses. Le groupe mêle les rythmes et les sonorités d'Afrique du Nord aux instruments occidentaux.

Dans ses chansons, Djura, qui chante en français et en kabyle, parle des femmes et de leur condition, de la liberté et de l'Algérie. Elle aime marier différentes influences musicales — le classique, l'électronique, le rock, la salsa... Elle débute enfin une carrière solo en 2002 avec l'album Univers-elles. La chanteuse veut faire de la musique un moyen de soulager (*relieve*) toutes les souffrances. Et elle dédie (*dedicates*) ses chansons à toutes les femmes qui ont été privées (*deprived*) d'amour, de connaissance (*knowledge*) et de liberté.

MOTS D'ART

un atelier	*workshop*
les beaux-arts	*fine arts*
un défilé	*fashion show*
la poésie	*poetry*
un recueil	*collection*

COUTURE
Azzedine Alaïa (1939–2017)

Le couturier tunisien Azzedine Alaïa a d'abord travaillé pour la maison Christian Dior puis pour d'autres couturiers. Il crée ensuite sa propre marque (*brand*), et présente son premier défilé en 1982, à New York. Son style cherche à mettre en valeur la silhouette féminine et son succès a été tel que la presse l'appelait le *King of Cling*. Ses vêtements peuvent avoir jusqu'à 40 pièces individuelles liées (*linked*) les unes aux autres. Son atelier était à Paris, et c'est là qu'il a organisé des défilés, en toute simplicité, à son image. Plusieurs musées du monde ont exposé ses vêtements et en 2011, il a aussi rejoint (*joined*) le monde très exclusif de la haute couture.

LITTÉRATURE
Nadia Tuéni (1935–1983)

Nadia Tuéni était la fille d'un diplomate libanais et d'une mère française. En 1963, elle écrit son premier recueil de poèmes, *Les textes blonds*, à la suite d'un drame personnel, la mort de sa fille âgée de sept ans. Elle découvre que la poésie est un merveilleux moyen d'exorciser ses douleurs. L'amour et la souffrance sont les thèmes principaux de ses œuvres. Son pays lui inspire aussi de magnifiques poèmes, et elle en évoque l'agonie dans *Archives sentimentales d'une guerre au Liban* (1982). À partir de 1967, elle écrit des articles littéraires pour le journal francophone libanais, *Le Jour*. Avec d'autres grands poètes libanais et arabes, elle contribue au développement culturel de Beyrouth et crée un des cercles littéraires les plus actifs de son temps.

COUTURE
Yves Saint Laurent (1936–2008)

«Je n'ai qu'un regret, ne pas avoir inventé le jean», dira-t-il. Ce grand couturier est né à Oran, en Algérie, où il passe toute son enfance. Il commence sa carrière dans la haute couture comme styliste pour Christian Dior. À la mort de celui-ci en 1957, Yves Saint Laurent, alors âgé de 21 ans, est chargé (a la responsabilité) de sauver la maison Dior de la ruine. Il obtient un grand succès avec sa robe trapèze, contraste avec la mode serrée de l'époque, mais est remplacé à la tête de la maison. Il crée alors sa propre maison de couture en 1962. Saint Laurent est un innovateur à l'origine de nombreuses révolutions dans la mode comme la robe transparente, la saharienne (*safari jacket*) et le smoking (*tuxedo*) féminin. Il veut donner ainsi plus de pouvoir aux femmes en leur offrant la possibilité de porter des vêtements dits masculins comme le pantalon. Il introduit les couleurs vives (*bright*), le noir, qui n'est plus réservé aux cérémonies, et l'univers oriental. La simplicité et l'originalité caractérisent depuis le début la maison YSL.

Compréhension

Questions Répondez à ces questions.

1. De quoi Djura parle-t-elle dans ses chansons?

2. Comment peut-on décrire le style musical de Djura?

3. Qu'a fait Azzedine Alaïa avant de fonder sa propre marque de vêtements?

4. Qu'est-ce qu'Alaïa cherche à mettre en valeur par ses vêtements?

5. Comment Nadia Tuéni décrit-elle la poésie?

6. Quels sont les thèmes principaux de l'œuvre de Tuéni?

7. Quel vêtement a apporté son premier grand succès à Yves Saint Laurent?

8. Citez trois autres vêtements créés par Saint Laurent qui montrent son désir d'innovation.

Rédaction

À vous! Choisissez un de ces thèmes et écrivez un paragraphe d'après les indications.

- **«La musique adoucit les mœurs»** est une citation française qu'on entend souvent. Djura dit qu'elle veut faire de la musique un moyen de «soulager toutes les souffrances». Pensez-vous que la musique puisse réellement avoir un effet sur les émotions et les comportements? Expliquez votre point de vue et donnez quelques exemples pour le justifier.

- **Mon auteur préféré** Inspirez-vous du texte sur Nadia Tuéni pour écrire un petit portrait de votre poète (ou autre auteur) préféré. Parlez de sa vie, de sa carrière littéraire, de ce qui l'inspire et des thèmes qui sont importants dans son œuvre. Expliquez aussi pourquoi cette personne est votre auteur préféré.

- **La mode—un art à part entière?** Pensez-vous que la mode soit une forme d'art au même titre que les beaux-arts, la musique, la littérature ou le cinéma? Donnez votre point de vue personnel sur cette question et justifiez votre opinion.

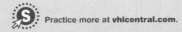

Practice more at **vhlcentral.com**.

6.1

The subjunctive: impersonal expressions; will, opinion, and emotion

—*Je ne **veux** pas **que tu sois** triste.*

BLOC-NOTES

To review imperfect forms, see **Fiche de grammaire 3.5, p. A14.**

Forms of the present subjunctive

- You have already been using verb tenses in the indicative mood. You can also use French verbs in the *subjunctive* mood, which is used to express an attitude, an opinion, or personal will, or to imply hypothesis or doubt.

- To form the present subjunctive of most verbs, take the **ils/elles** stem of the present indicative and add the subjunctive endings. For **nous** and **vous**, use their **imparfait** forms.

The present subjunctive			
	parler	**finir**	**attendre**
	parl**ent**	finiss**ent**	attend**ent**
que je/j'	parl**e**	finiss**e**	attend**e**
que tu	parl**es**	finiss**es**	attend**es**
qu'il/elle	parl**e**	finiss**e**	attend**e**
que nous	parlions	finissions	attendions
que vous	parliez	finissiez	attendiez
qu'ils/elles	parl**ent**	finiss**ent**	attend**ent**

- Use the same pattern to form the subjunctive of verbs with spelling or stem changes.

acheter	achèt**e**, achèt**es**, achèt**e**, achetions, achetiez, achèt**ent**
croire	croi**e**, croi**es**, croi**e**, croyions, croyiez, croi**ent**
prendre	prenn**e**, prenn**es**, prenn**e**, prenions, preniez, prenn**ent**
recevoir	reçoiv**e**, reçoiv**es**, reçoiv**e**, recevions, receviez, reçoiv**ent**

- Some verbs are unpredictably irregular in the present subjunctive.

aller	aille, ailles, aille, allions, alliez, aillent
avoir	aie, aies, ait, ayons, ayez, aient
être	sois, sois, soit, soyons, soyez, soient
faire	fasse, fasses, fasse, fassions, fassiez, fassent
pouvoir	puisse, puisses, puisse, puissions, puissiez, puissent
savoir	sache, saches, sache, sachions, sachiez, sachent
vouloir	veuille, veuilles, veuille, voulions, vouliez, veuillent

Impersonal expressions and verbs of will and emotion

- Sentences calling for the subjunctive fit the pattern [*main clause*] + **que** + [*subordinate clause*]. In each case, the subjects of the two clauses are different and **que** is used to connect the clauses. Note that although the word *that* is optional in English, the word **que** *cannot* be omitted in French.

MAIN CLAUSE	CONNECTOR	SUBORDINATE CLAUSE
Il est étonnant	**que**	**Thierry ne connaisse pas ses parents.**
It is surprising	*(that)*	*Thierry doesn't know his parents.*

- The subjunctive is used after many impersonal expressions that state an opinion.

Impersonal expressions followed by the subjunctive

Ce n'est pas la peine que… *It is not worth the effort…*	**Il est indispensable que…** *It is essential that…*
Il est bon que… *It is good that…*	**Il est nécessaire que…** *It is necessary that…*
Il est dommage que… *It is a shame that…*	**Il est possible que…** *It is possible that…*
Il est essentiel que… *It is essential that…*	**Il est surprenant que…** *It is surprising that…*
Il est étonnant que… *It is surprising that…*	**Il faut que…** *One must… / It is necessary that…*
Il est important que… *It is important that…*	**Il vaut mieux que** … *It is better that…*

- When the main clause of a sentence expresses will or emotion, use the subjunctive in the subordinate clause.

Expressions of will	Expressions of emotion
demander que… *to ask that…*	**aimer que…** *to like that…*
désirer que… *to desire that…*	**avoir peur que…** *to be afraid that…*
exiger que… *to demand that…*	**être content(e) que…** *to be happy that…*
préférer que… *to prefer that…*	**être désolé(e) que…** *to be sorry that…*
proposer que… *to propose that…*	**être étonné(e) que…** *to be surprised that…*
recommander que… *to recommend that…*	**être fâché(e) que…** *to be mad that…*
souhaiter que… *to hope that…*	**être fier/fière que…** *to be proud that…*
suggérer que… *to suggest that…*	**être ravi(e) que…** *to be delighted that…*
vouloir que… *to want that…*	**regretter que…** *to regret that…*

Notre grand-père **désire qu'**on lui **rende** visite cet été.
Our grandfather wants us to visit him this summer.

Je **suis ravie que** nous **allions** chez notre oncle.
I'm delighted that we're going to our uncle's house.

- Although the verb **espérer** expresses emotion, it does not trigger the subjunctive.

J'**espère** que le nouveau prof n'**est** pas trop strict.
I hope that the new professor isn't too strict.

Nous **espérons** qu'ils **ont** des citrons à la supérette.
We hope they have lemons at the mini-market.

BLOC-NOTES

If there is no change of subject in the sentence, an infinitive is used after the main verb and **que** is omitted. To learn more about using infinitives in place of the subjunctive, see **Structures 8.1, pp. 288–289.**

ATTENTION!

Some verbs used only in the third person singular, including some used in impersonal expressions, have irregular present subjunctive forms.

valoir (*to be worth it*): qu'il **vaille**

falloir (*to be necessary*): qu'il **faille**

pleuvoir (*to rain*): qu'il **pleuve**

Je ne pense pas que ça en vaille la peine.
I don't think it's worth the effort.

ATTENTION!

The verb **demander** is often used with an indirect object + **de** + [*infinitive*].

Papa nous demande de rentrer avant minuit.
Dad is asking us to come home before midnight.

Mise en pratique

1

À lier Reliez les éléments de chaque colonne pour former des phrases cohérentes.

_____ 1. Ils sont étonnés que vous…   a. parler avec ton amie au téléphone?

_____ 2. Il est impossible qu'ils…   b. mangions des épinards.

_____ 3. Il est bon que nous…   c. finissent à temps.

_____ 4. As-tu fini de…   d. sois si insupportable?

_____ 5. Vous souhaitez que je/j'…   e. ayez encore vos arrière-grands-parents.

_____ 6. Faut-il que tu…   f. apprenne plus de langues.

2

Vacances à Djerba Complétez l'e-mail que Géraldine écrit à son agent de voyages. Mettez au présent du subjonctif les verbes entre parenthèses.

De:	Géraldine Lastricte <géraldine.lastricte@email.fr>
Pour:	Marion Cantou <marion.cantou@email.fr>
Sujet:	Recommandations

Madame,

J'espère que vous avez bien pris en considération les souhaits (*wishes*) que j'ai formulés pour mon voyage à Djerba. Je vous les rappelle, au cas où. Il est évidemment essentiel que je (1) _____ (voyager) en première classe. Il faut que mon hôtel (2) _____ (être) situé près de la plage et que ma chambre (3) _____ (avoir) vue sur la mer. Je désire que tout le monde à l'hôtel (4) _____ (connaître) mes goûts. Je préférerais que le quartier (5) _____ (être) vivant, mais pas trop bruyant. Je veux, bien sûr, qu'une voiture (6) _____ (venir) me chercher à l'aéroport, et dites à la compagnie de limousine qu'il vaut mieux pour elle que je n' (7) _____ (attendre) pas. Je tiens à ajouter qu'il serait dommage pour votre avenir que vous ne (8) _____ (pouvoir) pas répondre à ces simples souhaits.

Cordialement,
Géraldine Lastricte

3

L'homme idéal Léo, qui habite à Beyrouth, au Liban, est amoureux de Sarah et veut l'inviter à passer une journée à Byblos. Il veut faire bonne impression. Regardez les images et, avec les éléments de la liste, dites à Léo ce qu'il doit faire pour devenir l'homme idéal.

il est nécessaire que	il vaut mieux que	recommander que
il est possible que	préférer que	suggérer que
il faut que	proposer que	vouloir que

Léo

L'homme idéal

 Practice more at vhlcentral.com.

Communication

4

Rêve et réalité À deux, faites des comparaisons entre ce que vous avez et ce que vous rêvez d'avoir. Aidez-vous des éléments de la liste. N'oubliez pas d'utiliser le présent du subjonctif si nécessaire.

> **Modèle** —As-tu un appartement?
> —Oui, j'ai un appartement, mais j'aimerais qu'il soit plus grand.

aimer que	parents
appartement	préférer que
enfance	regretter que
être content(e) que	relation
frère(s)/sœur(s)	souhaiter que
ordinateur	vouloir que

5

Recherche... À deux, regardez les deux annonces et imaginez que vous soyez d'abord la personne qui vende le chiot, puis les touristes qui cherchent un guide. Écrivez la suite des annonces à l'aide du présent du subjonctif. Ensuite, présentez-les à la classe.

> **Modèle** Il est indispensable que la famille adoptive soit gentille.
> Il est important que notre guide habite à Alger.

La famille Ouagued vend un chiot (puppy) de la race des épagneuls. Voici une photo de sa mère...

Touristes français recherchent un guide pour leur séjour en Algérie...

6

Dialogue parents-enfant Par groupes de trois, imaginez une conversation entre des parents et leur enfant adolescent(e). Ensuite, jouez la scène devant la classe. Utilisez le plus possible le présent du subjonctif.

> **Modèle** **MÈRE** Il faut que tu comprennes que tu passes le bac cette année.
> **ENFANT** Je veux que vous me laissiez tranquille avec mes amis!
> **PÈRE** On préfère que tu ne sortes pas avec eux ce soir.

6.2

Relative pronouns

—*Ce qu'elle venait de voir... allait changer sa vie.*

- Relative pronouns are used to link two ideas containing a common element into a single, complex sentence, thereby eliminating the repetition of the common element. The relative pronoun to use is determined by the part of speech of the word it represents, called the *antecedent*.

- In the sentences below, the common element, or antecedent, is **l'enfant**. Because **l'enfant** is the subject of the second sentence, the relative pronoun **qui** replaces it.

| La mère a grondé **l'enfant**. *The mother scolded the child.* | **L'enfant** était **insupportable**. *The child was unbearable.* | La mère a grondé l'enfant **qui** était **insupportable**. *The mother scolded the child who was unbearable.* |

- The relative pronoun **que** replaces a direct object.

| **Le saumon** est excellent. *The salmon is excellent.* | J'ai trouvé **le saumon**. *I found the salmon.* | Le saumon **que** j'ai trouvé est excellent. *The salmon that I found is excellent.* |

- A past participle that follows the relative pronoun **que** agrees in gender and number with its antecedent.

  La tarte **que** tu as **faite** était délicieuse.
  The pie that you made was delicious.

- The relative pronoun **où** can stand for a place or a time, so it can mean *where* or *when*.

  C'est une supérette **où** on peut trouver des produits biologiques.
  It's a mini-market where you can find organic food.

  Téléphone-moi au moment **où** notre nièce arrive.
  Call me the moment that (when) our niece arrives.

- The relative pronoun **dont** replaces an object of the preposition **de**.

On est allés à
l'hypermarché.
*We went to the
supermarket.*

> Je t'ai parlé
de l'hypermarché.
*I talked to you
about the supermarket.*

> On est allés à l'hypermarché **dont**
je t'ai parlé.
*We went to the supermarket (that)
I talked to you about.*

- Since the preposition **de** can indicate possession, **dont** can mean *whose*.

    Les enfants, **dont** le père est autoritaire, sont souvent punis.
    The children, whose father is strict, are often punished.

- Use **lequel** as a relative pronoun to represent the object of a preposition. Note that the preposition is retained in the clause containing the relative pronoun.

    C'est le citron bio **avec lequel** je vais faire la sauce
    That's the organic lemon with which I am going to prepare the sauce.

    C'est la raison **pour laquelle** je suis venu.
    This is why (the reason for which) I came.

BLOC-NOTES

To review all the forms of **lequel**,
see **Structures 1.3, pp. 26–27**.

- Remember that **lequel** and its forms **laquelle**, **lesquels**, and **lesquelles** agree in gender and number with the objects they represent. Remember, too, that when **lequel** combines with **à** or **de**, contractions may be formed.

With *à*	With *de*
auquel	duquel
auxquels	desquels
auxquelles	desquelles

- The relative pronoun **lequel** usually does not refer to people. If the object of the preposition is human, use the relative pronoun **qui** along with the preposition.

C'est une relation **sur laquelle**
je peux compter.
*That's a relationship I can
count on.*

but

C'est la femme **avec qui** Paul
est très lié.
*This is the woman to whom Paul is
very close.*

- If a relative pronoun refers to an unspecified antecedent, use **ce que**, **ce qui**, or **ce dont**, which often mean *what*.

Le problème **qui** m'inquiète, c'est le
fossé des générations.
*The problem that worries me
is the generation gap.*

Ce qui m'inquiète, c'est le fossé
des générations.
*What worries me is the
generation gap.*

La viande **que** je préfère, c'est la volaille.
The meat that I prefer is poultry.

Ce que je préfère, c'est la volaille.
What I prefer is poultry.

L'ingrédient **dont** elle a besoin, c'est
un conservateur.
The ingredient that she needs is a preservative.

Ce dont elle a besoin, c'est
un conservateur.
What she needs is a preservative.

Mise en pratique

1 🔗

À choisir Choisissez le bon mot pour compléter la phrase.

1. Je viens de voir le garçon _____ est le plus égoïste de tous les enfants que je connais.

   a. qui   b. que   c. dont

2. La supérette _____ je faisais mes courses a brûlé!

   a. laquelle   b. dont   c. où

3. «Jojo» est le seul surnom de Joël _____ je connaisse.

   a. que   b. duquel   c. auquel

4. C'est la réunion de famille pendant _____ Paulette a été si rebelle.

   a. qui   b. que   c. laquelle

5. Nous avons dépensé l'argent _____ nous devions acheter les asperges.

   a. que   b. avec lequel   c. lequel

6. Ce garçon _____ on nous a parlé avant-hier a un frère jumeau.

   a. dont   b. laquelle   c. qui

2 🔗

Fès Le grand-père de Mohammed lui parle de la ville de Fès. Complétez le paragraphe à l'aide des pronoms relatifs de la liste.

auxquels	dont	où	que
avec qui	duquel	pour laquelle	qui

Note
CULTURELLE

Fès fait partie des quatre villes impériales du **Maroc** avec **Marrakech**, **Meknès** et **Rabat**. Elles ont toutes été capitale du Maroc au moins une fois dans leur histoire. On peut découvrir le palais royal et les tanneries à Fès, la grande place **Djema'a el-Fna** à Marrakech, les ruines d'une antique cité romaine dans la banlieue de Meknès et la grande mosquée **Hassan II** à Rabat.

Fès, la quatrième ville du Maroc, est la ville (1) _____ m'est le plus chère parce que j'y ai passé toute mon enfance et donc c'est la ville (2) _____ je me souviens le mieux. C'est la raison (3) _____ j'y retourne souvent en vacances. J'aime me promener en ville avec mon frère (4) _____ je voyage souvent. Nous aimons découvrir des endroits (5) _____ nous ne connaissons pas encore. L'hôtel (6) _____ nous descendons toujours est formidable. Dans la cour, il y a des citronniers qui donnent d'excellents citrons (7) _____ on ne peut pas résister! Prendre un bon citron pressé au restaurant de cet hôtel est un vrai plaisir. En général, je m'installe dans un canapé confortable (8) _____ je regarde passer les gens dans la rue. C'est très relaxant!

3 🔗

À lier Liez (*Connect*) les deux phrases avec le bon pronom relatif.

    Modèle   **Le saumon est très bon. Je mange ce saumon.**

            Le saumon que je mange est très bon.

1. L'homme est gentil, intelligent et beau. Je rêve de cet homme.

2. Mes petits-enfants déménagent à La Rochelle. Ils habitent actuellement à Paris.

3. Ma grand-tante élève deux enfants adoptés. Je ne connais pas encore ces enfants.

4. Je sors souvent avec des frères jumeaux. Ces jumeaux sont très sympas!

5. Tu parles de la petite-fille de Josie? Je ne me souviens pas de sa petite-fille.

6. La patrie est un sujet. Je dois écrire une rédaction sur ce sujet.

Practice more at
vhlcentral.com.

Communication

4

Une rencontre Imaginez que vous rencontriez un(e) ancien(ne) camarade de classe dans la rue. Vous parlez de vos familles respectives. À deux, créez la conversation à l'aide des éléments de la liste.

avec lequel	dont	que
de laquelle	où	qui

Modèle —Tu te souviens de Richard? C'est mon demi-frère que tu connaissais au lycée.

—Bien sûr! C'est le garçon qui était toujours insupportable en cours de chimie.

5

Des parents Sur une feuille de papier, notez les noms de quelques-uns des membres de votre famille (ou ceux d'une famille célèbre ou imaginaire). Pour chacun(e), écrivez une phrase pour le/la décrire à l'aide d'un pronom relatif. Ensuite, comparez vos phrases avec la classe.

Valérie	Valérie est la femme avec laquelle mon demi-frère s'est marié récemment.

6

Étapes de vie Par petits groupes, décrivez ce qui constitue, à votre avis, l'enfance ou la jeunesse idéale, à l'aide de ces éléments. Vos camarades de classe vous poseront des questions qui contiennent des pronoms relatifs.

Modèle —Quelle est la personne dont tu te souviens le mieux?

—Ma grand-mère. C'était la personne avec qui je m'entendais le mieux.

- vos parents
- vos amis
- vos professeurs
- votre école

6.3

Irregular *-re* verbs

—*Elle savait bien que sa petite fille ne pouvait pas tout* **comprendre** *aujourd'hui...*

- You can see patterns in irregular **-re** verbs, but it is best to learn each verb individually.

	boire	croire	dire	écrire
je/j'	bois	crois	dis	écris
tu	bois	crois	dis	écris
il/elle	boit	croit	dit	écrit
nous	buvons	croyons	disons	écrivons
vous	buvez	croyez	dites	écrivez
ils/elles	boivent	croient	disent	écrivent
past participle	bu	cru	dit	écrit

	lire	prendre	craindre (*to fear*)	se plaindre
je	lis	prends	crains	me plains
tu	lis	prends	crains	te plains
il/elle	lit	prend	craint	se plaint
nous	lisons	prenons	craignons	nous plaignons
vous	lisez	prenez	craignez	vous plaignez
ils/elles	lisent	prennent	craignent	se plaignent
past participle	lu	pris	craint	plaint(e)(s)

Mon neveu **a bu** trois verres de lait.
My nephew drank three glasses of milk.

Mais **dis** quelque chose!
Well, say something!

Mes petits-enfants ne m'**écrivent** jamais.
My grandchildren never write me.

Est-ce que vous **comprenez** votre oncle?
Do you understand your uncle?

Je **crains** qu'elle ne m'aime plus.
I'm afraid she doesn't love me anymore.

Nous **nous sommes plaints** du service.
We complained about the service.

- The verb **plaire** (*to please*) is often used in the third person and usually takes an indirect object. Its past participle is **plu**. The English verb *to like* is typically used to translate it.

Cette fromagerie **leur plaît**.
They like this cheese shop.

Les produits bio **vous plaisent**?
Do you like organic food?

Le repas **lui a plu**.
She liked the meal.

	mettre	suivre	vivre
je/j'	mets	suis	vis
tu	mets	suis	vis
il/elle	met	suit	vit
nous	mettons	suivons	vivons
vous	mettez	suivez	vivez
ils/elles	mettent	suivent	vivent
past participle	mis	suivi	vécu

	rire	conduire	connaître
je/j'	ris	conduis	connais
tu	ris	conduis	connais
il/elle	rit	conduit	connaît
nous	rions	conduisons	connaissons
vous	riez	conduisez	connaissez
ils/elles	rient	conduisent	connaissent
past participle	ri	conduit	connu

ATTENTION!

Remember that **permettre** and **promettre** are conjugated like **mettre**.

Survivre is conjugated like **vivre**.

Use the expression **suivre un/des cours** to say *to take a class*.

Je suis un cours d'histoire de l'art.
I'm taking an art history course.

Sourire is conjugated like **rire**.

Remember that **construire**, **détruire**, **produire**, **réduire**, and **traduire** are conjugated like **conduire**.

Disparaître, **paraître**, and **reconnaître** are conjugated like **connaître**.

Paraître is often used in the third person with an indirect object to say that something seems a certain way.

Ça me paraît difficile.
That seems difficult to me.

Nous **avons mis** un pull pour sortir.
We put on sweaters to go out.

Mon grand-père ne **conduit** plus.
My grandfather no longer drives.

Mes ancêtres **ont vécu** à Abidjan.
My ancestors lived in Abidjan.

Vous ne me **reconnaissez** pas?
Don't you recognize me?

Mes petits-enfants me **sourient** quand je chante pour eux.
My grandchildren smile at me when I sing to them.

Mon grand-oncle **a disparu** pendant la guerre.
My great uncle disappeared during the war.

BLOC-NOTES

For a review on how **connaître** differs from **savoir**, see **Fiche de grammaire 9.4, p. A36.**

- **Se mettre**, when followed by **à** + [*infinitive*], means *to start* (doing something).

  Elle **s'est mise à pleurer**!
  She started crying!

  À six heures, je **me mets à faire** la cuisine.
  At 6 o'clock, I start cooking.

- Note the double **i** spelling in the **nous** and **vous** forms of **rire** and **sourire** in the **imparfait**.

  Nous **riions** beaucoup à l'école.
  We used to laugh a lot at school.

  Vous **souriiez** quand votre tante téléphonait.
  You used to smile when your aunt called.

- The verb **naître**, conjugated like **connaître** in the present, is rarely used in this tense. Remember that the past participle agrees with the subject in compound tenses such as the **passé composé** and **plus-que-parfait**.

  Ma grand-mère est **née** en 1940.
  My grandmother was born in 1940.

  Les jumeaux étaient-ils **nés** à cette époque?
  Had the twins been born at that time?

Mise en pratique

1

Un repas authentique Claudia passe un semestre à Tunis, dans une famille. Ils voudraient préparer un repas traditionnel. Complétez la conversation logiquement.

apprendre	croire	plaire
comprendre	mettre	prendre
connaître	se plaindre	rire

MÈRE Alors, Claudia, quels plats tunisiens (1) _____-tu?

CLAUDIA Une fois, dans un resto maghrébin, je/j' (2) _____ du couscous.

PÈRE Je/J' (3) _____ que ça ferait un bon repas authentique.

GRAND-MÈRE Je ne/n' (4) _____ pas — j'adore le couscous!

Plus tard dans la cuisine…

CLAUDIA Je ne/n' (5) _____ pas cette recette. Peux-tu la traduire en anglais?

FILLE Non, moi non plus. Nous avons bien lu la recette. Nous (6) _____ tous les ingrédients dans le bol. Maman, ce n'est pas drôle! Pourquoi est-ce que tu (7) _____?

MÈRE Désolée, mais apparemment vous deux, vous (8) _____ toujours à cuisiner!

2

Autrement dit Réécrivez chaque phrase et remplacez le(s) mot(s) souligné(s) par un verbe irrégulier en **-re**. Ajoutez d'autres mots, si nécessaire.

1. Ma demi-sœur <u>est venue au monde</u> en 1998.

   _____

2. Tu n'aimes pas ton plat? Appelle le serveur et <u>dis-lui que tu n'es pas satisfait</u>!

   _____

3. <u>Avez-vous peur des</u> gens rebelles?

   _____

4. Ma famille <u>pense</u> que je n'ai pas assez d'amour-propre.

   _____

3

Phrases logiques

A. Écrivez cinq ou six phrases à l'aide des éléments de chaque colonne. Employez les verbes à des temps différents.

A	B	C
Mes parents	construire	une nouvelle maison…
Je	craindre	faire du mal à…
Le fossé des générations	disparaître	dans quelles circonstances?
Les gens bien élevés	écrire	des cartes de remerciement…
Mon arrière-grand-mère/père	naître	où et quand?
…?	survivre	…?

B. À deux, créez un dialogue qui inclut au moins trois de vos phrases de la partie A.

Practice more at vhlcentral.com.

Communication

4

Questions spécifiques À deux, répondez aux questions par des phrases complètes.

1. Combien d'e-mails écris-tu chaque jour? Combien en lis-tu?
2. Écris-tu des cartes de vœux? Ça te plaît? Pourquoi?
3. Quel genre de littérature lis-tu le plus souvent?
4. Quel membre de ta famille se plaint le plus? Et qui rit le plus?
5. T'es-tu déjà plaint(e) de ton père ou de ta mère? Pourquoi?
6. Connais-tu quelqu'un qui vit dans une région francophone? Si oui, laquelle?
7. Quel âge avais-tu quand tu as conduit une voiture pour la première fois?
8. Tes parents te permettent-ils toujours de suivre les cours que tu veux?

5

Une famille unie Même les membres d'une famille unie ne s'entendent pas toujours parfaitement bien. À deux, posez des questions et décrivez cette scène à l'aide des verbes de la liste. Ensuite, imaginez une conversation entre les membres de la famille sur la photo.

> **Modèle** —Où vivent-ils?
> —Je crois qu'ils vivent aux États-Unis.

apparaître	craindre	permettre
boire	croire	se plaindre
(se) comprendre	dire	plaire
contredire	écrire	prendre

6

À votre santé! Imaginez que vous soyez une équipe de rédacteurs qui travaillent pour un magazine de santé. Par petits groupes, discutez de ce qu'il faut faire pour rester en bonne santé physique et mentale. Ensuite, écrivez un article qui inclut vos suggestions et au moins huit verbes irréguliers en **-re**.

> ## Prenez en charge votre santé!
> Pour rester en bonne santé, riez souvent! Ce qu'il faut faire pour ne pas être malade…

Synthèse

Mariage toujours

Recherchons organisateur/organisatrice de mariages rapide et efficace. Nous retiendrons la personne qui ne craint pas les obstacles, qui plaît et sourit aux clients. Contactez Samira à samira.alhafta@mariage.toujours.tn

Petits anges à garder

Un(e) baby-sitter est demandé(e) pour garder° deux enfants qui sont bien élevés et obéissants°. Il est indispensable que cette personne connaisse au moins une langue étrangère pour la leur enseigner. Appelez le 01.62.74.02.16.

À TABLE!

Un restaurant trois étoiles recherche un chef cuisinier qui connaisse la gastronomie maghrébine. Il est nécessaire que le candidat sache accommoder viandes et poissons avec les saveurs orientales. Il est recommandé que la personne ne se plaigne jamais. Le candidat dont les qualités correspondent à ces critères doit téléphoner au 04.78.96.29.54.

Appart' à partager

Jeunes filles recherchent un(e) colocataire pour partager un appartement qui se trouve au centre-ville. Il est essentiel que la personne qu'on choisira ne soit pas égoïste et rie souvent. Toute personne stricte et insupportable s'abstenir! Contactez-nous au 02.96.08.21.17.

garder *to look after*

obéissants *obedient*

1 Révision de grammaire Choisissez l'annonce qui correspond à chaque description.

1. Contient le subjonctif du verbe **savoir**: _____
2. Contient le subjonctif du verbe **être**: _____
3. Contient le subjonctif du verbe **rire**: _____
4. Contient un seul pronom relatif: _____
5. Contient le plus grand nombre de verbes irréguliers en **-re**: _____

2 Qu'avez-vous compris? Répondez par des phrases complètes. Utilisez les structures de cette leçon dans vos réponses.

1. Qu'est-ce qui est indispensable pour la personne qui veut être baby-sitter?
2. Qu'est-ce qui est nécessaire pour le candidat qui veut être chef cuisinier?
3. Quelle personne retiendra-t-on comme organisateur/organisatrice de mariages?
4. D'après vous, quelles qualités le/la colocataire idéal(e) a-t-il/elle?

Préparation

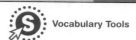 Vocabulary Tools

Vocabulaire de la lecture	**Vocabulaire utile**
les affaires (*f.*) *belongings*	**une alliance** *wedding ring*
affronter *to face*	**une bague de fiançailles** *engagement ring*
confier *to confide; to entrust*	**le bouquet de la mariée** *bouquet*
débuter *to begin*	**un marié** *groom*
se dérouler *to take place*	**une robe de mariée** *wedding gown*
faire une demande en mariage *to propose*	**un témoin** *witness; best man; maid of honor*
les fiançailles (*f.*) *engagement*	
une mariée *bride*	
nécessiter *to require*	

1

Le mariage Vous allez vous marier et vous lisez un livre pour tout savoir sur les éléments-clés de la cérémonie. Trouvez le titre de chaque chapitre.

Sommaire

Chapitre 1: _____ 7

Vous êtes fiancés? Félicitations! C'est pendant cette période que vous préparez votre mariage.

Chapitre 2: _____ 15

C'est le symbole de votre union. Comment la choisir?

Chapitre 3: _____ 21

Ils sont à côté de vous pendant la cérémonie. Qui choisir? Quel cadeau leur offrir? Tout ce qu'il faut faire.

Chapitre 4: _____ 28

C'est la journée de la mariée! Les hommes seront beaux dans leur costume, mais tout le monde s'intéressera à ce qu'elle portera! Voici notre sélection.

Chapitre 5: _____ 35

Qu'est-ce qu'un mariage sans fleurs? Il faut choisir avec soin cet accessoire très important pour la mariée! Lisez nos conseils.

2

Célébrations Répondez aux questions et comparez avec un(e) camarade.

1. Dans votre famille, les traditions du mariage sont-elles similaires à celles mentionnées dans l'activité 1? En avez-vous d'autres? Décrivez-les.

2. Vos traditions incluent-elles une demande en mariage officielle? Offre-t-on une bague de fiançailles?

3. Quelles sont les étapes de la cérémonie du mariage?

4. Célébrez-vous d'une manière particulière d'autres étapes marquantes de la vie? Lesquelles? Comment les célébrez-vous?

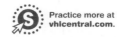 Practice more at **vhlcentral.com.**

Jour de mariage

Hier, vendredi, j'étais invité au mariage d'un charmant couple algérien, Yasmina et Salim. Pour moi, Occidental, ce fut l'occasion d'ouvrir les yeux sur des traditions et un monde différents. Un peu perdu dans cette succession de cérémonies, j'ai posé des questions au jeune couple.

PAUL Quels ont été les grands moments de la journée?

SALIM Tout a commencé en fin d'après-midi. Yasmina est arrivée chez moi, où elle
10 est restée dans une pièce avec ses amies. La fête a vraiment débuté quand je suis arrivé pour la cérémonie avec les hommes, en marchant° au rythme de la musique. Tu as vu que les hommes et les femmes, et
15 notre couple, sont restés séparés pendant toute la fête. Tout était fait pour rendre plus intense le moment où Yasmina et moi nous retrouverions en fin de soirée. Après le repas, les hommes, les femmes âgées et les enfants
20 ont dansé. D'ailleurs°, je t'ai vu danser avec eux. Tu avais l'air de bien t'amuser. Puis, plus tard dans la soirée, la hennayat a tatoué mon index° avec du henné° pour me porter bonheur°. J'ai reçu de l'argent des invités, et
25 j'ai enfin pu rejoindre Yasmina.

PAUL On m'a dit que «le mariage d'une nuit nécessite une année de préparation». Est-ce que cela a été le cas pour le vôtre?

YASMINA À peu près°. Il y a une semaine,
30 Salim et moi sommes allés à la mosquée pour recevoir la bénédiction de l'imam, puis à la mairie pour signer les documents officiels. Deux jours avant la cérémonie du vendredi, j'ai célébré la fête de l'«Outia»
35 qui symbolise le début de la préparation de la mariée. C'est aussi «la nuit du henné», la troisième et dernière nuit où on m'a tatoué les mains au henné. Ce produit végétal a une valeur spirituelle et protectrice. Plus le
40 tatouage est foncé, plus il est beau et plus il a de la valeur. Il faut que le produit soit appliqué° trois fois pour qu'il imprègne la peau. Jeudi, j'ai envoyé toutes mes affaires chez Salim, et j'ai passé la journée à me
45 reposer, afin d'affronter le rythme effréné° du lendemain.

Plus tard, on m'a expliqué que Salim avait fait une demande en mariage traditionnelle qu'on appelle la «shart». Il y
50 a deux mois, il est venu demander la main

walking (line 13)
By the way (line 20)
forefinger / henna (line 23)
to bring happiness (line 24)
Practically (line 29)
applied (line 42)
frantic (line 45)

Le henné

Le henné est une plante qu'on trouve au **Maghreb**. Les femmes, mais aussi les hommes, se servent de cette poudre comme produit de tatouage, après l'avoir mélangée avec de l'eau. La «**hennayat**», ou tatoueuse, l'applique parfois avec de la dentelle pour créer de jolis motifs. C'est aussi une substance qui sert à la teinture des cheveux.

de Yasmina à ses parents et leur a offert la somme habituelle, équivalente à 1.500 $. Une semaine après, ils ont fêté la «djeria»,
les fiançailles. La hennayat a appliqué du 55 henné et un Louis d'or° sur la paume de la main de Yasmina, et Salim a offert à sa fiancée un tailleur° blanc pour le mariage.

Salim m'a confié que toute cette effervescence lui a rappelé la cérémonie de 60 sa circoncision. Il avait six ans. Il a vécu là un moment capital de son existence: Il faut passer par ce rite pour devenir musulman. En général, un garçon est circoncis entre la naissance et l'âge de six ans. Quand 65 le garçon est plus âgé, le rite prend plus d'importance, parce qu'il se rend compte de sa signification et il reçoit plein de cadeaux.

Ces fêtes maghrébines ont au moins un point commun. Toutes les femmes 70 mariées de la famille se réunissent dans la maison où vont se dérouler les festivités. Elles procèdent toujours au même rituel: le roulage°, étape importante dans la préparation du couscous. C'est toujours 75 le plat principal des fêtes familiales, en Afrique du Nord.

Je me souviendrai de l'ambiance et des odeurs envoûtantes° qui m'auront fait découvrir un autre univers. Pendant un 80 moment, j'étais à l'autre bout de la Terre. Me voilà de retour. Dommage°... ■

gold Louis coin (line 56)
woman's suit (line 58)
rolling (line 74)
enchanting (line 79)
Too bad (line 82)

Analyse

1

Compréhension Répondez aux questions par des phrases complètes.

1. À quelle cérémonie l'auteur a-t-il été invité?
2. Connaît-il bien les traditions de cette culture?
3. Les hommes et les femmes font-ils la fête ensemble dans la culture algérienne?
4. Où va le couple pour officialiser son union?
5. Qu'est-ce que le henné?
6. Quel est le rôle de la hennayat dans la cérémonie?
7. Qu'est-ce que la «shart»?
8. Comment appelle-t-on les fiançailles algériennes? Quand ont-elles lieu?
9. Quelle autre cérémonie traditionnelle le marié mentionne-t-il? Que signifie cette cérémonie?
10. En Afrique du Nord, quel plat fait toujours partie des fêtes familiales?

2

Traditions Dans l'article, vous avez vu qu'au Maghreb les fêtes sont basées sur un rituel qui peut durer plusieurs jours. Ces grandes cérémonies sont l'essence même de la société maghrébine. À deux, répondez à ces questions.

1. Ce genre de grande cérémonie existe-t-il dans votre famille? Sinon, aimeriez-vous qu'elle joue un plus grand rôle dans votre vie?
2. Connaissez-vous d'autres cultures qui ont cette caractéristique?

3

Mariage plus vieux, mariage heureux Aujourd'hui, on se marie généralement de moins en moins jeune. Par groupes de trois, répondez aux questions.

- Comment expliquez-vous ce phénomène?
- Pensez-vous que si on se marie plus vieux, on a vraiment de meilleures chances d'avoir un mariage heureux?

4

Les grands événements de la vie

A. Quels sont les événements les plus importants de votre vie? Ajoutez quatre autres événements au tableau, puis classez-les (*rank them*) par ordre d'importance.

	Classement
Passer son permis de conduire	
Commencer ses études universitaires	
Habiter loin de ses parents pour la première fois	
?	
?	
?	
?	

B. Pensez-vous que vos parents, quand ils étaient jeunes, aient donné la même importance que vous à ces événements? Par groupes de trois, discutez-en.

Practice more at
vhlcentral.com.

Préparation

 Vocabulary Tools

À propos de l'auteur

Maryse Condé (1937–) est une femme écrivain née à Pointe-à-Pitre, en Guadeloupe. En 1953, elle part étudier au lycée Fénelon, à Paris, puis elle poursuit ses études à l'université de la Sorbonne. Enseignante en Afrique, en France, puis à Columbia University, elle est l'auteur de nombreux romans, dont certains lui ont valu des prix prestigieux, tels que le Prix Marguerite Yourcenar pour *Le Cœur à rire et à pleurer* dont vous allez lire un extrait. Maryse Condé s'intéresse tout particulièrement à la question de l'identité noire. Ses œuvres les plus connues sont *Heremakhonon, Ségou, Desirada, La Vie scélérate* et *Traversée de la mangrove*.

Vocabulaire de la lecture

accoucher *to give birth; to deliver a baby*
compter *to matter*
éprouver *to feel*
un(e) fonctionnaire *civil servant*
la grossesse *pregnancy*
instruit(e) *educated*
la métropole *metropole (mainland France)*
navrer *to upset*
un paquebot *ocean liner*
se plaindre *to complain*
privé(e) de *deprived of*

Vocabulaire utile

un(e) aliéné(e) *outsider*
un conflit *conflict*
la honte *shame*
l'incompréhension (f.) *lack of understanding*
un malentendu *misunderstanding*
se rebeller *to rebel*
un sentiment d'appartenance *feeling of belonging*
en vouloir à quelqu'un *to resent someone*

---

1 **Vocabulaire** Complétez ces phrases logiquement.

1. J'adore ma famille; c'est ce qui _____ le plus pour moi.
   a. compte
   b. navre

2. Quand on se sent _____, on n'éprouve pas de sentiment d'appartenance.
   a. fonctionnaire
   b. aliéné

3. La France est _____ de grands écrivains, tels que Victor Hugo.
   a. le paquebot
   b. la patrie

4. Les gens qui se comportent mal éprouvent parfois ensuite _____.
   a. de la honte
   b. de la grossesse

5. Cette année, pas question de/d' _____ de vacances. On partira en juillet!
   a. compter
   b. être privés

2 **Questions** À deux, posez-vous ces questions et expliquez vos réponses.

1. Quand tu étais enfant, où ta famille prenait-elle ses vacances en général? Que faisiez-vous là-bas? Aimais-tu ce lieu? Pourquoi ou pourquoi pas?

2. Te souviens-tu d'un événement marquant (*memorable*) de ton enfance ou de ton adolescence où tu n'as pas compris l'attitude de tes parents? Que s'est-il passé? Pourquoi cet événement t'a-t-il marqué(e)?

 Practice more at **vhlcentral.com**.

Le Cœur à rire et à pleurer

Maryse Condé

S i quelqu'un avait demandé à mes parents leur opinion sur la Deuxième Guerre mondiale, ils auraient répondu sans hésiter que c'était la période la plus sombre° qu'ils aient jamais connue. Non pas à cause de la France coupée en deux, des camps de Drancy ou d'Auschwitz, de l'extermination de six millions de Juifs°, ni de tous ces crimes contre l'humanité qui n'ont pas fini d'être payés, mais parce que pendant sept interminables années, ils avaient été privés de ce qui comptait le plus pour eux: leurs voyages en France. Comme mon père était un ancien fonctionnaire

et ma mère en exercice°, ils bénéficiaient régulièrement d'un congé «en métropole» avec leurs enfants. Pour eux, la France n'était nullement° le siège° du pouvoir colonial. C'était véritablement la mère patrie et Paris, la Ville Lumière qui seule donnait de l'éclat° à leur existence. Ma mère nous chargeait la tête de descriptions des merveilles du carreau du Temple° et du marché Saint-Pierre avec, en prime, la Sainte-Chapelle et Versailles. Mon père préférait le musée du Louvre et le dancing la Cigale où il allait en garçon se dégourdir les jambes°. Aussi, dès le mitan° de l'année 1946, ils reprirent° avec délices le paquebot

dark

Jews

still working as one

by no means / seat 20

brightness

covered market in Paris 25

stretch his legs / middle 30
*boarded again (from **reprendre**)*

Audio: Reading

qui devait les mener au port du Havre, *port of call* première escale° sur le chemin du retour au pays d'adoption.

J'étais la petite dernière. Un des 35 récits mythiques de la famille concernait ma naissance. Mon père portait droit ses soixante-trois ans. Ma mère venait de fêter ses quarante-trois ans. Quand elle ne vit° *saw (from voir)* plus son sang°, elle crut° aux premiers *blood / believed (from croire)* 40 signes de la ménopause et elle courut° *ran (from courir)* trouver son gynécologue, le docteur Mélas qui l'avait accouchée sept fois. Après l'avoir examinée, il partit d'un grand éclat de rire°. *roared with laughter*

45 —Ça m'a fait tellement honte, racontait ma mère à ses amies, que pendant les premiers mois de 50 ma grossesse, c'était comme si j'étais une fille-mère. J'essayais de cacher mon ventre devant moi.

55 Elle avait beau ajouter° en me couvrant de baisers° que sa *She added in vain / kisses* kras à boyo° était devenue son petit bâton *child born to older parents* de vieillesse°, en entendant cette histoire, *support in old age* j'éprouvais à chaque fois le même chagrin: 60 je n'avais pas été désirée.

Aujourd'hui, je me représente le *uncommon* spectacle peu courant° que nous offrions, assis aux terrasses du Quartier latin dans le Paris morose de l'après-guerre. Mon père 65 ancien séducteur au maintien avantageux, ma mère couverte de somptueux bijoux° *jewelry* créoles, leurs huit enfants, mes sœurs yeux baissés, parées comme des châsses°, *dressed in their finest* mes frères adolescents, l'un d'eux déjà 70 à sa première année de médecine, et moi, bambine outrageusement gâtée, l'esprit précoce pour son âge. Leurs plateaux° en *trays*

équilibre sur la hanche°, les garçons de *hip* café voletaient° autour de nous remplis *fluttered* d'admiration comme autant de mouches 75 à miel°. Ils lâchaient° invariablement en *honey bees / exclaimed* servant les diabolos menthe°: *mint lemonade*

—Qu'est-ce que vous parlez bien le français!

Mes parents recevaient le compliment 80 sans broncher° ni sourire et se bornaient à *flinching* hocher du chef°. Une fois que les garçons *limited themselves to a nod* avaient tourné le dos, ils nous prenaient à témoin:

—Pourtant, nous sommes aussi 85 français qu'eux, soupirait° *sighed* mon père.

—Plus français, renchérissait° ma *added* mère avec violence. 90 Elle ajoutait en guise d'explication: Nous sommes plus instruits. Nous avons de meilleures manières. Nous lisons 95 davantage°. Certains *more* d'entre eux n'ont jamais quitté Paris alors que nous connaissons le Mont-Saint-Michel, la Côte d'Azur et la Côte basque. 100

Il y avait dans cet échange un pathétique qui, toute petite que j'étais, me navrait. C'est d'une grave injustice qu'ils se plaignaient. Sans raison, les rôles s'inversaient. Les ramasseurs de pourboires 105 en gilet° noir et tablier° blanc se hissaient *vest / apron* au-dessus de° leurs généreux clients. Ils *thought themselves superior to* possédaient tout naturellement cette identité française qui, malgré leur bonne mine°, *respectable appearance* était niée°, refusée à mes parents. Et moi, 110 *denied* je ne comprenais pas en vertu de quoi ces gens orgueilleux, contents d'eux-mêmes, notables dans leur pays, rivalisaient avec les garçons qui les servaient. ∎

> **C'est d'une grave injustice qu'ils se plaignaient. Sans raison, les rôles s'inversaient.**

Analyse

Compréhension Répondez aux questions.

1. Comment est la famille de Maryse? Décrivez-la en quelques phrases.

2. Pourquoi Maryse est-elle triste quand elle pense à sa naissance?

3. Pourquoi les parents de Maryse pensent-il que la Deuxième Guerre mondiale est une période sombre de l'histoire de France?

4. Comment sait-on que la famille de Maryse est fière de sa réussite et de son statut social?

5. Que se passe-t-il dans le café parisien?

6. Comment la mère réagit-elle au commentaire du serveur?

Discussion À deux, discutez des questions suivantes.

1. Que pensez-vous de la raison pour laquelle les parents de Maryse pensent que la Deuxième Guerre mondiale est une période sombre? Pensez-vous que ce soit une raison valable? Qu'est-ce que cela indique à leur sujet?

2. Décrivez la fascination des parents de Maryse pour la «métropole», en citant des exemples du texte qui l'illustre. Que pensez-vous du sentiment qu'ils éprouvent envers cette patrie, eux qui sont Guadeloupéens?

3. Parlez de la réaction des parents face à la condescendance du serveur parisien. Pensez-vous que cette réaction soit justifiée? Les arguments qu'ils avancent sont-ils valables, d'après vous? Pourquoi ou pourquoi pas?

4. Quelle est l'attitude de la petite Maryse devant cette scène? Comprend-elle la réaction de ses parents? Décrivez ses sentiments et essayez de les expliquer.

Interprétation Suite à l'épisode dans le café, la petite fille cherche à comprendre la réaction de ses parents. Elle interroge alors un de ses frères aînés, qui lui offre l'explication ci-dessous. Qu'a-t-il voulu dire, d'après vous? Par petits groupes, discutez d'interprétations possibles pour cette phrase énigmatique du frère.

> «Papa et maman sont une paire d'aliénés.»

Rédaction À la suite de cet épisode, la petite Maryse, qui ne voit plus ses parents de la même manière, deviendra de plus en plus critique et rebelle. L'extrait amorce (*takes on*) donc le thème de l'incompréhension entre les générations. D'après vous, est-elle inévitable dans les relations parents-enfants? Écrivez un essai dans lequel vous discutez de ce sujet. Suivez le plan de rédaction. Employez le présent du subjonctif, des pronoms relatifs et des verbes irréguliers en **-re**.

Plan

1. **Thèse** Exposez votre thèse: Êtes-vous d'accord avec cette idée? Comment organiserez-vous vos arguments?

2. **Exemples** Citez le texte, votre réflexion au sujet de celui-ci et des exemples de votre expérience personnelle pour appuyer (*support*) votre thèse.

3. **Conclusion** Pour terminer, résumez vos idées principales et votre opinion sur le sujet.

Les générations qui bougent

 Vocabulary Tools

Les membres de la famille

un(e) arrière-grand-père/mère *great-grandfather/grandmother*

un beau-fils/-frère/-père *son-/brother-/father-in-law; stepson/father*

une belle-fille/-sœur/-mère *daughter-/sister-/mother-in-law; stepdaughter/mother*

un(e) demi-frère/-sœur *half brother/sister*

un(e) enfant/fille/fils unique *only child*

un époux/une épouse *spouse; husband/wife*

un(e) grand-oncle/-tante *great-uncle/-aunt*

des jumeaux/jumelles *twin brothers/sisters*

un neveu/une nièce *nephew/niece*

un(e) parent(e) *relative*

un petit-fils/une petite-fille *grandson/granddaughter*

La vie familiale

déménager *to move*
élever (des enfants) *to raise (children)*
être désolé(e) *to be sorry*
gâter *to spoil*
gronder *to scold*
punir *to punish*
regretter *to regret*
remercier *to thank*
respecter *to respect*
surmonter *to overcome*

La cuisine

un aliment *(type or kind of) food*
une asperge *asparagus*
un citron *lemon*
un citron vert *lime*
un conservateur *preservative*
des épinards (m.) *spinach*
une fromagerie *cheese store*
un hypermarché *large supermarket*
un raisin *grape (du raisin grapes)*
un raisin sec *raisin*
le saumon *salmon*

une supérette *mini-market*
la volaille *poultry/fowl*

alimentaire *related to food*
bio(logique) *organic*

La personnalité

le caractère *character, personality*

autoritaire *bossy*
bien/mal élevé(e) *well-/bad-mannered*
égoïste *selfish*
exigeant(e) *demanding*
insupportable *unbearable*
rebelle *rebellious*
soumis(e) *submissive*
strict(e) *strict*
uni(e)/lié(e) *close-knit*

Les étapes de la vie

l'âge (m.) adulte *adulthood*
l'enfance (f.) *childhood*
la jeunesse *youth*
la maturité *maturity*
la mort *death*
la naissance *birth*
la vieillesse *old age*

Les générations

l'amour-propre (m.) *self-esteem*
le fossé des générations *generation gap*
la patrie *homeland*
une racine *root*
un rapport/une relation *relation/relationship*
un surnom *nickname*

hériter *to inherit*
ressembler (à) *to resemble*
survivre *to survive*

Court métrage

la convivialité *togetherness*
un dragon *dragon*
une maladie (incurable) *(incurable) disease*
un prince charmant *prince charming*
une princesse *princess*
un royaume *kingdom*

applaudir *to clap*
se battre (contre) *to fight against*
fonder une famille *to start a family*
mourir *to die*

plaire (à) *to please*
pleurer *to cry*
prédire *to predict*
séduire *to seduce*

Il était une fois... *Once upon a time...*
maladroit(e) *awkward*

Culture

les affaires (f.) *belongings*
une alliance *wedding ring*
une bague de fiançailles *engagement ring*
le bouquet de la mariée *bouquet*
les fiançailles (f.) *engagement*
un marié *groom*
une mariée *bride*
une robe de mariée *wedding gown*
un témoin *witness; best man; maid of honor*

affronter *to face*
confier *to confide; to entrust*
débuter *to begin*
se dérouler *to take place*
faire une demande en mariage *to propose*
nécessiter *to require*

Littérature

un(e) aliéné(e) *outsider*
un conflit *conflict*
un(e) fonctionnaire *civil servant*
la grossesse *pregnancy*
la honte *shame*
l'incompréhension (f.) *lack of understanding*
un malentendu *misunderstanding*
la métropole *mainland France*
un paquebot *ocean liner*
un sentiment d'appartenance *feeling of belonging*

accoucher *to give birth; to deliver a baby*
compter *to matter*
éprouver *to feel*
navrer *to upset*
se plaindre *to complain*
se rebeller *to rebel*
en vouloir à quelqu'un *to resent someone*

instruit(e) *educated*
privé(e) de *deprived of*

Les sciences et la technologie

Depuis la naissance de l'humanité, les sciences et la technologie ont tellement progressé qu'on se demande s'il y a des limites à ce que les humains peuvent faire dans ce domaine. Et aujourd'hui, quelle place la technologie a-t-elle dans notre société? Les nouvelles technologies et les découvertes scientifiques ouvrent de nouveaux horizons. Mais que penser de leur mise en application? Est-elle vraiment toujours celle que les scientifiques avaient prévue?

L'astronaute français Thomas Pesquet sur la Station spatiale internationale

241

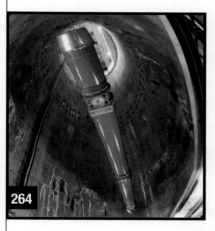

264

Destination:

BELGIQUE, SUISSE ET LUXEMBOURG

Le progrès et la recherche

 Vocabulary Tools

La technologie

une adresse e-mail *e-mail address*
un appareil (photo) numérique
  digital camera
un correcteur orthographique *spell checker*
le cyberespace *cyberspace*
l'informatique (f.) *computer science*
un lecteur de DVD *DVD player*
un mot de passe *password*
un moteur de recherche *search engine*
un ordinateur portable *laptop*

un outil *tool*
un (téléphone) portable *cell phone*

une puce (électronique) *(electronic) chip*

un smartphone *smartphone*
une tablette (tactile) *(touchscreen) tablet*
un texto/SMS *text message*

effacer *to erase*
graver (un CD) *to burn (a CD)*
sauvegarder *to save*
télécharger *to download*

avancé(e) *advanced*
innovant(e) *innovative*
révolutionnaire *revolutionary*

Les inventions et la science

l'ADN (m.) *DNA*
un brevet d'invention *patent*
une cellule *cell*

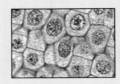

une découverte (capitale)
  (breakthrough) discovery
une expérience *experiment*
un gène *gene*
la génétique *genetics*
une invention *invention*
la recherche *research*
une théorie *theory*

cloner *to clone*
contribuer (à) *to contribute*
créer *to create*
guérir *to cure; to heal*
inventer *to invent*
prouver *to prove*
soigner *to treat; to look after (someone)*

biochimique *biochemical*
contraire à l'éthique *unethical*
éthique *ethical*
spécialisé(e) *specialized*

L'univers et l'astronomie

l'espace (m.) *space*

une étoile (filante) *(shooting) star*
un(e) extraterrestre *alien*
la gravité *gravity*
un ovni *U.F.O.*

la survie *survival*
un télescope *telescope*

atterrir *to land*
explorer *to explore*

Les gens dans les sciences

un(e) astrologue *astrologer*
un(e) astronaute *astronaut*
un(e) astronome *astronomer*
un(e) biologiste *biologist*
un(e) chercheur/chercheuse *researcher*

un(e) chimiste *chemist*

un(e) ingénieur *engineer*
un(e) mathématicien(ne) *mathematician*
un(e) scientifique *scientist*

Mise en pratique

1

Associations Trouvez le mot de la colonne de droite qui est associé aux termes de la colonne de gauche. Soyez logique!

_____ 1. un extraterrestre, l'espace, atterrir   a. révolutionnaire

_____ 2. une astronome, un biologiste, une chimiste   b. une découverte

_____ 3. télécharger, sauvegarder   c. des scientifiques

_____ 4. une nouveauté, une invention, une création   d. un ovni

_____ 5. avancé, innovant   e. ADN

_____ 6. la génétique, un gène   f. graver

2

Mots mélangés Cherchez les mots qui correspondent aux définitions et qui sont cachés dans la grille. Puis entourez-les (*circle them*).

1. Personne qui dirige un projet industriel.

2. Force qui attire les corps vers le centre de la Terre.

3. Établir la vérité d'un fait.

4. Ensemble des informations que l'on trouve sur Internet.

5. S'occuper de quelqu'un pour le guérir.

C	H	E	R	C	H	E	U	S	E
O	O	Q	P	Y	T	É	A	O	É
N	N	I	C	B	P	P	A	I	F
T	I	A	T	E	G	R	S	G	Y
R	N	V	R	R	R	O	T	N	G
I	G	É	N	E	I	U	R	E	R
B	É	T	T	S	N	V	O	R	A
U	N	H	S	P	G	E	L	É	V
E	I	I	E	A	E	R	O	S	I
R	E	Q	U	C	V	B	G	D	T
T	U	U	C	E	U	R	U	U	É
I	R	E	C	L	O	N	E	R	E

6. Femme qui fait de la recherche scientifique.

7. Relatif à la morale.

8. Créer un être qui est identique à l'original.

9. Participer à un travail fait en commun.

10. Personne qui étudie les étoiles pour prédire les événements futurs.

3

Que faut-il pour...? À deux, dites ce qu'il vous faut dans chaque cas.

adresse e-mail	correcteur orthographique	moteur de recherche
appareil numérique	étoile filante	ordinateur portable
brevet d'invention	mot de passe	télescope

1. Pour recevoir des messages électroniques, il faut _____.

2. Pour que votre rêve se réalise, il faut regarder _____ et faire un vœu.

3. Pour surfer sur le web à la plage, il faut _____.

4. Pour taper (*type*) sans faire d'erreurs, il faut _____.

5. Pour entrer sur un site web protégé, il faut _____.

6. Pour prendre des photos que vous pouvez télécharger plus tard, il faut _____.

7. Pour observer les étoiles et les planètes, il faut _____.

8. Pour obtenir le droit exclusif de vendre sa dernière nouveauté, il faut _____.

Practice more at vhlcentral.com.

Préparation

Vocabulaire du court métrage

ameuter *to rouse*
une clé *wrench*
coincé(e) *stuck*
démarrer *to start up*
miteux/miteuse *dingy*
nulle part *nowhere*
un pavillon *suburban house*
pourri(e) *lousy*

Vocabulaire utile

la banlieue *suburb*
des boîtes (f.) gigognes *nested boxes*
une boule à neige *snow globe*
le cadre de vie *living environment*
un(e) conjoint(e) *spouse*
un lieu de vie *place to live*
le logement *housing*
le paysage *landscape*
la routine *everyday life*
une secousse sismique *seismic tremor*
la tapisserie *wallpaper*

EXPRESSIONS

Vacherie de bagnole! *Stupid car!*
J'en ai marre (de)… *I'm fed up (with)…*
trouver son bonheur *to find what one longs for*
un trou perdu *a place in the middle of nowhere*
N'importe quoi! *Nonsense!*

1

Vrai ou faux? Indiquez si ces affirmations sont vraies ou fausses. Corrigez les phrases qui sont fausses.

1. Un trou perdu est un endroit surpeuplé (*overpopulated*).
2. Quand il y a un tremblement de terre, il y a des secousses sismiques.
3. Le mot «routine» fait référence à la vie de tous les jours.
4. Si on écoute de la musique très fort, on risque d'ameuter le quartier.
5. Un pavillon est situé en centre-ville.
6. Quand on fait des travaux, on a parfois besoin d'une clé.
7. Quand on en a marre de quelque chose, on préfère prolonger la situation.
8. On pose la tapisserie sur les murs d'une maison.

2

À compléter Complétez le dialogue avec les mots et les expressions appropriés du vocabulaire.

— (1) _____ de la situation chez moi. Il faut vraiment que ça change!

—Pourquoi? Qu'est-ce qui se passe?

—C'est toujours la (2) _____. Rien ne change.

—Tu habites toujours en (3) _____ ou est-ce que tu as déménagé?

—Non, j'ai toujours mon (4) _____ en banlieue. Et je le déteste!

—C'est sûr qu'en banlieue, le (5) _____ n'est pas très beau. Aucun arbre, pas de parcs…

—Du coup, j'ai envie de partir à la campagne, et j'espère (6) _____ là-bas!

—Eh bien, bonne chance à toi!

3 Questions Répondez aux questions par des phrases complètes.

1. Connaissez-vous des gens qui vivent dans un pavillon en banlieue? À quoi ressemble leur vie? Enviez-vous cette vie ou préféreriez-vous quelque chose de différent? Expliquez votre réponse.

2. Comment voyez-vous votre vie actuelle? Est-ce que vous en êtes satisfait(e)? Pourquoi ou pourquoi pas? Aimeriez-vous en changer certains aspects? Lesquels? Pourquoi?

3. Quel serait, pour vous, le cadre de vie idéal? Décrivez-le en donnant des justifications et des exemples précis.

4 Anticipation Avec un(e) camarade, observez ces images du court métrage et répondez aux questions.

A   B

Image A

● Que voyez-vous sur l'image? Où est le personnage? Que voit-on à côté de lui? Que fait-il, d'après vous?

● Quel temps fait-il à l'endroit où se passe la scène? À votre avis, on est en quelle saison? Est-ce que le temps qu'il fait peut avoir une influence sur le moral des gens? Expliquez votre réponse.

Image B

● Décrivez la scène et le lieu sur la photo. Où se trouve-t-on? Comment est ce logement? Qu'en pensez-vous? Auriez-vous envie d'y vivre?

● Décrivez les personnages. Que font-ils? Pourquoi, à votre avis? D'après vous, quelle est leur relation? Ont-ils l'air heureux? Imaginez ce qu'ils pourraient se dire.

5 Le titre Le titre de ce court métrage est *Strict Eternum*. Par petits groupes, essayez de deviner de quoi le film va parler. Considérez les images ci-dessus et le titre et inventez votre propre résumé (*summary*) du film. Écrivez un paragraphe d'environ huit phrases.

6 La routine À deux, discutez de ces questions.

● Qu'évoque, pour vous, le mot «routine»?

● Est-ce que c'est quelque chose de positif ou de négatif? Pourquoi?

● Aimez-vous que votre vie soit prévisible, ou préférez-vous l'inconnu? Pourquoi?

Practice more at vhlcentral.com.

 Short Film

INTRIGUE *Un couple qui habite dans une maison de banlieue se dispute à cause de leurs activités respectives. Confusion et surprise risquent de renverser le spectateur.*

LA FEMME Tu as bientôt fini? Dépêche-toi°, sinon° tu vas être surpris par la neige!
L'HOMME Sinon tu vas être surpris par la neige… Hein… Et puis quoi encore! Il n'en est pas tombé depuis trois jours.

L'HOMME Tu n'en as pas assez de regarder toujours le même programme?
LA FEMME Et toi, de réparer ta voiture?

LA FEMME Tu sais bien que c'est tout ce qu'on a ici. De toute façon tu perds ton temps, ça ne marchera jamais.
L'HOMME On pourrait quand même essayer une dernière fois.
LA FEMME Mais arrête de rêver°!

LA FEMME Écoute-moi bien. J'en ai marre de ce pavillon miteux et de ce temps pourri. Quand je pense qu'on passe nos journées à attendre la prochaine chute de neige° et à réparer cette… Parce que tu crois vraiment qu'elle va démarrer, cette voiture?!

LA FEMME On avait l'impression d'aller si loin… alors qu'en fait, on n'allait nulle part.
L'HOMME Tu n'as vraiment aucune mémoire°.
LA FEMME Là, tu exagères!

LA FEMME On pourrait quand même essayer une dernière fois.

Dépêche-toi *Hurry up* **sinon** *otherwise* **rêver** *to dream* **chute de neige** *snowfall* **mémoire** *memory*

Analyse

1

De qui s'agit-il? Indiquez de quel personnage principal on parle dans chaque phrase:

A

B

Cette personne…

_____ 1. …essaie de réparer une voiture.	a. l'homme
_____ 2. …en a marre de sa routine quotidienne.	b. la femme ou
_____ 3. …trouve des outils dans un placard.	c. les deux
_____ 4. …regarde beaucoup la télévision.	
_____ 5. …dit que la voiture ne va plus démarrer.	
_____ 6. …cherche quelque chose dans des boîtes.	
_____ 7. …a peur des secousses sismiques.	
_____ 8. …cherche un outil.	
_____ 9. …se plaint du comportement de son conjoint.	
_____ 10. …n'aime pas l'endroit où elle vit.	

2

Chronologie Numérotez ces événements dans l'ordre chronologique. Ensuite, faites deux prédictions pour l'avenir du couple principal.

Numéro	Événement
	Un homme critique les habitudes de sa femme en ce qui concerne ses loisirs.
	Un homme essaie de réparer sa voiture.
	Il y a des secousses sismiques dans la région.
	Un homme et une femme s'attachent à des fauteuils.
	Un homme se blesse en faisant des réparations.
	Une femme retourne une boule à neige.
	Un homme répare son bateau.
	Une femme trouve plusieurs clés dans un placard.
	Un homme rentre dans sa maison.

Prédiction 1: _____

Prédiction 2: _____

3 **Le bon choix** Complétez chaque phrase de façon logique d'après le court métrage.

1. D'après la femme, le quartier où le couple vit est _____.

    a. un trou perdu   b. vivant   c. dangereux

2. La femme ne pense pas que/qu' _____.

    a. le quartier va s'améliorer   b. il va neiger   c. la voiture va démarrer

3. L'homme dit qu'il a besoin _____.

    a. d'un outil   b. de vacances   c. de s'occuper d'un enfant

4. Tout à coup, il y a _____.

    a. une photo d'enfant b. une secousse sismique   c. un couple d'invités qui arrive

5. Le deuxième couple _____ le premier couple.

    a. connaît   b. n'a rien à voir avec   c. est dans la même situation que

4 **Questions** Répondez aux questions d'après le court métrage.

1. Qui interrompt l'homme pendant qu'il répare sa voiture? Pourquoi?

2. Comment est la maison du couple principal? Décrivez-la en donnant des détails.

3. De quoi la femme se plaint-elle? Et l'homme? Comparez leurs problèmes.

4. Que se passe-t-il tout à coup? Comment les personnages réagissent-ils? Et vous, réagiriez-vous de la même façon? Expliquez votre réponse.

5. À votre avis, pourquoi voit-on plusieurs poupées dans ce court métrage? Qu'est-ce que celles-ci symbolisent?

6. Qui sont les deux personnages qu'on voit à la fin du court métrage? En quoi sont-ils connectés aux personnages du début du film?

5 **Interprétation** Dans le court métrage, le personnage féminin principal fait la remarque ci-dessous. À votre avis, qu'est-ce qu'elle veut dire? Discutez-en par petits groupes.

> «De toute façon, tu perds ton temps. Ça ne marchera jamais.»

6 **Un e-mail** Imaginez que vous soyez un(e) ami(e) du personnage féminin principal. Écrivez-lui un e-mail dans lequel vous lui exprimez vos sentiments au sujet de sa situation. Donnez-lui aussi des conseils pour améliorer sa routine.

7 **Jeu de rôles** Imaginez la conversation qui va avoir lieu entre la deuxième femme et son compagnon. À deux, préparez le dialogue, puis jouez-le devant la classe.

8 **Le titre** L'expression *ad vitam æternam* signifie «pour l'éternité» en latin. En quoi illustre-t-elle le sujet de ce court métrage? Quel rapport a-t-elle avec le titre du film? Discutez de ces questions par petits groupes.

Practice more at
vhlcentral.com.

La Grand-Place, à Bruxelles

IMAGINEZ
la Belgique, la Suisse et le Luxembourg

Des cités cosmopolites

Découvrir l'**Europe** francophone, c'est aussi partir à la rencontre de la **Belgique**, du **Luxembourg** et de la **Suisse**.

En Belgique, on parle le français dans la partie sud du pays, dans la région de la **Wallonie**, et à **Bruxelles**, qui est la capitale du royaume°. Elle abrite° le siège du **Conseil**, de la **Commission** et du Parlement européens. Des gens de toute l'Europe viennent donc vivre et travailler à Bruxelles. Cette partie-là de la ville est très moderne. Tout autour de la **Grand-Place**, Bruxelles a aussi une partie historique. Le **Manneken-Pis** et l'**Atomium** en sont sans doute les deux plus grandes attractions. Le Manneken-Pis est le **Belge** le plus célèbre du monde: c'est la petite statue en bronze d'un jeune garçon qui urine dans une fontaine. Il représente l'indépendance d'esprit des Bruxellois. L'**Atomium** est une construction géante de 102 mètres de haut, en forme de molécule de fer° qui a été assemblée pour l'**Exposition universelle** de 1958. De son «atome» le plus élevé, on peut admirer le panorama de la ville entière.

Plus au sud, il y a le **Luxembourg** et sa capitale qui porte le même nom. À l'image de Bruxelles, la population y est très cosmopolite: on dit que 60% seulement des habitants sont luxembourgeois d'origine. La ville, mondialement connue pour son système bancaire, est aussi réputée pour le shopping de luxe et ses magasins. Il y a également beaucoup de musées dédiés à l'art, à la culture, à l'industrie ou à la nature. La partie historique de Luxembourg et les fortifications sont classées au patrimoine mondial de l'**UNESCO**. Pour aller au café ou au restaurant, il faut se diriger vers sa splendide **place d'Armes**. Après avoir bien profité des terrasses, on peut se balader dans les rues piétonnes et admirer l'architecture.

Certains de ces traits se retrouvent aussi à **Genève**, la plus grande ville francophone de **Suisse**. C'est le siège de nombreuses multinationales et d'organisations internationales et non gouvernementales, dont l'**ONU**° et la **Croix-Rouge**°. C'est également un grand centre bancaire,

Un horloger travaille sur une montre suisse.

comme le Luxembourg. La rade° est connue pour son jet d'eau° illuminé, mais aussi pour ses quais° fleuris, ses jardins botaniques et ses maisons historiques. Les bains publics des **Pâquis** sont une véritable institution. Tous s'y réunissent dans une atmosphère typiquement genevoise pour profiter de la plage, des saunas et des plongeoirs°. Sur la rive gauche de la rade, il y a aussi le **Jardin anglais** et sa célèbre **horloge° fleurie**, en référence à la spécialité d'horlogerie° de luxe de la ville. Enfin, Genève est la capitale culinaire de la Suisse. Sa spécialité: le filet de perche° du **lac Léman**.

En somme, ces trois métropoles marient parfaitement leur art de vivre traditionnel et leur grande modernité.

royaume *kingdom* abrite *houses* fer *iron* ONU *UNO* Croix-Rouge *Red Cross*
rade *harbor* jet d'eau *fountain* quais *wharves* plongeoirs *diving boards*
horloge *clock* horlogerie *clock- and watch-making* perche *perch*

Le français parlé en Belgique et en Suisse

Les belgicismes

le bassin de natation	la piscine
blinquer	briller; *shine*
un essuie	une serviette
une heure de fourche	une heure de libre
octante	quatre-vingts
savoir	pouvoir

La Suisse

c'est bonnard!	c'est sympa!
un cheni	un désordre
une chiclette	un chewing-gum
un cornet	un sac plastique
fais seulement!	je t'en prie!
huitante	quatre-vingts
un linge	une serviette de bain
un natel	un téléphone portable
poutser	nettoyer

En Suisse et en Belgique

le déjeuner	le petit-déjeuner
le dîner	le repas de midi
nonante	quatre-vingt-dix
septante	soixante-dix

Découvrons
la Belgique, le Luxembourg et la Suisse

La montagne de Bueren Ce n'est pas une montagne, mais un escalier monumental, à **Liège**, en Belgique. Ses **374 marches**° ont été construites en 1875 pour faciliter l'ascension des soldats vers la citadelle et on leur a donné le nom d'un défenseur historique de Liège, **Vincent de Bueren**. La montée est dure, mais on peut se reposer sur les bancs installés sur des paliers°, et en haut, la vue est magnifique!

Le chocolat belge Qualité et tradition ont fait la réputation du chocolat belge. L'histoire commence avec **Jean Neuhaus** en 1857, qui vendait du chocolat amer° dans sa pharmacie, à **Bruxelles**. Avec son fils, il invente ensuite les **confiseries**°. En 1912, son petit-fils crée la **praline**, le premier chocolat fourré° puis le **ballotin**° à offrir. Aujourd'hui, cette tradition belge est bien vivante. **Léonidas**, la fameuse compagnie belge, est un des leaders mondiaux de la vente de pralines.

Banques luxembourgeoises Le Luxembourg est un paradis bancaire. On compte plus de **140 banques** sur le territoire, et le secret bancaire y est garanti par la constitution. Environ 30% de l'économie du pays dépend des banques et de leur rôle financier international. Résultat: le PNB° par habitant est l'un des plus élevés du monde, et les **Luxembourgeois** bénéficient d'un excellent niveau de vie.

Bertrand Piccard Ce fils et petit-fils d'inventeurs suisses a en effet réalisé en 1999 le premier tour du monde en ballon°. Avec **Brian Jones**, son coéquipier°, ils ont mis 20 jours. C'est un aventurier qui a aussi du cœur. Il a financé une campagne de lutte° en **Afrique** contre le **noma**, une maladie qui touche les enfants. Son dernier projet en date? La promotion des technologies propres° et d'un avion solaire!

marches *steps* paliers *landings* amer *bitter* confiseries *confectioneries*
fourré *filled* ballotin *box of chocolates* PNB *GNP* ballon *hot air balloon*
coéquipier *teammate* lutte *fight* propres *clean*

Qu'avez-vous appris?

1

Vrai ou faux? Indiquez si ces affirmations sont vraies ou fausses. Corrigez les fausses.

1. La Belgique, le Luxembourg et la Suisse font partie de l'Europe francophone.
2. On parle le français en Flandre, la partie sud de la Belgique.
3. Bruxelles abrite le siège du Conseil, de la Commission et du Parlement européens.
4. Des gens de Belgique uniquement viennent vivre à Bruxelles.
5. L'Atomium est une petite statue en bronze d'un jeune garçon qui urine dans une fontaine.
6. Le quartier historique et les fortifications de Bruxelles sont classés au patrimoine mondial de l'UNESCO.
7. L'ONU et la Croix-Rouge sont situées à Zurich.
8. La montagne de Bueren est un grand escalier de 374 marches.
9. Le chocolat belge est réputé pour sa qualité.

2

Complétez Complétez chaque phrase logiquement.

1. L'Atomium est… qui a été assemblée pour l'Exposition universelle de 1958.
2. En référence à sa spécialité d'horlogerie de luxe, …
3. Le filet de perche est …
4. La famille Neuhaus de Bruxelles a inventé…
5. Les marches de la montagne de Bueren ont été construites pour…
6. Le Luxembourg est un paradis bancaire car…
7. Avec Brian Jones, Bertrand Piccard est le premier homme à…
8. Le dernier projet de Piccard est…

3

Discussion Avec un(e) partenaire, remplissez le tableau pour donner au moins un exemple dans chaque catégorie.

Pays	Villes	Attractions	Détails intéressants
la Belgique			
le Luxembourg			
la Suisse			

- Quel détail avez-vous trouvé le plus intéressant?
- Quel endroit aimeriez-vous visiter le plus? Pourquoi?

4

Écriture Bertrand Piccard a déjà fait le tour du monde deux fois: en ballon et en avion solaire. Imaginez les préparatifs de ces deux aventures. Écrivez une liste de 10 à 12 lignes où vous décrivez:

- ce qu'il faut faire avant et pendant le voyage pour réussir.
- ce que le coéquipier (*teammate*) doit faire pour aider.
- ce qu'on ressent avant le départ.

Le apping

 Video

1 **Préparation** À deux, répondez à ces questions.

1. Que savez-vous des voitures électriques, en général? De leur fonctionnement? De leur utilisation?

2. D'après vous, quels sont leurs avantages et inconvénients?

3. Que pensez-vous de l'avenir de ces voitures? Comment vont-elles évoluer?

Renault Zoë

Beaucoup de constructeurs automobiles (*car manufacturers*) de voitures classiques, dites «thermiques», produisent maintenant aussi des véhicules hybrides ou électriques. La Renault Zoë est une des premières voitures entièrement conçues comme véhicule électrique, et qui n'a pas été adaptée à partir d'un modèle thermique. À cause de son prix relativement bas, elle est très populaire en France.

C'est tout aussi simple!

2 **Compréhension** Regardez la vidéo et remettez ces événements dans l'ordre.

1. _____ L'homme montre une prise.

2. _____ L'homme branche un portable.

3. _____ L'homme et le garçon se battent (*fight*) comme des *jedis*.

4. _____ L'homme tient un câble.

5. _____ L'homme branche la voiture.

6. _____ L'homme et le garçon jouent de la guitare électrique.

3 **Discussion** Par groupes de trois, discutez de ces questions.

1. Quelle est l'idée principale de cette publicité, d'après vous? Son message vous a-t-il convaincu(e)?

2. Quelle est la raison principale pour ne pas acheter une voiture électrique? Expliquez.

3. Avant d'acheter une voiture électrique, quelles questions poseriez-vous à son vendeur? Pourquoi?

4 **Présentation** Plusieurs constructeurs automobiles sont en train de développer des véhicules électriques à panneaux photovoltaïques, qui se rechargent à l'énergie solaire. Expliquez à la classe quels en seront les avantages et trouvez des arguments pour convaincre vos camarades de s'intéresser à ces voitures.

 Practice more at **vhlcentral.com**.

GALERIE DE CRÉATEURS

ART **Sylvie Fleury (1961–)**

Née à Genève où elle habite, Sylvie Fleury est une artiste contemporaine suisse, une plasticienne du pop art qui s'intéresse surtout au monde de l'élégance et au consumérisme. Elle crée ses œuvres autour d'objets de luxe, souvent liés (*linked*) à la femme. Elle désire mettre ces objets en valeur (*highlight*) et dépasser (*go beyond*) la simple représentation publicitaire. En effet, elle les montre tels qu'ils sont vraiment et révèle leur pouvoir de séduction. Pour Sylvie Fleury, tout ce qui représente le monde du luxe est source d'inspiration: les flacons (*bottles*) de parfum, les crèmes cosmétiques coûteuses, les sacs, les chaussures ou les voitures… Elle leur confère une valeur artistique au même titre qu'un tableau ou une sculpture.

POLITIQUE **Robert Schuman (1886–1963)**

Robert Schuman, allemand de naissance, est né au Luxembourg, d'un père français de nationalité allemande originaire de Lorraine et d'une mère luxembourgeoise. Après la Première Guerre mondiale, la Lorraine redevient française, et Robert Schuman acquiert la nationalité française. Cette multi-nationalité influencera sa vision d'une Europe unie. Il fait des études de droit pour devenir avocat. Puis, à la fin de la Seconde Guerre mondiale, il se lance dans la politique. Il devient le grand négociateur de tous les traités majeurs de l'après-guerre. Persuadé de la nécessité d'une paix stable en Europe, Schuman est à l'origine de la création de la Communauté Européenne du Charbon (*Coal*) et de l'Acier (*Steel*) (CECA) qui regroupait la Belgique, la France, l'Italie, la République fédérale d'Allemagne, le Luxembourg et les Pays-Bas (*Netherlands*). Cette communauté deviendra plus tard l'Union européenne. En 1960, le Parlement européen, dont il est le premier président, lui donne le titre de «Père de l'Europe».

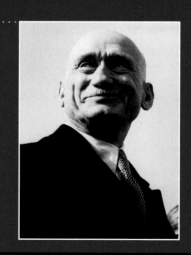

LITTÉRATURE
Amélie Nothomb (1967–)

Amélie Nothomb est née au Japon. Elle a été profondément marquée par la culture japonaise, même si, enfant, elle a suivi son père, ambassadeur de Belgique, aux États-Unis et en Asie du Sud-Est. En 1984, lors de son arrivée en Europe, à Bruxelles, Amélie Nothomb, âgée de 17 ans, subit (souffre) un choc culturel qu'elle vit assez mal, et qui la pousse à écrire. Elle publie alors son premier livre en 1992, *Hygiène de l'assassin*, qui est aussi son premier succès. Depuis, elle écrit environ (*about*) trois livres par an, mais décide de n'en publier qu'un chaque année. Elle a un style romanesque et décalé, toujours caractérisé par un humour subtil, parfois noir. Certains de ses livres ont été adaptés au cinéma et elle a reçu de nombreux prix littéraires. En 2015, elle est aussi anoblie (*honored*) par le roi Philippe de Belgique et devient baronne (*baroness*).

CINÉMA
Jean-Pierre (1951–) et Luc (1954–) Dardenne

Jean-Pierre et Luc Dardenne ont grandi dans une banlieue industrielle de Liège, grande ville économique et culturelle de Belgique. C'est dans cette banlieue qu'ils tourneront la plupart de leurs films. Jean-Pierre étudie l'art dramatique et Luc la philosophie. En 1974, Luc et Jean-Pierre unissent leurs talents pour faire du cinéma. Ils tourneront d'abord des documentaires à caractère social. Puis ils passent à la réalisation de fictions avec le film *Falsch* en 1987, toujours engagés socialement. D'autres œuvres suivront. Mais ils connaissent la consécration (*recognition*) en gagnant (*by winning*) la Palme d'or au Festival de Cannes en 1999, avec *Rosetta*. Ce succès est doublé d'une deuxième Palme d'or en 2005 avec le film *L'Enfant*. Excellents représentants du cinéma-vérité, leurs films ont un style proche du documentaire: peu de dialogues, peu ou pas de musique et beaucoup de gros plans (*close-ups*).

Compréhension

Vrai ou faux? Indiquez si chaque phrase est vraie ou fausse. Corrigez les phrases fausses.

1. Les créations de Sylvie Fleury ont souvent pour thème les objets de luxe et la femme.
2. Le cubisme est une source d'inspiration importante pour Sylvie Fleury.
3. Robert Schuman a toujours eu la nationalité française.
4. Schuman était contre l'idée de la création d'une Europe unie.
5. Amélie Nothomb a beaucoup été influencée par les nombreux voyages de sa jeunesse.
6. Nothomb a commencé à écrire parce qu'elle voulait partager sa joie de vivre.
7. Les premiers films des frères Dardenne étaient surtout des documentaires socialement engagés.
8. Dans les films des frères Dardenne, il y a peu de dialogues mais il y a toujours de la musique.

Rédaction

À vous! Choisissez un de ces thèmes et écrivez un paragraphe d'après les indications.

- **Une machine à voyager dans le temps** Imaginez que vous soyez Robert Schuman. Grâce à une machine à voyager dans le temps, vous avez l'occasion de visiter l'Europe du 21ᵉ siècle. Écrivez un paragraphe dans lequel vous donnez vos impressions de l'Europe d'aujourd'hui.
- **Choc culturel** Avez-vous déjà eu un choc culturel comme celui d'Amélie Nothomb? Si oui, racontez cette expérience en détails. Sinon, essayez d'imaginer une telle expérience.
- **Idée de film** Vous allez faire un documentaire à caractère social sur un grave problème actuel de votre région ou pays. Rédigez un synopsis pour votre documentaire.

 Practice more at vhlcentral.com.

7.1

The comparative and superlative of adjectives and adverbs

*L'homme est **aussi énervé** que la femme.*

Adjectives

- To make comparisons between people or things, place **plus** (*more*), **moins** (*less*), or **aussi** (*as*) before the adjective, and **que** (*than or as*) after it.

ATTENTION!

Remember that **que** becomes **qu'** before a vowel sound.

Caroline est plus jeune qu'Ousmane.

Cette invention est **plus** innovante **que** la précédente.
This invention is more innovative than the previous one.

Les planètes Uranus et Neptune sont **moins** lumineuses **que** les étoiles.
The planets Uranus and Neptune are less bright than the stars.

Ce moteur de recherche est **aussi** efficace **que** celui-là.
This search engine is as efficient as that one.

- Form the superlative by using the appropriate definite article along with the comparative form.

C'est **l'**ordinateur **le plus rapide** de la faculté de médecine.
It is the fastest computer in the medical school.

C'est elle qui a proposé **la** théorie **la plus révolutionnaire.**
She proposed the most revolutionary theory.

- The preposition **de** following the superlative means *in* or *of*.

*Voici **la meilleure** invention **du** monde.*

- When using the superlative of an adjective that precedes the noun it modifies, the superlative form also precedes the noun.

BLOC-NOTES

For a review of adjectives that are placed in front of the nouns they modify, see **Structures 2.2, pp. 60–61.**

Vous travaillez sur **le plus vieil** ordinateur de la fac.
You're working on the oldest computer on campus.

As-tu visité **les plus beaux** monuments de la ville?
Did you visit the most beautiful monuments in town?

- The adjectives **bon** and **mauvais** have irregular comparative and superlative forms.

Adjective	Comparative	Superlative
bon(ne)(s) *good*	**meilleur(e)(s)** *better*	**le/la/les meilleur(e)(s)** *the best*
mauvais(e)(s) *bad*	**pire(s)** *or* **plus mauvais(e)(s)** *worse*	**le/la/les pire(s)** *or* **le/la/les plus mauvais(e)(s)** *the worst*

Djamel a acheté un télescope de **meilleure** qualité.
Djamel bought a better quality telescope.

Charlotte a écrit **le plus mauvais** discours de la classe.
Charlotte wrote the worst speech in the class.

Adverbs

- When comparing adverbs, place **plus**, **moins**, or **aussi** before the adverb and **que** after it.

Romane surfe sur le web **plus** rapidement **qu'**Émilie.
Romane surfs the Web faster than Émilie.

Ce moteur de recherche va **moins** vite **que** l'autre.
This search engine works less quickly than the other one.

- Because adverbs are invariable, the definite article used in the superlative is always **le**.

C'est Laure et moi qui travaillons **le plus sérieusement.**
Laure and I work the most seriously.

C'est mon frère qui conduit **le moins patiemment.**
My brother drives the least patiently.

- The adverbs **bien** and **mal** have irregular comparative and superlative forms.

Adverb	Comparative	Superlative
bien *well*	**mieux** *better*	**le mieux** *the best*
mal *badly*	**plus mal** *or* **pis** (seldom used) *worse*	**le plus mal** *or* **le pis** (seldom used) *the worst*

Cet outil-ci marche **mieux que** celui-là.
This tool works better than that one.

C'est cet outil-là qui marche **le plus mal**.
That tool works the worst.

*C'est Léonie qui joue **le mieux** du violon.*

BLOC-NOTES

To review adverbs, see **Structures 2.3, pp. 64–65.**

ATTENTION!

Be careful not to confuse the adjectives **bon** (*good*) and **mauvais** (*bad*) with the adverbs **bien** (*well*) and **mal** (*badly*).

La chanson est bonne/mauvaise.
The song is good/bad.

Elle chante bien/mal.
She sings well/badly.

Mise en pratique

Note CULTURELLE

La compagnie aérienne nationale belge, la **Sabena,** est créée en 1923 et disparaît en 2001. **Swissair** était la compagnie aérienne nationale suisse. Elle est créée en 1931 et fusionne avec Crossair en 2002, sous le nom de **Swiss.** En 1934, Swissair est la première à engager (*hire*) des hôtesses de l'air.

1 **Le meilleur** Patricia et Fabrice parlent des moyens de transport et ils ne sont pas d'accord. Complétez leur dialogue à l'aide des éléments de la liste.

aussi	le pire	mieux que	plus
la plus	le plus	moins	que

PATRICIA Je refuse de prendre l'avion. J'ai trop peur.

FABRICE Mais l'avion est le transport (1) _____ sûr du monde!

PATRICIA Peut-être, mais c'est (2) _____ agréable de prendre le train, parce que tu peux regarder le paysage. Et puis, le train est (3) _____ cher.

FABRICE Mais voler, c'est la façon de voyager (4) _____ avantageuse! Tu peux regarder des films et on te sert à manger.

PATRICIA Et l'attente à l'aéroport? C'est (5) _____ moment du voyage.

FABRICE Eh bien, je trouve qu'attendre à l'aéroport est toujours (6) _____ passer des jours à voyager pour arriver à la même destination.

PATRICIA Je t'assure que je ne suis toujours pas convaincue que l'avion soit (7) _____ pratique (8) _____ le train. Alors, je propose que tu prennes l'avion et moi le train, et on se retrouve à l'hôtel.

2 **À former**

A. Utilisez le superlatif pour faire des phrases complètes avec les éléments proposés.

> **Modèle** L'avion est le mode de transport le plus sûr du monde.

l'avion	le mode de transport	sûr	du monde
Einstein	scientifique	connu	du 20ᵉ siècle
Genève	ville	cosmopolite	de Suisse
Jacques Brel	chanteur	célèbre	de Belgique
Harry Potter	livre	populaire	du moment

B. Maintenant, faites des phrases avec le comparatif.

> **Modèle** L'avion est plus sûr que la voiture.

3 **Plus ou moins** Avec un(e) camarade de classe, comparez ces éléments à tour de rôle. Soyez inventifs.

> **Modèle** —L'écran de mon ordinateur fait 17 pouces.
> —Le mien fait 15 pouces. Il est moins grand que le tien.
> —Ton écran est le moins grand des deux.

- votre appareil (photo) numérique
- votre voiture
- votre téléphone portable
- votre maison/appartement
- votre ordinateur
- vos parents
- votre vie nocturne
- votre film préféré
- votre connexion Internet
- ?

Practice more at
vhlcentral.com.

Communication

4

Rendez-vous Hier soir, vous aviez rendez-vous avec un(e) inconnu(e) (*blind date*). À deux, employez des comparatifs et des superlatifs pour parler du rendez-vous. Aidez-vous des mots de la liste.

Modèle   C'était le pire rendez-vous de ma vie!

blagues	film	vêtements
cheveux	restaurant	viande
conversation	salade	voiture

5

Au musée des Sciences Vos camarades et vous êtes au musée des Sciences où vous découvrez les progrès technologiques des siècles passés. Par groupes de trois, imaginez la vie aux périodes proposées et faites trois comparaisons pour chacune.

Modèle   Au Moyen Âge, la vie était plus difficile sans le radiateur.

au Moyen Âge (*Middle Ages*)	à la création des États-Unis	au début du 20e siècle	il y a vingt ans

6

Et votre vie à vous? Par groupes de trois, discutez des aspects de votre vie quotidienne qui bénéficient des progrès technologiques. Comment était votre vie avant l'arrivée de ces technologies? Comment est-elle aujourd'hui? Employez des comparatifs et des superlatifs.

7.2

The *futur simple*

*De toute façon tu perds ton temps, ça ne **marchera** jamais...*

BLOC-NOTES

To review the **futur proche**, see **Structures 1.2, pp. 22–23**.

- You have learned to use **aller** + [*infinitive*] to say that something is going to happen in the immediate future (the **futur proche**). To talk about something that will happen further ahead in time, use the **futur simple**.

Futur proche	Futur simple
Je **vais effacer** la dernière phrase avant de sauvegarder mon essai.	Nous **effacerons** les photos de l'appareil après les avoir imprimées.
I'm going to erase the last sentence before saving my essay.	*We will erase the pictures on the camera after printing them.*

- Form the simple future of regular **-er** and **-ir** verbs by adding these endings to the infinitive. For regular **-re** verbs, take the **-e** off the infinitive before adding the endings.

	parler	réussir	attendre
je/j'	parlerai	réussirai	attendrai
tu	parleras	réussiras	attendras
il/elle	parlera	réussira	attendra
nous	parlerons	réussirons	attendrons
vous	parlerez	réussirez	attendrez
ils/elles	parleront	réussiront	attendront

- Spelling-change **-er** verbs undergo the same change in the future tense as they do in the present.

je me prom**è**ne	je me prom**è**nerai
j'emplo**i**e	j'emplo**i**erai
j'essa**i**e *or* j'essa**y**e	j'essa**i**erai *or* j'essa**y**erai
j'appe**ll**e	j'appe**ll**erai
je proje**tt**e	je proje**tt**erai

- Verbs with an **é** before the infinitive ending, such as **espérer**, **préférer**, and **répéter**, do not undergo a spelling change in the future tense.

Nous **suggérerons** à Fatih qu'il reste chez nous.

We will suggest to Fatih that he stay with us.

- Many common verbs have an irregular future stem. Add the future endings to these stems.

infinitive	stem	future	infinitive	stem	future
aller	ir-	j'irai	pleuvoir	pleuvr-	il pleuvra
avoir	aur-	j'aurai	pouvoir	pourr-	je pourrai
courir	courr-	je courrai	recevoir	recevr-	je recevrai
devoir	devr-	je devrai	savoir	saur-	je saurai
envoyer	enverr-	j'enverrai	tenir	tiendr-	je tiendrai
être	ser-	je serai	valoir	vaudr-	il vaudra
faire	fer-	je ferai	venir	viendr-	je viendrai
falloir	faudr-	il faudra	voir	verr-	je verrai
mourir	mourr-	je mourrai	vouloir	voudr-	je voudrai

ATTENTION!

Apercevoir has a future stem like that of **recevoir**. Similarly, **devenir** and **revenir** are like **venir**, and **maintenir** and **retenir** are like **tenir**.

J'apercevrai.

Vous reviendrez.

Ils maintiendront.

- Verbs in the simple future are usually translated with *will* or *shall* in English.

Nous **aurons** un lecteur de DVD
dans notre chambre.
*We will have a DVD player
in our room.*

Un jour, on **pourra** se promener
sur la planète Mars.
*One day, we will be able to walk
on Mars.*

- Use the future tense instead of the imperative to make a command sound more forceful.

Tu **viendras** au restaurant avec
nous ce soir.
*You will come to the restaurant
with us tonight.*

Vous **ferez** passer le message
à votre professeur.
*You'll pass along the message
to your professor.*

ATTENTION!

In spoken French, the present tense is used sometimes to express future actions.

**Nous nous retrouvons
au cybercafé.**
We're meeting at the cybercafé.

Use the present tense of **devoir** + [*infinitive*] to express an action that you suppose will happen.

**Benoît doit arriver dans les
prochains jours.**
*Benoît must be arriving in the
next few days.*

- After **dès que** (*as soon as*) or **quand** put the verb in the future tense if the action takes place in the future. The verb in the main clause should be in the future or the imperative.

	FUTURE	MAIN CLAUSE: FUTURE OR IMPERATIVE
Dès que	vous aurez un brevet,	vous pourrez vendre votre invention.
Quand	tu seras dans l'ovni,	pose des questions aux extraterrestres!

- The same kind of structure can be used with the conjunctions **aussitôt que** (*as soon as*), **lorsque** (*when*), and **tant que** (*as long as*). Note that in English, the verb following them is most often in the present tense.

Nous vous recevrons **aussitôt que**
vous arriverez au laboratoire.
*We will welcome you as soon as
you arrive at the laboratory.*

Tant qu'ils seront curieux, les astronomes
étudieront l'origine de l'univers.
*As long as they're curious, astronomers
will study the universe's origin.*

- To talk about events that might occur in the future, use a **si...** (*if...*) construction. Use the present tense in the **si** clause and the **futur proche**, **futur simple**, or imperative in the main clause. Remember that **si** and **il** contract to become **s'il**.

S'il y **a** un film intéressant à la télé
ce soir, **dis**-le-moi.
*If there's an interesting movie on TV
tonight, tell me.*

Si Aïcha **achète** un appareil numérique,
elle me **donnera** son appareil traditionnel.
*If Aïcha buys a digital camera,
she'll give me her traditional camera.*

BLOC-NOTES

To learn how to use **si** clauses to express contrary-to-fact situations, see **Structures 10.3, pp. 374–375.**

Mise en pratique

1 **L'horoscope vietnamien** Lisez les prédictions de l'horoscope pour le signe du dragon. Mettez les verbes au futur simple.

TRAVAIL Cette semaine, vous (1) _____ (devoir) travailler dur. Vous ne (2) _____ (pouvoir) pas vous reposer, parce que votre patron (3) _____ (être) très exigeant. Mais ça (4) _____ (valoir) la peine. On vous (5) _____ (donner) une augmentation et vos collègues (6) _____ (être) jaloux.

ARGENT Dès que vous (7) _____ (comprendre) qu'il ne faut pas trop dépenser, votre situation financière (8) _____ (aller) mieux. Pour devenir millionnaire, il vous (9) _____ (falloir) beaucoup de volonté et de patience. Mais vous (10) _____ (tenir) bon. Peut-être que vous (11) _____ (recevoir) l'héritage d'une tante éloignée.

SANTÉ Vous (12) _____ (avoir) des problèmes respiratoires. Mais vous (13) _____ (savoir) y faire face. Des membres de votre famille vous (14) _____ (suggérer) sûrement des moyens de combattre ce trouble.

AMOUR Quelqu'un (15) _____ (vouloir) faire votre connaissance et (16) _____ (réussir) à vous rendre heureux/heureuse.

2 **Un autre horoscope** À deux, écrivez l'horoscope de votre camarade de classe. Utilisez les éléments de la liste. Ensuite, comparez vos horoscopes à ceux du reste de la classe.

aller	devoir	finir	quand	si
créer	être	maintenir	réussir	tant que
dès que	faire	prouver	savoir	venir

Dragon:
1952-1964-
1976-1988-2000

Serpent:
1953-1965-
1977-1989-2001

Cheval:
1954-1966-
1978-1990-2002

Chèvre:
1955-1967-
1979-1991-2003

Singe:
1956-1968-
1980-1992-2004

Coq:
1957-1969-
1981-1993-2005

Chien:
1958-1970-
1982-1994-2006

Cochon:
1959-1971-
1983-1995-2007

Rat:
1960-1972-
1984-1996-2008

Buffle:
1961-1973-
1985-1997-2009

Tigre:
1962-1974-
1986-1998-2010

Chat:
1963-1975-
1987-1999-2011

3 **Vos projets** Comment passerez-vous l'été? Répondez à ces questions avec des verbes au futur simple. Expliquez vos réponses à un(e) camarade de classe.

1. Est-ce que vous travaillerez? Où?
2. Que ferez-vous le soir et le week-end?
3. Suivrez-vous des cours? Lesquels?
4. Partirez-vous en vacances? Où?

Practice more at vhlcentral.com.

Communication

4

Invention

A. Avec un(e) camarade de classe, vous devez vous préparer pour une conférence de presse où vous présenterez votre invention. À l'aide du tableau, imaginez ce que vous direz à la presse. Employez le futur simple.

Titre de l'invention	
À quoi servira-t-elle?	
À qui sera-t-elle destinée?	
Comment fonctionnera-t-elle?	
Améliorera-t-elle la vie quotidienne?	

B. Ensuite, présentez votre invention à la classe, sans dire exactement ce que c'est. Vos camarades doivent poser des questions pour deviner de quelle sorte d'objet il s'agit. Utilisez le futur simple.

> **Modèle**   À quel moment de la journée s'en servira-t-on?

5

Que se passera-t-il? Tout change avec le temps. À deux, discutez de l'avenir des éléments suivants.

- la télévision
- New York
- Internet
- les livres
- la génétique

- le clonage
- la conquête spatiale
- l'humanité
- l'ADN
- la religion

6

Dans 20 ans Par petits groupes, faites une liste de cinq personnes ou compagnies célèbres dans le domaine de la science et la technologie, et imaginez comment elles seront dans 20 ans.

7

Situations À deux, choisissez un de ces thèmes et inventez une conversation au futur simple entre les deux personnes décrites.

1. Deux étudiant(e)s viennent d'obtenir leur diplôme scientifique et parlent de ce qu'ils/elles feront pour devenir riches et célèbres.

2. Deux astronautes se dirigent vers la planète Mars. Ils/Elles sont les premiers/premières à faire ce voyage et discutent de ce qu'ils/elles feront une fois sur place.

3. Deux chercheurs/chercheuses scientifiques viennent de faire une découverte capitale et parlent de ce qu'elle apportera au monde.

4. Deux informaticien(ne)s créent un site web et parlent de ses avantages comparé à celui de la concurrence (*competition*).

Note
CULTURELLE

La **Belgique** et la **Suisse** sont à l'origine de certains objets qui font partie de notre quotidien: de Belgique, les patins à roulette de **Jean-Joseph Merlin** et le saxophone d'**Adolphe Sax**; de Suisse, le velcro de **Georges de Mestral** et le moteur à explosion de **François Isaac de Rivaz**. Cette dernière invention a révolutionné notre monde parce qu'on s'en sert tous les jours pour faire fonctionner nos moyens de transport.

7.3

The subjunctive with expressions of doubt and conjunctions; the past subjunctive

*Mais c'est toi qui as insisté **pour qu'on s'installe** ici!*

The subjunctive with expressions of doubt and conjunctions

- Use the subjunctive in subordinate clauses after expressions of doubt or uncertainty.

> Il est peu probable qu'il **soit** astronaute.
> *It's unlikely that he's an astronaut.*

> Il est possible qu'on **atterrisse** en avance.
> *It's possible that we're landing early.*

- These expressions of doubt or uncertainty are typically followed by the subjunctive.

douter que... *to doubt that...*	**Il n'est pas évident que...** *It's not obvious that...*
Il est douteux que... *It's doubtful that...*	**Il n'est pas sûr que...** *It's not sure that...*
Il est impossible que... *It's impossible that...*	**Il n'est pas vrai que...** *It's not true that...*
Il est peu probable que... *It's unlikely that...*	**Il semble que...** *It seems that...*
Il est possible que... *It's possible that...*	**Il se peut que...** *It's possible that...*

- Some expressions call for the subjunctive in the negative, but take the indicative in the affirmative. This is because only the negative statements express uncertainty or doubt.

Indicative	Subjunctive
Je suis sûr qu'elle **vient** aujourd'hui.	Je ne suis pas sûr qu'elle **vienne** demain.
I'm sure she's coming today.	*I'm not sure she's coming tomorrow.*

- The verbs **croire**, **espérer**, and **penser** in negative statements or in questions also require the subjunctive in the subordinate clause. In affirmative statements, the verb in the subordinate clause is in the indicative.

Indicative	Subjunctive	Subjunctive
Je crois qu'elle **part**.	Je ne crois pas qu'elle **parte**.	Croyez-vous qu'elle **parte**?
I believe she's leaving.	*I don't believe she's leaving.*	*Do you believe she's leaving?*

BLOC-NOTES

To review other expressions that are used with the subjunctive, see **Structures 6.1, pp. 212–213.**

ATTENTION!

Not all questions containing **croire, espérer,** or **penser** require the subjunctive. In a negative question, the subordinate clause takes the indicative.

Ne penses-tu pas que c'est une découverte capitale?
Don't you think it's a breakthrough discovery?

- The subjunctive is also required after these conjunctions.

à condition que *on the condition that*	**en attendant que** *waiting for*
à moins que *unless*	**jusqu'à ce que** *until*
afin que *in order that*	**pour que** *so that*
avant que *before*	**pourvu que** *provided that*
bien que *although*	**quoique** *although*
de peur que *for fear that*	**sans que** *without*

Bien que ses intentions **soient** bonnes, elle se trompe souvent.
Although her intentions are good, she is often mistaken.

Ils expliquent leur recherche pour que nous en **connaissions** les conséquences.
They explain their research so that we know the consequences.

The past subjunctive

- If the verb in a subordinate clause following a subjunctive trigger took place in the past, use the past subjunctive.

- Like the **passé composé** and the **plus-que-parfait**, the past subjunctive is formed by combining a helping verb (**avoir** or **être**) with a past participle. In the past subjunctive, the helping verb is in the present subjunctive.

Il se peut qu'ils **aient oublié** la réunion de neuf heures.
It's possible that they forgot the 9 o'clock meeting.

Nous ne sommes pas certains qu'elle **soit arrivée** avant nous.
We are not certain that she arrived before us.

- If a verb takes the helping verb **avoir** in **the passé composé** or **plus-que-parfait**, it also takes **avoir** in the past subjunctive.

j'ai téléchargé	que j'aie téléchargé
tu as téléchargé	que tu aies téléchargé
il/elle a téléchargé	qu'il/elle ait téléchargé
nous avons téléchargé	que nous ayons téléchargé
vous avez téléchargé	que vous ayez téléchargé
ils/elles ont téléchargé	qu'ils/elles aient téléchargé

- If a verb takes the helping verb **être** in the **passé composé** or **plus-que-parfait**, it also takes **être** in the past subjunctive.

je me suis adapté(e)	que je me sois adapté(e)
tu t'es adapté(e)	que tu te sois adapté(e)
il/elle s'est adapté(e)	qu'il/elle se soit adapté(e)
nous nous sommes adapté(e)s	que nous nous soyons adapté(e)s
vous vous êtes adapté(e)(s)	que vous vous soyez adapté(e)(s)
ils/elles se sont adapté(e)s	qu'ils/elles se soient adapté(e)s

ATTENTION!

If the subject of the main clause is the same as the subject of the subordinate clause, these conjunctions are followed by the infinitive instead of the subjunctive: **à condition de, à moins de, afin de, avant de, de peur de, en attendant de, pour**, and **sans**.

Il est entré sans parler.
He came in without speaking.

On arrivera en retard à moins de prendre le train.
We'll arrive late unless we take the train.

ATTENTION!

The expressions **à moins que, de peur que, de crainte que, sans que**, and **avant que** are often accompanied by the **ne explétif**. The word **ne** is placed before the subjunctive form of the verb; it is not a negation and adds no meaning to the statement.

Les étudiants arrivent avant que le professeur ne commence son cours.
The students arrive before the professor starts his class.

Mise en pratique

1

À choisir Choisissez la forme correcte du verbe pour compléter les phrases.

1. Il est évident qu'il _____ (n'est pas venu / ne soit pas venu) nous voir.

2. Il faut y croire jusqu'à ce qu'on _____ (réussit / réussisse).

3. Nous sommes sûrs que tu _____ (vas mettre au point / ailles mettre au point) ton invention.

4. Vous avez visité toute la ville sans qu'elles _____ (se soient reposées / se sont reposées) une seule fois?

5. Il est impossible que vous _____ (avez vu / ayez vu) ce film; il n'est pas encore sorti.

6. Va dire à ta mère que Lucie _____ (dort / dorme) toujours.

7. Quoique nous ne leur _____ (ayons pas rendu / avons pas rendu) visite, nous avons beaucoup pensé à eux.

8. Ils vont m'aider pour que je _____ (finis / finisse) plus tôt.

2

Le Thalys Complétez cet e-mail avec les formes correctes des verbes entre parenthèses.

De:	Caroline <caroline.romain@email.fr>
Pour:	Stéphane <stéphane.Bertaud@email.fr>
Sujet:	Qu'en penses-tu?

Je prévois d'aller à Bruxelles la semaine prochaine. Avant de confirmer ma réservation sur le Thalys, je veux m'assurer que c'est une bonne idée. J'ai écrit un e-mail à un ami qui habite là-bas, mais il est peu probable qu'il l' (1) _____ (lire). Je sais qu'il (2) _____ (être) très occupé et je crois qu'il n' (3) _____ (avoir) jamais le temps de répondre à ses e-mails. Alors il se peut que j' (4) _____ (arriver) sans que sa famille et lui le (5) _____ (savoir). Alors, de peur que je ne (6) _____ (visiter) cette ville toute seule, pourrais-tu m'y accompagner pour que je ne me (7) _____ (sentir) pas isolée?
Réponds-moi vite!
Caroline

3

Logique ou illogique? Par groupes de trois, dites si les phrases sont logiques ou illogiques et employez le subjonctif, si nécessaire, pour justifier votre opinion.

Modèle **Il n'est pas certain que la technologie rende la vie plus facile.**
C'est illogique! Il est sûr que la technologie rend la vie plus facile.

	Logique	Illogique
1. Il est évident que les voyages sur la Lune sont inutiles.	☐	☐
2. Il est douteux qu'on puisse améliorer les ordinateurs.	☐	☐
3. Il est vrai que les humains ont marché sur la planète Vénus.	☐	☐
4. Il est possible que les scientifiques aient commencé à cloner des humains.	☐	☐
5. Il est peu probable que nous connaissions les conséquences de la recherche génétique.	☐	☐

Note CULTURELLE

Thalys est le nom du train qui relie (*links*) **Paris** à **Bruxelles**. Le voyage dure (*lasts*) en général une heure et 20 minutes, pour une distance d'environ 300 km. Il est le prolongement du système ferroviaire (*railway*) français qui utilise le **TGV**. Bien que Bruxelles soit la principale gare du Thalys, cette ville n'est pas sa seule destination depuis Paris. Le train va jusqu'à **Amsterdam**, aux Pays-Bas, et jusqu'à **Cologne**, en Allemagne.

S Practice more at **vhlcentral.com**.

Communication

4

Conseils Voici Bernard. Il déteste les sciences, mais il veut quand même devenir astronaute. À deux, utilisez ces éléments pour lui dire ce que vous en pensez.

> **Modèle** —Il est possible que tu deviennes astronaute, mais tu devras d'abord avoir de meilleures notes en maths.
> —Tu y arriveras, à condition que tu fasses tes devoirs tous les jours.

à condition que	Il est vrai que
afin que	Il se peut que
croire	jusqu'à ce que
(ne pas) douter que	penser
Il est possible que	pour que

5

L'avenir Par groupes de trois, imaginez comment sera l'avenir en 2050 et en 2100. Utilisez le plus possible des expressions du subjonctif et présentez vos idées à la classe.

> **Modèle** Il est peu probable que les pays arrêtent de faire la guerre.

- la population
- les relations internationales
- la technologie
- la conquête de l'espace

6

Voyage dans l'espace Imaginez que vous fassiez un voyage dans l'espace pour fonder une nouvelle civilisation sur une autre planète. Par groupes de trois, employez le subjonctif pour discuter de vos craintes et des nouvelles possibilités.

Craintes concernant la survie	Nouvelles possibilités

Synthèse

Pascal va bientôt hériter d'une grande fortune. Il se rend compte qu'il pourra réaliser ses rêves les plus fous. Cependant°, son seul désir est de devenir immortel. D'après lui, le procédé° capable de répondre à cette demande, c'est le clonage. Mais le clonage reproductif, ou humain, est interdit dans de nombreux pays. Il décide d'en parler à un ami, Gérard, qui est scientifique. Celui-ci va alors tout faire pour convaincre Pascal de ne pas se lancer dans cette entreprise, qui est l'idée la moins intelligente qu'il ait eue.

However

technique

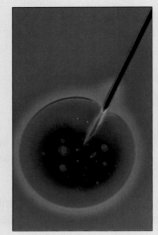

GÉRARD D'un point de vue éthique, c'est un concept qui dérange°. L'ONU et l'UNESCO ont déclaré la manipulation de l'ADN à des fins reproductives contraire à l'éthique. De plus, être cloné ne rend pas immortel. Ensuite, du point de vue scientifique, l'expérience a montré que ces progrès avaient leurs limites. Les cellules clonés des animaux présentaient des tares. Il n'est donc pas évident que le clonage d'un humain puisse marcher. Je doute que cela soit possible un jour.

disturbs

PASCAL Mais il est possible qu'ils aient fait des erreurs. Et le clonage n'est pas forcément mauvais; il sert aussi à soigner.

GÉRARD Il est vrai que, d'un autre côté, les chercheurs qui ont fait cette découverte capitale ont permis d'inventer d'autres moyens de guérir. Mais ce dont tu rêves est différent. En résumé, la génétique n'est pas une chose à prendre à la légère. Tu réussiras mieux ta vie si tu arrêtes de penser à ça.

Finalement, bien que cela ait été son vœu le plus cher, Pascal se rend compte que c'était une excentricité de sa part. Il décide d'oublier l'idée du clonage et de dépenser son argent autrement. ■

1

Révision de grammaire Relisez la lecture. Ensuite, choisissez la bonne réponse. N'oubliez pas de conjuguer les verbes au temps convenable.

1. S'il peut, Gérard _____ (décider / essayer / savoir) tout pour convaincre Pascal de ne pas dépenser sa fortune sur le clonage.

2. Gérard croit que l'idée de Pascal _____ (avoir / être / tenir) mauvaise.

3. D'après les expériences scientifiques, il est peu probable qu'on _____ (commencer / devoir / réussir) à cloner un humain.

4. Si Pascal oublie son idée de clonage, il _____ (venir / pouvoir / savoir) utiliser son argent autrement.

5. Pascal fera _____ (meilleur / mal / mieux) de ne pas dépenser sa fortune dans l'entreprise du clonage.

2

Qu'avez-vous compris? Répondez par des phrases complètes.

1. Quel est le rêve le plus cher de Pascal?

2. Gérard pense-t-il que le clonage humain soit possible? Expliquez.

3. Êtes-vous pour ou contre le clonage? Discutez de ce sujet à l'aide des structures de cette leçon.

Préparation 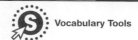 Vocabulary Tools

Vocabulaire de la lecture

l'antimatière (*m.*) *antimatter*
c'est-à-dire *that is to say*
de pointe *cutting edge*
détruire *to destroy*
envisager *to envision*
la mise en marche *start-up*
nucléaire *nuclear*
une particule *particle*

porter plainte *to file a complaint*
prédire *predict*
la recherche fondamentale *basic research*
repousser les limites *to push boundaries*
un trou noir *black hole*

Vocabulaire utile

faire une expérience *to conduct an experiment*
une innovation *innovation*
la recherche appliquée *applied research*

---

1 **Complétez** Utilisez le vocabulaire qui convient pour compléter les phrases.

1. Un chimiste doit _____ pour avoir un résultat.

2. Ma meilleure amie dit qu'elle peut _____ l'avenir en lisant les lignes de ma main.

3. Manon est arachnophobe, _____ qu'elle a peur des araignées (*spiders*).

4. La _____ d'une machine précède toujours son extinction.

5. Si quelqu'un pouvait inventer un robot capable de faire la cuisine, ce serait _____ révolutionnaire!

6. Il est plus facile de _____ que de construire.

7. Quand vous êtes agressé(e) dans la rue, il faut aller au commissariat de police pour _____.

8. Mon frère voudrait être ingénieur dans une industrie _____ comme l'informatique ou l'aérospatiale.

2 **La science dans le monde** Répondez aux questions et comparez vos réponses avec celles d'un(e) camarade.

1. Aimez-vous les sciences? Expliquez.

2. Aimeriez-vous être un(e) scientifique? Dans quel domaine?

3. La science joue-t-elle un rôle dans votre vie de tous les jours? Si oui, de quelle manière? Comment est-ce que la recherche scientifique pourrait améliorer votre quotidien?

4. Y a-t-il des inventions ou de nouvelles technologies qui ont rendu votre vie quotidienne plus facile?

5. Que pensez-vous du travail en équipe? Quels en sont les avantages?

6. Est-ce que la recherche scientifique vous inquiète dans certains domaines?

3 **L'union fait la force** L'article que vous allez lire évoque la collaboration scientifique entre différents pays. Par groupes de trois ou quatre, imaginez que vous soyez des scientifiques internationaux qui décident de s'associer dans un but commun. Quel mystère voulez-vous percer (*unravel*)? Comment avez-vous l'intention de procéder?

 Practice more at vhlcentral.com.

Mise en place du tube contenant les électroaimants (*electromagnets*) supraconducteurs qui parcourent la circonférence du Grand collisionneur de hadrons. Un coup d'œil aux personnes en bas à droite de la photo permet de prendre conscience du gigantisme du LHC.

CERN À la découverte d'un univers particulier

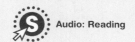

Big Bang!

C'est ce que certains avaient prédit qu'il arriverait à l'automne 2008. La terre devait exploser ou être engloutie° dans un trou noir! Pourquoi? À cause du LHC du CERN. Toutefois°, rien de ce que les scientifiques craignaient° ne s'est produit. Mais qu'est-ce que le CERN exactement? Et le LHC?

Le CERN est l'Organisation européenne pour la recherche nucléaire. Ouvert en 1954, le CERN se trouve à la frontière franco-suisse, à proximité de Genève. La moitié des physiciens des particules° du monde, environ 12.000 personnes, viennent faire des recherches au CERN, qui est aussi associé à plus 600 laboratoires différents dans 70 pays.

À l'origine, l'objectif du CERN était de comprendre de quoi était constitué un atome. Aujourd'hui, ses scientifiques se concentrent sur la physique des particules. Si trouver des réponses aux grandes questions de l'univers et repousser les limites de la technologie font bien sûr partie des missions essentielles du CERN, le centre espère aussi rassembler les nations du monde autour de la science et former les scientifiques de demain.

La recherche fondamentale, c'est-à-dire sans but économique initial, est la raison d'être du CERN. Une des plus fameuses innovations issues de la recherche fondamentale du CERN est le World Wide Web. Eh, oui! Imaginez le monde sans la «toile°»! Mais qui se souvient encore de son origine? C'est pourtant au CERN que l'idée du Web a germé° dans la tête de Tim Berners-Lee et de son collègue Robert Cailliau. Leur idée était d'élaborer un système puissant et convivial alliant° les technologies des ordinateurs personnels, des réseaux informatiques et de l'hypertexte pour permettre aux scientifiques du monde entier de partager des informations. C'est ainsi que le premier site Web a vu le jour en 1991. Et, le 30 avril 1993, le CERN annonçait que le Web serait gratuit pour tout le monde.

Ensuite, le CERN a fait la une des journaux en raison de la mise en marche de son Grand collisionneur de hadrons (Large Hadron Collider — LHC). Le LHC est un gigantesque accélérateur de particules de 27 kilomètres de circonférence grâce auquel° les physiciens peuvent étudier les plus petites particules connues, les trous noirs et l'antimatière, et peut-être ainsi en savoir plus sur la formation de l'univers. Pendant des mois avant sa mise en marche, nombreux étaient ceux qui prédisaient la destruction de la terre, aspirée° dans un trou noir produit par le LHC. Ainsi, deux Américains ont même porté plainte auprès d'°un juge à Hawaii dans l'espoir d'empêcher la mise en marche du LHC. Depuis, celui-ci a aidé à révolutionner la physique. En juillet 2012, les chercheurs du CERN ont annoncé qu'ils avaient fait la découverte d'une nouvelle particule et en 2013, ils ont confirmé que c'était bien le boson de Higgs.

> **Le centre espère aussi rassembler les nations du monde autour de la science.**

Le CERN joue donc un rôle clé dans le développement des technologies du futur. Il tient aussi un rôle primordial dans l'enseignement des technologies de pointe. Et, malgré° les doutes et les inquiétudes de certains, il est désormais° aussi difficile d'envisager l'avenir sans le CERN que d'imaginer le monde moderne sans le World Wide Web! ∎

engulfed (4)
However (5)
feared (5)
particle physicists (13)
web (32)
formed (34)
combining (37)
thanks to which (50)
sucked up (57)
to (60)
despite (70)
now (72)

Analyse

1 🔊

Compréhension Répondez aux questions par des phrases complètes.

1. Qu'est-ce qui s'est passé au CERN à l'automne 2008?
2. Qu'est-ce que le CERN?
3. Quels sont les objectifs du CERN?
4. Qu'est-ce que la recherche fondamentale?
5. Quelle invention du CERN est la plus connue et la plus utilisée au quotidien?
6. Qu'est-ce que le Grand Collisionneur de hadrons?
7. À quoi est supposé servir le LHC?
8. Qu'est-ce que les chercheurs du CERN ont découvert en 2012 avec le LHC?

2 👥

La science utile La recherche scientifique doit-elle être avant tout pratique ou bien nous permettre de trouver des réponses à des questions métaphysiques? Qu'en pensez-vous? À deux, faites une liste des problèmes pratiques ainsi que des questions théoriques auxquels vous espérez que la science puisse un jour apporter une réponse. Classez cette liste selon vos priorités et comparez-la à celle d'une autre paire.

3 👥

Peur de l'inconnu De nos jours, certains sont préoccupés par la recherche scientifique, et tout particulièrement par les recherches effectuées par le CERN. En petits groupes, discutez de ce phénomène.

- Est-ce un sentiment nouveau ou bien cette peur a-t-elle toujours existé?
- Certaines innovations ou figures de l'histoire ont-elles provoqué une réaction similaire au sein de l'opinion publique? Pensez par exemple à Christophe Colomb et son projet de rejoindre les Indes par l'ouest. Qu'en pensaient les gens à son époque?
- Plus généralement, faut-il se méfier (*distrust*) de ce qu'on ne connaît pas?

4 👥

Sciences et francophonie En petits groupes, choisissez une innovation technologique ou scientifique issue de la recherche effectuée dans un pays francophone. Préparez une présentation sur cette technologie ou cette avancée scientifique et expliquez comment elle améliore le quotidien de chacun. Vous pourriez par exemple parler des inventions suivantes:

- le TGV (France)
- le cinématographe (France)
- le Velcro® (Suisse)
- l'anti-histamine (Suisse)
- le moteur à combustion interne (Belgique)
- …

Préparation

 Vocabulary Tools

À propos de l'auteur

Didier Daeninckx (1949–) est né à Saint-Denis, banlieue parisienne, dans une famille modeste. En 1984, son deuxième roman, *Meurtres pour mémoire*, le fait connaître. Porte-drapeau (*Flag bearer*) du roman noir, Daeninckx place toujours ses œuvres dans la réalité sociale et politique de leur époque. Il écrit aussi des bandes dessinées, des livres pour la jeunesse, des pièces de théâtre et des nouvelles. Aujourd'hui, il est assez actif en matières politiques et dénonce en particulier ce qu'il appelle le négationnisme: la tendance à oublier certains événements historiques.

Vocabulaire de la lecture		Vocabulaire utile
un abonnement *subscription*	**un loyer** *rent*	**agir** *to take action*
s'adresser la parole *to speak to one another*	**numérique** *digital*	**contrarier** *to thwart*
	une parabole *satellite dish*	**obsédé(e)** *obsessed*
couper de *to cut off from*	**régler** *to adjust*	
le désespoir *despair*	**une retransmission** *broadcast*	
une échelle *ladder*	**se taire** (*irreg.*) *to be quiet*	
hurler *to shout*		

1

Énigmes Lisez les définitions et associez un terme des listes de vocabulaire ci-dessus à chacune d'entre elles.

1. Il peut être mensuel ou annuel.
2. Si vous ne parlez pas, c'est ce que vous faites.
3. C'est une bonne idée de vérifier qu'elle est stable avant d'y monter.
4. On doit le payer chaque mois au propriétaire quand on est locataire.
5. Deux personnes ne le font pas quand elles sont très fâchées.
6. C'est ce qu'on a envie de faire quand le dentiste n'utilise pas d'anesthésie.
7. C'est ce qu'il faut faire à votre antenne quand votre réception est mauvaise.
8. Vous pouvez la trouver sur un toit ou dans un livre de maths.
9. Une personne passive ne le fait pas.
10. Vous l'êtes si vous pensez à quelque chose constamment.

2

Discussion À votre avis, que veut dire le titre *Solitude numérique*? Discutez-en à deux puis présentez vos idées à la classe.

3

La vie quotidienne et la technologie Par groupes de trois, répondez aux questions.

1. Quelle invention électronique particulière utilisez-vous le plus souvent?
2. Votre vie serait-elle différente sans cette invention? Expliquez.
3. Combien de temps par jour passez-vous à regarder la télé, à surfer sur Internet, à parler au téléphone ou à écouter de la musique?
4. Quelle influence l'utilisation d'appareils électroniques a-t-elle sur vos rapports avec les autres?

 Practice more at vhlcentral.com.

solitude **NUMÉRIQUE**

Didier Daeninckx

Le pire, si Martine y réfléchissait, c'est
que c'était elle qui avait enclenché° le · *had set in motion*
processus en lui offrant tout le matériel° · *equipment*
et l'abonnement à Gold-Sport, deux ans
5 plus tôt pour son anniversaire... Et quand
elle voulait être sincère, elle arrivait à
s'avouer° qu'elle avait une idée derrière · *to admit to oneself*
la tête en choisissant ce cadeau: le retenir
à la maison, samedis soir et dimanches
10 après-midi tout au long de la saison
footballistique. Le couper de toute cette
bande de supporters assoiffés° qui lui · *thirsty*
volait ses week-ends. Elle le revoyait
qui déballait° la parabole, plus heureux · *was unpacking*
15 encore que le gamin qu'elle imaginait,
agenouillé° près du sapin de Noël° devant · *kneeling/ Christmas tree*
son premier vélo. Ils avaient passé deux
jours entiers à déterminer le meilleur
angle de la réception, puis à installer
20 la coupole° sur le toit° du pavillon°, à · *dome/roof/house*
régler la monture° polaire motorisée · *mounting*
afin de capter° aussi bien le satellite · *to pick up (a signal)*

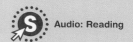
Audio: Reading

Astra qu'Eutelstat. Régis, qui déprimait dès qu'il fallait changer le sac de
l'aspirateur ou nettoyer le filtre du lave-vaisselle, se révéla° un pilote hors
25 pair° dans la conduite du numérique. Les caractéristiques des décodeurs
Vidéocrypt et Syster n'eurent plus de secrets pour lui, de même que
les signaux oscillants°, les angles d'azimut satellitaires, les Puissances
Isotropes Rayonnées Équivalentes° ou l'activation des circuits de clamp°!
Il se mit à parler une langue dont elle perdit rapidement la grille de
30 décryptage°, où il était question de «source duo-bloc», de «réchauffeurs
souples°», de «doublement de câble coaxial», de «polariseur mécanique»,
sans même tenir compte des «Low Noise Block» et autres «Duobinaire
Multiplexed Analog Components»! Ils ne s'adressèrent plus la parole
qu'en de rares occasions, entre deux retransmissions. Le plus souvent
35 elle dormait, quand il venait se coucher, gavé° d'émotions. Un an plus
tard, c'est lui qui lui fit un cadeau:
la première parabole fut rejointe
par sa sœur presque jumelle afin
de détecter les signaux d'autres
40 satellites évoluant° plus à l'est
ou plus à l'ouest. Au lieu de
suivre les péripéties° d'un match

> **Ils ne s'adressèrent plus la parole qu'en de rares occasions...**

P.S.G.-Auxerre sur le plastique froid des fauteuils du Parc, Régis pouvait
assister, confortablement installé sur son canapé°, en direct aux matchs
45 de championnat d'Indonésie, de Colombie, de Chine, se tenir au courant°,
heure par heure, du goal-average de la troisième division camerounaise,
vibrer aux tirs au but° d'une finale amateur disputée au fin fond° de la
Finlande. Le budget consacré° aux abonnements atteignait maintenant
celui du loyer. Le quatrième décodeur, une merveille permettant
50 également de compresser les images, de les stocker° sur vidéodisques
tout en regardant un autre programme, arriva dans le salon débordant°
d'électronique pour le deuxième anniversaire de l'abonnement à Gold-
Sport. Martine fit une ultime tentative° pour renouer° le dialogue avec
Régis en lui apportant son habituel plateau-repas°. Il lui fit signe de
55 se taire, de la main, absorbé par le ralenti° séquentiel qu'il venait de
programmer sur une antique lucarne de Platini° dans un but italien. Elle
traversa le jardin, sortit l'échelle double du garage pour aller l'appuyer°
contre l'arrière du pavillon. Parvenue sur le toit, elle vint se placer à
genoux entre les deux paraboles dans lesquelles, pour qu'il l'entende
60 enfin, elle se mit à hurler son désespoir. ∎

(marges)
turned out to be
outstanding
fluctuating signals
Equivalent Radiated Isotropic Powers/
clamp circuits
decyphering grid
flexible heaters
filled
moving
events
couch
to keep informed
penalty shots/in the farthest reaches
devoted to
to store
overflowing
last attempt/to resume
meal on a tray
slow-motion
Platini's shot in a top corner of the net
to lean

Analyse

1

Compréhension Répondez aux questions.

1. Qui sont les deux personnages principaux de cette lecture? Quelles relations ont-ils?
2. Quel cadeau Martine a-t-elle offert à Régis?
3. Quelle idée Martine avait-elle en tête en lui offrant ce cadeau?
4. Quelle est la réaction de Régis en recevant le cadeau?
5. Est-ce que Martine est contente de la réaction de Régis? Pourquoi?
6. Qu'est-ce que Martine fait à la fin de l'histoire? Pourquoi réagit-elle comme ça?

2

Les événements À deux, mettez les événements de l'histoire dans l'ordre chronologique. Ensuite, comparez vos résultats avec ceux des autres groupes.

_____ Régis passe deux jours à déterminer le meilleur angle de réception.

_____ Régis achète une deuxième parabole.

_____ Régis déballe la parabole.

_____ Martine va sur le toit et hurle.

_____ Martine essaie de parler à Régis.

_____ Martine offre à Régis un abonnement à Gold-Star.

3

Les rapports Par groupes de trois, discutez des rapports entre Régis et Martine.

1. Décrivez les rapports entre Régis et Martine.
2. Comment sait-on que tout ne va pas bien entre eux? Citez des exemples.
3. Cette lecture contient beaucoup de vocabulaire technique. Pourquoi l'utilisation de ces mots vous aide-t-elle à vous mettre dans la peau de Martine?
4. À votre avis, quelle est la cause des problèmes entre Martine et Régis?

4

Jeu de rôles Par groupes de trois, jouez les rôles de Régis, de Martine et d'un conseiller matrimonial. À tour de rôle, Martine et Régis expliquent leur point de vue sur la situation, puis le conseiller leur dit ce qu'ils devraient faire. Jouez la scène devant la classe.

5

Rédaction Imaginez une technologie qui est peut-être pratique aujourd'hui, mais qui, à votre avis, deviendra bientôt obsolète. Suivez le plan de rédaction pour écrire un article qui explique pourquoi. Employez des comparatifs et des superlatifs, le futur simple et le subjonctif.

Plan

1 Organisation Faites une liste des avantages et des inconvénients de cette technologie.

2 Une technologie Dans un paragraphe, décrivez cette technologie. Dans un autre paragraphe, explorez les problèmes qui lui sont associés.

3 Conclusion Pour terminer, décrivez la technologie qui la remplacera.

Les sciences et la technologie Vocabulary Tools

La technologie

une adresse e-mail *e-mail address*
un appareil (photo) numérique *digital camera*
un correcteur orthographique *spell checker*
le cyberespace *cyberspace*
l'informatique (f.) *computer science*
un lecteur de DVD *DVD player*
un mot de passe *password*
un moteur de recherche *search engine*
un ordinateur portable *laptop*
un outil *tool*
un (téléphone) portable *cell phone*
une puce (électronique) *(electronic) chip*
un smartphone *smartphone*
une tablette (tactile) *(touchscreen) tablet*
un texto/SMS *text message*

effacer *to erase*
graver (un CD) *to burn (a CD)*
sauvegarder *to save*
télécharger *to download*

avancé(e) *advanced*
innovant(e) *innovative*
révolutionnaire *revolutionary*

Les inventions et la science

l'ADN (m.) *DNA*
un brevet d'invention *patent*
une cellule *cell*
une découverte (capitale) *(breakthrough) discovery*
une expérience *experiment*
un gène *gene*
la génétique *genetics*
une invention *invention*
la recherche *research*
une théorie *theory*

cloner *to clone*
contribuer (à) *to contribute*
créer *to create*
guérir *to cure; to heal*
inventer *to invent*

prouver *to prove*
soigner *to treat; to look after (someone)*

biochimique *biochemical*
contraire à l'éthique *unethical*
éthique *ethical*
spécialisé(e) *specialized*

L'univers et l'astronomie

l'espace (m.) *space*
une étoile (filante) *(shooting) star*
un(e) extraterrestre *alien*
la gravité *gravity*
un ovni *U.F.O.*
la survie *survival*
un télescope *telescope*

atterrir *to land*
explorer *to explore*

Les gens dans les sciences

un(e) astrologue *astrologer*
un(e) astronaute *astronaut*
un(e) astronome *astronomer*
un(e) biologiste *biologist*
un(e) chercheur/chercheuse *researcher*
un(e) chimiste *chemist*
un(e) ingénieur *engineer*
un(e) mathématicien(ne) *mathematician*
un(e) scientifique *scientist*

Court métrage

la banlieue *suburb*
des boîtes (f.) gigognes *nested boxes*
une boule à neige *snow globe*
le cadre de vie *living environment*
une clé *wrench*
un(e) conjoint(e) *spouse*
un lieu de vie *place to live*
le logement *housing*
un pavillon *suburban house*
le paysage *landscape*
la routine *everyday life*
une secousse sismique *seismic tremor*
la tapisserie *wallpaper*

ameuter *to rouse*
démarrer *to start up*

coincé(e) *stuck*
miteux/miteuse *dingy*
pourri(e) *lousy*

nulle part *nowhere*

Culture

l'antimatière (m.) *antimatter*
une innovation *innovation*
la mise en marche *start-up*
une particule *particle*
la recherche appliquée *applied research*
la recherche fondamentale *basic research*
un trou noir *black hole*

détruire *to destroy*
envisager *to envision*
faire une expérience *to conduct an experiment*
porter plainte *to file a complaint*
prédire *predict*
repousser les limites *to push the boundaries*

nucléaire *nuclear*

c'est-à-dire *that is to say*
de pointe *cutting edge*

Littérature

un abonnement *subscription*
le désespoir *despair*
une échelle *ladder*
un loyer *rent*
une parabole *satellite dish*
une retransmission *broadcast*

s'adresser la parole *to speak to one another*
agir *to take action*
contrarier *to thwart*
couper de *to cut off from*
hurler *to shout*
régler *to adjust*
se taire *(irreg.) to be quiet*

numérique *digital*
obsédé(e) *obsessed*

S'évader et s'amuser

«Le travail, c'est la santé; ne rien faire, c'est la conserver.» Cette citation d'Henri Salvador, célèbre chanteur et humoriste guyanais, résume le fait que, bien que le travail occupe une place majeure dans la vie, il est aussi nécessaire de savoir se détendre et s'amuser. Qu'est-ce que «se divertir» signifie, pour vous? Passer de bons moments en famille ou entre amis? Faire du sport? Assister à des spectacles, concerts ou expositions? Que faites-vous pour vous évader de votre quotidien?

279

302

Destination:
OCÉAN INDIEN

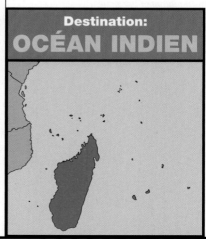

Les passe-temps

 Vocabulary Tools

Le sport

l'alpinisme (*m.*) *mountain climbing*

un arbitre *referee*
un club sportif *sports club*
une course *race*
un(e) fan (de) *fan (of)*
un pari *bet*
une patinoire *skating rink*
le saut à l'élastique *bungee jumping*
le ski alpin/de fond *downhill/
   cross-country skiing*

un supporter (de) *fan; supporter (of)*

admirer *to admire*
(se) blesser *to get hurt*
s'étonner *to be amazed*
faire match nul *to tie (a game)*
jouer au bowling *to go bowling*
marquer (un but/un point) *to score
   (a goal/a point)*
siffler *to whistle (at)*

Le temps libre

le billard *pool*

les boules (*f.*)/la pétanque *petanque*
les cartes (*f.*) (à jouer) *(playing) cards*
les fléchettes (*f.*) *darts*

un jeu vidéo/de société
   video/board game

des loisirs (*m.*) *leisure; recreation*
un parc d'attractions *amusement park*
un rabat-joie *party pooper*

bavarder *to chat*
célébrer/fêter *to celebrate*
se divertir *to have a good time*
faire passer *to spread (the word)*
porter un toast (à quelqu'un)
   to propose a toast
prendre un verre *to have a drink*
se promener *to take a stroll/walk*
valoir la peine *to be worth it*

Les arts et le théâtre

un billet/ticket *ticket*
une comédie *comedy*
une exposition *exhibition*

un groupe *music band*
un(e) musicien(ne) *musician*
une pièce (de théâtre) *(theater) play*
un spectacle *show; performance*
un spectateur/une spectatrice *spectator*
un tableau *painting*
un vernissage *art exhibit opening*

applaudir *to applaud*
faire la queue *to wait in line*

obtenir (des billets) *to get (tickets)*

complet *sold out*
divertissant(e) *entertaining*
émouvant(e) *moving*

Le shopping et les vêtements

des baskets (*f.*)/des tennis (*f.*)
   sneakers/tennis shoes
un bermuda *(a pair of) bermuda shorts*
une boutique de souvenirs *gift shop*
un caleçon *boxer shorts*
une culotte *underpants (for females)*
une garde-robe *wardrobe*
un gilet *sweater/sweatshirt
   (with front opening)*
une jupe (plissée) *(pleated) skirt*
un magasin de sport *sporting goods store*
un nœud papillon *bow tie*
une robe de soirée *evening gown*
un slip *underpants (for males)*
des souliers (*m.*) *shoes*
des talons (*m.*) (aiguilles) *(stiletto) heels*

Mise en pratique

1 **Les catégories** Mettez chaque mot de la liste dans la bonne catégorie. N'oubliez pas de rajouter l'article qui convient.

alpinisme	course	jeu de société	pièce	souliers
caleçon	gilet	musicien(ne)	se promener	tableau
comédie	groupe	pétanque	saut à l'élastique	vernissage

Les sports extrêmes (1) _____, (2) _____, (3) _____

Les loisirs (4) _____, (5) _____, (6) _____

Le théâtre (7) _____, (8) _____

La musique (9) _____, (10) _____

Les beaux-arts (11) _____, (12) _____

Les vêtements (13) _____, (14) _____, (15) _____

2 **Conversation** Complétez la conversation entre ces trois amis.

GAVIN   Alors, qu'est-ce que vous faites cet été? Du sport?

JOCELYNE   Lundi prochain, je pars à la montagne pour faire de (1) _____ toute la semaine!

COLLINE   Toute seule?

JOCELYNE   Mais non, je préfère en faire avec des amis. Je vous invite. Faites (2) _____! Parlez-en aux copains.

COLLINE   Moi, je ne peux pas y aller. Mercredi, mon ami le sculpteur va avoir son premier (3) _____ au musée d'Art moderne.

GAVIN   Et moi aussi, j'ai un engagement: mon (4) _____ donne un concert jeudi soir.

COLLINE   Génial! Comment est-ce que j'obtiens (5) _____?

GAVIN   Tu ne peux plus en (6) _____. C'est (7) _____ en fait.

COLLINE   Dommage… mais tant mieux pour ton (8) _____!

JOCELYNE   Allons prendre (9) _____ à la brasserie. Il faut porter un toast et (10) _____ tous ces événements!

3 **Conversez** À deux, posez-vous ces questions. Ensuite, discutez de vos réponses.

1. À quoi préfères-tu occuper ton temps libre? Quels sont tes loisirs préférés?

2. De quels sports es-tu fan? Lequel aimes-tu le mieux?

3. T'es-tu déjà blessé(e) quand tu pratiquais un sport ou une autre activité?

4. Quel est le spectacle que tu as trouvé le plus émouvant récemment? Pourquoi?

5. Est-ce que quelqu'un t'a déjà traité(e) de (*called*) rabat-joie? Pour quelle raison?

6. Décris ta garde-robe. Que portes-tu quand tu pratiques ton sport préféré ou pendant tes heures de loisirs?

4 **Du temps libre** Imaginez que vous et un groupe de vos amis ayez une semaine de libre. Pour en profiter autant que possible, vous faites des projets. Quelles activités pratiquerez-vous? Où irez-vous? Discutez de vos idées avec trois camarades de classe.

  Practice more at **vhlcentral.com**.

Préparation

 Vocabulary Tools

Vocabulaire du court métrage	
une bassine	*basin*
un bonnet	*swim cap*
expirer	*to exhale*
inspirer	*to inhale*
se noyer	*to drown*
une HLM (habitation à loyer modéré)	*low-income housing*
la respiration	*breathing*
trier	*to sort through*

Vocabulaire utile	
aisé(e)	*well off*
défavorisé(e)	*underprivileged*
un(e) gardien(ne)	*building superintendent*
une médaille	*medal*
un peignoir	*bathrobe*
plonger	*to dive*
une serviette	*towel*
un trophée	*trophy*

EXPRESSIONS

Ça prend des proportions. *It's getting out of hand.*

Ce n'est pas la peine de vous casser la tête. *It isn't worth the trouble.*

Je ne me laisse pas aller. *I keep on going.*

Je ne sais plus trop où j'en suis. *I'm kind of lost at the moment.*

Vous avez besoin d'un coup de main? *Do you need some help?*

1

Vrai ou faux? Indiquez si ces affirmations sont vraies ou fausses. Corrigez les phrases fausses.

1. Quand on respire, on inspire et on expire.
2. Pour se sécher quand on sort de la douche, on utilise un gardien.
3. Un peignoir est un type de vêtements.
4. Les grands champions ont souvent beaucoup de trophées.
5. Les gens aisés habitent dans des HLM.
6. Quand on ne sait pas nager, on risque de plonger.
7. Dans les piscines municipales, il faut porter une bassine en général.

2

À compléter Complétez chaque phrase avec le mot ou l'expression qui convient.

1. _____? Je peux vous aider.
2. Le _____ vous donnera les clés. Il habite dans l'appartement 12.
3. Ce sportif a gagné beaucoup de médailles et de _____ dans sa carrière!
4. Tu pourrais m'aider à _____ tous ces papiers?
5. Pour faire la vaisselle, tu peux utiliser cette _____.
6. La _____ est importante dans la pratique du yoga.
7. Je suis complètement perdue! _____.
8. Il ne faut pas _____ ici; c'est dangereux parce que l'eau n'est pas profonde.

3

Enquête Par petits groupes, demandez à vos camarades quels sont leurs loisirs ou quels sports ils pratiquent et pourquoi. Ensuite, discutez des réponses. Y a-t-il une activité qui est pratiquée plus que les autres? Pourquoi vos camarades la pratiquent-ils?

Loisirs	Sports

4

Préparation À deux, discutez de ces questions et répondez-y par des phrases complètes.

1. Avez-vous les mêmes goûts que vos proches (*close family*) ou que vos amis en matière de sports et d'activités de loisir?

2. Quelle est votre activité de loisir favorite? Quand avez-vous commencé à faire cette activité? À quelle fréquence la pratiquez-vous?

3. Y a-t-il des activités de loisir que vous faisiez quand vous étiez plus jeune que vous ne faites plus? Pourquoi les avez-vous arrêtées?

4. Connaissez-vous une personne qui a été championne dans un sport? A-t-elle gagné beaucoup de médailles ou de trophées?

5. À votre avis, qu'est-ce qui influence le plus les gens dans le choix d'une activité de loisir?

5

Prédictions Par petits groupes, regardez les images du film et répondez aux questions. Ensuite, imaginez ce qui va se passer dans le film.

1. Que fait la femme dans la vidéo? Pourquoi la personne qui regarde cette vidéo prend-elle des notes?

2. Que portent les personnes sur l'image? Quels objets ont-elles apportés? Pourquoi?

3. Que fait l'homme sur l'image? Qui sont les personnes derrière lui? Qu'est-ce qu'elles attendent?

4. Où sont ces personnes? Quel genre de sport pratique-t-on en général dans ce type de lieu?

 Practice more at **vhlcentral.com**.

Short Film

INTRIGUE *Mia, 30 ans, en instance de° divorce, emménage dans un studio au sein d'une résidence HLM. Ancienne championne de natation, elle va se retrouver à donner des cours de natation aux habitants de l'immeuble... sans piscine.*

RENÉ Mademoiselle Guimaut?
MIA Mallet. J'ai repris mon nom de jeune fille°.
RENÉ Ben, je vous attendais plus tôt. Bon. Appartement 53, cinquième étage, bâtiment D. Ça sera celui-ci. Voilà.

RENÉ Des vieux trucs°, ça? Ouah! Championnat académique de natation? Mais c'est génial! J'aurais adoré, moi, savoir nager.
MIA Vous ne savez pas nager?
RENÉ Non, non.

MIA J'ai repensé à votre histoire et... je veux bien vous apprendre à nager.
RENÉ C'est gentil, mais ce n'est pas la peine de vous casser la tête. La piscine municipale, elle est fermée pour des raisons d'hygiène.
MIA On n'a pas besoin de piscine!

RENÉ Bonjour. C'est Paolo, du 33, juste en dessous. Je lui ai parlé du cours.
PAOLO En fait, c'est surtout pour du perfectionnement°. J'ai toujours rêvé d'apprendre le papillon°, pour l'été, à la mer.

MIA Alors, on va commencer la première leçon autour de la respiration. Donc l'exercice est simple: on inspire hors de l'eau et on expire dans la bassine. D'accord? Alors je vous montre.

MIA Anne, c'est très, très bien. Continue, continue, voilà. Regarde, là, Fatima, tu coules°. Faut bien laisser les jambes hors de l'eau. La motricité°, ça va venir de tous ces petits battements°. Regarde, René, il le fait bien, avec son dos crawlé°, comme ça.

---

en instance de *in the process of* **nom de jeune fille** *maiden name* **vieux trucs** *old stuff* **perfectionnement** *improvement*
papillon *butterfly stroke* **tu coules** *you're sinking* **motricité** *propulsion* **battements** *kicks* **dos crawlé** *backstroke*

Note
CULTURELLE

Les HLM

Les HLM (habitations à loyer modéré) sont des logements qui sont construits avec un financement partiel de l'État. Le loyer° y est moins élevé que pour un logement similaire du secteur privé et ce type de logement est réservé aux foyers° qui ont de petits revenus°. Pour avoir droit à loger en HLM, il faut remplir un dossier°, et l'attente est parfois longue. Depuis 2000, une loi, appelée «loi SRU», impose à° toutes les villes de plus de 3.500 habitants de construire un certain nombre de HLM.

loyer *rent* **foyers** *households*
petits revenus *low income*
remplir un dossier *fill out an application* **impose à** *requires*

Analyse

1

Compréhension Répondez aux questions par des phrases complètes.

1. Pourquoi Mia emménage-t-elle dans un nouvel appartement?
2. Que Mia veut-elle jeter quand elle arrive dans l'immeuble?
3. Par quoi René, le gardien de l'immeuble, est-il impressionné? Pourquoi?
4. Pourquoi Mia frappe-t-elle à la porte de René la première fois? Et la deuxième fois?
5. Pourquoi Mia a-t-elle le temps de donner des leçons de natation?
6. Qui assiste au premier cours de Mia?
7. Où Mia donne-t-elle ses leçons de natation?
8. Comment Mia apprend-elle l'importance de la respiration à ses élèves?
9. Comment sait-on que les habitants du quartier apprécient les cours de Mia?
10. Qu'est-ce qui change après la rencontre de Mia avec l'employé de la mairie?

2

Interprétation Répondez aux questions avec un(e) camarade et expliquez vos réponses.

1. Mia est-elle contente de sa situation personnelle au début du film? Comment le savez-vous?
2. René semble vraiment regretter de ne pas avoir pu apprendre à nager. Pourquoi, d'après vous?
3. Comment sont les habitants du quartier? Ont-ils l'air de bien s'entendre entre eux? Est-ce que ce sont des personnes aisées, à votre avis?
4. D'après vous, pourquoi tant de voisins décident-ils de venir aux cours de Mia alors qu'ils n'ont pas lieu dans une piscine?
5. Au début, comment Mia réagit-elle à l'intérêt des habitants du quartier pour ses leçons? Et plus tard? Qu'est-ce qui l'inquiète? Pourquoi?
6. Pensez-vous que les leçons de natation soient vraiment utiles pour les habitants du quartier? En quoi? Et pour Mia? Est-ce qu'enseigner la natation à ses voisins lui est bénéfique?

3

Répondez Par petits groupes, répondez aux questions.

1. Y a-t-il une activité sportive ou de loisir que vous auriez aimé faire mais que vous n'avez jamais eu l'occasion d'essayer? Laquelle? Pourquoi ne l'avez-vous jamais pratiquée?
2. Pensez vous, comme Mia, qu'il n'est jamais trop tard pour s'initier à une nouvelle activité? Expliquez votre point de vue.
3. Que pensez-vous de l'idée de Mia de donner des cours de natation sans avoir accès à une piscine?
4. À votre avis, les gens aisés ont-ils plus facilement accès aux loisirs que les gens qui ont des revenus plus modestes? Expliquez.
5. Pensez-vous que c'est la responsabilité des villes de faire en sorte que tous leurs habitants aient accès aux loisirs ou à la culture? Pourquoi?

4 Monologues Regardez ces deux images du film et imaginez ce que Mia ressent dans chaque scène. À deux, écrivez un petit monologue du point de vue de Mia pour chaque image. Dans chacun, Mia décrit ce qui se passe et exprime ses émotions.

5 Des inquiétudes Au début du film, Mia est très enthousiaste à l'idée de donner des cours de natation, même sans accès à une piscine. Mais, réalisant la popularité de ses leçons, Mia se fait du souci et elle parle de ses inquiétudes à sa mère. Avec un(e) partenaire, discutez de l'évolution de sa situation. Appuyez-vous sur la citation ci-dessous.

> **❝Je sais, maman, mais c'est juste que ça prend des proportions et... Ouais en plus, ils vont tous se noyer! C'est juste que je ne sais plus trop ou j'en suis, là.❞**
>
> — MIA

6 La rencontre avec Olivier Dans cette scène, René rend visite à Mia avec Olivier, un représentant de la mairie, mais le court métrage ne montre pas leur entretien. Par groupes de trois, imaginez cette conversation. Ensuite, jouez-la pour la classe.

—Excusez-moi de vous déranger. Je vous présente Olivier, de la mairie.

—Bonjour. C'est possible de vous parler quelques minutes?

7 La suite Par petits groupes, imaginez une suite (*continuation*) au court métrage. Utilisez les questions ci-dessous pour guider votre réflexion. Ensuite, choisissez vos meilleures idées et travaillez ensemble pour rédiger un synopsis pour la suite du film.

- La piscine municipale va-t-elle rouvrir (*reopen*)?
- La mairie va-t-elle proposer à Mia un poste de professeur de natation dans le quartier?
- La mairie va-t-elle décider de mettre en place d'autres activités de loisir? Si oui, quels genres d'activités seront proposés? Comment les habitants réagiront-ils?
- En quoi la vie des habitants va-t-elle changer? Et celle de Mia?

 Practice more at **vhlcentral.com**.

Des danseuses de séga

IMAGINEZ
L'océan Indien

Dépaysement garanti!

Les îles francophones de l'**océan Indien** ont tout pour charmer le voyageur.

Madagascar, l'«**Île Rouge**», située à 400 km à l'est du **Mozambique**, est la plus grande île de cette région du monde. Les habitants, les **Malgaches**, vous saluent d'un «tonga soa» qui signifie «bienvenue» en malgache. L'île est connue pour ses parcs naturels, mais elle vit aussi de la production d'épices comme la cannelle°, le poivre et la **vanille**, dont elle est le premier producteur mondial. À l'origine la vanille vient du Mexique. Les conquistadors espagnols en ont rapporté en Espagne. Et ce sont des colons français qui l'ont importée à Madagascar. La vanille est en fait le fruit d'une orchidée grimpante°, la seule qui produise des fruits.

Dans le **canal du Mozambique**, qui sépare Madagascar du continent africain, on trouve **Mayotte**, département d'outre-mer française, et l'archipel des **Comores**. Le **lagon de Mayotte**, qui entoure l'île, est l'un des plus grands du monde avec plus de 250 espèces de coraux° et 750 espèces de poissons. Et seulement 4% des récifs° ont été explorés! Aux **Comores**, à l'ouest de Mayotte, on trouve l'ilang-ilang, plante dont on se sert en parfumerie. L'archipel en est le premier producteur du monde. On peut y voir aussi une faune unique: les makis, de grands lémuriens venus de Madagascar, et les margouillats, petits lézards de couleur verte dévoreurs d'insectes. Faire de la voile° aux **Seychelles** est le meilleur moyen de découvrir les 115 îles qui composent cet archipel, situé au nord-est de Madagascar. Réputées pour leur climat tropical et leurs plages idylliques, les Seychelles vivent essentiellement du tourisme.

L'**île de la Réunion**, à l'est de Madagascar, se distingue par ses paysages volcaniques époustouflants°. Pour vraiment l'apprécier, il faut l'explorer à pied et faire de longues randonnées autour de ses pitons° volcaniques et de ses cirques. Après l'effort, les visiteurs pourront déguster un

La colline de Chamarel, à l'île Maurice

cari° au son du **séga** et du **maloya**, chants° et danses typiques de l'océan Indien dont le rythme varie d'une île à l'autre. À 250 kilomètres de la Réunion, on trouve l'**île Maurice**. La **colline° de Chamarel**, mosaïque bleue, verte, jaune et rouge, est une curiosité de la nature à voir absolument. Ces couleurs étonnantes seraient dues à l'érosion de roches volcaniques.

Oui, pour celui qui est prêt à faire le voyage, il y a tout un monde à découvrir.

cannelle *cinnamon* **grimpante** *climbing* **coraux** *coral* **récifs** *reefs* **Faire de la voile** *Sailing* **époustouflants** *breathtaking* **pitons** *peaks* **cari** *curry* **chants** *songs* **colline** *hill* **féconder** *pollinate*

Le français parlé dans l'océan Indien

Mots

un baba	un bébé
une eau sucrée	une boisson au citron
un gazon	une boule de riz ou de maïs (*corn*) froide
l'île sœur	L'Île Maurice
la langue zoreille	le français
une magination	une pensée; *thought*
une tortue bon dieu	une coccinelle; *ladybug*

Expressions

à coup de main	à la main
débasculer une porte	ouvrir une porte
ouvrir le linge	étendre le linge; *to hang out the laundry*
partager un grain de sel	se connaître, avoir une relation
prendre pied	s'installer chez quelqu'un

Découvrons des merveilles de la nature

Le piton de la Fournaise Il appartient à un grand massif volcanique qui couvre le sud-est de l'île de la Réunion. Son  sommet° est à 2.632 mètres. À côté, se trouve le piton des Neiges à 3.071 mètres. Le piton de la Fournaise est moins haut, mais c'est le volcan actif de l'île. Malgré ses éruptions régulières, il n'est pas considéré comme dangereux car ses laves° sont liquides.

L'île d'Aldabra C'est un îlot° isolé et sauvage des Seychelles, et c'est un véritable paradis terrestre pour les tortues géantes. Des espèces qui vivaient à la Réunion, à Madagascar ou sur l'île Maurice ont disparu, mais sur Aldabra, on compte plus de 150.000 individus.  Ces tortues sont les plus grosses du monde: elles peuvent peser jusqu'à 300 kilogrammes, et vivre jusqu'à 150 ans!

Le jardin de Pamplemousses Pierre Poivre, botaniste royal,  a créé ce jardin sur l'île Maurice en 1767. Avec ses 95 variétés de palmiers°, ce jardin est une invitation au voyage. Le jardin de Pamplemousses° abrite° de vrais trésors botaniques, comme de nombreuses plantes tropicales, des nénuphars° géants et le tallipot, un palmier aux feuilles immenses qui fleurit une fois dans sa vie, quand il a entre 30 et 80 ans.

Le dodo Gros oiseau gris, le dodo est proche du pigeon, avec un bec recourbé°. Il pesait 20 kilogrammes et pouvait vivre jusqu'à 30 ans. Le dodo habitait l'île Maurice à l'époque de sa découverte par le Portugais Alfonso de Albuquerque, en 1598. Comme il ne volait° pas, les marins° le chassaient° pour le manger et  il a été rapidement exterminé. Aujourd'hui, on peut en voir une reproduction au musée d'Histoire naturelle de Port-Louis, la capitale.

sommet *summit* **laves** *lava* **îlot** *petite île* **palmiers** *palm trees* **Pamplemousses** *Grapefruits* **abrite** *houses* **nénuphars** *lily pads* **bec recourbé** *curved beak* **volait** *fly* **marins** *sailors* **chassaient** *hunted*

Qu'avez-vous appris?

1 **Associez** Faites correspondre les mots et les noms avec les définitions.

1. _____ Séga et maloya
2. _____ Les Comores
3. _____ Le lagon de Mayotte
4. _____ Les colons français
5. _____ L'île Maurice
6. _____ L'île d'Aldabra
7. _____ La colline de Chamarel
8. _____ La cannelle et le poivre
9. _____ L'île de Madagascar

a. C'est la plus grande île de l'Océan Indien.
b. On y trouve des makis et des margouillats.
c. Un îlot qui est un véritable paradis terrestre pour les tortues géantes.
d. Les chants et danses typiques de l'océan Indien.
e. Madagascar les produit avec la vanille.
f. L'érosion de roches volcaniques serait la cause de ses couleurs variées.
g. Une île où se trouve le jardin de Pamplemousses.
h. On y recense plus de 250 espèces de coraux et 750 espèces de poissons.
i. Ce sont eux qui ont importé la vanille à Madagascar.

2 **Questions** Répondez aux questions.

1. Que faut-il faire pour vraiment apprécier la Réunion?
2. Quel est le produit principal de Madagascar?
3. Combien de kilomètres séparent la Réunion de l'île Maurice?
4. Où se trouve le piton de la Fournaise?
5. Qui a créé le jardin de Pamplemousses et quand?
6. À quoi ressemblait le dodo?
7. Comment s'appellent les habitants de Madagascar?
8. Quelle plante utilisée pour faire des parfums trouve-t-on aux Comores?
9. Pourquoi la culture de la vanille se fait-elle à la main à Madagascar?

3 **Discussion** Avec un(e) partenaire, remplissez le tableau avec des détails pour chaque catégorie, d'après ce que vous avez lu sur l'océan Indien et sa nature. Ensuite, dites lesquels de ces lieux vous aimeriez visiter et expliquez pourquoi.

Eau	Animaux	Plantes	Géographie

4 **Écriture** Écrivez un paragraphe de 12 à 15 lignes où vous comparez deux loisirs possibles dans l'océan Indien et deux loisirs possibles dans votre région. N'oubliez pas de répondre aux questions suivantes dans votre rédaction.

- Quelles activités sont possibles?
- Quelle activité est la plus intéressante?
- Quelles différences de climat et de géographie existe-t-il?

 Practice more at **vhlcentral.com**.

 Video

Préparation À deux, répondez aux questions.

1. Avez-vous participé à une aventure où vous vous êtes dépassé(e) (*pushed yourself*)? Laquelle?

2. Trouvez-vous les sports motorisés intéressants? Lesquels? Pourquoi?

3. Avez-vous déjà essayé un sport motorisé? Si oui, expliquez quand et où.

Trophée Roses des Sables

Ce raid (*trek*) annuel de 10 jours dans le désert marocain est exclusivement ouvert aux femmes. Il peut se faire en solitaire à moto ou en quad, ou bien en binôme (*pairs*) avec une pilote et une copilote. Ce n'est pas une course (*race*) de vitesse, mais d'orientation. L'événement offre aux participantes une occasion unique de vivre (*experience*) une aventure à sensations fortes.

On sort de nos vies.

Compréhension Regardez la vidéo et dites si ces déclarations sont vraies ou fausses.

1. _____ Il vaut mieux être à deux pour finir la course.

2. _____ C'est une aventure sportive et humaine.

3. _____ C'est facile de s'orienter dans le désert.

4. _____ On fait des rencontres et on devient amies.

5. _____ Il faut aimer l'aventure.

6. _____ La course est très dangereuse et il n'y a pas d'assistance.

VOCABULAIRE

la boussole *compass*
la confiance *confidence*
se débrouiller *manage*
foncer *charge*
grisant *exhilarating*
le sable *sand*

Discussion Par groupes de trois, discutez de ces questions.

1. Quelles sont les motivations des participantes interviewées dans la vidéo? Les partagez-vous?

2. Qu'est-ce que ces participantes ont découvert ou gagné, grâce à (*thanks to*) cette course?

3. Si vous deviez participer à ce genre de raid, qu'est-ce qui vous semblerait le plus difficile?

Présentation Les courses comme le Trophée Roses des Sables sont aussi des événements humanitaires, où les participantes collectent des dons (*donations*) pour des associations locales ou internationales. Écrivez un paragraphe où vous proposez à une association dont vous faites partie un événement sportif qui sera utile à la fois aux participants et à votre communauté.

 Practice more at **vhlcentral.com**.

GALERIE DE CRÉATEURS

PHOTOGRAPHIE
Pierrot Men (1954–)

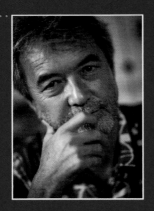

Pierrot Men est un des précurseurs et grands maîtres de la photographie malgache. Dans les années 1970, il ouvre le premier laboratoire photo de Finarantsoa, l'un des centres culturels de Madagascar. À l'époque, il veut devenir peintre, mais il utilise la photographie pour gagner sa vie. Déçu (*Disappointed*) par la qualité du développement de la couleur, il se spécialise très vite dans le noir et blanc. Le succès vient quand il commence à exposer à Madagascar dans les années 1980, puis à l'étranger. Men joue sur la composition de ses images et crée des éclairages basés sur les contrastes entre l'ombre (*shadow*) et la lumière. Ses photos capturent des gestes, des expressions et des moments qui reflètent sa grande compassion et son amour de l'humanité.

LITTÉRATURE/CINÉMA
Khaleel «Khal» Torabully (1956–)

Né à l'île Maurice, Khal Torabully est un poète et un réalisateur qui a étudié en France. Son œuvre abondante raconte l'histoire de son île et de la population mauricienne. Il aime jouer avec les rythmes et les mots. Il révèle dans sa poésie son

concept de la «coolitude», le fait de voir au-delà de (*beyond*) l'époque colonialiste et de créer des ponts entre les peuples, entre les continents et entre les cultures. Il se base sur l'histoire de son peuple pour s'interroger (*wonder*) sur le monde contemporain. Avec deux autres auteurs, Khal Torabully est à l'origine de la fondation d'une association littéraire, l'Internationale des poètes. Il est aussi à l'origine du tout premier livre humanitaire sur Internet, en lançant en 2010, après le tremblement de terre, le projet «Poètes pour Haïti».

ÉCOLOGIE
Kantilal Jivan Shah (1924–2010)

Kantilal Jivan Shah, «Kanti», né aux Seychelles, était un homme aux connaissances (*knowledge*) multiples, comme Léonard de Vinci en son temps. Il a fait beaucoup de choses dans sa vie: gourou, historien, expert en histoire naturelle, cuisinier végétarien, photographe, sculpteur, agronome… Des personnalités comme la reine d'Angleterre Élisabeth II ou Mère Térésa l'ont rencontré, impressionnées par son savoir (*body of knowledge*). Âgé de plus de 80 ans, il s'occupait encore de l'entreprise d'import-export que son père avait créée en 1895. Mais à la fin de sa vie, il est surtout connu comme pionnier de l'écologie et de l'écotourisme. Il a en effet contribué à la création de réserves marines et de réserves naturelles. Il était aussi membre de diverses organisations comme l'Alliance française ou le Fonds (*Fund*) des Seychelles pour l'environnement.

DANSE
Jeff Mohamed Ridjali (1966–)

Jeff Mohamed Ridjali, danseur et chorégraphe né à Mayotte, est un adepte de la danse contemporaine. Il découvre le monde de la danse à Paris où il est fasciné par ce langage du corps. Après avoir étudié cet art, il crée une école de danse à Marseille, l'Institut de cultures chorégraphiques. Cet institut a pour but d'aider les jeunes de la rue, grâce à l'enseignement de la danse. Puis en 2003, Jeff Ridjali s'installe à Mayotte, avec l'objectif de développer et de faire connaître la danse et la culture mahoraises (*from Mayotte*). Deux de ses récents projets sont des classes de danse pour enfants et adolescents et KAARO, une chorégraphie créée en collaboration avec la compagnie «En Lacets» de Reims.

Compréhension

À compléter Complétez chaque phrase logiquement.

1. La création de réserves marines et naturelles était une des nombreuses activités de _____.

2. Pierrot Men est un grand _____ originaire de Madagascar.

3. Un des récents projets de Jeff Ridjali sont des _____ pour enfants et adolescents.

4. La _____ est un concept qui vise à créer des ponts entre les peuples.

5. L'œuvre de Khal Torabully raconte l'histoire de son peuple et de son _____.

6. La _____ est une danse originaire de Mayotte.

7. Déçu par la qualité du développement de la couleur, _____ se spécialise dans le noir et blanc.

8. Kantilal Jivan Shah est connu comme pionner de l'écologie et de _____.

9. Jeff Mohamed Ridjali est un adepte de la _____.

10. Dans son travail, Pierrot Men fait attention à _____ et à la composition de l'image.

Rédaction

À vous! Choisissez un de ces thèmes et écrivez un paragraphe d'après les indications.

- **La «coolitude»** Khal Torabully veut créer des ponts entre les peuples et les cultures par l'intermédiaire de la littérature et du cinéma. Pensez-vous que cela soit possible? Expliquez votre opinion personnelle en utilisant des exemples précis.

- **L'œil de Pierrot Men** Décrivez la photo de Pierrot Men. Que révèle-t-elle sur la vie quotidienne malgache? Aimez-vous cette photo? Pourquoi?

- **Écotourisme** Décrivez le concept de l'écotourisme. Avez-vous déjà fait de l'écotourisme? Si oui, décrivez votre expérience. Sinon, dites si vous aimeriez en faire et pourquoi.

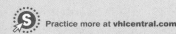

Practice more at **vhlcentral.com**.

Infinitives

—*Vous ne savez pas **nager**?*

- An infinitive can follow many conjugated verbs directly. To negate the conjugated verb, place **ne... pas** (**jamais**, etc.) around it.

aimer *to like to*	**entendre** *to hear*	**prétendre** *to claim to*
compter *to expect to*	**espérer** *to hope to*	**regarder** *to watch*
croire *to believe to be* (doing something)	**laisser** *to allow to*	**savoir** *to know how to*
	oser *to dare to*	**sembler** *to appear to*
désirer *to want to*	**paraître** *to seem to*	**souhaiter** *to wish to*
détester *to hate to*	**penser** *to intend to*	**venir** *to come to*
devoir *to have to/must*	**pouvoir** *to be able to/can*	**voir** *to see*
écouter *to listen to*	**préférer** *to prefer to*	**vouloir** *to want to*

Nous **comptons obtenir** des billets.
We're expecting to get tickets.

Il **ne prétend pas être** un fan de l'équipe.
He doesn't claim to be a fan of the team.

- Many verbs are used with a preposition, usually **à** or **de**, before the infinitive.

Les meilleurs athlètes **arrivent à finir** la course.
The best athletes manage to finish the race.

Ils **n'oublient jamais de siffler** pendant le match.
They never forget to whistle during the game.

- Remember to place any pronouns before either the conjugated verb or the infinitive, depending on which one they are the objects of. Do not contract the prepositions **à** and **de** with the direct object pronouns **le** and **les**.

Je **l'ai entendue chanter** une fois.
I heard her sing once.

Tu n'**oublieras** pas **de le faire**.
You won't forget to do it.

- To negate an infinitive after a conjugated verb, place both **ne** *and* **pas** directly before the infinitive. Place **ne** and **pas** directly before any pronouns that accompany the infinitive.

Le prof a décidé de **ne pas venir**.
The prof decided not to come.

Vous préférez **ne pas leur en parler**?
You prefer not to speak to them about it?

- Impersonal expressions of the type **Il est...** + [*adjective*] are followed by **de** + [*infinitive*] to describe a general opinion. **Il faut...** and **Il vaut mieux...** can be followed directly by an infinitive to express obligation.

Il est important de faire de la gym.
It's important to work out.

Il faut se détendre après le travail.
One has to relax after work.

ATTENTION!

Remember that **aller** + [*infinitive*] describes actions occurring in the near future and **venir de** + [*infinitive*] describes actions that have or had *just* occurred.

Ils vont marquer un but!
They're going to score a goal!

Il venait de fêter son 100e anniversaire quand il est mort.
He had just celebrated his 100th birthday when he died.

BLOC-NOTES

The **faire causatif**, formed with **faire** + [*infinitive*], means *to have (someone) do something.* For an explanation of this construction, see **Fiche de grammaire 9.5, p. A38.**

BLOC-NOTES

For a list of verbs accompanied by a preposition and an infinitive, see **Fiche de grammaire 8.4, p. A32.**

- Some verbs usually take an indirect object before **de** + [*infinitive*]. Such verbs include **commander**, **conseiller**, **demander**, **dire**, **permettre**, **promettre**, and **suggérer**.

  Maman **lui a demandé d'acheter** des épinards.
  Mom asked him to buy spinach.

  Nous **leur permettons de rentrer** à onze heures.
  We let them come home at 11 o'clock.

- The present participle can act as the subject of a verb in English, but in this case French uses the infinitive.

  Être un enfant n'est pas toujours facile.
  Being a child is not always easy.

  Voir, c'est **croire**.
  Seeing is believing.

- The infinitive is often used to give instructions or commands, as in recipes or on public signs.

  Mettre au four pendant 15 minutes.
  Put in the oven for 15 minutes.

  Ne pas **toucher!**
  Do not touch!

- The past infinitive is formed with the infinitive of **avoir** or **être** plus the past participle of the verb. The past infinitive is often used with **après**.

  Après avoir crié pendant deux heures au match, j'avais mal à la gorge.
  After shouting for two hours at the game, my throat hurt.

  Hier soir, ils ont décidé de voir une pièce **après être sortis**.
  Last night, they decided to see a play after going out.

- A past participle used with the past infinitive agrees just as it would if the helping verb were conjugated. Place object pronouns before the helping verb.

  On n'aimait plus la comédie **après l'avoir vue** cinq fois.
  We didn't like the comedy any more after seeing it five times.

  Après s'être promenée sous la pluie, elle a attrapé un rhume.
  After walking in the rain, she caught a cold.

- Use an infinitive instead of the subjunctive when there is no change of subject between clauses or with impersonal expressions that have a general meaning and no true subject.

Subjunctive: subject change between clauses	Infinitive: no subject change between clauses
Papa désire que nous allions à la plage. *Dad wants us to go to the beach.*	Papa désire aller à la plage. *Dad wants to go to the beach.*
Stéphanie et Lionel préfèrent que leurs enfants ne regardent pas trop la télévision. *Stéphanie and Lionel prefer that their children not watch too much television.*	Stéphanie et Lionel préfèrent ne pas trop regarder la télévision. *Stéphanie and Lionel prefer to not watch too much television.*
Il vaut mieux qu'elle mette un anorak pour faire du ski. *She should wear a parka to go skiing.*	Il vaut mieux mettre un anorak pour faire du ski. *It's best to wear a parka to go skiing.*

BLOC-NOTES

To review past participle agreement, see **Fiche de grammaire 5.5, p. A22.**

BLOC-NOTES

To review the use of **il est/ c'est** + [*adjective*] + **de/à** + [*infinitive*], see **Fiche de grammaire 2.5, p. A10.**

Mise en pratique

1
∽⊘

À compléter Décidez si le verbe entre parenthèses doit rester à l'infinitif ou être conjugué.

1. Veux-tu _____ (venir) avec moi à la plage?
2. Il croit qu'il _____ (avoir) toujours raison.
3. Nous aimons _____ (regarder) les gens qui _____ (marcher) dans la rue.
4. Nathalie ne veut pas _____ (lire) ce livre; il est trop difficile à _____ (comprendre).
5. Vous désirez _____ (participer) aux Jeux des îles de l'océan Indien?
6. J'ai besoin que tu _____ (faire) les courses aujourd'hui.
7. L'agent de voyage m'a suggéré d' _____ (attendre) un peu avant de _____ (réserver) une chambre d'hôtel.
8. Il semble que vous _____ (avoir peur de) peu de choses.

2
∽⊘

À relier Formez des phrases complètes à l'aide des éléments donnés.

1. les enfants / aimer / manger / des glaces
2. nous / venir de / participer / à une course nautique
3. tu / ne pas / oser / jouer / aux fléchettes
4. mes parents / avoir l'intention de / prendre / des vacances / à l'île Maurice
5. je / ne pas / avoir / vouloir / sortir / hier soir
6. il / désirer / vous / aller / voir / le spectacle
7. le guide / souhaiter / faire / visiter / les maisons coloniales
8. vous / aller / prendre un verre / après le travail

3
∽⊘

Projets de week-end Mathilde et Chloé se racontent ce qu'elles prévoient de faire le week-end prochain. Complétez la conversation à l'aide des éléments de la liste.

compter faire	falloir faire	paraître	préférer rester
à découvrir	avoir l'intention de	penser faire	à préparer
entendre dire	laisser bouillir	avoir peur de	vouloir

CHLOÉ Alors? Tu (1) _____ quoi ce week-end?

MATHILDE Eh bien, je/j' (2) _____ faire un tour à la campagne.

CHLOÉ Et tu sais où exactement?

MATHILDE Je/J' (3) _____ que la forêt de l'Est est (4) _____. On y trouve pleins de lémuriens (*lemurs*).

CHLOÉ Oui, c'est vrai. Il (5) _____ qu'il y en a beaucoup.

MATHILDE Et toi? Que (6) _____ -tu _____?

CHLOÉ Oh, je/j' (7) _____ à la maison. J'ai une tonne de choses (8) _____ pour la fête de samedi soir et je/j' (9) _____ ne pas avoir le temps de tout faire.

MATHILDE Eh! (10) _____, c'est pouvoir! Bon. Maintenant, il (11) _____ ce gâteau. Que dit la recette?

CHLOÉ «(12) _____ pendant 5 minutes.»

Practice more at vhlcentral.com.

Communication

4

Achats de vêtements Vous êtes dans un grand magasin de vêtements. À deux, créez un dialogue où votre camarade et vous êtes le client/la cliente et le vendeur/la vendeuse. Utilisez l'infinitif. Ensuite, jouez la scène devant la classe.

> **Modèle** —Que désirez-vous?
>
> —Je souhaite acheter une robe noire que j'ai vue la semaine dernière, mais elle semble ne plus être dans votre magasin.

5

Votre opinion Que pensez-vous de ces formes de loisirs? À deux, faites part de votre opinion à l'aide de l'infinitif.

- fêter le Nouvel An à Paris
- le saut à l'élastique
- l'alpinisme
- le ski de fond

- sortir tous les soirs
- aller à un concert de hard rock
- le ski nautique
- faire une croisière (*cruise*)

6

Vos projets Que souhaitez-vous faire la prochaine fois qu'il y aura un long week-end? Par petits groupes, expliquez vos projets à vos camarades de classe qui vont vous poser des questions pour en savoir plus. Utilisez l'infinitif le plus possible.

> **Modèle** Le prochain long week-end, j'espère aller faire du camping avec ma famille...

8.2

Prepositions with geographical names

*Mia arrive dans son nouveau quartier **à Paris**.*

- Like other French nouns, geographical place names have gender.

- Countries that end in **-e** are feminine, except for **le Belize, le Cambodge, le Mexique, le Mozambique**, and **le Zimbabwe**, which are masculine.

- Countries that do not end in **-e** are masculine.

Masculine countries		Feminine countries	
l'Afghanistan	*Afghanistan*	l'Algérie	*Algeria*
le Brésil	*Brazil*	l'Allemagne	*Germany*
le Cambodge	*Cambodia*	l'Angleterre	*England*
le Canada	*Canada*	l'Argentine	*Argentina*
le Danemark	*Denmark*	la Belgique	*Belgium*
l'Iran	*Iran*	la Colombie	*Colombia*
l'Irak	*Iraq*	la Côte d'Ivoire	*Ivory Coast*
le Japon	*Japan*	l'Espagne	*Spain*
le Luxembourg	*Luxemburg*	la France	*France*
le Maroc	*Morocco*	la Grèce	*Greece*
le Mexique	*Mexico*	l'Italie	*Italy*
le Pérou	*Peru*	la Russie	*Russia*
le Sénégal	*Senegal*	la Suisse	*Switzerland*
le Viêt-nam	*Vietnam*	la Turquie	*Turkey*

- Some country names are plural: **les États-Unis** and **les Pays-Bas** (*the Netherlands*).

- Islands like **Cuba, Madagascar**, and **Maurice** never take an article. The same is true of small European islands like **Malte** and **Chypre**. Though located on an island but not one itself, the same applies to **Haïti**.

- Provinces and regions generally follow the same rules as countries: **la Bretagne, le Manitoba, la Normandie, la Provence, le Québec**.

- States that end in **-e** are usually feminine: **la Floride, la Louisiane, la Géorgie, la Virginie (occidentale), la Californie, la Pennsylvanie**, and **la Caroline du Nord/du Sud. Le Maine, le Tennessee**, and **le Nouveau-Mexique** are exceptions.

- States that do not end in **-e** are masculine: **le Kansas, le Michigan, l'Oregon, le Texas**, etc.

- All but one of the continents are feminine: **l'Afrique, l'Amérique du Nord, l'Amérique du Sud, l'Asie, l'Australie**, and **l'Europe**. However, **l'Antarctique** is masculine.

- The gender of a place name usually determines the preposition you use. Use this chart to determine which preposition to use to say *to*, *in*, or *at*.

With...	use:
Cities	à
Continents	en
feminine countries and provinces	en
masculine countries and provinces	au
masculine countries and provinces that begin with a vowel	en
plural countries	aux
feminine states	en
most masculine states	dans le/l' *or* dans l'état de/d'/du/de l'

Vous allez **à** Londres?
Are you going to London?

Lucie va **en** Côte d'Ivoire.
Lucie is going to the Ivory Coast.

Je vais **au** Maroc.
I'm going to Morocco.

La France est **en** Europe.
France is in Europe.

Ils sont **aux** Pays-Bas.
They're in the Netherlands.

Mon cousin est **en** Irak.
My cousin is in Iraq.

ATTENTION!

To say someone is *in*, *at*, or going *to* a masculine state, you can use either **dans le** or **dans l'état de/du/de l'**. With **Texas** and **Nouveau-Mexique**, use **au**.

Chicago est dans (l'état de) l'Illinois.
Chicago is in (the state of) Illinois.

but

Nous sommes au Texas.
We are in Texas.

- Use this chart to determine which preposition to use to say *from*.

With...	use:
Cities	de/d'
Continents	de/d'
feminine countries and provinces	de/d'
masculine countries and provinces	du
masculine countries and provinces that begin with a vowel	d'
plural countries	des
feminine states	de/d'
most masculine states	du/de l'

Nous arrivons **de** New York.
We are arriving from New York.

Tu es **d'**Asie?
Are you from Asia?

Nous sommes **des** États-Unis.
We're from the United States.

Elle est **du** Japon.
She's from Japan.

ATTENTION!

If the definite article is part of a city name, include the article along with the preposition. In this case, form the usual contractions with **à** and **de**.

Ils sont au Caire.
They are in Cairo.

Il vient de la Nouvelle-Orléans.
He is from New Orleans.

- The prepositions used with certain islands are exceptions to these rules.

With...	to say *to, in,* or *at*, use:	to say *from* use:
Cuba	à	de
Haïti	en	d'
Madagascar	à	de
Martinique	à la	de *or* de la

Elle rêve d'aller **à la Martinique.**

Mise en pratique

1

Où? Choisissez la bonne réponse parmi celles proposées.

1. _____ Alaska est à l'ouest _____ Canada.

   a. La… de   b. L'… du   c. Le… de la

2. Dans quelle ville es-tu? _____ Saint-Denis?

   a. En   b. À   c. Au

3. Je vais souvent _____ Madagascar et _____ la Réunion pour mes vacances.

   a. à… à   b. en… à   c. au… au

4. _____ Groenland appartient _____ Danemark.

   a. Le… au   b. Le… en   c. La… dans le

5. Mes parents habitent _____ Pierre, _____ Dakota du Sud.

   a. en… en   b. à… dans le   c. à… au

6. Il s'est perdu quelque part _____ Pérou, _____ Amérique du Sud.

   a. dans le… dans l'   b. dans le… à l'   c. au… en

2

L'océan Indien Louis envoie une carte postale à son frère. Choisissez les bonnes prépositions pour compléter le texte.

Salut Juju!

Mercredi soir, nous avons fêté notre anniversaire de mariage (1) _____ Port-Louis. Au bout de quelques jours, nous avons pris l'avion pour aller (2) _____ la Réunion. Ensuite, nous avons pu admirer la somptueuse île de Madagascar, et surtout l'art de la marqueterie, (3) _____ Ambositra, une ville située (4) _____ province de Fianarantsoa. Et voilà! Aujourd'hui, nous sommes (5) _____ Seychelles où le temps est magnifique. Nous sommes arrivés hier matin (6) _____ Madagascar. L'archipel des Seychelles est merveilleux. Demain, nous avons prévu d'aller (7) _____ Mahé, l'île principale. L'année prochaine, nous souhaitons aller (8) _____ Afrique. Quand nous pensons au temps pluvieux qu'il doit faire (9) _____ Havre, nous n'avons pas envie de rentrer (10) _____ France.

À +
Louis et Carole

Julien Lacour

74, rue Vendôme

76600 Le Havre

France

3

À vous d'écrire Créez des phrases complètes à l'aide des éléments de chaque colonne. Ensuite, à deux, imaginez une conversation avec les phrases que vous venez d'écrire.

aller	à	Caire
arriver	au(x)	Europe
se divertir	dans le/l'	Massachusetts
être	de(s)/d'	Portugal
se promener	de l'	Saint-Pétersbourg
venir	du	Seychelles
?	en	?

Communication

4

Votre rêve Passez dans la classe et demandez à dix camarades à quel endroit précis de la planète ils rêvent d'habiter. Collectez les informations sur une feuille de papier, puis présentez-les à la classe. N'oubliez pas d'écrire les prépositions correspondantes.

	Ville	Pays	Continent
Delphine	à Florence	en Italie	en Europe

5

Un tour du monde À deux, créez l'itinéraire d'un fabuleux tour du monde. Donnez les détails de la localisation de chaque étape: la ville, la région ou l'état (si c'est le cas), le pays et le continent.

> **Modèle** Jour 1: départ d'Albany, dans l'état de New York, aux États-Unis, en Amérique du Nord et arrivée à Mexico, au Mexique.
>
> Jour 2: départ de Mexico, au Mexique, en Amérique du Nord et arrivée à Buenos Aires, en Argentine, en Amérique du Sud.

6

Et vous? Racontez vos dernières vacances. À quel endroit êtes-vous allé(e)? Quel était votre itinéraire? Montrez-le sur une carte pour aider vos camarades de classe à visualiser votre voyage. Ensuite, vos camarades vous posent des questions pour savoir ce que vous avez fait.

> **Modèle** Je suis allé(e) à San Diego, en Californie, pour voir mes grands-parents. Ensuite, je suis allé(e) à Tijuana, au Mexique...

8.3

The *conditionnel*

*Les voisins **aimeraient** apprendre à nager.*

- The **conditionnel** is used to soften a request, to indicate that a statement might be contrary to reality, or to show that an action was going to happen at some point in the past. It is often translated into English as *would…* or *could…*

- The **conditionnel** is formed with the same stems as the **futur simple**. The endings for the **conditionnel** are the same as those for the **imparfait**.

BLOC-NOTES

To review formation of the **futur simple**, see **Structures 7.2, pp. 254–255**.

The **conditionnel** of regular verbs			
	parler	**réussir**	**attendre**
je/j'	parlerais	réussirais	attendrais
tu	parlerais	réussirais	attendrais
il/elle	parlerait	réussirait	attendrait
nous	parlerions	réussirions	attendrions
vous	parleriez	réussiriez	attendriez
ils/elles	parleraient	réussiraient	attendraient

- Any **-er** verbs with spelling changes in their **futur simple** stem have the same changes in the **conditionnel**.

je me promènerai	je me promènerais
j'emploierai	j'emploierais
j'essaierai *or* j'essayerai	j'essaierais *or* j'essayerais
j'appellerai	j'appellerais
je projetterai	je projetterais

- Verbs that have an irregular stem in the **futur simple** have the same stem in the **conditionnel**.

Nous **irions** au cinéma s'il y avait des films intéressants à voir.
We'd go to the movies if there were interesting films to see.

Qu'est-ce que tu **ferais**, toi, dans les circonstances actuelles?
What would you do under the present circumstances?

- Use the **conditionnel** to describe hypothetical events.

Vous **pourriez** venir à cinq heures.
You could come at 5 o'clock.

Un jour, j'**aimerais** visiter les Seychelles.
One day, I'd like to visit the Seychelles.

ATTENTION!

Remember that the English *would* can be translated with the **imparfait** or the **conditionnel**. To express ongoing or habitual actions in the past in French, use the **imparfait**.

Pépé parlait souvent de son enfance.
Gramps would (used to) talk often about his childhood.

but

Pépé parlerait de son enfance s'il était là.
Gramps would talk about his childhood if he were here.

- The hypothetical aspect of the **conditionnel** makes it useful in polite requests and propositions. The verbs most often used in phrases of this type are **aimer**, **pouvoir**, and **vouloir**.

  Nous **aimerions** vous poser
  des questions.
  *We would like to ask you
  some questions.*

  Je **voudrais** porter
  un toast.
  *I would like to make
  a toast.*

  Est-ce que je **pourrais** parler
  à Bertrand?
  May I speak to Bertrand?

  Pardon, monsieur, **auriez**-vous l'heure,
  s'il vous plaît?
  *Pardon, sir, would you have the time,
  please?*

- Conditional forms of **devoir** followed by an infinitive tell what *should* or *ought to* happen. Conditional forms of **pouvoir** followed by an infinitive tell what *could* happen.

  Tu **devrais sortir** plus souvent
  avec nous.
  You should go out with us more often.

  On **pourrait passer** la matinée
  au parc.
  We could spend the morning at the park.

- Another use for the **conditionnel** is in a clause after **au cas où** (*in case*). Note that English uses the indicative for these phrases.

  Apportez de l'argent **au cas où** il y
  aurait encore des tickets à vendre.
  *Bring some money in case there are
  still tickets for sale.*

  Je mettrai des baskets **au cas où** on **irait** à
  pied au vernissage.
  *I'll wear sneakers in case we go to the art
  opening on foot.*

- In some cases, the **conditionnel** is used to express uncertainty about a fact.

  Selon le journal, il y **aurait** plus
  de 100 parcs d'attractions au Texas.
  *According to the newspaper, there
  are more than 100 amusement parks
  in Texas.*

  Le film prétend que nous n'**aurions** plus
  le temps de sauver la planète.
  *The movie claims that we don't have any
  more time to save the planet.*

- The **conditionnel** is used sometimes in the context of the past to indicate what was to happen in the future. This usage is called the *future in the past*.

  Pépé a dit qu'il **fêterait** son
  95ᵉ anniversaire dans un
  parc d'attractions.
  *Gramps said he'd celebrate his
  95th birthday at an amusement park.*

  Je pensais que maman **mettrait** mes
  affaires dans ma chambre, mais elle
  les a mises dehors.
  *I thought Mom would put my things
  in my room, but she put them outside.*

- Form contrary-to-fact statements about what *would happen* if something else *were to occur* by using the **imparfait** and the **conditionnel**.

  Si j'**étais** toi, je **mettrais** des baskets
  pour aller me promener.
  *If I were you, I'd put on sneakers
  to take a walk.*

  On **pourrait** arriver avant l'ouverture **si**
  Jean-Yves **faisait** la queue pour nous.
  *We could arrive before the opening if
  Jean-Yves stood in line for us.*

ATTENTION!

To indicate that an event was going to happen in the past, you can also use the verb **aller** in the **imparfait** plus an infinitive.

M. LeFloch a dit qu'il allait bavarder avec un ami.
Mr. LeFloch said he was going to chat with a friend.

BLOC-NOTES

To review **si** clauses, see **Structures 10.3, pp. 374–375.**

Mise en pratique

1

À compléter Complétez la conversation qu'Aurélie a avec ses copains. Employez le conditionnel du verbe le plus logique. Vous pouvez utiliser certains verbes plus d'une fois.

aller	avoir	dire	être	hurler	pouvoir
appeler	devoir	se divertir	faire	mettre	vouloir

GAVIN Qu'est-ce que tu (1) _____ faire pour fêter ton anniversaire?

AURÉLIE Je ne sais pas... Que (2) _____-vous à ma place?

LEENA Moi, je/j' (3) _____ jouer au bowling avec des copains.

AURÉLIE Je suis nulle au bowling. Je ne me (4) _____ pas.

GAVIN Nous (5) _____ passer une journée au parc d'attractions!

AURÉLIE Non, mes parents m'ont dit que je/j' (6) _____ si peur des montagnes russes (*roller coasters*) que je/j' (7) _____ sans arrêt. Mes amis ne (8) _____ rien faire pour me calmer.

GAVIN Je vois. Je/J' (9) _____ que tu n'en as pas de bons souvenirs.

LEENA Faisons un pique-nique — ce (10) _____ plus simple.

AURÉLIE Quelle bonne idée! Au cas où il (11) _____ frais, on (12) _____ apporter un gilet.

2

Si vous étiez là... Quelle activité pratiqueriez-vous si vous étiez à ces endroits?

Modèle **jouer**

Si j'étais dans un gymnase, je jouerais au basket.

1. **regarder**

2. **prendre**

3. **acheter**

4. **patiner**

5. **faire**

6. **aller voir**

3

Le loto Imaginez que vous gagniez à la loterie. Que feriez-vous avec cet argent? Expliquez votre réponse en huit ou dix phrases. Utilisez le conditionnel dans chaque phrase.

 Practice more at **vhlcentral.com**.

Communication

4

Un voyage

A. Un de vos amis projette de faire avec sa famille un voyage à Madagascar, que vous avez visité l'an dernier. Il vous demande des conseils sur le logement, la meilleure date de départ et sur les activités possibles là-bas. À deux, jouez les rôles à l'aide des éléments ci-dessous et des informations données dans la Note culturelle.

Modèle   —Où devrions-nous rester?
—Je pense que vous devriez rester à Antananarivo.

aimer	aller au musée	prendre une chambre à l'hôtel
devoir	faire une randonnée	visiter des sites historiques
pouvoir	faire du camping	?
vouloir	nager en piscine/dans l'océan	

Note
CULTURELLE

Le meilleur moment pour venir visiter **Madagascar**, c'est en hiver et au printemps, entre juillet et octobre. Pendant cette période, il ne fait pas trop chaud et il pleut moins. Avec sa faune et sa flore uniques au monde, on y appréciera les randonnées, le camping, les parcs nationaux et les réserves naturelles. Pour ceux qui préfèrent l'art et l'histoire, il y a le **Palais de la reine** à **Antananarivo**, la capitale. On peut y visiter plusieurs autres musées et sites historiques, par exemple, le **Musée d'art et d'archéologie** et le **Palais de justice**.

Ma sœur, Julie, adore les animaux sauvages et les sciences, surtout la biologie.

Moi, c'est Mike, j'adore l'histoire, l'art, et j'aime aussi beaucoup lire et écrire.

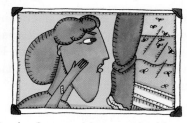

Ma mère, Suzanne, n'aime pas rester dehors trop longtemps parce qu'elle déteste les insectes.

B. Imaginez que d'autres membres de la famille voyagent avec Mike, sa sœur et sa mère. Qu'aiment-ils faire en général? Qu'aimeraient-ils faire et voir à Madagascar?

5

Que feriez-vous? Pensez à ce que vous feriez dans ces situations. Discutez de chacune d'elles par petits groupes.

Synthèse

1 Sport ou loisir? Quand un loisir devient-il un sport? Certains, comme en Russie et dans d'autres pays d'Europe, considèrent que la gymnastique et le patinage artistique sont des sports, et ils aimeraient voir cette idée plus généralement acceptée. Pour d'autres, ce sont des loisirs. De même, le poker, le golf et le bowling peuvent être vus comme de simples passe-temps ou des sports à part entière.

harmful

2 Légitime ou illégitime? Depuis plusieurs années, aux États-Unis comme ailleurs, la copie illégale de musique sur Internet a eu un impact néfaste° sur l'industrie des CD et des DVD. D'après certains défenseurs de cette pratique, la raison en est que les produits originaux sont devenus trop chers. D'autres disent que la piraterie est inévitable, parce que tout le monde peut copier de la musique et des films, confortablement installé chez soi.

3 Violence et divertissement La violence dans les médias est de plus en plus choquante. Beaucoup de personnes sont préoccupées par l'impact que ces divertissements peuvent avoir sur les enfants et les adultes, et voudraient que leur utilisation ait des limites. Leurs créateurs croient se défendre en disant que ces produits n'influencent ni le comportement de l'utilisateur ni celui du spectateur.

scratch

4 L'argent et le jeu Dans la plupart des états américains, on peut acheter des tickets de grattage°, jouer au loto et faire des paris. En même temps, il est illégal de jouer aux jeux d'argent, comme on le ferait dans les casinos. Quelle est la différence entre les jeux de hasard des établissements spécialisés et ceux auxquels on peut jouer chez soi?

1

Révision de grammaire Relisez le texte et trouvez des exemples pour chaque catégorie ci-dessous.

1. Pays féminin
2. Pays masculin
3. Le conditionnel
4. Verbes suivis d'un infinitif sans préposition:

2

À votre avis? Répondez par des phrases complètes.

1. Que souhaiteraient certaines personnes pour la gymnastique et le patinage artistique?
2. Que peut-on faire chez soi avec Internet?
3. Que voudraient certaines personnes concernant la violence dans les médias?
4. Dans la plupart des états américains, à quoi ne peut-on pas jouer?
5. À votre avis, la violence dans les médias semble-t-elle influencer le comportement des gens? Donnez votre opinion à l'aide des structures de cette leçon.

Préparation

 Vocabulary Tools

Vocabulaire de la lecture	**Vocabulaire utile**
escalader *to climb*	un casse-cou *daredevil*
glisser *to glide*	se dépasser *to go beyond one's limits*
grimper à *to climb*	un frisson *thrill*
le parapente *paragliding*	lézarder au soleil *to bask in the sun*
parcourir *to go across*	une montée d'adrénaline *adrenaline rush*
la roche *rock*	vaincre ses peurs *to confront one's fears*
sauter *to jump*	
tenter *to attempt; to tempt*	
un(e) vacancier/ère *vacationer*	
voler *to fly*	
un VTT (vélo tout terrain) *mountain bike*	

1

Journal de vacances Patrick, un jeune Français qui est en vacances à la Réunion avec des amis, tient un journal (*keeps a diary*). Complétez cet extrait à l'aide des mots de vocabulaire.

---

mercredi 12 juillet

Nous voici à la Réunion depuis une semaine. C'est assez calme car il n'y a pas trop de (1) _____ en ce moment. L'île est tellement belle qu'en arrivant, nous avons abandonné l'idée de voyager en bus. Nous avons décidé de (2) _____ l'île en (3) _____ pour mieux profiter des paysages. Véritable (4) _____ qui n'a peur de rien, Gilles a voulu tenter (5) _____ et il a réussi à me convaincre d'essayer aussi. Quelle expérience! On a vraiment l'impression de (6) _____ comme un oiseau. Demain, nous allons escalader le piton de la Fournaise, un des volcans les plus actifs du monde! Après tout ça, je pense qu'on va avoir envie d'aller sur la plage pour (7) _____!

2

Les sports extrêmes Répondez aux questions et comparez vos réponses avec celles d'un(e) camarade.

1. Qu'est-ce que c'est pour vous, un sport extrême? Donnez quelques exemples de sports que vous considérez extrêmes.

2. Avez-vous déjà essayé ou bien pratiquez-vous régulièrement un sport extrême? Si oui, lequel? Sinon, aimeriez-vous essayer? Expliquez.

3. Connaissez-vous des endroits dans le monde qui sont réputés pour la pratique des sports extrêmes? Lesquels? Quels sports y pratique-t-on?

3

À l'écran Vous regardez la télé? Vous allez souvent au cinéma? Par groupes de trois, listez quatre films ou émissions de télé et le sport extrême qui y est pratiqué. Comparez vos idées avec celles des autres groupes.

 Practice more at vhlcentral.com.

La Réunion, île intense

coconut palms

Ahhh! La plage! Les cocotiers°! Les bains de soleil! Des vacances de rêve sur une île de l'océan Indien! Qui ne serait pas tenté? Mais… s'il y avait autre chose à faire sur l'île de la Réunion? Si vous aimez marcher, grimper, escalader, sauter, glisser, voler… c'est bien à la Réunion, à 800 kilomètres à l'est de Madagascar, qu'il faut aller passer vos prochaines vacances. D'ailleurs, ce n'est certainement pas par hasard qu'on la surnomme «l'île intense».

Il ne fait aucun doute que pour l'esprit aventureux, on a l'embarras° du choix. On peut pratiquer les nombreuses activités sportives, souvent extrêmes, présentes sur l'île. Il y en a pour tous les goûts.

predicament

L'océan, les rivières, les cascades… l'eau est omniprésente. Côté océan, le fly surf ou kite surf est devenu très à la mode. On se sert d'un immense cerf-volant° pour surfer autant sur l'eau que dans les airs. Côté rivières et cascades, les aventuriers trouveront leur bonheur avec le canyoning. Il existe sur l'île plus de 70 canyons praticables. Certains diront que le canyon du Trou blanc, situé à l'ouest de l'île, est celui qu'il faut absolument essayer. C'est ce qu'on appelle un aqualand naturel, fait de nombreux toboggans° formés dans la roche. Par contre, les intrépides tenteront de descendre le Trou de Fer, canyon grandiose, situé dans la partie nord de l'île. Il faut deux à trois jours pour le parcourir.

kite

slides

La Réunion est aussi un vrai paradis pour les amateurs de courses d'endurance. Depuis quelques années, elle est le théâtre de plusieurs courses à pied extrêmes. La plus impressionnante est sans aucun doute le Grand Raid, surnommée la Diagonale des Fous. Il s'agit de traverser l'île de part en part°. Le parcours équivaut à° huit marathons classiques. Environ 2.000 concurrents doivent «survivre» à un dénivelé° total de plus de 9.000 mètres formé par cinq sommets dont le plus haut atteint 2.411 mètres. Les trois quarts des participants finissent la course et gagnent alors le fameux t-shirt jaune, «J'ai survécu».

straight through/ est égal à

difference in altitude

La Mégavalanche est une autre épreuve sportive° qui est de plus en plus en vogue. Imaginez plus de 400 concurrents qui descendent à grande vitesse une montagne en VTT°. Le départ est à 2.200 mètres d'altitude et l'arrivée au bord de la mer.

sports event

vélo tout terrain

L'île est un lieu idéal pour ceux qui rêvent de voler. Il y a plusieurs choix possibles, dont le parapente, le saut à l'élastique et la tyrolienne. Celle-ci compte de plus en plus d'amateurs. Les gens aiment la sensation que leur procure° la traversée d'un ravin à 100 km/h (*65 mph*), attachés à un câble. Ils ont le sentiment extraordinaire de voler.

donne

Enfin, les fous de vulcanologie, aussi bien que les vacanciers en manque de sensations fortes, seront ravis° de leur ascension du piton de la Fournaise. Mais attention aux éruptions! C'est l'un des quatre volcans les plus actifs du monde et l'un des plus impressionnants.

très heureux

Les 2.500 km² de l'île, soit deux fois la taille de la ville de New York, offrent une succession de paysages aussi divers que ceux d'un continent. Cela explique le grand nombre d'activités sportives et de sports extrêmes qu'on peut y pratiquer. Alors, cette petite île perdue au milieu de l'océan Indien mérite le détour, non? Allez! Patience! Plus que quelques heures d'avion, et vous y serez! ■

> ## Ce n'est certainement pas par hasard qu'on la surnomme «l'île intense».

Analyse

1

Compréhension Répondez aux questions par des phrases complètes.

1. Où se trouve l'île de la Réunion?

2. Pourquoi l'île de la Réunion est-elle surnommée «l'île intense»?

3. Quelle activité mélange l'escalade et l'eau?

4. Quel sport extrême se fait avec un énorme cerf-volant?

5. Qu'est-ce que c'est, le Grand Raid?

6. À quelle course les fans de VTT peuvent-ils participer? Décrivez-la en une phrase.

7. Pour quel sport faut-il utiliser un câble? Décrivez-le.

8. Si on s'intéresse à la vulcanologie, qu'est-ce qu'on peut faire à la Réunion?

2

En voyage Répondez aux questions et comparez vos réponses avec celles d'un(e) camarade.

1. L'article vous donne-t-il envie de visiter l'île de la Réunion? Pourquoi?

2. Quand vous voyagez, préférez-vous pratiquer des activités sportives — qu'elles soient extrêmes ou non — ou lézarder au soleil? Pourquoi?

3. Quelles sont les trois choses qui déterminent le plus le choix de votre destination (le climat, l'histoire, les musées, les logements, les restaurants, la vie nocturne, les prix, les magasins, etc.)? Expliquez.

3

Le sport en évolution? La pratique des sports extrêmes est un phénomène grandissant. Aujourd'hui en effet, ils sont de plus en plus populaires, surtout auprès (*with*) des jeunes, et on peut en pratiquer presque partout. Pourquoi, à votre avis? Par petits groupes, discutez de cette évolution.

4

Pourquoi visiter... Par petits groupes, choisissez un endroit que vous connaissez et qui offre un grand choix d'activités (sportives ou non). Faites une liste de tout ce qu'on peut y faire et écrivez un article de trois paragraphes. Puis, présentez ce lieu à la classe et expliquez pourquoi il est, à votre avis, l'endroit idéal.

Endroit idéal	Activités
_____	1. _____
	2. _____
	3. _____
	4. _____

Préparation

 Vocabulary Tools

À propos des auteurs

Jean-Jacques Sempé (1932–) est né à Bordeaux, en France. En 1954, il crée avec René Goscinny une bande dessinée, *Les Aventures du Petit Nicolas*. Ensemble, ils écriront cinq romans du petit Nicolas. Depuis 1960, Sempé publie ses propres recueils de dessins humoristiques, comme *Les Musiciens* en 1979. C'est aussi en 1979 qu'il commence à dessiner régulièrement pour la couverture du magazine *The New Yorker*. Depuis plus de 40 ans, Sempé crée des œuvres à l'humour subtil pour les enfants et pour les adultes.

René Goscinny (1926–1977) est né à Paris, mais a passé toute son enfance à Buenos Aires, en Argentine. En 1945, il est allé s'installer avec sa mère, aux États-Unis où il a travaillé comme traducteur. Pendant sa carrière, en collaboration avec plusieurs artistes, il a écrit les scénarios de bandes dessinées célèbres, comme *Lucky Luke* avec Morris, *Le Petit Nicolas* avec Jean-Jacques Sempé, *Astérix et Obélix* avec Albert Uderzo. C'est un des scénaristes les plus connus d'Europe. Il est mort à Paris, à l'âge de 51 ans.

Vocabulaire de la lecture

s'apercevoir *to realize, to notice*
le ballon *ball*
se battre *(irreg.) to fight*
chouette *great, cool*
déchirer *to tear*
de nouveau *again*

dedans *inside*
un mouchoir *handkerchief*
une partie *game, match*
sauf *except*
un sifflet *whistle*
souffler *to blow*
surveiller *to keep an eye on*

Vocabulaire utile

la concurrence *competition*
le personnage *character (in a story or play)*

---

1 **Définitions** Faites correspondre chaque mot à sa définition.

_____ 1. se rendre compte
_____ 2. un objet dont se sert l'arbitre
_____ 3. un match
_____ 4. regarder de près
_____ 5. encore une fois
_____ 6. super, excellent

a. surveiller
b. de nouveau
c. s'apercevoir
d. une partie
e. un sifflet
f. chouette

2 **Préparation** À quels jeux jouiez-vous avec vos ami(e)s quand vous étiez petit(e)? Quelles sortes de problèmes se présentaient pendant le jeu? Discutez-en avec un(e) camarade de classe.

3 **Discussion** Quel sera le thème de cette lecture? Par groupes de trois, discutez de vos idées.

- Réfléchissez au titre.
- Regardez les illustrations.
- Donnez votre opinion sur ce qui va se passer.

 Practice more at **vhlcentral.com**.

Note CULTURELLE

Il y a 222 aventures du **Petit Nicolas** illustrées par 700 dessins de **Sempé**. Pour écrire ces histoires, **Goscinny** s'est servi du langage plein de charme des enfants. D'ailleurs, beaucoup de jeunes Français connaissent le petit Nicolas et ses aventures. Ils connaissent aussi: Alceste, son meilleur copain; Agnan, le chouchou de la maîtresse (*teacher's pet*); Geoffroy, dont le papa est très riche; Rufus, fils d'un agent de police; Eudes; Clotaire et les autres.

Le **Football**

Sempé-Goscinny

Audio: Reading

Il a fallu décider comment former les équipes, pour qu'il y ait le même nombre de joueurs de chaque côté.

---

beaucoup de

vacant lot

5

nouveau

fantastique

Alceste nous a donné rendez-vous, à un tas de°
copains de la classe, pour cet après-midi dans le
terrain vague°, pas loin de la maison. Alceste c'est
mon ami, il est gros, il aime bien manger, et s'il nous
a donné rendez-vous, c'est parce que son papa lui
a offert un ballon de football tout neuf° et nous allons faire une
partie terrible°. Il est chouette, Alceste.

Nous nous sommes retrouvés sur le terrain à trois heures de
l'après-midi, nous étions dix-huit. Il a fallu décider comment
former les équipes, pour qu'il y ait le même nombre de joueurs
de chaque côté.

10

Pour l'arbitre, ça a été facile. Nous avons choisi Agnan.
Agnan c'est le premier de la classe, on ne l'aime pas trop, mais
comme il porte des lunettes on ne peut pas lui taper dessus°, ce
qui, pour un arbitre, est une bonne combine°. Et puis, aucune
équipe ne voulait d'Agnan, parce qu'il est pas très fort pour le
sport et il pleure trop facilement. Là où on a discuté, c'est quand
Agnan a demandé qu'on lui donne un sifflet. Le seul qui en avait
un, c'était Rufus, dont le papa est agent de police.

frapper

clever trick 15

«Je ne peux pas le prêter, mon sifflet à roulette, a dit
Rufus, c'est un souvenir de famille°.» Il n'y avait rien à faire.
Finalement, on a décidé qu'Agnan préviendrait° Rufus et Rufus
sifflerait à la place d'Agnan.

heirloom

would tell

20

«Alors? On joue ou quoi? Je commence à avoir faim, moi!»
a crié Alceste.

25

Mais là où c'est devenu compliqué, c'est que si Agnan était
arbitre, on n'était plus que dix-sept joueurs, ça en faisait un de
trop pour le partage. Alors, on a trouvé le truc: il y en a un qui
serait arbitre de touche° et qui agiterait un petit drapeau, chaque
fois que la balle sortirait du terrain. C'est Maixent qui a été
choisi. Un seul arbitre de touche, ce n'est pas beaucoup pour

linesman

30

surveiller tout le terrain mais Maixent court très vite, il a des jambes très longues et toutes maigres, avec de gros genoux sales. Maixent,
35 il ne voulait rien savoir, il voulait jouer au ballon, lui, et puis il nous a dit qu'il n'avait pas de drapeau. Il a tout de même accepté d'être arbitre de touche pour la première mi-temps°. *half-time period* Pour le drapeau, il agiterait son mouchoir qui
40 n'était pas propre, mais bien sûr, il ne savait pas en sortant de chez lui que son mouchoir allait servir de drapeau.

«Bon, on y va?» a crié Alceste.

Après, c'était plus facile, on n'était plus
45 que seize joueurs.

Il fallait un capitaine pour chaque équipe. Mais tout le monde voulait être capitaine. Tout le monde sauf Alceste, qui voulait être goal, parce qu'il n'aime pas
50 courir. Nous, on était d'accord, il est bien, Alceste, comme goal; il est très large et il couvre bien le but. Ça laissait tout de même quinze capitaines et ça en faisait
55 plusieurs de trop.

«Je suis le plus fort, criait Eudes, je dois être capitaine et *punch* je donnerai un coup de poing° sur le nez de celui qui n'est
60 pas d'accord!

—Le capitaine c'est moi, je suis le mieux habillé!» a crié Geoffroy, et Eudes lui a donné un coup de poing sur le nez.
65 C'était vrai, que Geoffroy était bien habillé, son papa, qui est très riche, lui avait acheté un équipement complet de joueur de football, avec une chemise rouge, blanche et bleue.

«Si c'est pas moi le capitaine, a crié 70 Rufus, j'appelle mon papa et il vous met tous en prison!»

Moi, j'ai eu l'idée de tirer au sort° avec *to draw lots* une pièce de monnaie. Avec deux pièces de monnaie, parce que la première s'est perdue 75 dans l'herbe et on ne l'a jamais retrouvée. La pièce, c'était Joachim qui l'avait prêtée et il n'était pas content de l'avoir perdue; il s'est mis à la chercher, et pourtant Geoffroy lui avait promis que son papa lui enverrait un chèque 80 pour le rembourser. Finalement, les deux capitaines ont été choisis: Geoffroy et moi.

«Dites, j'ai pas envie d'être en retard pour le goûter, a crié Alceste. On joue?»

Après, il a fallu former les équipes. Pour 85 tous, ça allait assez bien, sauf pour Eudes.

Geoffroy et moi, on voulait Eudes, parce que, quand il court avec le ballon, personne ne l'arrête. Il ne joue pas très bien, 90 mais il fait peur. Joachim était tout content parce qu'il avait retrouvé sa pièce de monnaie, alors on la lui a demandée pour tirer Eudes au sort, et on a perdu 95 la pièce de nouveau. Joachim s'est remis à la chercher, vraiment fâché, cette fois-ci, et c'est à la courte paille° *by drawing straws* que Geoffroy a gagné Eudes. 100 Geoffroy l'a désigné comme gardien de but, il s'est dit que personne n'oserait s'approcher de la cage et encore moins° mettre le ballon *much less* dedans. Eudes se vexe facilement. Alceste 105 mangeait des biscuits, assis entre les pierres qui marquaient son but. Il n'avait pas l'air content. «Alors, ça vient, oui?» il criait.

On s'est placés sur le terrain. Comme
110 on n'était que sept de chaque côté, à part les
gardiens de but, ça n'a pas été facile. Dans
chaque équipe on a commencé à discuter. Il
y en avait des tas qui
voulaient être avant-
center forwards 115 centres°. Joachim
voulait être arrière-
right back droit°, mais c'était
parce que la pièce de
monnaie était tombée
120 dans ce coin et il voulait
continuer à la chercher
while still playing tout en jouant°.

Dans l'équipe de
Geoffroy ça s'est arrangé très vite, parce que
125 Eudes a donné des tas de coups de poing et les
joueurs se sont mis à leur place sans protester
while rubbing et en se frottant° le nez. C'est qu'il frappe
dur, Eudes!

Dans mon équipe, on n'arrivait pas à se
to come to 130 mettre d'accord°, jusqu'au moment où Eudes a
an agreement dit qu'il viendrait nous donner des coups de poing
sur le nez à nous aussi: alors, on s'est placés.

Agnan a dit à Rufus: «Siffle!» et Rufus,
qui jouait dans mon équipe, a sifflé le coup
kick-off 135 d'envoi°. Geoffroy n'était pas content. Il a
Nice going! dit: «C'est malin°! Nous avons le soleil dans
les yeux! Il n'y a pas de raison que mon équipe
joue du mauvais côté du terrain!»

Moi, je lui ai répondu que si le soleil ne
140 lui plaisait pas, il n'avait qu'à fermer les yeux,
qu'il jouerait peut-être même mieux comme
ça. Alors, nous nous sommes battus. Rufus
s'est mis à souffler dans son sifflet à roulette.

«Je n'ai pas donné l'ordre de siffler, a
145 crié Agnan, l'arbitre c'est moi!» Ça n'a pas

plu à Rufus qui a dit qu'il n'avait pas besoin
de la permission d'Agnan pour siffler, qu'il
sifflerait quand il en aurait envie, non mais
tout de même. Et il s'est mis à siffler comme
un fou. «Tu es méchant, voilà ce que tu es!» 150
a crié Agnan, qui a
commencé à pleurer.

«Eh, les gars!°» a dit *guys*
Alceste, dans son but.

Mais personne 155
ne l'écoutait. Moi, je
continuais à me battre
avec Geoffroy, je lui
avais déchiré sa belle
chemise rouge, blanche 160
et bleue, et lui il disait:
«Bah, bah, bah! Ça ne fait rien! Mon papa,
il m'en achètera des tas d'autres!» Et il me
donnait des coups de pied°, dans les chevilles. *kicks*
Rufus courait après Agnan qui criait: «J'ai 165
des lunettes! J'ai des lunettes!» Joachim, il
ne s'occupait de personne, il cherchait sa
monnaie, mais il ne la trouvait toujours pas.
Eudes, qui était resté tranquillement dans son
but, en a eu assez et il a commencé à distribuer 170
des coups de poing sur les nez qui se trouvaient
le plus près de lui, c'est-à-dire sur ceux de
son équipe. Tout le monde criait, courait. On
s'amusait vraiment bien, c'était formidable!

«Arrêtez, les gars!» a crié Alceste 175
de nouveau.

Alors Eudes s'est fâché. «Tu étais pressé
de jouer, il a dit à Alceste, eh! bien, on joue.
Si tu as quelque chose à dire, attends la
mi-temps!» 180

«La mi-temps de quoi? a demandé Alceste.
Je viens de m'apercevoir que nous n'avons pas
de ballon, je l'ai oublié à la maison!» ■

Tout le monde criait, courait. On s'amusait vraiment bien, c'était formidable!

Analyse

1 **Compréhension** Répondez aux questions.

1. Pourquoi les enfants sont-ils allés sur le terrain vague? Qu'est-ce qui leur a donné cette idée?
2. Qui ont-ils choisi pour arbitre? Pourquoi?
3. Qu'est-ce qui servait de drapeau? Comment était cet objet?
4. Qui voulait être capitaine?
5. Pourquoi Alceste ne voulait-il pas être capitaine?
6. Comment ont-ils choisi les deux capitaines?
7. Quels garçons ont été choisis pour être capitaines?
8. Pourquoi les garçons n'ont-ils pas pu faire une partie de football après tout?

2 **Les personnages** À deux, décrivez le caractère de ces personnages de l'histoire. Comment sont-ils? Qu'est-ce qui les distingue les uns des autres? Ensuite, comparez vos descriptions avec celles de la classe.

1. Alceste   3. Maixent   5. Eudes
2. Agnan   4. Geoffroy   6. Nicolas

3 **Interprétation** À deux, racontez l'essentiel de cette histoire en huit ou dix phrases. Utilisez au moins huit verbes de la liste. Comparez votre résumé avec ceux de la classe.

s'amuser	se battre	courir	jouer	siffler
s'apercevoir	choisir	crier	oublier	vouloir

4 **Discussion** Par groupes de trois, répondez aux questions suivantes pour donner votre opinion sur les personnages principaux.

1. Quel est le personnage que vous aimez le mieux? Pourquoi vous plaît-il?
2. Quel est le personnage que vous aimez le moins? Pourquoi ne vous plaît-il pas?
3. Avez-vous connu des personnes qui ressemblaient aux personnages de cette histoire? Étaient-ce des enfants ou des adultes? Expliquez.
4. Avec quel personnage de l'histoire vous identifiez-vous? Pourquoi?

5 **Rédaction** Racontez une histoire drôle de votre enfance. Suivez le plan de rédaction.

> ### Plan
>
> **1** **Organisation** Choisissez l'histoire que vous allez raconter. Faites une liste des événements et mettez-les dans l'ordre chronologique.
>
> **2** **Histoire** Racontez les événements dans un paragraphe. Utilisez le discours direct (*direct quotations*) pour ajouter de l'humour à votre histoire.
>
> **3** **Conclusion** Terminez votre histoire par une phrase qui en sera la chute (*punch line*).

Practice more at vhlcentral.com.

S'évader et s'amuser

 Vocabulary Tools

Le sport

l'alpinisme (*m.*) *mountain climbing*
un arbitre *referee*
un club sportif *sports club*
une course *race*
un(e) fan (de) *fan (of)*
un pari *bet*
une patinoire *skating rink*
le saut à l'élastique *bungee jumping*
le ski alpin/de fond *downhill/
    cross-country skiing*
un supporter (de) *fan; supporter (of)*

admirer *to admire*
(se) blesser *to get hurt*
s'étonner *to be amazed*
faire match nul *to tie (a game)*
jouer au bowling *to go bowling*
marquer (un but/un point) *to score
    (a goal/a point)*
siffler *to whistle (at)*

Le temps libre

le billard *pool*
les boules (*f.*)/la pétanque *petanque*
les cartes (*f.*) (à jouer) *(playing) cards*
les fléchettes (*f.*) *darts*
un jeu vidéo/de société *video/board game*
des loisirs (*m.*) *leisure; recreation*
un parc d'attractions *amusement park*
un rabat-joie *party pooper*

bavarder *to chat*
célébrer/fêter *to celebrate*
se divertir *to have a good time*
faire passer *to spread (the word)*
porter un toast (à quelqu'un)
    to propose a toast
prendre un verre *to have a drink*
se promener *to take a stroll/walk*
valoir la peine *to be worth it*

Les arts et le théâtre

un billet/ticket *ticket*
une comédie *comedy*
une exposition *exhibition*
un groupe *music band*

un(e) musicien(ne) *musician*
une pièce (de théâtre) *(theater) play*
un spectacle *show; performance*
un spectateur/une spectatrice *spectator*
un tableau *painting*
un vernissage *art exhibit opening*

applaudir *to applaud*
faire la queue *to wait in line*
obtenir (des billets) *to get (tickets)*

complet *sold out*
divertissant(e) *entertaining*
émouvant(e) *moving*

Le shopping et les vêtements

des baskets (*f.*)/des tennis (*f.*)
    sneakers/tennis shoes
un bermuda *(a pair of) bermuda shorts*
une boutique de souvenirs *gift shop*
un caleçon *boxer shorts*
une culotte *underpants (for females)*
une garde-robe *wardrobe*
un gilet *sweater/sweatshirt
    (with front opening)*
une jupe (plissée) *(pleated) skirt*
un magasin de sport *sporting goods store*
un nœud papillon *bow tie*
une robe de soirée *evening gown*
un slip *underpants (for males)*
des souliers (*m.*) *shoes*
des talons (*m.*) (aiguilles) *(stiletto) heels*

Court métrage

une bassine *basin*
un bonnet *swim cap*
un(e) gardien(ne) *building superintendent*
une HLM (habitation à loyer
    modéré) *low-income housing*
une médaille *medal*
un peignoir *bathrobe*
la respiration *breathing*
une serviette *towel*
un trophée *trophy*

expirer *to exhale*
inspirer *to inhale*

se noyer *to drown*
plonger *to dive*
trier *to sort through*

aisé(e) *well off*
défavorisé(e) *underprivileged*

Culture

un casse-cou *daredevil*
un frisson *thrill*
une montée d'adrénaline *adrenaline rush*
le parapente *paragliding*
la roche *rock*
un(e) vacancier/ère *vacationer*
un VTT (vélo tout terrain) *mountain bike*

se dépasser *to go beyond one's limits*
escalader *to climb*
glisser *to glide*
grimper à *to climb*
lézarder au soleil *to bask in the sun*
parcourir *to go across*
sauter *to jump*
tenter *to attempt; to tempt*
vaincre ses peurs *to confront one's fears*
voler *to fly*

Littérature

le ballon *ball*
la concurrence *competition*
un mouchoir *handkerchief*
une partie *game, match*
le personnage *character (in a story or play)*
un sifflet *whistle*

s'apercevoir *to realize, to notice*
se battre (*irreg.*) *to fight*
déchirer *to tear*
souffler *to blow*
surveiller *to keep an eye on*

chouette *great, cool*
de nouveau *again*
dedans *inside*
sauf *except*

Perspectives de travail

Après avoir fait des études, on est souvent plein d'ambition. On veut réussir sa carrière professionnelle. Mais qu'est-ce que cela veut dire? Faire ce qu'on aime? Avoir un impact positif sur les autres? Pour ceux qui n'ont pas fait d'études, est-ce qu'il y a la possibilité d'une carrière professionnelle? Pourquoi? N'avons-nous pas tous un talent que nous pouvons transformer en une entreprise?

319

342

Destination:
AFRIQUE CENTRALE

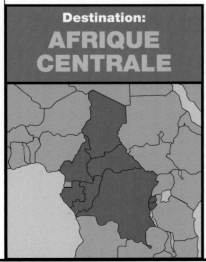

Le travail et les finances

 Vocabulary Tools

Le monde du travail

une augmentation (de salaire)
  raise (in salary)
un budget *budget*
le chômage *unemployment*
un(e) chômeur/chômeuse
  unemployed person
un entrepôt *warehouse*
une entreprise (multinationale)
  (multinational) company
un(e) fainéant(e) *slacker*

une formation *training*
un grand magasin *department store*
un poste *position, job*
une réunion *meeting*
le salaire minimum *minimum wage*
un syndicat *labor union*
une taxe *tax*
le temps de travail *work schedule*

avoir des relations (f.)
  to have connections
démissionner *to quit*
embaucher *to hire*
être promu(e) *to be promoted*
être sous pression (f.)
  to be under pressure

exiger *to demand*
gagner sa vie *to earn a living*
gérer/diriger *to manage; to run*
harceler *to harass*
licencier *to lay off; to fire*

poser sa candidature à/pour *to apply for*
solliciter un emploi *to apply for a job*

au chômage *unemployed*
(in)compétent(e) *(in)competent*
en faillite *bankrupt*

Les finances

la banqueroute *bankruptcy*
une carte de crédit/de retrait
  credit/ATM card
un chiffre *figure; number*
un compte de chèques *checking account*
un compte d'épargne *savings account*
la crise économique *economic crisis*
une dette *debt*
un distributeur automatique *ATM*
des économies (f.) *savings*
un marché (boursier) *(stock) market*
la pauvreté *poverty*

les recettes (f.) et les dépenses (f.)
  receipts and expenses

avoir des dettes *to be in debt*
déposer *to deposit*
économiser *to save*
investir *to invest*
profiter de *to take advantage of;*
  to benefit from
toucher *to receive (a salary)*

à court/long terme *short-/long-term*
disposé(e) (à) *willing (to)*
épuisé(e) *exhausted*

financier/financière *financial*
prospère *successful; flourishing*

Les gens au travail

un cadre *executive*
un(e) comptable *accountant*
un(e) conseiller/conseillère *advisor*
un(e) consultant(e) *consultant*
un(e) employé(e) *employee*
un(e) gérant(e) *manager*
un homme/une femme d'affaires
  businessman/woman

un(e) membre/un(e) adhérent(e) *member*
un(e) propriétaire *owner*
un(e) vendeur/vendeuse
  salesman/woman

Mise en pratique

1

Au travail Choisissez le meilleur terme pour compléter chaque phrase.

| adhérent | compte d'épargne | fainéant | licencier | promu |
| comptable | dettes | gérant | pression | syndicats |

1. Je suis _____ d'un magasin, je le dirige.
2. Ma patronne m'a _____, je suis donc au chômage.
3. Je dépense plus d'argent que je n'en touche, alors j'ai des _____.
4. Pour économiser, mon ami dépose souvent de l'argent sur son _____.
5. Je veux devenir _____ parce que j'aime travailler avec les chiffres.
6. J'étais heureux d'être _____ avec augmentation de salaire.
7. Je l'ai licencié parce que c'était un _____.
8. Une femme d'affaires est souvent sous _____.

2

Mots croisés Complétez la grille par les mots qui correspondent aux définitions.

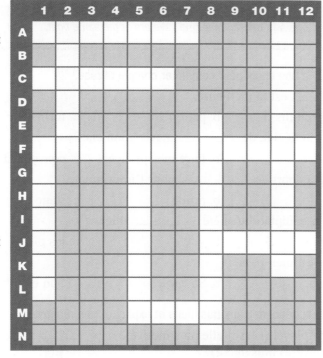

Horizontalement
A. Un rendez-vous entre collègues
C. Calcul des recettes et des dépenses
F. Décider d'abandonner son emploi
J. Elle peut être de crédit ou de retrait
M. Somme à payer au gouvernement sur le prix des objets achetés

Verticalement
1. Prêt à faire quelque chose
2. Très fatigué
5. Association qui défend les intérêts professionnels communs
8. Poser sa candidature
11. Ce qu'on déclare quand on est en faillite

3

Les solutions Discutez de ces problèmes à deux. Ensuite, trouvez des solutions.

A. Après avoir terminé mes études de finances, j'ai obtenu mon premier emploi à la bourse. J'ai perdu ce travail et j'ai de plus en plus de dettes. Je sollicite toutes sortes d'emplois, mais personne ne m'embauche. Faut-il avoir des relations bien placées?

B. Je dirige une entreprise très prospère, et j'ai donc beaucoup d'argent sur mon compte d'épargne. J'ai envie de faire des investissements, mais je ne comprends pas comment ça fonctionne. Quels profits pourrais-je en tirer?

 Practice more at vhlcentral.com.

Préparation

Vocabulaire du court métrage

un boulot *job*
capter *to get a signal*
une carie *cavity*
se débrouiller *to figure it out, to manage*
un entretien d'embauche *job interview*
un(e) formateur/formatrice *trainer*

une gamme de produits *line of products*
un(e) patron(ne) *boss*
une prime *bonus*
rémunérer *to pay*
reprendre *to pick up again; to resume*
virer *to fire*

Vocabulaire utile

un argument de vente *selling point*
convaincre *to convince*
s'investir *to put oneself into*
un stage (rémunéré) *(paid) training course*
un(e) stagiaire *trainee*
une stratégie commerciale *marketing strategy*

EXPRESSIONS

Ça va lui faire les pieds. *That will teach him/her a lesson.*
convenir d'un rendez-vous *to agree on an appointment*
être à court de *to lack, to be out of*
faire ses preuves *to prove oneself/itself*
Il faut que vous y mettiez un peu du vôtre. *You need to make an effort.*
On est logé à la même enseigne. *We are in the same boat.*

1

Complétez Faites le bon choix pour compléter chaque phrase.

1. Notre _____ est la meilleure.
   a. gamme de produits   b. patron   c. formateur
2. Aujourd'hui, j'ai décidé de _____ avec mon chef.
   a. me débrouiller   b. faire mes preuves   c. convenir d'un rendez-vous
3. Nous sommes à court de _____ pour l'imprimante.
   a. papier   b. prime   c. stage
4. M. André de la comptabilité a été _____ hier.
   a. logé à la même enseigne   b. viré   c. les pieds
5. _____ s'est bien passé.
   a. Son formateur   b. Sa carie   c. Son entretien d'embauche

2

Préparation À deux, répondez aux questions et expliquez vos réponses.

1. Un(e) jeune employé(e) est-il/elle plus motivé(e) qu'un(e) employé(e) plus âgé(e)?
2. Un(e) jeune employé(e) cherche-t-il/elle plus à faire ses preuves qu'un(e) employé(e) plus âgé(e)?
3. Est-ce que l'âge et l'expérience sont des avantages dans le monde du travail?
4. Pourriez-vous travailler avec des gens beaucoup plus âgés ou beaucoup plus jeunes que vous?
5. Peut-on réussir sa carrière professionnelle sans s'investir complètement?

Practice more at vhlcentral.com.

3 **Personnellement...** Dites comment vous réagiriez dans chaque situation.

1. Si j'étais patron(ne) et si j'avais un problème avec un(e) nouvel(le) employé(e)...

   a. je le/la virerais tout de suite.

   b. je lui donnerais le temps de s'habituer avant de prendre une décision.

2. Pour être un(e) bon(ne) employé(e)...

   a. je suivrais toujours les instructions de mon/ma patron(ne).

   b. je poserais des questions et exprimerais mon point de vue et mes inquiétudes.

3. Pour être un(e) bon(ne) patron(ne)...

   a. je garderais mes distances avec mes employés pour rester objectif/objective.

   b. j'essaierais de connaître mes employés pour mieux les comprendre.

4. Je préférerais...

   a. ne pas avoir de contacts avec mes collègues en dehors du travail.

   b. avoir des contacts avec mes collègues en dehors du travail pour créer une meilleure atmosphère au bureau.

5. Quand j'ai un boulot à faire...

   a. je ne fais que le minimum.

   b. je m'investis complètement.

4 **Une formation** À deux, lisez cette citation du film et répondez aux questions.

> **❝Je vais vous apprendre à devenir de bons représentants. Or, pour ce faire, il va vous falloir intégrer tout un nouveau système de communication, déployer toute une batterie d'arguments ainsi qu'un vocabulaire spécifique qui vous permettront de vous tirer des situations les plus critiques. Parce que votre objectif, c'est de vendre. Vendre, vendre, vendre.❞**
>
> — MÉLANIE

- Que pensez-vous de ce type de formation?
- Comment réagiriez-vous devant un(e) formateur/formatrice qui vous parlerait ainsi?
- Comment les personnages du film vont-ils réagir?

5 **Qui est-ce?** Par petits groupes, imaginez la vie de ces deux femmes. Expliquez ce qu'elles font dans la vie, ce qu'elles aiment faire et qui elles sont.

Short Film

Bonbon *au* poivre

Prix d'interprétation féminine (Chantal Banlier), Festival du court métrage de Grenoble, 2006

Une production d'AVENUE B PRODUCTIONS
Scénario et réalisation MARC FITOUSSI Production CAROLINE BONMARCHAND
Direction de la photographie PÉNÉLOPE POURRIAT Montage SERGE TURQUIER Son BENOÎT OUVRARD
Musique ANTOINE DUHAMEL Décors CÉDRIC ACHENZA/ÉRIC PROVENZANO
Acteurs AURE ATIKA/CHANTAL BANLIER/ANNE BOUVIER/ANNIE MERCIER/FRANCIS LEPLAY/
OLIVIER CLAVERIE/MARIE GILI-PIERRE

INTRIGUE *Les circonstances de la vie et une soirée passée ensemble vont changer beaucoup de choses entre une stagiaire et sa formatrice…*

MÉLANIE Comme les diamants, les bonbons sont éternels. C'est un produit profondément inscrit dans les penchants de l'être humain. Vous avez été sélectionnés parce que vous disposez des qualités requises pour devenir représentants.

MÉLANIE Dis-moi, tu sais qui a fait passer l'entretien d'embauche à Annick Perrotin?
THIERRY C'est moi. Il y a un problème?
MÉLANIE Oui. Elle ne fait rien, elle n'a pas du tout le profil.
THIERRY Tu veux la virer?

MÉLANIE (*À Annick*) On va dans mon bureau.
M. MALAQUAIS Mélanie? Votre petit copain a téléphoné.
(*Elle appelle son petit copain.*)
MÉLANIE (*À Annick*) Il m'a dit que c'était fini. Vous voulez bien me déposer? Je ne veux pas rentrer chez moi.
ANNICK Bon, suivez-moi.

MÉLANIE Pourquoi est-ce que vous donnez l'impression de vous ennuyer pendant mes cours?
ANNICK Parce que je n'ai pas envie qu'on me bassine° avec des phrases du style «les bonbons sont comme des diamants».

(*Chez la copine d'Annick*)
MÉLANIE Je pourrais essayer vos santiags°?
ANNICK Ça risque d'être petit.
MÉLANIE Je ne peux pas me pointer° comme ça demain au boulot!
ANNICK Ce n'est pas si ridicule que ça. Avec une jupe droite, ça passe très bien.

M. MALAQUAIS Je peux voir un petit peu ce que donnent les simulations?
(*Annick et Mélanie simulent une vente.*)
M. MALAQUAIS C'est bien.
ANNICK Ça va? Je n'en ai pas trop fait?
MÉLANIE Non, non, c'était parfait.

bassine *annoy* **santiags** *cowboy boots*
me pointer *to show up*

Analyse

1

Compréhension Répondez aux questions par des phrases complètes.

1. Quel est le but du stage?
2. Quelle est la première activité que Mélanie propose au groupe?
3. Que dit Mélanie à Thierry à propos d'Annick?
4. Que décide Mélanie à la fin de la conversation avec Thierry?
5. Que fait Annick pendant la pause?
6. Que se passe-t-il quand Mélanie emmène Annick dans son bureau?
7. Pourquoi Annick fait-elle de la danse country?
8. Comment Mélanie se sent-elle après le cours de danse?
9. Où vont les deux femmes après avoir dîné?
10. Qui Annick aime-t-elle bien?
11. Le lendemain, Mélanie a-t-elle changé d'avis à propos de la présence d'Annick au stage?
12. Qu'est-ce que M. Malaquais, le patron, demande à Mélanie de faire à la suite de la simulation de vente?

2

Interprétation À deux, répondez aux questions et expliquez vos réponses.

1. Pourquoi Mélanie est-elle gênée par les réponses des stagiaires quand ils citent les mots qui leur viennent à l'esprit à propos des bonbons?
2. Qu'est-ce qui change dans les rapports entre Mélanie et Annick, quand elles sont dans le bureau de Mélanie?
3. Que pense Mélanie sur cette image?

4. Que se passe-t-il pendant la simulation de vente entre Mélanie et Annick à la fin du film? Y voyez-vous de l'ironie?
5. Comment expliquez-vous le fait que Mélanie se sente obligée de mentir à Annick le deuxième soir quand elle dit que tout s'est arrangé avec son copain?
6. Comment interprétez-vous la fin quand Mélanie danse seule dans sa cuisine? Que ressent-elle?
7. Pensez-vous que Mélanie et Annick deviennent amies ou réagissent-elles simplement face aux circonstances?
8. Pensez-vous que le déroulement des événements entre Mélanie et Annick soit réaliste? Citez des exemples.

 Practice more at **vhlcentral.com**.

3

Quel désordre! Mettez les événements du film dans le bon ordre. Attention! Il y en a un qui n'a pas eu lieu dans le film.

_____ a. Annick et Mélanie dansent en groupe.

_____ b. Annick et Mélanie dînent dans une cafétéria.

_____ c. Le patron de Mélanie la surveille de loin.

_____ d. Mélanie décide qu'il faut virer Annick.

_____ e. Mélanie demande à Annick si celle-ci peut la déposer en voiture.

_____ f. Mélanie emmène Annick dans son bureau.

_____ g. Annick passe un entretien d'embauche.

_____ h. Annick montre des photos à Mélanie.

_____ i. Annick et Mélanie font une simulation de vente.

_____ j. Mélanie s'inquiète pour sa prime.

_____ k. Estelle apprend qu'elle ne sera peut-être pas rémunérée pour sa journée de formation.

_____ l. Le patron apprécie beaucoup la simulation de vente d'Annick.

_____ m. Mélanie demande à Annick si elle peut essayer ses santiags.

4

Les personnages À deux, réfléchissez aux différences qui existent entre Annick et Mélanie. Ensuite, comparez votre liste à celle d'un autre groupe. Pensez-vous que leurs différences soient plus importantes que leurs similarités?

- dans leurs traits de caractère
- dans leur vie personnelle
- dans leur vie professionnelle
- dans leurs goûts

5

Imaginez Et si les rôles étaient inversés? Annick est la formatrice et Mélanie une stagiaire. Par petits groupes, imaginez leur comportement dans chaque situation.

- en cours, pendant la formation
- quand M. Malaquais, le patron, vient voir comment le stage se passe
- quand Estelle, une stagiaire, dit qu'elle n'a pas de voiture
- avec Thierry, le collègue

6

Le titre Qu'est-ce qu'un bonbon au poivre? vous demandez-vous peut-être. C'est un bonbon au goût de poivre dont se servent ceux qui aiment jouer des tours (*play jokes*) aux autres. À deux, discutez du titre du film. Pourquoi le film s'appelle-t-il *Bonbon au poivre*? Quel rapport voyez-vous entre ce genre de farce et ce qui se passe dans le film?

7

La conversation À deux, imaginez la conversation entre Annick et Mélanie qui se rencontrent par hasard un mois plus tard. Présentez votre dialogue à la classe.

Une vendeuse d'huile de palmier, sur le fleuve Congo

IMAGINEZ
L'Afrique Centrale

Brazzaville et Kinshasa

Imaginez un fleuve majestueux en plein cœur° de l'Afrique et deux cités qui se dressent° de part et d'autre°. Ce fleuve, c'est le **Congo**, et ces villes, ce sont **Brazzaville** et **Kinshasa**. Sur la rive droite, Brazzaville, la capitale de la **République du Congo**. Sur la rive gauche, Kinshasa, la capitale de la **République démocratique du Congo** ou **RDC**. Pour différencier ces deux pays, on les appelle souvent **Congo-Brazzaville** et **Congo-Kinshasa**. Leur histoire est parallèle, mais pas identique: durant la période coloniale, le Congo-Brazzaville appartenait à la **France**, alors que le Congo-Kinshasa était **belge**. À l'époque, la capitale du Congo-Kinshasa se nommait **Léopoldville**. Pendant une quinzaine d'années, le Congo-Kinshasa s'est aussi appelé **Zaïre**. Brazzaville et Kinshasa ont donc en commun leur culture francophone. Elles sont aussi réunies par le Congo, qu'on peut facilement traverser en bateau. Les jeunes **Brazzavillois** par exemple préfèrent souvent étudier à Kinshasa. Comme les **Kinois** sont beaucoup plus nombreux,

ils font aussi souvent le trajet en sens inverse.

Brazzaville a été fondée en 1880 par un explorateur français et a su préserver son patrimoine architectural historique. Pensez à visiter la **basilique sainte Anne du Congo**, dont la toiture° verte change de couleur avec la lumière, la **Case des messageries fluviales**, une très belle case° coloniale sur pilotis° qui abritait les bureaux des messageries fluviales, et le **port des pêcheurs de Yoro**, le site du village précolonial. Brazzaville est aussi intéressante pour ses marchés très animés. Près de la poste, vous trouverez de l'artisanat: sculptures en cuivre° ou en bois, vannerie°, bijoux... Goûtez aussi à un plat typique, comme le **saka-saka**, à base de feuilles de manioc°, ou le poulet en sauce à la noix de palme°.

De l'autre côté du fleuve, Kinshasa offre plusieurs points de vue splendides sur le Congo. La **promenade de**

D'ailleurs...

Ensemble, Brazzaville et Kinshasa forment la plus grande agglomération urbaine d'Afrique subsaharienne. Cette grande métropole totalise environ 13.000.000 d'habitants, ce qui en fait aussi le plus grand centre urbain du monde francophone, devant Paris.

Découvrons l'Afrique Centrale

La ville de Brazzaville

la Raquette, promenade plantée d'arbres qui borde le fleuve, est réputée pour ses magnifiques couchers de soleil°. Un autre quartier agréable est celui de la résidence présidentielle, sur le **Mont Ngaliema**. On peut y voir des jardins fleuris, des fontaines, un théâtre de verdure° et même un zoo. Tout près, toujours dans la commune de **Ngaliema**, se trouve le quartier du **Mont Fleury**, qui doit° son nom de «**Beverly Hills de Kinshasa**» à ses riches villas. Parmi les sites historiques de Kinshasa, citons le «**Wenge**» **de Selembau**, un arbre plusieurs fois centenaire°. Si vous aimez l'art, rendez-vous à l'**Académie des beaux-arts**, fondée en 1943, où les artistes vendent leurs œuvres. Mais que vous passiez par Kinshasa ou par Brazzaville, surtout ne limitez pas votre visite à ces deux villes: beaucoup de surprises vous attendent aussi aux alentours°!

cœur *centre* se dressent *stand* de part et d'autre *de chaque côté* toiture *roofing* case *maison* pilotis *stilts* cuivre *copper* vannerie *basketry* feuilles de manioc *cassava leaves* noix de palme *palm nut* couchers de soleil *sunsets* théâtre de verdure *théâtre en plein air* doit *owes* centenaire *âgé de cent ans* alentours *surroundings*

Le français parlé en Afrique Centrale

Brazzaville

À tout moment!	À la prochaine!
une coiffe	une coupe de cheveux; *haircut*
méchant	fort
mystique	bizarre
la neige	une pluie très fine
varier	s'énerver

Kinshasa

un américain	un original, non-conformiste
casser le bic	ne plus faire d'études
un chiklé	un chewing-gum
griffé(e)	bien habillé(e)
le palais	la maison
le radio-trottoir	la rumeur
le retour	la monnaie

Écrans noirs Depuis sa création à **Yaoundé**, au **Cameroun**, en 1997, le festival **Écrans noirs** est devenu une manifestation importante pour les cinéphiles d'**Afrique Centrale**. Il contribue surtout à la promotion et à la diffusion du cinéma africain, mais aussi du cinéma d'auteur peu distribué, venant° de pays non africains. Cette rencontre est également l'occasion de séminaires et de débats. Depuis 2008, le festival est compétitif, et, entre autres prix, l'**Écran d'or** couronne° le meilleur long métrage.

BDEAC La **Banque de développement des États de l'Afrique Centrale** a été créée en 1975 par le Cameroun, la République Centrafricaine, le Congo, le Gabon, la Guinée-Équatoriale et le Tchad. La banque finance aussi parfois les projets d'États africains non membres. Sa mission est d'aider au développement social et économique de ces pays. Elle intervient donc dans des secteurs très variés, aussi bien publics que privés, comme les infrastructures, l'agriculture ou l'industrie.

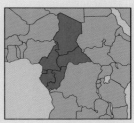

Les forêts tropicales du Gabon Le **Gabon** a de vastes forêts tropicales. Malgré une exploitation intensive, les deux tiers° des forêts existent encore. L'arbre le plus exploité de cette forêt est l'**okoumé**, qui ne pousse° qu'au Gabon, en Guinée et au Congo. On l'a utilisé dans la construction de la **Bibliothèque nationale de Paris** et du train **Eurostar**, et on en fait aussi du contreplaqué°.

Esther Kamatari C'est une femme à plusieurs facettes°. Elle est née et a grandi au **Burundi**. En 1964, son père, le prince, est assassiné et en 1970, elle s'exile en France, où elle sera le premier mannequin° noir à y travailler. La princesse Kamatari participe activement à plusieurs associations humanitaires et en 2004, elle se présente aux élections présidentielles du Burundi. En 2015, elle devient la nouvelle ambassadrice de la Maison Guerlain.

venant *coming* couronne *crowns* tiers *third* pousse *grows* contreplaqué *plywood* à plusieurs facettes *multi-faceted* mannequin *model*

Qu'avez-vous appris?

1

Associez Indiquez quelles définitions de la colonne de droite correspondent aux mots et aux noms de la colonne de gauche.

1. _____ Kinshasa
2. _____ Brazzaville
3. _____ Brazzaville et Kinshasa
4. _____ Léopoldville

5. _____ Mont Fleury
6. _____ Académie des beaux-arts
7. _____ Écrans noirs
8. _____ la BDEAC

9. _____ l'okoumé

a. l'arbre le plus exploité de la forêt gabonaise
b. la plus grande agglomération d'Afrique subsaharienne
c. les artistes y vendent leurs œuvres
d. une institution qui aide au développement social et économique des pays d'Afrique Centrale
e. la capitale de la République du Congo
f. le Beverly Hills de Kinshasa
g. la capitale de la République démocratique du Congo
h. une manifestation importante pour les cinéphiles d'Afrique Centrale
i. l'ancien nom de la capitale du Congo-Kinshasa

2

Complétez Complétez chaque phrase logiquement.

1. Les deux capitales Brazzaville et Kinshasa ont en commun…
2. À Brazzaville, les sites historiques à visiter sont…
3. … sont des plats congolais typiques.
4. On peut trouver différents types d'artisanat à Brazzaville comme…
5. Pour se promener à Kinshasa, il faut aller…
6. Parmi les sites historiques de Kinshasa, il y a…
7. Le festival Écrans noirs contribue à…
8. À Kinshasa, être griffé signifie…
9. Après Paris, Brazzaville et Kinshasa forment…
10. L'okoumé a été utilisé en France pour…

3

Discussion À deux, comparez les lieux congolais du tableau à des lieux dans votre pays.

Lieu congolais	Caractéristiques	Lieu dans mon pays	Différences
Quartier de la résidence présidentielle	Quartier agréable avec jardins fleuris, fontaines et un zoo	La Maison-Blanche	Elle n'est pas sur un mont. Il n'y a ni théâtre de verdure ni zoo.
Basilique sainte Anne du Congo			
Le port des pêcheurs de Yoro			
La promenade de la Raquette			
Mont Fleury			
Académie des beaux-arts			

4

Écriture Le festival *Écrans noirs* est très apprécié des cinéphiles. Pensez aux courts métrages que vous avez vus de ce livre, et écrivez un texte de 12 à 15 lignes où vous répondez à ces questions.

- Préférez-vous les longs métrages ou les courts métrages? Expliquez.
- Quelles sont les similarités?
- Quelles sont les différences?
- Quel court métrage avez-vous le plus apprécié? Pourquoi?

Practice more at vhlcentral.com.

1 **Préparation** À deux, répondez aux questions.

1. Aimez-vous les spectacles de marionnettes? Pourquoi ou pourquoi pas?

2. D'après-vous, quelles qualités faut-il avoir pour créer de belles marionnettes?

Un marionnettiste genevois

Les marionnettes existent dans plusieurs pays et cultures du monde depuis des siècles. La Suisse a un des plus vieux théâtres de marionnettes d'Europe: le Théâtre des Marionnettes de Genève, fondé en 1929. L'artiste Christophe Kiss construit des personnages pour ses spectacles depuis plus de 25 ans.

AINSI FONT, FONT…

Je vais exagérer les traits.

2 **Compréhension** Trouvez la bonne réponse.

1. Combien d'employées voyez-vous dans le studio de Christophe Kiss?

   a. un   b. cinq   c. dix

2. Christophe a l'horaire typique d'un…

   a. comptable.   b. artisan.   c. vendeur.

3. Pour gagner sa vie, Christophe…

   a. forme (*trains*) d'autres marionnettistes.   b. investit dans le cinéma.   c. gère un atelier de marionnettes.

4. Les recettes et dépenses de Christophe sont peut-être pour…

   a. les vendeurs de bois.   b. une femme d'affaires.   c. un syndicat.

5. S'il faisait passer des entretiens d'embauche, Christophe demanderait aux candidats s'ils/elles…

   a. voudraient monter une entreprise.   b. aiment dessiner.   c. ont des dettes.

3 **Discussion** Par petits groupes, discutez de ces questions.

1. Pensez à votre genre artistique favori et décrivez-le en plusieurs mots. Comment croyez-vous qu'il évoluera dans les prochains 50 ans?

2. Pourriez-vous faire un travail manuel ou qui exige beaucoup de créativité? Quelle profession de ce type choisiriez-vous? Pourquoi?

4 **Présentation** Vous devez créer un petit spectacle de marionnettes. Expliquez à la classe quels personnages vous allez inventer, comment vous allez les fabriquer et quelle histoire vous allez raconter. Indiquez aussi pour qui sera le spectacle (enfants, adultes, etc.).

VOCABULAIRE

décalquer *trace*
le découpage *cutting*
dessiner *to draw*
fabriquer *to make*
le fil *string*
peindre *to paint*
sculpter *to sculpt*

Practice more at
vhlcentral.com.

GALERIE DE CRÉATEURS

MOTS D'ART

une bande dessinée *comic strip*
un bijou (bijoux *pl.*) *jewel*
un(e) dessinateur/dessinatrice *cartoonist; designer*
un fond noir *dark background*
vif/vive *bright*

LITTÉRATURE
Benjamin Sehene (1959–)

Benjamin Sehene est né au Rwanda, mais vit en exil depuis son enfance. Pour échapper aux premiers massacres, sa famille, d'origine tutsi, quitte le pays en 1963, pour s'installer en Ouganda puis au Kenya. Sehene part faire des études de français à Paris, à la Sorbonne, puis en 1984 va habiter au Canada. Aujourd'hui, il vit à Paris. Il concentre son œuvre littéraire sur son pays natal, et tout particulièrement sur le génocide dont les Tutsis ont été victimes en 1994. Cette année-là, l'auteur retourne au Rwanda pour comprendre et témoigner de ce qui s'y passe. Il en résulte plusieurs livres, dont un essai, *Le Piège ethnique*, et un roman, *Le Feu sous la soutane,* qui dénoncent l'horreur quotidienne et la tentative d'exterminer tout un peuple. Benjamin Sehene devient ainsi l'écho d'un pays oublié. Il est membre actif du Pen Club, une association internationale d'auteurs qui a pour but de «rassembler des écrivains de tous pays attachés aux valeurs de paix, de tolérance et de liberté sans lesquelles la création devient impossible».

LITTÉRATURE/PEINTURE
Aïda Touré (1973–)

L'origine de la Création a toujours fait réfléchir Aïda Touré, poétesse et peintre gabonaise. Et en 1995, pendant ses études de musique à New York, elle découvre l'Islam. C'est ce qui lui donne l'envie d'écrire des poèmes spirituels. Aïda Touré trouve l'inspiration dans le soufisme, doctrine et pratique mystique de l'Islam. En 2004, cette poétesse se tourne vers (*towards*) la peinture. Elle choisit l'art abstrait pour retranscrire sa spiritualité. Sa peinture est un prolongement (*outcome*) de sa poésie. Elle est faite de couleurs vives, de lignes et de formes circulaires. Chaque élément a une signification précise. Il émane de chaque tableau un sentiment d'harmonie des formes et des couleurs. Ce n'est jamais chaotique, même quand elle aborde des sujets graves, comme les enfants martyrs ou les ghettos. Par sa peinture, elle désire transmettre «la noblesse des émotions spirituelles et la richesse innée de l'âme humaine». En 2010, elle a aussi créé une ligne de bijoux qui sont de vraies peintures miniatures.

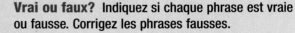

PHOTOGRAPHIE
Angèle Etoundi Essamba (1962–)

Photographe camerounaise de grand talent, qui vit et travaille aux Pays-Bas (*Netherlands*), Angèle Etoundi Essamba fait ressortir (*brings out*) la beauté de la peau noire. L'artiste prend surtout pour thème la femme africaine et veut montrer que ces femmes sont fières de leurs origines. Par la photographie, elle leur apporte la liberté et l'égalité. L'effet clair-obscur (*chiaroscuro*) de ses œuvres, en noir et blanc pour la plupart, est obtenu par le contraste entre un fond noir et la lumière qui éclaire une peau d'ébène (*ebony*) et en révèle la luminosité. La composition de ses photographies est toujours pensée. Tout est question d'équilibre. Angèle Essamba aime insister sur le lien entre le corps humain et la terre. Elle incorpore aussi des objets de la culture africaine. «La photographie est pour moi un besoin, le besoin d'expression et de communication. Aussi longtemps que ce besoin existera, je créerai», affirme-t-elle.

PEINTURE
Chéri Samba (1956–)

Le peintre congolais Chéri Samba est avant tout un dessinateur. Il ouvre son premier atelier en 1975, à Kinshasa. Son style, apparemment naïf, rappelle beaucoup celui de la bande dessinée. Il observe avec beaucoup d'attention la société dans laquelle il vit. Dans ses tableaux, qui représentent la vie quotidienne, il aborde les problèmes auxquels le continent africain fait face, comme le SIDA, le manque d'unité, le développement économique. Chéri Samba accompagne ses peintures de textes écrits sur la toile comme dans une bande dessinée. Cela donne au public une information complémentaire qui l'aide à comprendre le message de l'artiste. Samba participe à de nombreuses expositions, principalement dans son pays, la République démocratique du Congo, et en Europe. Un réalisateur a tourné un film sur cet artiste et a gagné un prix au Festival panafricain du cinéma et de la télévision de Ouagadougou (FESPACO).

Compréhension

Vrai ou faux? Indiquez si chaque phrase est vraie ou fausse. Corrigez les phrases fausses.

1. Angèle Etoundi Essamba joue beaucoup sur les couleurs vives dans ses photographies.
2. Benjamin Sehene a fait ses études au Canada mais il vit en France aujourd'hui.
3. La peinture d'Aïda Touré est de style impressionniste.
4. Le style artistique de Chéri Samba rappelle celui des cubistes.
5. Aïda Touré est connue pour ses poèmes spirituels et ses peintures aux couleurs vives.
6. Benjamin Sehene a quitté le Rwanda pour échapper au génocide dont son groupe ethnique a été victime.
7. Le manque d'unité et les problèmes du continent africain sont souvent abordés (*tackled*) par Samba dans ses tableaux.
8. D'après Angèle Etoundi Essamba, la femme africaine doit être fière de ses origines.

Rédaction

À vous! Choisissez un de ces thèmes et écrivez un paragraphe d'après les indications.

- **La photographie d'Angèle Etoundi Essamba** Angèle Etoundi Essamba dit qu'elle veut faire ressortir la beauté de la peau noire en utilisant des contrastes et l'effet clair-obscur. Décrivez la photographie sur cette page et expliquez en quoi elle est représentative de l'art d'Angèle Etoundi Essamba.
- **Les problèmes sur le continent nord-américain** Imaginez que, comme Chéri Samba, vous vouliez aborder les problèmes de votre pays par l'intermédiaire de la peinture. Comment allez-vous les aborder en peinture?
- **Lecture** Dans ses livres, Benjamin Sehene parle du génocide qui a eu lieu au Rwanda, en 1994. Connaissez-vous d'autres auteurs qui parlent d'événements tragiques? Résumez l'un de ces événements.

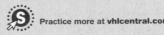 Practice more at **vhlcentral.com**.

9.1

Demonstrative pronouns

*Les bons représentants, ce sont **ceux qui** vendent, vendent, vendent.*

- The demonstrative pronoun **celui** and its forms mean *this one/that one/the one* or *these/those/the ones*. Use them for pointing something out or indicating a preference.

Quel poste préférez-vous? Le **poste** à Paris ou le **poste** à Lyon?
Which position do you prefer? The position in Paris or the position in Lyon?

Quel **poste** préférez-vous? **Celui** à Paris ou **celui** à Lyon?
Which position do you prefer? The one in Paris or the one in Lyon?

- Demonstrative pronouns agree in number and gender with the noun to which they refer.

Demonstrative pronouns

	singular	plural
masculine	celui *this one; that one; the one*	ceux *these; those; the ones*
feminine	celle *this one; that one; the one*	celles *these; those; the ones*

Ces deux **vendeuses** sont nulles! Et **celles** du grand magasin de ton quartier?
These two saleswomen are lame! And the ones at the department store in your neighborhood?

Quels **entrepôts** est-ce que vous avez visités hier, ceux-ci?
Which warehouses did you visit yesterday, these here?

- As with demonstrative adjectives, **-ci** and **-là** can be added after a form of **celui** to distinguish between people or objects that are closer (**celle-ci**) or farther (**celui-là**).

- A form of **celui** can also be followed by a relative clause to mean *the one(s) that* or *the one(s) whose*.

On va à cette réunion-ci ou à **celle qui** commence plus tôt?
Are we going to this meeting here or the one that starts earlier?

Le comptable de Marc, c'est **celui que** tu aimes bien?
Is Marc's accountant the one you like?

Ces enfants sont **ceux dont** le père a été licencié.
These children are the ones whose father got laid off.

- A prepositional phrase can also follow a demonstrative pronoun.

Mes économies et **celles de** Nathalie sont sur un compte d'épargne.
My savings and those of Nathalie are in a savings account.

Ce poste est moins intéressant que **celui en** Belgique.
This position is less interesting than the one in Belgium.

BLOC-NOTES

To review using **-ci** and **-là** with demonstrative adjectives, see **Fiche de grammaire 4.4, p. A16.**

ATTENTION!

Use a demonstrative pronoun followed by **-ci** or **-là** to express, respectively, the English words *latter* and *former*.

Tu embauches les conseillers ou les consultantes? Celles-ci sont plus compétentes que ceux-là.

Are you hiring the advisors or the consultants? The latter are more competent than the former.

BLOC-NOTES

To review relative pronouns, see **Structures 6.2, pp. 216–217.**

- Adjectives that modify forms of **celui** must agree with them in number and gender. Past participles should agree with forms of **celui** when appropriate.

Ceux qui sont **fainéants** ne vont pas être promus.
Those that are lazy are not going to be promoted.

Leurs employées sont **celles** que nous avons **vues** ici hier?
Are their employees the ones we saw here yesterday?

ATTENTION!

Forms of **celui** cannot stand alone; they must always be followed by **-ci/-là**, a relative clause, or a prepositional phrase.

- You can use **celui-là** or **celle-là** to refer to someone in a familiar or scornful fashion.

Le gérant de Pizza Roma? Ah, **celui-là**!
The manager at Pizza Roma? Oh, that one!

Elle croit qu'elle sait tout, **celle-là**?
Does she think she knows it all, that one?

BLOC-NOTES

To review past participle agreement, see **Fiche de grammaire 5.5, p. A22.**

- **Ceci** and **cela** are also demonstrative pronouns. Unlike other pronouns, they do not refer to any noun in particular, but rather to an idea. **Ceci** draws attention to something that is about to be said; **cela** refers to something that has already been said.

Je vous dis **ceci**: il ne faut pas démissionner.
I say this to you: you must not quit.

On évite les dettes. **Cela** va sans dire.
We avoid debts. That goes without saying.

- Both **ceci** and **cela** have a literary tone to them. In everyday French, use **ce** or **ça**. Use **ce** before forms of **être**; use **ça** before other verbs.

before a form of *être* beginning with a consonant	Ce sont **mes cadres, Abdel et Fatih.** *Those/They are my executives, Abdel and Fatih.*
before a form of *être* beginning with a vowel	C'est **un syndicat?** *Is that a labor union?*
before any other verb	Ça m'énerve! *That annoys me!*

- **C'est** can be used in many constructions.

C'est + name *identifies a person.*	C'est **Ségolène.** *That's/She's Ségolène.*
C'est + article or adjective + noun *identifies a person or thing.*	C'est **mon vendeur.** *That's/He's my salesman.*
C'est + disjunctive pronoun *identifies a person.*	C'est **toi qui as trouvé cette formation?** *Are you the one that found this training?*
C'est + adjective *describes an idea or expresses an opinion.*	Trois semaines de vacances! C'est **super.** *Three weeks of vacation! That's great.*
infinitive + c'est + infinitive *draws an equivalency between two actions.*	Partir, c'est **mourir un peu.** *To leave is to die a little.*

BLOC-NOTES

To review the distinction between **il/elle est** and **c'est**, see **Fiche de grammaire 2.5, p. A10.**

Mise en pratique

1

À choisir Choisissez le bon pronom démonstratif pour compléter ces phrases.

1. Je parle de la comptable de mon voisin, tu sais, _____ qui vient de se marier.

   a. ceux   b. celles-là   c. celle

2. Nous vous avions parlé de _____, mais vous ne nous aviez pas écouté.

   a. ça   b. celui   c. ceux

3. Ils ont l'habitude de retirer de l'argent à ce distributeur automatique, _____ on voit depuis (*from*) l'autoroute.

   a. celui qu'   b. celle dont   c. celui qui

4. De quelle personne veux-tu te plaindre au patron? De _____.

   a. celle pour   b. celle-là   c. cela

5. J'ai posé ma candidature à plusieurs postes. Voici _____ je me souviens: consultant, employé de banque et vendeur en matériel informatique.

   a. ceux-ci   b. celui dont   c. ceux dont

2

À compléter Complétez le paragraphe à l'aide des pronoms démonstratifs de la liste.

c'est	cela	celle qui	celui qui
ceci	celle dont	celles que	ceux dont

Une de nos compagnies, (1) _____ s'occupe d'import-export, nous a demandé d'aller voir un client à Kinshasa. (2) _____ là où je suis né, donc je connais bien cette ville. Ah, mais tu sais déjà (3) _____. Alors, une des autres employées, (4) _____ tu as fait la connaissance à ma soirée, et moi, nous sommes donc partis travailler à Kinshasa une semaine. Mes amis là-bas, (5) _____ je t'ai parlé de nombreuses fois, nous ont très bien accueillis. Un soir, après le travail, nous avons tous fait un tour en bateau sur le fleuve Congo tu sais, (6) _____ traverse plusieurs pays d'Afrique. Ensuite, mes amies Aminata et Kora, (7) _____ j'ai vues le plus souvent pendant mon séjour, nous ont invités dans un restaurant local. Eh bien, je vais te dire (8) _____: je ne me souvenais pas que les spécialités congolaises étaient si délicieuses!

3

Lequel? Choisissez le bon pronom démonstratif pour répondre aux questions.

> **Modèle** **Les parents de quelle amie travaillent ensemble?**
> **(Salima // ceux de / ceux que)**
> Ceux de Salima travaillent ensemble.

1. Quelle capitale Marc veut-il visiter? (Algérie // celle dont / celle de)

2. À quels postes pensez-vous? (notre jeunesse // ceux que / ceux de)

3. Quel compte d'épargne avez-vous choisi? (j'ai vu dans cette brochure // celui que / celui pour)

4. Qui sont ces employés? (Béatrice // ceux de / ceux qui)

5. Quelle voiture regardent-ils? (Ø // celle-ci / celle dont)

Note CULTURELLE

Le **fleuve Congo**, qui prend sa source à 1.435 mètres d'altitude, est le deuxième fleuve d'**Afrique** par sa longueur, après le **Nil**. Il est aussi le deuxième du monde par son débit (*flow rate*), après l'**Amazone**. Il traverse six pays d'Afrique Centrale: principalement le Congo et la RDC, mais aussi l'Angola, le Cameroun, la République centrafricaine, la Zambie et la Tanzanie.

Practice more at
vhlcentral.com.

Communication

4 Qui est qui? La classe se divise en deux équipes. Un des membres de l'équipe A pense à un(e) camarade de classe et donne trois indices (*clues*) sur lui/elle. L'équipe B doit deviner de qui il est question. Elle gagne trois points si elle devine avec le premier indice, deux points si elle devine avec deux indices et un point si elle devine avec les trois indices. Ensuite, inversez les rôles.

> **Modèle** Je pense à celui/celle qui espère travailler pour une entreprise multinationale...
> Je pense à celui/celle pour qui voyager pour son futur travail est important...
> C'est celui/celle dont les parents sont propriétaires d'un restaurant en ville.

5 Entretien Vous venez de passer un entretien pour un poste intéressant et vous le racontez à un(e) camarade. À deux, imaginez la conversation et écrivez-la à l'aide de pronoms démonstratifs. Ensuite, jouez la scène devant la classe.

> **Modèle** —Je viens de passer un entretien pour travailler dans un grand magasin, tu sais, celui qui est rue de la République.
> —Celui où Noah a travaillé l'été dernier?
> —Non, celui dont la sœur de Sonia est gérante.

6 Enquête Demandez à des camarades de classe de décrire les personnes de cette liste. Ils doivent répondre à l'aide de pronoms démonstratifs. Ensuite, présentez vos résultats à la classe.

> **Modèle** Ma cousine Sophie est celle qui veut être femme d'affaires.

- Vos parents
- Vos grands-parents
- Vos cousin(e)s
- Vos frères/sœurs
- Votre meilleur(e) ami(e)
- Votre professeur

9.2

The present participle

—*Je comprends très bien que vous soyez souvent sollicitée par des **représentants**.*

- To form the present participle, drop the **-ons** ending from the **nous** form of the present tense of a verb and replace it with **-ant**.

BLOC-NOTES

To find the **nous** forms of the present tense of other verbs, consult the verb tables at the end of the book.

Present participles of some common verbs		
Infinitive	***Nous* form**	**Present participle**
aller	allons	allant
boire	buvons	buvant
choisir	choisissons	choisissant
dire	disons	disant
écrire	écrivons	écrivant
faire	faisons	faisant
lire	lisons	lisant
parler	parlons	parlant
prendre	prenons	prenant
vendre	vendons	vendant
venir	venons	venant

- There are only three irregular present participles in French. They are considered irregular because they are *not* based upon the **nous** forms of the present tense.

Infinitive	Present participle
être	étant
avoir	ayant
savoir	sachant

Étant *très sociable, elle a présenté son cousin à son petit ami.*

- When used as verbs, present participles are usually the equivalent of English verbs ending in *-ing*. They are typically preceded by the preposition **en**, meaning *while* or *by*.

  > Il lui a indiqué le chemin **en regardant** le plan du quartier.
  > *He gave her directions while looking at the map of the neighborhood.*

- Use the present participle to say what caused something or how something occurred.

  > Gérard s'est cassé le bras **en tombant** du toit.
  > *Gérard broke his arm by falling off of the roof.*

- **En** + [*present participle*] can also mean that something is done *as soon as* something else happens. In this case, it is often the equivalent of the English expression *upon* + the *-ing* form of a verb.

  > Il va téléphoner **en arrivant** à la gare.
  > *He's going to call upon arriving at the station.*

- Use the expression **tout en** to emphasize that two actions occur simultaneously, sometimes when they are not usually done at the same time.

  > Il conduit **tout en mangeant** un sandwich.
  > *He's driving while eating a sandwich.*

- When a present participle is used as an adjective, it agrees in gender and number with the noun it modifies.

  > Nous n'avons pas d'eau **courante**!   Ces filles sont **charmantes**.
  > *We don't have any running water!*   *These girls are charming.*

- Like present participles used as verbs, the adjective forms usually correspond to English words ending in *-ing*. Depending on the interpretation of the adjective, however, this is not always the case.

  > Nous avons vu un film **amusant**.
  > *We saw a funny (amusing) movie.*

- Present participles can sometimes be used as nouns. These nouns are often professions or other words that refer to a person who engages in a particular activity.

  > **consulter** (*to consult*)   >   **un(e) consultant(e)** (*consultant*)
  > **gérer** (*to manage*)   >   **un(e) gérant(e)** (*manager*)

ATTENTION!

The present participle does not correspond to all *-ing* forms of English verbs. Remember, the present tense in French can have several meanings.

Je parle.
I speak. / I do speak. / I am speaking.

To say that something is happening in the present time, use the present tense, not a present participle.

Mise en pratique

1

À choisir Mettez au participe présent les verbes entre parenthèses.

1. Charlotte a mangé son repas tout en _____ (lire) son livre.

2. Mon père a fêté sa retraite en _____ (danser) toute la nuit.

3. _____ (Avoir) eu le temps d'arriver à la gare, Mamadou attend le prochain train pour Yaoundé.

4. En _____ (écouter) ce qu'il a à dire, nous trouverons de meilleurs arguments.

5. Antoine gagne sa vie en _____ (investir).

6. En _____ (demander) une augmentation de salaire, j'aimerais améliorer ma situation financière.

7. Il vient d'être licencié. _____ (Être) maintenant au chômage, il a le temps de jouer sur son ordinateur toute la journée.

8. Nous finirons le projet tout en _____ (savoir) que nous ne serons pas toujours d'accord!

2

À trouver Complétez les phrases. Servez-vous du participe présent des verbes de la liste comme adjectifs ou comme noms. Faites tous les changements nécessaires.

amuser	émigrer	gagner	tomber
charmer	exiger	imposer	toucher

1. En France on peut voir de grands monuments _____.

2. La classe a lu des histoires _____ sur des enfants malades.

3. Cette ville est remplie de beaux princes _____.

4. On n'a pas encore annoncé les _____ du concours (*contest*).

5. La formation que vous faites est très _____, mais elle est indispensable.

6. Nous avons passé deux journées _____ au parc d'attractions.

7. Les _____ ont quitté leur pays pour commencer une nouvelle vie.

8. Nous sommes rentrés à la maison, à la nuit _____.

3

Autrement dit Liez (*Connect*) ces phrases à l'aide d'un participe présent.

> **Modèle** **Magali prend sa douche. Elle chante *La vie en rose*.**
> Magali prend sa douche tout en chantant *La vie en rose*.

1. La secrétaire parle au téléphone. Elle écrit rapidement.

2. Ces hommes d'affaires préparent le budget de l'année prochaine. Ils discutent des investissements.

3. Ces femmes achètent ce qui leur plaît. Elles dépensent sans compter.

4. Je travaille beaucoup. Je profite des vacances que l'entreprise offre.

5. Ma collègue me raconte son week-end. Elle sait que je ne l'écoute pas.

6. Le nouveau retraité pleure. Il finit son discours d'adieu (*farewell*).

S Practice more at **vhlcentral.com**.

Communication

4

Première journée de travail Aujourd'hui, c'était la première journée de travail de Magali. Par groupes de trois, imaginez ce qu'elle a fait. Employez le participe présent des verbes de la liste.

> **Modèle** Magali est restée calme tout en étant sous pression.

assister à une réunion	être sous pression
découvrir son bureau	profiter de sa pause
déjeuner avec des collègues	rencontrer le syndicat
écouter des conseils	répondre au téléphone
être épuisée	?

5

Qu'est-il arrivé? Par groupes de quatre, choisissez trois événements de la liste et, pour chacun, racontez quelque chose qui est arrivé pendant que vous y étiez. Comment avez-vous réagi? Utilisez le participe présent dans vos discussions.

> **Modèle** Tout en conduisant pendant l'examen du permis, je me suis aperçu que je n'avais pas attaché ma ceinture.

- un bal de lycéens/d'étudiants (*prom*)
- une cérémonie de remise de diplômes (*graduation*)
- un accident que vous avez eu ou auquel vous avez assisté
- un entretien d'embauche
- une réunion d'anciens élèves
- le moment où vous avez reçu une lettre d'acceptation
- l'examen du permis de conduire
- un anniversaire mémorable

6

Entretien d'embauche Kemajou sollicite un poste à la banque du Cameroun. Il passe un entretien avec la chef du personnel, Madame Koua. À deux, imaginez la conversation en employant le participe présent.

> **Modèle** —Connaissez-vous l'équivalence en euros pour gérer des comptes en francs CFA?
>
> —Oui, madame. Dans mon ancien emploi, j'ai appris à gérer les équivalences en travaillant avec des clients étrangers.

9.3

Irregular *-oir* verbs

—*Vous **voulez** que je vous raccompagne?*

- French verbs that end in **-oir** are irregular. They do not all follow the same pattern.

- The verbs **vouloir** and **pouvoir** follow a similar pattern. Note the stem change in the **nous** and **vous** forms.

pouvoir *(to be able)*		**vouloir** *(to want)*	
je **peux**	nous **pouvons**	je **veux**	nous **voulons**
tu **peux**	vous **pouvez**	tu **veux**	vous **voulez**
il/elle **peut**	ils/elles **peuvent**	il/elle **veut**	ils/elles **veulent**
past participle: **pu**		past participle: **voulu**	

- Like **pouvoir** and **vouloir**, the singular forms of **valoir** end in **-x**, **-x**, and **-t**. Note the stem in the plural forms.

valoir *(to be worth)*	
je **vaux**	nous **valons**
tu **vaux**	vous **valez**
il/elle **vaut**	ils/elles **valent**
past participle: **valu**	

*Ces bijoux **valent** beaucoup d'argent.*

- The verbs **voir** and **devoir** follow similar patterns. They also have stem changes in the **nous** and **vous** forms.

voir *(to see)*		**devoir** *(to have to, must; to owe)*	
je **vois**	nous **voyons**	je **dois**	nous **devons**
tu **vois**	vous **voyez**	tu **dois**	vous **devez**
il/elle **voit**	ils/elles **voient**	il/elle **doit**	ils/elles **doivent**
past participle: **vu**		past participle: **dû**	

- Like **voir** and **devoir**, the singular forms of **savoir** end in **-s**, **-s**, and **-t**. Note the different stems in the singular and plural forms.

savoir *(to know)*	
je **sais**	nous **savons**
tu **sais**	vous **savez**
il/elle **sait**	ils/elles **savent**
past participle: **su**	

*Ils **savent** danser.*

- The verbs **recevoir**, **apercevoir**, and **percevoir** follow the same pattern. Note the **ç** in all forms except for **nous** and **vous**.

recevoir *(to receive)*		apercevoir *(to perceive)*	
je **reçois**	nous **recevons**	j'**aperçois**	nous **apercevons**
tu **reçois**	vous **recevez**	tu **aperçois**	vous **apercevez**
il/elle **reçoit**	ils/elles **reçoivent**	il/elle **aperçoit**	ils/elles **aperçoivent**
past participle: **reçu**		past participle: **aperçu**	

- Due to their meanings, the verbs **pleuvoir** and **falloir** have only third-person singular forms.

pleuvoir *(to rain)*	falloir *(to be necessary, to have to, must)*
il **pleut**	il **faut**
past participle: **plu**	past participle: **fallu**

Il **pleut** souvent au printemps.
It often rains in the spring.

Il **faut** prendre le train.
It's necessary to take the train.

- The verb **s'asseoir** is very irregular. Like other reflexive verbs, it is accompanied by a reflexive pronoun and takes the helping verb **être** in the **passé composé**.

s'asseoir *(to sit)*	
je **m'assieds**	nous nous **asseyons**
tu **t'assieds**	vous vous **asseyez**
il/elle **s'assied**	ils/elles **s'asseyent**
past participle: **assis(e/es)**	

*Ils **se sont assis** par terre.*

BLOC-NOTES

Remember that French has two different verbs that mean *to know*: **savoir** and **connaître**. To review their different uses, see **Fiche de grammaire 9.4, p. A36**.

ATTENTION!

The verbs **apercevoir** and **percevoir** both mean *to perceive*, but they are not interchangeable. **Apercevoir** usually refers to visual perception, as in *to see* or *to notice*. **Percevoir** usually refers to more general perception, as in *to detect* or *to sense*.

ATTENTION!

You can use **il faut** to refer to a variety of subjects. Depending upon the context, it can mean *I must, you must, one must, they must,* and so on. Regardless of meaning, the subject is always **il**.

Mise en pratique

1

Mini-dialogues Complétez logiquement chaque dialogue à l'aide des verbes de la liste.

s'asseoir	pleuvoir	savoir	voir
falloir	recevoir	valoir	vouloir

—J'aime sortir par tous les temps: quand il fait soleil, quand il y a du vent… même quand il (1) _____!

—Pas vrai! Je te/t' (2) _____ hier quand ton parapluie s'est cassé. Tu étais vraiment de mauvaise humeur.

—(3) _____-tu qu'on a changé la date de la réunion?

—Non, je ne le savais pas. (4) _____-il choisir une nouvelle date?

—Est-ce que nous (5) _____ le coup de téléphone de notre entrepôt en Chine?

—Oui, ils disent que, si on détruit les marchandises, on sera en faillite. Elles (6) _____ trop cher.

—(7) _____-toi sur cette chaise. Il faut que je te parle.

—D'accord, de quoi (8) _____-tu me parler?

2

Un nouveau règlement L'entreprise pour laquelle vous travaillez vient de changer de direction (*management*). Voici quelques règles que votre nouveau patron veut mettre en application. Complétez ces phrases à l'aide de verbes en **-oir**.

Nouveau règlement:

1. Vous ne _____ plus varier votre temps de travail.

2. Il _____ absolument arriver à neuf heures, au plus tard.

3. Tous les employés _____ déjeuner entre midi et 13h00.

4. Sur le marché boursier, il _____ mieux investir dans l'entreprise.

5. Si quelqu'un _____ un collègue qui en harcèle un autre, dites-le-moi tout de suite.

6. Si vous _____ téléphoner à un(e) ami(e), attendez 17h00.

7. Même si nous _____ des salaires différents, il faut nous respecter mutuellement.

8. Pour être promu, un employé _____ suivre toutes ces règles.

3

Conseils Yves, votre frère aîné, est sous pression au bureau, et sa vie privée est un désastre. À deux, trouvez cinq conseils à lui donner en utilisant des verbes en **-oir**.

Modèle Tu peux démissionner et chercher un autre emploi.

Ⓢ Practice more at **vhlcentral.com**.

Communication

4

Questions personnelles À deux, posez-vous ces questions et soyez créatifs pour expliquer vos réponses.

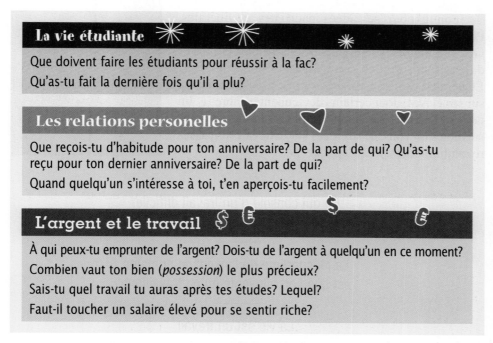

La vie étudiante

Que doivent faire les étudiants pour réussir à la fac?

Qu'as-tu fait la dernière fois qu'il a plu?

Les relations personelles

Que reçois-tu d'habitude pour ton anniversaire? De la part de qui? Qu'as-tu reçu pour ton dernier anniversaire? De la part de qui?

Quand quelqu'un s'intéresse à toi, t'en aperçois-tu facilement?

L'argent et le travail

À qui peux-tu emprunter de l'argent? Dois-tu de l'argent à quelqu'un en ce moment?

Combien vaut ton bien (*possession*) le plus précieux?

Sais-tu quel travail tu auras après tes études? Lequel?

Faut-il toucher un salaire élevé pour se sentir riche?

5

À propos de vos camarades Par groupes de quatre, devinez pour quel membre de votre groupe ces observations sont vraies. Si vous n'êtes pas d'accord avec l'opinion que vos camarades ont de vous, expliquez-leur votre point de vue.

> **Modèle** **vouloir: devenir cadre**
>
> —Dave, tu veux devenir cadre d'une entreprise après l'université, non?
>
> —Pas du tout! Je voulais l'année dernière, mais je ne sais plus. C'est toi, Jessica, qui devrais être cadre. Tu peux diriger un groupe.

1. s'apercevoir: que la richesse ne remplace pas forcément le bonheur

2. s'asseoir: au premier rang

3. devoir: poser sa candidature pour un poste à la bibliothèque

4. ne pas pouvoir: économiser d'argent

5. recevoir: du courrier tous les jours

6. revoir: son film préféré plus de trois fois

6

Au syndicat À deux, imaginez que vous soyez des travailleurs membres du même syndicat. Jouez les rôles de ces deux collègues qui ne sont jamais d'accord, en utilisant des verbes en **-oir**.

> **Modèle** —Il faut demander une augmentation de salaire.
>
> —On ne doit pas en demander une. Tu sais qu'ils ne peuvent pas nous la donner.

Synthèse

Le philosophe français, Alain (1868–1951), né sous le nom d'Émile-Auguste Chartier, est connu pour ses idées pacifistes et libérales. Profondément marqué par les horreurs de la Première Guerre mondiale, celui-ci écrit des articles en faveur du pacifisme tout en combattant les autoritarismes. Étant aussi professeur, il exerce une grande influence sur ses élèves, dont certains deviennent célèbres et lui doivent leur carrière de philosophe. Dans les citations suivantes on voit que ses idées sur le travail sont assez révolutionnaires pour l'époque°.

time

Ce qui console d'un travail difficile,
c'est qu'il est «difficile».

———

La loi suprême de l'invention humaine
est que l'on n'invente qu'en travaillant.

———

La vie est un travail
qu'il faut faire debout°.

Alain

standing up

1

Révision de grammaire Relisez le texte et complétez les phrases avec le mot ou l'expression qui convient.

1. Alain écrit des articles en faveur du pacifisme tout en _____ (respectant / combattant / acceptant) les autoritarismes.

2. Dans la phrase **Ceux qu'Alain écrit sont en faveur du pacifisme**, le mot **Ceux** fait référence à (ses idées / ses élèves / ses articles).

3. D'après Alain, on n'invente qu'en _____ (rêvant / apprenant / travaillant).

4. Alain dit que la vie est un travail qu'il _____ (faut faire / veut finir / doit vivre) debout.

2

Qu'avez-vous compris? Répondez par des phrases complètes. Utilisez les structures de cette leçon dans vos réponses.

1. Quel travail faisait Alain tout en gagnant sa vie comme professeur?

2. Qui doit sa carrière de philosophe à Alain?

3. Que peut-on dire de ses idées sur le travail?

4. D'après Alain, quelle est la loi suprême de l'invention humaine?

5. Êtes-vous d'accord avec chacune des trois citations d'Alain? Expliquez pourquoi.

Préparation

 Vocabulary Tools

Vocabulaire de la lecture	
un chef d'entreprise *head of a company*	
l'entraide (*f.*) *mutual aid*	
entreprendre *to undertake*	
évoquer *to make think of*	
inhabituel(le) *unusual*	
monter une entreprise *to create a company*	
obtenir un prêt *to secure a loan*	
la précarité *insecurity of income*	
un revenu *income*	

Vocabulaire utile	
demander un prêt *to apply for a loan*	
l'encadrement (*m.*) *supervisory staff*	
s'entourer de *to surround oneself with*	
faire un emprunt *to take out a loan*	
rembourser *to reimburse*	
retirer (un profit, un revenu) de *to get (benefit, income) out of*	

1

Le bon leader Complétez ce petit texte à l'aide des mots de la liste de vocabulaire.

Qu'est-ce qui caractérise (1) _____ exceptionnel? D'abord ses qualités personnelles, car il doit avoir ambition et volonté. Un bon leader saura aussi s'entourer d' (2) _____ performant et de haut niveau. Il prendra soin de l'ensemble de ses employés pour les protéger de (3) _____ et les motiver. Il encouragera (4) _____ au sein de l'entreprise. Il aura aussi de bonnes relations avec sa banque, pour pouvoir faire (5) _____ quand c'est nécessaire. Un bon dirigeant saura (6) _____ ses dettes à temps. Grâce à lui, l'entreprise se développera et (7) _____ des profits de son activité.

2

Aux enfants Vous devez expliquer ces concepts à des enfants. À deux, trouvez des définitions simples et utilisez des exemples.

Concepts	Définitions/Exemples
le chef d'entreprise	
entreprendre	
la précarité	
un prêt	
retirer un profit	
un revenu	

3

À votre avis? Que pensez-vous de ces affirmations? Discutez-en par groupes de trois. Puis choisissez les trois plus utiles pour réussir sa carrière professionnelle.

- Il est nécessaire d'entreprendre pour espérer et de persévérer pour réussir.
- Il n'y a pas un caractère d'entrepreneur, mais il faut du caractère pour en être un.
- La raison d'être d'une entreprise est de trouver des clients et de les garder.
- Les entreprises qui réussissent sont celles qui ont une âme.
- Travailler, c'est bon pour ceux qui n'ont rien à faire.
- Rien de plus simple que de vieillir jeune (*stay young*): il suffit de travailler dans la joie.

 Practice more at vhlcentral.com.

Des Africaines entrepreneuses

La confiote. Qu'est-ce que c'est? Pour certains, ce mot familier évoque simplement de la confiture. Mais posez la question à Robertine Bounkeu, et elle vous répondra que c'est toute sa vie. «Les Confiotes» est le nom de l'entreprise qu'elle a montée au Cameroun. Une entreprise alléchante°: la fabrication de produits haut de gamme° à base de fruits, comme des sirops, des confitures ou «confiotes» et des liqueurs. Mais pour celui qui connaît la société camerounaise, y voir une femme devenir chef d'entreprise est inhabituel. En Afrique Centrale, comme sur tout le continent africain, la précarité touche tout particulièrement les femmes, pour des raisons sociales, économiques et juridiques. Quel est donc le secret de la réussite de Robertine Bounkeu? L'Association pour le soutien et l'appui à la femme entrepreneur ou ASAFE. Cette association en est une parmi beaucoup d'autres du même genre qui fleurissent° au Cameroun depuis les années 1990. Les organisations non gouvernementales participent à cet effort, principalement au moyen d'aides financières.

Ces associations ont pour but d'améliorer la condition des femmes en les rendant financièrement indépendantes. Elles leur proposent donc une aide financière à court terme, des conseils et une formation comme des cours d'informatique. C'est un concept révolutionnaire dans une Afrique où la majorité des femmes reste encore dépendante de l'homme. Dans le cas de Robertine Bounkeu, c'est le programme «Femme crédit épargne» (FCE) qui lui a permis d'obtenir un prêt. Ce système encourage l'entraide entre les femmes: celles-ci forment de petits groupes de soutien pour améliorer leurs chances de succès. Robertine Bounkeu dit que «c'est difficile de se lancer dans une telle activité avec peu de moyens et seulement la rage° de réussir». Adhérer à l'ASAFE lui a donc «permis de passer progressivement du stade° de hobby épisodique° à la petite entreprise de plus en plus structurée».

appétissante
top of the line

se multiplient

zeal

stage/occasional

Les confitures d'Afrique

Dans certains pays, la fabrication de confitures pour l'exportation existe depuis plus de cinquante ans. Elles sont à l'ananas, à la banane, à la goyave (*guava*), à la papaye. Leur goût exotique est très apprécié dans les pays occidentaux.

Comme elle, beaucoup de femmes se lancent dans la fondation d'entreprise. L'agriculture est leur principale occupation, mais les revenus ne sont pas suffisants. Elles se tournent alors vers d'autres possibilités. C'est là qu'entrent en scène les organisations et associations destinées à aider les femmes en quête de réussite sociale. Parmi ces organisations, les instituts de microfinance forment la base fondamentale du lancement° d'un projet. D'ailleurs, le microfinancement s'est rapidement propagé sur le continent. L'Africa Microfinance Network (AFMIN) regroupe plus de 1.000 organisations qui participent quotidiennement à la création d'entreprises. Grâce à leur collaboration, des femmes courageuses font naître une Afrique nouvelle.

launching

Robertine Bounkeu ne compte pas s'arrêter là. Elle a pour ambition de développer son entreprise, et elle a déjà amélioré son matériel pour répondre à la demande qui s'amplifie. Ses «confiotes» n'ont pas fini de faire des heureux ni des émules°. On ne peut décidément pas arrêter un esprit qui aime entreprendre.

imitateurs

En Afrique, comme partout dans le monde, les femmes sont essentielles à la vie de la communauté. Elles éduquent et nourrissent. Quoi de mieux pour l'avenir de l'Afrique que leur émancipation et l'élargissement de leurs pouvoirs? ■

Analyse

1

Compréhension Répondez aux questions par des phrases complètes.

1. Quelles sortes de confitures sont faites en Afrique?
2. Que fabrique l'entreprise «Les Confiotes»?
3. L'exemple de Robertine Bounkeu est-il typique de la société camerounaise?
4. Robertine Bounkeu a-t-elle réussi toute seule?
5. Que propose ce genre d'association aux femmes africaines?
6. Comment fonctionne le programme «Femme crédit épargne»?
7. Pourquoi beaucoup de femmes se lancent-elles dans la fondation d'entreprise?
8. Le microfinancement est-il important pour l'Afrique? Pourquoi?
9. Robertine Bounkeu a-t-elle déjà réalisé tous ses projets?
10. Pourquoi les femmes chefs d'entreprises sont-elles une bonne chose pour l'Afrique?

2

Citation à commenter À deux, expliquez et commentez cette citation d'Alphonse Allais, écrivain et humoriste français du 19e siècle.

> On ne prête qu'aux riches, et on a raison, les pauvres remboursent plus difficilement.

1. Que dit Alphonse Allais dans cette citation? Y voyez-vous une forme d'humour?
2. Quels liens y a-t-il entre cette citation et l'article que vous venez de lire?
3. Êtes-vous d'accord avec ce que dit Alphonse Allais? Expliquez.

3

Le slogan À deux, inspirez-vous de la citation ci-dessus pour créer un slogan en faveur du (*in favor of*) microfinancement. Servez-vous du vocabulaire de la lecture. Puis la classe choisira le meilleur slogan.

4

Création d'entreprise Par groupes de trois, choisissez une idée d'entreprise dans la liste ci-dessous ou créez votre propre idée. Imaginez une conversation entre un jeune entrepreneur et deux banquiers. Utilisez les mots du vocabulaire pour décrire votre projet et demander un prêt. Ensuite, jouez la scène devant la classe.

- un café-laverie
- un service de transport en bateau
- une entreprise de fabrication de snowboards
- un restaurant spécialisé dans les desserts
- un service de décoration d'intérieur
- ?

Modèle
Étudiant(e) 1: Je voudrais faire un emprunt pour développer ma nouvelle idée: un café-laverie.
Étudiant(e) 2: Vous allez vous entourer de serveurs sympathiques?
Étudiant(e) 3: Il faudra rembourser le prêt d'ici trois ans.

 Practice more at **vhlcentral.com**.

Préparation

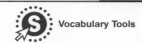 Vocabulary Tools

À propos de l'auteur

Louise Long nous emmène, dans son premier roman, *L'Heure des comptes*, à la rencontre d'une directrice d'agence bancaire dont la carrière professionnelle et la vie de famille sont, a priori, réussies. Mais est-ce bien le cas? Ce roman nous plonge dans la vie d'une femme qui, la cinquantaine (*her fifties*) arrivée, s'interroge sur le monde bancaire et même sur sa vie.

Vocabulaire de la lecture

un atout *asset*
un(e) chargé(e) d'affaires *manager*
un curriculum vitae (CV) *résumé*
dépenser *to spend*
donner suite à *to respond favorably to*
être diplômé(e) *to have a degree*

être expérimenté(e) *to have experience*
être pistonné(e) *to have strings pulled for you*
un(e) gestionnaire de patrimoine *wealth manager*
hériter *to inherit*
ne servir à rien *to be useless*

Vocabulaire utile

un(e) directeur/directrice d'agence bancaire *bank manager*
faire le point *to take stock*
recruter *to recruit*
un secteur professionnel *professional field*

---

1 **Qu'est-ce que c'est?** Trouvez les mots qui correspondent aux définitions.

1. un autre mot pour *patron(ne)* dans une banque: _____

2. un synonyme du verbe *embaucher*: _____

3. désigne le domaine dans lequel on travaille: _____

4. quand nos relations personnelles influencent une décision en notre faveur: _____

5. une qualité ou un trait de caractère positif: _____

2 **À compléter** Complétez ces phrases en utilisant les mots de vocabulaire présentés sur cette page. Faites les conjugaisons nécessaires.

1. Malheureusement, cette entreprise n'a pas _____ à ma demande de stage.

2. Ma cousine _____ d'une grande école. Elle n'aura pas de mal à trouver un bon boulot!

3. Les parents de Justin sont morts en mai, alors il _____ leur maison.

4. Aminata est _____ dans un grand magasin.

5. Tu as envoyé ton _____ pour poser ta candidature?

3 **Un entretien d'embauche** Par petits groupes, répondez aux questions.

1. De quels sujets parle-t-on en général pendant un entretien d'embauche?

2. Est-il bon de poser des questions à la personne qui fait passer un entretien? Quel genre de questions?

3. Que peut faire un(e) candidat(e) à un poste pour convaincre la personne qui recrute de l'embaucher?

4. Si vous deviez recruter quelqu'un pour un poste, à quoi feriez-vous attention pendant son entretien? Expliquez.

S Practice more at **vhlcentral.com**.

Note CULTURELLE

Le curriculum vitae (ou CV) est un document d'une page dont le but est de présenter un(e) candidat(e) à un employeur potentiel. Le CV doit contenir les informations suivantes: données personnelles, éducation et formation, expérience professionnelle, autres compétences (langues parlées, connaissances en informatique, etc.). Le CV doit permettre au recruteur de se faire une idée en moins de deux minutes.

L'HEURE DES COMPTES

Louise Long

J'ai embauché Clovis en 2009. J'avais reçu plusieurs candidats, profils classiques, expérimentés, diplômés. Clovis arrivait le dernier sur la liste, sorti d'on ne sait où, pistonné sans doute, un blanc de cinq ans dans son CV.

Catherine, mon assistante, l'a annoncé.

«Tu vas voir, il présente bien, beau gosse°, prends celui-là.

—Laisse-le poireauter°, discute avec lui, tu me diras après ce que tu en penses.

—D'accord madame, je suis sûre que tu vas craquer°.»

Quand je suis allée le chercher, sagement assis entre le coffre à jouets° et les prospectus° assurance, j'ai pensé: Catherine est folle, il ressemble à un bébé, depuis qu'elle sort avec un jeunot° elle a vrillé°.

«Bonjour, désolée pour l'attente, vous me suivez?

—Bien volontiers.

—Installez-vous, soyez à l'aise°, parlez-moi de vous.

—Ce sont les jouets de vos enfants à l'accueil?

—Oui maintenant ils sont grands, autant que ça serve ici.

good-looking (10)
to wait
to fall for someone

toy chest / brochures (15)
young man / lost her mind
make yourself comfortable

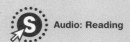

—Grands? Ils ont quel âge?

30 —11 et 13, ils ne jouent déjà plus aux Playmobil, je constate que vous avez gardé le pompier, je vous l'offre.

—Oh pardon, je vais le reposer, garçon et fille? Le choix du roi? Comment se 35 nomment-ils?

—Oui, le garçon est l'aîné, pourrions-nous en revenir à vous? Pour quelles raisons sollicitez-vous le poste?

—J'habite à côté.

40 —Belle motivation, vous vivez encore chez vos parents?

—Je vis seul, j'ai hérité de l'appartement.

—Pourquoi la banque?

—Pourquoi pas? Vous vivez également 45 dans le quartier? Non, pardonnez-moi, je vous aurais déjà croisée°, je m'en souviendrais. Vous déjeunez dans quelle brasserie? Curieux, il me semble vous connaître en étant certain du contraire, je ne pourrais oublier vous avoir 50 croisée. Vous lisez *Madame Bovary*? Flaubert est un de mes auteurs préférés après Chateaubriand, vous aimez les classiques?

—J'ai rarement le temps de déjeuner. Arrêtez de tripoter° ce livre ce n'est pas le sujet, 55 un client vient de me l'offrir, un prof de français né à Rouen, il me suppose analphabète°. Je relis un classique quand je n'ai plus rien à me mettre sous la dent° mais je connais celui-ci par cœur°. Quelle est votre expérience professionnelle?

60 —Puis-je vous inviter?

—Pardon?

—À déjeuner, nous parlerons d'adultère et de littérature, vous n'avez rien d'une provinciale mourant d'ennui, n'est-ce pas?

65 —Je suis fidèle à mon mari. Nous déjeunerons ensemble si je donne suite à votre candidature, pourriez-vous éclaircir° votre CV, Sciences-po, Natixis, puis rien depuis, où étiez-vous?

70 —Veuillez m'excuser, je vois pour la première fois des romans et des jouets dans une agence, sans flagornerie°, c'est stupéfiant. Pour répondre à votre question, je me promenais. J'ai vécu au Canada, dans le Minnesota, un an 75 à Francfort, j'adore l'Allemagne, six mois à New York également.

—Qu'y faisiez-vous?

—Des jobs par-ci par-là, des soirées, des bars, des filles. J'ai hérité de beaucoup d'argent, je l'ai dépensé.

80 —J'en suis à la fois ravie et désolée car je suppose vos ressources épuisées°. La fête est un bien nécessaire mais je n'en vois pas la valeur ajoutée pour un poste de chargé d'affaires. Êtes-vous commercial°, qu'aimez-85 vous, quels sont vos atouts?

—J'aime le travail bien fait, je suis drôle, courtois, gentil.

—Drôle?

—Je ne suis pas Juanita Banana mais 90 je suis joyeux.

—C'est un atout, un commercial ne peut être sinistre. Concrètement, vous sollicitez un poste de gestionnaire de patrimoine, savez-vous ouvrir un compte, monter un dossier de prêt, 95 souscrire° une assurance vie°?

—Non, je ne sais pas. Je ne connais pas encore votre système informatique mais votre groupe est à la pointe de° la technologie, vos applicatifs° doivent être ergonomiques et 100 simples d'accès. Je n'ai pas de formation produits, mais je suis un passionné d'économie, je lis la presse financière dont *Les Échos* et *Le Figaro*, je mentirais° en affirmant feuilleter° un *Elle* ou un *Marie-Claire*, néanmoins là 105 encore, vous tranchez avec mes précédents entretiens, la presse féminine est agréable dans une banque. J'ai les capacités intellectuelles pour m'adapter rapidement, apprendre vite. Je vous perçois exigeante°, vous attendez de 110 l'efficacité, de la performance, je me plierai à vos grâces°, je ne vous décevrai pas. J'ai hâte de° vous revoir, vous avez promis un déjeuner. J'avoue être de facture classique°, je me réjouis à l'idée de compléter votre modernité. 115

—Effectivement, vous êtes drôle, vous ne me servirez probablement à rien, mais vous avez le mérite de me distraire°, je vous embauche, sortez de mon bureau avant que je ne change d'avis.» 120

Une décision à l'instinct, prise sur une sympathie dont j'ignorais l'effet. Aveugle° aux mains tremblantes°, à la beauté, au corps parfait. Un rigolo° me suis-je dit, un choix au pif°, démontrant inconsciemment l'exactitude 125 de la première impression, sa galanterie surannée° m'avait séduite. J'ai su bien plus tard qu'il était ivre°. ■

Glossary (right margin):
- spent (80)
- salesperson (85)
- I would have run into you (45)
- to play, fiddle with (54)
- illiterate (56)
- I have nothing else left / by heart (58)
- to clarify (67)
- flattery (72)
- to subscribe / life insurance (95)
- at the cutting edge of / application software (100)
- I would lie / to leaf through (104)
- demanding (110)
- I will bend over backwards for you / I look forward to (112)
- to be conservative (114)
- to entertain (118)
- Blind (122)
- shaky (123)
- joker (124)
- off the cuff (125)
- old-fashioned (127)
- drunk (128)

Analyse

1

Vrai ou faux? Indiquez si les phrases sont vraies ou fausses. Corrigez les phrases fausses.

1. Le poste pour lequel Clovis postule est un poste de comptable.
2. Au début de l'entretien, la directrice est très impressionnée par l'expérience de Clovis.
3. Clovis pose beaucoup de questions personnelles à la directrice.
4. Clovis souhaite obtenir ce poste parce qu'il vient de finir ses études.
5. Clovis n'a pas d'expérience dans le domaine commercial.
6. Clovis pense qu'il a les atouts nécessaires pour le poste.
7. La directrice pense que Clovis sera un employé compétent.
8. La directrice décide de recruter Clovis.

2

Compréhension Répondez aux questions par des phrases complètes.

1. Pourquoi Catherine, l'assistante de la directrice, veut-elle que sa patronne embauche Clovis?
2. Quels sujets de conversation Clovis aborde-t-il pendant l'entretien?
3. Comment réagit Clovis quand la directrice lui demande d'expliquer ses motivations pour vouloir ce poste?
4. Comment Clovis explique-t-il le blanc de cinq ans dans son CV?
5. Quels arguments Clovis donne-t-il pour essayer de convaincre la directrice qu'il a les atouts nécessaires pour le poste?

3

Conversation Après l'entretien, la directrice et Catherine, son assistante, font le point sur Clovis. À deux, imaginez leur conversation et jouez la scène. Quelles observations la directrice fait-elle sur l'entretien? Comment explique-t-elle sa décision d'embaucher Clovis?

4

Discussion La directrice conclut l'entretien par la remarque ci-dessous. Que pensez-vous de cette remarque? Que suggère-t-elle au sujet de la directrice? Discutez-en par groupes de trois.

> **«Vous ne me servirez probablement à rien, mais vous avez le mérite de me distraire, je vous embauche.»**

5

Rédaction Explorez un secteur professionnel de votre choix et évaluez les qualités nécessaires pour réussir une carrière dans ce domaine. Suivez le plan de rédaction.

Plan

1 Organisation Pensez à un secteur professionnel qui vous intéresse. Quelles qualités sont nécessaires pour travailler dans ce domaine? De quelles connaissances et de quel genre d'expérience a-t-on besoin pour réussir dans ce secteur?

2 Point de vue Écrivez un paragraphe dans lequel vous expliquez les atouts, les connaissances et l'expérience requis pour réussir dans le domaine que vous avez choisi.

3 Conclusion À la fin de votre paragraphe, expliquez si vous avez les qualités nécessaires pour travailler et réussir dans ce domaine.

Perspectives de travail Vocabulary Tools

Le monde du travail

une augmentation (de salaire) *raise (in salary)*
un budget *budget*
le chômage *unemployment*
un(e) chômeur/chômeuse *unemployed person*
un entrepôt *warehouse*
une entreprise (multinationale) *(multinational) company*
un(e) fainéant(e) *slacker*
une formation *training*
un grand magasin *department store*
un poste *position, job*
une réunion *meeting*
le salaire minimum *minimum wage*
un syndicat *labor union*
une taxe *tax*
le temps de travail *work schedule*

avoir des relations (f.) *to have connections*
démissionner *to quit*
embaucher *to hire*
être promu(e) *to be promoted*
être sous pression (f.) *to be under pressure*
exiger *to demand*
gagner sa vie *to earn a living*
gérer/diriger *to manage; to run*
harceler *to harass*
licencier *to lay off; to fire*
poser sa candidature à/pour *to apply for*
solliciter un emploi *to apply for a job*

au chômage *unemployed*
(in)compétent(e) *(in)competent*
en faillite *bankrupt*

Les finances

la banqueroute *bankruptcy*
une carte de crédit/de retrait *credit/ATM card*
un chiffre *figure; number*
un compte de chèques *checking account*
un compte d'épargne *savings account*
la crise économique *economic crisis*

une dette *debt*
un distributeur automatique *ATM*
des économies (f.) *savings*
un marché (boursier) *(stock) market*
la pauvreté *poverty*
les recettes (f.) et les dépenses (f.) *receipts and expenses*

avoir des dettes *to be in debt*
déposer *to deposit*
économiser *to save*
investir *to invest*
profiter de *to take advantage of; to benefit from*
toucher *to receive (a salary)*

à court/long terme *short-/long-term*
disposé(e) (à) *willing (to)*
épuisé(e) *exhausted*
financier/financière *financial*
prospère *successful; flourishing*

Les gens au travail

un cadre *executive*
un(e) comptable *accountant*
un(e) conseiller/conseillère *advisor*
un(e) consultant(e) *consultant*
un(e) employé(e) *employee*
un(e) gérant(e) *manager*
un homme/une femme d'affaires *businessman/woman*
un(e) membre/un(e) adhérent(e) *member*
un(e) propriétaire *owner*
un(e) vendeur/vendeuse *salesman/woman*

Court métrage

un argument de vente *selling point*
un boulot *job*
une carie *cavity*
un entretien d'embauche *job interview*
un(e) formateur/formatrice *trainer*
une gamme de produits *line of products*
un(e) patron(ne) *boss*
une prime *bonus*
un stage (rémunéré) *(paid) training course*

un(e) stagiaire *trainee*
une stratégie commerciale *marketing strategy*

capter *to get a signal*
convaincre *to convince*
se débrouiller *to figure it out, to manage*
s'investir *to put oneself into*
rémunérer *to pay*
reprendre *to pick up again; to resume*
virer *to fire*

Culture

un chef d'entreprise *head of a company*
l'encadrement (m.) *supervisory staff*
l'entraide (f.) *mutual aid*
la précarité *insecurity of income*
un revenu *income*

demander un prêt *to apply for a loan*
s'entourer de *to surround oneself with*
entreprendre *to undertake*
évoquer *to make think of*
faire un emprunt *to take out a loan*
monter une entreprise *to create a company*
obtenir un prêt *to secure a loan*
rembourser *to reimburse*
retirer (un profit, un revenu) de *to get (benefit, income) out of*

inhabituel(le) *unusual*

Littérature

un atout *asset*
un(e) chargé(e) d'affaires *manager*
un curriculum vitae (CV) *résumé*
un(e) directeur/directrice d'agence bancaire *bank manager*
un(e) gestionnaire de patrimoine *wealth manager*
un secteur professionnel *professional field*

dépenser *to spend*
donner suite à *to respond favorably to*
être diplômé(e) *to have a degree*
être expérimenté(e) *to have experience*
être pistonné(e) *to have strings pulled for you*
faire le point *to take stock*
hériter *to inherit*
recruter *to recruit*
ne servir à rien *to be useless*

Les richesses naturelles

On ne parle sans doute jamais assez des richesses naturelles de la planète et de leur préservation. On pourrait se demander s'il reste encore des paysages intacts. Et si c'est le cas, est-il encore possible de les préserver? Certains parlent de créer des réserves marines dans les océans. Utopie ou réalisme? Ne faut-il pas en effet beaucoup de réalisme pour sauver la planète? Mais ne faut-il pas aussi croire profondément en ce qu'on fait pour parvenir à un résultat?

Rochers d'Hopewell au Nouveau-Brunswick, Canada, où la différence entre la marée (*tide*) basse et la marée haute est la plus grande au monde.

357

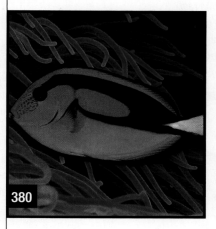

380

Destination:
ASIE ET OCÉANIE

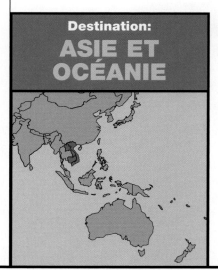

Notre monde Vocabulary Tools

La nature

un arc-en-ciel *rainbow*

un archipel *archipelago*
une barrière/un récif de corail
 barrier/coral reef
une chaîne montagneuse *mountain range*
un fleuve/une rivière *river*
une forêt (tropicale) *(rain) forest*
la Lune *Moon*

la mer *sea*
un paysage *landscape; scenery*

le soleil *sun*
une superficie *surface area*
une terre *land*
_____

en plein air *outdoors*
insuffisant(e) *insufficient*
potable *drinkable*
protégé(e) *protected*
pur(e) *pure; clean*
sec/sèche *dry*

Les animaux

une araignée *spider*
un cochon *pig*
un lion *lion*
un mouton *sheep*
un ours *bear*
un poisson *fish*

un singe *monkey*
un tigre *tiger*

Les phénomènes naturels

l'érosion (*f.*) *erosion*
un incendie *fire*
une inondation *flood*
un ouragan *hurricane*
une pluie acide *acid rain*
le réchauffement climatique
 global warming
la sécheresse *drought*
un tremblement de terre *earthquake*

Se servir de la nature ou la détruire

le bien-être *well-being*
un combustible *fuel*
la consommation d'énergie
 energy consumption
la couche d'ozone *ozone layer*
un danger *danger*
les déchets (*m.*) *trash*

la déforestation *deforestation*
l'environnement (*m.*) *environment*
le gaspillage *waste*
un nuage de pollution *smog*

la pollution *pollution*
une ressource *resource*
une source d'énergie *energy source*
chasser *to hunt*
empirer *to get worse*
épuiser *to use up*
être contaminé(e) *to be contaminated*
gaspiller *to waste*
jeter *to throw away*
menacer *to threaten*
nuire à *to harm*
polluer *to pollute*

préserver *to preserve*
prévenir *to prevent*
protéger *to protect*
résoudre *to solve*
respirer *to breathe*
supporter *to put up with*
tolérer *to tolerate*
urbaniser *to urbanize*
_____

en voie d'extinction *endangered*
jetable *disposable*
nuisible *harmful*
renouvelable *renewable*
toxique *toxic*

Mise en pratique

1

Vrai ou faux? Indiquez si chaque phrase est vraie ou fausse. Ensuite, corrigez les phrases fausses.

1. Le désert est un endroit très humide.
2. Un paysage est une petite superficie que l'on regarde de près.
3. Il ne faut pas boire de l'eau potable parce qu'elle est nuisible à la santé.
4. On dit que l'ours est le roi des animaux.
5. Une trop grande consommation d'énergie nuit à l'environnement.
6. Une sécheresse est une longue période où il pleut beaucoup.
7. Un problème est quelque chose à résoudre.
8. Le gaspillage des sources d'énergie diminue le réchauffement climatique.

2

Un bonjour de la Polynésie Complétez cette carte postale que Viana a écrite à son copain Loïc. Mettez l'article qui convient et faites les accords nécessaires.

araignée	bien-être	en voie d'extinction	insuffisant	protéger	soleil
archipel	déforestation	inondation	préserver	singe	tropicale

Cher Loïc,

Comment vas-tu? J'espère qu'il fait bon chez toi. Ici, il fait un temps merveilleux! Je suis bien bronzée parce que (1) _____ est brûlant. Par contre, on a eu des pluies torrentielles la semaine dernière et j'ai eu peur qu'il y ait (2) _____.

Hier, j'ai enfin réalisé mon rêve de faire une randonnée près de Mangaréva, l'île principale de (3) _____ des Gambier. J'ai observé toutes sortes d'animaux dans la forêt (4) _____:différentes espèces de (5) _____, comme des orangs-outans et des chimpanzés, et j'ai vu une grosse (6) _____ de six centimètres! Ce n'était pas grave parce que je n'ai pas peur des arachnides. Malheureusement, quelques espèces sont (7) _____, alors il faut bien (8) _____ la biodiversité! Le guide m'a dit que (9) _____ risque de détruire la forêt et que les animaux peuvent disparaître. J'ai envie de me joindre au groupe de gens qui veulent (10) _____ cette belle région, riche en ressources naturelles.

Écris-moi une lettre ou un e-mail pour me donner de tes nouvelles, dès que tu auras un instant. Tu me manques!

Gros bisous,
Viana

Loïc Duperray

2 bis, rue de la Tannerie

40990 Saint-Paul-lès-Dax

France

3

Soyons proactifs! Imaginez qu'une usine locale pollue la région dans laquelle vous habitez. Par petits groupes, écrivez à ses responsables un e-mail dans lequel vous expliquez le problème, faites part de votre inquiétude et donnez des conseils pour améliorer la situation et protéger la nature et les animaux concernés.

 Practice more at **vhlcentral.com**.

Préparation

 Vocabulary Tools

Vocabulaire du court métrage

le braconnage *poaching*
un bûcheron *lumberjack*
un dispensaire *clinic*
l'exploitation (*f.*) *development*
un(e) forestier/
  forestière *logger*

un(e) géant(e) *giant*
l'industrie (*f.*)
  forestière *logging industry*
un meuble *piece of furniture*
un(e) militant(e) *activist*
râler *to complain*

Vocabulaire utile

abattre *to cut down*
bâtir *to build*
la construction *construction*
exploiter *to use; to harvest*
la fabrication *manufacture*
le mobilier *furniture*

EXPRESSIONS

bouffer *to eat*

une ONG (organisation non gouvernementale) *NGO (non-governmental organization)*

la potabilisation de l'eau *water purification*

tomber en faillite *to go bankrupt*

vendre son âme au diable *to sell one's soul to the devil*

1 **Définitions** Associez chaque mot ou expression avec sa définition.

_____ 1. ce qu'on fait quand on n'est pas satisfait de quelque chose

_____ 2. l'activité associée au travail en usine

_____ 3. une personne qui défend une cause

_____ 4. les divers objets qu'on trouve dans les pièces d'une maison

_____ 5. la personne qui coupe les arbres dans une forêt

_____ 6. couper

_____ 7. un lieu où on peut aller se faire soigner quand on est malade

_____ 8. ce qui risque d'arriver par manque d'argent

a. la fabrication
b. le mobilier
c. un dispensaire
d. râler
e. un bûcheron
f. un(e) militant(e)
g. tomber en faillite
h. abattre

2 **Complétez** Complétez les phrases avec les mots et les expressions de vocabulaire. Faites les changements nécessaires.

1. Mon oncle est forestier; donc il est employé dans _____.

2. Nous _____ cette maison en moins de trois mois grâce à l'aide de toute notre famille.

3. Pour ton salon, tu préfères _____ ancien ou moderne?

4. Ma fille est partie travailler comme volontaire pour _____ qui s'occupe de la protection de l'environnement en Afrique.

5. Cette femme mesure plus de deux mètres. C'est une véritable _____!

6. Il y avait beaucoup de _____ hier à la manifestation contre la déforestation.

7. Le fils des Lafarge est médecin dans _____ en Asie, non?

3 **Préparation** Répondez aux questions par groupes de trois.

1. Vous sentez-vous concerné(e) par le problème de la déforestation? Pourquoi ou pourquoi pas?

2. Avez-vous beaucoup de meubles et d'objets en bois chez vous? Savez-vous d'où ils proviennent ou comment ils ont été produits?

3. Pensez-vous qu'il soit possible de couper des arbres tout en respectant les forêts? Sous quelles conditions?

4. Comment imaginez-vous une forêt africaine?

5. D'après vous, quel genre de personnes qualifierait-on de «héros de la nature»?

4 **Description** Avec un(e) camarade, décrivez les trois images ci-dessous et discutez des sentiments qu'elles évoquent en vous.

5 **Prédictions** D'après les images ci-dessus, essayez de deviner de quel type de documentaire il va s'agir. Écrivez un paragraphe d'environ huit phrases dans lequel vous présentez vos prédictions. Considérez aussi ces éléments:

- le vocabulaire donné à la page précédente
- le poster du film à la page suivante
- le titre du film

6 **Enquête** Demandez à des camarades de décrire le personnage le plus extraordinaire qu'ils aient rencontré dans leur vie. Par petits groupes, discutez des résultats. Parmi les personnes mentionnées, qui aimeriez-vous rencontrer et pourquoi?

 Practice more at **vhlcentral.com**.

CONTEXTE *Dans* Un héros de la nature gabonaise, *Yann Arthus-Bertrand nous fait découvrir une exploitation de bois certifiée au Gabon.*

ARTHUS-BERTRAND Le Gabon est le premier exportateur de bois au monde. Le bois, on ne peut pas s'en passer, mais peut-on au moins produire sans détruire les forêts? J'ai eu envie de voir une exploitation certifiée qui a reçu le label FSC.

M'BINA Ça a un rôle, la forêt. Le rôle économique est assez important. Elle a son rôle écologique, qui est très important pour l'humanité, et elle a son rôle social qui est très important pour les populations qui y vivent. On ne peut pas lui enlever un de ses trois rôles.

ARTHUS-BERTRAND Sur cette petite parcelle de trente hectares, vous allez couper combien d'arbres?
M'BINA Une moyenne de vingt, moins d'un arbre à l'hectare est en fait exploité; tous les trente ans.

ARTHUS-BERTRAND Tous ces arbres ont un numéro. On sait d'où ils viennent et comment ils ont été coupés.
M'BINA C'est ça qu'on appelle la traçabilité. Une fois de plus, on met l'acheteur face à ses responsabilités.

ARTHUS-BERTRAND En Afrique, la forêt disparaît deux fois plus vite qu'ailleurs. Quatre millions d'hectares sont rasés° chaque année pour le bois, le charbon de bois° et le papier, l'équivalent d'un pays comme la Suisse.

ARTHUS-BERTRAND Mais les choses bougent sous la pression des consommateurs. À chaque fois que nous achetons, nous décidons de l'avenir du monde. [...] On oublie trop que notre désir légitime de payer moins se traduit souvent par des injustices.

rasés *cleared* **charbon de bois** *charcoal*

Analyse

1

Compréhension Répondez aux questions par des phrases complètes.

1. Quel est le but du voyage de Yann Arthus-Bertrand au Gabon?
2. Qui rencontre-t-il au Gabon? Que faisait cet homme avant son travail actuel? Et aujourd'hui, que fait-il?
3. Pourquoi l'arbre que Christian M'Bina «présente» à Yann Arthus-Bertrand ne sera-t-il pas coupé?
4. Combien d'arbres vont être coupés par l'équipe de Christian M'Bina?
5. À quoi faut-il faire attention en abattant les arbres?
6. Comment les arbres abattus sont-ils transportés?
7. Où vont partir ces arbres? Que va-t-on en faire?
8. Quels sont les types d'engagements nécessaires de la part des exploitations forestières pour pouvoir devenir certifiées?
9. Qu'est-ce que la traçabilité permet aux consommateurs?
10. D'après le documentaire, pourquoi est-il important que les forestiers et les gens comme Christian M'Bina travaillent ensemble?

2

Interprétation Répondez aux questions avec un(e) camarade.

1. Êtes-vous d'accord avec l'idée qu'on ne peut pas se passer de bois? Y a-t-il d'autres alternatives à l'utilisation du bois pour la construction, le mobilier et la fabrication d'objets divers, à votre avis? Lesquelles?
2. Que pensez-vous de la coopération entre des forestiers et des organismes (*organizations*) qui ont pour but la protection de l'environnement? Leur travail est-il compatible? Complémentaire? Expliquez votre opinion.
3. Êtes-vous surpris(e) par le fait que seulement 5% des surfaces confiées aux forestiers soient gérées de manière durable actuellement au Gabon? Pourquoi? Que pourrait-on faire pour améliorer ce chiffre?
4. En tant que consommateurs, que pouvons-nous faire pour participer à la lutte contre la déforestation, d'après vous?
5. Avec des initiatives comme celle présentée dans le documentaire, comment imaginez-vous l'avenir des forêts du monde? Êtes vous plutôt optimiste ou pessimiste en ce qui les concerne?

3

Des présentations inhabituelles Comment Christian M'Bina présente-t-il l'immense arbre qu'on voit sur cette image à Yann Arthus-Bertrand? Que dit-il au sujet de ce «géant»? Décrivez sa relation avec les arbres et la forêt en général en utilisant cette scène comme point de référence.

4 **Les rôles de la forêt** Dans le documentaire, Christian M'Bina parle de trois rôles de la forêt. Quels sont ces rôles? Donnez des exemples concrets pour illustrer chacun de ces rôles. Lequel est le plus important, d'après vous? Pourquoi? Discutez de vos idées avec un(e) camarade, puis partagez vos réflexions avec deux autres camarades.

Rôle	Exemples
1.	
2.	
3.	

5 **Traçabilité et qualité** Pensez-vous que la traçabilité des produits soit quelque chose de bénéfique pour le consommateur? Est-ce plus important dans certains domaines que dans d'autres? Faites-vous attention à l'origine et aux modes de production des produits que vous achetez? Pourquoi ou pourquoi pas? Discutez de ces questions par petits groupes.

6 **Une contradiction?** Quand ils sont sur les troncs d'arbres à Port-Gentil, Yann Arthus-Bertrand fait la remarque ci-dessous à Christian M'Bina. Comment répondriez-vous à ce commentaire si vous étiez Christian M'Bina? Écrivez un paragraphe dans lequel vous répondez à Yann Arthus-Bertrand. Inspirez-vous des propos et arguments de Christian M'Bina dans le documentaire.

> Christian, c'est impressionnant, cette forêt morte qui flotte, tous ces cadavres. On marche sur des cadavres d'arbres. Tu n'as pas l'impression d'avoir vendu ton âme au diable en travaillant pour un forestier, toi qui es un écolo?

7 **Recherches et présentation** Le label FSC (*Forest Stewardship Council*), qui est mentionné dans le documentaire, est un écolabel qui garantit que du bois a été produit suivant des procédés d'exploitation responsable. Par petits groupes, faites des recherches sur Internet pour en apprendre plus sur les principes de ce label ainsi que sur ses conditions d'obtention. Faites une présentation orale à la classe pour résumer ce que vous avez appris.

8 **Discussion** À votre avis, en tant que consommateurs, avons-nous réellement un impact sur l'avenir du monde? Le fait de vouloir toujours payer moins est-il compatible avec le développement durable? Discutez de ces idées par petits groupes.

 Practice more at **vhlcentral.com**.

La baie d'Along, au Viêt-nam

IMAGINEZ
la Polynésie française, la Nouvelle-Calédonie, l'Asie

Fascinante Asie

*«Un jour, j'irai là-bas, un jour, dire bonjour à mon âme
Un jour, j'irai là-bas, te dire bonjour, Vietnam»*

Ces vers sont tirés de la chanson *Bonjour Vietnam* que **Marc Lavoine** (1962–), auteur interprète français, a écrite pour la chanteuse belge d'origine vietnamienne, **Pham Quynh Anh** (1987–). Avec ses paroles émouvantes, cette chanson, qui a été diffusée sur Internet au début de l'année 2006, a su toucher le cœur de milliers de Vietnamiens.

Le Viêt-nam, le Cambodge et le Laos composaient l'**Indochine française**, colonie de l'**Asie du Sud-Est** continentale de 1887 à 1954. Durant cette période, la population d'origine française n'a jamais été très nombreuse, 35.000 personnes au maximum. La France s'intéressait surtout à l'**exploitation économique** du territoire, et non à son peuplement°. Dans les années 1930, les colons français possédaient encore d'immenses plantations et la société était

très divisée. Malgré ce passé douloureux, des relations d'amitié se sont créées et des liens culturels se sont tissés°.

Si comme Pham Quynh Anh vous rêvez d'aller un jour au Viêt-nam, il y a plusieurs endroits à ne pas manquer. La **baie d'Along**, dans le **golfe du Tonkin**, au nord du pays, est connue pour sa beauté, avec ses 2.000 îles et îlots de calcaire° qui émergent des eaux couleur émeraude. Elle doit aussi son charme à ses villages de pêcheurs et à leurs maisons flottantes.

Un tour en cyclopousse° du vieux quartier ou de l'un des nombreux petits lacs bordés° de pagodes révélera tout le charme d'**Hanoï**, capitale du Viêt-nam. Fondée il y a trois mille ans, Hanoï est le centre culturel du Viêt-nam. Le **delta du Mékong** et **Hô Chi Minh-Ville**, anciennement **Saïgon**, la capitale coloniale, sont aussi des étapes incontournables. La moitié des produits agricoles du pays proviennent du delta. Et à Hô Chi

D'ailleurs...

Les paysages du Viêt-nam, du Laos et du Cambodge sont très variés, mais les rizières° sont partout présentes. Au Cambodge, elles occupent 70% des terres cultivées, au Viêt-nam 75% et au Laos 80%. Les espèces de riz du Laos sont les plus diverses: Elles ont plus de 3.000 noms différents. Il y a même des rizières au centre de Vientiane, sa capitale.

Angkor Vat, le plus grand temple d'Angkor, au Cambodge

Minh-Ville, de nombreux monuments rappellent la présence française, comme la Grande poste conçue par **Gustave Eiffel**.

Les voyageurs francophones connaissent moins bien le **Laos** et le **Cambodge**, mais c'est en train de changer. Au Laos, les visiteurs doivent s'arrêter à **Vientiane**, la capitale fondée au 16e siècle, dont certains monuments rappellent la France, comme le **Patouxai** qui ressemble à l'**Arc de Triomphe**. **Luang Prabang**, magnifique cité royale avec sa trentaine de temples bouddhistes, est un exemple remarquable de fusion entre architecture traditionnelle et urbanisme européen. Le Cambodge, «pays du sourire», est réputé pour son hospitalité. On y trouve **Angkor**, célèbre site de la culture **Khmer**, dont les merveilles d'architecture occupent plus de 400 km². Dans ces deux pays, la francophonie a moins d'influence qu'au Viêt-nam, mais le français y est encore parlé.

Des classes bilingues existent partout dans cette partie de l'Asie, pour assurer l'enseignement de la langue aux jeunes générations. Alors, si en visite là-bas, on vous accueille avec un «Bonjour et bienvenue», ne soyez pas étonnés!

---

peuplement *population* **se sont tissés** *were forged* **calcaire** *limestone* **cyclopousse** *rickshaw pulled by a bicycle* **bordés** *lined* **rizières** *rice fields*

En Asie et en Océanie

Des mots utilisés au Viêt-nam, au Cambodge et au Laos

une jonque	une barque; *boat*
une pagode	un temple
un pousse-pousse	*rickshaw*
un sampan	une barque en bois

Le français parlé en Nouvelle-Calédonie

avoir la boulette	être en forme; *to feel great*
C'est choc!	C'est super!
les claquettes	les tongs; *flip-flops*
feinter	blaguer; *to joke*
Il est bon?	Ça va?
pète-claquettes	ennuyeux, casse-pieds; *bore*
Va baigner!	Va-t-en!; *Go away!*

Découvrons l'Asie et le Pacifique francophones

Heiva C'est la fête populaire la plus importante de **Tahiti**. Elle a lieu en juillet et on y organise beaucoup de concours

sportifs traditionnels: courses de pirogues° ou de porteurs de fruits, lancer du javelot°, lever de pierre, tressage°, préparation du coprah à base de noix de coco° et ascension de cocotiers. Il y a aussi beaucoup de costumes, de danses et de chants traditionnels.

Pondichéry et Chandernagor Au 17e siècle, la France a colonisé une partie de l'Inde. **Pondichéry** et **Chandernagor** étaient ses deux comptoirs° les plus importants et ce, jusque dans les années 1950. Chandernagor, sur les rives° du **Gange**, et Pondichéry, sur la côte

sud-est, sont aujourd'hui des villes indiennes où on peut voir des traces de la présence française. Par exemple à Pondichéry, certains noms de rues sont indiqués en français et les policiers portent des képis° rouges.

Le nickel Le nickel est rare sur terre et la **Nouvelle-Calédonie** en est un des premiers producteurs mondiaux. C'est

la plus grande richesse de l'île, environ 80% de ses exportations. Excellent conducteur°, le nickel résiste bien aux produits chimiques et s'oxyde peu. Il est donc très utile dans les industries chimique, navale ou automobile, le bâtiment et l'électroménager°. Il

sert aussi à fabriquer les pièces de 1 et 2 euros.

Tahiti Pearl Regatta La Tahiti Pearl Regatta est le rendez-vous annuel des amateurs de voile° en **Polynésie**. C'est d'abord une course de trois jours, où les participants naviguent en pleine mer° ou dans des lagons et doivent traverser des

passes°. Mais c'est aussi une vraie fête. Plongée, pirogues, jeux polynésiens et pétanque sont au programme. Le soir, les participants se retrouvent autour du tamaara'a géant, un grand repas traditionnel.

---

courses de pirogues *canoe races* **javelot** *spear* **tressage** *weaving* **noix de coco** *coconut* **comptoirs** *trading posts* **rives** *banks* **képis** *French military caps* **conducteur** *conductive* **électroménager** *home appliances* **voile** *sailing* **pleine mer** *deep sea* **passes** *channels*

Qu'avez-vous appris?

Vrai ou faux? Indiquez si les affirmations sont vraies ou fausses, et corrigez les fausses.

1. Marc Lavoine a écrit la chanson *Bonjour Vietnam* pour Pham Quynh Anh.
2. Pham Quynh Anh est une chanteuse française d'origine tahitienne.
3. Mékong est l'ancienne capitale coloniale du Viêt-nam.
4. Il existe un monument conçu par Gustave Eiffel à Hô Chi Minh-ville.
5. À Vientiane, le Patouxai est un monument qui ressemble à la Tour Eiffel.
6. Au Laos, la cité royale de Luang Prabang possède une trentaine de temples bouddhistes.
7. La francophonie a moins d'influence au Viêt-nam qu'au Cambodge.
8. Des classes bilingues existent en Asie pour assurer l'enseignement du français aux jeunes Vietnamiens, Laotiens et Cambodgiens.
9. Le Heiva est fêté en Inde.
10. La Nouvelle-Calédonie est un gros producteur d'argent.

Questions Répondez aux questions.

1. Quels pays composaient l'Indochine française?
2. Quand l'Indochine française a-t-elle disparu?
3. À quoi s'intéressait surtout la France en Indochine?
4. Où se trouve le golfe du Tonkin?
5. Que trouve-t-on dans le golfe du Tonkin?
6. Quelle est la capitale du Viêt-nam et quand a-t-elle été fondée?
7. Quelles sortes de concours sont organisés pour le Heiva?
8. Où se trouve Chandernagor?
9. Qu'est-ce que la Tahiti Pearl Regatta?

Discussion Considérez les effets du colonialisme. Par groupes de trois, discutez de toutes ses conséquences sur la population colonisée. Prenez en compte les thèmes ci-dessous.

- l'économie
- la culture
- la langue
- l'industrie
- la nourriture
- les arts (musique, théâtre, peinture)

Écriture Le bouddhisme est la religion majeure des régions francophones d'Asie. Lisez les deux citations de Bouddha ci-dessous. Ensuite, écrivez un paragraphe de 12 à 15 lignes où vous analysez une de ces citations du point de vue du colonialisme.

> Le changement n'est jamais douloureux (*painful*). Seule la résistance au changement est douloureuse.

> Sous le ciel, il n'y a rien qui soit stable, rien qui ne dure à jamais.

 Video

1 Préparation Par groupes de trois, répondez aux questions.

1. Quelles organisations non-gouvernementales connaissez-vous dans votre pays? Que font-elles?

2. Pensez-vous que leurs campagnes télévisées soient encore efficaces à l'époque d'Internet? Pourquoi ou pourquoi pas?

Maintenant. C'est quand?

Greenpeace est une organisation non-gouvernementale qui a été fondée dans les années 1970 et qui lutte pour la protection de l'environnement et la préservation de la biodiversité à l'échelle (*scale*) globale. En France et ailleurs, le groupe mène des campagnes d'information et de sensibilisation, d'investigation et d'actions directes non-violentes en agissant aussi auprès (*with*) des politiciens afin de faire pression. Le clip que vous allez voir est une campagne télévisée qui a été diffusée par Greenpeace en France.

Maintenant. C'est quand?

2 Compréhension Indiquez si ces phrases sont logiques ou illogiques, d'après la vidéo.

1. Les personnes qui parlent dans la vidéo sont des politiciens.
2. Elles disent qu'il ne faut pas faire des économies d'énergie.
3. Dans leurs discours, ces personnes insistent sur des réformes immédiates.
4. D'après Greenpeace, les politiciens ne tiennent pas leurs engagements.
5. Greenpeace révèle que la protection de l'environnement est une exigence récente.

3 Discussion Par petits groupes, répondez aux questions en donnant des détails.

1. À votre avis, pourquoi l'organisation Greenpeace a-t-elle choisi de commencer son clip par un extrait en noir et blanc? Quel est l'effet produit par la succession de très courts extraits de discours politiques?

2. Quelles stratégies techniques les campagnes télévisées que vous connaissez utilisent-elles pour transmettre leurs messages?

4 Présentation Quels sont les enjeux de la protection de l'environnement dans votre pays? Les politiciens en parlent-ils beaucoup? Préparez un discours où vous présentez une campagne ou une loi dans votre pays au sujet de l'environnement.

 Practice more at **vhlcentral.com**.

GALERIE DE CRÉATEURS

PEINTURE Nguyen Dieu Thuy (1962–)
Nguyen Dieu Thuy est née à Saigon (aujourd'hui Hô Chi Minh-Ville). Elle a fait des études de musique au Conservatoire de musique de sa ville natale. Elle a aussi étudié la peinture. En 1988, elle devient professeur de violon et joue dans l'orchestre symphonique du Conservatoire. Puis, en 1991, elle se lance dans une carrière de peintre. Nguyen Dieu Thuy utilise la peinture à l'huile, mais ses tableaux donnent l'étrange impression d'être des aquarelles. Ils sont délicats et paisibles (*peaceful*), représentant souvent une jeune femme en robe traditionnelle, des bols de riz, des personnages au bord de (*by*) l'eau. Sa palette est pratiquement monochrome et elle se sert surtout de couleurs pastel. Les œuvres de cette artiste sont européennes par la technique mais très vietnamiennes par le choix des sujets. L'art de Nguyen Dieu Thuy est empreint (*imbued*) de simplicité et de sérénité. Il y règne une atmosphère où le temps s'est arrêté. Elle expose son travail en Asie, en Europe et en Amérique du Nord.

MUSIQUE/ARTS PLASTIQUES
Patrice Kaikilekofe (1972–)
Patrice Kaikilekofe est un artiste aux talents multiples. Il est à la fois plasticien et musicien. Il est né en Nouvelle-Calédonie, mais sa famille est originaire de Wallis et Futuna, en Polynésie, et il est très attaché à ses origines. Il affirme que «le 21e siècle appartient au Pacifique». Les cultures polynésiennes, principalement maori, constituent une source d'inspiration pour l'ensemble (*whole*) de son art. Il participe à des expositions en Nouvelle-Calédonie, en Nouvelle-Zélande et en Australie. Il aime collaborer avec d'autres artistes. À Nouméa, capitale de la Nouvelle-Calédonie, il anime des ateliers artistiques et culturels où il forme des jeunes. De plus, il a fondé à Dumbéa, sa ville natale, la Maison du temps libre. C'est un centre qui a pour but de rendre l'art accessible aux jeunes défavorisés. Concernant la musique, il joue de la guitare et il est le leader du groupe néo-calédonien *Kalaga'la*. Le style du groupe est un mélange de genres occidentaux et de rythmes traditionnels polynésiens, le tout chanté en wallisien. *Kalaga'la* a sorti un album en 2012 intitulé *Aimons-nous*.

SCULPTURE Steeve Thomo (1980–)

Steeve Thomo vit et travaille à Nouméa, capitale de la Nouvelle-Calédonie. Quand il était petit, il essayait d'imiter son grand-père qui était sculpteur. Il se passionne pour la sculpture et en particulier pour l'art du peuple kanak, le peuple autochtone (*native*) de Nouvelle-Calédonie. Cet art s'inspire des ancêtres, de leurs légendes et de la nature. Thomo y ajoute une touche moderne, avec des éléments de la vie actuelle comme des routes et des avions. Pour sculpter, il se sert de tous les types de bois qu'il trouve sur son île, le houp, le gaïak, le tamarou… Avec *La Goutte d'eau*, une de ses sculptures, il fusionne les arts traditionnel et contemporain: traditionnel par le symbole et moderne par sa représentation. À Nouméa, Thomo collabore souvent avec d'autres artistes pour enseigner l'art aux enfants et aux adolescents.

CINÉMA Rithy Panh (1964–)

En 1975, les Khmers rouges exilent Rithy Panh et sa famille de Phnom Penh, la capitale du Cambodge. Puis, en 1980, Rithy Panh se réfugie à Paris où il suit des études de cinéma et obtient son diplôme. Le génocide, dans lequel une partie de sa famille a péri (*perished*), forge depuis le début l'inspiration de ce réalisateur cambodgien. En 1994, *Les Gens de la rizière* raconte la lutte pour la survie d'une famille rurale cambodgienne, après le génocide. En 2002, dans le documentaire *S21, la machine de mort khmère rouge*, Rithy Panh met en scène des gardiens de prison et les trois survivants du S21, centre de détention, de torture et d'exécution jusqu'en 1979. Des années après la fermeture du camp, il a demandé à ces gardiens de refaire les gestes mécaniques qu'ils faisaient. Par ces images, le réalisateur arrive à rendre présents tous les prisonniers qui sont absents du film. Son documentaire *Exile* en 2016 représente sa septième sélection au festival de Cannes.

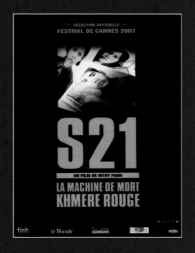

Compréhension

Questions Répondez à ces questions.

1. Quel est le sujet des films de Rithy Panh?

2. Quel est le but du centre fondé par Patrice Kaikilekofe, la Maison du temps libre?

3. De quoi s'inspire l'art du peuple kanak?

4. Quelles sont les deux activités artistiques principales de Patrice Kaikilekofe?

5. Quelle était la première carrière de Nguyen Dieu Thuy?

6. Quels éléments modernes Steeve Thomo ajoute-t-il à son art?

7. Pourquoi Rithy Panh a-t-il quitté son pays natal?

8. Donnez trois caractéristiques des tableaux de Nguyen Dieu Thuy.

Rédaction

À vous! Choisissez un de ces thèmes et écrivez un paragraphe d'après les indications.

- **Critique d'art** Écrivez une critique du tableau de Nguyen Dieu Thuy. Parlez du sujet, des couleurs, du style, etc. Puis donnez-en votre opinion personnelle.

- **Mon artiste préféré(e)** Inspirez-vous des textes sur ces pages pour écrire un portrait de votre artiste préféré(e). Parlez de sa vie, de sa carrière artistique, de ce qui l'inspire et des thèmes qui sont importants dans son œuvre. Expliquez aussi ce que vous aimez particulièrement dans ses œuvres.

- **Le cinéma francophone** Avez-vous déjà vu un film francophone qui retrace l'histoire ou une période particulière de l'histoire d'un peuple francophone? Faites un résumé de ce film et donnez-en votre avis.

 Practice more at **vhlcentral.com**.

10.1

The past conditional

*Qui **aurait pu** imaginer qu'un ancien militant écolo travaillerait un jour dans une exploitation forestière?*

BLOC-NOTES

To review formation and use of the **conditionnel**, see **Structures 8.3, pp. 296–297**.

- Use the past conditional (**le conditionnel passé**) to express an action that *would have occurred* in the past.

Conditionnel	Past conditional
Sans les nuages de pollution, on respirerait mieux.	Sans les nuages de pollution, nos ancêtres auraient mieux respiré.
Without smog, we'd breathe better.	*Without smog, our ancestors would have breathed better.*

- The past conditional is formed with a **conditionnel** form of **avoir** or **être** and the past participle of the main verb. Use the same helping verb as you would for any other compound tense, such as the **passé composé**, the **plus-que-parfait**, or the future perfect.

	faire	partir	se lever
je/j'	aurais fait	serais parti(e)	me serais levé(e)
tu	aurais fait	serais parti(e)	te serais levé(e)
il/elle	aurait fait	serait parti(e)	se serait levé(e)
nous	aurions fait	serions parti(e)s	nous serions levé(e)s
vous	auriez fait	seriez parti(e)(s)	vous seriez levé(e)(s)
ils/elles	auraient fait	seraient parti(e)s	se seraient levé(e)s

- Verbs in the past conditional follow the same patterns as they do in other compound tenses for negation, adverb and pronoun placement, and past participle agreement.

Il y a cent ans, **personne ne** nous aurait parlé de la pluie acide.
100 years ago, no one would have talked to us about acid rain.

Nathalie aurait **bien** ri si elle avait entendu cette blague.
Nathalie would have laughed a lot if she had heard that joke.

Je ne trouve pas **les clés que** vous auriez **vues** hier dans la cuisine.
I cannot find the keys that you might have seen in the kitchen yesterday.

Nous serions **déjà** partis si cela avait été possible.
We would have already left if it had been possible.

- Use the past conditional with certain verbs to express regret or reproach. In the past conditional, **aimer** + [*infinitive*] means *would have liked to*; **devoir** + [*infinitive*] means *should have*; **pouvoir** + [*infinitive*] means *could have*; and **vouloir** + [*infinitive*] means *would have liked to*.

Vous **auriez dû étudier** un peu plus longtemps.
You should have studied a little longer.

Nous **aurions aimé regarder** un film différent.
We would have liked to watch a different film.

Tu **aurais** quand même **pu** m'**appeler** hier soir.
You could have at least called me last night.

J'**aurais voulu lire** l'article sur les sources d'énergie.
I would have liked to read the article about energy sources.

- Use the **conditionnel** or the past conditional with the expression **au cas où** (*in case*).

Prends ton portable **au cas où** le train **arriverait** en retard.
Bring your cell phone in case the train arrives late.

Prends ton portable **au cas où** le train **serait** déjà **parti** quand vous arriverez à la gare.
Bring your cell phone in case the train has already left when you arrive at the station.

BLOC-NOTES

To review the *future in the past* use of the **conditionnel**, see **Structures 8.3, pp. 296–297**.

- You have learned that the **conditionnel** can express a future action when talking about the past. The past conditional can act as a *future perfect in the past*, describing events that were to have taken place at a later point.

Maman nous a dit qu'elle **rentrerait** avant minuit.
Mom told us that she would come home before midnight.

Maman nous avait dit qu'elle **serait rentrée** avant minuit, mais elle n'a pas pu.
Mom had told us that she would come home before midnight, but she couldn't.

- Just as the **conditionnel** can express uncertainty about events in the present, the past conditional can express uncertainty about events in the past.

Selon le journal, il y **aurait** une centaine d'habitants dans ce village.
According to the newspaper, there might be a hundred or so inhabitants in this town.

Selon le journal, il y **aurait eu** une centaine de manifestants samedi.
According to the newspaper, there might have been a hundred or so protesters on Saturday.

Mise en pratique

1

À compléter Employez le conditionnel passé des verbes entre parenthèses.

1. Selon mon oncle, l'ouragan _____ (détruire) une centaine de bâtiments.

2. Les journaux ont annoncé qu'à cause d'une demande inhabituelle, nous _____ (épuiser) nos réserves de combustibles.

3. Je _____ (s'acheter) la plus grande voiture, mais j'avais peur qu'elle nuise à l'environnement.

4. Je/J' _____ (vouloir voir) moins de pollution, mais j'ai dû rester longtemps dans la capitale.

5. Tu as dit aux représentants de la société de recyclage que tu _____ (ne pas gaspiller) les produits non-renouvelables.

2

Qu'aurait-elle fait? Malika a passé ses vacances en famille, mais elle aurait aimé les passer avec ses amis. Dites ce qu'elle aurait préféré faire en leur compagnie.

> **Modèle** **Malika et sa famille sont allés dans un musée de peintures. (au centre commercial)**
>
> Malika, elle, serait allée au centre commercial.

1. Ils ont dormi à l'hôtel. (chez sa copine Manon)

2. Ils ont emporté des jeux de société. (son ordinateur portable)

3. Ils ont souvent mangé dans une crêperie. (dans une pizzeria)

4. Ils ont joué à la pétanque. (au tennis)

5. Ils sont sortis un soir sur trois. (tous les soirs)

6. Ils ont bronzé dans leur jardin. (à la plage)

7. Le premier jour, ils sont partis à 6 heures du matin. (à midi)

8. Ils sont rentrés un dimanche. (un vendredi)

3

Y est-il vraiment allé? Michel a passé des vacances à Tahiti, et ses amis lui demandent comment ça s'est passé. Mais il leur répond évasivement. Employez le conditionnel passé pour répondre comme Michel. Soyez créatifs/créatives.

> **Modèle** **Tu as visité les quartiers intéressants de Papeete?**
>
> Je les aurais visités, mais je n'avais pas le plan de la ville.

1. Alors, tu es allé à la plage?

2. On t'a servi de délicieux fruits tropicaux?

3. Est-ce que les habitants t'ont parlé français?

4. T'es-tu fait de nouveaux amis?

5. Alors, tu as découvert d'autres îles de l'archipel de la Société?

6. L'île évoque au moins les tableaux de Gauguin?

 Practice more at **vhlcentral.com**.

Communication

4

Qu'auriez-vous fait? À deux, regardez les illustrations et, à tour de rôle, dites ce que vous auriez fait dans chaque situation. Servez-vous des mots de la liste, si nécessaire.

> **Modèle** Moi, je me serais fâché contre le garçon avec la glace.

acheter	crier	un médecin
appeler	se fâcher	salir
un costume	une glace	téléphoner

5

Des excuses Martin, votre meilleur ami, est allé en vacances à Tahiti. Vous lui demandez s'il (*if he*) a fait toute une liste de choses, mais il a toujours une bonne excuse pour expliquer que non. Avec un(e) partenaire, jouez tour à tour le rôle de Martin et imaginez la conversation. Soyez créatifs/créatives!

> **Modèle** **nager dans l'océan Pacifique**
> —Tu as nagé dans l'océan Pacifique?
> —J'aurais nagé dans l'océan, mais c'était trop dangereux!

- bronzer sur la plage
- voir la Tahiti Pearl Regatta
- nous acheter des cadeaux
- visiter des musées
- assister au Heiva
- rencontrer des Tahitiens

6

Des regrets? Qu'est-ce que vous n'avez pas fait dans la vie parce que vous avez choisi de faire autre chose? Le regrettez-vous? Par groupes de trois, employez le conditionnel passé des verbes **aimer, devoir, pouvoir** et **vouloir** pour parler de vos choix à vos camarades.

> **Modèle** J'aurais pu visiter l'Europe l'été dernier, mais j'ai choisi de passer deux semaines chez ma grand-mère, qui fêtait son 80ᵉ anniversaire.

Qu'auriez-vous...
- aimé faire?
- dû faire?
- pu faire?
- voulu faire?

Qu'avez-vous fait à la place?

10.2

The future perfect

*Quand l'équipe de Christian M'Bina coupera à nouveau des arbres ici, il se **sera passé** trente ans.*

- Use the future perfect (**le futur antérieur**) tense to describe an action that *will have occurred* before another action in the future.

Quand il arrivera au restaurant, Martine **sera** déjà **partie**. *When he arrives at the restaurant, Martine will have already left.*	Je prendrai une décision quand vous m'**aurez donné** plus d'informations. *I'll make a decision when you (will) have given me more information.*

BLOC-NOTES

To review the forms of the **futur simple**, see **Structures 7.2, pp. 254–255.**

- Verbs in the future perfect are formed with a **futur simple** form of **avoir** or **être** and the past participle of the main verb. Use the same helping verb as for other compound tenses, such as the **passé composé** and the **plus-que-parfait**.

	faire	partir	se lever
je/j'	aurai fait	serai parti(e)	me serai levé(e)
tu	auras fait	seras parti(e)	te seras levé(e)
il/elle	aura fait	sera parti(e)	se sera levé(e)
nous	aurons fait	serons parti(e)s	nous serons levé(e)s
vous	aurez fait	serez parti(e)(s)	vous serez levé(e)(s)
ils/elles	auront fait	seront parti(e)s	se seront levé(e)s

BLOC-NOTES

To review . . .

- negation, see **Structures 4.2, pp. 138–139.**
- pronoun order, see **Structures 5.3, pp. 180–181.**
- past participle agreement, see **Fiche de grammaire 5.5, p. A22.**

- Verbs in the future perfect follow the same patterns as they do in other compound tenses for negation, adverb and pronoun placement, and past participle agreement.

Negation	**Cette espèce n'aura pas entièrement disparu en 2040, j'espère.** *This species won't have completely disappeared by 2040, I hope.*
Adverb placement	**Il aura déjà passé deux jours à Papeete quand il viendra nous chercher à l'aéroport.** *He will have already spent two days in Papeete when he comes to pick us up at the airport.*
Pronoun placement	**Nous lui aurons déjà parlé quand nous arriverons en classe demain.** *We will have already talked to her when we get to class tomorrow.*
Past participle agreement	**À minuit, elles se seront déjà couchées.** *By midnight, they will have already gone to bed.*

- You may contrast two clauses — one with a verb in the future perfect and one with a verb in the **futur simple** — in order to establish that one event will happen before another.

First event	Second event
Quand tu auras fait **tes courses,**	**je** viendrai **te chercher en voiture.**
When you've run your errands,	*I'll come pick you up in the car.*

Dès qu'elle **sera arrivée** à Paris,
As soon as she has arrived in Paris,

elle **s'installera** à son hôtel.
she'll settle in at her hotel.

- You learned that you can use the **futur simple** after the conjunctions **aussitôt que** (*as soon as*), **dès que** (*as soon as*), **lorsque** (*when*), **quand** (*when*), and **tant que** (*as long as*), if they describe a future event. They can also be followed by a verb in the future perfect, which is the tense almost always used after **après que** (*after*) and **une fois que** (*once*).

Il partira **après qu'on aura mangé.**
He'll leave after we've eaten.

Tu m'appelleras **dès que** tu **seras rentré**?
Will you call me as soon as you've returned?

Aussitôt qu'elle **aura trouvé** un nouvel appartement, elle nous invitera.
As soon as she's found a new apartment, she'll invite us over.

Vous visiterez le zoo **une fois qu'**on **aura ouvert** l'exposition sur les ours.
You'll visit the zoo once they've opened the bear exhibit.

- When connecting two clauses, note the subtle distinction in meaning between a sentence that uses the **futur simple** after one of these conjunctions and one that uses the future perfect. In neither case are the English equivalents of these conjunctions followed by *will*.

Quand j'**aurai** des nouvelles, je vous **écrirai.**
When I get some news, I'll write you.

but

Quand j'**aurai eu** des nouvelles, je vous **écrirai.**
When I've gotten some news, I'll write you.

- Use **après que** with a conjugated verb when the subject of a subordinate clause is different from that of the main clause. Use **après** with the past infinitive when the subjects of both clauses are the same.

Different subjects	Same subjects
Mémé viendra nous rendre visite après qu'**on** aura fait **le ménage.**	**Nous sortirons, mais seulement** après avoir fait **le ménage.**
Grandma will come visit us after we've done the housework.	*We'll go out, but only after having done the housework.*

ATTENTION!

In the main clause, an imperative can appear in the place of a verb in the **futur simple**.

Quand tu auras fait les courses, téléphone-moi.
When you've run your errands, call me.

BLOC-NOTES

To review the use of the **futur simple** with certain conjunctions, see **Structures 7.2, pp. 254–255**.

BLOC-NOTES

To review formation and use of the past infinitive, see **Structures 8.1, pp. 288–289**.

Mise en pratique

1 **À compléter...** Mettez les verbes entre parenthèses au futur antérieur.

1. Quand le soleil _____ (réapparaître) après l'inondation, le niveau des eaux commencera à baisser.

2. Mesdames et messieurs, vous pourrez admirer la chaîne montagneuse lorsque vous _____ (arriver) au bout du sentier.

3. Le réchauffement de la planète, s'il continue, _____ (tuer) beaucoup de récifs de corail.

4. Après que nous _____ (finir) de sauver les forêts tropicales, les températures de la planète se stabiliseront.

5. Dès que le nuage de pollution _____ (se lever), je ferai du jogging.

6. On consommera moins de combustibles quand les habitants des grandes villes _____ (apprendre) à se servir des transports en commun.

7. Grâce aux nouveaux styles de construction, les tremblements de terre _____ (détruire) moins de bâtiments au cours de ce siècle.

8. Je dépenserai beaucoup d'argent pour l'électricité tant que je _____ (ne pas jeter) mon vieux chauffe-eau (*water heater*), qui gaspille trop d'énergie.

2 **Avant le départ** Monsieur Arnal et sa famille vont partir demain pour Nouméa. Mettez les verbes entre parenthèses au futur antérieur ou à l'infinitif passé.

Demain, ma famille et moi devons partir tôt pour l'aéroport, et nous n'aurons pas de temps à perdre. Après que ma femme (1) _____ (se lever), j'irai réveiller les enfants. Ils devront s'habiller rapidement après (2) _____ (prendre) leur petit-déjeuner. Moi, après (3) _____ (se brosser) les dents, je ferai la vaisselle. Ma femme prendra sa douche aussitôt que je (4) _____ (sortir) de la salle de bains. Après (5) _____ (s'habiller), nous téléphonerons à mes parents pour leur dire au revoir. Enfin, après (6) _____ (chercher) les passeports, ma femme donnera la clé de la maison aux voisins, qui vont la surveiller pendant notre absence.

Note
CULTURELLE

Nouméa, capitale de la **Nouvelle-Calédonie**, collectivité française d'outre-mer (*overseas*), est une des villes les plus industrialisées du Pacifique Sud. La ville prend pourtant des mesures pour préserver les richesses naturelles, et est aujourd'hui un exemple de l'harmonie entre nature et urbanisation.

3 **Dialogue** Pascal énerve souvent Kamil, son camarade de chambre, parce qu'il fait beaucoup de promesses, mais ne fait jamais rien. À deux, terminez le dialogue.

KAMIL Mais quand est-ce que tu vas ranger tes livres?

PASCAL Aussitôt que je/j' (1) _____, je rangerai mes livres.

KAMIL Tes amis ont mangé dans la cuisine et sont partis sans la nettoyer.

PASCAL D'accord! Ils la nettoieront dès qu'ils (2) _____.

KAMIL Et mes CD? Pourquoi est-ce que vous les avez pris?

PASCAL Nous te les rendrons une fois que nous (3) _____.

KAMIL Ah, et il n'y a plus rien à manger dans le frigo.

PASCAL Je passerai au supermarché demain quand tu (4) _____.

KAMIL Et j'en ai marre de tes vêtements sales par terre.

PASCAL Je ferai ma lessive aussitôt que je/j' (5) _____.

KAMIL Des promesses, toujours des promesses!

Communication

4 **En 2030** À deux, dites comment ces problèmes écologiques auront évolué en 2030. Ensuite, présentez vos prédictions à la classe.

> **Modèle** **la pluie acide**
>
> Nous aurons résolu le problème de la pluie acide en 2030. Les usines auront arrêté de polluer l'atmosphère.

- le réchauffement de la planète
- les sécheresses
- la consommation d'énergie
- la diminution de la couche d'ozone
- la déforestation
- ?

5 **Et vous en 2030?** Par groupes de trois, dites ce qui aura changé dans votre vie personnelle, en 2030. Ensuite, expliquez à la classe ce qui aura changé dans la vie de vos camarades.

> **Modèle** **vos relations avec vos parents**
>
> Mes parents et moi, nous aurons appris à mieux nous entendre en 2030.

- vos finances
- votre carrière
- vos loisirs
- vos relations avec vos amis
- vos connaissances en français
- ?

6 **Les plus brillant(e)s** Deux écologistes, chacun(e) se croyant plus brillant(e) que l'autre, parlent de ce qu'ils/elles auront fait à la fin de leur carrière pour sauver l'environnement et recevoir le prix Nobel de la paix. À deux, inventez le dialogue à l'aide du futur antérieur et des éléments donnés.

Votre pays d'origine	
Le problème sur lequel vous aurez travaillé	
La solution que vous aurez proposée	
Le moyen que vous aurez trouvé pour financer votre recherche	
Les procédures que vous aurez mises en place (*implemented*)	

10.3

Si clauses

*Si une exploitation forestière **veut** obtenir le label FSC, elle **doit** respecter le code forestier.*

- **Si** (*If*) clauses express a condition or event upon which another event depends. The **si** clause is the subordinate clause, and the result clause is the main clause.

- If the result clause is the timeless, automatic effect of a general cause or condition introduced by **si**, use the present tense in both clauses.

Si clause: present tense	Main clause: present tense
Si **je** suis **malade,**	**je** reste **chez moi.**
If I am ill,	*I stay at home.*

- To talk about possible future events, use the present tense in the **si** clause to say that if something occurs, something else will result. Use the **futur proche**, **futur simple**, or imperative in the main clause.

Si clause: present tense		Main clause
Si **l'ouragan** arrive **ce soir,**	FUTUR PROCHE	**on** va rester **chez nous demain.**
If the hurricane arrives tonight,		*we're going to stay home tomorrow.*
S'**il** continue **à pleuvoir,**	FUTUR SIMPLE	**il y** aura des **inondations.**
If it keeps raining,		*there will be floods.*
S'**il y** a **des déchets par terre,**	IMPERATIVE	jetez-les **dans la poubelle.**
If there is trash on the ground,		*throw it in the garbage.*

- A **si** clause can speculate on what *would happen* if a condition or event *were to occur*. For such contrary-to-fact statements, use a verb in the **imparfait** in the **si** clause and a verb in the **conditionnel** in the main clause.

Si clause: **imparfait**	Main clause: **conditionnel**
Si **on** donnait **à manger aux animaux du zoo,**	**on** mettrait **leur vie en danger.**
If we fed the zoo animals,	*we would put their lives in danger.*

- **Si** clauses with the **imparfait** are often used without a main clause to make a suggestion or to express a wish or regret. The main clause may also be omitted in English in these types of expressions.

Suggestion	**Si on** allait **au zoo demain?**
	What if we went to the zoo tomorrow?
Expression of wish or regret	**Ah!** Si **j'**étais **plus grand, plus beau, plus riche!**
	If only I were taller, more handsome, richer!

- To make a statement about something that occurred in the past and could have happened differently, use the **plus-que-parfait** in the **si** clause and the **conditionnel passé** in the main clause.

Si clause: plus-que-parfait

Si nous avions fait **du camping,**
If we had gone camping,

Si vous étiez arrivés **dix minutes plus tôt,**
If you had arrived ten minutes earlier,

Main clause: conditionnel passé

nous aurions économisé **de l'argent.**
we would have saved money.

vous n'auriez **pas** manqué **les bandes-annonces.**
you would not have missed the previews.

Si vous **étiez passés** par la pâtisserie,
If you had stopped by the pastry shop,

on **aurait eu** des croissants pour le petit-déjeuner.
we would have had croissants for breakfast.

- When **si** does not mean *if*, use the tense called for by the meaning of the sentence.

Ils ne savent pas **si** les singes **aiment** vraiment les bananes.
They do not know whether monkeys really like bananas.

Mais **si**, je t'ai dit que ce produit était nuisible à l'environnement.
But yes, I told you that product was harmful to the environment.

Summary of si clauses		
	Subordinate clause	Main clause
Possible future events	si + present	futur proche
		futur simple
		imperative
Contrary-to-fact events	si + imparfait	conditionnel
	si + plus-que-parfait	conditionnel passé

Si on **utilisait** moins de bois, on ne **serait** pas obligé d'abattre autant d'arbres.

Mise en pratique

1

Situations Complétez les phrases.

A. Situations possibles dans le futur

1. Si Thérèse n'_____ (arriver) pas bientôt, nous devrons faire la queue.

2. Si vous _____ (continuer) à chasser les ours, cette espèce va finir par être en voie d'extinction.

B. Situations hypothétiques dans le présent

3. Le trou dans la couche d'ozone _____ (être) encore plus grand si on utilisait encore certains produits nuisibles.

4. Si les gens _____ (recycler) plus souvent, il n'y aurait pas autant de déchets par terre (*on the ground*).

C. Situations hypothétiques dans le passé

5. S'il _____ (ne pas pleuvoir), nous n'aurions pas vu cet arc-en-ciel.

6. Le prix des combustibles _____ (baisser) si nous avions choisi d'utiliser d'autres sources d'énergie.

2

Il faut être optimiste Carole et Laëtitia travaillent pour Sauveterre, une organisation environnementale. Employez les temps qui conviennent pour compléter le dialogue.

CAROLE Si nous (1) _____ (travailler) jusqu'à dix heures ce soir, nous pourrons finir les nouvelles brochures sur le réchauffement de l'atmosphère.

LAËTITIA Penses-tu que les gens vont les jeter à la poubelle? S'ils s'inquiétaient vraiment pour l'environnement, les fleuves (2) _____ (être) moins pollués et nous ne (3) _____ (gaspiller) pas autant d'énergie.

CAROLE C'est vrai. Mais si le public ne (4) _____ (s'intéresser) pas du tout à l'environnement et ne (5) _____ (faire) pas d'efforts pour le protéger, nous respirerions un air encore plus impur et les forêts (6) _____ (disparaître) plus vite.

LAËTITIA Tu as raison. Je ne me pose plus de questions. Alors si nous (7) _____ (voir) quelqu'un jeter sa brochure à la poubelle, recyclons-la et (8) _____ (être) optimistes!

3

Si j'étais À deux, imaginez votre vie si vous étiez une de ces célébrités. Ensuite, à tour de rôle, présentez vos idées à la classe.

Modèle **Jennifer Lawrence**

Si j'étais Jennifer Lawrence, je travaillerais avec un réalisateur français.

- Justin Timberlake
- Katy Perry
- Usher
- Taylor Swift
- Zac Efron
- Emma Watson
- ?

S Practice more at vhlcentral.com.

Communication

4

Que se passerait-il? Par groupes de trois, dites à vos camarades, à tour de rôle, ce que vous feriez dans les situations suivantes.

Modèle **Si tu étais un(e) athlète célèbre**

Si j'étais un(e) athlète célèbre, je donnerais une partie de mon salaire à mon ancien lycée.

1. Si tu étais un(e) chanteur/chanteuse célèbre
2. Si tu gagnais à la loterie
3. Si les cours étaient annulés pendant une semaine
4. Si tu trouvais une valise pleine d'argent
5. Si tu pouvais devenir invisible

5

Que feriez-vous? À deux, regardez ces scènes et demandez-vous ce que vous feriez si vous étiez dans ces situations-là. Soyez créatifs!

Modèle —Qu'est-ce que tu ferais si quelqu'un te payait un voyage en Polynésie?

—Si quelqu'un me payait un voyage en Polynésie, je prendrais le premier avion.

6

Trop peu! Vous parlez à un expert en écologie, qui vous explique pourquoi l'environnement est en danger malgré (*despite*) tous les efforts faits pour le protéger. À deux, dites ce que vous ferez s'il est vrai que certains problèmes existent encore.

Modèle Si la déforestation est encore un problème, je n'achèterai plus le journal, mais je le lirai sur Internet.

Synthèse

La météo

	Aujourd'hui	Demain	Après-demain
Bruxelles	Max. / Min. 4° C / −1° C	Max. / Min. 8° C / 5° C	Max. / Min. 6° C / 4° C
Dakar	Max. / Min. 22° C / 22° C	Max. / Min. 24° C / 21° C	Max. / Min. 26° C / 23° C
Montréal	Max. / Min. −2° C / −8° C	Max. / Min. 0° C / −4° C	Max. / Min. 4° C / 1° C
Nouméa	Max. / Min. 30° C / 25° C	Max. / Min. 28° C / 24° C	Max. / Min. 31° C / 22° C
Papeete	Max. / Min. 28° C / 24° C	Max. / Min. 26° C / 22° C	Max. / Min. 30° C / 25° C

1
Révision de grammaire Indiquez si chaque phrase est logique ou illogique.

1. Une fois qu'il sera arrivé à Dakar après-demain, Amadou pourra aller à la plage.

2. Si Sabine était allée à Papeete aujourd'hui, elle aurait pu se bronzer.

3. Nous ne pourrions pas faire du ski si nous étions à Nouméa demain.

4. Si on visite Bruxelles cette semaine, on mettra un tee-shirt.

2
Qu'avez-vous compris? Répondez par des phrases complètes. Utilisez les structures de cette leçon dans vos réponses.

1. Pourquoi n'aurait-on pas pu porter un short et un tee-shirt à Montréal aujourd'hui?

2. Si on veut pratiquer un sport d'été cette semaine, où devra-t-on aller?

3. Si vous partiez en vacances, quel endroit choisiriez-vous parmi les villes présentées dans les prévisions météo? Pourquoi?

Préparation

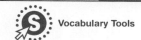 Vocabulary Tools

<table>
<tr><td colspan="2">Vocabulaire de la lecture</td></tr>
<tr><td>

abriter *to provide a habitat for*

un caillou (des cailloux)
   pebble(s)

l'épanouissement (*m.*)
   development

une ferme *farm*

</td><td>

une huître *oyster*

un lagon *lagoon*

une perle *pearl*

récolter *to harvest*

un requin *shark*

une tortue *turtle*

</td></tr>
</table>

<table>
<tr><td>Vocabulaire utile</td></tr>
<tr><td>

un dauphin *dolphin*

une éolienne *wind turbine*

un filet (de pêche) *(fishing) net*

pêcher *to fish*

la plongée (sous-marine/
   avec tuba) *diving; snorkeling*

une récolte *harvest*

</td></tr>
</table>

1

La rencontre Un journaliste faisant un reportage en Nouvelle-Calédonie rencontre un pêcheur sur la plage. Complétez leur dialogue à l'aide du vocabulaire fourni dans le tableau.

JOURNALISTE Ça fait longtemps que vous êtes pêcheur?

PÊCHEUR Depuis tout petit. Mon père (1) _____ au harpon sur la barrière de corail. Moi, je préfère utiliser (2) _____.

JOURNALISTE C'est un métier difficile et dangereux?

PÊCHEUR Difficile, oui, dangereux, pas tellement. De temps en temps, on entend parler d'une attaque de (3) _____, mais c'est plutôt rare.

JOURNALISTE Vous travaillez dans ce grand (4) _____?

PÊCHEUR Oui, il (5) _____ une grande variété d'espèces. Et puis, mon frère a (6) _____ marine où il élève des (7) _____ pour les perles. Cette année, (8) _____ a été très abondante.

JOURNALISTE Bon, je vous remercie, et bonne continuation.

2

Les fautes Vous avez fait un voyage à Tahiti avec un(e) ami(e). Maintenant vous êtes à une soirée où il/elle explique tout ce qui s'est passé. Corrigez ses fautes de vocabulaire.

> **Modèle** — Nous avons mangé des *cailloux*. C'était délicieux.
> — Non, nous avons mangé des huîtres! C'était délicieux.

1. — J'ai passé toute la journée dans un *filet de pêche* à étudier la vie marine.

  — _____

2. — Nous avons vu deux fois des *dauphins* marcher sur la plage.

  — _____

3. — Les Tahitiens élèvent les huîtres pour leurs *cailloux*.

  — _____

4. — Les lagons *récoltent* des milliers d'espèces de poissons.

  — _____

3

La nature et vous À deux, répondez aux questions et expliquez vos réponses.

1. Aimez-vous la nature? Pourquoi?

2. Quels endroits naturels sont connus pour la diversité de leur flore ou de leur faune?

3. Avez-vous déjà visité un de ces endroits? Si oui, comment était-ce? Sinon, aimeriez-vous en visiter un?

4. Faut-il s'inquiéter de ce qui menace l'environnement dans une autre région du monde?

Practice more at
vhlcentral.com.

Les Richesses
DU PACIFIQUE

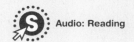
Audio: Reading

Vous avez sans doute entendu parler de la Grande Barrière de corail, en Australie. Mais vous ne savez peut-être pas qu'il en existe une autre, très belle aussi, autour de la Nouvelle-Calédonie. Cette île de l'Océanie peut se vanter° d'avoir le lagon le plus vaste du monde. Ce trésor inestimable est connu pour être le deuxième plus grand ensemble corallien du monde. Il mesure 1.600 kilomètres (*1.000 miles*) de long et abrite plus de 15.000 espèces végétales et animales. C'est l'un des temples de la biodiversité marine mondiale: il y a plus d'espèces dans le lagon sur un espace de 20 x 10 km² (kilomètres carrés) que dans toute la Méditerranée, et de nouvelles espèces y sont régulièrement découvertes. C'est, par exemple, l'un des principaux habitats de la tortue verte, la tortue marine la plus rapide. Elle peut nager à plus de 30 km/h (*20 mph*).

De nombreux dangers menacent le plein épanouissement de la barrière corallienne, en particulier la pollution et la vente de coraux. Cependant, la barrière autour de la Nouvelle-Calédonie est encore en très bon état de préservation. C'est pour protéger cette richesse écologique que le ministère français de l'aménagement du territoire° et de l'environnement a proposé que la barrière corallienne soit classée au patrimoine mondial de l'UNESCO en 2008. Ce site est ainsi le premier du domaine de l'Outre-mer français° à obtenir cette reconnaissance.

Et Tahiti? Quel est à votre avis le premier produit d'exportation de la plus grande île de cet archipel? Les fruits de mer? Pas du tout! C'est la perle noire de culture qui arrive en tête des exportations de la Polynésie française, où on compte aujourd'hui plus de 500 fermes perlières. Environ 1.300 personnes vivent de cette industrie. Le Japon et Hong Kong sont les deux principaux pays d'exportation directe, mais la qualité des perles noires venant de Polynésie française est

boast (line 7)
recognized (line 17)
town and country planning (line 30)
French overseas (line 35)

Les étapes de la perliculture

La perliculture compte six étapes. Ce sont des procédés très complexes et très délicats. Une fois que l'huître est fécondée° et greffée°, on l'élève pendant dix-huit mois pour qu'elle produise des perles qui sont ensuite récoltées.

fertilized/grafted

appréciée et reconnue° partout dans le monde. Les «richesses» du patrimoine océanique sont donc aussi des richesses au sens propre du terme°.

Les beautés naturelles sous-marines sont encore mal connues du grand public. C'est pourquoi il existe des endroits en Polynésie française où l'on fait découvrir aux touristes la faune et la flore d'un lagon. Ce sont les lagoonariums, des réserves aquatiques en milieu naturel. Dans l'archipel de la Société, il en existe deux, à Tahiti et à Bora Bora. Ces aquariums géants ont des bassins° dans lesquels évoluent presque toutes les espèces aquatiques de cette région du monde. On a la possibilité d'assister au repas des requins donné à la main. Le lagoonarium de Bora Bora propose même à ses visiteurs de nager parmi la faune marine.

«L'émerveillement° est le premier pas vers le respect», affirme l'écologiste Nicolas Hulot, président de la fondation écologique qui porte son nom. Il est essentiel de comprendre notre environnement aquatique pour l'admirer et le respecter. Jacques-Yves Cousteau fut un pionnier dans ce domaine en nous faisant découvrir ce monde du silence, dès les années 1950. Préservons notre patrimoine naturel. N'est-ce pas notre plus grande richesse? ■

in the literal sense (line 51)
pools (line 61)
wonder (line 67)

Analyse

1 **Compréhension** Répondez aux questions par des phrases complètes.

1. Quelles sont les deux plus grandes barrières de corail du monde?

2. Quelle est la caractéristique du lagon de la Nouvelle-Calédonie?

3. Pourquoi le lagon de la Nouvelle-Calédonie est-il considéré comme un temple de la biodiversité marine?

4. Que sait-on de la tortue verte?

5. Quelles sont les deux choses qui menacent la barrière corallienne de la Nouvelle-Calédonie?

6. Quelle initiative le gouvernement français a-t-il prise pour aider à sa préservation?

7. Quel est le premier produit d'exportation de Tahiti?

8. La perliculture est-elle facile?

9. Comment obtient-on une perle?

10. Qu'est-ce qu'un lagoonarium et que peut-on y faire?

2 **Les citations** À deux, lisez ces deux citations et répondez aux questions.

> La terre n'est pas un don de nos parents, ce sont nos enfants qui nous la prêtent.
>
> **— Proverbe indien**

> Après moi, le déluge (*flood*).
>
> **— attribué à Louis XV,
> roi de France de 1715 à 1774.**

- Que veut dire le proverbe indien? Est-ce un concept qui vous est familier?
- Que dit Louis XV? Pensez-vous qu'il soit sérieux?
- Êtes-vous d'accord avec ces citations? Expliquez.
- D'après vos observations, les gens autour de vous vivent-ils plutôt en accord avec le proverbe indien ou à la Louis XV?

3 **Nos richesses naturelles** À deux, faites la liste des richesses naturelles de votre région et dites si vous les considérez comme menacées. Pensez aux animaux, aux plantes, aux paysages, aux richesses du sous-sol (*subsoil*), etc. Puis, comparez votre liste avec celle d'un autre groupe.

4 **Enquête** Demandez à des camarades de classe quelle est, d'après eux/elles, la source d'énergie du futur et celle qui devrait être développée le plus rapidement. Notez leurs arguments. Ensuite, présentez vos résultats à la classe.

- l'énergie solaire
- l'huile végétale
- l'hydrogène
- l'énergie hydraulique
- le nucléaire
- l'énergie éolienne

 Practice more at **vhlcentral.com**.

Préparation

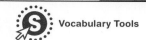

Vocabulary Tools

À propos de l'auteur

Jean-Baptiste Tati-Loutard (1938–2009) est né dans la région de Pointe-Noire, en République du Congo. Il a fait des études à Bordeaux, en France, puis il a enseigné la littérature à l'Université de Brazzaville. Il a écrit plusieurs recueils de poèmes, dont *Les Feux de la planète* (1977), et des nouvelles, comme *Nouvelles chroniques congolaises* (1980). Il a obtenu plusieurs prix, y compris le Grand Prix littéraire de l'Afrique Noire en 1987. C'est un style simple et classique qui caractérise ses œuvres, dans lesquelles il parle du contact de son pays avec la modernité. En 1975, Tati-Loutard est aussi entré en politique et il a servi comme Ministre des Hydrocarbures de 1997 à 2009.

Vocabulaire de la lecture		Vocabulaire utile
agiter *to shake*	**noueux/noueuse** *gnarled*	**la modernité** *modernity*
se balancer *to swing*	**puiser** *to draw from*	**la nostalgie** *nostalgia*
doucement *gently*	**raffermi(e)** *strengthened*	**un sens figuré/littéral** *figurative/literal sense*
exhorter *to urge*	**remuer** *to move*	
faiblir *to weaken*	**se retourner** *to turn over*	**le ton** *tone*
mêler *to mix*		

1 **Vocabulaire** Combinez les syllabes du tableau pour former sept mots du nouveau vocabulaire. Ensuite, écrivez sept phrases originales avec ces mots.

douce	re	a	ment
pui	gi	mê	nou
mu	ser	er	fai
eux	blir	ler	ter

2 **La République du Congo** Que savez-vous de la République du Congo? À deux, répondez à autant de questions de la liste que possible. Ensuite, comparez vos connaissances avec celles de la classe.

- Où, en Afrique, se trouve la République du Congo?
- Quels pays l'entourent?
- Quelle est sa capitale?
- Quelles langues y parle-t-on?

3 **Préparation** Pour parler de poésie, il faut être sensible aux symboles qui permettent la représentation abstraite d'objets ou de concepts. Dans la littérature, les écrivains emploient parfois des symboles pour enrichir leurs poèmes ou leur prose et en élargir l'interprétation. Réfléchissez à ces symboles. Que représentent-ils pour vous? Comparez vos idées avec celles de vos camarades de classe.

1. un drapeau
2. une croix (*cross*)
3. une colombe (*dove*)
4. une ampoule électrique (*light bulb*)
5. un serpent
6. une balance (*scales*)
7. un cygne (*swan*)
8. une étoile

Practice more at vhlcentral.com.

Baobab

Jean-Baptiste Tati-Loutard

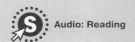
Audio: Reading

Et je me sens raffermi quand ton sang fort Passe dans mon sang.

a broad-trunked tree found primarily in Africa Baobab!° Je suis venu replanter mon être près de toi

Et mêler mes racines à tes racines d'ancêtre;

Je me donne en rêve tes bras noueux

blood Et je me sens raffermi quand ton sang° fort

5 Passe dans mon sang.

weapons Baobab! «l'homme vaut ce que valent ses armes°».

small sign C'est l'écriteau° qui se balance à toute porte de ce monde.

strength Où vais-je puiser tant de forces° pour tant de luttes

brace myself against Si à ton pied je ne m'arc-boute°?

10 Baobab! Quand je serai tout triste

tune Ayant perdu l'air° de toute chanson,

gullets Agite pour moi les gosiers° de tes oiseaux

Afin qu'à vivre ils m'exhortent.

ground/steps Et quand faiblira le sol° sous mes pas°

15 Laisse-moi remuer la terre à ton pied:

Que doucement sur moi elle se retourne! ■

Analyse

1 **Compréhension** Répondez aux questions.

1. Ce poème s'adresse à qui ou à quoi?
2. Le narrateur s'identifie avec quoi dans le poème?
3. À quoi sert le baobab pour le narrateur?
4. Que veut dire «l'homme vaut ce que valent ses armes»?
5. Qu'est-ce que le narrateur demande au baobab?

2 **Interprétation** À deux, regardez cette liste de symboles utilisés dans le poème puis discutez de ce qu'ils représentent.

- le baobab
- les racines
- le sang
- l'écriteau
- la chanson

3 **Expliquez** Quels sentiments ce poème évoque-t-il? Faites-en une liste d'au moins cinq. Ensuite, écrivez un paragraphe qui explique les sentiments exprimés dans ce poème.

4 **Discussion** D'après Tati-Loutard, «Le poète ne regarde jamais les choses; il se regarde dans les choses». Par groupes de trois, discutez de la façon dont cette idée s'applique à ce poème. Ensuite présentez vos idées à la classe.

5 **Rédaction** Écrivez un poème. Suivez le plan de rédaction.

Plan

1 **Organisation** Pensez à un élément de la nature:

- un animal
- une plante
- une formation géographique
- ?

À quoi vous fait-il penser? Faites une liste de vos idées. Ensuite, faites une liste d'adjectifs qui le décrivent. Utilisez un bon dictionnaire, si nécessaire.

2 **Votre poème** Écrivez un poème sur le sujet que vous avez choisi selon cette formule.

Premier vers: Nommez votre sujet.

Deuxième vers: Décrivez-le à l'aide de trois adjectifs.

Troisième vers: Décrivez-le à l'aide de deux verbes.

Quatrième vers: Décrivez-le à l'aide d'une phrase complète.

Cinquième vers: Décrivez-le à l'aide d'un seul mot.

3 **Conclusion** Donnez un titre à votre poème puis lisez-le à la classe.

Les richesses naturelles Vocabulary Tools

La nature

un **arc-en-ciel** *rainbow*
un **archipel** *archipelago*
une **barrière/un récif de corail**
   barrier/coral reef
une **chaîne montagneuse** *mountain range*
un **fleuve/une rivière** *river*
une **forêt (tropicale)** *(rain) forest*
la **Lune** *Moon*
la **mer** *sea*
un **paysage** *landscape; scenery*
le **soleil** *sun*
une **superficie** *surface area*
une **terre** *land*

en **plein air** *outdoors*
insuffisant(e) *insufficient*
potable *drinkable*
protégé(e) *protected*
pur(e) *pure; clean*
sec/sèche *dry*

Les animaux

une **araignée** *spider*
un **cochon** *pig*
un **lion** *lion*
un **mouton** *sheep*
un **ours** *bear*
un **poisson** *fish*
un **singe** *monkey*
un **tigre** *tiger*

Les phénomènes naturels

l'**érosion** (*f.*) *erosion*
un **incendie** *fire*
une **inondation** *flood*
un **ouragan** *hurricane*
une **pluie acide** *acid rain*
le **réchauffement climatique**
   global warming
la **sécheresse** *drought*
un **tremblement de terre** *earthquake*

Se servir de la nature ou la détruire

le **bien-être** *well-being*
un **combustible** *fuel*
la **consommation d'énergie**
   energy consumption
la **couche d'ozone** *ozone layer*
un **danger** *danger*
les **déchets** (*m.*) *trash*
la **déforestation** *deforestation*
l'**environnement** (*m.*) *environment*
le **gaspillage** *waste*
un **nuage de pollution** *smog*
la **pollution** *pollution*
une **ressource** *resource*
une **source d'énergie** *energy source*

chasser *to hunt*
empirer *to get worse*
épuiser *to use up*
être contaminé(e) *to be contaminated*
gaspiller *to waste*
jeter *to throw away*
menacer *to threaten*
nuire à *to harm*
polluer *to pollute*
préserver *to preserve*
prévenir *to prevent*
protéger *to protect*
résoudre *to solve*
respirer *to breathe*
supporter *to put up with*
tolérer *to tolerate*
urbaniser *to urbanize*

en voie d'extinction *endangered*
jetable *disposable*
nuisible *harmful*
renouvelable *renewable*
toxique *toxic*

Court métrage

le **braconnage** *poaching*
un **bûcheron** *lumberjack*
la **construction** *construction*
un **dispensaire** *clinic*
l'**exploitation** (*f.*) *development*
la **fabrication** *manufacture*

un(e) **forestier/forestière** *logger*
un(e) **géant(e)** *giant*
l'**industrie** (*f.*) **forestière** *logging industry*
un **meuble** *piece of furniture*
un(e) **militant(e)** *activist*
le **mobilier** *furniture*

abattre *to cut down*
bâtir *to build*
exploiter *to use; to harvest*
râler *to complain*

Culture

un **caillou (des cailloux)** *pebble(s)*
un **dauphin** *dolphin*
une **éolienne** *wind turbine*
l'**épanouissement** (*m.*) *development*
une **ferme** *farm*
un **filet (de pêche)** *(fishing) net*
une **huître** *oyster*
un **lagon** *lagoon*
une **perle** *pearl*
la **plongée (sous-marine/avec tuba)**
   diving; snorkeling
une **récolte** *harvest*
un **requin** *shark*
une **tortue** *turtle*

abriter *to provide a habitat for*
pêcher *to fish*
récolter *to harvest*

Littérature

la **modernité** *modernity*
la **nostalgie** *nostalgia*
un **sens figuré/littéral**
   figurative/literal sense
le **ton** *tone*

agiter *to shake*
se balancer *to swing*
exhorter *to urge*
faiblir *to weaken*
mêler *to mix*
puiser *to draw from*
remuer *to move*
se retourner *to turn over*

noueux/noueuse *gnarled*
raffermi(e) *strengthened*

doucement *gently*

Table des matières

FICHES de GRAMMAIRE
Supplementary Grammar Coverage
for IMAGINEZ

The Fiches de grammaire section is an invaluable tool for both instructors and students of intermediate French. It contains additional grammar concepts not covered within the core lessons of **IMAGINEZ** as well as practice activities. For each lesson in **IMAGINEZ**, two additional grammar topics are provided with corresponding practice.

These concepts are correlated to the lessons in **Structures** by means of the **Bloc-notes** sidebars, which provide the page numbers where concepts are taught in the **Fiches**.

This special supplement allows for great flexibility in planning and tailoring a course to suit the needs of whole classes and/or individual students. It also serves as a useful and convenient reference tool for students who wish to review previously learned material.

Table des matières

1.4

Present tense of regular *-er*, *-ir*, and *-re* verbs

- Most French verbs that end in **-er** follow the same pattern.

parler	
je parl**e**	nous parl**ons**
tu parl**es**	vous parl**ez**
il/elle parl**e**	ils/elles parl**ent**

Elle **parle** au téléphone.

- Hundreds of verbs follow this pattern. Here are some more regular **-er** verbs.

aimer (*to like, to love*)	donner (*to give*)	oublier (*to forget*)
arriver (*to arrive*)	écouter (*to listen to*)	penser (*to think*)
chercher (*to look for*)	habiter (*to live in*)	regarder (*to watch*)
compter (*to count*)	inviter (*to invite*)	travailler (*to work*)

BLOC-NOTES

The present tense of spelling-change **-er** verbs is explained in **Structures 1.1, pp. 18–19.**

- Most verbs that end in **-ir** follow this pattern.

finir	
je fin**is**	nous fin**issons**
tu fin**is**	vous fin**issez**
il/elle fin**it**	ils/elles fin**issent**

Elle **finit** ses devoirs.

BLOC-NOTES

A handful of **-ir** verbs are irregular. To find out more about irregular **-ir** verbs, see **Structures 4.3, pp. 142–143.**

- Here are some more regular **-ir** verbs.

choisir (*to choose*)	maigrir (*to lose weight*)	réfléchir (*to think (about)*)
grossir (*to gain weight*)	obéir (à) (*to obey*)	réussir (à) (*to succeed*)

- Most verbs that end in **-re** follow this pattern.

vendre	
je vend**s**	nous vend**ons**
tu vend**s**	vous vend**ez**
il/elle vend	ils/elles vend**ent**

Il **vend** un appareil photo.

BLOC-NOTES

Irregular **-re** verbs are explained in **Structures 6.3, pp. 220–221.**

- Here are some more regular **-re** verbs.

attendre (*to wait (for)*)	descendre (*to go down*)	perdre (*to lose*)
défendre (*to defend*)	entendre (*to hear*)	répondre (*to answer*)

Mise en pratique

1

À compléter Employez la forme correcte des verbes entre parenthèses.

1. Tu _____ (jouer) au tennis samedi après-midi?

2. Mon cousin _____ (obéir) toujours à ses parents.

3. Nous _____ (habiter) à New York.

4. On _____ (grossir) quand on mange trop de pâtes.

5. Mes frères _____ (partager) un bel appartement.

6. Vous _____ (vendre) votre vélo?

7. Ces étudiants _____ (s'entendre) bien.

8. Je _____ (compter) sur ma meilleure amie.

2

À choisir Complétez les paragraphes à l'aide des mots de la liste. Faites tous les changements nécessaires. Chaque verbe n'est utilisé qu'une seule fois.

agacer	écouter	finir	quitter
aimer	énerver	oublier	réussir
attendre	entendre	perdre	rêver
se disputer	étudier	poser	téléphoner

A. Nicolas, avant d'aller au cinéma, tu (1) _____ tes devoirs. D'accord? Tu (2) _____ toujours la dernière minute. Tu (3) _____ ton temps et ça m' (4) _____! Je ne suis pas contente. Est-ce que tu m' (5) _____? Pourquoi est-ce que tu ne m' (6) _____ jamais? Les élèves qui n' 1(7) _____ pas ne (8) _____ pas au bac, tu sais!

B. J'en ai marre de mon petit ami. Il est charmant, mais il (9) _____ toujours nos rendez-vous. Je ne peux pas vous dire combien il m' (10) _____! Nous (11) _____ souvent parce qu'il me (12) _____ des lapins et qu'il ne me (13) _____ pas. Je l' (14) _____ toujours, mais je (15) _____ d'un petit ami plus sensible. Alors, c'est décidé. Ce week-end, je le (16) _____.

3

Assemblez Assemblez les éléments des trois colonnes pour créer des phrases. Ajoutez d'autres mots nécessaires.

A	B	C
je	aimer	appartement
le prof	arriver	chocolat
mon/ma camarade	choisir	cours
de chambre	descendre	devoirs
ma sœur	écouter	gare
mon ami(e)	finir	hôtel
mon frère	habiter	montre
mes parents	perdre	musique
mon/ma petit(e) ami(e)	répondre	sac
nous	rester	question
tu	vendre	voiture
?	?	?

1.5 The imperative

- Use the imperative to give a command or make a suggestion.

Attends le bus!	**Attendons** le bus!	**Attendez** le bus!
Wait for the bus!	*Let's wait for the bus!*	*Wait for the bus!*

- The imperative forms of **-ir** and **-re** verbs are the same as the present tense forms.

finir		répondre	
Present	Imperative	Present	Imperative
Tu finis.	Finis!	Tu réponds.	Réponds!
Nous finissons.	Finissons!	Nous répondons.	Répondons!
Vous finissez.	Finissez!	Vous répondez.	Répondez!

- Form the **tu** command of **-er** verbs by dropping the **-s** from the present tense form. The **nous** and **vous** forms are the same as the present tense forms.

danser	
Present	Imperative
Tu danses.	Danse!
Nous dansons.	Dansons!
Vous dansez.	Dansez!

ATTENTION!

Although **aller** is irregular, like other **-er** verbs, it has no **-s** on the **tu** command form.

Va au marché!
Go to the market!

ATTENTION!

Do not drop the **-s** from the **tu** form of a command when it is followed by a pronoun that begins with a vowel.

Vas-y!
Go (there)!

Manges-en!
Eat some!

- The imperative forms of **avoir**, **être**, and **savoir** are irregular.

avoir:	aie	ayons	ayez
être:	sois	soyons	soyez
savoir:	sache	sachons	sachez

Ayons de la patience!	**Sois** sage!	**Sachez** que nous fermons.
Let's have patience!	*Be good!*	*Be advised that we're closing.*

- In negative commands, place **ne... pas** around the verb.

Ne sois **pas** nerveux!	**N'oubliez pas** notre rendez-vous!
Don't be nervous!	*Don't forget our date!*

BLOC-NOTES

To review pronoun order, see **Structures 5.3, pp. 180–181.**

- In affirmative commands, object pronouns and reflexive pronouns follow the verb and are joined by a hyphen. In negative commands, pronouns are placed in front of the verb with no hyphen.

Donnez-**les-moi**!	Ne **me les** donnez pas!
Give them to me!	*Don't give them to me!*
Lève-**toi**!	Ne **te** lève pas!
Get up!	*Don't get up!*

Mise en pratique

1

Que fait-on? Employez l'impératif pour donner des ordres ou pour faire des suggestions.

Modèle **Vous parlez à votre fiancé(e): vous téléphoner**

Téléphone-moi!

Vous parlez à...		
votre fiancé(e):	de nouveaux étudiants:	un(e) ami(e) de ce que vous pouvez faire ensemble:
1. aller à la bibliothèque	6. faire attention aux profs	11. aller au cinéma
_____	_____	_____
2. compter sur vous	7. se lever tôt	12. prendre un verre
_____	_____	_____
3. écrire souvent	8. aller en cours	13. écouter de la musique
_____	_____	_____
4. me donner la main	9. avoir confiance	14. nager à la piscine
_____	_____	_____
5. vous attendre après le cours	10. ne pas sortir le samedi	15. ne pas rester à la maison
_____	_____	_____

2

De bons conseils Que dites-vous dans ces situations? Utilisez l'impératif.

1. Votre frère cadet refuse de boire son jus d'orange.
2. Vous étudiez et vos camarades de chambre parlent très fort.
3. Vous demandez à vos parents de vous envoyer de l'argent.
4. Votre meilleur ami part en vacances.
5. Il est dix heures du soir et votre petite sœur ne veut pas se coucher.
6. Vous et votre ami(e) avez faim.

3

Que disent-ils? Écrivez une phrase à l'impératif qui convient à chaque image.

1.

2.

3.

4.

2.4

Nouns and articles

- Definite and indefinite articles agree in gender and number with the nouns they modify.

	Definite articles			Indefinite articles	
	singular	**plural**		**singular**	**plural**
masculine	**le** musicien	**les** musiciens		**un** musicien	**des** musiciens
feminine	**la** musicienne	**les** musiciennes		**une** musicienne	**des** musiciennes

- The gender of nouns that refer to people typically matches the gender of the person: **un garçon** / **une fille**; **un chanteur** / **une chanteuse**; **un enfant** / **une enfant**.

- Certain noun endings provide clues to their gender.

Typical masculine endings

-age le voyage	**-asme** le sarcasme	**-if** le tarif
-ail le travail	**-eau** le bureau	**-in** le bassin
-ain l'écrivain	**-ent** l'argent	**-isme** le surréalisme
-al le journal	**-et** le bonnet	**-ment** le dépaysement
-as le repas	**-ier** le clavier	**-oir** le pouvoir

Typical feminine endings

-ace la place	**-ère** la boulangère	**-sion** l'expression
-ade la charade	**-esse** la tristesse	**-té** la responsabilité
-aine la laine	**-ette** l'assiette	**-tié** l'amitié
-ance la chance	**-euse** la chanteuse	**-tion** l'addition
-ée la journée	**-ie** la pâtisserie	**-trice** l'actrice
-ence la compétence	**-ière** la cuisinière	**-ture** la rupture

- To form the plural of most French nouns, add an **-s**. If a singular noun ends in **-s**, **-x**, or **-z**, its plural form remains the same: **le gaz → les gaz; le pays → les pays; la voix → les voix.**

- If a singular noun ends in **-au**, **-eau**, **-eu**, or **-œu**, its plural form usually ends in **-x**. If a singular noun ends in **-al**, drop the **-al** and add **-aux**.

le chapeau	**le jeu**	**le vœu**	**le cheval**
les chapeaux	**les jeux**	**les vœux**	**les chevaux**

- A few nouns have very irregular plural forms: **l'œil → les yeux; le ciel → les cieux; le monsieur → les messieurs.**

ATTENTION!

There are several exceptions to these gender rules. When in doubt, use a dictionary.

l'eau (*f.*)	**la fin**
le génie	**le lycée**
la main	**le musée**
la peau	**la plage**

ATTENTION!

Here are a few exceptions.

le bijou (*jewel*)	**les bijoux**
le caillou (*pebble*)	**les cailloux**
le carnaval	**les carnavals**
le festival	**les festivals**
le récital	**les récitals**
le pneu	**les pneus**
le travail	**les travaux**

Mise en pratique

1

Masculin ou féminin? Ajoutez les articles indéfinis.

1. _____ acteur
2. _____ charcuterie
3. _____ appartement
4. _____ nation
5. _____ parade
6. _____ cahier
7. _____ pharmacienne
8. _____ adresse
9. _____ château
10. _____ miroir
11. _____ tarif
12. _____ changement
13. _____ animal
14. _____ lundi
15. _____ chance
16. _____ coiffeuse
17. _____ compétition
18. _____ idée
19. _____ million
20. _____ mariage

2

Les pluriels Mettez au pluriel le nom souligné dans chaque phrase. Faites tous les autres changements nécessaires.

1. On a volé mon <u>bijou</u>!

   _____

2. Ce <u>mois</u> passe rapidement.

   _____

3. L'aspirine n'est pas bonne pour son <u>mal</u> de ventre.

   _____

4. Hélène aime son nouveau <u>chapeau</u>.

   _____

5. Le <u>chat</u> a fait beaucoup de bruit.

   _____

6. C'est papa qui a préparé le <u>repas</u>.

   _____

7. Tu as acheté la <u>chemise</u> noire?

   _____

8. La <u>couleur</u> de cet arbre est très belle en automne.

   _____

9. As-tu connu le <u>fils</u> de Monsieur Sévigny?

   _____

10. Le <u>feu</u> a commencé à cause d'une allumette.

    _____

3

Ma ville idéale Employez des articles définis et indéfinis pour parler de votre ville idéale. Utilisez le vocabulaire de la Leçon 2 autant que possible.

Modèle   Les embouteillages ne me gênent pas, mais la vie nocturne doit être animée.

2.5

Il est and *c'est*

● **C'est** and **il/elle est** can both mean *it is* or *he/she is*. **Ce sont** and **ils/elles sont** mean *they are*. All of these expressions can refer to people or things.

● Use **c'est** and **ce sont** to identify people or things.

> **C'est** mon stylo.　　**Ce sont** mes amis.
> *It's my pen.*　　　　*They're my friends.*

C'est la famille Delorme.

● Use **il/elle est** and **ils/elles sont** to describe specific people or things that have been previously mentioned.

> Essayez ce pain au chocolat!　　Voici Madame Duval et sa fille.
> **Il est** vraiment délicieux!　　　**Elles sont** bilingues.
> *Try this chocolate croissant.*　　*Here are Mrs. Duval and her daughter.*
> *It's really delicious!*　　　　*They're bilingual.*

● When stating a person's nationality, religion, political affiliation, or profession, **il/elle est** and **c'est un/une**, and their respective plural forms **ils/elles sont** and **ce sont des**, are both correct. If you include an adjective, you can only use **c'est un/une** or **ce sont des**.

> **Il est** journaliste.　　**C'est un** journaliste.　　**C'est un** journaliste célèbre.
> *He's a journalist.*　　*He's a journalist.*　　*He's a famous journalist.*

● To describe an idea or concept expressed as an infinitive rather than a noun, use the impersonal construction **il est** + [*adjective*] + **de** (**d'**) + [*infinitive*].

> **Il est important de se brosser**　　**Il est essentiel d'apprendre**
> les dents après les repas.　　　　une langue étrangère à l'école.
> *It's important to brush one's*　　*It's essential to learn*
> *teeth after meals.*　　　　　*a foreign language at school.*

● Use **c'est** + [*adjective*] + **à** + [*infinitive*] if the object of the infinitive is not stated immediately after it or not stated at all. Compare these sentences.

> **Il est facile de vendre**　　Une maison, **c'est facile**　　**C'est facile**
> une maison.　　　　　**à vendre**.　　　　　**à vendre!**
> *It's easy to sell*　　　　*A house is easy*　　　*It's easy*
> *a house.*　　　　　*to sell.*　　　　　*to sell!*

● Use **c'est** + [*adjective*] to describe an idea or concept that has already been mentioned or stated earlier in a sentence.

> Se brosser les dents après les repas,　　J'apprends une langue étrangère à l'école.
> **c'est** important.　　　　　　　**C'est** vrai!
> *Brushing one's teeth after meals*　　*I'm learning a foreign language at school.*
> *is important.*　　　　　　　*It's true!*

Mise en pratique

1

À compléter Complétez les phrases suivantes à l'aide des expressions de la liste.

c'est	il est	ils sont
ce sont	elle est	elles sont

1. _____ mon ami, Jacques. _____ étudiant. _____ un très bon ami.

2. _____ les parents de Jean-Marc. _____ canadiens. Son père, _____ infirmier et sa mère, _____ avocate.

3. _____ notre chien, Rufus. _____ un berger allemand (*German shepherd*). _____ génial!

4. _____ Louise et Michèle. _____ camarades de chambre. Louise, _____ timide et tranquille. Michèle, _____ plutôt mélancolique.

5. _____ mon bureau. _____ grand et confortable. _____ facile d'y travailler.

2

Descriptions Répondez aux questions. Ensuite, présentez vos descriptions à la classe.

1. Votre meilleur(e) ami(e): Qui est-ce? Comment est-il/elle physiquement? Quel genre de personnalité a-t-il/elle?

2. Une personne célèbre: Qui est-ce? Que fait-il/elle dans la vie? Comment est-il/elle physiquement? Est-ce que vous l'aimez bien? Pourquoi?

3. Une personne que vous admirez: Qui est-ce? Que fait-il/elle dans la vie? Quel genre de personnalité a-t-il/elle? Pourquoi l'admirez-vous?

4. La voiture de vos rêves: Qu'est-ce que c'est? Comment est-elle? Pourquoi vous plaît-elle?

3

Qui est-ce? Inventez une identité pour chaque personne. Identifiez-les et décrivez-les. Écrivez au moins trois phrases par photo.

Modèle C'est Francine. Elle est reporter. Elle est très professionnelle.

1.

2.

3.4 Possessive adjectives

- Possessive adjectives are used to express ownership or possession.

English meaning	masculine singular	feminine singular	plural
my	mon	ma	mes
your (familiar and singular)	ton	ta	tes
his, her, its	son	sa	ses
our	notre	notre	nos
your (formal or plural)	votre	votre	vos
their	leur	leur	leurs

- Possessive adjectives are placed before the nouns they modify.

C'est **ta** radio?   Non, mais c'est **ma** télévision.
Is that your radio?   *No, but that's my television.*

- Unlike English, French possessive adjectives agree in gender and number with the object owned rather than the owner.

mon magazine   **ma** bande dessinée   **mes** journaux
my magazine   *my comic strip*   *my newspapers*

- **Notre, votre,** and **leur** are used with singular nouns whether they are masculine or feminine.

notre neveu   **notre** nièce   **leur** oncle   **leur** tante
our nephew   *our niece*   *their uncle*   *their aunt*

- Regardless of gender, the plural forms of **notre, votre,** and **leur** are **nos, vos,** and **leurs.**

vos cousins   **vos** cousines   **leurs** frères   **leurs** sœurs
your cousins   *your (female) cousins*   *their brothers*   *their sisters*

- The possessive adjectives **son, sa,** and **ses** reflect the gender and number of the noun possessed, not the owner. Context should tell you whether they mean *his* or *her.*

son père   **sa** mère   **ses** parents
his/her father   *his/her mother*   *his/her parents*

- Use **mon, ton,** and **son** before a feminine singular noun or adjective that begins with a vowel sound.

mon amie Nathalie   *but*   **ma** meilleure amie Nathalie
my friend Nathalie   *my best friend Nathalie*

son ancienne publicité   *but*   **sa** publicité
his/her/its former advertisement   *his/her/its advertisement*

Mise en pratique

1

À choisir Pour chaque phrase, choisissez l'adjectif possessif qui convient.

1. Le photographe a perdu (son /sa /ses) appareil photo!
2. Est-ce que c'est (ton / ta / tes) ordinateur?
3. Je vous présente (mon / ma / mes) parents.
4. Ils ont oublié (leur / leurs) parapluie?
5. Vous aimez ce magazine? Ma sœur adore (son / ses / sa) rubrique société.
6. Cette annonce est nulle! Voilà (mon / ma / mes) opinion!
7. (Votre / Vos) amis sont sympathiques.
8. La vedette n'a pas assisté à la première de (son / sa / ses) film.
9. Les critiques ont beaucoup aimé (notre / nos) documentaire.
10. Tu es sorti avec (ton / ta / tes) petite amie?

2

À compléter Trouvez l'adjectif possessif équivalent.

1. (my) _____ copain habite un grand immeuble en ville.
2. (his) _____ femme est critique de cinéma.
3. (her) _____ opinion est toujours impartiale.
4. (their) _____ cousins sont arrivés hier soir.
5. (your, fam.) _____ cours sont intéressants?
6. (our) _____ moyens de communication sont modernes.
7. (its) _____ sous-titres sont en anglais.
8. (your, formal) _____ voisin est animateur de radio?

3

C'est ton...? Pour chaque groupe de mots, écrivez la question et répondez-y par oui ou par non. Employez les adjectifs possessifs qui correspondent.

> **Modèle**   **cahier: tu, elle (non)**
> —C'est ton cahier?
> —Non, c'est son cahier.

1. parents: vous, nous (oui)
   _____
   _____

2. voiture: ils, nous (non)
   _____
   _____

3. devoirs: je, tu (oui)
   _____
   _____

4. télévision: elle, je (non)
   _____
   _____

5. vedette préférée: tu, il (non)
   _____
   _____

6. professeur: nous, vous (oui)
   _____
   _____

3.5

The *imparfait*: formation and uses

- The **imparfait** is used to talk about what used to happen or to describe conditions in the past.

  Ils **regardaient** le feuilleton
  tous les jours.
  *They used to watch the soap opera
  every day.*

  Ce journaliste **avait** une
  bonne réputation.
  *This journalist had a
  good reputation.*

- To form the **imparfait**, drop the **-ons** from the **nous** form of the present tense, and add these endings.

	penser (nous pens~~ons~~)	finir (nous finiss~~ons~~)	vendre (nous vend~~ons~~)
je	pens**ais**	finiss**ais**	vend**ais**
tu	pens**ais**	finiss**ais**	vend**ais**
il/elle	pens**ait**	finiss**ait**	vend**ait**
nous	pens**ions**	finiss**ions**	vend**ions**
vous	pens**iez**	finiss**iez**	vend**iez**
ils/elles	pens**aient**	finiss**aient**	vend**aient**

- Irregular verbs, too, follow this pattern: **j'allais, j'avais, je buvais, je faisais, je sortais,** etc.

- Only the verb **être** is irregular in the **imparfait**.

The imparfait of être	
j'**étais**	nous **étions**
tu **étais**	vous **étiez**
il/elle **était**	ils/elles **étaient**

Elle **était** fatiguée.

- The **imparfait** is used to talk about actions that took place repeatedly or habitually.

  Nous **faisions** du jogging le matin.
  We went jogging every morning.

  Je **lisais** toujours mon horoscope.
  I always used to read my horoscope.

- When narrating a story in the past, the **imparfait** is used to set the scene, such as describing the weather, what was going on, the time frame, and so on.

  Il **faisait** froid.
  It was cold.

  Il n'y **avait** personne dans le parc.
  There was no one in the park.

- The **imparfait** is used to describe states of mind that continued over an unspecified period of time in the past.

  Nous **avions** peur.
  We were afraid.

  Je **voulais** partir.
  I wanted to leave.

Mise en pratique

1

À compléter Mettez les verbes à l'imparfait pour compléter ce paragraphe.

Quand j' (1) _____ (être) petit, j' (2) _____ (avoir) beaucoup

de copains. Nous (3) _____ (faire) du vélo et nous (4) _____

(jouer) dans le parc, en face de notre école. J' (5) _____ (être) un élève

assez sérieux. L'après-midi, mon meilleur ami et moi, nous (6) _____

(étudier) ensemble. Je ne (7) _____ (regarder) pas trop la télé parce que

mes parents (8) _____ (penser) que les publicités (9) _____

(être) mauvaises pour les enfants. Mais j' (10) _____ (aimer) aller

au cinéma avec mon frère. Il (11) _____ (être) plus fort que moi. Il

me (12) _____ (protéger) contre les garçons trop agressifs et il

me (13) _____ (permettre) de sortir avec lui quelquefois. Il

n' (14) _____ (être) pas toujours gentil, mais je l' (15) _____

(adorer) quand même.

2

Quand j'avais huit ans Utilisez les éléments donnés pour dire comment vous étiez à
l'âge de huit ans.

> **Modèle**   **avoir peur des monstres sous son lit**
>
> J'avais peur des monstres sous mon lit. J'appelais mes parents au
> milieu de la nuit!

1. manger beaucoup de bonbons
2. jouer au football
3. offrir des cadeaux à ses parents
4. lire des bandes dessinées
5. ranger souvent sa chambre
6. aider sa mère ou son père
7. embêter son frère ou sa sœur
8. jouer à des jeux vidéo
9. faire du vélo

3

Il y a dix ans Comparez ces deux scènes. C'était comment il y a dix ans? C'est
comment aujourd'hui?

> **Modèle**   Il y a dix ans, les arbres étaient... Aujourd'hui, on ne voit plus de...

Il y a dix ans   Aujourd'hui

4.4 Demonstrative adjectives

- Demonstrative adjectives specify a noun to which a speaker is referring. They mean *this/these* or *that/those*. They can refer to people or things.

Ce cadeau est pour toi.

Demonstrative adjectives

	singular	plural
masculine (before a consonant)	ce	
masculine (before a vowel)	cet	ces
feminine	cette	

Ce drapeau est bleu, blanc et rouge.
This (That) flag is blue, white, and red.

Cette croyance est absurde, à mon avis.
That (This) belief is absurd, in my opinion.

Ces droits sont très importants.
These (Those) rights are very important.

- A noun must be masculine singular and begin with a vowel sound in order to use **cet**.

Cet homme politique était victorieux.
This (That) politician was victorious.

Cet avocat défend les minorités.
This (That) lawyer defends minorities.

- **Ce**, **cet**, **cette**, and **ces** can refer to a noun that is near (*this/these*) or far (*that/those*). Context will usually make the meaning clear.

- To distinguish between two different nouns of the same kind, add **-ci** (*this/these*) or **-là** (*that/those*) to the noun.

Ce parti politique**-ci** est libéral.
This political party is liberal.

Ce parti politique**-là** est conservateur.
That political party is conservative.

- The suffixes **-ci** and **-là** can also be used together to distinguish between similar items that are near and far.

Je voudrais **ce** gâteau**-ci**, s'il vous plaît, pas **ce** gâteau**-là**.
I would like this cake (here), please, not that cake (there).

On a lu **ces** magazines**-ci** et **ces** magazines**-là** aussi.
We read these magazines (here) and those magazines (there) too.

ATTENTION!

Use **cet** before an adjective that begins with a vowel sound and precedes a masculine singular noun.

cet ancien professeur de littérature
this former literature professor

Do not use **cet** before an adjective that begins with a consonant, even if the noun is masculine singular and begins with a vowel sound.

ce jeune homme
this young man

These exceptions occur with adjectives that are placed before the nouns they modify. Most adjectives go after the noun.

Mise en pratique

1

À remplacer Remplacez le singulier par le pluriel et vice versa.

> **Modèle** **Cette voiture est vieille.**
> Ces voitures sont vieilles.

1. Ces hommes politiques sont puissants.

   _____

2. Ce juge est juste.

   _____

3. Ces criminels sont analphabètes.

   _____

4. Ces voleuses veulent fuir.

   _____

5. Ce terroriste désire faire la guerre.

   _____

6. Ces activistes sont fâchés.

   _____

2

Je déteste mon quartier! Ajoutez les adjectifs démonstratifs qui conviennent.

Je déteste habiter dans (1) _____ quartier. On entend toujours du bruit à cause de (2) _____ commissariat de police et de (3) _____ caserne de pompiers. Et regardez (4) _____ place! (5) _____ palais de justice est trop moderne, à mon avis. (6) _____ autres édifices sont vraiment laids! (7) _____ jardin public n'est jamais propre parce que (8) _____ poubelle est trop petite. Vous voyez (9) _____ circulation et (10) _____ embouteillages? Quelle horreur! En plus, (11) _____ rue n'a même pas de trottoir et (12) _____ arrêt de bus n'a pas d'abri.

3

Préférences À l'aide du vocabulaire de la liste, dites quelles sont vos préférences et expliquez pourquoi. Employez des adjectifs démonstratifs.

> **Modèle** J'aime le musée du Louvre. J'aime ce musée parce que...

chiens	passe-temps
dessert	réalisateur/réalisatrice
film	restaurant
jardin public	saison
légumes	sports
magasin	station de radio
musée	voiture
parti politique	?

4.5

The *passé simple*

- The **passé simple** is the literary equivalent of the **passé composé**. Like the **passé composé**, it denotes actions and events that have been completed in the past.

Passé composé	Passé simple
Elle a lu **le livre.** *She read the book.*	**Elle** lut **le livre.** *She read the book.*

- To form the stem of the **passé simple**, you usually drop the **-er**, **-re**, or **-ir** ending from the infinitive. Then add these endings for regular verbs.

-er verbs: donner		-ir verbs: choisir		-re verbs: rendre	
je	**donn**ai	je	**chois**is	je	**rend**is
tu	**donn**as	tu	**chois**is	tu	**rend**is
il/elle	**donn**a	il/elle	**chois**it	il/elle	**rend**it
nous	**donn**âmes	nous	**chois**îmes	nous	**rend**îmes
vous	**donn**âtes	vous	**chois**îtes	vous	**rend**îtes
ils/elles	**donn**èrent	ils/elles	**chois**irent	ils/elles	**rend**irent

- Here are the **passé simple** forms of some common irregular verbs.

	être	avoir	faire	venir
je	**fus**	**eus**	**fis**	**vins**
tu	**fus**	**eus**	**fis**	**vins**
il/elle	**fut**	**eut**	**fit**	**vint**
nous	**fûmes**	**eûmes**	**fîmes**	**vînmes**
vous	**fûtes**	**eûtes**	**fîtes**	**vîntes**
ils/elles	**furent**	**eurent**	**firent**	**vinrent**

- The **passé simple** stems of many irregular verbs are based on their past participles.

	boire (bu)	lire (lu)	partir (parti)	rire (ri)
je	**bu**s	**lu**s	**parti**s	**ri**s
tu	**bu**s	**lu**s	**parti**s	**ri**s
il/elle	**bu**t	**lu**t	**parti**t	**ri**t
nous	**bû**mes	**lû**mes	**parti**mes	**rî**mes
vous	**bû**tes	**lû**tes	**parti**tes	**rî**tes
ils/elles	**bu**rent	**lu**rent	**parti**rent	**ri**rent

Mise en pratique

1

À identifier Identifiez l'infinitif de chaque verbe puis donnez le passé composé correspondant.

> **Modèle** **je vendis**
> vendre: j'ai vendu

1. nous fîmes
2. vous eûtes
3. je chantai
4. il alla
5. tu vins

6. Michel finit
7. je dus
8. elles connurent
9. vous rendîtes
10. elle fut

2

À transformer Mettez ces phrases au passé composé.

1. Ils allèrent en Asie.

   _____

2. Je mangeai une pizza et je bus un coca.

   _____

3. Vous fîtes un voyage en Australie.

   _____

4. Nous vînmes avec Stéphanie et Paul.

   _____

5. Il eut un accident de voiture.

   _____

6. Tu vendis ta maison.

   _____

7. Lise et Luc finirent leurs devoirs.

   _____

8. Catherine fit sa valise.

   _____

3

Un scandale Remplacez chaque verbe au passé simple par son équivalent au passé composé.

Un homme kidnappa la femme d'un député. Il téléphona au député au milieu de la nuit et le menaça. Il demanda la liberté de quelques terroristes emprisonnés. Heureusement, le criminel était plutôt bête parce qu'on sut tout de suite son numéro de téléphone et on l'arrêta le lendemain. Quand il se présenta devant le tribunal, le juge prononça une sentence assez sévère. L'homme passa 15 ans en prison.

5.4

Object pronouns

- Direct and indirect object pronouns generally precede the verbs of which they are objects. In a simple tense, such as the present, the **futur**, or the **imparfait**, the object pronoun is placed in front of the verb.

Philippe **me** téléphone quelquefois.

Direct object pronouns		Indirect object pronouns	
me / m'	nous	me / m'	nous
te / t'	vous	te / t'	vous
le / la / l'	les	lui	leur

- Direct object pronouns directly receive the action of a verb.

Je l'aime.
I love him/her.

Elles **nous** voient.
They see us.

- Indirect object pronouns identify *to* whom or *for* whom an action is done.

Tu **me** parles?
Are you speaking to me?

Elle **vous** a acheté une robe bleue?
She bought a blue dress for you?

- When a pronoun is the object of a compound tense, such as the **passé composé**, it is placed in front of the helping verb.

Vous l'avez attendu?
Did you wait for him/it?

Je **lui** ai envoyé une lettre.
I sent him/her a letter.

- When a pronoun is the object of an infinitive, it is placed in front of the infinitive.

Nous voudrions **t'**inviter chez nous.
We would like to invite you to our place.

Elle va **leur** écrire une carte postale.
She's going to write them a postcard.

Mise en pratique

1

À réécrire Réécrivez ces phrases et remplacez les mots soulignés par des pronoms d'objet direct ou indirect.

1. Nous avons répondu <u>au professeur</u>.

   _____

2. J'ai perdu <u>mon sac</u>.

   _____

3. Vous avez regardé <u>le film</u> avec Aurélie?

   _____

4. Elle parle <u>à ses parents et à moi</u>.

   _____

5. Ils ont modifié <u>les frontières</u> après la guerre.

   _____

2

À compléter Remplacez l'objet par un pronom d'objet direct ou indirect.

1. —Tu as pris l'autobus?

   —Oui, je _____ ai pris.

2. —Nous allons expliquer la situation à ses parents?

   —Oui, vous allez _____ expliquer la situation.

3. —Vous m'avez invité à votre fête?

   —Oui, nous _____ avons invité.

4. —Il va nous attendre à la gare?

   —Non, il va _____ attendre chez lui.

5. —Elle a parlé à Jules?

   —Oui, elle _____ a parlé ce matin.

3

À l'aéroport Utilisez les verbes de la liste et des pronoms d'objet direct ou indirect pour décrire ce que font les personnages et expliquer pourquoi.

> **Modèle** Sylvie lit le livre. Elle le lit parce qu'elle s'ennuie.

acheter	avoir	demander	écouter	parler	trouver
apporter	chercher	donner	lire	porter	?

Mélanie | M. Sylvain | Olivier | M. Heudier

Mme Sylvain | Sylvie | Mathieu

5.5

Past participle agreement

- Past participle agreement occurs in French for several different reasons.

Vous êtes **allés** au théâtre.

- When the helping verb is **être**, the past participle agrees with the *subject*.

Anne est **partie** à six heures.
Anne left at 6 o'clock.

Nous sommes **arrivés** en avance.
We arrived early.

- Verbs that take **être** as the helping verb usually do not have direct objects. When they do, they take the helping verb **avoir**, in which case there is no past participle agreement.

Elle **est sortie**.
She went out.

Elle **a sorti** la poubelle.
She took out the trash.

- Reflexive verbs take the helping verb **être** in compound tenses such as the **passé composé** and **plus-que-parfait**. The past participle agrees with the reflexive pronoun if the reflexive pronoun functions as a direct object.

Nous **nous** sommes **habillées**.
We got dressed.

Michèle **s'**était **réveillée**.
Michèle had woken up.

BLOC-NOTES

To review the **passé composé** with **être** and with reflexive and reciprocal verbs, see **Structures 3.2, pp. 100–101**.

- If a direct object *follows* the past participle of a reflexive verb, no agreement occurs.

Nadia s'est **coupée**.
Nadia cut herself.

but

Nadia s'est **coupé** le doigt.
Nadia cut her finger.

- If an object pronoun is indirect, rather than direct, the past participle does not agree. This also means there is no past participle agreement with several common reciprocal verbs, such as **se demander**, **s'écrire**, **se parler**, **se rendre compte**, and **se téléphoner**.

Elle nous a **téléphoné**.
She called us.

Nous nous sommes **téléphoné**.
We called each other.

ATTENTION!

While the rules pertaining to past participle agreement may seem complex, just keep these two general points in mind: Past participles agree with direct objects when the object is placed in front of the verb for *any* reason. Past participles do not agree with indirect objects.

- In compound tenses with **avoir**, past participles agree with preceding direct object pronouns.

J'ai **mis** les fleurs sur la table.
I put the flowers on the table.

Je **les** ai **mises** sur la table.
I put them on the table.

- In structures that use the relative pronoun **que**, past participles agree with their direct objects.

Voici les pommes **que** j'ai **achetées**.
Here are the apples that I bought.

Il parle des buts **qu'**il a **atteints**.
He's talking about the goals he reached.

Mise en pratique

1

À compléter Faites les accords, si nécessaire. S'il n'y a pas d'accord, mettez un X.

Modèle Marie est né__e__ en Belgique.

1. Voici les hommes que j'ai vu_____ en ville.
2. Céline a visité_____ le musée du Louvre.
3. Mon ami et moi, nous sommes resté_____ à l'hôtel.
4. Nos tantes se sont écrit_____ beaucoup de lettres.
5. Sa copine et sa colocataire sont allé_____ au Canada.
6. Je me suis lavé_____ les mains.
7. Grégoire et Inès se sont couché_____ tôt hier soir.
8. Ces poires? Je les ai acheté_____ au marché.
9. Tu as passé_____ l'examen de français?

2

Mini-dialogues Reconstituez les questions et inventez les réponses. Employez le passé composé et faites les accords nécessaires.

Modèle **où / vous / naître**
—Où est-ce que vous êtes né(e)?
—Je suis né(e) à Dakar.

1. à quelle heure / tu / se coucher / samedi

_____

_____

2. quand / le président Kennedy / mourir

_____

_____

3. pourquoi / vous / ne pas sortir

_____

_____

4. avec quoi / elle / se brosser / les dents

_____

_____

5. chez qui / ils / rester

_____

_____

3

Mon enfance Écrivez au passé composé un paragraphe sur votre enfance. Utilisez au moins huit verbes de la liste. Faites tous les accords nécessaires.

aller	habiter	rester
arriver	finir	se trouver
avoir	naître	venir
faire	rentrer	voyager

6.4

Disjunctive pronouns

- Disjunctive pronouns correspond to subject pronouns. Compare their meanings:

Subject pronouns	Disjunctive pronouns	Subject pronouns	Disjunctive pronouns
je *(I)*	moi *(me)*	nous *(we)*	nous *(us)*
tu *(you)*	toi *(you)*	vous *(you)*	vous *(you)*
il *(he)*	lui *(him)*	ils *(they)*	eux *(them)*
elle *(she)*	elle *(her)*	elles *(they)*	elles *(them)*

- Disjunctive pronouns have several uses. For example, they are used after most prepositions.

  Ma nièce dîne chez **lui**.
  My niece has dinner at his house.

  Tu veux jouer au tennis avec **eux**?
  Do you want to play tennis with them?

- Use them with **être** when identifying people and after **que** in comparisons.

  Qui sonne à la porte? C'est **toi**?
  Who's at the door? Is that you?

  Ma belle-mère est plus âgée que **vous**.
  My stepmother is older than you.

- Use disjunctive pronouns to express contrast.

  Moi, j'ai peur des chiens, mais **lui**, il n'en a pas peur.
  Me, I'm afraid of dogs, but he isn't afraid of them.

  Mamie ne vous parle pas à **vous**. Elle nous parle à **nous**.
  Grandma is not talking to you. She's talking to us.

- When **-même(s)** is added to a disjunctive pronoun, it means *myself, yourself,* etc.

  Mon neveu la répare **lui-même**.
  My nephew repairs it himself.

  Elles remercient leur tante **elles-mêmes**.
  They thank their aunt themselves.

- Normally, indirect object pronouns take the place of **à** + [*person*]. With certain verbs, however, disjunctive pronouns are typically used instead.

s'adresser à *(to address)*	s'habituer à *(to get used to)*
être à *(to belong to)*	s'intéresser à *(to be interested in)*
faire attention à *(to pay attention to)*	penser à *(to think about, to have on one's mind)*

  Cette montre est à **moi**.
  This watch belongs to me.

  Personne ne s'intéresse à **elle**.
  No one is interested in her.

- Whereas indirect object pronouns are placed in front of the verb and replace both the preposition and the noun, disjunctive pronouns follow the preposition and replace only the noun.

Indirect object pronoun	Disjunctive pronoun
Je **vous** ai téléphoné.	J'ai pensé à **vous**.
I called you.	*I thought about you.*

Mise en pratique

1

À compléter Trouvez les pronoms disjoints correspondants pour compléter les phrases.

1. Olivier a visité le musée avec _____ (*them*).

2. Maman est allée à la pharmacie pour _____ (*her*).

3. Ma copine connaît ce quartier mieux que _____ (*me*).

4. Je me suis assis derrière _____ (*them*, fem.).

5. Ma nièce a couru après _____ (*him*).

6. C'est _____ (*you*, fam.) qui as préparé les tartes, n'est-ce pas?

7. Voici Robert et Lise. Vous vous souvenez d'_____ (*them*)?

8. Caroline est française, mais _____ (*us*), nous sommes suisses.

9. Est-ce qu'on va aller chez _____ (*you*, formal)?

10. Ma demi-sœur n'a que trois ans, mais elle peut s'habiller _____ (*herself*).

2

À remplacer Remplacez les mots soulignés par des pronoms disjoints.

1. Je suis allée à la fête avec Jean-Pierre.

2. Tu as étudié chez Denise?

3. Qui vient avec ton époux et toi?

4. Elle partage un appartement avec ses sœurs jumelles.

5. C'est Paul qui n'a plus vingt ans.

6. Il faut faire attention à tes parents.

7. Ces chiens sont à Michèle et à moi.

8. Mon beau-fils s'intéresse à Mireille.

3

Votre famille Parlez de votre famille à l'aide des prépositions de la liste et des pronoms disjoints.

Modèle   Ma mère est toujours occupée, alors je fais souvent des courses pour elle.

à	entre
à côté de	pour
avec	sans
chez	?
de	

Possessive pronouns

- Whereas possessive adjectives modify nouns, possessive pronouns replace them.

Possessive adjective	Possessive pronoun

—C'est **mon** frère qui t'a téléphoné?
—*Is it my brother who called you?*

—Non, c'est **le mien** qui m'a téléphoné.
—*No, it's mine who called me.*

Tu m'as déjà donné mon cadeau. Voici **le tien**.

- Possessive pronouns agree in gender and number with the nouns they replace. Like possessive adjectives, they also change forms according to the possessor.

	singular		plural	
	masculine	**feminine**	**masculine**	**feminine**
mine	le mien	la mienne	les miens	les miennes
yours	le tien	la tienne	les tiens	les tiennes
his, hers, its	le sien	la sienne	les siens	les siennes
ours	le nôtre	la nôtre	les nôtres	les nôtres
yours	le vôtre	la vôtre	les vôtres	les vôtres
theirs	le leur	la leur	les leurs	les leurs

- **Le sien**, **la sienne**, **les siens**, and **les siennes** can mean *his*, *hers*, or *its*. The form is determined by the gender and number of the noun possessed, not the possessor.

- Notice that possessive pronouns include definite articles. When combined with the prepositions **à** and **de**, the usual contractions must be formed.

Mme Michelin a parlé à mes parents et **aux tiens**.
Mrs. Michelin spoke to my parents and to yours.

Je me souviens de mon premier chien. Vous souvenez-vous **du vôtre**?
I remember my first dog. Do you remember yours?

- Possessive pronouns can also replace possessive structures with **de**.

Les voitures des voisins sont belles.
The neighbors' cars are beautiful.

Les leurs sont belles.
Theirs are beautiful.

La grand-mère d'Ahmed a 92 ans.
Ahmed's grandmother is 92 years old.

La sienne a 92 ans.
His is 92 years old.

Mise en pratique

1

À transformer Donnez le pronom possessif qui correspond.

> **Modèle** **le beau-frère de Suzanne**
> le sien

1. les parents de mes cousins
2. mon enfance
3. votre caractère
4. tes ancêtres
5. nos neveux
6. l'épouse de Franck
7. mes jumelles
8. leur voiture

2

À compléter Employez des pronoms possessifs pour compléter ces phrases.

> **Modèle** **J'habite avec mes grands-parents, mais tu n'habites pas**
> **avec _____.**

1. Tu as ton vélo et j'ai _____.
2. Elle s'occupe de ses enfants et nous nous occupons _____.
3. On peut prendre mon camion ou vous pouvez prendre _____.
4. Nous avons besoin de nos congés et eux, ils ont besoin _____.
5. Je m'entends bien avec ma famille. Tu t'entends bien avec _____?
6. Moi, j'aime bien mon professeur, mais Valérie, elle n'aime pas _____.

3

À qui est...? Écrivez des questions et répondez-y par oui ou par non à l'aide des éléments donnés. Utilisez des pronoms possessifs.

> **Modèle** **disques compacts: vous, elle (non)**
> —Ces disques compacts sont à vous?
> —Non, ce sont les siens.

1.
photos: tu, je (oui)
_____

2.
ordinateur: nous, elles (non)
_____

3.
voiture: je, tu (oui)
_____

4.
valises: ils, nous (non)
_____

7.4

Past participles used as adjectives

- You may have noticed that the past participles of verbs can function as adjectives.

Nous sommes **mariés**.

- When a past participle is used as an adjective, it agrees in gender and number with the noun it modifies. Notice the different adjective forms based on the past participle of **construire**.

Cet immeuble est **construit** en briques.
This building is made of brick.

Ces immeubles sont **construits** en briques.
These buildings are made of brick.

Cette maison est **construite** en briques.
This house is made of brick.

Ces maisons sont **construites** en briques.
These houses are made of brick.

- Like other adjectives, past participles may follow a form of the verb **être** or they may be placed after the noun they modify.

La porte est **ouverte**.
The door is open.

Fermez cette porte **ouverte**.
Close that open door.

- Compare the meanings of these verbs with their past participles when used as adjectives. Notice that past participles often correspond to English words ending in *-ed*.

Infinitive		Past participle	
s'agenouiller	*to kneel*	**agenouillé(e)**	*kneeling*
s'asseoir	*to sit*	**assis(e)**	*seated*
couvrir	*to cover*	**couvert(e)**	*covered*
décevoir	*to disappoint*	**déçu(e)**	*disappointed*
écrire	*to write*	**écrit(e)**	*written*
fatiguer	*to tire*	**fatigué(e)**	*tired*
fermer	*to close*	**fermé(e)**	*closed*
se fiancer	*to become engaged*	**fiancé(e)**	*engaged*
se marier	*to marry*	**marié(e)**	*married*
ouvrir	*to open*	**ouvert(e)**	*open*
payer	*to pay*	**payé(e)**	*paid*
peindre	*to paint*	**peint(e)**	*painted*
prendre	*to take*	**pris(e)**	*taken*
préparer	*to prepare*	**préparé(e)**	*prepared*
réparer	*to repair*	**réparé(e)**	*repaired*
terminer	*to finish*	**terminé(e)**	*finished*

Mise en pratique

1

À compléter Utilisez le participe passé des verbes entre parenthèses pour compléter ces phrases. Faites les accords nécessaires.

1. Pardon, madame, est-ce que cette chaise est _____ (prendre)?

2. Quand Mylène a entendu les nouvelles, elle a été _____ (décevoir).

3. Après la tempête, nos maisons étaient _____ (couvrir) de neige.

4. Delphine et Rachid sont _____ (marier).

5. Il est sept heures et le magasin est _____ (fermer).

6. Cette lettre est _____ (écrire) à la main.

7. Marc était _____ (s'agenouiller) quand il lui a proposé de l'épouser.

8. Je suis heureux parce que toutes mes dettes sont _____ (payer)!

2

Descriptions Décrivez ces photos à l'aide du participe passé des verbes suivants.

| s'asseoir | se fiancer | réparer |
| fatiguer | préparer | terminer |

1. Ces étudiants sont _____.

2. Cet homme et cette femme sont _____.

3. Il est 10h00. Ce cours est _____.

4. Micheline est très _____.

5. Les plats ont été _____ et sont sur la table.

6. Votre voiture est _____, monsieur.

7.5

Expressions of time

- To say someone has been doing something *for* an amount of time or *since* a certain point in time, you can use the present tense along with **depuis**.

  Leyla étudie le français **depuis** un an.
  Leyla has been studying French for one year.

  Nous habitons Nice **depuis** 2005.
  We have lived in Nice since 2005.

- When combined with **que**, these expressions can be used instead of **depuis** to convey similar meanings. Notice the different word order.

  Ça fait deux semaines **que** Chantal est serveuse.
  Il y a deux semaines **que** Chantal est serveuse.
  Voilà deux semaines **que** Chantal est serveuse.
  Chantal has been a waitress for two weeks.

- When talking about the past, **il y a** + [*time expression*] means *ago*.

  Corinne a visité Paris **il y a six mois**.
  Corinne visited Paris six months ago.

  Il y a 20 ans, cette frontière n'existait pas.
  Twenty years ago, this border didn't exist.

- To talk about something that occurred in the past *for* a certain amount of time, but is no longer occurring, use **pendant** + [*time expression*].

  Elle a habité chez Karine **pendant six mois**.
  She lived at Karine's for six months.

  Pendant neuf ans ils ont étudié ces étoiles.
  For nine years they studied those stars.

- To ask for how long something that is no longer going on took place in the past, use **pendant combien de temps?** (*for how long?*). In this case, the verb is in the **passé composé**.

  Pendant combien de temps a-t-il travaillé pour vous?
  For how long did he work for you?

  Il est resté dans le laboratoire **pendant combien de temps**?
  For how long did he stay in the lab?

- To ask for how long something *has gone on* or *has been going on* that is *still going on*, use **depuis quand?** (*since when?*) or **depuis combien de temps?** (*for how long?*). The verb should be in the present tense.

  Depuis quand est-ce que tu as cet ordinateur portable?
  Since when have you had that laptop?

  Depuis combien de temps assistes-tu à ce cours?
  For how long have you attended this class?

- The **passé composé** may be used with **depuis** to say that something has *not* occurred for an amount of time.

  Mon copain ne m'a pas téléphoné **depuis** quatre jours.
  My friend has not called me for four days.

  Nous n'avons pas regardé la télé **depuis** le week-end dernier.
  We haven't watched TV since last weekend.

Mise en pratique

1

À compléter Complétez ces phrases. Employez les expressions **depuis**, **pendant**, **il y a** ou **pour**.

1. _____ un an que j'ai cet appareil photo numérique.

2. Mes parents ont acheté des vêtements _____ mon frère et moi.

3. Calista a vécu en France _____ cinq ans.

4. _____ son arrivée, Florent est déprimé.

5. Nous avons écouté de la musique _____ trois heures, hier soir.

6. Manger léger (*light*), c'est bon _____ la santé.

7. Ma fille n'a pas été malade _____ un an!

8. Cet été, je pars à Bruxelles _____ trois mois.

2

Depuis quand? Parlez des thèmes suivants à l'aide des expressions de la liste.

> **Modèle** **habiter cette ville**
> Ça fait trois ans que j'habite cette ville.

> il y a   ça fait   voilà

1. habiter cette ville

2. être étudiant(e) ici

3. avoir un permis de conduire

4. connaître son/sa meilleur(e) ami(e)

5. étudier le français

3

Et hier? Parlez des activités suivantes. Utilisez le mot **pendant** dans vos réponses.

> **Modèle** **étudier**
> J'ai étudié pendant deux heures.

1. étudier

2. être sur le portable

3. regarder la télévision

4. surfer sur le web

5. faire du sport

4

Et quoi d'autre? Quels sont vos passe-temps? Depuis quand? Qu'avez-vous fait par le passé? Pendant combien de temps? Parlez de vos centres d'intérêt.

> **Modèle** **jouer au football**
> Je joue au football depuis six ans.

1. jouer au football, au basket, au volley...

2. chanter dans un chœur

3. jouer du piano, du violon, de la guitare...

4. se spécialiser dans...

5. sortir avec...

8.4

Prepositions with infinitives

- You are already familiar with many verbs that can be followed directly by another verb. Only the first verb in a clause is conjugated. The rest are in the infinitive form.

J'**aime jouer** à la pétanque.
I like to play petanque.

Tu **vas aller faire** un bowling?
Are you going to go bowling?

- Several verbs require the preposition **à** before an infinitive.

Marithé **apprend à** faire de l'alpinisme.
Marithé is learning to mountain climb.

Ils **se mettent à** jouer aux fléchettes.
They begin to play darts.

- These verbs take the preposition **à** before an infinitive.

aider à	to help to	s'habituer à	to get used to
s'amuser à	to pass time by	hésiter à	to hesitate to
apprendre à	to learn to; to teach to	inviter à	to invite to
arriver à	to manage to	se mettre à	to begin to
commencer à	to begin to	réussir à	to succeed in
continuer à	to continue to	tenir à	to insist on
encourager à	to encourage to		

- Several verbs require the preposition **de** before an infinitive.

accepter de	to accept to	finir de	to finish
arrêter de	to stop	s'occuper de	to take care of
choisir de	to choose to	oublier de	to forget to
conseiller de	to advise to	permettre de	to permit to
décider de	to decide to	promettre de	to promise to
demander de	to ask to	refuser de	to refuse to
dire de	to tell to	rêver de	to dream about
empêcher de	to prevent from	risquer de	to risk
essayer de	to try to	se souvenir de	to remember to
être obligé(e) de	to be required to	venir de	to have just

Il **refuse de s'arrêter de** fumer.
He refuses to stop smoking.

Attention! Vous **risquez de** tomber!
Careful! You risk falling!

- Several expressions with **avoir** also take the preposition **de** before an infinitive.

avoir besoin de	to need to	avoir peur de	to be afraid to
avoir envie de	to feel like	avoir raison de	to be right to
avoir hâte de	to be impatient to	avoir tort de	to be wrong in (doing something)
avoir l'intention de	to intend to		

BLOC-NOTES

To review verbs that can be followed directly by an infinitive, see **Structures 8.1, pp. 288–289**.

ATTENTION!

The verb **commencer** can also be followed by the preposition **de** before an infinitive. Both prepositions are correct and the meaning is the same.

Il a commencé de parler.
Il a commencé à parler.
He started speaking.

ATTENTION!

Do not confuse the preposition **à** that precedes indirect objects with the prepositions **à** and **de** required before an infinitive.

On apprend à nager à Claude.
We're teaching Claude to swim.

Mes parents défendent à mon frère de conduire.
My parents forbid my brother to drive.

Mise en pratique

1

À compléter Complétez ce paragraphe. Ajoutez les prépositions qui conviennent. S'il ne faut pas de préposition, mettez un X.

La semaine dernière, ma cousine Julie a reçu un appel de Florence, sa copine mauricienne. Florence l'a invitée (1) _____ venir visiter l'île Maurice. Mon oncle et ma tante lui ont permis (2) _____ y aller et Julie n'a pas hésité (3) _____ accepter l'invitation. Elle s'est tout de suite mise (4) _____ faire des projets pour le voyage. Elle adore (5) _____ voyager et elle rêve (6) _____ visiter un pays francophone depuis longtemps. Maintenant, elle n'arrête pas (7) _____ parler de son voyage. Elle m'a promis (8) _____ me rapporter un beau souvenir. Alors, j'essaie (9) _____ être compréhensive, mais je commence (10) _____ en avoir marre! J'aimerais bien (11) _____ aller en vacances, moi aussi. Je suis peut-être un peu jalouse, mais il faut (12) _____ penser aux autres quand même!

2

À inventer Faites des phrases originales à l'aide des éléments de chaque colonne. N'oubliez pas d'ajouter des prépositions s'il le faut.

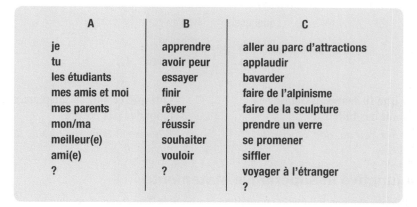

A	B	C
je	apprendre	aller au parc d'attractions
tu	avoir peur	applaudir
les étudiants	essayer	bavarder
mes amis et moi	finir	faire de l'alpinisme
mes parents	rêver	faire de la sculpture
mon/ma	réussir	prendre un verre
meilleur(e)	souhaiter	se promener
ami(e)	vouloir	siffler
?	?	voyager à l'étranger
		?

3

Questions Répondez à ces questions.

1. Qu'est-ce que vos parents vous encouragent à faire?
2. Qu'est-ce que vous avez promis à vos parents de ne jamais faire?
3. Qu'est-ce que vos professeurs vous ont demandé de faire cette semaine?
4. Qu'est-ce qu'on vous a invité(e) à faire ce week-end?
5. Qu'est-ce que vous rêvez de faire un jour?
6. Qu'est-ce que vous avez appris à faire récemment?
7. Qu'est-ce que vous êtes obligé(e) de faire la semaine prochaine?
8. Qu'est-ce que vous allez commencer à faire ce week-end?

8.5

The subjunctive after indefinite antecedents and in superlative statements

The subjunctive after indefinite antecedents

- Use the subjunctive in a subordinate clause when the antecedent in the main clause is unknown or nonexistent. If the antecedent is known and specific, use the indicative.

Subjunctive: non-specific		Indicative: specific
Je cherche un ordinateur qui puisse **ouvrir mes documents plus vite.** *I'm looking for a computer that can open my documents faster.*	*but*	**Voici l'ordinateur qui** peut **ouvrir mes documents plus vite.** *Here's the computer that can open my documents faster.*
L'équipe a besoin de joueurs qui aient **déjà** été **professionnels.** *The team needs players who have already been professionals.*	*but*	**L'équipe vient de trouver cinq joueurs qui** ont **déjà** été **professionnels.** *The team just found five players who have already been professionals.*

- The subjunctive is used in indefinite structures that correspond to several English words ending in *-ever.*

quoi que...	*whatever...*
où que...	*wherever...*
qui que...	*who(m)ever...*

Quoi que tu fasses, n'oublie pas d'obtenir des billets.
Whatever you do, don't forget to get tickets.

Qui que ce soit au téléphone, ne répondez pas encore.
Whoever it is on the phone, don't answer it yet.

The subjunctive in superlative statements

- In subordinate clauses following superlative statements, use the subjunctive when expressing an opinion. When stating a fact, use the indicative.

L'île de la Réunion a les plages **les plus agréables que nous ayons visitées**.
Reunion Island has the most pleasant beaches that we visited.

but

La tour Eiffel est **le plus grand** monument **qu'on a construit** à Paris.
The Eiffel Tower is the tallest monument ever built in Paris.

- Some absolute statements are considered superlatives. Use the subjunctive in the subordinate clause after a main clause containing one of these expressions: **le/la/les seul(e)(s)** (*the only*), **ne... personne** (*nobody*), **ne... rien** (*nothing*), and **ne... que** (*only*).

Il **n'**y a **personne qui puisse** m'étonner.
There's nobody who can surprise me.

Christelle est **la seule qui fasse** du ski.
Christelle is the only one who skis.

Mise en pratique

1

À compléter Complétez les phrases à l'aide des expressions de la liste.

> où que/qu'   qui que/qu'   quoi que/qu'

1. _____ ce soit qui sonne à la porte, n'ouvrez pas!
2. _____ nous cherchions, nous ne trouvons pas nos clés.
3. _____ il fasse, son chien ne vient pas quand il l'appelle.
4. _____ tu dises, il ne faut pas porter de bermuda au restaurant.
5. _____ vous alliez au Louvre, vous verrez toujours de grandes œuvres d'art.

2

Subjonctif ou indicatif? Choisissez la forme du verbe qui convient le mieux.

1. «Papa» est le seul mot que ma fille (a / ait) dit jusqu'à maintenant.
2. Nous aimons bien le nouvel hypermarché qui (vend / vende) une plus grande variété de légumes.
3. La Suisse est le pays le plus propre qu'il y (a / ait) en Europe.
4. Elles cherchent un restaurant qui (sert / serve) de la cuisine japonaise.
5. Mon frère Henri est la seule personne qui me (comprend / comprenne).
6. Tu vas lire le roman d'Alexandre Jardin qui (est / soit) sorti cette semaine?
7. Vous voudriez élire un maire qui (sait / sache) prendre de bonnes décisions pour votre ville.
8. Il n'y a personne qui (connaît / connaisse) la bonne réponse.

3

Mon opinion Donnez votre opinion pour compléter chaque phrase.

> **Modèle** _____ **est le meilleur plat (que / qu' / qui)** _____.
> Le poisson est le meilleur plat qu'on serve au restaurant.

1. _____ est le plus mauvais film (que / qu' / qui) _____.
2. _____ est la seule personne (que / qu' / qui) _____.
3. _____ est le cours le moins intéressant (que / qu' / qui) _____.
4. _____ est la plus jolie actrice (que / qu' / qui) _____.
5. _____ sont les vêtements les plus confortables (que / qu' / qui) _____.
6. _____ est le plus beau pays (que / qu' / qui) _____.
7. _____ est le meilleur professeur (que / qu' / qui) _____.
8. _____ sont les voitures les plus rapides (que / qu' / qui) _____.
9. _____ est le styliste le plus chic (que / qu' / qui) _____.
10. _____ est la plus forte équipe de basket (que / qu' / qui) _____.

9.4

Savoir vs. *connaître*

- **Savoir** and **connaître** both mean *to know*, but they are used differently.

savoir	
je **sais**	nous **savons**
tu **sais**	vous **savez**
il/elle **sait**	ils/elles **savent**

Mon oncle est vendeur dans une épicerie, tu **sais**.

connaître	
je **connais**	nous **connaissons**
tu **connais**	vous **connaissez**
il/elle **connaît**	ils/elles **connaissent**

Vous **connaissez** Natifah?
Elle est propriétaire de ce restaurant.

- **Savoir** means *to know a fact* or *to know how to do something*.

Il **sait** économiser.
He knows how to save.

Savez-vous où se trouve le distributeur?
Do you know where the ATM is located?

- **Connaître** means *to know* or *to be familiar with a person, place, or thing*.

Marc **connaît** un bon comptable.
Marc knows a good accountant.

Nous **connaissons** bien ce grand magasin.
We know this department store well.

ATTENTION!

The verb **reconnaître** (*to recognize*) is conjugated like **connaître**: **je reconnais, tu reconnais, il/elle reconnaît, nous reconnaissons, vous reconnaissez, ils/elles reconnaissent**. Its past participle is **reconnu**.

- In the **passé composé**, **se connaître** means *met for the first time*.

Ils **se sont connus** en mai.
They met in May.

Nous **nous sommes connues** au bureau.
We met at the office.

- In the **passé composé**, **savoir** means *found out*.

Nous **avons su** qu'il avait beaucoup de dettes.
We found out that he had a lot of debts.

Elles **ont su** que leur père était au chômage.
They found out their father was unemployed.

- Note the meaning of **savoir** when it is negated in the **conditionnel**. In this context, **ne** is often used without **pas.** This use is somewhat formal.

Il **ne saurait** vivre sans toi!
He wouldn't know how to live without you!

Je **ne saurais** vous le dire.
I couldn't tell you.

Mise en pratique

1

À compléter Décidez s'il faut employer **savoir** ou **connaître** et donnez la bonne forme.

1. Est-ce que vous _____ où se trouve la bibliothèque?

2. François _____ conduire.

3. Nous nous sommes _____ il y a deux ans.

4. _____-tu la date de son anniversaire?

5. Ils _____ jouer à la pétanque.

6. Nous _____ où Marc habite.

7. Vous _____ bien la ville?

8. Tu ne _____ pas pourquoi il est venu?

9. Christian _____ bien Bruxelles.

10. Quand est-ce qu'elle a _____ ce qui s'était passé?

11. Est-ce que tu _____ quelqu'un qui habite en Afrique?

12. Mon frère ne _____ pas passer l'aspirateur.

2

À assembler Faites des phrases en assemblant les éléments des colonnes.

A	B	C
je	connaître	parler français
tu	ne pas connaître	la ville de Washington
mon prof de français	savoir	faire une mousse au chocolat
mon/ma meilleur(e) ami(e)	ne pas savoir	faire le ménage
mon/ma camarade		jouer de la guitare
de chambre		nager
le président		bien chanter
mes parents		une personne célèbre
?		naviguer sur Internet
		ce quartier
		?

3

Qui et quoi Choisissez la forme de **savoir** ou de **connaître** qui convient pour décrire votre famille, vos amis ou des personnes célèbres.

> **Modèle** **faire la cuisine**
> Mes frères savent faire la cuisine.

1. faire du ski
2. parler une langue étrangère
3. réparer une voiture
4. une actrice célèbre
5. un homme politique
6. danser
7. un bon restaurant
8. cette ville
9. jouer au billard
10. où se trouve un centre commercial
11. à quelle heure ferme la bibliothèque
12. bien étudier

9.5

Faire causatif

- The verb **faire** is often used as a helping verb along with an infinitive to mean *to have something done*.

    J'**ai fait réparer** ma voiture.
    I had my car repaired.

- **Faire causatif** can also mean *to cause something to happen* or *to make someone do something*.

    Ce film me **fait pleurer**.
    This movie makes me cry.

    Nous vous **faisons perdre** votre temps?
    Are we making you lose your time?

- When the infinitive that follows the verb **faire** takes only one object, it is always a direct object. Note, however, that pronouns are placed before the form of **faire**, rather than the infinitive.

    Le propriétaire fait travailler son fils.
    The owner makes his son work.

    Le propriétaire le fait travailler.
    The owner makes him work.

    Tu fais manger la soupe à tes enfants.
    You make your children eat the soup.

    Tu la leur fais manger.
    You make them eat it.

ATTENTION!

In the **faire causatif** construction, the infinitive phrase introduced by **faire** functions as its direct object. Therefore, the past participle **fait** never agrees with a preceding direct object pronoun.

Il a fait licencier les employés.
He had the employees laid off.

Il les a fait licencier.
He had them laid off.

- The reflexive verb **se faire** means *to have something done for* or *to oneself*.

    Tu **t'es fait couper** les cheveux!
    You had your hair cut!

- **Faire causatif** often has idiomatic meanings that do not translate literally as *to do* or *to make*.

faire bouillir	*to boil*	faire savoir	*to inform*
faire circuler	*to circulate*	faire sortir	*to show someone out*
faire cuire	*to cook*	faire suivre	*to forward*
faire entrer	*to show someone in*	faire tomber	*to drop*
faire fondre	*to melt*	faire venir	*to summon*
faire remarquer	*to point out*	faire voir	*to show, to reveal*

- While **faire** is used with verbs to mean *to make someone do something*, it is not used with adjectives. Use **rendre** with adjectives.

    Cette crise économique me **rend** triste.
    This economic crisis makes me sad.

    Les dettes **rendent** la vie difficile.
    Debts make life difficult.

Mise en pratique

1 🔗

Les phrases Assemblez les éléments pour faire des phrases.

> Modèle   **Nous étudions. / le professeur**
> Le professeur nous fait étudier.

1. Leurs employés travaillent. / les gérants
2. Je pleure. / Élodie
3. Je suis entré dans le salon. / tu
4. Nous avons vu ses photos. / Séverine
5. Tu as remarqué le problème. / Daniel
6. Il tape des lettres. / le cadre
7. Je suis venu. / la présidente de l'université
8. Tu fais la vaisselle. / ta mère
9. L'entreprise signe des contrats. / la consultante
10. Mes sœurs font la cuisine. / mes parents

2 🔗

À compléter Décidez s'il faut employer **faire** ou **rendre** et donnez la bonne forme.

1. Les films romantiques me _____ heureuse.
2. Les histoires tristes me _____ pleurer.
3. Leur patron les _____ furieux.
4. Cet article me _____ réfléchir.
5. Cette bande dessinée me _____ rire.
6. Toi, tu me _____ fou!

3 🔗

Questions Répondez à ces questions.

1. Qui vous fait étudier?
2. Qu'est-ce qui vous fait rire?
3. Qu'est-ce qui vous rend triste?
4. Qu'est-ce qui vous fait éternuer?
5. Qu'est-ce qui vous rend malade?
6. Qu'est-ce qui vous fait perdre patience?
7. Qu'est-ce qui vous rend heureux/heureuse?
8. Vous coupez-vous les cheveux vous-même ou les faites-vous couper?
9. Réparez-vous votre voiture vous-même ou la faites-vous réparer?
10. Si vous en aviez la possibilité, que feriez-vous faire à votre professeur de français?

10.4 Indirect discourse

- To tell what someone else says or said, you can use a direct quote or you can use indirect discourse.

Direct discourse	Indirect discourse
Marc dit: «Je ne veux pas chasser.» *Marc says, "I don't want to hunt."*	Marc dit qu'il ne veut pas chasser. *Marc says that he doesn't want to hunt.*

- Indirect discourse usually includes a verb related to speech, such as **crier**, **demander**, **dire**, **expliquer**, **répéter**, or **répondre**.

> Solange **explique** que l'ouragan a causé des inondations.
> *Solange is explaining that the hurricane caused flooding.*

- When relating what someone said *in the past*, the tense of the verb in the indirect statement differs from that of the verb in the direct statement.

Direct: present tense	Indirect: imparfait
Abdel a dit: «La rivière est polluée.» *Abdel said, "The river is polluted."*	Abdel a dit que la rivière était polluée. *Abdel said that the river was polluted.*

Direct: passé composé	Indirect: plus-que-parfait
Tu as crié: «Quelqu'un a pris mon appareil photo!» *You yelled, "Someone took my camera!"*	Tu as crié que quelqu'un avait pris ton appareil photo. *You yelled that someone had taken your camera.*

Direct: futur simple	Indirect: conditionnel
Ils ont répété: «Une sécheresse menacera les poissons.» *They repeated, "A drought will threaten the fish."*	Ils ont répété qu'une sécheresse menacerait les poissons. *They repeated that a drought would threaten the fish.*

- Even when the introductory statement is in the past, if the **imparfait** or the **plus-que-parfait** is used in the direct statement, then it is also used in the indirect statement.

Direct: imparfait	Indirect: imparfait
Houda a dit: «J'utilisais des produits renouvelables.» *Houda said, "I used to use renewable products."*	Houda a dit qu'elle utilisait des produits renouvelables. *Houda said that she used to use renewable products.*

Direct: plus-que-parfait	Indirect: plus-que-parfait
Nous avons demandé: «Vous aviez vu des lions?» *We asked, "Had you seen lions?"*	Nous avons demandé si vous aviez vu des lions. *We asked if you had seen lions.*

ATTENTION!

If the introductory statement is in the present, the **futur simple**, the imperative, or the **conditionnel**, the tense of the verb in the indirect statement is the same as that of the verb in the direct statement.

Vous direz: «L'ouragan est imminent.»
You will say, "The hurricane is imminent."

Vous direz que l'ouragan est imminent.
You will say that the hurricane is imminent.

ATTENTION!

Note that a question reported through indirect discourse includes a clause that begins with **si** instead of **que**.

On demande toujours: «Économisez-vous de l'énergie?»
People always ask, "Do you save energy?"

On demande toujours si nous économisons de l'énergie.
People always ask if we save energy.

Mise en pratique

1

Direct ou indirect? Indiquez si chaque phrase est écrite au discours direct ou indirect.

1. Samuel répond toujours que tout va bien.

2. Caroline répétait: «Je ne comprends pas la question.»

3. Le prof nous a dit que le cours commencerait à une heure.

4. Tante Habiba a crié: «Bonjour les enfants!»

5. Coralie m'a demandé si j'avais dix euros.

2

À transformer Transformez ces phrases en les mettant au discours indirect.

> **Modèle** **Michèle dit: «Je suis malade.»**
> Michèle dit qu'elle est malade.

1. Françoise dit: «Je vois une araignée!»

2. Mariam me demande: «Tu gardes ta sœur?»

3. Louise expliquera: «Ces singes habitaient dans la forêt tropicale.»

4. Édouard dit: «Vous n'aurez pas faim.»

5. Mes parents répondront: «Tu as fait attention à la consommation d'énergie.»

6. Nadège répète: «Je n'aime pas les cochons.»

3

Au passé Transformez ces phrases en les mettant au discours indirect.

> **Modèle** **Michèle a dit: «Je suis malade.»**
> Michèle a dit qu'elle était malade.

1. Françoise a dit: «J'ai vu une araignée!»

2. Mariam m'a demandé: «Tu gardes ta sœur?»

3. Louise a expliqué: «Ces singes habitent dans la forêt tropicale.»

4. Édouard a dit: «Vous n'aurez pas faim.»

5. Mes parents ont répondu: «Tu as fait attention à la consommation d'énergie.»

6. Nadège a répété: «Je n'aimais pas les cochons.»

10.5

The passive voice

- The passive voice consists of a form of **être** followed by a past participle which agrees in gender and number with the subject.

Active voice	Passive voice
Les ours mangent les poissons.	Les poissons sont mangés par les ours.
Bears eat fish.	*Fish are eaten by bears.*

- In the active voice, word order is normally [*subject*] + [*verb*] + [*object*].

SUBJECT	VERB	OBJECT
L'incendie	a détruit	les forêts.
The fire	*destroyed*	*the forests.*

- The passive voice places the focus on what happened rather than on the agent (the person or thing that performs an action). Word order changes to [*subject*] + [*verb*] + [*agent*], and the direct object of an active sentence becomes the subject in the passive voice.

SUBJECT	VERB	AGENT
Les forêts	ont été détruites	par l'incendie.
The forests	*were destroyed*	*by the fire.*

- The verb **être** can be used in different tenses with the passive voice. Note that the past participle always agrees with the subject of **être**.

  L'eau **est contaminée** par l'usine.
  The water is contaminated by the factory.

  L'eau **a été contaminée** par l'usine.
  The water was contaminated by the factory.

  L'eau **sera contaminée** par l'usine.
  The water will be contaminated by the factory.

- In a passive sentence, the agent is not necessarily mentioned at all.

  La forêt **a été détruite**.   Les poissons **seront mangés**.
  The forest was destroyed.   *The fish will be eaten.*

- If you want to mention the agent, you usually use **par** (*by*).

  La couche d'ozone est menacée **par** la pollution.
  The ozone layer is threatened by pollution.

- With certain verbs that convey a state resulting from an event or that express a feeling or a figurative sense, use **de** instead of **par**. Such verbs include **admirer**, **aimer**, **couvrir**, **craindre**, **détester**, and **entourer**.

  Le toit était couvert **de** neige.   Les peintures sont admirées **des** visiteurs.
  The roof was covered with snow.   *The paintings are admired by the visitors.*

ATTENTION!

The passive voice is not appropriate in some types of formal writing. Nevertheless, it has some useful applications, such as when you want to place emphasis on the event rather than on the agent or when the agent is unknown. Journalists and scientists often use the passive voice.

ATTENTION!

You can avoid mentioning an agent without using the passive voice by using the pronoun **on**.

On protège l'environnement.
The environment is protected (by someone).

Mise en pratique

1

Voix active ou passive? Indiquez si chaque phrase est à la voix active ou passive.

1. Le village a été détruit par un tremblement de terre.
2. Les policières ont prévenu le public.
3. Les pluies acides sont causées par la pollution.
4. Les hommes ont chassé les lions.
5. La forêt est protégée par les écologistes.
6. Jamel et Philippe ont vu le film.
7. Le château est entouré d'un mur.
8. On chasse les ours.

2

À transformer Transformez ces phrases en les mettant à la voix passive.

> **Modèle** **Tom Selleck interprète Dwight Eisenhower dans un film.**
> Dwight Eisenhower est interprété par Tom Selleck dans un film.

1. Léonard de Vinci a peint ces magnifiques tableaux.
2. On a détruit le mur de Berlin en 1989.
3. Alexander Fleming a découvert la pénicilline.
4. On a célébré le bicentenaire des États-Unis en 1976.
5. Jonas Salk a mis au point un vaccin contre la polio.

3

Et les femmes? Transformez ces phrases en les mettant à la voix active.

> **Modèle** **La Résistance a été soutenue par l'action de Joséphine Baker.**
> L'action de Joséphine Baker a soutenu la Résistance.

1. Certains avions ont été pilotés par Amelia Earhart.
2. La série Harry Potter est écrite par J. K. Rowling.
3. Helen Keller a été aidée par Anne Sullivan.
4. Beaucoup de matchs ont été gagnés par Billie Jean King.
5. Des thèmes vietnamiens sont choisis par Nguyen Dieu Thuy pour ses peintures.

Tables de conjugaison

Guide to the Verb List and Tables

The list of verbs below includes the irregular, reflexive, and spelling-change verbs introduced as active vocabulary in **IMAGINEZ**. Each verb is followed by a model verb that has the same conjugation pattern. The number in parentheses indicates where in the verb tables (pages A46–A57) you can find the model verb. Regular **-er**, **-ir**, and **-re** verbs are conjugated like **parler** (1), **finir** (2) and **vendre** (3), respectively. The phrase *p.c. with être* after a verb means that it is conjugated with **être** in the **passé composé** and other compound tenses. (See page A47.) Reminder: All reflexive (pronominal) verbs use **être** as their auxiliary verb, and they are alphabetized under the non-reflexive infinitive.

abattre like se battre (15) *except* p.c. with **avoir**

accueillir like ouvrir (34)

s'acharner like se laver (4)

acheter (7)

s'adapter like se laver (4)

s'adresser like se laver (4)

agacer like commencer (9)

aller (13); p.c. with **être**

s'en aller like aller (13)

s'améliorer like se laver (4)

amener like acheter (7)

s'amuser like se laver (4)

apercevoir like recevoir (40)

s'apercevoir like recevoir (40) *except* p.c. with **être**

appartenir like tenir (48)

appeler (8)

apprendre like prendre (39)

s'appuyer like employer (10) *except* p.c. with **être**

s'arrêter like se laver (4)

arriver like parler (1) *except* p.c. with **être**

s'asseoir (14); p.c. with **être**

s'assimiler like se laver (4)

s'associer like se laver (4)

s'assouplir like finir (2) *except* p.c. with **être**

atteindre like éteindre (26)

s'attendre like vendre (3) *except* p.c. with **être**

avoir (5)

se balancer like commencer (9) *except* p.c. with **être**

balayer like employer (10) *except* y to i change optional

se battre (15); p.c. with **être**

se blesser like se laver (4)

boire (16)

se brosser like se laver (4)

se casser like se laver (4)

célébrer like préférer (12)

se coiffer like se laver (4)

combattre like se battre (15) *except* p.c. with **avoir**

commencer (9)

se comporter like se laver (4)

comprendre like prendre (39)

conduire (17)

connaître (18)

se connecter like se laver (4)

se consacrer like se laver (4)

considérer like préférer (12)

construire like conduire (17)

côtoyer like employer (10)

se coucher like se laver (4)

se couper like se laver (4)

courir (19)

couvrir like ouvrir (34)

craindre like éteindre (26)

croire (20)

se croiser like se laver (4)

déblayer like essayer (10)

se débrouiller like se laver (4)

se décourager like manger (11) *except* p.c. with **être**

découvrir like ouvrir (34)

décrire like écrire (23)

se demander like se laver (4)

déménager like manger (11)

se dépasser like se laver (4)

se dépêcher like se laver (4)

se déplacer like commencer (9)

se dérouler like se laver (4)

descendre like vendre (3) *except* p.c. with **être**; p.c. w/avoir if takes a direct object

se déshabiller like se laver (4)

se détendre like vendre (3) *except* p.c. with **être**

détruire like conduire (17)

devenir like venir (51); p.c. with **être**

devoir (21)

dire (22)

diriger like manger (11)

disparaître like connaître (18)

se disputer like se laver (4)

se divertir like finir (2) *except* p.c. with **être**

divorcer like commencer (9)

se douter like se laver (4)

écrire (23)

effacer like commencer (9)

élever like acheter (7)

élire like lire (30)

s'embrasser like se laver (4)

emménager like manger (11)

emmener like acheter (7)

émouvoir (24)

employer (10)

s'endormir like partir (35); p.c. with **être**

enfreindre like éteindre (26)

enlever like acheter (7)

s'énerver like se laver (4)

engager like manger (11)

s'engager like manger (11) *except* p.c. with **être**

ennuyer like employer (10)

s'ennuyer like employer (10) *except* p.c. with **être**

s'enrichir like finir (2) *except* p.c. with **être**

s'entendre like vendre (3) *except* p.c. with **être**

s'étonner like se laver (4)

s'entourer like se laver (4)

entreprendre like prendre (39)

entrer like parler (1) *except* p.c. with **être**

entretenir like tenir (48)

s'entretenir like tenir (48) *except* p.c. with **être**

envisager like manger (11)

envoyer (25)

épeler like appeler (8)

espérer like préférer (12)

essayer like employer (10) *except* y to i change optional

essuyer like employer (10)

s'établir like finir (2) *except* p.c. with **être**

éteindre (26)

s'étendre like vendre (3) *except* p.c. with **être**

être (6)

s'excuser like se laver (4)

exiger like manger (11)

se fâcher like se laver (4)

faire (27)

se faire like faire (27) *except* p.c. with **être**

falloir (28)

se fiancer like commencer (9) *except* p.c. with **être**

finir (2)

forcer like commencer (9)

se fouler like se laver (4)

fuir (29)

s'habiller like se laver (4)

s'habituer like se laver (4)

harceler like acheter (7)

s'indigner like se laver (4)

s'informer like se laver (4)

s'inquiéter like préférer (12) *except* **p.c.** with **être**

s'inscrire like écrire (23) *except* **p.c.** with **être**

s'installer like se laver (4)

s'intégrer like préférer (12) *except* **p.c.** with **être**

interdire like dire (22) *except* **vous interdisez** (present) and **interdisez** (imperative)

s'intéresser like se laver (4)

s'investir like finir (2) *except* **p.c.** with **être**

jauger like manger (11**)**

jeter like appeler (8)

lancer like commencer (9)

se lancer like commencer (9) *except* **p.c.** with **être**

se laver (4)

lever like acheter (7)

se lever like acheter (7) *except* **p.c.** with **être**

se libérer like se laver (4)

lire (30)

loger like manger (11)

maintenir like tenir (48)

manger (11)

se maquiller like se laver (4)

se marier like se laver (4)

se méfier like se laver (4)

menacer like commencer (9)

mener like acheter (7)

mentir like partir (35) *except* **p.c.** with **avoir**

mettre (31)

se mettre like mettre (31) *except* **p.c.** with **être**

monter like parler (1) *except* **p.c.** with **être**; **p.c.** with **avoir** if takes a direct object

se moquer like se laver (4)

mourir (32); **p.c.** with **être**

nager like manger (11)

naître (33); **p.c.** with **être**

nettoyer like employer (10)

se noyer like employer (10) *except* **p.c.** with **être**

nuire like conduire (17)

obtenir like tenir (48)

s'occuper like se laver (4)

offrir like ouvrir (34)

s'orienter like se laver (4)

ouvrir (34)

paraître like connaître (18)

parcourir like courir (19)

parler (1)

partager like manger (11)

partir (35); **p.c.** with **être**

parvenir like venir (51)

passer like parler (1) *except* **p.c.** with **être**

payer like employer (10) *except* **y** to **i** change optional

se peigner like se laver (4)

percevoir like recevoir (40)

permettre like mettre (31)

peser like acheter (7)

placer like commencer (9)

se plaindre like éteindre (26) *except* **p.c.** with **être**

plaire (36)

se planter like se laver (4)

pleuvoir (37)

plonger like manger (11)

posséder like préférer (12)

pouvoir (38)

prédire like dire (22) *except* **vous prédisez** (present) and **prédisez** (imperative)

préférer (12)

prendre (39)

prévenir like venir (51) *except* **p.c.** with **avoir**

prévoir like voir (53)

produire like conduire (17)

projeter like appeler (8)

se promener like acheter (7) *except* **p.c.** with **être**

promettre like mettre (31)

protéger like préférer (12) *except* takes **e** between **g** and vowels **a** and **o**

provenir like venir (51)

ranger like manger (11)

rappeler like appeler (8)

se rappeler like appeler (8) *except* **p.c.** with **être**

se raser like se laver (4)

se rassurer like se laver (4)

se rebeller like se laver (4)

recevoir (40)

se réconcilier like se laver (4)

reconnaître like connaître (18)

réduire like conduire (17)

régler like préférer (12)

régner like préférer (12)

réitérer like préférer (12)

rejeter like appeler (8)

rejoindre (41)

se relever like acheter (7) *except* **p.c.** with **être**

remplacer like commencer (9)

rémunérer like préférer (12)

renouveler like appeler (8)

rentrer like parler (1) *except* **p.c.** with **être**

renvoyer like envoyer (25)

répéter like préférer (12)

se reposer like se laver (4)

reprendre like prendre (39)

résoudre (42)

ressentir like partir (35) *except* **p.c.** with **avoir**

rester like parler (1) *except* **p.c.** with **être**

retenir like tenir (48)

retourner like parler (1) *except* **p.c.** with **être**

se retourner like se laver (4)

retransmettre like mettre (31)

se réunir like finir (2) *except* **p.c.** with **être**

se réveiller like se laver (4)

revenir like venir (51); **p.c.** with **être**

revoir like voir (53)

se révolter like se laver (4)

rire (43)

rompre (44)

rouspéter like préférer (12)

savoir (45)

se sécher like préférer (12) *except* **p.c.** with **être**

séduire like conduire (17)

sentir like partir (35) *except* **p.c.** with **avoir**

se sentir like partir (35)

servir like partir (35) *except* **p.c.** with **avoir**

se servir like partir (35); **p.c.** with **être**

sortir like partir (35); **p.c.** with **être**

se soucier like se laver (4)

souffrir like ouvrir (34)

soulever like acheter (7)

sourire like rire (43)

soutenir like tenir (48)

se souvenir like venir (51); **p.c.** with **être**

subvenir like venir (51) *except* **p.c.** with **avoir**

suffire like lire (30)

suggérer like préférer (12)

suivre (46)

surprendre like prendre (39)

survivre like vivre (52)

se taire (47)

télécharger like manger (11)

tenir (48)

tomber like parler (1) *except* **p.c.** with **être**

traduire like conduire (17)

transmettre like mettre (31)

se trouver like se laver (4)

vaincre (49)

valoir (50)

vendre (3)

venir (51); **p.c.** with **être**

vivre (52)

voir (53)

vouloir (54)

voyager like manger (11)

Tables de conjugaison

Regular verbs

| Infinitive | Subject Pronouns | INDICATIVE | | | | | | CONDITIONAL | SUBJUNCTIVE | IMPERATIVE |
| **Present participle** **Past participle** **Past infinitive** | **Subject Pronouns** | **Present** | **Passé simple** | **Imperfect** | **Future** | **Passé simple** | | **Present** | **Present** | |

1 parler *(to speak)*
Present participle / Past participle / Past infinitive: parlant / parlé / avoir parlé

Subject Pronouns	Present	Passé simple	Imperfect	Future	Conditional Present	Subjunctive Present	Imperative
je	parle	parlai	parlais	parlerai	parlerais	parle	
tu	parles	parlas	parlais	parleras	parlerais	parles	parle
il/elle/on	parle	parla	parlait	parlera	parlerait	parle	
nous	parlons	parlâmes	parlions	parlerons	parlerions	parlions	parlons
vous	parlez	parlâtes	parliez	parlerez	parleriez	parliez	parlez
ils/elles	parlent	parlèrent	parlaient	parleront	parleraient	parlent	

2 finir *(to finish)*
Present participle / Past participle / Past infinitive: finissant / fini / avoir fini

Subject Pronouns	Present	Passé simple	Imperfect	Future	Conditional Present	Subjunctive Present	Imperative
je	finis	finis	finissais	finirai	finirais	finisse	
tu	finis	finis	finissais	finiras	finirais	finisses	finis
il/elle/on	finit	finit	finissait	finira	finirait	finisse	
nous	finissons	finîmes	finissions	finirons	finirions	finissions	finissons
vous	finissez	finîtes	finissiez	finirez	finiriez	finissiez	finissez
ils/elles	finissent	finirent	finissaient	finiront	finiraient	finissent	

3 vendre *(to sell)*
Present participle / Past participle / Past infinitive: vendant / vendu / avoir vendu

Subject Pronouns	Present	Passé simple	Imperfect	Future	Conditional Present	Subjunctive Present	Imperative
je	vends	vendis	vendais	vendrai	vendrais	vende	
tu	vends	vendis	vendais	vendras	vendrais	vendes	vends
il/elle/on	vend	vendit	vendait	vendra	vendrait	vende	
nous	vendons	vendîmes	vendions	vendrons	vendrions	vendions	vendons
vous	vendez	vendîtes	vendiez	vendrez	vendriez	vendiez	vendez
ils/elles	vendent	vendirent	vendaient	vendront	vendraient	vendent	

Reflexive (Pronominal)

4 se laver *(to wash oneself)*
Present participle / Past participle / Past infinitive: se lavant / lavé / s'être lavé(e)(s)

Subject Pronouns	Present	Passé simple	Imperfect	Future	Conditional Present	Subjunctive Present	Imperative
je	me lave	me lavai	me lavais	me laverai	me laverais	me lave	
tu	te laves	te lavas	te lavais	te laveras	te laverais	te laves	lave-toi
il/elle/on	se lave	se lava	se lavait	se lavera	se laverait	se lave	
nous	nous lavons	nous lavâmes	nous lavions	nous laverons	nous laverions	nous lavions	lavons-nous
vous	vous lavez	vous lavâtes	vous laviez	vous laverez	vous laveriez	vous laviez	lavez-vous
ils/elles	se lavent	se lavèrent	se lavaient	se laveront	se laveraient	se lavent	

Auxiliary verbs: *avoir* and *être*

Infinitive / Present participle / Past participle / Past infinitive

Infinitive — Present participle, Past participle, Past infinitive	Subject Pronouns	INDICATIVE Present	Passé simple	Imperfect	Future	CONDITIONAL Present	SUBJUNCTIVE Present	IMPERATIVE
5 avoir *(to have)* — ayant, eu, avoir eu	j'	ai	eus	avais	aurai	aurais	aie	
	tu	as	eus	avais	auras	aurais	aies	aie
	il/elle/on	a	eut	avait	aura	aurait	ait	
	nous	avons	eûmes	avions	aurons	aurions	ayons	ayons
	vous	avez	eûtes	aviez	aurez	auriez	ayez	ayez
	ils/elles	ont	eurent	avaient	auront	auraient	aient	
6 être *(to be)* — étant, été, avoir été	je (j')	suis	fus	étais	serai	serais	sois	
	tu	es	fus	étais	seras	serais	sois	sois
	il/elle/on	est	fut	était	sera	serait	soit	
	nous	sommes	fûmes	étions	serons	serions	soyons	soyons
	vous	êtes	fûtes	étiez	serez	seriez	soyez	soyez
	ils/elles	sont	furent	étaient	seront	seraient	soient	

Compound tenses

Subject pronouns	INDICATIVE Passé composé	Pluperfect	Future perfect	CONDITIONAL Past	SUBJUNCTIVE Past
j'	ai	avais	aurai	aurais	aie
tu	as	avais	auras	aurais	aies
il/elle/on	a	avait	aura	aurait	ait
nous	avons	avions	aurons	aurions	ayons
vous	avez	aviez	aurez	auriez	ayez
ils/elles	ont	avaient	auront	auraient	aient
	parlé / fini / vendu	*parlé / fini / vendu*	*parlé / fini / vendu*	*parlé / fini / vendu*	*parlé / fini / vendu*
je (j')	suis	étais	serai	serais	sois
tu	es	étais	seras	serais	sois
il/elle/on	est	était	sera	serait	soit
nous	sommes	étions	serons	serions	soyons
vous	êtes	étiez	serez	seriez	soyez
ils/elles	sont	étaient	seront	seraient	soient
	allé(e)(s)	*allé(e)(s)*	*allé(e)(s)*	*allé(e)(s)*	*allé(e)(s)*

Verbs with spelling changes

7. acheter (to buy)
Present participle: achetant
Past participle: acheté
Past infinitive: avoir acheté

Subject Pronouns	INDICATIVE Present	Passé simple	Imperfect	Future	CONDITIONAL Present	SUBJUNCTIVE Present	IMPERATIVE
j'	achète	achetai	achetais	achèterai	achèterais	achète	
tu	achètes	achetas	achetais	achèteras	achèterais	achètes	achète
il/elle/on	achète	acheta	achetait	achètera	achèterait	achète	
nous	achetons	achetâmes	achetions	achèterons	achèterions	achetions	achetons
vous	achetez	achetâtes	achetiez	achèterez	achèteriez	achetiez	achetez
ils/elles	achètent	achetèrent	achetaient	achèteront	achèteraient	achètent	

8. appeler (to call)
Present participle: appelant
Past participle: appelé
Past infinitive: avoir appelé

Subject Pronouns	INDICATIVE Present	Passé simple	Imperfect	Future	CONDITIONAL Present	SUBJUNCTIVE Present	IMPERATIVE
j'	appelle	appelai	appelais	appellerai	appellerais	appelle	
tu	appelles	appelas	appelais	appelleras	appellerais	appelles	appelle
il/elle/on	appelle	appela	appelait	appellera	appellerait	appelle	
nous	appelons	appelâmes	appelions	appellerons	appellerions	appelions	appelons
vous	appelez	appelâtes	appeliez	appellerez	appelleriez	appeliez	appelez
ils/elles	appellent	appelèrent	appelaient	appelleront	appelleraient	appellent	

9. commencer (to begin)
Present participle: commençant
Past participle: commencé
Past infinitive: avoir commencé

Subject Pronouns	INDICATIVE Present	Passé simple	Imperfect	Future	CONDITIONAL Present	SUBJUNCTIVE Present	IMPERATIVE
je	commence	commençai	commençais	commencerai	commencerais	commence	
tu	commences	commenças	commençais	commenceras	commencerais	commences	commence
il/elle/on	commence	commença	commençait	commencera	commencerait	commence	
nous	commençons	commençâmes	commencions	commencerons	commencerions	commencions	commençons
vous	commencez	commençâtes	commenciez	commencerez	commenceriez	commenciez	commencez
ils/elles	commencent	commencèrent	commençaient	commenceront	commenceraient	commencent	

10. employer (to use; to employ)
Present participle: employant
Past participle: employé
Past infinitive: avoir employé

Subject Pronouns	INDICATIVE Present	Passé simple	Imperfect	Future	CONDITIONAL Present	SUBJUNCTIVE Present	IMPERATIVE
j'	emploie	employai	employais	emploierai	emploierais	emploie	
tu	emploies	employas	employais	emploieras	emploierais	emploies	emploie
il/elle/on	emploie	employa	employait	emploiera	emploierait	emploie	
nous	employons	employâmes	employions	emploierons	emploierions	employions	employons
vous	employez	employâtes	employiez	emploierez	emploieriez	employiez	employez
ils/elles	emploient	employèrent	employaient	emploieront	emploieraient	emploient	

11. manger (to eat)
Present participle: mangeant
Past participle: mangé
Past infinitive: avoir mangé

Subject Pronouns	INDICATIVE Present	Passé simple	Imperfect	Future	CONDITIONAL Present	SUBJUNCTIVE Present	IMPERATIVE
je	mange	mangeai	mangeais	mangerai	mangerais	mange	
tu	manges	mangeas	mangeais	mangeras	mangerais	manges	mange
il/elle/on	mange	mangea	mangeait	mangera	mangerait	mange	
nous	mangeons	mangeâmes	mangions	mangerons	mangerions	mangions	mangeons
vous	mangez	mangeâtes	mangiez	mangerez	mangeriez	mangiez	mangez
ils/elles	mangent	mangèrent	mangeaient	mangeront	mangeraient	mangent	

12 | Infinitive: **préférer** *(to prefer)* — Present participle: préférant — Past participle: préféré — Past infinitive: avoir préféré

Subject Pronouns	INDICATIVE Present	Passé simple	Imperfect	Future	CONDITIONAL Present	SUBJUNCTIVE Present	IMPERATIVE
je	préfère	préférai	préférais	préférerai	préférerais	préfère	
tu	préfères	préféras	préférais	préféreras	préférerais	préfères	préfère
il/elle/on	préfère	préféra	préférait	préférera	préférerait	préfère	
nous	préférons	préférâmes	préférions	préférerons	préférerions	préférions	préférons
vous	préférez	préférâtes	préfériez	préférerez	préféreriez	préfériez	préférez
ils/elles	préfèrent	préférèrent	préféraient	préféreront	préféreraient	préfèrent	

Irregular verbs

13 | Infinitive: **aller** *(to go)* — Present participle: allant — Past participle: allé — Past infinitive: être allé(e)(s)

Subject Pronouns	INDICATIVE Present	Passé simple	Imperfect	Future	CONDITIONAL Present	SUBJUNCTIVE Present	IMPERATIVE
je (j')	vais	allai	allais	irai	irais	aille	
tu	vas	allas	allais	iras	irais	ailles	va
il/elle/on	va	alla	allait	ira	irait	aille	
nous	allons	allâmes	allions	irons	irions	allions	allons
vous	allez	allâtes	alliez	irez	iriez	alliez	allez
ils/elles	vont	allèrent	allaient	iront	iraient	aillent	

14 | Infinitive: **s'asseoir** *(to sit down, to be seated)* — Present participle: s'asseyant — Past participle: assis — Past infinitive: s'être assis(e)(s)

Subject Pronouns	INDICATIVE Present	Passé simple	Imperfect	Future	CONDITIONAL Present	SUBJUNCTIVE Present	IMPERATIVE
je	m'assieds	m'assis	m'asseyais	m'assiérai	m'assiérais	m'asseye	
tu	t'assieds	t'assis	t'asseyais	t'assiéras	t'assiérais	t'asseyes	assieds-toi
il/elle/on	s'assied	s'assit	s'asseyait	s'assiéra	s'assiérait	s'asseye	
nous	nous asseyons	nous assîmes	nous asseyions	nous assiérons	nous assiérions	nous asseyions	asseyons-nous
vous	vous asseyez	vous assîtes	vous asseyiez	vous assiérez	vous assiériez	vous asseyiez	asseyez-vous
ils/elles	s'asseyent	s'assirent	s'asseyaient	s'assiéront	s'assiéraient	s'asseyent	

15 | Infinitive: **se battre** *(to fight)* — Present participle: se battant — Past participle: battu — Past infinitive: s'être battu(e)(s)

Subject Pronouns	INDICATIVE Present	Passé simple	Imperfect	Future	CONDITIONAL Present	SUBJUNCTIVE Present	IMPERATIVE
je	me bats	me battis	me battais	me battrai	me battrais	me batte	
tu	te bats	te battis	te battais	te battras	te battrais	te battes	bats-toi
il/elle/on	se bat	se battit	se battait	se battra	se battrait	se batte	
nous	nous battons	nous battîmes	nous battions	nous battrons	nous battrions	nous battions	battons-nous
vous	vous battez	vous battîtes	vous battiez	vous battrez	vous battriez	vous battiez	battez-vous
ils/elles	se battent	se battirent	se battaient	se battront	se battraient	se battent	

16 — boire (to drink) · buvant · bu · avoir bu

Subject Pronouns	INDICATIVE Present	Passé simple	Imperfect	Future	CONDITIONAL Present	SUBJUNCTIVE Present	IMPERATIVE
je	bois	bus	buvais	boirai	boirais	boive	
tu	bois	bus	buvais	boiras	boirais	boives	bois
il/elle/on	boit	but	buvait	boira	boirait	boive	
nous	buvons	bûmes	buvions	boirons	boirions	buvions	buvons
vous	buvez	bûtes	buviez	boirez	boiriez	buviez	buvez
ils/elles	boivent	burent	buvaient	boiront	boiraient	boivent	

17 — conduire (to drive; to lead) · conduisant · conduit · avoir conduit

Subject Pronouns	INDICATIVE Present	Passé simple	Imperfect	Future	CONDITIONAL Present	SUBJUNCTIVE Present	IMPERATIVE
je	conduis	conduisis	conduisais	conduirai	conduirais	conduise	
tu	conduis	conduisis	conduisais	conduiras	conduirais	conduises	conduis
il/elle/on	conduit	conduisit	conduisait	conduira	conduirait	conduise	
nous	conduisons	conduisîmes	conduisions	conduirons	conduirions	conduisions	conduisons
vous	conduisez	conduisîtes	conduisiez	conduirez	conduiriez	conduisiez	conduisez
ils/elles	conduisent	conduisirent	conduisaient	conduiront	conduiraient	conduisent	

18 — connaître (to know, to be acquainted with) · connaissant · connu · avoir connu

Subject Pronouns	INDICATIVE Present	Passé simple	Imperfect	Future	CONDITIONAL Present	SUBJUNCTIVE Present	IMPERATIVE
je	connais	connus	connaissais	connaîtrai	connaîtrais	connaisse	
tu	connais	connus	connaissais	connaîtras	connaîtrais	connaisses	connais
il/elle/on	connaît	connut	connaissait	connaîtra	connaîtrait	connaisse	
nous	connaissons	connûmes	connaissions	connaîtrons	connaîtrions	connaissions	connaissons
vous	connaissez	connûtes	connaissiez	connaîtrez	connaîtriez	connaissiez	connaissez
ils/elles	connaissent	connurent	connaissaient	connaîtront	connaîtraient	connaissent	

19 — courir (to run) · courant · couru · avoir couru

Subject Pronouns	INDICATIVE Present	Passé simple	Imperfect	Future	CONDITIONAL Present	SUBJUNCTIVE Present	IMPERATIVE
je	cours	courus	courais	courrai	courrais	coure	
tu	cours	courus	courais	courras	courrais	coures	cours
il/elle/on	court	courut	courait	courra	courrait	coure	
nous	courons	courûmes	courions	courrons	courrions	courions	courons
vous	courez	courûtes	couriez	courrez	courriez	couriez	courez
ils/elles	courent	coururent	couraient	courront	courraient	courent	

20 — croire (to believe) · croyant · cru · avoir cru

Subject Pronouns	INDICATIVE Present	Passé simple	Imperfect	Future	CONDITIONAL Present	SUBJUNCTIVE Present	IMPERATIVE
je	crois	crus	croyais	croirai	croirais	croie	
tu	crois	crus	croyais	croiras	croirais	croies	crois
il/elle/on	croit	crut	croyait	croira	croirait	croie	
nous	croyons	crûmes	croyions	croirons	croirions	croyions	croyons
vous	croyez	crûtes	croyiez	croirez	croiriez	croyiez	croyez
ils/elles	croient	crurent	croyaient	croiront	croiraient	croient	

Infinitive / Present participle / Past participle / Past infinitive	Subject Pronouns	INDICATIVE Present	INDICATIVE Passé simple	INDICATIVE Imperfect	INDICATIVE Future	CONDITIONAL Present	SUBJUNCTIVE Present	IMPERATIVE
21 devoir *(to have to; to owe)* devant / dû / avoir dû	je	dois	dus	devais	devrai	devrais	doive	
	tu	dois	dus	devais	devras	devrais	doives	dois
	il/elle/on	doit	dut	devait	devra	devrait	doive	
	nous	devons	dûmes	devions	devrons	devrions	devions	devons
	vous	devez	dûtes	deviez	devrez	devriez	deviez	devez
	ils/elles	doivent	durent	devaient	devront	devraient	doivent	
22 dire *(to say, to tell)* disant / dit / avoir dit	je	dis	dis	disais	dirai	dirais	dise	
	tu	dis	dis	disais	diras	dirais	dises	dis
	il/elle/on	dit	dit	disait	dira	dirait	dise	
	nous	disons	dîmes	disions	dirons	dirions	disions	disons
	vous	dites	dîtes	disiez	direz	diriez	disiez	dites
	ils/elles	disent	dirent	disaient	diront	diraient	disent	
23 écrire *(to write)* écrivant / écrit / avoir écrit	j'	écris	écrivis	écrivais	écrirai	écrirais	écrive	
	tu	écris	écrivis	écrivais	écriras	écrirais	écrives	écris
	il/elle/on	écrit	écrivit	écrivait	écrira	écrirait	écrive	
	nous	écrivons	écrivîmes	écrivions	écrirons	écririons	écrivions	écrivons
	vous	écrivez	écrivîtes	écriviez	écrirez	écririez	écriviez	écrivez
	ils/elles	écrivent	écrivirent	écrivaient	écriront	écriraient	écrivent	
24 émouvoir *(to move)* émouvant / ému / avoir ému	j'	émeus	émus	émouvais	émouvrai	émouvrais	émeuve	
	tu	émeus	émus	émouvais	émouvras	émouvrais	émeuves	émeus
	il/elle/on	émeut	émut	émouvait	émouvra	émouvrait	émeuve	
	nous	émouvons	émûmes	émouvions	émouvrons	émouvrions	émouvions	émouvons
	vous	émouvez	émûtes	émouviez	émouvrez	émouvriez	émouviez	émouvez
	ils/elles	émeuvent	émurent	émouvaient	émouvront	émouvraient	émeuvent	
25 envoyer *(to send)* envoyant / envoyé / avoir envoyé	j'	envoie	envoyai	envoyais	enverrai	enverrais	envoie	
	tu	envoies	envoyas	envoyais	enverras	enverrais	envoies	envoie
	il/elle/on	envoie	envoya	envoyait	enverra	enverrait	envoie	
	nous	envoyons	envoyâmes	envoyions	enverrons	enverrions	envoyions	envoyons
	vous	envoyez	envoyâtes	envoyiez	enverrez	enverriez	envoyiez	envoyez
	ils/elles	envoient	envoyèrent	envoyaient	enverront	enverraient	envoient	

Infinitive / Present participle / Past participle / Past infinitive	Subject Pronouns	INDICATIVE				CONDITIONAL	SUBJUNCTIVE	IMPERATIVE
		Present	Passé simple	Imperfect	Future	Present	Present	
26 éteindre *(to turn off)* éteignant éteint avoir éteint	j'	éteins	éteignis	éteignais	éteindrai	éteindrais	éteigne	
	tu	éteins	éteignis	éteignais	éteindras	éteindrais	éteignes	éteins
	il/elle/on	éteint	éteignit	éteignait	éteindra	éteindrait	éteigne	
	nous	éteignons	éteignîmes	éteignions	éteindrons	éteindrions	éteignions	éteignons
	vous	éteignez	éteignîtes	éteigniez	éteindrez	éteindriez	éteigniez	éteignez
	ils/elles	éteignent	éteignirent	éteignaient	éteindront	éteindraient	éteignent	
27 faire *(to do; to make)* faisant fait avoir fait	je	fais	fis	faisais	ferai	ferais	fasse	
	tu	fais	fis	faisais	feras	ferais	fasses	fais
	il/elle/on	fait	fit	faisait	fera	ferait	fasse	
	nous	faisons	fîmes	faisions	ferons	ferions	fassions	faisons
	vous	faites	fîtes	faisiez	ferez	feriez	fassiez	faites
	ils/elles	font	firent	faisaient	feront	feraient	fassent	
28 falloir *(to be necessary)* fallu avoir fallu	il	faut	fallut	fallait	faudra	faudrait	faille	
29 fuir *(to flee)* fuyant fui avoir fui	je	fuis	fuis	fuyais	fuirai	fuirais	fuie	
	tu	fuis	fuis	fuyais	fuiras	fuirais	fuies	fuis
	il/elle/on	fuit	fuit	fuyait	fuira	fuirait	fuie	
	nous	fuyons	fuîmes	fuyions	fuirons	fuirions	fuyions	fuyons
	vous	fuyez	fuîtes	fuyiez	fuirez	fuiriez	fuyiez	fuyez
	ils/elles	fuient	fuirent	fuyaient	fuiront	fuiraient	fuient	
30 lire *(to read)* lisant lu avoir lu	je	lis	lus	lisais	lirai	lirais	lise	
	tu	lis	lus	lisais	liras	lirais	lises	lis
	il/elle/on	lit	lut	lisait	lira	lirait	lise	
	nous	lisons	lûmes	lisions	lirons	lirions	lisions	lisons
	vous	lisez	lûtes	lisiez	lirez	liriez	lisiez	lisez
	ils/elles	lisent	lurent	lisaient	liront	liraient	lisent	

Infinitive / Present participle / Past participle / Past infinitive	Subject Pronouns	INDICATIVE				CONDITIONAL	SUBJUNCTIVE	IMPERATIVE
		Present	Passé simple	Imperfect	Future	Present	Present	
31 mettre *(to put)* / mettant / mis / avoir mis	je	mets	mis	mettais	mettrai	mettrais	mette	
	tu	mets	mis	mettais	mettras	mettrais	mettes	mets
	il/elle/on	met	mit	mettait	mettra	mettrait	mette	
	nous	mettons	mîmes	mettions	mettrons	mettrions	mettions	mettons
	vous	mettez	mîtes	mettiez	mettrez	mettriez	mettiez	mettez
	ils/elles	mettent	mirent	mettaient	mettront	mettraient	mettent	
32 mourir *(to die)* / mourant / mort / être mort(e)(s)	je	meurs	mourus	mourais	mourrai	mourrais	meure	
	tu	meurs	mourus	mourais	mourras	mourrais	meures	meurs
	il/elle/on	meurt	mourut	mourait	mourra	mourrait	meure	
	nous	mourons	mourûmes	mourions	mourrons	mourrions	mourions	mourons
	vous	mourez	mourûtes	mouriez	mourrez	mourriez	mouriez	mourez
	ils/elles	meurent	moururent	mouraient	mourront	mourraient	meurent	
33 naître *(to be born)* / naissant / né / être né(e)(s)	je	nais	naquis	naissais	naîtrai	naîtrais	naisse	
	tu	nais	naquis	naissais	naîtras	naîtrais	naisses	nais
	il/elle/on	naît	naquit	naissait	naîtra	naîtrait	naisse	
	nous	naissons	naquîmes	naissions	naîtrons	naîtrions	naissions	naissons
	vous	naissez	naquîtes	naissiez	naîtrez	naîtriez	naissiez	naissez
	ils/elles	naissent	naquirent	naissaient	naîtront	naîtraient	naissent	
34 ouvrir *(to open)* / ouvrant / ouvert / avoir ouvert	j'	ouvre	ouvris	ouvrais	ouvrirai	ouvrirais	ouvre	
	tu	ouvres	ouvris	ouvrais	ouvriras	ouvrirais	ouvres	ouvre
	il/elle/on	ouvre	ouvrit	ouvrait	ouvrira	ouvrirait	ouvre	
	nous	ouvrons	ouvrîmes	ouvrions	ouvrirons	ouvririons	ouvrions	ouvrons
	vous	ouvrez	ouvrîtes	ouvriez	ouvrirez	ouvririez	ouvriez	ouvrez
	ils/elles	ouvrent	ouvrirent	ouvraient	ouvriront	ouvriraient	ouvrent	
35 partir *(to leave)* / partant / parti / être parti(e)(s)	je	pars	partis	partais	partirai	partirais	parte	
	tu	pars	partis	partais	partiras	partirais	partes	pars
	il/elle/on	part	partit	partait	partira	partirait	parte	
	nous	partons	partîmes	partions	partirons	partirions	partions	partons
	vous	partez	partîtes	partiez	partirez	partiriez	partiez	partez
	ils/elles	partent	partirent	partaient	partiront	partiraient	partent	

Infinitive / Present participle / Past participle / Past infinitive	Subject Pronouns	INDICATIVE				CONDITIONAL	SUBJUNCTIVE	IMPERATIVE
		Present	Passé simple	Imperfect	Future	Present	Present	
36 plaire *(to please)* plaisant plu avoir plu	je	plais	plus	plaisais	plairai	plairais	plaise	
	tu	plais	plus	plaisais	plairas	plairais	plaises	plais
	il/elle/on	plaît	plut	plaisait	plaira	plairait	plaise	
	nous	plaisons	plûmes	plaisions	plairons	plairions	plaisions	plaisons
	vous	plaisez	plûtes	plaisiez	plairez	plairiez	plaisiez	plaisez
	ils/elles	plaisent	plurent	plaisaient	plairont	plairaient	plaisent	
37 pleuvoir *(to rain)* pleuvant plu avoir plu	il	pleut	plut	pleuvait	pleuvra	pleuvrait	pleuve	
38 pouvoir *(to be able)* pouvant pu avoir pu	je	peux	pus	pouvais	pourrai	pourrais	puisse	
	tu	peux	pus	pouvais	pourras	pourrais	puisses	
	il/elle/on	peut	put	pouvait	pourra	pourrait	puisse	
	nous	pouvons	pûmes	pouvions	pourrons	pourrions	puissions	
	vous	pouvez	pûtes	pouviez	pourrez	pourriez	puissiez	
	ils/elles	peuvent	purent	pouvaient	pourront	pourraient	puissent	
39 prendre *(to take)* prenant pris avoir pris	je	prends	pris	prenais	prendrai	prendrais	prenne	
	tu	prends	pris	prenais	prendras	prendrais	prennes	prends
	il/elle/on	prend	prit	prenait	prendra	prendrait	prenne	
	nous	prenons	prîmes	prenions	prendrons	prendrions	prenions	prenons
	vous	prenez	prîtes	preniez	prendrez	prendriez	preniez	prenez
	ils/elles	prennent	prirent	prenaient	prendront	prendraient	prennent	
40 recevoir *(to receive)* recevant reçu avoir reçu	je	reçois	reçus	recevais	recevrai	recevrais	reçoive	
	tu	reçois	reçus	recevais	recevras	recevrais	reçoives	reçois
	il/elle/on	reçoit	reçut	recevait	recevra	recevrait	reçoive	
	nous	recevons	reçûmes	recevions	recevrons	recevrions	recevions	recevons
	vous	recevez	reçûtes	receviez	recevrez	recevriez	receviez	recevez
	ils/elles	reçoivent	reçurent	recevaient	recevront	recevraient	reçoivent	

41 — rejoindre (to join)
Present participle: rejoignant · Past participle: rejoint · Past infinitive: avoir rejoint

Subject Pronouns	INDICATIVE Present	INDICATIVE Passé simple	INDICATIVE Imperfect	INDICATIVE Future	CONDITIONAL Present	SUBJUNCTIVE Present	IMPERATIVE Present
je	rejoins	rejoignis	rejoignais	rejoindrai	rejoindrais	rejoigne	
tu	rejoins	rejoignis	rejoignais	rejoindras	rejoindrais	rejoignes	rejoins
il/elle/on	rejoint	rejoignit	rejoignait	rejoindra	rejoindrait	rejoigne	
nous	rejoignons	rejoignîmes	rejoignions	rejoindrons	rejoindrions	rejoignions	rejoignons
vous	rejoignez	rejoignîtes	rejoigniez	rejoindrez	rejoindriez	rejoigniez	rejoignez
ils/elles	rejoignent	rejoignirent	rejoignaient	rejoindront	rejoindraient	rejoignent	

42 — résoudre (to solve)
Present participle: résolvant · Past participle: résolu · Past infinitive: avoir résolu

Subject Pronouns	INDICATIVE Present	INDICATIVE Passé simple	INDICATIVE Imperfect	INDICATIVE Future	CONDITIONAL Present	SUBJUNCTIVE Present	IMPERATIVE Present
je	résous	résolus	résolvais	résoudrai	résoudrais	résolve	
tu	résous	résolus	résolvais	résoudras	résoudrais	résolves	résous
il/elle/on	résout	résolut	résolvait	résoudra	résoudrait	résolve	
nous	résolvons	résolûmes	résolvions	résoudrons	résoudrions	résolvions	résolvons
vous	résolvez	résolûtes	résolviez	résoudrez	résoudriez	résolviez	résolvez
ils/elles	résolvent	résolurent	résolvaient	résoudront	résoudraient	résolvent	

43 — rire (to laugh)
Present participle: riant · Past participle: ri · Past infinitive: avoir ri

Subject Pronouns	INDICATIVE Present	INDICATIVE Passé simple	INDICATIVE Imperfect	INDICATIVE Future	CONDITIONAL Present	SUBJUNCTIVE Present	IMPERATIVE Present
je	ris	ris	riais	rirai	rirais	rie	
tu	ris	ris	riais	riras	rirais	ries	ris
il/elle/on	rit	rit	riait	rira	rirait	rie	
nous	rions	rîmes	riions	rirons	ririons	riions	rions
vous	riez	rîtes	riiez	rirez	ririez	riiez	riez
ils/elles	rient	rirent	riaient	riront	riraient	rient	

44 — rompre (to break)
Present participle: rompant · Past participle: rompu · Past infinitive: avoir rompu

Subject Pronouns	INDICATIVE Present	INDICATIVE Passé simple	INDICATIVE Imperfect	INDICATIVE Future	CONDITIONAL Present	SUBJUNCTIVE Present	IMPERATIVE Present
je	romps	rompis	rompais	romprai	romprais	rompe	
tu	romps	rompis	rompais	rompras	romprais	rompes	romps
il/elle/on	rompt	rompit	rompait	rompra	romprait	rompe	
nous	rompons	rompîmes	rompions	romprons	romprions	rompions	rompons
vous	rompez	rompîtes	rompiez	romprez	rompriez	rompiez	rompez
ils/elles	rompent	rompirent	rompaient	rompront	rompraient	rompent	

45 — savoir (to know)
Present participle: sachant · Past participle: su · Past infinitive: avoir su

Subject Pronouns	INDICATIVE Present	INDICATIVE Passé simple	INDICATIVE Imperfect	INDICATIVE Future	CONDITIONAL Present	SUBJUNCTIVE Present	IMPERATIVE Present
je	sais	sus	savais	saurai	saurais	sache	
tu	sais	sus	savais	sauras	saurais	saches	sache
il/elle/on	sait	sut	savait	saura	saurait	sache	
nous	savons	sûmes	savions	saurons	saurions	sachions	sachons
vous	savez	sûtes	saviez	saurez	sauriez	sachiez	sachez
ils/elles	savent	surent	savaient	sauront	sauraient	sachent	

Infinitive / Present participle / Past participle / Past infinitive	Subject Pronouns	INDICATIVE				CONDITIONAL	SUBJUNCTIVE	IMPERATIVE
		Present	Passé simple	Imperfect	Future	Present	Present	
46 suivre *(to follow)* suivant suivi avoir suivi	je	suis	suivis	suivais	suivrai	suivrais	suive	
	tu	suis	suivis	suivais	suivras	suivrais	suives	suis
	il/elle/on	suit	suivit	suivait	suivra	suivrait	suive	
	nous	suivons	suivîmes	suivions	suivrons	suivrions	suivions	suivons
	vous	suivez	suivîtes	suiviez	suivrez	suivriez	suiviez	suivez
	ils/elles	suivent	suivirent	suivaient	suivront	suivraient	suivent	
47 se taire *(to be quiet)* se taisant tu s'être tu(e)(s)	je	me tais	me tus	me taisais	me tairai	me tairais	me taise	
	tu	te tais	te tus	te taisais	te tairas	te tairais	te taises	tais-toi
	il/elle/on	se tait	se tut	se taisait	se taira	se tairait	se taise	
	nous	nous taisons	nous tûmes	nous taisions	nous tairons	nous tairions	nous taisions	taisons-nous
	vous	vous taisez	vous tûtes	vous taisiez	vous tairez	vous tairiez	vous taisiez	taisez-vous
	ils/elles	se taisent	se turent	se taisaient	se tairont	se tairaient	se taisent	
48 tenir *(to hold)* tenant tenu avoir tenu	je	tiens	tins	tenais	tiendrai	tiendrais	tienne	
	tu	tiens	tins	tenais	tiendras	tiendrais	tiennes	tiens
	il/elle/on	tient	tint	tenait	tiendra	tiendrait	tienne	
	nous	tenons	tînmes	tenions	tiendrons	tiendrions	tenions	tenons
	vous	tenez	tîntes	teniez	tiendrez	tiendriez	teniez	tenez
	ils/elles	tiennent	tinrent	tenaient	tiendront	tiendraient	tiennent	
49 vaincre *(to defeat)* vainquant vaincu avoir vaincu	je	vaincs	vainquis	vainquais	vaincrai	vaincrais	vainque	
	tu	vaincs	vainquis	vainquais	vaincras	vaincrais	vainques	vaincs
	il/elle/on	vainc	vainquit	vainquait	vaincra	vaincrait	vainque	
	nous	vainquons	vainquîmes	vainquions	vaincrons	vaincrions	vainquions	vainquons
	vous	vainquez	vainquîtes	vainquiez	vaincrez	vaincriez	vainquiez	vainquez
	ils/elles	vainquent	vainquirent	vainquaient	vaincront	vaincraient	vainquent	
50 valoir *(to be worth)* valant valu avoir valu	je	vaux	valus	valais	vaudrai	vaudrais	vaille	
	tu	vaux	valus	valais	vaudras	vaudrais	vailles	vaux
	il/elle/on	vaut	valut	valait	vaudra	vaudrait	vaille	
	nous	valons	valûmes	valions	vaudrons	vaudrions	valions	valons
	vous	valez	valûtes	valiez	vaudrez	vaudriez	valiez	valez
	ils/elles	valent	valurent	valaient	vaudront	vaudraient	vaillent	

Infinitive / Present participle / Past participle / Past infinitive	Subject Pronouns	INDICATIVE Present	Passé simple	Imperfect	Future	CONDITIONAL Present	SUBJUNCTIVE Present	IMPERATIVE
51 venir *(to come)* venant / venu / être venu(e)(s)	je	viens	vins	venais	viendrai	viendrais	vienne	
	tu	viens	vins	venais	viendras	viendrais	viennes	viens
	il/elle/on	vient	vint	venait	viendra	viendrait	vienne	
	nous	venons	vînmes	venions	viendrons	viendrions	venions	venons
	vous	venez	vîntes	veniez	viendrez	viendriez	veniez	venez
	ils/elles	viennent	vinrent	venaient	viendront	viendraient	viennent	
52 vivre *(to live)* vivant / vécu / avoir vécu	je	vis	vécus	vivais	vivrai	vivrais	vive	
	tu	vis	vécus	vivais	vivras	vivrais	vives	vis
	il/elle/on	vit	vécut	vivait	vivra	vivrait	vive	
	nous	vivons	vécûmes	vivions	vivrons	vivrions	vivions	vivons
	vous	vivez	vécûtes	viviez	vivrez	vivriez	viviez	vivez
	ils/elles	vivent	vécurent	vivaient	vivront	vivraient	vivent	
53 voir *(to see)* voyant / vu / avoir vu	je	vois	vis	voyais	verrai	verrais	voie	
	tu	vois	vis	voyais	verras	verrais	voies	vois
	il/elle/on	voit	vit	voyait	verra	verrait	voie	
	nous	voyons	vîmes	voyions	verrons	verrions	voyions	voyons
	vous	voyez	vîtes	voyiez	verrez	verriez	voyiez	voyez
	ils/elles	voient	virent	voyaient	verront	verraient	voient	
54 vouloir *(to want, to wish)* voulant / voulu / avoir voulu	je	veux	voulus	voulais	voudrai	voudrais	veuille	
	tu	veux	voulus	voulais	voudras	voudrais	veuilles	veuille
	il/elle/on	veut	voulut	voulait	voudra	voudrait	veuille	
	nous	voulons	voulûmes	voulions	voudrons	voudrions	voulions	veuillons
	vous	voulez	voulûtes	vouliez	voudrez	voudriez	vouliez	veuillez
	ils/elles	veulent	voulurent	voulaient	voudront	voudraient	veuillent	

Vocabulaire

Guide to Vocabulary

Active vocabulary

This glossary contains the words and expressions presented as active vocabulary in **IMAGINEZ**. A numeral following the entry indicates the lesson of **IMAGINEZ** where the word or expression was introduced. Reflexive verbs are listed under the non-reflexive infinitive.

Abbreviations used in this glossary

adj.	adjective	*indef.*	indefinite	*prep.*	preposition
adv.	adverb	*m.*	masculine	*pron.*	pronoun
conj.	conjunction	*part.*	partitive	*rel.*	relative
f.	feminine	*p.p.*	past participle	*v.*	verb

Français-Anglais

A

à *prep.* at **5**; in **5**; to
  à ce moment-là *adv.* at that moment **3**
  à condition de *prep.* provided (that) **7**
  à condition que *conj.* on the condition that **7**
  à moins de *prep.* unless **7**
  à moins que *conj.* unless **7**
  à partir de *prep.* from **1**
  à succès *adv.* bestselling
  au chômage *adj.* unemployed **9**
a priori *m.* preconceived idea
abattre *v.* to cut down **10**
abîmé(e) *adj.* damaged
abonné(e) *m., f.* subscriber
abonnement *m.* subscription **7**
aborder *v.* to broach **3**
abriter *v.* to provide a habitat for **10**
absolument *adv.* absolutely **2**
abus de pouvoir *m.* abuse of power **4**
abuser *v.* to abuse **4**
accablé(e) *adj.* overwhelmed **1**
acceptation *f.* acceptance
accoucher *v.* to give birth; to deliver a baby **6**
accro: être accro (à) *v.* to be addicted (to) **7**
acharnement *m.* determination
acharner: s'acharner sur *v.* to persist relentlessly **5**
acheter *v.* to buy **1**
actif/active *adj.* active **2**
activiste *m., f.* militant activist **4**
actualisé(e) *adj.* updated **3**
actualité *f.* current events **3**
adapter: s'adapter *v.* to adapt **5**
adhérent(e) *m., f.* member **9**
admirer *v.* to admire **8**
ADN *m.* DNA **7**
adresse e-mail *f.* e-mail address **7**

adresser: s'adresser la parole *v.* to speak to one another **7**
affaires *f.* belongings **6**
affectueux/affectueuse *adj.* affectionate **1**
affronter *v.* to face **6**
afin que *conj.* in order that **7**
agacer *v.* to annoy **1**
âge adulte *m.* adulthood **6**
agent de police *m.* police officer **2**
agir *v.* to take action **7**
agiter *v.* to shake **10**
aimer *v.* to love **1**; to like **1**
ainsi *adv.* thus **2**
air *m.* air
  en plein air *adj.* outdoors **10**
aisé(e) *adj.* well off **8**
aliéné(e) *m., f.* outsider **6**
aliment *m.* (type or kind of) food **6**
alimentaire *adj.* related to food **6**
aller *v.* to go **1**
  s'en aller *v.* to go/fade away **1**
  aller de l'avant *v.* to forge ahead **5**
alliance *f.* wedding ring **6**
allié(e) *m., f.* ally **5**
allongé(e) *adj.* lying down **3**
alors *adv.* so **2**; then **2**
alpinisme *m.* mountain climbing **8**
amas *m.* pile, heap
amants *m.* lovers **1**
ambiance *f.* atmosphere **2**
âme *f.* soul
âme sœur *f.* soulmate **1**
améliorer *v.* to improve **2**
  s'améliorer *v.* to better oneself **5**
amener *v.* to bring someone **1**
ameuter *v.* to rouse **7**
amitié *f.* friendship **1**
amoureux/amoureuse *adj.* in love **1**
  tomber amoureux/amoureuse (de) to fall in love (with) **1**
amour-propre *m.* self-esteem **6**
amuser *v.* to amuse **2**; **s'amuser** *v.* to have fun **2**

analphabète *adj.* illiterate **4**
ancien(ne) *adj.* ancient **2**; former **2**
ancêtre *m., f.* ancestor **1**
anecdotique *adj.* trivial
animal de compagnie *m.* pet **2**
animateur/animatrice de radio *m., f.* radio presenter **3**
animé(e) *adj.* lively **2**
antimatière *m.* antimatter **7**
anxieux/anxieuse *adj.* anxious **1**
apercevoir *v.* to catch sight of **2**; to perceive **9**; **s'apercevoir** *v.* to realize **2, 8**; to notice **8**
apparaître *v.* to appear
appareil (photo) numérique *m.* digital camera **7**
appartenir (à) *v.* to belong (to) **5**
appeler *v.* to call **1**
applaudir *v.* to clap one's hands **6**; to applaud **8**
apporter du réconfort *v.* to bring comfort **2**
approuver une loi *v.* to pass a law **4**
après *prep.* after **8**; **après que** *conj.* after **7**
araignée *f.* spider **10**
arbitre *m.* referee **8**
arc-en-ciel *m.* rainbow **10**
archipel *m.* archipelago **10**
argent *m.* silver **2**
argot *m.* slang **4**
argument de vente *m.* selling point **9**
arme *f.* weapon **4**
armée *f.* army **4**
arrêt d'autobus *m.* bus stop **2**
arrêter: s'arrêter *v.* to stop (oneself) **2**
arrière-grand-mère *f.* great-grandmother **6**
arrière-grand-père *m.* great-grandfather **6**
arriver *v.* to arrive **3**
artifice: feu d'artifice *m.* fireworks display **2**

asperge *f.* asparagus **6**
asseoir: s'asseoir *v.* to sit **9**
asservissement *m.* enslavement **4**
assez *adv.* quite **2**
  assez de enough **5**
assimilation *f.* assimilation **5**
s'assimiler à *v.* to blend in **1**
s'assouplir *v.* to become more flexible **5**
astrologue *m., f.* astrologer **7**
astronaute *m., f.* astronaut **7**
astronome *m., f.* astronomer **7**
atout *m.* asset **9**
attendre *v.* to wait for **2**; s'attendre
  à quelque chose *v.* to expect
  something **2**
attention: attirer l'attention (sur) *v.*
  to draw attention to **3**
atténuer *v.* to alleviate **2**
atterrir *v.* to land **7**
attirer *v.* to attract **5**
  attirer l'attention (sur) *v.* to draw
  attention to
attribuer *v.* to grant **3**
au cas où *conj.* in case **10**
auditeur/auditrice *m., f.* (radio)
  listener **3**
augmentation (de salaire) *f.* raise (in
  salary) **9**
augmenter *v.* to grow **5**
aujourd'hui *adv.* today **2**
aussi… que *adv.* as … as **7**
aussitôt que *conj.* as soon as **7**
autant *adv.* so much/many **2**
autobus *m.* bus **2**
  arrêt d'autobus *m.* bus stop **2**
autoritaire *adj.* bossy **6**
autre *adj.* another **2**; different **2**;
  other **4**
avancé(e) *adj.* advanced **7**
avancer *v.* to advance **1**, to move
  forward **1**
avant de *prep.* before **7**
  avant que *conj.* before **7**
avocat(e) *m., f.* lawyer **4**
avoir *v.* to have **1**
  avoir des relations to have
  connections **9**
  avoir honte (de) to be ashamed
  (of) **1**; to be embarrassed (of) **1**
  avoir confiance en soi to be
  confident **1**
  avoir de l'influence (sur) to have
  influence (over) **4**
  avoir des conséquences
    néfastes (sur) to have harmful
  consequences (on)
  avoir des dettes to be in debt **9**
  avoir des préjugés to be
  prejudiced **5**
  avoir le mal du pays to be
  homesick **5**
  avoir le trac to have stage fright
  avoir peur to be afraid **2**

B

bague *f.* ring
  bague de fiançailles *f.*
  engagement ring **6**
baisser *v.* to decrease **5**
balancer: se balancer *v.* to swing **10**
balayer *v.* to sweep **1**
ballon *m.* ball **8**
bande *f.* gang **5**
  bande originale *f.* soundtrack **3**
banlieue *f.* suburb **2, 7**; outskirts **2**
banqueroute *f.* bankruptcy **9**
baragouiner *v.* to jabber
barrière de corail *f.* barrier reef **10**
bas(se) *adj.* low **2**
baskets *f.* sneakers **8**, tennis shoes **8**
bassine *f.* basin **8**
bateau *m.* boat **4**
bâtir *v.* to build **10**
batterie *f.* drums **2**
battre: se battre (contre) *v.* to fight
  (against) **6**; to fight **8**
bavard(e) *m., f.* chatterbox **5**
bavarder *v.* to chat **8**
beau/belle *adj.* beautiful **2**; handsome **2**
beaucoup *adv.* a lot **2**
beau-fils *m.* son-in-law **6**; stepson **6**
beau-frère *m.* brother-in-law **6**
beau-père *m.* father-in-law **6**;
  stepfather **6**
belle-fille *f.* daughter-in-law **6**;
  stepdaughter **6**
belle-mère *f.* mother-in-law **6**;
  stepmother **6**
belle-sœur *f.* sister-in-law **6**
bénéfice *m.* profit
berger/bergère *m., f.* shepherd(ess)
bermuda *m.* (a pair of) bermuda
  shorts **8**
béton *m.* concrete
bien *adv.* well **2**
  bien des *adj.* many **5**
  bien que *conj.* although **7**
  bien s'exporter *v.* to be popular
  abroad
bien-être *m.* well-being **10**
bienfait *m.* beneficial effect
bientôt *adv.* soon **2**
bilingue *adj.* bilingual **1**
billet *m.* ticket **8**
billard *m.* pool **8**
biochimique *adj.* biochemical **7**
bio(logique) *adj.* organic **6**
biologiste *m., f.* biologist **7**
blanc/blanche *adj.* white **2**
blessé(e) *adj.* injured **1**; *m., f.* injured
  person
blesser: (se) blesser *v.* to injure
  (oneself) **8**; to get hurt **8**
boire *v.* to drink **3**
boîte *f.* can **5**; box **5**
  boîtes gigognes *f.* nested boxes **7**
boiter *v.* to limp

bon(ne) *adj.* good **2**
bonnet *m.* swim cap **8**
bonté *f.* kindness
bosser *v.* to work **3**
boue *f.* mud
boule à neige *f.* snow globe **7**
boules *f.* petanque **8**
boulot *m.* job **9**
bouquet de la mariée *m.* bouquet **6**
bourse *f.* scholarship, grant **3**
bouteille *f.* bottle **5**
boutique de souvenirs *f.* gift shop **8**
braconnage *m.* poaching **10**
bref/brève *adj.* brief **2**
brevet d'invention *m.* patent **7**
brièvement *adv.* briefly **2**
brosser: se brosser *v.* to brush **2**
brûler *v.* to burn **5**
bruyamment *adv.* noisily **2**
bruyant(e) *adj.* noisy **2**
bûcheron *m.* lumberjack **10**
budget *m.* budget **9**
but *m.* goal **5**

C

ça *pron.* that; this; it
  ça suffit that's enough
cadavre *m.* corpse
cadre *m.* executive **9**
cadre de vie *m.* living environment **7**
café soluble *m.* instant coffee **3**
caillou (cailloux) *m.* pebble(s) **10**
caleçon *m.* boxer shorts **8**
calepin *m.* notebook
camionnette *f.* small truck or van
campagne de promotion *f.*
  promotional campaign **3**
canadien(ne) *adj.* Canadian **2**
capitaine *m.* captain
capter *v.* to get a signal **9**
car *conj.* for; because
caractère *m.* character, personality **6**
carie *f.* cavity **7**
carrière *f.* career **3**
carte *f.* card **8**
  carte de crédit *f.* credit card **9**
  carte de retrait *f.* ATM card **9**
  cartes (à jouer) *f.* (playing) cards **8**
cas: au cas où *conj.* in case **10**
cascade *f.* stunt
caserne de pompiers *f.* fire station **2**
casse-cou *m.* daredevil **8**
casque *m.* helmet **1**
catastrophe naturelle *f.* natural
  disaster
cauchemar *m.* nightmare
cause *f.* cause **5**
causer *v.* to chat
CD-ROM *m.* CD-ROM **7**
célébrer *v.* to celebrate **8**
célébrité *f.* celebrity
célibataire *adj.* single **1**
cellule *f.* cell **7**

censure *f.* censorship 3
centre de formation *m.* sports training school
centre-ville *m.* city/town center 2; downtown 2
certain(e) *adj.* certain 4
certainement *adv.* certainly 3
c'est-à-dire that is to say 7; i.e. 7
chaîne *f.* network 3
   chaîne montagneuse *f.* mountain range 10
chantage *m.* blackmail 2
   faire du chantage to blackmail 4
chaos *m.* chaos 5
chaque *adj.* each 4, every single 4
charbon (de bois) *m.* char(coal)
chargé(e) d'affaires *m., f.* manager 9
charmant(e) *adj.* charming 1
chasser *v.* to hunt 10
châtain *adj.* brown *(hair)* 2
châtiment *m.* punishment 5
chef d'entreprise *m.* head of a company 9
chêne *m.* oak tree
cher/chère *adj.* dear 2; expensive 2
chercheur/chercheuse *m., f.* researcher 7
chez *prep.* at the place or home of 5
chiffre *m.* figure 9; number 9
chimiste *m., f.* chemist 7
choc culturel *m.* culture shock 1
choisir *v.* to choose 3
chômage *m.* unemployment 9
   au chômage *adj.* unemployed 9
chômeur/chômeuse *m., f.* unemployed person 9
chouette *adj.* great 8; cool 8
chrétien(ne) *m., f.* Christian
christianisme *m.* Christianity
chronique *f.* column 3
chuchoter *v.* to whisper
cinéma *m.* cinema 2, movie theater 2
circulation *f.* traffic 2
cirque *m.* circus
citadin(e) *m., f.* city/town dweller 2
cité *f.* low-income housing development
citoyen(ne) *m., f.* citizen 2
citron *m.* lemon 6; *adj.* lemon 2
   citron vert *m.* lime 6
clé *f.* wrench 7
clip vidéo *m.* music video 3
cloîtré(e) *adj.* shut away
cloner *v.* to clone 7
clous *m.* crosswalk 2
club *m.* team
   club sportif *m.* sports club 8
cochon *m.* pig 10
coincé(e) *adj.* stuck 7
colère *f.* anger 1, 4, rage 4
   se mettre en colère contre to get angry with 1
colocataire *m, f.* roommate 2; co-tenant 2
colon *m.* colonist 4

colonne vertébrale *f.* spine 1
combattant(e) *m., f.* fighter
combattre *v.* to fight 4
combustible *m.* fuel 10
comédie *f.* comedy 8
comédien(ne) *m., f.* actor
commencer *v.* to begin 1
commérages *m.* gossip 1
commissaire (de police) *m.* (police) commissioner 5
commissariat de police *m.* police station 2
communication *f.* communication 3
   moyens de communication *m.* media 3
campagne de promotion *f.* promotional campaign 3
compétent(e) *adj.* competent 9
complet/complète *adj.* complete 2; sold out 8
complexe d'infériorité *m.* inferiority complex
comportement *m.* behavior 5
comporter: se comporter *v.* to behave, to act
compréhension *f.* understanding 5
comptable *m., f.* accountant 9
compte de chèques *m.* checking account 9
compte d'épargne *m.* savings account 9
compter *v.* to expect to 8, to matter 6
   compter sur *v.* to rely on 1
concurrence *f.* competition 8
condition *f.* condition
   à condition de *prep.* provided (that) 7
   à condition que *conj.* on the condition that 7
conducteur/conductrice *m., f.* driver 2
conduire *v.* to drive 3
conduite *f.* behavior
confiance *f.* confidence 1
   avoir confiance en soi to be confident 1
   faire confiance (à quelqu'un) to trust (someone) 1
confier *v.* to confide 6; entrust 6
conflit *m.* conflict 6
conformiste *adj.* conformist 5
confusément *adv.* confusedly 2
conjoint(e) *m., f.* spouse 7
connaître *v.* to know 3
consacrer: se consacrer à *v.* to dedicate oneself to 4
conseiller/conseillère *m., f.* advisor 9
conservateur/conservatrice *adj.* conservative 2, 4; *m.* preservative 6
considérer *v.* to consider 1
consommateur/consommatrice *m., f.* consumer 3
consommation d'énergie *f.* energy consumption 10
constamment *adv.* constantly 2
construction *f.* construction 10

construire *v.* to build 2
consultant(e) *m., f.* consultant 9
consulter *v.* to consult 9
contaminé(e) *adj.* contaminated 10
   être contaminé(e) to be contaminated 10
conte *m.* tale
content(e) *adj.* happy 6
contenu *m.* content 4
contraire à l'éthique *adj.* unethical 7
contrarier *v.* to thwart 7
contrarié(e) *adj.* upset 1
contribuer (à) *v.* to contribute 7
convaincre *v.* to convince 9; persuade 9
convivialité *f.* togetherness 6
correcteur orthographique *m.* spell check 7
côtoyer *v.* to rub shoulders with 2
couche d'ozone *f.* ozone layer 10
couche sociale *f.* social level 5
coucher: se coucher *v.* to go to bed 2
couler *v.* to flow 1; to run (water) 1
coup franc *m.* free kick
coupable *adj.* guilty 4
couper de *v.* to cut off from 7; **se couper** *v.* to cut oneself 2
couple mixte *m.* mixed couple
courage *m.* courage 5
courir *v.* to run 3
cours *m.* course 3
   cours d'art dramatique *m.* drama course
course *f.* race 1, 8
court(e) *adj.* short 2
   à court terme *adj.* short-term 9
coûter cher *v.* to cost a lot 2
couverture *f.* blanket 3
couvrir *v.* to cover 4
craindre *v.* to fear 6
crainte: de crainte que *conj.* for fear that 7
créer *v.* to create 7
crème *f.* cream 2; *adj.* cream 2
crier *v.* to yell 1
crime *m.* crime 4
criminel(le) *m., f.* criminal 4
crise *f.* crisis 9
   crise d'hystérie *f.* nervous breakdown
   crise économique *f.* economic crisis 9
croire *v.* to believe 3
croisement *m.* intersection 2
croiser *v.* to run into someone 2
croyance *f.* belief
cruauté *f.* cruelty 4
cruel(le) *adj.* cruel 2
culotte *f.* underpants (for females) 8
curriculum vitae (CV) *m.* résumé 9
cyberespace *m.* cyberspace 7
cyclone *m.* hurricane

D

d'abord *adv.* first **2**
danger *m.* danger **10**
dangereux/dangereuse *adj.* dangerous **2**
dans *prep.* in **5**; inside **5**
dauphin *m.* dolphin **10**
de *prep.* from; of **7**
  de crainte que *conj.* for fear that **7**
  de dos *adv.* from the back **3**
  de nouveau *adv.* again **8**
  de peur de *prep.* for fear of **7**
  de peur que *conj.* for fear that **7**
  de pointe *adj.* cutting edge **7**
  de temps en temps *adv.* from time to time **2**
débile *adj.* moronic **2**
déblayer *v.* to clear away
débrouiller: se débrouiller *v.* to figure it out **9**; to manage **9**
débuter *v.* to begin **6**
décédé(e) *adj.* deceased **3**
décès *m.* death
déchets *m.* trash **10**
déchirer *v.* to tear **3, 8**
déclencher *v.* to trigger
décolonisation *f.* decolonization
décourager: se décourager *v.* to lose heart **5**
découverte (capitale) *f.* (breakthrough) discovery **7**
découvrir *v.* to discover **4**
décrire *v.* to describe **6**
dedans *adv.* inside **2, 8**
défaite *f.* defeat **4**
défaut *m.* flaw
défavorisé(e) *adj.* underprivileged **5, 8**
défendre *v.* to defend **4**
  défendre de to forbid **4**
défi *m.* challenge
défilé *m.* parade **2**
déforestation *f.* deforestation **10**
défunt(e) *m., f.* deceased
dégâts *m.* damages
dehors *adv.* outside **2**
déjà *adv.* already **2**
délaisser *v.* to neglect
demain *adv.* tomorrow **2**
demande *f.* proposal **6**
  faire une demande en mariage to propose **6**
demander *v.* to ask for **2**; **se demander** *v.* to wonder **2**
  demander un prêt to apply for a loan **9**
démarche *f.* approach **3**
démarrer *v.* to start up **7**
déménager *v.* to move **1, 6**
demi-frère *f.* half brother **6**
demi-sœur *f.* half sister **6**
démissionner *v.* to quit **9**
démocratie *f.* democracy **4**
dénouement *m.* outcome; ending

dépaysement *m.* change of scenery **1**; disorientation **1**
dépasser: se dépasser *v.* to go beyond one's limits **8**
dépêcher: se dépêcher *v.* to hurry **2**
dépendance *f.* addiction
dépenser *v.* to spend **9**
dépenses *f.* expenses **9**
déposer *v.* to deposit **9**
déprimé(e) *adj.* depressed **1**
député(e) *m., f.* deputy (politician) **4**; representative **4**
déranger *v.* to bother **1**; to disturb
dernier/dernière *adj.* last **2**; final **2**
  lundi (mardi, etc.) dernier last Monday (Tuesday, etc.) **3**
dérouler: se dérouler *v.* to take place **6**
derrière *prep.* behind **5**
dès que *conj.* as soon as **7**
désabusé(e) *adj.* disillusioned **1**
désarroi *m.* distress **2**
désastreux/désastreuse *adj.* disastrous **1**
descendre *v.* to go down **2**; to get off **2**
désespéré(e) *adj.* desperate
désespoir *m.* despair **7**
déshabiller: se déshabiller *v.* to undress **2**
désirer *v.* to desire **6**; to want to **8**
désolé(e) *adj.* sorry **6**
détendre: se détendre *v.* to relax **2**
détester *v.* to hate **8**
détruire *v.* to destroy **7**
dette *f.* debt **9**
  avoir des dettes to be in debt **9**
devant *prep.* in front of **5**
développement *m.* development **5**
devenir *v.* to become **3**
deviner *v.* to guess **5**
devoir *v.* to have to **3**; must **3**; to owe **9**; *m.* duty **4**
dialogue *m.* dialog **5**
dictature *f.* dictatorship **4**
dieu vivant *m.* living god **3**
dire *v.* to say **3**
  dire au revoir to say goodbye **5**
  dire quelque chose to ring a bell **3**
direct: en direct *adj., adv.* live **3**
directeur/directrice d'agence bancaire *m., f.* bank manager **9**
diriger *v.* to manage **9**; to run **9**
disparu(e) *m., f.* missing person
dispensaire *m.* clinic **10**
disposé(e) (à) *adj.* willing (to) **9**
distance *f.* distance **5**
distributeur automatique *m.* ATM **9**
diversité *f.* diversity **5**
divertir *v.* to entertain **3**; **se divertir** *v.* to have a good time **8**
divertissant(e) *adj.* entertaining **8**
divertissement *m.* entertainment **3**
divorcer *v.* to divorce **1**
documentaire *m.* documentary **3**
donc *adv.* so **2**, therefore **2**
donner *v.* to give **2**

donner des indications to give directions **2**
donner suite à *v.* to respond favorably to **9**
se donner totalement *v.* to give one's all **3**
dont *rel. pron.* of which **9**; of whom **9**; whose **9**
dormir *v.* to sleep **4**
  dormir à la belle étoile *v.* to sleep outdoors
doucement *adv.* gently **2**
douter *v.* to doubt **2**; **se douter (de)** *v.* to suspect **2**
douteux: Il est douteux... It is doubtful... **7**
doux/douce *adj.* sweet **2**; soft **2**
dragon *m.* dragon **6**
draguer *v.* to flirt **1**; to try to "pick up" **1**
drapeau *m.* flag **4**
droit *m.* right **4**
  droits de l'homme *m.* human rights **4**
dû/due à *adj.* due to **5**
duel *m.* one-on-one
duper *v.* to trick **2**

E

échelle *f.* ladder **7**
économe *adj.* thrifty **1**
économies *f.* savings **9**
économiser *v.* to save **9**
écouter *v.* to listen to **8**
écran *m.* screen **3**
écrasé(e) *adj.* run over
écrire *v.* to write **3**
édifice *m.* building **2**
éditeur/éditrice *m., f.* publisher **3**
effacer *v.* to erase **1, 7**
effets spéciaux *m.* special effects **3**
efficacité *adj.* efficiency **3**
effort *m.* effort **5**
égal(e) *adj.* equal **4**
égalité *f.* equality **4**
égaré(e) *adj.* lost **3**
égocentrique *adj.* egocentric
égoïste *adj.* selfish **6**
élection *f.* election **4**
  gagner les élections to win elections **4**
  perdre les élections to lose elections **4**
élevé(e) *p.p.* raised
  bien élevé(e) *adj.* well-mannered **6**
  mal élevé(e) *adj.* bad-mannered **6**
élever (des enfants) *v.* to raise (children) **6**
élire *v.* to elect **4**
embaucher *v.* to hire **9**
embouteillage *m.* traffic jam **2**
émeute *f.* riot
émigré(e) *m., f.* emigrant **5**
émigrer *v.* to emigrate **1**

emmener *v.* to take someone **1**
émotif/émotive *adj.* emotional
émouvant(e) *adj.* moving **8**
émouvoir *v.* to move
empêcher (de) *v.* to stop **2**; to keep from (doing something) **2**
empirer *v.* to get worse **10**
emploi *m.* job **9**
   solliciter un emploi to apply for a job **9**
employé(e) *m., f.* employee **9**
emprisonner *v.* to imprison **4**
emprunt *m.* loan **9**
   faire un emprunt to take out a loan **9**
en *prep.* in **5**; at **5**
   en attendant de *prep.* waiting to **7**
   en attendant que *conj.* waiting for **7**
   en direct *adj., adv.* live **3**
   en faillite *adj.* bankrupt **9**
   en général *adv.* in general **2**
   en plein air *adj.* outdoors **10**
   en pointe *adv.* forward, up front
   en sécurité *adj.* sure **2**
   en voie d'extinction *adj.* endangered **10**
encadrement *m.* supervisory staff **9**
encore *adv.* again **2**; still **2**
énergie *f.* energy **10**
énerver *v.* to annoy **1**
enfance *f.* childhood **6**
enfant unique *m., f.* only child **6**
enfin *adv.* at last **2**
enfoncer: s'enfoncer *v.* to drown
enfreindre une injonction *v.* to disobey a command **4**
engager to hire **3**; **s'engager (envers quelqu'un)** *v.* to commit (to someone) **1**; to get involved
engloutir *v.* to swallow
s'engueuler *v.* to have an argument **3**
enlever *v.* to kidnap **4**
ennuyer *v.* to bore **1**; to bother **2**; **s'ennuyer** *v.* to get bored **2**
énormément *adv.* enormously **2**
enquêter (sur) *v.* to research **3**; to investigate **3**
enregistrer *v.* to record **3**
enrichir: s'enrichir *v.* to become rich **5**
ensuite *adv.* then **2**, next **2**
entendre *v.* to hear **2**
   entendre parler de to hear about **3**
   s'entendre bien to get along well **1**
enthousiaste *adj.* enthusiastic **1**; excited **1**
entourer: s'entourer de *v.* to surround oneself with **9**
entraide *f.* mutual aid **9**
entraîneur *m.* coach
entrepôt *m.* warehouse **9**
entreprendre *v.* to undertake **9**
entrepreneur/entrepreneuse *adj.* enterprising

entreprise (multinationale) *f.* (multinational) company **9**
   monter une entreprise to create a company **9**
entrer *v.* to enter **3**
entretenir: s'entretenir (avec) *v.* to talk **2**, to converse **2**
entretien *m.* interview **3**
   entretien d'embauche *m.* job interview **9**
envahir *v.* to invade **3**
environnement *m.* environment **10**
envisager *v.* to envision **7**
envoyé(e) spécial(e) *m., f.* correspondent **3**
envoyer *v.* to send **1**
éolienne *f.* wind turbine **10**
épais(se) *adj.* thick
épanouissement *m.* development **10**
épargner *v.* to spare **4**
épeler *v.* to spell **1**
épinards *m.* spinach **6**
époux/épouse *m., f.* spouse **6**; husband/wife **6**
éprouver *v.* to feel **6**
épuisé(e) *adj.* exhausted **9**
épuiser *v.* to use up **10**
érosion *f.* erosion **10**
escalader *v.* to climb **8**, to scale **8**
esclavage *m.* slavery **4**
esclave *m., f.* slave
escroc *m.* crook
espace *m.* space **7**
espérer *v.* to hope **1**
espionner *v.* to spy **4**
esprit *m.* spirit **1**
essayer *v.* to try **1**
essentiel(le) *adj.* essential **6**
estropié(e) *m., f.* cripple
établir: s'établir *v.* to settle **5**
étendre: s'étendre *v.* to spread **2**
éthique *adj.* ethical **7**
étoile (filante) *f.* (shooting) star **7**
étonnant(e) *adj.* surprising **6**
étonné(e) *adj.* surprised **6**
étonner: s'étonner *v.* to be amazed **8**
étranger/étrangère *m., f.* foreigner **2**; stranger **2**
être *v.* to be **1**
   être à l'aise to be comfortable **1**
   être à la une to be on the front page **3**
   être accro (à) to be addicted (to)
   être contaminé(e) to be contaminated **10**
   être désolé(e) to be sorry **6**
   être diplômé to have a degree **9**
   être experimenté(e) to have experience **9**
   être mal à l'aise to be uncomfortable **1**
   être perdu(e) to be lost **2**
   être pistonné(e) to have strings pulled for you **9**

être promu(e) to be promoted **9**
être propre à *v.* to be specific to **3**
être sous pression to be under pressure **9**
évadé(e) *adj.* escaped **4**
événement *m.* event **3**
évidemment *adv.* obviously **2**
évident(e) *adj.* obvious **7**
évoquer *v.* to make think of **9**
exclu(e) *adj.* excluded **5**
exigeant(e) *adj.* demanding **6**
exiger *v.* to demand **6, 9**
exigu/exiguë *adj.* small
exhorter *v.* to urge **10**
expérience *f.* experiment **7**
expirer *v.* to exhale **8**
exploitation *f.* development **10**
exploiter *v.* to use; to harvest **10**
explorer *v.* to explore **7**
exporter: bien s'exporter *v.* to be popular abroad **5**
exposition *f.* exhibition **8**; art show **8**
exprès *adv.* on purpose **4**
   faire exprès to do it on purpose **4**
exprimer *v.* to express
extinction: en voie d'extinction *adj.* endangered **10**
extrait *m.* excerpt **3**
extraterrestre *m., f.* alien **7**

F

fabrication *f.* manufacture **10**
fâché(e) *adj.* angry **1**; mad **1**
fâcher: se fâcher (contre) *v.* to get angry (with) **2**
faiblir *v.* to weaken **10**
faillite: en faillite *adj.* bankrupt **9**
fainéant(e) *m., f.* lazybones **9**
faire *v.* to do **1**; to make **1**
   faire confiance (à quelqu'un) to trust (someone) **1, 4**
   faire du chantage to blackmail **4**
   faire la queue to wait in line **8**
   faire le point to take stock **9**
   faire marrer to make (someone) laugh **3**
   faire match nul to tie (a game) **8**
   faire passer to spread (the word) **8**
   se faire passer pour to pretend to be
   faire sans to do without **5**
   faire un effort to make an effort **5**
   faire un emprunt to take out a loan **9**
   faire une demande en mariage to propose **6**
   faire une expérience to conduct an experiment **7**
fait *m.* fact **4**
faits divers *m.* news items **3**
falloir *v.* to be necessary **6**; to have to **9**
   Il faut que... One must... **6**; It is necessary that... **6**
fan (de) *m., f.* fan (of) **8**

fanfare *f.* marching band **2**
fascinant(e) *adj.* fascinating
faute *f.* foul
faux/fausse *adj.* false **2**; wrong **2**
favori(te) *adj.* favorite **2**
femme d'affaires *f.* businesswoman **9**
femme politique *f.* politician **4**
férié *m.* public holiday **5**
ferme *f.* farm **10**
fête foraine *f.* carnival **2**
fêter *v.* to celebrate **8**
fétiche *adj.* favorite **1**
feu (tricolore) *m.* traffic light **2**
feu d'artifice *m.* fireworks display **2**
feuillage *m.* foliage
feuilleton *m.* soap opera **3**; series **3**
fiançailles *f.* engagement **6**
se fiancer *v.* to get engaged **1**
fidèle *adj.* faithful **1**
fier/fière *adj.* proud **2**
filet (de pêche) *m.* (fishing) net **10**
fille unique *f.* only child **6**
film *m.* movie **3**
    sortir un film to release a movie **3**
fils unique *m.* only child **6**
finalement *adv.* finally **3**
financier/financière *adj.* financial **9**
fléchettes *f.* darts **8**
fleurir *v.* to flourish
fleuve *m.* river **10**
flic *m.* cop **4, 5**
foire *f.* fair **2**
fois *f.* time
    deux fois *adv.* twice **3**
    une fois *adv.* once **3**
    une fois que *conj.* once **10**
fonctionnaire *m., f.* civil servant **6**
fonder une famille *v.* to start
    a family **6**
forcer *v.* to force **1**
forces de l'ordre *f.* police
forestier/forestière *m., f.* logger **10**
forêt (tropicale) *f.* (rain) forest **10**
formateur/formatrice *m., f.* trainer **9**
formation *f.* training **9**
fossé des générations *m.* generation
    gap **6**
fou/folle *adj.* crazy **2**
foudre *f.* lightning **1**
foudroyé(e) *adj.* struck by lightning **1**
foulard *m.* headscarf
foule *f.* crowd mob
frais/fraîche *adj.* fresh **2**; cool **2**
franc/franche *adj.* frank **1, 2**
franchement *adv.* frankly **2**
frappant(e) *adj.* striking **3**
frapper *v.* to knock; to hit
frime *f.* showing off **3**
fringues démodées *f.* out-of-style
    clothes **3**
frisson *m.* thrill **8**
fromagerie *f.* cheese store **6**
front *m.* forehead
frontière *f.* border **5**

fuir *v.* to flee **1**
fumé(e) *adj.* smoked **6**

G

gâcher *v.* to ruin **1**
gagner *v.* to win **4**
    gagner les élections to win
        elections **4**
    gagner sa vie to earn a living **9**
galère *f.* nightmare
gamin(e) *m., f.* kid **5**
gamme de produits *f.* line of products **9**
garde-robe *f.* wardrobe **8**
gardien(ne) *m., f.* keeper **5**; building
    superintendent **8**
gaspillage *m.* waste **10**
gaspiller *v.* to waste **10**
gâter *v.* to spoil **6**
géant(e) *m., f.* giant **10**
gène *m.* gene **7**
gêne *f.* embarrassment
gêné(e) *adj.* embarrassed **2**
gêner *v.* to bother **1**; to embarrass **1**
génétique *f.* genetics **7**
génial(e) *adj.* great **1**; terrific **1**
gentil(le) *adj.* nice **2**
gentiment *adv.* nicely **2**; kindly **2**
gérant(e) *m., f.* manager **9**
gérer *v.* to manage **9**; to run **9**
gestionnaire de patrimoine *m., f.*
    wealth manager **9**
gilet *m.* sweater **8**; sweatshirt (with
    front opening) **8**
gland *m.* acorn
glisser *v.* to glide **8**
gouvernement *m.* government **4**
gouverner *v.* to govern **4**
grâce à *prep.* thanks to **1**
grand(e) *adj.* big **2**; tall **2**; great **2**
grandir *v.* to grow up
grand magasin *m.* department store **9**
grand-oncle *m.* great-uncle **6**
grand-tante *f.* great-aunt **6**
gras/grasse *adj.* fat, plump
gratte-ciel *m.* skyscraper **2**
graver (un CD) *v.* to burn (a CD) **7**
gravité *f.* gravity **7**
grec/grecque *adj.* Greek **2**
grésillement lointain *m.* distant
    crackling
grillé(e) *adj.* grilled **6**, broiled **6**
griller quelqu'un *v.* to catch someone **4**
grimper à *v.* to climb **8**
gronder *v.* to scold **6**
gros/grosse *adj.* fat **2**
grossesse *f.* pregnancy **6**
groupe *m.* musical group **8**; band **8**
guérir *v.* to cure **7**, to heal **7**
guerre *f.* war
    guerre (civile) *f.* (civil) war **4**
    guerre de Sécession *f.* American
        Civil War **4**
guerrier/guerrière *m., f.* warrior **5**

H

habiller: s'habiller *v.* to get dressed **2**
habitation *f.* housing **2**
habituer: s'habituer à *v.* to get used to **2**
haine *f.* hatred
haïr *v.* to hate **3**
harceler *v.* to harass **9**
hâter le pas *v.* to hurry **2**
haut(e) *adj.* high **2**
hebdomadaire *m.* weekly magazine **3**
hériter *v.* to inherit **6, 9**
héritier/héritière *m., f.* heir **3**
hétérogène *adj.* heterogeneous **5**
heureusement *adv.* happily **2**
heureux/heureuse *adj.* happy **2**
heurter *v.* to hit
hier *adv.* yesterday **2**
    hier (matin, soir, etc.) *adv.* yesterday
        (morning, evening, etc.) **3**
histoire *f.* story **1**
HLM (habitation à loyer modéré) *m.*
    low-income housing **8**
homme d'affaires *m.* businessman **9**
homme politique *m.* politician **4**
homogène *adj.* homogeneous **5**
honnête *adj.* honest **1**
honte *f.* shame **1, 6**
    avoir honte (de) to be ashamed
        (of) **1**; to be embarrassed (of) **1**
horaire *m.* schedule
hôtel de ville *m.* city/town hall **2**
huître *f.* oyster **10**
humain(e) *adj.* human
humanité *f.* humankind **5**
hurler *v.* to shout **7**
hypermarché *m.* large supermarket **6**

I

ici *adv.* here **2**
idéaliste *adj.* idealistic **1**
Il était une fois Once upon a time **6**
immédiatement *adv.* immediately **3**
immigration *f.* immigration **5**
immigrer *v.* to immigrate **1**
immigré(e) *n.* immigrant **5**
impartial(e) *adj.* impartial **3**; unbiased **3**
important(e) *adj.* important **6**
impossible *adj.* impossible **7**
inaction *f.* lack of action **4**
inattendu(e) *adj.* unexpected **2**
incendie *m.* fire **3, 10**
incertitude *f.* uncertainty **5**
incompétent(e) *adj.* incompetent **9**
incompréhension *f.* lack of
    understanding **6**
indice *m.* clue, indication
indications *f.* directions **2**
    donner des indications to give
        directions **2**
s'indigner *v.* to be angered
indispensable *adj.* essential **6**
individualité *f.* individuality **5**

industrie forestière *f.* logging
industry **10**
inégal(e) *adj.* unequal **4**
inégalité *f.* inequality **4**
inférieur(e) *adj.* inferior **2**
infidèle *adj.* unfaithful **1**
influence *f.* influence **4**
avoir de l'influence (sur) to have
influence (over) **4**
influent(e) *adj.* influential **3**
informatique *f.* computer science **7**
**informer: s'informer (par les
médias)** *v.* to keep oneself
informed (through the media) **3**
ingénieur *m., f.* engineer **7**
ingrat(e) *adj.* thankless
inhabituel(le) *adj.* unusual **9**
injuste *adj.* unfair **4**
injustice *f.* injustice **4**
innovant(e) *adj.* innovative **7**
innovation *f.* innovation **7**
inondation *f.* flood **10**
inoubliable *adj.* unforgettable **1**
inquiet/inquiète *adj.* worried **1, 2**
s'inquiéter *v.* to worry **2**
s'inscrire *v.* to register **1**; to enroll **6**
insensible *adj.* insensitive **2**
insolite *adj.* unusual
inspirer *v.* to inhale **8**
instabilité *f.* instability **5**
installer: s'installer *v.* to settle **5**
instruit(e) *adj.* educated **6**
insuffisant(e) *adj.* insufficient **10**
insupportable *adj.* unbearable **6**
intégration *f.* integration **5**
intégrer: s'intégrer (à un groupe) *v.*
to belong (to a group) **1**
intellectuel(le) *m., f.* intellectual;
adj. intellectual **2**
intéresser: s'intéresser (à) *v.* to be
interested (in) **2**
intérêt financier *m.* financial stakes
interview *f.* interview **3**
intransigeant(e) *adj.* inflexible **3**
inventer *v.* to invent **7**
invention *f.* invention **7**
investir *v.* to invest **9**; **s'investir** *v.* to
put oneself into **9**
ironique *adj.* ironic
islam *m.* Islam
isolement *m.* isolation **2**

J

jadis *adv.* formerly, in the past
jaloux/jalouse *adj.* jealous **1**
jalousie *f.* jealousy **4**
jamais *adv.* never **2**
jardin public *m.* public garden **2**
jauger *v.* to gauge **2**
jetable *adj.* disposable **10**
jeter *v.* to throw **1**; to throw away **10**
jeter par la fenêtre to throw out
the window

jeu *m.* game **8**
jeu de mots *m.* play on words **3**
jeu vidéo/de société *m.* video/
board game **8**
jeune *adj.* young **2**
jeunesse *f.* youth **6**
joie *f.* joy **1**
joli(e) *adj.* pretty **2**
jouer *v.* to play
jouer au bowling to go bowling **8**
jour férié *m.* public holiday **5**
journal *m.* newspaper **3**
journal télévisé *m.* news broadcast
journaliste *m., f.* journalist **3**
juge *m., f.* judge **4**
juger *v.* to judge **4**
jumeaux/jumelles *m., f.* twin
brothers/sisters **6**
jupe (plissée) *f.* (pleated) skirt **8**
juré(e) *m., f.* juror **4**
jusqu'à ce que *conj.* until **7**
juste *adj.* fair **4**
justice *f.* justice **4**

K

kidnapper *v.* to kidnap **4**
kilo *m.* kilogram **5**

L

là(-bas) *adv.* (over) there **2**
lâcher *v.* to let go
lagon *m.* lagoon **10**
laisser *v.* to allow to **8**
lancer *v.* to throw **1**; **se lancer** *v.* to
launch into **5**
langue *f.* language **5**
langue maternelle *f.* native
language **5**
langue officielle *f.* official
language **5**
lapin *m.* rabbit **1**
poser un lapin (à quelqu'un) to
stand (someone) up **1**
lapsus *m.* slip of the tongue
larme *f.* tear
las/lasse *adj.* weary **1**
laver: se laver *v.* to wash oneself **2**
lecteur de DVD *m.* DVD player **7**
lentement *adv.* slowly **2**
lettres *f.* literature
lever *v.* to lift **1**; **se lever** *v.* to get
up **2**
lézarder au soleil *v.* to bask in the
sun **8**
liaison *f.* affair **1**; relationship **1**
libéral(e) *adj.* liberal **4**
libérer: se libérer *v.* to free oneself
liberté *f.* freedom **3, 4**
liberté de la presse *f.* freedom of
the press **3**
licencier *v.* to lay off **9**; to fire **9**
lié(e) *adj.* close-knit **6**

lien *m.* connection **2**
lieu de vie *m.* place to live **7**
lion *m.* lion **10**
lire *v.* to read **3**
litre *m.* liter **5**
logement *m.* housing **2, 7**
loi *f.* law **4**
approuver une loi to pass a law **4**
loisirs *m.* leisure **8**; recreation **8**
long/longue *adj.* long **2**
à long terme *adj.* long-term **9**
longtemps *adv.* for a long time **3**
lorsque *conj.* when **7**
loyer *m.* rent **7**
Lune *f.* Moon **10**
lutte *f.* struggle, fight **3**
lutter *v.* to fight **5**; to struggle **5**
luxe *m.* luxury **5**

M

machine à écrire *f.* typewriter
magasin de sport *m.* sporting goods
store **8**
maigre *adj.* thin, scrawny
maillot *m.* jersey
maintenant *adv.* now **2**
maintenir *v.* to maintain **4, 5**
maire *m.* mayor **2**
mal *adv.* badly **2**
le plus mal *adv.* the worst **7**
plus mal *adv.* worse **7**
maladie (incurable) *f.* (incurable)
disease **6**
maladroit(e) *adj.* awkward **6**
malaise *m.* dizzy spell **4**
malentendu *m.* misunderstanding **4, 6**
malheureusement *adv.* unhappily **2**
malhonnête *adj.* dishonest **1**
maltraitance *f.* abuse **5**
manger *v.* to eat **1**
manifestation *f.* demonstration **2**
manquer à *v.* to miss **5**
manque *m.* lack **4**
manque de communication *m.*
lack of communication
maquiller: se maquiller *v.* to put on
makeup **2**
marché *m.* deal **2**
marché (boursier) *m.* (stock)
market **9**
marcher sur les pas de quelqu'un
v. to follow in someone's
footsteps
mariage *m.* marriage **1**; wedding **1**
faire une demande en mariage to
propose **6**
marié *m.* groom **6**
mariée *f.* bride **6**
robe de mariée *f.* wedding gown **6**
marier: se marier avec *v.* to marry **1**
marquant(e) *adj.* striking **3**
marque *f.* brand **3**
marquer (un but/un point) *v.* to score
(a goal/a point) **8**

marre: en avoir marre (de) to be fed up (with) **1**
marrer: se marrer *v.* to have fun, to laugh
marron *m.* chestnut **2**; *adj.* chestnut **2**
matelas *m.* mattress
maternel(le) *adj.* maternal
mathématicien(ne) *m., f.* mathematician **7**
matinal(e) *adj.* early bird **2**
matraquage *m.* hype **3**
maturité *f.* maturity **6**
mauvais(e) *adj.* bad **2**
 plus mauvais(e) *adj.* worse **7**
 le/la plus mauvais(e) *adj.* the worst **7**
mec *m.* guy
médaille *f.* medal **8**
médias *m.* media **3**
méfier: se méfier de *v.* to be distrustful/wary of **2**; to distrust **2**
meilleur(e) *adj.* better **2**
 le/la meilleur(e) *adj.* the best **7**
mélancolique *adj.* melancholic **1**
mélange *m.* mix **1**
mêler *v.* to mix **10**
membre *m.* member **9**
même *adj.* same **2**; very **2**
menace *f.* threat **4**
menacer *v.* to threaten **1**
mener *v.* to lead **1, 5**
mensuel *m.* monthly magazine **3**
mentir *v.* to lie **1**
mépriser *v.* to scorn **4**, to have contempt for
mer *f.* sea **10**
mériter *v.* to deserve **1**; to be worth **1**
message publicitaire *m.* advertisement **3**
métaphore *f.* metaphor **1**
métro *m.* subway **2**
 rame de métro *f.* subway train **2**
 station de métro *f.* subway station **2**
métropole *f.* metropole (mainland France) **6**
mettre *v.* to put **2**
 se mettre à *v.* to begin **2**
 se mettre en colère contre to get angry with **1**
meuble *m.* piece of furniture **10**
meurtre *m.* murder
mieux *adv.* better **2**
 le mieux *adv.* the best **7**
 Il vaut mieux que It is better that… **6**
mignon(ne) *adj.* cute **2**
militant(e) *m., f.* activist **10**
milliardaire *m.* billionaire
mise en marche *f.* start-up **7**
misère *f.* poverty **4**
miteux/miteuse *adj.* dingy **7**
mobilier *m.* furniture **10**
mobiliser: se mobiliser *v.* to rally
modéré(e) *adj.* moderate **4**

modernité *f.* modernity **10**
moins *adv.* less **7**
 à moins de *prep.* unless **7**
 à moins que *conj.* unless **7**
moitié *f.* half **5**
môme *m., f.* kid **5**
monarchie absolue *f.* absolute monarchy **4**
mondialisation *f.* globalization **5**
monotone *adj.* monotonous **2**
montée d'adrénaline *f.* adrenaline rush **8**
monter *v.* to go up **3**, to ascend **3**
 monter (dans une voiture, dans un train) *v.* to get (in a car, on a train) **2**
 monter une entreprise to create a company **9**
moquer: se moquer de *v.* to make fun of **2**
morale *f.* moral
mort *f.* death **2, 6**
morts *m.* dead people
mot de passe *m.* password **7**
moteur de recherche *m.* search engine **7**
mouchoir *m.* handkerchief **8**
mourir *v.* to die **6**
mouton *m.* sheep **10**
moyens de communication *m.* media **3**
mûr(e) *adj.* mature **1**
musée *m.* museum **2**
musicien(ne) *m., f.* musician **8**
muet(te) *adj.* mute **2**
multinationale *f.* multinational company
musulman(e) *m., f.* Muslim

naïf/naïve *adj.* naïve **2**
naissance *f.* birth **6**
naître *v.* to be born **3**
natalité *f.* birthrate **5**
naturellement *adv.* naturally **2**
naviguer sur Internet/le web to search the Web **3**
navrer *v.* to upset **6**
nécessaire *adj.* necessary **6**
nécessiter *v.* to require **6**
néfaste : avoir des conséquences néfastes sur *v.* to have harmful consequences on **7**
net(te) *adj.* clean **2**
nettoyer *v.* to clean **1**
neveu *m.* nephew **6**
nièce *f.* niece **6**
niveau de vie *m.* standard of living **5**
noblesse *f.* nobility **4**
nœud papillon *m.* bow tie **8**
nombreux/nombreuse *adj.* numerous **5**

non-conformiste *adj.* nonconformist **5**
nostalgie *f.* nostalgia **10**
notoriété *f.* fame **3**
noueux/noueuse *adj.* gnarled **10**
nourrir *v.* to feed
nouveau/nouvelle *adj.* new **2**
 de nouveau *adv.* again **8**
nouvelle vague *f.* new wave **1**
nouvelles *f.* news
 nouvelles locales/internationales *f.* local/international news **3**
noyer: se noyer *v.* to drown **8**
nuage de pollution *m.* smog **10**
nucléaire *adj.* nuclear **7**
nuire à *v.* to harm **10**
nuisible *adj.* harmful **10**
nulle part *adv.* nowhere **2, 7**
numérique *adj.* digital **7**

obsédé(e) *adj.* obsessed **7**
obtenir (des billets) *v.* to get (tickets) **8**
 obtenir un prêt to secure a loan **9**
offrir *v.* to offer **4**
opprimé(e) *adj.* oppressed **4**
or *m.* gold **2**
orange *f.* orange **2**; *adj.* orange **2**
ordinateur *m.* portable laptop **7**
ordre public *m.* public order **4**
orgueilleux/orgueilleuse *adj.* proud **1**
oser *v.* to dare to **8**
où *rel. pron.* where **9**; when **9**
ouragan *m.* hurricane **10**
ours *m.* bear **10**
outil *m.* tool **7**
outre *prep.* besides
ouvrir *v.* to open **3**
ovni *m.* U.F.O. **7**

pacifique *adj.* peaceful **4**
page sportive *f.* sports page **3**
paix *f.* peace **4**
palais de justice *m.* courthouse **2**
paniquer *v.* to panic
panneau *m.* road sign **2**
 panneau d'affichage *m.* billboard **2**
paquebot *m.* ocean liner **6**
paquet *m.* package **5**
par *prep.* by; through; on
parabole *f.* satellite dish **7**
parapente *m.* paragliding **8**
parc d'attractions *m.* amusement park **8**
parcourir *v.* to go across **8**
pareil(le) *adj.* similar **5**; alike **5**
parent(e) *m., f.* relative **6**
parfois *adv.* sometimes **2**
pari *m.* bet **8**

parler bas/fort *v.* to speak softly/ loudly 2
paroles *f.* lyrics 3
partager *v.* to share 1
parti politique *m.* political party 4
partial(e) *adj.* partial 3; biased 3
particule *f.* particle 7
partie *f.* game 8; match 8
partir *v.* to leave 3
  à partir de *prep.* from 1
partout *adv.* everywhere 2
parvenir à *v.* to attain 5; to achieve 5
passager/passagère *m., f.* passenger 2; *adj.* fleeting 1
passer *v.* to pass by 3
  passer (devant) *v.* to go past 2
  passer de: se passer de *v.* to do without
paternel(le) *adj.* paternal
patiemment *adv.* patiently 2
patinoire *f.* skating rink 8
patrie *f.* homeland 6
patrimoine (culturel) *m.* cultural heritage 5
patron(ne) *m., f.* boss 9
patte *f.* paw
pauvre *adj.* poor 2; unfortunate 2
pauvreté *f.* poverty 4, 9
pavillon *m.* suburban house 7
payer *v.* to pay 1
paysage *m.* landscape 7, 10; scenery 10
péché *m.* sin
pêcher *v.* to fish 10
peigner: se peigner *v.* to comb 2
peignoir *m.* bathrobe 8
peine *f.* sorrow 1
  Ce n'est pas la peine que... It is not worth the effort... 6
pendant une heure (un mois, etc.) *adv.* for an hour (a month, etc.) 3
penser *v.* to intend to 8
pension *f.* benefits
pépinière *f.* nursery
percevoir *v.* to perceive 9
perdre *v.* to lose 4
  perdre les élections to lose elections 4
perdu(e): être perdu(e) to be lost 2
perle *f.* pearl 10
persévérance *f.* perserverance 5
personnage *m.* character (in a story or play) 8
personnifier *v.* to personify
perte *f.* loss
perte d'un être cher *f.* loss of a loved one 2
peser *v.* to weigh 1
pétanque *f.* petanque 8
petit(e) *adj.* small 2; short 2
petite-fille *f.* granddaughter 6
petit-fils *m.* grandson 6
peu *adv.* little 2
  peu (de) *m.* few 5; a little (of) 5
peu mûr(e) *adj.* immature 1

peuple *m.* people 3
peuplé(e) *adj.* populated 2
  (peu/très) peuplé(e) *adj.* (sparsely/ densely) populated 2
peupler *v.* to populate 2
peur *f.* fear 4
  avoir peur to be afraid 2
  de peur de *prep.* for fear of 7
  de peur que *conj.* for fear that 7
  vaincre ses peurs to confront one's fears 8
peut-être *adv.* maybe 2; perhaps 2
photographe *m., f.* photographer 3
pièce (de théâtre) *f.* (theatre) play 8
piégé(e) *adj.* trapped
piéton(ne) *m., f.* pedestrian 2
pieuvre *f.* octopus 3
pire *adj.* worse 7
  le/la pire *adj.* the worst 7
pis *adv.* worse 7
  le pis *adv.* the worst 7
place *f.* square 2; plaza 2
placer *v.* to place 1
plaindre: se plaindre *v.* to complain 2, 6
plainte: porter plainte *v.* to file a complaint 7
plaire (à) *v.* to please, to delight 1; to please 6
se planter *v.* to blow it 4
plateau *m.* film set
plein(e) *adj.* full 2
pleurer *v.* to cry 6
pleuvoir *v.* to rain 3
plongée (sous-marine/avec tuba) *f.* diving/snorkeling 10
plonger *v.* to dive 1, 8
pluie acide *f.* acid rain 10
plupart *f., pron.* most (of them) 4
plus *adv.* more 7
plus vifs *m., f.* those who reacted the fastest
plusieurs *adj.* several 4; *pron.* several (of them) 4
poids *m.* weight
pointe: en pointe *adv.* forward 8, up front 8
poisson *m.* fish 10
polémique *f.* controversy 5
police *f.* police (force) 2
  agent de police *m.* police officer 2
  commissaire (de police) *m.* police commissioner 5
  commissariat de police *m.* police station 2
  préfecture de police *f.* police headquarters 2
poliment *adv.* politely 2
politique *f.* politics 4
polluer *v.* to pollute 10
pollution *f.* pollution 10
polyglotte *adj.* multilingual 5
pondre *v.* to lay (an egg), produce 3
pont *m.* bridge 2
portable *m.* cell phone 7

porter *v.* to carry
  porter plainte to file a complaint 7
  porter un toast (à quelqu'un) to propose a toast (to someone) 8
poser *v.* to pose
  poser sa candidature à/pour to apply for 9
  poser un lapin (à quelqu'un) to stand (someone) up 1
posséder *v.* to possess 1
possible *adj.* possible 6
poste *m.* position 9, job 9
potable *adj.* drinkable 10
pour *prep.* for 7; in order to 7
  pour que *conj.* so that 7
pourri(e) *adj.* lousy 7
pourtant *adv.* though; however
pourvu que *conj.* provided that 7
pousser *v.* to grow
pouvoir *m.* power; *v.* to be able 3; *v.* can 3
  Il se peut que... It's possible that... 7
précarité *f.* insecurity, instability 4, insecurity of income 9
précisément *adv.* precisely 2
prédire *v.* predict 5, 6, 7
préfecture de police *f.* police headquarters 2
préférer *v.* to prefer 1
préjugé *m.* prejudice 5
  avoir des préjugés to be prejudiced 5
premier/première *adj.* first 2
première *f.* premiere 3
prendre *v.* to take 3; to have 3
  prendre un verre to have a drink 8
préserver *v.* to preserve 10
président(e) *m., f.* president 4
presque *adv.* almost 3
presse *f.* press 3
  liberté de la presse *f.* freedom of the press 3
  presse à sensation *f.* tabloid(s) 3
pression *f.* pressure 9
  être sous pression to be under pressure 9
prêt *m.* loan 9
  demander un prêt to apply for a loan 9
  obtenir un prêt to secure a loan 9
prétendre *v.* to claim to 8
prévenir *v.* to prevent 10
prévu(e) *adj.* foreseen 5
prière *f.* prayer
prime *f.* bonus 9
prince charmant *m.* prince charming 6
princesse *f.* princess 6
principes *m.* principles 5
privé(e) *adj.* private 2
  privé(e) de *adj.* deprived of 6
probable: peu probable *adj.* unlikely 7
probablement *adv.* probably 2

problème de société *m.* societal issue **4**
prochain(e) *adj.* next **2**; following **2**
producteur/productrice *m., f.* producer
profit *m.* benefit **9**
   retirer un profit de to get benefit out of **9**
profiter de *v.* to take advantage of **9**; to benefit from **9**
profondément *adv.* profoundly **2**
projeter *v.* to plan **1, 5**
promener: se promener *v.* to take a stroll/walk **8**
promu(e): être promu(e) to be promoted **9**
proposer *v.* to propose **6**
propre *adj.* own **2**; clean **2**
propriétaire *m., f.* owner **9**
prospectus *m.* leaflet **3**
prospère *adj.* successful **9**; flourishing **9**
protecteur/protectrice *adj.* protective **2**
protégé(e) *adj.* protected **10**
protéger *v.* to protect **10**
prouver *v.* to prove **7**
prudent(e) *adj.* prudent **1**
public/publique *adj.* public **2**
publicitaire *m., f.* advertising executive **3**
publicité (pub) *f.* advertisement **3**; advertising **3**
publier *v.* to publish **3**
puce (électronique) *f.* (electronic) chip **7**
puiser *v.* to draw from **10**
puissant(e) *adj.* powerful **4**
punir *v.* to punish **6**
punition *f.* punishment
pur(e) *adj.* pure **10**; clean **10**

Q

quand *conj.* when **7**
quartier *m.* neighborhood **2**
que *rel. pron.* that **9**; which **9**
quelque *adj.* some **4**
   quelque chose *pron.* something **4**
   quelquefois *adv.* sometimes **2**
   quelque part *adv.* somewhere **2**
   quelques-un(e)s *pron.* some **4**, a few (of them) **4**
   quelqu'un *pron.* someone **4**
qui *rel. pron.* who **9**; whom **9**; that **9**
quitter *v.* to leave **1** to leave behind **5**
   quitter quelqu'un to leave someone **1**
quoique *conj.* although **7**
quotidien(ne) *adj.* daily **2**

R

rabat-joie *m.* killjoy **8**, party pooper **8**
racine *f.* root **6**
raconter (une histoire) *v.* to tell (a story)
radio *f.* radio **3**
   animateur/animatrice de radio *m., f.* radio presenter **3**
   station de radio *f.* radio station **3**
raffermi(e) *adj.* strengthened **10**
raffoler de *v.* to be crazy about **5**
raisin *m.* grape **6**
   raisin sec *m.* raisin **6**
râler *v.* to complain **10**
rame de métro *f.* subway train **2**
ranger *v.* to tidy up **1**
rappeler *v.* to recall **1**; to call back **1**
rapport *m.* relation **6**
rapporter *v.* to tell **5**
rarement *adv.* rarely **2**
raser: se raser *v.* to shave **2**
rassembler *v.* to gather **2**
rassurer: se rassurer *v.* to reassure oneself **2**
ravi(e) *adj.* delighted **6**
réagir *v.* to react
réalisateur/réalisatrice *m., f.* director **3**
réaliser (un rêve) *v.* to fulfill (a dream) **5**
rebelle *adj.* rebellious **6**
se rebeller *v.* to rebel **6**
récemment *adv.* recently **3**
recettes et dépenses *f.* receipts and expenses **9**
recevoir *v.* to receive **3**
réchauffement climatique *m.* global warming **10**
recherche *f.* research **7**
   recherche appliquée *f.* applied research **7**
   recherche fondamentale *f.* basic research **7**
récif de corail *m.* coral reef **10**
récolte *f.* harvest **10**
récolter *v.* to harvest **10**
recommander *v.* to recommend **6**
récompense *f.* award
se réconcilier *v.* to make up **4**
reconnaître *v.* to recognize **6**
recouvert(e) *adj.* covered
recruter *v.* recruit **9**
rédacteur/rédactrice *m., f.* editor **3**
redoutable *adj.* formidable
réfractaire (à) *adj.* resistant (to)
regarder *v.* to watch **8**
régime totalitaire *m.* totalitarian regime **4**
registre soutenu *m.* formal register **4**
règle *f.* rule **5**
régler *v.* to adjust **7**
regretter *v.* to regret **6**

réitérer *v.* to reiterate **2**
rejeter *v.* to reject **1, 5**
rejoindre *v.* to join **1**
relation *f.* relationship **6**
   avoir des relations to have connections **9**
rembourser *v.* to reimburse **9**
remercier *v.* to thank **6**
remplacer *v.* to replace **1**
remuer *v.* to move **10**
rémunérer *v.* to pay **9**
rancard *m.* date **1**
rendez-vous *m.* date **1**
rendre: se rendre compte (de) *v.* to realize **1, 2**
renier (quelqu'un) *v.* to disown (someone)
renouvelable *adj.* renewable **10**
renouveler *v.* to renew **1**
rentrer *v.* to go back (home) **3**
renverser *v.* to overthrow **4**
répéter *v.* to repeat **1**; to rehearse **1**
reportage *m.* news report **3**
reporter *m.* reporter (male or female) **3**
reposer: se reposer *v.* to rest **2**
repousser les limites *v.* to push the boundaries **7**
reprendre *v.* to pick up again **9**; to resume **9**
requin *m.* shark **10**
rescapé(e) *m., f.* survivor
réseau *m.* network
résoudre *v.* to solve **10**
respect des autres *m.* respect for others
respecter *v.* to respect **6**
respiration *f.* breathing **8**
respirer *v.* to breathe **10**
responsabilité *f.* responsibility **1, 4**
ressembler (à) *v.* to resemble **6**, to look like **6**
ressentir *v.* to feel **1**
ressource *f.* resource **10**
rester *v.* to stay **3**
retirer (un profit, un revenu) de to get (benefit, income) out of **9**
retourner *v.* to return **3**; **se retourner** *v.* to turn over **10**
retouche *f.* touch-up **3**
retransmettre *v.* to broadcast **3**
retransmission *f.* broadcast **7**
réunion *f.* meeting **3**
réunir: se réunir *v.* to get together **2**
réussir *v.* to succeed **7**
réussite *f.* success
revanche *f.* revenge
rêve *m.* dream **5**
réveiller: se réveiller *v.* to wake up **2**
revendication *f.* demand
revenir *v.* to come back **3**
revenu *m.* income **9**
   retirer un revenu de to get income out of **9**

rêver de *v.* to dream about **1**
rêveur/rêveuse *adj.* full of dreams **2**
revoir *v.* to see again **9**
révolter: se révolter *v.* to rebel **4**
révolutionnaire *adj.* revolutionary **7**
richesses *f.* wealth **5**
rire *v.* to laugh **3**
rivière *f.* river **10**
robe *f.* dress
  robe de mariée *f.* wedding gown **6**
  robe de soirée *f.* evening gown **8**
roche *f.* rock **8**
roi *m.* king **5**
rôle *m.* part, role
rompre *v.* to break up **1**
rond-point *m.* rotary **2**; roundabout **2**
rouler (en voiture) *v.* to drive **2**
rouspéter *v.* to gripe **2**
route *f.* road
routine *f.* everyday life **7**
roux/rousse *adj.* red-haired **2**
royaume *m.* kingdom **6**
rubrique société *f.* lifestyle section **3**
ruche *f.* beehive
rue *f.* street **2**
ruisseau *m.* stream
rupture *f.* breakup **1**

S

sable *m.* sand
salaire *m.* salary **9**
  salaire minimum *m.* minimum
    wage **9**
saltimbanque *m.* street performer;
  entertainer
sans *prep.* without **7**
  sans doute *adv.* no doubt **2**
  sans que *conj.* without **7**
sans-abri *m., f.* homeless person
sauf *adv.* except **8**
saumon *m.* salmon **6**
saut à l'élastique *m.* bungee jumping
  8
sauter *v.* to jump **8**
sauvegarder *v.* to save **7**
sauver *v.* to save **4**
savoir *v.* to know (facts) **3**, to know
  how to **3**; *m.* knowledge **5**
scandale *m.* scandal **4**
scientifique *m., f.* scientist **7**
scolarisation *f.* schooling
SDF (sans domicile fixe) *m., f.*
  homeless person **2**
sec/sèche *adj.* dry **10**
sécheresse *f.* drought **10**
secours *m.* rescue workers
secousses *f.* tremors
secousse sismique *f.* seismic
  tremor **7**
secteur professionnel *m.*
  professional field **9**
sécurité *f.* security **4**, safety **4**

en sécurité *adj.* sure **2**
séduire *v.* to seduce **6**; to captivate
séduisant(e) *adj.* attractive **1**
sembler *v.* to appear to **8**
  Il semble que... It seems that... **7**
sens figuré/littéral *m.* figurative/
  literal sense **10**
sensibiliser (le public à un
  problème) *v.* to increase (public)
  awareness (of an issue)
sensible *adj.* sensitive **1**
sentiment d'appartenance *m.* feeling
  of belonging **6**
sentir bon/mauvais *v.* to smell good/
  bad **2**; **se sentir** *v.* to feel **2**
serviette *f.* towel **8**
servir *v.* to serve **2**; **se servir de** *v.*
  to use **2**
  ne servir à rien *v.* to be useless **9**
seul(e) *adj.* only **2**; alone **2, 5**
si *conj.* if **7**
siffler *v.* to whistle (at) **8**
sifflet *m.* whistle **8**
singe *m.* monkey **10**
site de rencontres *m.* dating
  website **1**
site Internet *m.* Internet site **3**
site web *m.* Web site **3**
sketch *m.* skit **2**
ski *m.* skiing **8**
  ski alpin/de fond *m.* downhill/
    cross-country skiing **8**
slip *m.* underpants (for males) **8**
société de consommation *f.*
  consumer society **3**
soigner *v.* to treat **7**; to look after
  (someone) **7**
soin *m.* care
soldat *m.* soldier **1**
soleil *m.* sun **10**
solliciter *v.* to solicit **2**
  solliciter un emploi to apply for a
    job **9**
sonner *v.* to strike **1**; to sound **1**
sortir avec *v.* to go out with **1**
  sortir un film to release a movie **3**
sou *m.* penny
soucier: se soucier (de quelque
  chose) *v.* to care (about
  something)
soudain *adv.* suddenly **2**
souffler *v.* to blow **8**
souffrance *f.* suffering **4**
souffrir *v.* to suffer **4**
souhaiter *v.* to hope **6**; to wish to **8**
soulager *v.* to relieve
soûler *v.* to bug; to talk to death
souliers *m.* shoes **8**
soumis(e) *adj.* submissive **6**
source *f.* spring (aquatic)
  source d'énergie *f.* energy
    source **10**
sourd(e) *adj.* deaf **5**
sournoisement *adv.* slyly

sous-titres *m.* subtitles **3**
soutenir *v.* to support **5**
  soutenir (une cause) *v.* to support
    (a cause) **3**
soutien *m.* support **2**
souvenir: se souvenir de *v.* to
  remember **2**
souvent *adv.* often **2**
spécialisé(e) *adj.* specialized **7**
spectacle *m.* show **8**; performance **8**
spectateur/spectatrice *m., f.*
  spectator **8**
spot publicitaire *m.* advertisement **3**
stage (rémunéré) *m.* (paid) training
  course **9**
stagiaire *m., f.* trainee **9**
station *f.* station **2**
  station de métro *f.* subway
    station **2**
  station de radio *f.* radio station **3**
stimulant(e) *adj.* challenging
stratégie commerciale *f.* marketing
  strategy **9**
strict(e) *adj.* strict **6**
subventionner *v.* to subsidize **3**
succès: à succès *adv.* bestselling **5**
suggérer *v.* to suggest **6**
suivre *v.* to follow **3**
supérette *f.* mini-market **6**
superficie *f.* surface area **10**;
  territory **10**
supplice *m.* torture
supporter (de) *m.* fan **8**; supporter **8**
supposer *v.* to assume **5**
supposition *f.* assumption **5**
sur *prep.* on **5**
sûr(e) *adj.* safe **2**; sure **7**
sûrement *adv.* surely **3**
sûreté publique *f.* public safety **4**
surfer sur Internet/le web to search
  the Web **3**
surmonter *v.* to overcome **6**
surnom *m.* nickname **6**
surpeuplé(e) *adj.* overpopulated **5**
surpopulation *f.* overpopulation **5**
surprenant(e) *adj.* surprising **6**
surtout *adv.* above all **2**
surveiller *v.* to keep an eye on **8**
survie *f.* survival **7**
survivre *v.* to survive **6**
syncope *f.* (heart) attack **4**
syndicat *m.* labor union **9**
système féodal *m.* feudal system **4**

T

tableau *m.* painting **8**
taire: se taire *v.* to be quiet **2, 7**
talons (aiguilles) *m.* (stiletto) heels **8**
tant de... *adv.* so many . . .
  tant que *conj.* as long as **7**
tapisserie *f.* wallpaper **7**
tard *adv.* late **2**
tas de *m.* a lot of **5**

tasse *f.* cup **5**
taxe *f.* tax **9**
tel(le) *adj.* such a(n) **4, 5**
télécharger *v.* to download **7**
téléphone portable *m.* cell phone **7**
télescope *m.* telescope **7**
téléspectateur/téléspectatrice *m., f.* television viewer **3**
téléspectateurs *m.* TV audience
témoigner de *v.* to be witness to **5**
témoin *m.* witness **5**; witness **6**; best man **6**; maid of honor **6**
temps *m.* time **2**
   de temps en temps *adv.* from time to time **2**
   temps de travail *m.* work schedule **9**
tenace *adj.* tenacious
tendresse *f.* affection
tendu(e) *adj.* tense
tenir *v.* to hold **4**
tennis *f.* sneakers **8**, tennis shoes **8**
tenter *v.* to attempt **8**; to tempt **8**
terrain (de foot) *m.* (soccer) field
terre *f.* land **10**
terrorisme *m.* terrorism **4**
terroriste *m., f.* terrorist **4**
théâtre *m.* theater **8**
théorie *f.* theory **7**
ticket *m.* ticket **8**
tigre *m.* tiger **10**
timide *adj.* shy **1**
tirer: se tirer *v.* to leave, take off
titre *m.* headline **3**
tolérance *f.* tolerance
tolérer *v.* to tolerate **10**
tomber *v.* to fall **1**
   tomber amoureux/amoureuse (de) to fall in love (with) **1**
ton *m.* tone **4, 10**
tort *m.* wrong **4**
tortue *f.* turtle **10**
tôt *adv.* early **2**
toucher *v.* to get/receive (a salary) **9**
toujours *adv.* always **2**
tournage *m.* movie shoot **3**; filming
tourner *v.* to shoot (a film)
   tourner autour de to revolve around **3**
tous/toutes *pron.* all (of them) **4**
tout(e)/tous/toutes (les) *adj.* every **4**, all **4**
tout *pron.* everything **4**; *adv.* very
   tout à coup *adv.* all of a sudden **3**
   tout de suite *adv.* right away **3**
toxique *adj.* toxic **10**
trac *m.* stage fright **3**
   avoir le trac to have stage fright **3**
trahison *f.* betrayal **4**
train *m.* train **2**
   monter dans un train to get on a train **2**
train-train quotidien *m.* daily grind **2**
traîner *v.* to hang around; to drag
traite des Noirs *f.* slave trade **4**

traiter *v.* to treat
   traiter avec condescendance to patronize
tranquille *adj.* calm **1**; quiet **1**
tranquillité de l'esprit *f.* peace of mind **3**
transmettre *v.* to pass down **5**
transports en commun *m.* public transportation **2**
travail manuel *m.* manual labor **5**
travailler dur *v.* to work hard **2**
travailleur/travailleuse *adj.* hard-working **2**
travailleur/travailleuse manuel(le) *m., f.* blue-collar worker
travaux *m.* construction **2**
travers: à travers *prep.* throughout **3**
tremblement de terre *m.* earthquake **10**
trembler *v.* to shake
trempé *adj.* soaked **1**
très *adv.* very **2**
tressaillement du sol *m.* earth tremor
tribunal *m.* court **9**
trier *v.* to sort through **8**
tristesse *f.* sadness **1, 2**
tromper *v.* to deceive **2**
   tromper quelqu'un to cheat on someone **4**
   se tromper *v.* to be wrong; to be mistaken
trop *adv.* too many/much **2**
   trop de too much of **5**
trophée *m.* trophy **8**
trottoir *m.* sidewalk **2**
trou noir *m.* black hole **7**
troupeau *m.* flock
trouver: se trouver *v.* to be located **2**
tuer *v.* to kill
type *m.* guy **1**

uni(e) *adj.* close-knit **6**
union *f.* union **1**
   vivre en union libre to live together (as a couple) **1**
unir *v.* to unite **2**
urbaniser *v.* to urbanize **10**
urbanisme *m.* city/town planning **2**

vacancier/vacancière *m., f.* vacationer **8**
vaincre *v.* to defeat **4**
   vaincre ses peurs to confront one's fears **8**
valeur *f.* value **5**
valoir *v.* to be worth **6**
   valoir la peine to be worth it **8**
vedette (de cinéma) *f.* (movie) star (male or female) **3**
veille *f.* day before
vendeur/vendeuse *m., f.* salesman/woman **9**

vengeance *f.* revenge **5**
venir *v.* to come **3**
vente *f.* sale
vernissage *m.* art exhibit opening **8**
verre *m.* glass **5**
   prendre un verre to have a drink **8**
vestiaires *m.* locker room
veuf/veuve *m., f.* widower/widow **1**; *adj.* widowed **1**
victime *f.* victim **4**
victoire *f.* victory **4**
victorieux/victorieuse *adj.* victorious **4**
vide *adj.* empty **2**
vidéoclip *m.* music video **3**
vie *f.* life
   gagner sa vie to earn a living **9**
   niveau de vie *m.* standard of living **5**
   vie nocturne *f.* nightlife **2**
   vie quotidienne *f.* everyday life **3**
vieillesse *f.* old age **6**
vieillir *v.* to grow old
vieux/vieille *adj.* old **2**
violence *f.* violence **4**
violon *m.* violin **2**
virer *v.* to fire **9**
vite *adv.* quickly **2**
vivre *v.* to live **1**
   vivre de sa plume to earn one's living as a writer
   vivre en union libre to live together (as a couple) **1**
   vivre quelque chose par l'intermédiaire de quelqu'un to live something vicariously through someone
   vivre (quelque chose) par procuration to live (something) vicariously
vœu *m.* wish **5**
voie *f.* lane **2**; road **2**; track **2**; means **2**; channel **2**
voir *v.* to see **3**
voiture *f.* car **2**
   monter dans une voiture to get in a car **2**
volaille *f.* doll, woman **4**; poultry **6**
voler *v.* to steal **5**; to fly **8**
voleur/voleuse *m., f.* thief **4**
voter *v.* to vote **4**
vouloir *v.* to want **3**
   en vouloir (à) to have a grudge **5**, to resent someone **6**
   s'en vouloir *v.* to be angry with oneself **5**
voyager *v.* to travel **1**
voyou *m.* hoodlum
vrai(e) *adj.* real **2**; true **2**
vraiment *adv.* really **2**; truly **2**
VTT (vélo tout terrain) *m.* mountain bike **8**

wagon *m.* subway car **2**
web *m.* Web **3**

Anglais–Français

A

above: above all surtout *adv.* 2
absolute monarchy monarchie absolue *f.* 4
absolutely absolument *adv.* 2
abuse abus *m.* 4; maltraitance *f.* 5; abuser *v.* 4
  abuse of power abus de pouvoir *m.* 4
acceptance acceptation *f.*
accountant comptable *m., f.* 9
achieve parvenir à *v.* 5
acid rain pluie acide *f.* 10
acorn gland *m.*
act se comporter *v.*
active actif/active *adj.* 2
activist militant(e) *m., f.* 10
actor comédien(ne) *m., f.*
adapt s'adapter *v.* 5
addicted: to be addicted (to) être accro (à) *v.* 7
addiction dépendance *f.*
address adresse *f.* 7
adjust régler *v.* 7
admire admirer *v.* 8
adrenaline rush montée d'adrénaline *f.* 8
adulthood âge adulte *m.* 6
advance avancer *v.* 1
advanced avancé(e) *adj.* 7
advertisement message publicitaire *m.* 3, spot publicitaire *m.* 3, publicité *f.* 3, pub *f.* 3
advertising publicité *f.* 3, pub *f.* 3
  advertising executive publicitaire *m., f.* 3
advisor conseiller/conseillère *m., f.* 9
affair liaison *f.* 1
affection tendresse *f.*
affectionate affectueux/affectueuse *adj.* 1
afraid: to be afraid avoir peur 2
after après que *conj.* 7
again encore *adv.* 2, de nouveau *adv.* 8
alien extraterrestre *m., f.* 7
alike pareil(le) *adj.* 5
all tous/toutes *pron.* 4; tout(e)/tous/ toutes *adj.* 4
  all of a sudden tout à coup *adv.* 3
alleviate atténuer *v.* 2
allow to laisser *v.* 8
ally allié(e) *m., f.* 5
almost presque *adv.* 3
alone seul(e) *adj.* 2, 5
already déjà *adv.* 2
although bien que *conj.* 7, quoique *conj.* 7
always toujours *adv.* 2
amazed: to be amazed s'étonner *v.* 8

amuse amuser *v.* 2
amusement park parc d'attractions *m.* 8
ancestor ancêtre *m., f.* 1
ancient ancien(ne) *adj.* 2
anger colère *f.* fâcher *v.* 2
angry fâché(e) *adj.* 1
  to be angry with oneself s'en vouloir *v.* 5
  to get angry with se mettre en colère contre 1, se fâcher contre *v.* 2
annoy agacer *v.* 1, énerver *v.* 1
another un(e) autre *adj.* 2
antimatter antimatière *m.* 7
anxious anxieux/anxieuse *adj.* 1
appear apparaître *v.* **to appear to** sembler *v.* 8
applaud applaudir *v.* 8
applied research recherche appliquée *f.* 7
apply for poser sa candidature à/pour 9
  to apply for a job solliciter un emploi 9
  to apply for a loan demander un prêt 9
approach démarche *f.* 3
archipelago archipel *m.* 10
army armée *f.* 4
arrive arriver *v.* 3
art exhibit opening vernissage *m.* 8
art show exposition *f.* 8
as ... as aussi ... que *adv.* 7
  as long as tant que *conj.* 7
  as soon as dès que *conj.* 7, aussitôt que *conj.* 7
ascend monter *v.* 3
ashamed: to be ashamed (of) avoir honte (de) 1
ask demander *v.* 2
asparagus asperge *f.* 6
asset atout *m.* 9
assimilation assimilation *f.* 5
assume supposer *v.* 5
assumption supposition *f.* 5
astrologer astrologue *m., f.* 7
astronaut astronaute *m., f.* 7
astronomer astronome *m., f.* 7
at à *prep.* 5; en 5
  at last enfin *adv.* 2
  at that moment à ce moment-là 3
  at the place or home of chez *prep.* 5
ATM distributeur automatique *m.* 9
ATM card carte de retrait *f.* 9
atmosphere ambiance *f.* 2
(heart) attack syncope *f.* 4
attain parvenir à *v.* 5
attempt tenter *v.* 8
attention attention *f.* 3
attract attirer *v.* 5
attractive séduisant(e) *adj.* 1
award récompense *f.*
awkward maladroit(e) *adj.* 6

B

bad mauvais(e) *adj.* 2
badly mal *adv.* 2
bad-mannered mal élevé(e) *adj.* 6
ball ballon *m.* 8
band groupe *m.* 8
bank manager directeur/directrice d'agence bancaire *m., f.* 9
bankrupt en faillite *adj.* 9
bankruptcy banqueroute *f.* 9
barrier reef barrière de corail *f.* 10
basic research recherche fondamentale *f.* 7
basin bassine *f.* 8
bask in the sun lézarder au soleil *v.* 8
bathrobe peignoir *m.* 8
be être *v.* 1
  to be able pouvoir *v.* 3
  to be afraid avoir peur 2
  to be addicted (to) être accro (à) *v.* 7
  to be amazed s'étonner *v.* 8
  to be angered s'indigner *v.* 4
  to be angry with oneself s'en vouloir *v.* 5
  to be comfortable être à l'aise *v.* 1
  to be confident avoir confiance en soi 1
  to be contaminated être contaminé(e) 10
  to be crazy about raffoler *v.* 5
  to be distrustful of se méfier de *v.* 2
  to be embarrassed avoir honte (de) 1
  to be homesick avoir le mal du pays 5
  to be in debt avoir des dettes 9
  to be interested (in) s'intéresser (à) *v.* 2
  to be located se trouver *v.* 2
  to be lost être perdu(e) 2
  to be mistaken se tromper *v.* 1, 2
  to be on the front page être à la une 3
  to be popular abroad bien s'exporter *v.*
  to be prejudiced avoir des préjugés 5
  to be promoted être promu(e) 9
  to be quiet se taire *v.* 2, 7
  to be sorry être désolé(e) 6
  to be specific to être propre à 3
  to be uncomfortable être mal à l'aise 1
  to be under pressure être sous pression 9
  to be useless ne servir à rien *v.* 9
  to be wary of se méfier de *v.* 2
  to be witness to témoigner de *v.* 1
  to be worth it valoir la peine *v.* 8
  to be wrong se tromper *v.* 1
bear ours *m.* 10
beautiful beau/belle *adj.* 2
because car *conj.*

become devenir *v.* 3
  to become more flexible
    s'assouplir *v.* 5
  to become rich s'enrichir *v.* 5
bed lit *m.*
  to go to bed se coucher *v.* 2
beehive ruche *f.*
before avant de *prep.* 7; avant que
  conj. 7
begin commencer *v.* 1; se mettre à *v.*
  2; débuter *v.* 6
behave se comporter *v.*
behavior comportement *m.* 5;
  conduite *f.*
behind derrière *prep.* 5
belief croyance *f.*
belong (to) appartenir (à) *v.* 5; **to**
  belong (to a group) s'intégrer (à
  un groupe) *v.* 1
belongings affaires *f.* 6
beneficial effect bienfait *m.*
benefit from profiter de *v.* 9
  to get benefit out of retirer un
    profit de 9
benefits pension *f.*
bermuda shorts (a pair of) bermuda
  m. 8
best: the best le/la meilleur(e) *adj.* 7;
  le mieux *adv.* 7
best man témoin *m.* 6
bestselling à succès *adv.*
bet pari *m.* 8
betrayal trahison *f.* 4
better meilleur(e) *adj.* 2; mieux *adv.* 2
  It is better that… Il vaut mieux
    que… 6
  to better oneself s'améliorer *v.* 5
biased partial(e) *adj.* 3
big grand(e) *adj.* 2
bilingual bilingue *adj.* 1
billboard panneau d'affichage *m.* 2
billionaire milliardaire *m.*
biochemical biochimique *adj.* 7
biologist biologiste *m., f.* 7
birth naissance *f.* 6
  to give birth accoucher *v.* 6
birthrate natalité *f.* 5
black hole trou noir *m.* 7
blackmail faire du chantage *v.* 4
blanket couverture *f.* 3
blend in s'assimiler à *v.* 1
blow souffler *v.* 8
  to blow it se planter *v.* 4
blue-collar worker travailleur/
  travailleuse manuel(le) *m., f.*
broach aborder *v.* 3
board game jeu de société *m.* 8
bonus prime *f.* 9
border frontière *f.* 5
bore ennuyer *v.* 1
bored: to get bored s'ennuyer *v.* 2
born: to be born naître *v.* 3
boss patron(ne) *m., f.* 9

bossy autoritaire *adj.* 6
bother gêner *v.* 1, ennuyer *v.* 2,
  déranger *v.* 1
bottle bouteille *f.* 5
bouquet bouquet de la mariée *m.* 6
bowling bowling *m.* 8
  to go bowling jouer au bowling 8
bow tie nœud papillon *m.* 8
box boîte *m.* 5
boxer shorts caleçon *m.* 8
brand marque *f.* 3
breakup rupture *f.* 1
break up rompre *v.* 1
breathe respirer *v.* 10
breathing respiration *f.* 8
bride mariée *f.* 6
bridge pont *m.* 2
briefly brièvement *adv.* 2
bring comfort apporter du réconfort
  v. 2
bring someone amener *v.* 1
broach aborder *v.* 3
broadcast retransmission *f.* 7;
  retransmettre *v.* 3
broiled grillé(e) *adj.* 6
brother-in-law beau-frère *m.* 6
brown *(hair)* châtain *adj.* 2
brush se brosser *v.* 2
budget budget *m.* 9
bug soûler *v.*
build construire *v.* 2, bâtir *v.* 10
building édifice *m.* 2
building superintendent gardien(ne)
  m. f., 8
bungee jumping saut à l'élastique *m.* 8
burn brûler *v.* 5; graver (un CD) *v.* 7
bus stop arrêt d'autobus *m.* 2
businessman homme d'affaires *m.* 9
businesswoman femme d'affairs *f.* 9
buy acheter *v.* 1

C

call appeler *v.* 1
  to call back rappeler *v.* 1
calm tranquille *adj.* 1
can boîte *m.* 5; pouvoir *v.* 3
Canadian canadien(ne) *adj.* 2
captain capitaine *m.*
captivate séduire *v.* 3
car voiture *f.* 2
  to get in a car monter dans une
    voiture 2
cards cartes *f.* 8
  playing cards cartes à jouer *f.* 8
care soin *m.*
  to care (about something) se
    soucier (de quelque chose) *v.*
career carrière *f.* 3
careful prudent(e) *adj.* 1
carnival fête foraine *f.* 2
carry porter *v.*
case: in case au cas où *conj.* 10

catch: to catch sight of apercevoir *v.* 2
  to catch someone griller
    quelqu'un *v.* 4
cause cause *f.* 5
cavity carie *f.* 9
CD-ROM CD-ROM *m.* 7
celebrate célébrer *v.* 8, fêter *v.* 8
celebrity célébrité *f.*
cell cellule *f.* 7
cell phone (téléphone) portable *m.* 7
censorship censure *f.* 3
certain certain(e) *adj.* 4
certainly certainement *adv.* 3
challenge défi *m.*
challenging stimulant(e) *adj.*
change changement *m.*
  change of scenery dépaysement *m.* 1
channel voie *f.* 2
chaos chaos *m.* 5
character caractère *m.* 6; *(in a story
  or play)* personnage *m.* 8
charcoal charbon de bois *m.*
charming charmant(e) *adj.* 1
chat bavarder *v.* 8; causer *v.*
chatterbox bavard(e) *m., f.* 5
cheat on someone tromper
  quelqu'un *v.* 4
checking account compte de
  chèques *m.* 9
cheese store fromagerie *f.* 6
chemist chimiste *m., f.* 7
chestnut marron *m.* 2; marron *adj.* 2
child enfant *m., f.* 6
  only child enfant unique *m., f.* 6;
    fille/fils unique *m., f.* 6
childhood enfance *f.* 6
chip puce *f.* 7
choose choisir *v.* 3
Christian chrétien(ne) *m., f.*
Christianity christianisme *m.*
cinema cinéma *m.* 2
circus cirque *m.*
citizen citoyen(ne) *m., f.* 2
city center centre-ville *m.* 2
city dweller citadine(e) *m., f.* 2
city hall hôtel de ville *m.* 2
city planning urbanisme *m.* 2
civil servant fonctionnaire *m., f.* 6
civil war guerre civile *f.* 4
  American Civil War guerre de
    Sécession *f.* 4
claim to prétendre *v.* 8
clap (one's hands) applaudir *v.* 6
clear away déblayer *v.*
clean nettoyer *v.* 1; net(te) *adj.* 2,
  propre *adj.* 2; pur(e) *adj.* 10
climb escalader *v.* 8; grimper à *v.* 8
clinic dispensaire *m.* 10
clone cloner *v.* 7
close-knit uni(e) *adj.* 6; lié(e) *adj.* 6
clue indice *m.*
coach entraîneur *m.*
coal charbon *m.*

colonist colon *m.* **4**
column chronique *f.* **3**
comb se peigner *v.* **2**
come venir *v.* **3**
   to come back revenir *v.* **3**
comedy comédie *f.* **8**
commissioner commissaire *m.* **5**
commit (to someone) s'engager
   (envers quelqu'un) *v.* **1**
company entreprise *f.* **9**
competent compétent(e) *adj.* **9**
competition concurrence *f.* **8**
complain se plaindre *v.* **2, 6**, râler *v.* **10**
complete complet/complète *adj.* **2**
computer science informatique *f.* **7**
concrete béton *m.*
condition condition *f.*
   on the condition that à condition
   que *conj.* **7**
conduct an experiment faire une
   expérience *v.* **7**
confide confier *v.* **6**
confident: to be confident avoir
   confiance en soi **1**
conflict conflit *m.* **6**
conformist conformiste *adj.* **5**
confront one's fears vaincre ses peurs **8**
confusedly confusément *adv.* **2**
connection lien *m.* **2**
conservative conservateur/
   conservatrice *adj.* **2, 4**
consider considérer *v.* **1**
constantly constamment *adv.* **2**
construction travaux *m. pl.* **2**,
   construction *f.* **10**
consult consulter *v.* **9**
consultant consultant(e) *m., f.* **9**
consumer consommateur/
   consommatrice *m., f.* **3**
   consumer society société de
   consommation *f.* **3**
contaminated: to be contaminated
   être contaminé(e) **10**
contempt: to have contempt for
   mépriser *v.*
content contenu *m.* **4**
contribute contribuer (à) *v.* **7**
controversy polémique *f.* **5**
converse s'entretenir (avec) *v.* **2**
convince convaincre *v.* **9**
cool frais/fraîche *adj.* **2**, chouette *adj.* **8**
cop flic *m.* **4, 5**
coral reef récif de corail *m.* **10**
corpse cadavre *m.*
correspondent envoyé(e) spécial(e)
   m., f. **3**
cost a lot coûter cher *v.* **2**
co-tenant colocataire *m., f.* **2**
courage courage *m.* **5**
court tribunal *m.* **4**
cover couvrir *v.* **4**
covered recouvert(e) *adj.*
courthouse palais de justice *m.* **2**
crackling grésillement *m.* **3**

crazy fou/folle *adj.* **2**
   to be crazy about raffoler *v.* **5**
cream crème *f.* **2**; crème *adj.* **2**
create créer *v.* **7**
   to create a company monter une
   entreprise **9**
credit card carte de crédit *f.* **9**
crime crime *m.* **4**
criminal criminel(le) *m., f.* **4**
cripple estropié(e) *m., f.*
crook escroc *m.*
cross-country skiing ski de fond *m.* **8**
crosswalk clous *m. pl.* **2**
crowd foule *f.*
cruel cruel(le) *adj.* **2**
cruelty cruauté *f.* **4**
cry pleurer *v.* **6**
cultural heritage patrimoine culturel
   m. **5**
culture shock choc culturel *m.* **1**
cup tasse *f.* **5**
cure guérir *v.* **7**
current events actualité *f.* **3**
cut down abattre *v.* **10**
   to cut off from couper de *v.* **7**
   to cut oneself se couper *v.* **2**
cute mignon(ne) *adj.* **2**
cutting edge de pointe *adj.* **7**
cyberspace cyberespace *m.* **7**

D

daily quotidien(ne) *adj.* **2**
   daily grind train-train quotidien *m.* **2**
damaged abîmé(e) *adj.*
damages dégâts *m.*
danger danger *m.* **10**
dangerous dangereux/dangereuse *adj.* **2**
dare to oser *v.* **8**
daredevil casse-cou *m.* **8**
darts fléchettes *f.* **8**
date rendez-vous *m.* **1**; rancard *m.* **1**
dating website site de rencontres
   m. **1**
daughter-in-law belle-fille *f.* **6**
day jour *m.*
   day before veille *f.*
dead people morts *m.*
deaf sourd(e) *adj.* **5**
deal marché *m.* **2**
dear cher/chère *adj.* **2**
death décès *m.*; mort *f.* **2, 6**
debt dette *f.* **9**
   to be in debt avoir des dettes **9**
deceased décédé(e) *adj.* **3**; défunt(e)
   m., f.
deceive tromper *v.* **2**
decolonization décolonisation *f.*
decrease baisser *v.* **5**
dedicate oneself to se consacrer à *v.* **4**
defeat défaite *f.* **4**; vaincre *v.* **4**
defend défendre *v.* **4**
deforestation déforestation *f.* **10**
delight (somebody) plaire (à) *v.* **1**

delighted ravi(e) *adj.* **6**
deliver a baby accoucher *v.* **6**
demand revendication *f.*; exiger *v.* **6, 9**
demanding exigeant(e) *adj.* **6**
democracy démocratie *f.* **4**
demonstration manifestation *f.* **2**
department store grand magasin *m.* **9**
deposit déposer *v.* **9**
depressed déprimé(e) *adj.* **1**
deprived of privé(e) de *adj.* **6**
deputy député(e) *m., f.* **4**
descend descendre *v.* **3**
describe décrire *v.* **6**
deserve mériter *v.* **1**
desire désirer *v.* **6**
despair désespoir *m.* **7**
desperate désespéré(e) *adj.*
destroy détruire *v.* **7**
determination acharnement *m.*
development développement *m.* **5;**
   épanouissement *m.*, exploitation
   f. **10**
dialog dialogue *m.* **5**
dictatorship dictature *f.* **4**
die mourir *v.* **6**
different autre *adj.* **2**
digital numérique *adj.* **7**
digital camera appareil (photo)
   numérique *m.* **7**
dingy miteux/miteuse *adj.* **7**
directions indications *f.* **2**
   to give directions donner des
   indications **2**
director réalisateur/réalisatrice *m., f.* **3**
disastrous désastreux/désastreuse
   adj. **1**
discover découvrir *v.* **4**
discovery découverte *f.* **7**
   (breakthrough) discovery
   découverte (capitale) *f.* **7**
disease: (incurable) disease
   maladie (incurable) *f.* **6**
dishonest malhonnête *adj.* **1**
disillusioned désabusé(e) *adj.* **1**
disobey a command enfreindre une
   injonction *v.* **4**
disorientation dépaysement *m.* **1**
disown (someone) renier
   (quelqu'un) *v.*
disposable jetable *adj.* **10**
distant lointain(e) *adj.*
distress désarroi *m.* **2**
distrust se méfier de *v.* **2**
distrustful: to be distrustful of se
   méfier de *v.* **2**
disturb déranger *v.*
dive plonger *v.* **1, 8**
diversity diversité *f.* **5**
diving plongée sous-marine *f.* **10**
divorce divorce *m.*
   to get a divorce divorcer *v.* **1**
dizzy spell malaise *m.* **4**
DNA ADN *m.* **7**
do faire *v.* **1**

to do without faire sans **5**; se passer de
documentary documentaire *m.* **3**
dolphin dauphin *m.* **10**
doll (woman) volaille *f.* **4**
doubt douter *v.* **2**
 no doubt sans doute *adv.* **2**
doubtful: It is doubtful… Il est douteux… **7**
downhill skiing ski alpin *m.* **8**
download télécharger *v.* **7**
downtown centre-ville *m.* **2**
drag traîner *v.*
dragon dragon *m.* **6**
drama course cours d'art dramatique *m.*
draw tirer *v.*
 to draw attention to attirer l'attention (sur)
 to draw from puiser *v.* **10**
dream about rêver de *v.* **1**
dreams: full of dreams rêveur/rêveuse *adj.* **2**
drink boire *v.* **3**
 to have a drink prendre un verre **8**
drinkable potable *adj.* **10**
drive rouler (en voiture) *v.* **2**; conduire *v.* **3**
driver conducteur/conductrice *m., f.* **2**
drought sécheresse *f.* **10**
drown se noyer *v.* **8**; s'enfoncer *v.*
drums batterie *f.* **2**
dry sec/sèche *adj.* **10**
due to dû/due *adj.* **5**
duty devoir *m.* **4**
DVD player lecteur de DVD *m.* **7**

E

each chaque *adj.* **4**
early tôt *adv.* **2**
early bird matinal(e) *adj.* **2**
earn a living gagner sa vie **9**
 earn one's living as a writer vivre de sa plume *v.*
earth tremor tressaillement du sol *m.*
earthquake tremblement de terre *m.* **10**
eat manger *v.* **1**
economic crisis crise économique *f.* **9**
editor rédacteur/rédactrice *m., f.* **3**
educated instruit(e) *adj.* **6**
efficiency efficacité *f.* **3**
effort effort *m.* **5**
 to make an effort faire un effort **5**
egocentric égocentrique *adj.*
elect élire *v.* **4**
election élection *f.* **4**
 to lose elections perdre les élections **4**
 to win elections gagner les élections **4**
electronic chip puce électronique *f.* **7**
e-mail address adresse e-mail *f.* **7**
embarrass gêner *v.* **1**

embarrassed gêné(e) *adj.* **2**
 to be embarrassed avoir honte (de) **1**
embarrassment gêne *f.*
emigrant émigré(e) *m., f.* **5**
emigrate émigrer *v.* **1**
emotional émotif/émotive *adj.*
employee employé(e) *m., f.* **9**
empty vide *adj.* **2**
endangered en voie d'extinction *adj.* **10**
ending dénouement *m.*
energy énergie *f.* **10**
 energy consumption consommation d'énergie *f.* **10**
 energy source source d'énergie *f.* **10**
engaged: to get engaged se fiancer *v.* **1**
engagement fiançailles *f.* **6**
 engagement ring bague de fiançailles *f.* **6**
engineer ingénieur *m., f.* **7**
enormously énormément *adv.* **2**
enough assez de *adj.* **5**
 that's enough ça suffit **4**
enroll s'inscrire *v.* **6**
enslavement asservissement *m.* **4**
enter entrer *v.* **3**
enterprising entrepreneur/entrepreneuse *adj.*
entertain divertir *v.* **3**
entertainer saltimbanque *m.*
entertaining divertissant(e) *adj.* **8**
entertainment divertissement *m.* **3**
enthusiastic enthousiaste *adj.* **1**
entrust confier *v.* **6**
environment environnement *m.* **10**
envision envisager *v.* **7**
equal égal(e) *adj.* **4**
equality égalité *f.* **4**
erase effacer *v.* **1, 7**
erosion érosion *f.* **10**
escaped évadé(e) *adj.* **4**
essential essentiel(le) *adj.* **6**, indispensable *adj.* **6**
ethical éthique *adj.* **7**
evening gown robe de soirée *f.* **8**
event événement *m.* **2**
every chaque *adj.* **4**, tout(e)/tous/toutes (les) *adj.* **4**
everyday life routine *f.* **7**, vie quotidienne *f.* **3**
everything tout *pron.* **4**
everywhere partout *adv.* **2**
except sauf *prep.* **8**
excerpt extrait *m.* **3**
excited enthousiaste *adj.* **1**
excluded exclu(e) *adj.* **5**
executive cadre *m.* **9**
exhale expirer *v.* **8**
exhausted épuisé(e) *adj.* **9**
exhibition exposition *f.* **8**
expect s'attendre à *v.* **2**; **to expect to** compter *v.* **8**; **to expect**

something s'attendre à quelque chose *v.*
expenses dépenses *f.* **9**
expensive cher/chère *adj.* **2**
experiment expérience *f.* **7**
explore explorer *v.* **7**
express exprimer *v.*

F

face affronter *v.* **6**
fact fait *m.* **4**
fade (away) s'en aller *v.* **1**
fair foire *f.* **2**; juste *adj.* **4**
faithful fidèle *adj.* **1**
fall tomber *v.* **1**
 to fall in love (with) tomber amoureux/amoureuse (de) **1**
false faux/fausse *adj.* **2**
fame notoriété *f.* **3**
fan (of) fan (de) *m., f.* **8**; supporter (de) *m.* **8**
farm ferme *f.* **10**
fascinating fascinant(e) *adj.*
fat gros(se) *adj.* **2**; gras(se) *adj.*
father-in-law beau-père *m.* **6**
favorite fétiche *adj.* **1**; favori/favorite *adj.* **2**
fear peur *f.* **4**; craindre *v.* **6**
 for fear of de peur de *prep.* **7**
 for fear that de peur que *conj.* **7**, de crainte que *conj.* **7**
 to confront one's fears vaincre ses peurs **8**
fed: to be fed up (with) en avoir marre (de) **1**
feed nourrir *v.*
feel ressentir *v.* **1**; se sentir *v.* **2**; éprouver *v.* **6**
feeling of belonging sentiment d'appartenance *m.* **6**
feudal system système féodal *m.* **4**
few (of them) quelques-un(e)s *pron.* **4**; (un) peu de **5**
field: (soccer) field terrain (de foot) *m.*
fight combattre *v.* **4**; lutter *v.* **5**; se battre *v.* **8**; lutte *f.* **3**
 fight (against) se battre (contre) *v.* **6**
fighter combattant(e) *m., f.*
figure chiffre *m.* **9**
 to figure it out se débrouiller *v.* **9**
file a complaint porter plainte *v.* **7**
film critic critique de cinéma *m., f.* **3**
film set plateau *m.*
filming tournage *m.*
final dernier/dernière *adj.* **2**
finally enfin *adv.* **2**; finalement *adv.* **3**
financial financier/financière *adj.* **9**
 financial stakes intérêt financier *m.*
fire incendie *m.* **3, 10**; licencier *v.* **9**, virer *v.* **9**
fire station caserne de pompiers *f.* **2**
fireworks display feu d'artifice *m.* **2**
first premier/première *adj.* **2**; d'abord *adv.* **2**

fish poisson *m.* 10; pêcher *v.* 10
fishing net filet (de pêche) *m.* 10
flag drapeau *m.* 4
flaw défaut *m.*
flee fuir *v.* 1
fleeting passager/passagère *adj.* 1
flirt draguer *v.* 1
flock troupeau *m.*
flood inondation *f.* 10
flourish fleurir *v.*
flourishing prospère *adj.* 9
flow couler *v.* 1
fly voler *v.* 8
foliage feuillage *m.*
follow suivre *v.* 3
   follow in someone's footsteps marcher sur les pas de quelqu'un *v.*
following prochain(e) *adj.* 2
food *(type or kind of)* aliment *m.* 6; *(before a noun)* alimentaire 6
for car *conj.* pour *prep.* 7
   for an hour (a month, etc.) pendant une heure (un mois, etc.) *adv.* 3
   for fear of de peur de *prep.* 7
   for fear that de peur que *conj.* 7, de crainte que *conj.* 7
forbid défendre de *v.* 4
force forcer *v.* 1
forehead front *m.*
foreigner étranger/étrangère *m., f.* 2
forest forêt *f.* 10
forge: to forge ahead aller de l'avant 5
formal register registre soutenu *m.* 4
former ancien(ne) *adj.* 2
formerly jadis *adv.*
formidable redoutable *adj.*
forseen prévu(e) *adj.* 5
forward en pointe *adv.*
foul faute *f.*
frank franc(he) *adj.* 1
frankly franchement *adv.* 2
freedom liberté *f.* 3
   freedom of the press liberté de la presse *f.* 3
free kick coup franc *m.*
free oneself se libérer *v.*
fresh frais/fraîche *adj.* 2
friendship amitié *f.* 1
from à partir de *prep.* 1
   from time to time de temps en temps *adv.* 2
   from the back de dos *adj.* 3
front: in front of devant *prep.* 5
fuel combustible *m.*
fulfill (a dream) réaliser (un rêve) *v.* 5
full plein(e) *adj.* 2
fun: to have fun s'amuser *v.* 2;
   to have fun se marrer *v.* 3;
   to make fun of se moquer de *v.* 2
furniture mobilier *m.* 10

G

game partie *f.* 8
gang bande *f.* 5
gather rassembler *v.* 2
gauge jauger *v.* 2
gene gène *m.* 7
generation gap fossé des générations *m.* 6
genetics génétique *f.* 7
gently doucement *adv.* 2
get (a salary) toucher *v.* 9
   to get a divorce divorcer *v.* 1
   to get a signal capter *v.* 9
   to get along well s'entendre bien *v.* 1
   to get along with s'entendre bien avec 2
   to get angry with se mettre en colère contre 1, se fâcher contre *v.* 2
   to get benefit out of retirer un profit de *v.* 9
   to get bored s'ennuyer *v.* 2
   to get dressed s'habiller *v.* 2
   to get engaged se fiancer *v.* 1
   to get hurt (se) blesser *v.* 8
   to get (in a car, on a train) monter (dans une voiture, dans un train) *v.* 2
   to get income out of retirer un revenu de *v.* 9
   to get involved s'engager *v.* 3
   to get off descendre *v.* 2
   to get (tickets) obtenir (des billets) *v.* 8
   to get together se réunir *v.* 2
   to get up se lever *v.* 2
   to get used to s'habituer à *v.* 2
   to get worse empirer *v.* 10
giant géant(e) *m., f.* 10
gift shop boutique de souvenirs *f.* 8
give donner *v.* 2
   to give birth accoucher *v.* 6
   to give directions donner des indications *v.* 2
   to give one's all se donner totalement *v.* 3
glass verre *m.* 5
glide glisser *v.* 8
global warming réchauffement climatique *m.* 10
gnarled noueux/noueuse *adj.* 10
go aller *v.* 1
   to go (away) s'en aller *v.* 1, 2
   to go across parcourir *v.* 8
   to go back (home) rentrer *v.* 3
   to go beyond one's limits se dépasser *v.* 8
   to go bowling jouer au bowling 8
   to go down descendre *v.* 2
   to go out with sortir avec *v.* 1
   to go past passer (devant) *v.* 2

   to go to bed se coucher *v.* 2
   to go up monter *v.* 3
goal but *m.* 5
gold or *m.* 2
good bon(ne) *adj.* 2
goodbye au revoir 5
   to say goodbye dire au revoir 5
gossip commérages *m.* 1
govern gouverner *v.* 4
government gouvernement *m.* 4
granddaughter petite-fille *f.* 6
grandson petit-fils *m.* 6
grant bourse *f.* 3; attribuer *v.* 3
grape raisin *m.* 6
gravity gravité *f.* 7
great génial(e) *adj.* 1; grand(e) *adj.* 2; chouette *adj.* 8
great-aunt grand-tante *f.* 6
great-grandfather arrière-grand-père *m.* 6
great-grandmother arrière-grand-mère *f.* 6
great-uncle grand-oncle *m.* 6
Greek grec/grecque *adj.* 2
grilled grillé(e) *adj.* 6
gripe rouspéter *v.* 2
groom marié *m.* 6
grow augmenter *v.* 5; pousser *v.*
   to grow old vieillir *v.*
   to grow up grandir *v.*
grudge: to have a grudge en vouloir (à) *v.* 5
guess deviner *v.* 5
guilty coupable *adj.* 4
guy mec *m.*

H

habitat: provide a habitat for abriter *v.* 10
half moitié *f.* 5
half brother demi-frère *m.* 6
half sister demi-sœur *f.* 6
handkerchief mouchoir *m.* 8
handsome beau *adj.* 2
hang around traîner *v.*
happily heureusement *adv.* 2
happy heureux/heureuse *adj.* 2, content(e) *adj.* 6
harass harceler *v.* 9
hard-working travailleur/travailleuse *adj.* 2
harm nuire à *v.* 10
harmful nuisible *adj.* 10
   have harmful consequences on avoir des conséquences néfastes sur *v.* 7
harvest récolte *f.* 10; exploiter, récolter *v.* 10
hate détester *v.* 8, haïr *v.* 3
hatred haine *f.*
have avoir *v.* 1; prendre *v.* 3

to have an argument s'engueuler *v.* 3

to have a degree être diplômé(e) 9

to have a drink prendre un verre *v.* 8

to have a good time se divertir *v.* 8

to have a grudge en vouloir (à) *v.* 5

to have connections avoir des relations 9

to have contempt for mépriser *v.* 6

to have fun s'amuser *v.* 2; se marrer *v.*

to have experience être experimenté(e) 9

to have harmful consequences on avoir des conséquences néfastes sur

to have influence (over) avoir de l'influence (sur) 4

to have stage fright avoir le trac

to have strings pulled for you être pistonné(e) 9

to have to devoir *v.* 3; falloir *v.* 3

head of a company chef d'entreprise *m.* 9

headline gros titre *m.* 3

headscarf foulard *m.*

heal guérir *v.* 7

heap amas *m.*

hear entendre *v.* 2

to hear about entendre parler de *v.* 3

heels talons *m.* 8

heir héritier/héritière *m., f.* 3

helmet casque *m.* 1

here ici *adv.* 5

heritage patrimoine *m.* 5

cultural heritage patrimoine culturel *m.* 5

heterogeneous hétérogène *adj.* 5

high haut(e) *adj.* 2

hire engager *v.* 3; embaucher *v.* 9

hit frapper; heurter *v.*

hold tenir *v.* 4

homeland patrie *f.* 6

homeless person SDF (sans domicile fixe) *m., f.* 2; sans-abri *m., f.*

homesick: to be homesick avoir le mal du pays 5

homogeneous homogène *adj.* 5

honest honnête *adj.* 1

hoodlum voyou *m.*

hope espérer *v.* 1, souhaiter *v.* 6

housing logement *m.* 2, 7, habitation *f.* 2

however pourtant *adv.*

human humain(e) *adj.*

human rights droits de l'homme *m.* 4

humankind humanité *f.* 5

hunt chasser *v.* 10

hurricane cyclone *m.*; ouragan *m.* 10

hurry se dépêcher *v.* 2; hâter le pas *v.* 2

husband époux *m.* 6

hype matraquage *m.* 3

I

idealistic idéaliste *adj.* 1

i.e. c'est-à-dire 7

if si *conj.* 7

illiterate analphabète *adj.* 4

immature peu mûr(e) *adj.* 1

immediately immédiatement *adv.* 3

immigrant immigré(e) *n.* 5

immigrate immigrer *v.* 1

immigration immigration *f.* 5

impartial impartial(e) *adj.* 3

important important(e) *adj.* 6

impossible impossible *adj.* 7

imprison emprisonner *v.* 4

improve améliorer *v.* 2

in dans *prep.* 5; en *prep.* 5; à *prep.* 5

in case au cas où *conj.* 10

in front of devant *prep.* 5

in general en général *adv.* 2

in order that afin que *conj.* 7

in order to pour *prep.* 7

income revenu *m.* 9

to get income out of retirer un revenu de *v.* 9

incompetent incompétent(e) *adj.* 9

increase (public) awareness (of an issue) sensibiliser (le public à un problème) *v.*

indication indice *m.*

individuality individualité *f.* 5

inequality inégalité *f.* 4

inferior inférieur(e) *adj.* 2

inferiority complex complexe d'infériorité *m.*

inflexible intransigeant(e) *adj.* 3

influence influence *f.* 4

to have influence (over) avoir de l'influence (sur) 4

influential influent(e) *adj.* 3

inhale inspirer *v.* 8

inherit hériter *v.* 6, 9

injure (oneself) (se) blesser *v.* 8

injured blessé(e) *adj.* 1

injured person blessé(e) *m., f.*

injustice injustice *f.* 4

innovation innovation *f.* 7

innovative innovant(e) *adj.* 7

insecurity précarité *f.* 4

insecurity of income précarité *f.* 9

insensitive insensible *adj.* 2

inside dans *prep.* 5; dedans *adv.* 2, 8

instability instabilité *f.* 5, précarité *f.* 4

instant coffee café soluble *m.* 3

insufficient insuffisant(e) *adj.* 10

integration intégration *f.* 5

intellectual intellectuel(le) *m., f.*; intellectuel(le) *adj.* 2

intend to penser *v.* 8

Internet site site Internet *m.* 3

intersection croisement *m.* 2

interview entretien *m.* 3, interview *f.* 3

job interview entretien d'embauche *m.* 9

invade envahir *v.* 3

invent inventer *v.* 7

invention invention *f.* 7

invest investir *v.* 9

investigate enquêter (sur) *v.* 3

ironic ironique *adj.*

Islam islam *m.*

isolation isolement *m.* 2

J

jabber baragouiner *v.*

jealous jaloux/jalouse *adj.* 1

jealousy jalousie *f.* 4

jersey maillot *m.*

job poste *m.* 9, emploi *m.* 9, boulot *m.* 9

job interview entretien d'embauche *m.* 9

join rejoindre *v.* 1

joke (about) rigoler *v.* 4

journalist journaliste *m., f.* 3

joy joie *f.* 1

judge juge *m., f.* 4; juger *v.* 4

jump sauter *v.* 8

juror juré(e) *m., f.* 4

justice justice *f.* 4

K

keep garder *v.*

to keep an eye on surveiller *v.* 8

to keep from (doing something) empêcher (de) *v.* 2

to keep oneself informed (through the media) s'informer (par les médias) *v.* 3

keeper gardien(ne) *m., f.* 5

kid gamin(e) *m., f.* 5, môme *m., f.* 5

kidnap enlever *v.* 4, kidnapper *v.* 4

kill tuer *v.*

killjoy rabat-joie *m.* 8

kilogram kilo *m.* 5

kindly gentiment *adv.* 2

kindness bonté *f.*

king roi *m.* 5

kingdom royaume *m.* 6

knock frapper *v.*

know connaître *v.* 3; savoir *v.* 3

knowledge savoir *m.* 5

L

labor union syndicat *m.* 9

lack manque *m.* 4

lack of action inaction *f.* 4

lack of communication manque de communication *m.*

lack of understanding incompréhension *f.* 6

ladder échelle *f.* 7
lagoon lagon *m.* 10
land terre *f.* 10; atterir *v.* 7
landscape paysage *m.* 7, 10
lane voie *f.* 2
language langue *f.* 5
   native language langue maternelle *f.* 5
   official language langue officielle *f.* 5
laptop ordinateur portable *m.* 7
last dernier/dernière *adj.* 2
   at last enfin *adv.* 2
   last Monday (Tuesday, etc.) lundi (mardi, etc.) dernier *adv.* 3
late tard *adv.* 2
launch: to launch into se lancer *v.* 5
laugh rire *v.* 3
law loi *f.* 4
   to pass a law approuver une loi 4
lawyer avocat(e) *m., f.* 4
lay (an egg) pondre *v.* 3
lay off licencier *v.* 9
lazybones fainéant(e) *m., f.* 9
lead mener *v.* 1, 5
leaflet prospectus *m.* 3
leave partir *v.* 3; quitter *v.*; se tirer *v.*
   to leave behind quitter *v.* 5
   to leave someone quitter quelqu'un *v.* 1
leisure loisir(s) *m.* 8
lemon citron *m.* 6; citron *adj.* 2
less moins *adv.* 7
let go lâcher *v.*
liberal libéral(e) *adj.* 4
lie mentir *v.* 1
lifestyle section rubrique société *f.* 3
lift lever *v.* 1
lightning foudre *f.* 1
   struck by lightning foudroyé(e) *adj.* 1
like aimer *v.* 1
little of (un) peu de 5
lime citron vert *m.* 6
limp boiter *v.*
line queue *f.* 8
   line of products gamme de produits *f.* 9
   to wait in line faire la queue 8
lion lion *m.* 10
listen écouter *v.* 8
listener auditeur/auditrice *m., f.* 3
liter litre *m.* 5
literature lettres *f.*
little peu *adv.* 2
live vivre *v.* 1
   to live (something) vicariously vivre (quelque chose) par procuration
   to live something vicariously through someone vivre quelque chose par l'intermédiaire de quelqu'un
   to live together (as a couple) vivre en union libre 1

live en direct *adj., adv.* 3
lively animé(e) *adj.* 2
living environment cadre de vie *m.* 7
living god dieu vivant *m.* 3
loan prêt *m.* 9; emprunt *m.* 9
   to apply for a loan demander un prêt 9
   to secure a loan obtenir un prêt 9
   to take out a loan faire un emprunt 9
located: to be located se trouver *v.* 2
locker room vestiaires *m.*
logger forestier/forestière *f.* 10
logging industry industrie forestière *f.* 10
look regarder *v.*
   to look after (someone) soigner *v.* 7
   to look like ressembler (à) *v.* 6
long long/longue *adj.* 2
   as long as tant que *conj.* 7
long-term à long terme *adj.* 9
lose perdre *v.* 4
   to lose heart se décourager *v.* 5
   to lose elections perdre les élections 4
loss perte *f.*
   loss of a loved one perte d'un être cher *f.* 2
lost perdu(e) *adj.* 2; égaré(e) *adj.* 3
   to be lost être perdu(e) 2
lot: a lot beaucoup *adv.* 2
   a lot of beaucoup de 5, un tas de 5
lousy pourri(e) *adj.* 7
love aimer *v.* 1
lovers amants *m.* 1
low bas(se) *adj.* 2
low-income housing HLM (habitation à loyer modéré) *f.* 8
lumberjack bûcheron *m.* 10
luxury luxe *m.* 5
lying down allongé(e) *adj.* 3
lyrics paroles *f.* 3

M

mad fâché(e) *adj.* 1
maid of honor témoin *m.* 6
maintain maintenir *v.* 4, 5
make faire *v.* 1
   to make an effort faire un effort 5
   to make fun of se moquer de *v.* 2
   to make (someone) laugh faire marrer *v.* 3
   to make think of évoquer *v.* 9
   to make up se réconcilier *v.* 4
makeup: to put on makeup se maquiller *v.* 2
manage gérer *v.* 9, diriger *v.* 9; se débrouiller *v.* 9
manager gérant(e) *m., f.* 9, chargé(e) d'affaires *m., f.* 9
   bank manager directeur/directrice d'agence bancaire *m., f.* 9

wealth manager gestionnaire de patrimoine *m., f.* 9
manual labor travail manuel *m.* 5
manufacture fabrication *f.* 10
many bien des *adj.* 5
marching band fanfare *f.* 2
market marché *m.* 9
marketing strategy stratégie commerciale *f.* 9
marriage mariage *m.* 1
marry se marier avec *v.* 1
match partie *f.* 8
maternal maternel(le) *adj.*
mathematician mathématicien(ne) *m., f.* 7
matter compter *v.* 6
mattress matelas *m.*
mature mûr(e) *adj.* 1
maturity maturité *f.* 6
maybe peut-être *adv.* 2
mayor maire *m.* 2
means voie *f.* 2
medal médaille *f.* 8
media moyens de communication *m.* 3; médias *m.* 3
meeting réunion *f.* 9
melancholic mélancolique *adj.* 1
member membre *m.* 9, adhérent(e) *m., f.* 9
metaphor métaphore *f.*
metropole (mainland France) métropole *f.* 6
militant activist activiste *m., f.* 4
mini-market supérette *f.* 6
minimum wage salaire minimum *m.* 9
miss manquer à *v.* 5
missing person disparu(e) *m., f.*
mistaken: to be mistaken se tromper *v.* 1, 2
misunderstanding malentendu *m.* 4, 6
mix mélange *m.* 1; mêler *v.* 10
mixed couple couple mixte *m.*
mob foule *f.*
moderate modéré(e) *adj.* 4
modernity modernité *f.* 10
moment moment *m.* 3
   at that moment à ce moment-là 3
monarchy monarchie *f.* 4
   absolute monarchy monarchie absolue *f.* 4
monkey singe *m.* 10
monotonous monotone *adj.* 2
monthly magazine mensuel *m.* 3
Moon Lune *f.* 10
moral morale *f.*
more plus *adv.* 7
moronic débile *adj.* 2
most plupart *f. pron.* 4
mother-in-law belle-mère *f.* 6
mountain bike VTT (vélo tout terrain) *m.* 8
mountain climbing alpinisme *m.* 8

mountain range chaîne montagneuse *f.* **10**
move émouvoir *v.*; déménager *v.* **1, 6**; remuer *v.* **10**
  to move forward avancer *v.* **1**
movie star vedette de cinéma *f.* **3**
movie shoot tournage *m.* **3**
movie theater cinéma *m.* **2**
moving émouvant(e) *adj.* **8**
much: too much of trop de **5**
mud boue *f.*
multilingual polyglotte *adj.* **5**
multinational company (entreprise) multinationale *f.* **9**
murder meurtre *m.*
museum musée *m.* **2**
musical group groupe *m.* **8**
musician musicien(ne) *m., f.* **8**
music video clip vidéo *m.* **3**, vidéoclip *m.* **3**
Muslim musulman(e) *m., f.*
must devoir *v.* **3**
  One must… Il faut que… **6**
mute muet(te) *adj.* **2**
mutual aid entraide *f.* **9**

N

naïve naïf/naïve *adj.* **2**
native language langue maternelle *f.* **5**
natural disaster catastrophe naturelle *f.*
naturally naturellement *adv.* **2**
necessary nécessaire *adj.* **6**
  It is necessary that… Il faut que… **6**
neglect délaisser *v.*
neighborhood quartier *m.* **2**
nephew neveu *m.* **6**
nervous breakdown crise d'hystérie *f.* **1**
nested boxes boîtes gigognes *f.* **7**
net filet *m.* **10**
network chaîne *f.*; réseau *m.*
never jamais *adv.* **2**
new nouveau/nouvelle *adj.* **2**
news nouvelles *f.*
  international news nouvelles internationales *f.* **3**
  local news nouvelles locales *f.* **3**
  news broadcast journal télévisé *m.*
  news items faits divers *m.* **3**
  news report reportage *m.* **3**
newspaper journal *m.* **3**
new wave nouvelle vague *f.* **1**
next prochain(e) *adj.* **2**; ensuite *adv.* **2**
  next day lendemain *m.* **7**
nice gentil/gentille *adj.* **2**
nicely gentiment *adv.* **2**
nickname surnom *m.* **6**
niece nièce *f.* **6**
nightlife vie nocturne *f.* **2**
nightmare cauchemar *m.*; galère *f.*
nobility noblesse *f.* **4**

noisily bruyamment *adv.* **2**
noisy bruyant(e) *adj.* **2**
nonconformist non-conformiste *adj.* **5**
nostalgia nostalgie *f.* **10**
notebook calepin *m.*
notice s'apercevoir *v.* **8**
now maintenant *adv.* **2**
nowhere nulle part *adv.* **2, 7**
nuclear nucléaire *adj.* **7**
number chiffre *m.* **9**
numerous nombreux/nombreuse *adj.* **5**
nursery (for plants) pépinière *f.*

O

oak tree chêne *m.*
obsessed obsédé(e) *adj.* **7**
obvious évident *adj.* **7**
obviously évidemment *adv.* **2**
ocean liner paquebot *m.* **6**
octopus pieuvre *f.* **3**
offer offrir *v.* **4**
official language langue officielle *f.* **5**
often souvent *adv.* **2**
old ancien(ne) *adj.* **2**; vieux/vieille *adj.* **2**
old age vieillesse *f.* **6**
on sur *prep.* **5**
  on the condition that à condition que *conj.* **7**
once une fois *adv.* **3**; une fois que *conj.* **10**
  Once upon a time Il était une fois **6**
one-on-one duel *m.*
only seul(e) *adj.* **2**
open ouvrir *v.* **3**
oppressed opprimé(e) *adj.* **4**
orange orange *f.* **2**; orange *adj.* **2**
organic bio(logique) *adj.* **6**
out-of-style clothes fringues démodées *f.* **3**
outcome dénouement *m.*
outdoors en plein air *adj.* **10**
outside dehors *adv.* **2**
outsider aliéné(e) *m., f.* **6**
outskirts banlieue *f.* **2**
overcome surmonter *v.* **6**
overpopulated surpeuplé(e) *adj.* **5**
overpopulation surpopulation *f.* **5**
overthrow renverser *v.* **4**
overwhelmed accablé(e) *adj.* **1**
owe devoir *v.* **9**
own propre *adj.* **2**
owner propriétaire *m., f.* **9**
oyster huître *f.* **10**
ozone layer couche d'ozone *f.* **10**

P

package paquet *m.* **5**
page page *f.* **3**
  sports page page sportive *f.* **3**

to be on the front page être à la une **3**
paid training course stage rémunéré *m.* **9**
painting tableau *m.* **8**
panic paniquer *v.*
parade défilé *m.* **2**
paragliding parapente *f.* **8**
part rôle *m.*
partial partial(e) *adj.* **3**
particle particule *f.* **7**
party pooper rabat-joie *m.* **8**
pass passer *v.* **3**
  to pass a law approuver une loi **4**
  to pass down transmettre *v.* **5**
passenger passager/passagère *m., f.* **2**
password mot de passe *m.* **7**
past jadis *adv.* **10**
paternal paternel(le) *adj.*
patiently patiemment *adv.* **2**
patronize traiter avec condescendance
paw patte *f.*
pay payer *v.* **1**; rémunérer *v.* **9**
peace paix *f.* **4**
  peace of mind tranquillité de l'esprit *f.* **3**
peaceful pacifique *adj.* **4**
pearl perle *f.* **10**
people peuple *m.* **3**
pebble(s) caillou (cailloux) *m.* **10**
pedestrian piéton(ne) *m., f.* **2**
penny sou *m.*
perceive apercevoir *v.* **9**; percevoir *v.* **9**
performance spectacle *m.* **8**
perhaps peut-être *adv.* **2**
perseverance persévérance *f.* **5**
persist relentlessly s'acharner sur *v.* **5**
personality caractère *m.* **6**
personify personnifier *v.*
persuade convaincre *v.* **3**
pet animal de compagnie *m.* **2**
petanque boules *f.* **8**; pétanque *f.* **8**
phone téléphone *m.* **7**
photographer photographe *m., f.* **3**
pick up again reprendre *v.* **9**
piece of furniture meuble *m.* **10**
pig cochon *m.* **10**
pile amas *m.*
place placer *v.* **1**
  place to live lieu de vie *m.* **7**
  to take place se dérouler *v.* **6**
plan projeter *v.* **1, 5**
play pièce (de théâtre) *f.* **8**
  play on words jeu de mots *m.* **3**
playing cards cartes à jouer *f.* **8**
plaza place *f.* **2**
please (somebody) plaire (à) *v.* **1, 6**
pleated plissé(e) *adj.* **8**
plump gras(se) *adj.*
poaching braconnage *m.* **10**
police police *f.* **2**; **police force** forces de l'ordre *f.*

police commissioner commissaire (de police) *m.* **5**
police headquarters préfecture de police *f.* **2**
police officer agent de police *m.* **2**
police station commissariat de police *m.* **2**
political party parti politique *m.* **4**
politician homme/femme politique *m., f.* **4**
politics politique *f.* **4**
politely poliment *adv.* **2**
pollute polluer *v.* **10**
pollution pollution *f.* **10**
pool billard *m.* **8**
poor pauvre *adj.* **2**
popular: be popular abroad bien s'exporter *v.* **5**
populate peupler *v.* **2**
populated peuplé(e) *adj.* **2**
  densely populated très peuplé(e) *adj.* **2**
  sparsely populated peu peuplé(e) *adj.* **2**
position poste *m.* **9**
possess posséder *v.* **1**
possible possible *adj.* **6**
  It's possible that... Il se peut que... **7**
poultry volaille *f.* **6**
poverty misère *f.* **4**, pauvreté *f.* **4, 9**
power pouvoir *m.*
  abuse of power abus de pouvoir *m.* **4**
powerful puissant(e) *adj.* **4**
prayer prière *f.*
precisely précisément *adv.* **2**
preconceived idea a priori *m.*
predict prédire *v.* **5, 6, 7**
prefer préférer *v.* **1**
pregnancy grossesse *f.* **6**
prejudiced: to be prejudiced avoir des préjugés **5**
premiere première *f.* **3**
preserve préserver *v.* **10**
preservative conservateur *m.* **6**
president président(e) *m., f.* **4**
press presse *f.* **3**
  freedom of the press liberté de la presse *f.* **3**
pressure pression *f.* **9**
pretend to be se faire passer pour
pretty joli(e) *adj.* **2**
prevent prévenir *v.* **10**
prince charming prince charmant *m.* **6**
princess princesse *f.* **6**
principles principes *m.* **5**
private privé(e) *adj.* **2**
probably probablement *adv.* **2**
produce pondre *v.* **3**
producer producteur/productrice *m., f.*
professional field secteur professionnel *m.* **9**

profit bénéfice *m.*
profoundly profondément *adv.* **2**
promoted promu(e) *adj.* **9**
promotional campaign campagne de promotion *f.* **3**
propose proposer *v.* **6**; faire une demande en mariage **6**
  to propose a toast porter un toast (à quelqu'un) **8**
protect protéger *v.* **10**
protected protégé(e) *adj.* **10**
protective protecteur/protectrice *adj.* **2**
proud orgueilleux/orgueilleuse *adj.* **1**; fier/fière *adj.* **2**
prove prouver *v.* **7**
provide a habitat for abriter *v.* **10**
provided (that) à condition de *prep.* **7**
provided that pourvu que *conj.* **7**
public public/publique *adj.* **2**
public garden jardin public *m.* **2**
public holiday (jour) férié *m.* **5**
public order ordre public *m.* **4**
public safety sûreté publique *f.* **4**
public transportation transports en commun *m.* **2**
publish publier *v.* **3**
publisher éditeur/éditrice *m., f.* **3**
punish punir *v.* **6**
punishment punition *f.* châtiment *m.* **5**
pure pur(e) *adj.* **10**
push the boundaries repousser les limites *v.* **7**
put mettre *v.* **2**
  to put oneself into s'investir *v.* **9**
  to put on makeup se maquiller *v.* **2**
  to put up with supporter *v.* **10**

quickly vite *adv.* **2**
quiet tranquille *adj.* **1**
  to be quiet se taire *v.* **2, 7**
quit démissionner *v.* **9**
quite assez *adv.* **2**

race course *f.* **1, 8**
radio listener auditeur/auditrice *m., f.* **3**
radio presenter animateur/animatrice de radio *m., f.* **3**
radio station station de radio *f.* **3**
rage colère *f.* **4**
rain pleuvoir *v.* **3**
rainbow arc-en-ciel *m.* **10**
rain forest forêt tropicale *f.* **10**
raise (in salary) augmentation (de salaire) *f.* **9**; **to raise (children)** élever (des enfants) *v.* **6**
raisin raisin sec *m.* **6**
rally se mobiliser *v.*
rarely rarement *adv.* **2**

raw material matière première *f.* **7**
react réagir *v.*
read lire *v.* **3**
real vrai(e) *adj.* **2**
realize se rendre compte (de) **1, 2**; s'apercevoir *v.* **2, 8**
really vraiment *adv.* **2**
reassure oneself se rassurer *v.* **2**
rebel se révolter *v.* **4**, se rebeller *v.* **6**
rebellious rebelle *adj.* **6**
recall rappeler *v.* **1**
receipts and expenses recettes et dépenses *f.* **9**
receive recevoir *v.* **3**; **to receive (a salary)** toucher *v.* **9**
recently récemment *adv.* **3**
recognize reconnaître *v.* **6**
recommend recommander *v.* **6**
record enregistrer *v.* **3**
recreation loisir(s) *m.* **8**
recruit recruter *v.* **9**
red-haired roux/rousse *adj.* **2**
referee arbitre *m.* **8**
register s'inscrire *v.* **1**
regret regretter *v.* **6**
rehearse répéter *v.* **1**
reimburse rembourser *v.* **9**
reiterate réitérer *v.* **2**
reject rejeter *v.* **1, 5**
relation rapport *m.* **6**, relation *f.* **6**
relationship liaison *f.* **1**; rapport *m.* **6**, relation *f.* **6**
relative parent(e) *m., f.* **6**
relax se détendre *v.* **2**
release a movie sortir un film *v.* **3**
relieve soulager *v.*
rely on compter sur *v.* **1**
remember se souvenir de *v.* **2**
renew renouveler *v.* **1**
renewable renouvelable *adj.* **10**
rent loyer *m.* **7**
repeat répéter *v.* **1**
replace remplacer *v.* **1**
reporter reporter *m.* **3**
representative député(e) *m., f.* **4**
require nécessiter *v.* **6**
rescue workers secours *m.*
research recherche *f.* **7**; enquêter (sur) *v.* **3**
  applied research recherche appliquée *f.* **7**
  basic research recherche fondamentale *f.* **7**
researcher chercheur/chercheuse *m., f.* **7**
resemble ressembler (à) *v.* **6**
resent (someone) en vouloir à quelqu'un *v.* **6**
resistant (to) réfractaire (à) *adj.*
resource ressource *f.* **10**
respect respecter *v.* **6**
  respect for others respect des autres *m.*
respond favorably to donner suite à *v.* **9**

responsibility responsabilité *f.* **1, 4**
rest se reposer *v.* **2**
resume reprendre *v.* **9**
résumé curriculum vitae (CV) *m.* **9**
return retourner *v.* **3**
revenge vengeance *f.* **5**, revanche *f.*
revolutionary révolutionnaire *adj.* **7**
revolve around tourner autour de *v.* **3**
rich riche *adj.*
   to become rich s'enrichir *v.* **5**
right away tout de suite *adv.* **3**
ring bague *f.*
   engagement ring bague de
     fiançailles *f.* **6**
   ring a bell dire quelque chose *v.* **3**
   wedding ring alliance *f.* **6**
riot émeute *f.*
river fleuve *m.* **10**, rivière *f.* **10**
road route *f.*; voie *f.* **2**
road sign panneau *m.* **2**
rock roche *f.* **8**
role rôle *m.*
roommate colocataire *m., f.* **2**
root racine *f.* **6**
rotary rond-point *m.* **2**
roundabout rond-point *m.* **2**
rouse ameuter *v.* **7**
rub shoulders with côtoyer *v.* **2**
ruin gâcher *v.* **1**
rule règle *f.* **5**
run courir *v.* **3**; gérer *v.* **9**; diriger *v.* **9**;
   to run (water) couler *v.* **1**
run into (someone) croiser *v.* **2**
run over écrasé(e) *adj.*

S

sadness tristesse *f.* **1, 2**
safe sûr(e) *adj.* **2**; en sécurité *adj.* **2**
safety sécurité *f.* **4**
   public safety sûreté publique *f.* **4**
salary salaire *m.* **9**
sale vente *f.*
salmon saumon *m.* **6**
same même *adj.* **2**
sand sable *m.*
salesman vendeur *m.* **9**
saleswoman vendeuse *f.* **9**
satellite dish parabole *f.* **7**
save sauver *v.* **4**; sauvegarder *v.* **7**;
   économiser *v.* **9**
savings économies *f.* **9**
savings account compte d'épargne
   m. **9**
say dire *v.* **3**
   to say goodbye dire au revoir **5**
scale escalader *v.* **8**
scandal scandale *m.* **4**
scenery paysage *m.* **10**
schedule horaire *m.*
scholarship bourse *f.* **3**
schooling scolarisation *f.*
scientist scientifique *m., f.* **7**
scold gronder *v.* **6**

score (a goal/a point) marquer (un
   but/un point) *v.* **8**
scorn mépriser *v.* **4**
scrawny maigre *adj.*
screen écran *m.* **3**
sea mer *f.* **10**
search engine moteur de recherche
   m. **7**
search the Web naviguer sur
   Internet/le web *v.* **3**, surfer sur
   Internet/le web *v.* **3**
secure a loan obtenir un prêt **9**
security sécurité *f.* **4**
seduce séduire *v.* **6**
see voir *v.* **3**; **to see again** revoir *v.* **9**
It seems that... Il semble que... **7**
seismic tremor secousse sismique
   f. **7**
self-esteem amour-propre *m.* **6**
selfish égoïste *adj.* **6**
sell vendre *v.* **3**
selling point argument de vente *m.* **9**
send envoyer *v.* **1**
sense sens *m.* **10**
   figurative sense sens figuré *m.* **10**
   literal sense sens littéral *m.* **10**
sensitive sensible *adj.* **1**
series feuilleton *m.* **3**
serve servir *v.* **2**
settle (s')établir *v.* **5**; s'installer *v.* **5**
several plusieurs *pron., adj.* **4**
shake agiter *v.* **10**; trembler *v.*
shame honte *f.* **1, 6**
share partager *v.* **1**
shark requin *m.* **10**
shave se raser *v.* **2**
sheep mouton *m.* **10**
shepherd(ess) berger/bergère *m., f.*
shoes souliers *m.* **8**
shoot (a film) tourner *v.*
short court(e) *adj.* **2**; petit(e) *adj.* **2**
short-term à court terme *adj.* **9**
shout hurler *v.* **7**
show spectacle *m.* **8**
showing off frime *f.* **3**
shut away cloîtré(e) *adj.*
shy timide *adj.* **1**
sidewalk trottoir *m.* **2**
signal: to get a signal capter *v.* **9**
silver argent *m.* **2**
similar pareil(le) *adj.* **5**
sin péché *m.*
single célibataire *adj.* **1**
sister-in-law belle-sœur *f.* **6**
sit s'asseoir *v.* **9**
skating rink patinoire *f.* **8**
skirt: (pleated) skirt jupe (plissée)
   f. **8**
skit sketch *m.* **2**
skyscraper gratte-ciel *m.* **2**
slang argot *m.* **4**
slave esclave *m., f.*
slave trade traite des Noirs *f.* **4**
slavery esclavage *m.* **4**
sleep dormir *v.* **4**

sleep outdoors dormir à la belle
   étoile *v.*
slip of the tongue lapsus *m.*
slowly lentement *adv.* **2**
slyly sournoisement *adv.*
small exigu/exiguë *adj.*; petit(e) *adj.*
smell good/bad sentir bon/mauvais
   v.
smog nuage de pollution *m.* **10**
smoked fumé(e) *adj.* **6**
sneakers baskets *f.* **8**, tennis *f.* **8**
snorkeling plongée avec tuba *f.* **10**
snow globe boule à neige *f.* **7**
so alors *adv.* **2**; donc *adv.* **2**
   so many... tant de... *adj.*
   so much/many autant *adv.* **2**
   so that pour que *conj.* **7**
soaked trempé(e) *adj.* **1**
soap opera feuilleton *m.* **3**
soccer field terrain de foot *m.*
social level couche sociale *f.* **5**
societal issue problème de société
   m. **4**
soft doux/douce *adj.* **2**
soldier soldat *m.* **1**
sold out *adj.* complet **8**
solicit solliciter *v.* **2**
solve résoudre *v.* **10**
some quelques-un(e)s *pron.* **4**;
   quelque *adj.* **4**
someone quelqu'un *pron.* **4**
something quelque chose *pron.* **4**
sometimes parfois *adv.* **2**; quelque
   fois *adv.* **2**
somewhere quelque part *adv.* **2**
son-in-law beau-fils *m.* **6**
soon bientôt *adv.* **2**
   as soon as dès que *conj.* **7**,
     aussitôt que *conj.* **7**
sorrow peine *f.* **1**
sorry désolé(e) *adj.* **6**
   to be sorry être désolé(e) **6**
sort through trier *v.* **8**
soul âme *f.*
soulmate âme sœur *f.* **1**
sound sonner *v.* **1**
soundtrack bande originale *f.* **3**
space espace *m.* **7**
to spare épargner *v.* **4**
speak softly/loudly parler bas/fort *v.* **2**
   to speak to one another s'adresser
     la parole *v.* **7**
special effects effets spéciaux *m.* **3**
specialized spécialisé(e) *adj.* **7**
spectator spectateur/spectatrice
   m., f. **8**
spell épeler *v.* **1**
spell check correcteur
   orthographique *m.* **7**
spend dépenser *v.* **9**
spider araignée *f.* **10**
spinach épinards *m.* **6**
spine colonne vertébrale *f.* **1**
spirit esprit *m.* **1**
spoil gâter *v.* **6**

sporting goods store magasin de sport *m.* **8**
sports club club sportif *m.* **8**
sports page page sportive *f.* **3**
sports training school centre de formation *m.*
spouse conjoint(e) *m., f.* **7**, époux/épouse *m., f.* **6**
spread s'étendre *v.* **2**
　to spread (the word) faire passer **8**
spring (aquatic) source *f.*
spy espionner *v.* **4**
square place *f.* **2**
stage fright trac *m.* **3**
　to have stage fright avoir le trac *v.* **3**
stand (someone) up poser un lapin (à quelqu'un) **1**
standard of living niveau de vie *m.* **5**
star: (movie) star vedette (de cinéma) *f.* **3**; **(shooting) star** étoile (filante) *f.* **7**
start a family fonder une famille *v.* **6**
start up démarrer *v.* **7**
start-up mise en marche *f.* **7**
stay rester *v.* **3**
steal voler *v.* **5**
stepdaughter belle-fille *f.* **6**
stepfather beau-père *m.* **6**
stepmother belle-mère *f.* **6**
stepson beau-fils *m.* **6**
still encore *adv.* **2**
stiletto heels talons aiguilles *m.* **8**
stock market marché boursier *m.* **9**
stop (oneself) s'arrêter *v.* **2**
　to stop from (doing something) empêcher (de) *v.* **2**
stranger étranger/étrangère *m., f.*
stream ruisseau *m.*
street rue *f.* **2**
street performer saltimbanque *m.*
strengthened raffermi(e) *adj.* **10**
strict strict(e) *adj.* **6**
strike sonner *v.* **1**
striking frappant(e) *adj.* **3**, marquant(e) *adj.* **3**
stroll: to take a stroll se promener *v.* **8**
struck by lightning foudroyé(e) *adj.* **1**
struggle lutter *v.* **5**; lutte *f.* **3**
stuck coincé(e) *adj.* **7**
stunt cascade *f.*
submissive soumis(e) *adj.* **6**
subscriber abonné(e) *m., f.*
subscription abonnement *m.* **7**
subsidize subventionner *v.* **3**
subtitles sous-titres *m.* **3**
suburb banlieue *f.* **2, 7**
suburban house pavillon *m.* **7**
subway car wagon *m.* **2**
subway station station de métro *f.* **2**
subway train rame de métro *f.* **2**
succeed réussir *v.* **9**
success réussite *f.* **9**
successful prospère *adj.* **9**

such a(n) tel(le) *adj.* **4, 5**
sudden: all of a sudden tout à coup *adv.* **3**
suddenly soudain *adv.* **2**
suffer souffrir *v.* **4**
suffering souffrance *f.* **4**
suggest suggérer *v.* **6**
sun soleil *m.* **10**
　to bask in the sun lézarder au soleil *v.* **8**
supermarket: large supermarket hypermarché *m.* **6**
supervisory staff encadrement *m.* **9**
support soutien *m.* **2**; soutenir *v.* **5**; **support (a cause)** soutenir (une cause) *v.*
supporter supporter (de) *m.* **8**
sure sûr(e) *adj.* **7**
surely sûrement *adv.* **3**
surface area superficie *f.* **10**
surprised étonné(e) *adj.* **6**
surprising étonnant(e) *adj.* **6**, surprenant(e) *adj.* **6**
surround oneself with s'entourer de *v.* **9**
survival survie *f.* **7**
survive survivre *v.* **6**
survivor rescapé(e) *m., f.*
suspect se douter (de) *v.* **2**
swallow engloutir *v.*
sweater (with front opening) gilet *m.* **8**
sweatshirt (with front opening) gilet *m.* **8**
sweep balayer *v.* **1**
sweet doux/douce *adj.* **2**
swim cap bonnet *m.* **8**
swing se balancer *v.* **10**

T

tabloid(s) presse à sensation *f.* **3**
take prendre *v.* **3**
　to take action agir *v.* **7**
　to take advantage of profiter de *v.* **9**
　to take a stroll/walk se promener *v.* **8**
　to take out a loan faire un emprunt **9**
　to take place se dérouler *v.* **6**
　to take someone emmener *v.* **1**
　to take stock faire le point **9**
tale conte *m.*
talk s'entretenir (avec) *v.* **2**
　to talk to death soûler *v.*
tall grand(e) *adj.* **2**
tax taxe *f.* **9**
team club *m.*
tear larme *f.*; déchirer *v.* **3, 8**
telescope télescope *m.* **7**
television viewer téléspectateur/téléspectatrice *m., f.* **3**
tell (a story) raconter (une histoire) *v.*; rapporter *v.* **5**

tempt tenter *v.* **8**
tenacious tenace *adj.*
tennis shoes baskets *f.* **8**, tennis *f.* **8**
tense tendu(e) *adj.*
terrific génial(e) *adj.* **1**
territory superficie *f.* **10**
terrorism terrorisme *m.* **4**
terrorist terroriste *m., f.* **4**
thank remercier *v.* **6**
　thanks to grâce à *prep.* **1**
thankless ingrat(e) *adj.*
that que *rel. pron.* **9**; qui *rel. pron.* **9**
　that's enough ça suffit
　that is to say c'est-à-dire **7**
then alors *adv.* **2**; ensuite *adv.* **2**
theory théorie *f.* **7**
there là *adv.* **2**
　over there là-bas *adv.* **2**
thick épais(se) *adj.*
thief voleur/voleuse *m., f.* **4**
thin maigre *adj.*
those who reacted the fastest plus vifs *m., f.*
though pourtant *adv.* **1**
threat menace *f.* **4**
threaten menacer *v.* **1**
thrifty économe *adj.* **1**
thrill frisson *m.* **8**
throw lancer *v.* **1**; jeter *v.* **1**
　to throw away jeter *v.* **10**
　to throw out the window jeter par la fenêtre *v.*
thus ainsi *adv.* **2**
thwart contrarier *v.* **7**
ticket billet *m.* **8**, ticket *m.* **8**
　to get tickets obtenir des billets **8**
tidy up ranger *v.* **1**
tie (a game) faire match nul **8**
tiger tigre *m.* **10**
time temps *m.* **2**; fois *f.* **3**
　for a long time longtemps *adv.* **3**
　from time to time de temps en temps *adv.* **2**
　to have a good time se divertir *v.* **8**
toast toast *m.* **8**
　to propose a toast porter un toast (à quelqu'un) **8**
today aujourd'hui *adv.* **2**
together: to get together se réunir *v.* **2**
togetherness convivialité *f.* **6**
tolerance tolérance *f.*
tolerate tolérer *v.* **10**
tomorrow demain *adv.* **2**
tone ton *m.* **4, 10**
too aussi *adv.*
　too many/much trop *adv.* **2**
tool outil *m.* **7**
torture supplice *m.*
totalitarian regime régime totalitaire *m.* **4**
touch-up retouche *f.* **3**
towel serviette *f.* **8**
town center centre-ville *m.* **2**
town dweller citadin(e) *m., f.* **2**
town hall hôtel de ville *m.* **2**

town planning urbanisme *m.* 2
toxic toxique *adj.* 10
track voie *f.* 2
traffic circulation *f.* 2
   traffic jam embouteillage *m.* 2
   traffic light feu (tricolore) *m.* 2
train train *m.* 2
   to get on a train monter dans un train 2
   (subway) train rame (de métro) *f.* 2
trainee stagiaire *m., f.* 9
trainer formateur/formatrice *m., f.* 9
training formation *f.* 9
training course stage *m.* 9
transportation transport *m.* 2
trapped piégé(e) *adj.*
trash déchets *m.* 10
travel voyager *v.* 1
tremors secousses *f.*
treat traiter *v.*; soigner *v.* 7
trick duper *v.* 2
trigger déclencher *v.*
trivial anecdotique *adj.*
trophy trophée *m.* 8
truck: small truck camionnette *f.*
true vrai(e) *adj.* 2
truly vraiment *adv.* 2
trust (someone) faire confiance (à quelqu'un) 1, 4
try essayer *v.* 1
   to try to "pick up" draguer *v.* 1
turn tourner *v.*
   to turn over se retourner *v.* 10
turtle tortue *f.* 10
TV audience téléspectateurs *m.*
twice deux fois *adv.* 3
twin: twin brothers jumeaux *m.* 6;
   twin sisters jumelles *f.* 6
typewriter machine à écrire *f.*

U

U.F.O. ovni *m.* 7
unbearable insupportable *adj.* 6
unbiased impartial(e) *adj.* 3
uncertainty incertitude *f.* 5
underpants (for females) culotte *f.* 8;
   (for males) slip *m.* 8
underpriviliged défavorisé(e) *adj.* 5, 8
understanding compréhension *f.* 5
undertake entreprendre *v.* 9
undress se déshabiller *v.* 2
unemployed au chômage *adj.* 9
unemployed person chômeur/
   chômeuse *m., f.* 9
unemployment chômage *m.* 9
unethical contraire à l'éthique *adj.* 7
unequal inégal(e) *adj.* 4
unexpected inattendu(e) *adj.* 2
unfair injuste *adj.* 4
unfaithful infidèle *adj.* 1
unforgettable inoubliable *adj.* 1
unhappily malheureusement
   adv. 2
unite unir *v.* 2

unless à moins de *prep.* 7; à moins
   que *conj.* 7
unlikely peu probable *adj.* 7
until jusqu'à ce que *conj.* 7
unusual inhabituel(le) *adj.* 9;
   insolite *adj.*
updated actualisé(e) *adj.* 3
up front en pointe *adv.*
upset contrarié(e) *adj.* 1, navrer *v.* 6
urbanize urbaniser *v.* 10
urge exhorter *v.* 10
use se servir de *v.* 2, exploiter *v.* 10
   to use up épuiser *v.* 10

V

vacationer vacancier/vacancière
   m., f. 8
value valeur *f.* 5
van: small van camionnette *f.*
very même *adj.* 2; très *adv.* 2
victim victime *f.* 4
victorious victorieux/victorieuse
   adj. 4
victory victoire *f.* 4
video game jeu vidéo *m.* 8
violence violence *f.* 4
violin violon *m.* 2
vote voter *v.* 4

W

wait (for) attendre *v.* 2
   to wait in line faire la queue 8
   waiting for en attendant que *conj.* 7
wake up se réveiller *v.* 2
walk: to take a walk se promener
   v. 8
wallpaper tapisserie *f.* 7
want vouloir *v.* 3; **to want to** désirer
   v. 8
war guerre *f.*
   civil war guerre civile *f.* 4
wardrobe garde-robe *f.* 8
warehouse entrepôt *m.* 9
warrior guerrier/guerrière *m., f.* 5
wary: to be wary of se méfier de *v.* 2
wash oneself se laver *v.* 2
waste gaspillage *m.* 10; gaspiller *v.* 10
watch regarder *v.* 8
weaken faiblir *v.* 10
weapon arme *f.* 4
weary las/lasse *adj.* 1
wealth richesse *f.* 5
   wealth manager gestionnaire de
     patrimoine *m., f.* 9
Web web *m.* 3
Web-site site web *m.* 3
wedding mariage *m.* 1
   wedding gown robe de mariée *f.* 6
   wedding ring alliance *f.* 6
weekly magazine hebdomadaire *m.* 3
weigh peser *v.* 1
weight poids *m.*
well bien *adv.* 2

well-being bien-être *m.* 10
well-mannered bien élevé(e) *adj.* 6
well off aisé(e) *adj.* 8
when quand *conj.* 7, lorsque *conj.* 7;
   où *rel. pron.* 9
where où *rel. pron.* 9
which que *rel. pron.* 9
   of which dont *rel. pron.* 9
whisper chuchoter *v.*
whistle sifflet *m.* 8; siffler *v.* 8
white blanc/blanche *adj.* 2
who qui *rel. pron.* 9
whom qui *rel. pron.* 9
   of whom dont *rel. pron.* 9
whose dont *rel. pron.* 9
widow veuve *f.* 1
widowed veuf/veuve *adj.* 1
widower veuf *m.* 1
wife épouse *f.* 1
willing (to) disposé(e) *adj.* 9
win gagner *v.* 4
   to win elections gagner les
     élections 4
wind turbine éolienne *f.* 10
wish vœu *m.* 5; **to wish to** souhaiter
   v. 8
without sans *prep.* 7; sans que *conj.* 7
witness témoin *m.* 5, 6
   to be witness to témoigner de *v.* 5
woman (doll) volaille *f.* 4
wonder se demander *v.* 2
work (hard) travailler (dur) *v.* 2,
   bosser *v.* 3
worker travailleur/travailleuse *m., f.* 6
   blue-collar worker travailleur/
     travailleuse manuel(le) *m., f.*
work schedule temps de travail *m.* 9
worried inquiet/inquiète *adj.* 1, 2
worry s'inquiéter *v.* 2
worse plus mauvais(e) *adj.* 7, pire
   adj. 7; plus mal *adv.* 7, pis *adv.* 7
   to get worse empirer *v.* 10
worst: the worst le/la plus
   mauvais(e) *adj.* 7, le/la pire
   adj. 7; le plus mal *adv.* 7, le pis
   adv. 7
worth: to be worth mériter *v.* 1;
   valoir *v.* 6
   It is not worth the effort... Ce
     n'est pas la peine que...6
   to be worth it valoir la peine 8
wrench clé *f.* 7
write écrire *v.* 3
wrong faux/fausse *adj.* 2; tort *m.* 4
   to be wrong se tromper *v.* 1

Y

yell crier *v.*
yesterday hier *adv.* 2
   yesterday (morning, evening,
     etc.) hier (matin, soir, etc.)
     adv. 3
young jeune *adj.* 2
youth jeunesse *f.* 6

Index

Sources

TV Clip Credits

page 15 Courtesy of LCI/TF1.
page 63 Courtesy of Comparadise Groupe.
page 93 Courtesy of BETC.
page 131 Courtesy of CDH.
page 209 Courtesy of L'Inconscient Collectif.
page 247 Courtesy of Publics Conseil, Renault Zoe, Nicolas Carpentier and Elliott Elleboudt.
page 285 Courtesy of Trophée Roses des Sables.
page 325 Courtesy of RTS Radio Télévision Suisse.
page 356 © France Televisions
page 363 © Greenpeace

Literature Credits

page 74 Courtesy of Centre France Livres/Martine Mangeon.
page 114 99 Francs by Frederic Beigbeder (c) 2000, Grasset & Fasquelle, Paris
page 190 © Ghislaine Sathoud. Site Lire Les Femmes Africaines
page 230 "Le coeur à rire et à pleurer" by Maryse Condé @Editions Robert Laffont, 1999, Paris.
page 268 © Editions Denoel, 1998.
page 306 R. Goscinny et J-J. Sempe, extrait de "Le football", Le Petit Nicolas, IMAV editions, Paris 2012. © IMAV editions/Goscinny - Sempe.
page 346 Louise Long, L'heure des comptes © Flammarion, 2017
page 384 Baobab, Jean-Baptiste Loutard, in LES RACINES CONGOLAISES, precede de La vie poetique, series "Poetes des cinq continents",© Editions l'Harmattan, 2004.

Short Film Credits

page 8 Courtesy of Doko and Bibo Bergeron.
page 46 Courtesy of LaBoîte.
page 86 Courtesy of Mon Voisin Productions.
page 124 "Le courrier du parc" un film d'Agnès Caffin, produit par Olivier Charvet avec Bérénice Bejo, Sylvain Jacques, Côme Levin.
page 162 Courtesy of Olivier Sillig/CinEthique.
page 169 Courtesy of Helene Lam Trong.
page 202 Courtesy of Manifest Films.
page 240 Courtesy of Premium Films.
page 278 Courtesy of Manifest Films.
page 318 Courtesy of Avenue B Productions.

Photography Credits

All images © Vista Higher Learning unless otherwise noted.

Cover: Francesco Carovillano/SIME/eStockphoto.

Front Matter (IAE): IAE-27: Rido/123RF.

Lesson 1: 2: Cavan Images/Offset; **3:** Philip Gould/Getty Images; **4:** (tl) Anne Loubet; (tr) Corbis RF; (ml) Anne Loubet; (mr) Roy McMahon/Getty Images; (b) Markus Moellenberg/Getty Images; **12:** Masterfile; **13:** (tl) Alastair Grant/AP/REX/Shutterstock; (tr) Bettmann/Getty Images; (m) Stefano Bianchetti/ Getty Images; (bl) Hannah Foslien/Getty Images; (br) Rob Rich/Everett Collection; **16:** (tl) Northwind Pictures Archive/Alamy; (inset: t) Bryan Leister; (m) George Rodrigue, "Blue Dog", 1984. Photo M. Timothy O'Keefe/Alamy and Courtesy of the George Rodrigue Foundation of the Arts; (b) Terese Loeb Kreuzer/Alamy; **17:** (t) Bettmann/Getty Images; (bl) Michael Robinson/Beateworks/Getty Images; (br) Franck Prevel/Getty Images; **18:** (t) Anne Loubet; (m) Pascal Pernix; (b) Rossy Llano; **19:** (t) Anne Loubet; (m) Anne Loubet; (b) Pascal Pernix; **21:** Anne Loubet; **22:** Anne Loubet; **23:** (t) Anne Loubet; (b) Nathaniel Noir/Alamy; **24:** David H. Wells/Getty Images; **25:** (t) Anne Loubet; (ml) Vstock, LLC/Photolibrary; (mr) Anne Loubet; (bl) Anne Loubet; (br) Pascal Pernix; **26:** Pascal Pernix; **29:** (all) Anne Loubet; **32:** Philip Gould/Getty Images; **33:** Chris Graythen/Getty Images;

About the Author

Séverine Champeny, a native of France who spent 20 years in the U.S., has been involved in the development of educational materials since 1994. She specializes in French language print and technology products, ranging from introductory middle-school textbooks to advanced college-level texts. She has worked as an author, contributing writer, development editor, consultant, and project manager for several major educational publishers.

Rafael Moneo
Audrey Jones Beck Building
The Museum of Fine Arts, Houston

**Text
Martha Thorne**

**Photographs
Joe C. Aker
Gary Zvonkovic**

**Edition Axel Menges, Stuttgart
The Museum of Fine Arts, Houston**

Editor: Axel Menges

© 2000 Edition Axel Menges, Stuttgart/London
ISBN 3-930698-36-6

Reproductions: Bild & Text Joachim Baun, Fellbach
Printing and binding: Daehan Printing & Publishing
Co., Ltd., Sungnam, Korea

Design: Axel Menges

Contents

Martha Thorne
Reading between the lines: the museums of Rafael Moneo

Although one can argue that the practice of collecting art dates back many centuries, the first examples of buildings designed to display art collections publicly are relatively recent creations. Tracing the roots of the present-day museum to the eighteenth century immediately reveals two icons: the British Museum, which opened its doors in 1759, and the Musée du Louvre in Paris, which was inaugurated in 1793. Indeed, when reviewing the history of museum buildings, there are certain key moments when a new building signals an innovation or a dramatic change from past examples.

Looking back to the nineteenth century, a crucial moment in the history of museum architecture occurred with the realization of the Dulwich Picture Gallery, completed in 1814 by Sir John Soane, which so ingeniously allowed natural light to illuminate paintings from above. Karl Friedrich Schinkel's Altes Museum in Berlin (1823–30) also contributed to museum-building typology with its classical façade and central rotunda where visitors could congregate before entering the galleries. Without a doubt, Frank Lloyd Wright's controversial design for the Solomon R. Guggenheim Museum in New York (1946–59) can also be cited as the first time that architecture itself was as important as the works of art in contributing to the visitor's overall experience. Ludwig Mies van der Rohe took the Bauhaus concept of the neutral box to the extreme in the Neue Nationalgalerie in Berlin (1962–68) – it is the model for a universal building that can function as many types, not just as a museum. Among the more recent buildings that indicate a profound leap in thinking about museums is the Centre national d'art et de culture Georges Pompidou in Paris (1971–77). Designed by Renzo Piano and Richard Rogers, the innovative building signaled the beginning of visiting museums as a popular leisure activity, on a par with and in competition with other forms of recreation. The Pompidou was conceived as a cultural complex to be used at all hours of the day and night: as a gathering place, an event, and a vibrant part of the city that seemingly dissolves the boundaries between community and building. Finally, Frank Gehry's Museo Guggenheim Bilbao, which opened in 1997, has extended the time-honored definition of the museum to include its value as an icon for an entire city. In its expanded role, Gehry's museum in Bilbao has already become a memorable trademark for the Guggenheim, one as definitive as Wright's landmark in New York City. The Museo Guggenheim Bilbao functions as a marketing device, monument, symbol, and spectacle, as well as a repository for art.

The question of the lasting impact of the museum in Bilbao and other recent examples on museums to come can only be ascertained over time, with the appropriate historical distance and analysis. What is clear today, though, is that current museums must grapple with much more complex mission statements than museums of two hundred or even fifty years ago. The number of museums built in the last twenty years rivals the number built in the previous one hundred. This increase in building activity has also fueled more debates about the role of museums in society and, therefore, places increased demands on the architecture of museums.

The ways in which an architect embraces a museum – its collection, its role within the city, and its diverse functions – become crucial to the design of the museum. This was especially the case for Rafael Moneo when he designed the Audrey Jones Beck Building of the Museum of Fine Arts, Houston, because the proposed building presented multiple challenges. One concern was adding a new building to an existing museum campus – an institution identified not only by its acclaimed collection of world art, but also by the distinguished architectural entities that make up the building complex. The decision to hire Moneo was reached after a careful search that considered thirty prominent architects, including Tadao Ando, Norman Foster, and Frank Gehry. The selection of Moneo in 1992 was based on his voiced concerns and his understanding of the intended harmonious relationship between the building and the variety of historical artworks to be displayed. Equally important was Moneo's considerable experience and successful track record in building museums.

Moneo, born in Tudela, a village in the Navarre region of northern Spain, studied architecture at the Escuela Técnica Superior de Arquitectura de Madrid at a time when the six-year professional degree program was so demanding that many students never completed it or needed more than ten years to do so. He also spent two years as a fellow at the Academia di España in Rome, which undoubtedly enhanced his appreciation for history and the classical roots of architecture. In the 1960s he taught in Madrid and then accepted a tenured position from the Escuela Técnica Superior de Arquitectura de Barcelona. Since the 1970s, Moneo had also become known in architectural circles for his work as a theoretician, contributing to the avant-garde publication *Arquitecturas bis*, which originated in Barcelona. In 1976, he was invited to be a visiting fellow at the Institute for Architecture and Urban Studies in New York City. Yet he was relatively unknown outside these spheres. This limited recognition was a condition suffered by virtually all Spanish architects of that time. Moneo's name became more familiar to American audiences when he was appointed chair of the architecture department at Harvard University's Graduate School of Design in 1985. This appointment coincided with a period of intense activity at his atelier in Madrid. When Moneo was asked if the timing was right to accept even more obligations, he came to the conclusion that Harvard could not be refused. More than an inability to decline the offer of a prestigious Ivy League school, Moneo's acceptance reflects a deep commitment to teaching and investigation that has consistently developed alongside his love for building. In recognition of his tremendous range as an architect and educator, Moneo was awarded the 1996 Pritzker Architecture Prize.

When Moneo was awarded the museum commission in Houston, he had already completed four museums and was building a fifth. Moneo's museum architecture constitutes an interesting series of projects that represents some of the best examples of his career of more than thirty years. Taken together, Moneo's museums fit comfortably within his overall body of work. Examined individually, each museum reveals some of his fundamental concerns. These are issues that surface repeatedly in his buildings, regardless of their spatial type or specific functions.

1. Sir John Soane, Dulwich Picture Gallery, 1814, Gallery space. (By Permission of the Trustees of Dulwich Picture Gallery; photo: Martin Charles.)
2. Karl Friedrich Schinkel, Altes Museum, Berlin, 1823 to 1830. Main façade. (Photo: Reinhard Görner.)

In this day and age of signature architecture, when the individual stamp of the architect is often readily apparent in formal aspects or decorative elements, Moneo's architecture conveys a subtler, less boastful style. His apparent rejection of »type« speaks to the careful reader, encouraging multiple layers of interpretation and even prompting one to »read between the lines«. This assessment is not meant to suggest that Moneo approaches each work arbitrarily. Rather, the underlying concerns and interests are ever present, while their formal expression assumes a range of articulation.

The Museo Nacional de Arte Romano, Mérida

The Museo Nacional de Arte Romano in Mérida, Spain, was built from 1980 to 1986. To date, it remains one of Moneo's finest achievements. Though immediately inspiring to all who enter the main exhibition hall and encounter its dramatic arches, this building has subtle complexities that are revealed upon further analysis. The rather large museum, constructed of brick and evoking the spirit of Roman building, fits within the modest scale of the city through Moneo's careful handling of the different façades, and it engages in a dialogue with the still-powerful remnants of ancient Rome nearby. The entrance façade is simple and straightforward, as indicated by the sole word »museo« carved in the white marble architrave. The administrative and service wing is punctuated by windows with shutters, establishing a more direct relationship between the street and interior spaces. The exterior of the main hall is distinguished by a series of buttresses, indicating the rhythm of the arches inside but disclosing little more. The windows along the upper edge imply natural light.

Upon experiencing the powerful character of the interior spaces, one can fully appreciate Moneo's role as constructor. Although the building's structure is concrete faced with brick, in no way does it seem false. The dimensions, color, and positioning of the brick grant a sense of permanence and timelessness to the interior spaces. No special gallery finishes have been created; the works of art rest naturally against the brick surfaces in the bays. Elevated walkways lead the visitor to view the works on the upper level while offering the opportunity to experience the entire nave. The light that enters through the windows at the roof line adds to the drama of the main hall and intensifies the visitor's understanding of space and time.

Constructed on an archaeological site, the museum is built around the existing ruins, and from the lower level, one can view them in subdued light. Through this work, Moneo creates an eerie yet powerful juxtaposition of the ancient and the new.

The Fundació Pilar i Joan Miró, Palma de Mallorca

It is particularly telling that, in an article by Moneo on the design process for the Miró Foundation, he devotes more than half of the text to a description of the area, its physical characteristics, and the history of Joan Miró's construction of his house, designed by his brother-in-law, Enric Juncosa, in 1949 when Miró returned to Mallorca to live, and his studio, designed by Josep Lluis Sert in 1955. When Moneo arrived on the scene in 1987, he was understandably horrified by the aggressive way in which the neighboring buildings encroached on a site that once would have afforded unobstructed views of the Mediterranean Sea and the foothills of the interior of the island.

Moneo understood that the new museum building had to be protected, and thus he set about to create an inner world, one that would shut out the vulgarity of the surroundings. The building, completed in 1991,

consists of two main parts that are highly differentiated: the linear portion, which houses the study center, and the star-shaped gallery. The modest white wall, which is the back façade of the study center, leads the visitor toward the entrance and the stairs to the garden. This path also continues on to Miró's studio. From the building's entrance, one sees water, not in the distance but within the compound, on the roof of the gallery. Pushing up out of the pool are prismatic skylights.

The star-shaped gallery has little to do with the surrounding constructions; it is independent and fortress-like. When one enters the museum, a new environment is revealed. From the entrance, which opens at the highest level, the visitor can look down onto the irregularly shaped, flowing exhibition spaces that are illuminated by natural and artificial light. Daylight is mediated by concrete louvers, alabaster membranes, and overhead skylights. Moneo's architecture ensures that one is not distracted by the surroundings and can focus on the garden and Miró's sculpture through the open, low windows.

The Museo Thyssen-Bornemisza, Madrid

In a palace designed in the eighteenth century, with its present Neoclassical façades dating to the nineteenth century, Moneo undertook a complete reorganization of the building to house the Baron Thyssen-Bornemisza's esteemed art collection. The collection is on loan to Spain through an agreement between the baron and the Spanish Ministry of Culture. Prior to Moneo's project, the interior of the building had been compromised during its use as a bank. Moneo completed the building in 1992, and if one calls out the exceptional features of this work, the list would include the preparatory spaces, the organization of space and circulation patterns, the use of light, and the scale of the rooms as they relate to the artwork.

Moneo placed the new entrance within the small garden on the north side of the building. The visitor makes the transition from the bustling urban street to a semi-private area, and, upon entering the building, finds a large, rather empty space lit from above, where the second moment of readiness occurs. From this place, one can begin to understand the size, scale, and organization of the building before ascending to the top floor to commence viewing the collection.

The organization of the top-floor galleries creates a combination of intimacy and procession. A continuous corridor, so to speak, is open along the façade of the museum with partition walls placed perpendicular to it. The openness of the rooms, sized appropriately for viewing small groups of paintings, is particularly comfortable. Natural light enters through the windows, and their rhythm enhances the rhythm of the gallery spaces. Light also enters the inner galleries from above through a series of lanterns located in the central portion of the museum's roof.

One descends the staircase, or elevator, to the second floor. Again, this procession builds anticipation for the experience of viewing the next selection of artwork, which is of a different historical period. Finally, the auditorium and auxiliary services are located below ground level, thus segregating these more utilitarian aspects from the inspirational experience of viewing art.

The Davis Museum and Cultural Center, Wellesley College, Wellesley, Massachusetts

Moneo was selected from a long list of possible architects to receive Wellesley College's commission for the Davis Museum and Cultural Center. He embarked on the design in 1989 and completed the building in 1993. Although Moneo had close connections to the United States through the academic positions he had

held, the Davis Museum marked his first commission to build in this country. About the complex at Wellesley College, he has stated that he »would like the Davis Museum to be understood as working with Paul Rudolph's Jewett Art Center and with the campus. This is not a lavish building. It does not present you with a sense of richness. And yet there is a richness in the ample scale of the galleries. Here at Davis, even though we are talking about rooms, the spaces are not enclosed. They escape toward the higher ceiling of the upper floor ... the cubic volume of the Davis Museum is like a coffer: the artworks of the collection are like the memories of those alumnae who lived here, therefore I wanted the museum to be like a treasury.«[1]

Moneo's first concern was the siting of the Davis Museum. Respectful of both the Rudolph structure and the intentions of the Frederick Law Olmsted landscape design for the campus, Moneo located the new construction to the west, creating a better view of Jewett and honoring its place within the college campus. This decision also allowed the existing stair to be connected to the new complex by creating a piazza in front of it, thus energizing and defining a space to be used in a meaningful way. In response to the small site, the new museum building is a cube that rises up five levels and is crowned with skylights.

Inside the building, the staircase is a fundamental element. It works functionally, splitting the cube into two parts and forming two different sizes of gallery space. The staircase also contributes to the viewing experience, creating a procession from one gallery to another, allowing appropriate time for the visitor to make a thoughtful transition from one artistic experience to the next, while still offering the freedom to choose which galleries to visit.

Although Moneo claims that the building is not lavish, the defined spaces, the choice of materials – a brick exterior, simple white interior walls, maple case-

work, and staircase paneling – and the effects of the overhead lighting make it a visually rich environment, indeed.

The Moderna Museet and the Arkitekturmuseet, Stockholm

An international competition of the early 1990s, open to all Swedish architects and to five international architects invited to participate, resulted in Moneo winning the commission to design the new buildings for the Moderna Museet and the Arkitekturmuseet on the island of Skeppsholmen. The site for the art museum, partially cleared by the demolition of a former structure, is an elongated stretch of land next to a building that was once an old ropery. The architecture museum is housed partially in a building that was previously reserved for exhibiting modern art as well as in a new adjacent building. The intent was to affect minimally the fragile and delicate existing architecture of the island. Moneo proposed an architecture that is »discontinuous and broken, as is the city of Stockholm, always respecting and incorporating a geography rich in accidents to which architects adapt, creating a picturesque and lively atmosphere.«[2] The result is an irregularly shaped building, held together on one side by a long spine, which provides the main circulation route for arriving at the entry-level galleries.

Because of the requirements for housing highly diverse holdings – contemporary Swedish painting and sculpture, avant-garde works from the 1950s to the 1970s, the architecture collection, and works featured in temporary exhibitions – the flexibility of the interior spaces became a crucial factor. Moneo's solution was to create clusters of rectangular and square galleries that change in their proportions as well as in their dimensions. The gallery ceilings on the main floor are pyramidal and contain skylights, again demonstrating the

architect's long-standing concern for using both natural and artificial light for viewing painting and sculpture. From an aerial perspective, the skylights bob up from the roof and indicate the variety of the museum's interior spaces. However, the skylights do more than illuminate the interior. The roof is a vital part of the landscape. In the extreme Nordic climate, known for its extended absence of daylight, the lanterns become veritable beacons in the dark, and the light emitted enhances the exterior and the overall presence of the building.

The Audrey Jones Beck Building of The Museum of Fine Arts, Houston, Texas

Moneo was hired in the fall of 1992 to begin designing the new Audrey Jones Beck Building, intended to house the museum's collections of the art of antiquity; masterworks of European art; Renaissance and Baroque works from the remarkable collection of the Sarah Campbell Blaffer Foundation; the acclaimed John A. and Audrey Jones Beck Collection of Impressionist and Post-Impressionist Art; prints, drawings, and photographs; and American paintings, sculpture, and decorative arts before 1945. The Beck Building is perceived as the culmination of the museum's recent expansion program, which has occurred over the last fifteen years and includes the Lillie and Hugh Roy Cullen Sculpture Garden, created by Isamu Noguchi in 1986, and the Glassell Junior School of Art and the central administrative building, designed by Carlos Jiménez in 1994.

Moneo was faced with a site across Main Street from the Caroline Wiess Law Building, designed by Ludwig Mies van der Rohe, and bordered by Binz, Fannin, and Ewing streets on the remaining sides. A master plan, defined by Denise Scott Brown of Philadelphia's Venturi Scott Brown and Associates in 1980, stipulated a main face on Binz, following the cues marked by the Mies building. At first glance, this approach may seem a logical path to follow: adding two new buildings whose façades become part of the sequence of façades along the street and are to be read as a series. The master plan acknowledged the difficulty of »developing a coherent, civil, and ceremonious public realm within the pattern of Museum-owned properties, existing open spaces, and arterial traffic.«[3] The suggested siting would have maintained a constant façade height along Bissonnet to Binz. There was also a design that established a continuous arcade to link the new buildings on Binz and provide large outdoor spaces.

Moneo, however, questioned these premises and reevaluated the site. He opted to pursue a more realistic approach for the task at hand. Given that the existing museum buildings are seen as separate parts of an overall scheme – the entire campus stretches across more than seven city blocks – it would be difficult to create links among old and new or even among two or three new structures by positioning low, connected façades on Binz, as suggested in the master plan proposal. The current buildings are, instead, fine examples of various styles, all commissioned by the museum, which together form a unique complex of architectural significance. They are pieces in a collection. The original building is a Beaux-Arts structure designed in 1924 by William Ward Watkin. In 1953 Mies was asked to design an extension which resulted in two new buildings – the Cullinan Hall, completed in 1958, and the Brown Pavilion, completed in 1974. Although these two buildings are connected, each has a powerful façade, which leads to understanding the buildings as separate personalities. It seems as if Moneo enjoyed what might be described as the »risky coexistence« of the two architectural styles and wanted to participate in the dialogue. Without a doubt, the architect's enormous respect and admiration for the work of Mies al-

8. Rafael Moneo, Davis Museum and Cultural Center, Wellesley College, Wellesley, Massachusetts, 1989–93. General view. (Photo: Scott Frances/Esto, 1993.)
9. Rafael Moneo, Davis Museum and Cultural Center. Interior. (Photo: Steve Rosenthal.)
10. Rafael Moneo, Moderna Museet and Arkitekturmuseet, Stockholm, Sweden, 1991–98. General view. (Photo: Duccio Malagamba.)
11. Rafael Moneo, Moderna Museet and Arkitekturmuseet, Stockholm. Rooftop lanterns. (Photo: Belén Moneo.)

so led him to create the main entrance and façade on Main Street, directly opposite the original buildings. By reinforcing the Main Street side, more attention is granted to the museum and less to the church across the street on Binz – another factor in Moneo's decision.

Fulfilling the extensive program requirements and guided by a desire to create an urban structure, Moneo has defined a dense building that occupies almost the entire site and extends three stories above ground and one below. Perhaps it is also the hand of Moneo the European, the admirer of Renaissance palaces, that has created a vertical building for this site. The new building, a rectangle that intensively uses the available land by following the exact outline of the plot, seems almost confined by its bordering streets. The four street façades, clad in the same Indiana limestone employed in other buildings of the Museum of Fine Arts, Houston, are rather austere and dignified. The roof, however, is well articulated – a rich landscape formed by the many skylights protruding upward – and could be described as a model for a city itself. Of note is how the configuration of the lanterns echoes the downtown Houston skyline seen in the distance. The building itself is a statement, just as all of the previous buildings of the museum campus are. The Beck Building is one addition to this collection, much more than a mere backdrop or unifying element.

Ever mindful of the importance of the car in America and especially in a city like Houston, where driving great distances daily is a way of life, Moneo dealt with Houston's car culture in a straightforward manner. A drop-off area for cars is handled gracefully and does not disrupt the architecture of the main façade. (The City of Houston stipulated that the museum provide parking facilities, and a separate structure for 327 cars has been built on the adjacent block across Fannin Street.) Large, monolithic letters, designed by Massimo Vignelli in concert with Moneo, spell out »Museum

of Fine Arts, Houston«, and form part of the outer wall of the Main Street façade. In a direct way these letters and the deep red-colored granite are a sign, indicating the principal entrance, but are also much more than mere decoration, as they form part of the structure itself. The museum also commissioned sculptor Joseph Havel to create two monumental bronze reliefs. The work titled *Curtain* flanks the Main Street entrance and welcomes visitors at the principal point of entry. *Curtain* masterfully evokes the ceremonial nature of entering a grand space.

The other three façades of the Beck Building are treated independently, in response to the condition of the streets and the interior activities. Binz Street has a secondary entrance, indicated by a canopy proportioned for pedestrian traffic. Water, which flows from street level down to the restaurant below, is also used here. Fannin Street is articulated by service access at street level and windows on the mezzanine level. The »box« is also slightly modified to allow for a row of clerestory windows that permit light into the American art galleries on the ground floor. The Ewing Street façade, facing the neighboring hotel, is even more subdued.

To deal with the complexities of installing the permanent collection and exhibiting more works from the collection of the Sarah Campbell Blaffer Foundation, as well as providing the support facilities needed for a museum of this size, an adjacent 231,000-square-foot parking and service facility, called the MFAH Visitors Center, was included in the building program established by the museum. The facility, designed by Kendall Heaton, under the supervision of Moneo, contains the central heating, cooling, and humidifying plant; loading docks; non-art storage; workshops; special events and retail offices; and a large ticketing and orientation lobby. The visitors facility, accessible via an underground connection to the Beck Building, evolved as the museum's programmatic needs expanded. As a result, the four-story Beck Building, measuring a total of 192,447 square feet, can use its privileged position exclusively for art, public amenities, curatorial offices, and study space for the works on paper collection. More than 85,000 square feet of the new building is dedicated to gallery space.

Inside the building, the museum is conceived as a varied and complex collection of rooms. This concept is in striking contrast to the apparent regularity of the exterior. On the second floor, there are 28 galleries for European art, along with a small education gallery and a conservation studio. Each area of the permanent collection is displayed in its own group of rooms, dimensioned specifically to present the works of art to their best advantage. The floor plan resembles a labyrinth and is conducive to the visitor pursuing multiple paths, permitting and even encouraging different routes. The emphasis is on the individual's choice, recognizing that viewing and contemplating art is a highly personal endeavor.

The skylight lanterns on the roof allow natural light to illuminate the second-floor galleries. According to Moneo, the lanterns are »machines to capture light«. Though not a new invention (Soane designed the Dulwich Gallery using natural light from above, which enters in vertical and diagonal rays and is diffused by the arched ceiling, and Moneo previously used rooftop lanterns for the Thyssen-Bornemisza and Stockholm museums), the skylight has certainly been perfected at Houston. The skylights consist of a glass lantern that penetrates the roof to catch the light. The lanterns are covered on the outside by steel louvers that moderate the light and also protect the glass in the event of high winds. Between the lantern and the gallery's interior ceiling is a throat, or collar, portion that mixes the light and filters out potentially damaging UV rays. The daylight that arrives in the galleries can be supplemented with artificial light and is remarkably consistent regardless of the changing seasons or the sun's location throughout the day.

The materials used for the galleries are quiet and enduring and help to create spaces that are domestic in character. Oak floors contrast with the subtle colors on the walls. Brushed bronze doorways mark the passage from one gallery to another. Once in a while, Moneo suggests that the visitor connects with the outside, offering a glance through a window toward the Mies building or up toward the light entering from above to illuminate the American Sculpture Court.

The ground floor of the building is an activity area, providing a distinct contrast to the quieter atmosphere of the second-floor galleries. As one would expect, centered around the entrance are the museum shop, ticket counter, information desk, and coatroom. The main circulation means are also here: escalators lead down to the restaurant and a smaller changing exhibition gallery. A little farther inside are the elevators and escalators that lead to the second floor. Although one enters the building at an area with a normal ceiling height, one takes only a few steps before encountering a soaring atrium, lit by a skylight from eighty feet above. The visitor's sight is immediately drawn upward.

The atrium of the building is a preparatory space, not in the classical sense of the museum where one is quiet and anticipating the artistic experience, but a

12. William Ward Watkin, Caroline Wiess Law Building, The Museum of Fine Arts, Houston, 1924. (Photo: Hester + Hardaway.)
13. Isamu Noguchi, Lillie and Hugh Roy Cullen Sculpture Garden, The Museum of Fine Arts, Houston, 1986. (Photo: Hester + Hardaway.)
14. Carlos Jimenez, Glassell Junior School of Art and Central Administration Building, The Museum of Fine Arts, Houston, 1994. (Photo: Hester + Hardaway.)
15. Mies van der Rohe, Caroline Wiess Law Building, The Museum of Fine Arts, Houston, 1958–74. (Photo: Aker/Zvonkovic Photography LLP.)

continuation of city life. In function, the atrium is more like the foyer of a theater, creating an opportunity for gathering and socializing as visitors orient themselves. It is also an area where the building is revealed. The cube, interpreted from the outside as solid, now becomes more understandable and inviting. The entire left side of the atrium is dedicated to an Indiana limestone wall incised with the names of the museum's major donors. The light walls contrast with the Dakota mahogany granite floor. The design of the ground-floor galleries, with their high ceilings and generous spaces, is flexible enough to accommodate the display of a wide variety of artworks. The ground floor also features an 8500-square-foot gallery designated for traveling exhibitions.

On the lower level, traveling to the Caroline Wiess Law Building and the MFAH Visitors Center is resolved via tunnels. »Tunnel« is the appropriate term for the long passageway to the visitors facility; however, the below-ground connection to the Law Building has the dimensions of a gallery. Artist James Turrell was commissioned to create one of his »Shallow Space Constructions« for this tunnel space, which he entitled »The Light Inside«, Here, the walls are illuminated vessels, and one especially appreciates the museum's selection of an artist who, like Moneo, is deeply concerned with space and light.

Moneo has taken the measured approach in his design of the Audrey Jones Beck Building. The new museum is conscious of its urban context and seeks to be even »more urban« than some of its neighbors. Moneo is respectful of the work of previous architects in his positioning of the building, his use of exterior

and interior materials, and his articulation of the façades.

The museum does not seek to be a monument: the only hint of monumentality is witnessed in the atrium. Moneo has commented that because so much of Houston is monumental in scale, the size loses its value and then is seen as normal. Perhaps the architect did not want to compete on this front, but it is more likely that he thought a monumental scale would not serve the collections effectively. He has created a dignified building and has made a noble contribution to the architectural campus of the Museum of Fine Arts, Houston. When experiencing the Audrey Jones Beck Building, and recognizing how the architecture responds to the works of art, one has the feeling that the pleasures of contemplating artistic masterpieces are foremost in Moneo's mind. The careful use of natural light, radiating from the numerous lanterns above, inspires and reminds us that we, like the centuries of art displayed, are part of a larger whole.

Notes

[1] Rafael Moneo, »Davis Museum, Wellesley College«, *A+U*, 294 (March 1995), p. 69.
[2] Rafael Moneo and Johan Mårtelius, *Modern Museum and Swedish Museum of Architecture in Stockholm*, Stockholm: Arkitektur Förlag and Rasyer Förlag, 1998, p. 18.
[3] Venturi Scott Brown and Associates, *Museum of Fine Arts, Houston, Master Plan*, 1990, p. 25.

Selected bibliography

Writings by Rafael Moneo on other architects and theoretical considerations

»Aldo Rossi: The idea of architecture and the Modena cemetery«, *Oppositions*, no. 5 (summer 1976), pp. 1–30. – This article was written in Spanish in 1973 soon after Rossi won the competition to design the cemetery. It is published in English for the first time in *Oppositions*.

Bovisa. John Hejduk, Cambridge: Harvard University Graduate School of Design, 1987. – The large-format exhibition catalogue of the drawings of John Hejduk opens with a text by Rafael Moneo. He offers a personal interpretation of Hejduk's work and its ciphered messages. Moneo touches on themes present in the drawings and points out some of the problems facing the discipline that Hejduk confronts through his drawings.

»4 Citas/4 Notas« (»Four Quotes/Four Notes«), *Arquitecturas bis*, nos. 38/39 (July/October 1981), pp. 44 to 48. – This article, first published in 1981, was reprinted in 1996 in a book titled *Aprendiendo de todas sus casas*, published by the Valles Division of the Catalonia School of Architecture. The four quotes that Moneo analyzes refer to different architects' and critics' views of the career and work of Sir John Soane. Moneo's text is published in Spanish only.

»Introduction«, in: Michael K. Hays and Carol Burns, eds., *Thinking the Present: Recent American Architecture*, New York: Princeton Architectural Press, 1990. – The publication, the result of a conference held at Harvard University's Graduate School of Design, examines American architecture of the previous twelve years. Throughout his text Moneo challenges architects, critics, and historians to fill in the gaps and look critically and theoretically at the architecture of the present.

»On typology«, *Oppositions*, no. 13 (summer 1978), pp. 22–44. – This article is an in-depth theoretical discussion of »type« and its value for understanding the nature of the architectural object. Moneo traces different interpretations of typology throughout history and the use or rejection of the concept, critically pondering the question: »Does it make sense to speak of type today?«

»Postscript«, in: Peter Arnell and Ted Bickford, eds., *Aldo Rossi, Buildings and Projects*, New York: Rizzoli, 1985. – Moneo wrote this analysis of the architecture of Aldo Rossi as the final text in the 1985 monograph on the work of Rossi. Moneo's eloquent text is a lasting tribute from one architect to another.

»The contradictions of architecture as history«, *Architectural Design (Profile*, 42) 52 (1982), nos. 7/8, p. 54. – Moneo argues that any attempt to understand architecture as a linear and continuous history is doomed because of architecture's very nature and the confluence of realities affecting it.

»Third Manfredo Tafuri Lecture«, *Casabella*, no. 653 (February 1998), pp. 42–51. – The text of a memorial lecture given in Venice by Moneo in which he traces and analyzes architectural criticism and theory from Sigfried Giedion through Robin Evans and Christine Smith.

»Unexpected coincidences«, in: *Wexner Center for the Visual Arts. Ohio State University: A Building Designed by Eisenman/Trott Architects*, with an introduction by Edward H. Jennings, New York: Rizzoli, 1989. – Moneo analyzes the Wexner Center, designed by architect Peter Eisenman. He compares it to Eisenman's previous work and highlights the shift toward a concern for site and context.

Books on Spanish architecture that include references to Rafael Moneo

Güell, Xavier, *Spanish Contemporary Architecture: The Eighties*, Barcelona: Editorial Gustavo Gili, 1990. – The book provides an overall view of new buildings in Spain in the 1980s and presents twenty-eight examples from around the country, with texts in English and Spanish. Moneo's office building for an insurance company in Seville is illustrated, and Joseph Rykwert singles out Moneo in his introduction, calling him a master who is well known and internationally respected.

Saliga, Pauline, and Martha Thorne, eds., *Building in a New Spain*, Madrid: Ministry of Public Works and Transports, 1992. – A general overview of Spanish architecture from 1985 to1992 includes analytical texts and twelve representative buildings. Moneo's Seville airport is featured in this catalogue, which accompanied an international exhibition of the same title.

Solà-Morales, Ignacio, ed., *Contemporary Spanish Architecture: An Eclectic Panorama*, New York: Rizzoli, 1986. – Moneo's National Museum of Roman Art at Mérida, Spain, is featured on the cover of this exhibition catalogue, which examines three decades in the evolution of Spanish architecture. Kenneth Frampton's introduction situates Moneo within the broad context of Spanish and international architecture.

Books and monographs on the work of Rafael Moneo

Architecture, 83, no.1 (January 1994), pp. 45–85. – The issue opens with text by Kenneth Frampton and proceeds with a profile of Moneo's work, highlighting the Atocha Railway Station, the Miró Foundation, the Thyssen-Bornemisza Museum, and the Davis Museum and Cultural Center.

Granell, Enrique, ed., *Bankinter 1972–1977*, Almeria: Colegio de Arquitectos de Almeria, 1994. – This small-format book details the development and completion of the Bankinter building, considered one of Moneo's most important works. The book also reprints five critical texts published in various Spanish journals of the time. Although the texts are published in Spanish only, all readers will enjoy the creative design of the book.

José Rafael Moneo, Fundación Pilar i Joan Miró. Almeria: Colegio de Arquitectos de Almeria, 1996. – This small-format book is part of the *Documentos* series of publications on individual works or architects. The text, published originally in *D'A* (a now defunct journal), is reproduced in English and Spanish and reveals the architect's initial concerns about and the processes used in the design of this building. Numerous illustrations provide a better understanding of the architecture of the Miró Foundation.

Nigst, Peter, *Rafael Moneo: Bauen für die Stadt* (Building for the City). Stuttgart: Verlag Gerd Hatje, 1993. –

An exhibition catalogue presenting works that range from Moneo's 1973 housing design in San Sebastian to the Kursaal Cultural Center project of 1990. The black-and-white illustrations in the book (with text in German) provide a good overview of twelve of the architect's major projects.

»Rafael Moneo«, *A+U*, no. 227 (August 1989), pp. 27 to 134. – This monograph is the most comprehensive publication to date that is devoted to the architect's body of work through 1989. Of special interest are the article by Francesco Dal Co on the museum in Mérida and Moneo's own text, »The Solitude of buildings«.

»Rafael Moneo, 1986–1992«, *AV Monographs*, no. 36 (July/August 1992), pp. 1–112. – The journal, originating in Madrid, features Moneo's work from 1986 to 1992, including five completed buildings and annotated with commentaries by the architect. The monograph contains excellent critical texts by Alan Colquhoun, Luis Fernandez Galiano, Colin Rowe, and Daniele Vitale, all of which are available in an English or a Spanish edition of the journal.

»Rafael Moneo, 1987–1994«, *El Croquis*, no. 64 (1994). – A lavish monograph published by the Spanish architectural journal on some of Moneo's major works, accompanied by texts in English and Spanish by William Curtis and Josep Quetglas, respectively, and an interview with the architect.

Rafael Moneo and Johan Mörtelius. Modern Museum and Swedish Museum of Architecture in Stockholm. Stockholm: Arkitektur Fårlag and Rasyer Fårlag, 1998. – A handsome book published for the opening of Stockholm's new museums designed by Moneo. The texts in English and Swedish include a critical analysis of the new project by Mörtelius and brief descriptions by Moneo of this building and his other museum projects. The book concludes with a thorough analysis, supplemented by plans and color photos of the museum complex.

Journal articles on Rafael Moneo

Bertolucci, Carla, »Murcian civitas«, *The Architectural Review*, no. 1229 (July 1999), pp. 67–72. – The addition to the city hall of Murcia, Spain, is thoughtfully described and illustrated with plans and color photographs. The author places special emphasis on how the new building fits within the existing context.

Buchanan, Peter, »Moneo Romana, Mérida Museum, Mérida, Spain«, *The Architectural Review*, no. 1065 (November 1985), pp. 38–47. – A thoughtful analysis of Moneo's lasting monument in Mérida, the article includes a discussion of the character and function of the space, construction techniques, and building materials.

Büttner, Ulrich, »Sensibel eingefügt« (Sensibly placed), *md*, July 1998, pp. 24–29. – Plans, photos, and brief texts in English, German, and French provide an introduction to the Swedish museums.

Capezzuto, Rita, »Modern art and architecture museums complex, Stockholm«, *Domus*, no. 806 (July/August 1998), pp. 18–27. – Stockholm's museum complex is thoroughly analyzed and richly illustrated in color.

Ericsson, Edith, »Nordic Lantern«, *The Architectural Review*, no. 1221 (November 1998), pp. 36–41. –

A straightforward text along with plans and photos introduces Moneo's new Stockholm building, placing special emphasis on the landscape created by the new museum and its careful insertion into the existing site.

Fernández-Galiano, Luis, »Profesor Moneo«, *AV Monographs*, nos. 63/64 (January–April 1997), pp. 194 to 199. – The author argues that Moneo is a professor, above all: not only in the strict sense of the word, but also in a broad sense, due to the lessons that his architecture teaches. The author then looks at ten buildings by Moneo and comments on their »lessons« through texts in English and Spanish.

Frampton, Kenneth, »Light is the theme: Museum of Modern Art and Architecture, Stockholm«, *AV Monographs*, no. 71 (May/June 1998), pp. 12–27. – Frampton, whose text is published in English and Spanish, methodically describes Moneo's museum, pointing out what he believes are some of its disconcerting effects.

Germany, Lisa, »In Houston, a museum that speaks for itself«, *The New York Times,* 31 October 1999.

»The idea of lasting: a conversation with Rafael Moneo«, *Perspecta*, no. 24 (1988), pp. 146–157. – In an interview with the editors of *Perspecta*, Moneo presents some of his ideas on the concepts of abstraction, materiality, and ephemerality and discusses the National Museum of Roman Art in Mérida.

Morteo, Enrico, »Rafael Moneo: l'interno del Museo d'Arte Romana a Mérida«, *Domus*, no. 690 (January 1988), pp. 52–61. – In a beautifully illustrated article with texts in English and Italian the author focuses on the interior furnishings, details, and exhibition supports designed by Moneo and explores how they work within the powerful space of the museum in Mérida.

»Rafael Moneo, Davis Museum, Wellesley College«, *A+U*, no. 294 (March 1995), pp. 68–99. – Drawing on excerpts from an interview, Moneo discusses his design criteria for Wellesley College's museum. The article is generously illustrated with sketches, plans, and photographs.

»Rafael Moneo, Museums of Modern Art and Architecture, Stockholm, Sweden 1991–1997«, *A+U*, 337 (October 1998), pp. 16–35. – In an issue of the journal devoted to Madrid architects soundly rooted in a modern tradition, the new Swedish museum by Moneo is presented in plans, diagrams, and photographs showing many new views of the complex. Plans and model photographs of Our Lady of the Angels Cathedral in Los Angeles are also included in this issue.

»Rafael Moneo: New Municipal Building«, *Casabella*, no. 666 (April 1999) pp. 20–27. – Rafael Moneo's design for a municipal building set in a square defined by a baroque cathedral is examined. In addition to the plans and photographs of the building, two brief, critical texts by Jean-Marie Martin and Francisco Jarauta discuss the composition of this work.

Sherr, Leslie, »Site as signature: Rafael Moneo«, *Graphis*, no. 52 (November/December 1996), pp. 152 to 155. – A brief profile of Moneo the architect, teacher, and critic.

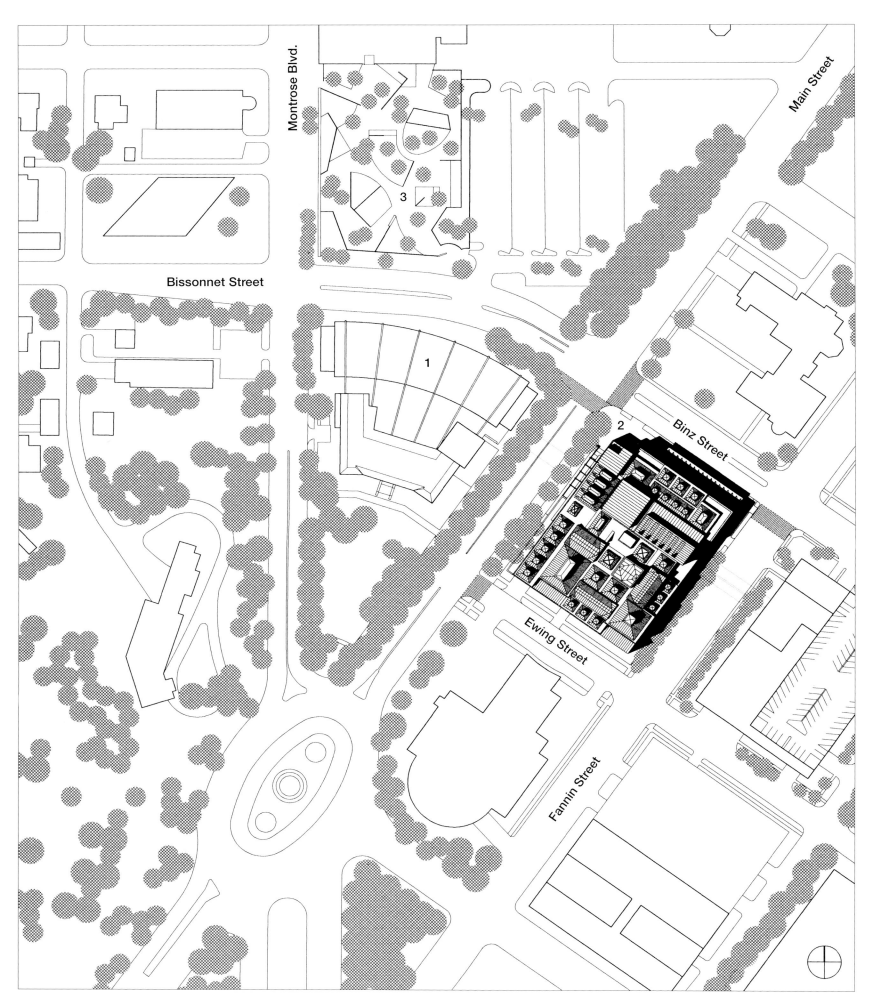

Montrose Blvd.

Main Street

Bissonnet Street

Binz Street

Ewing Street

Fannin Street

1. Area map. Key: 1 Caroline Wiess Law Building,
2 Audrey Jones Beck Building, 3 Lillie and Hugh
Roy Cullen Sculpture Garden.
2, 3. Floor plans (ground floor, gallery floor).

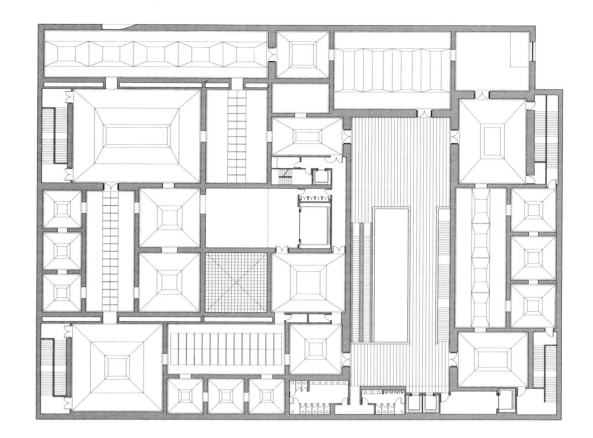

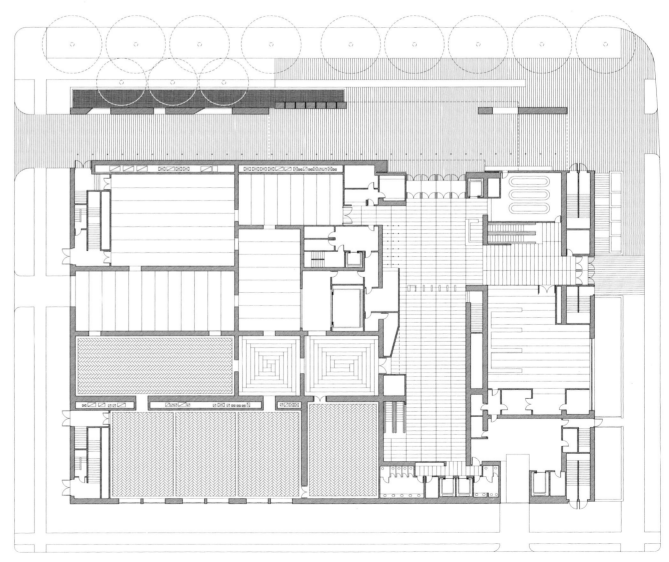

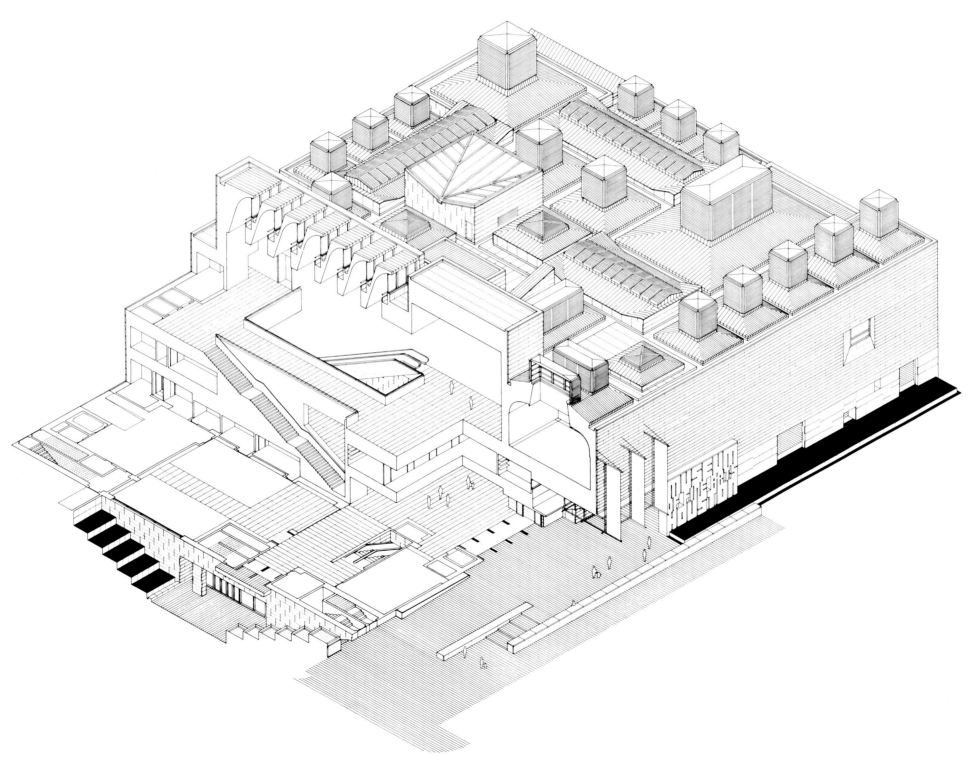

18

4. Axonemtric section.
5. Axonometric view.

p. 20/21
6, 7. Sections.

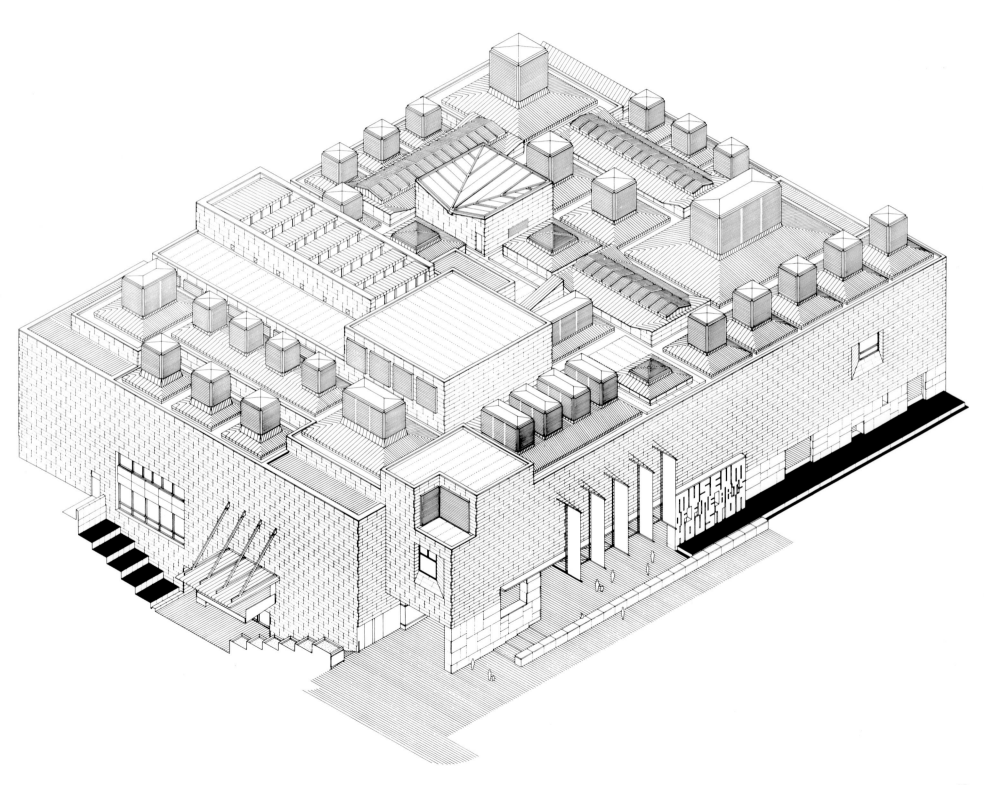

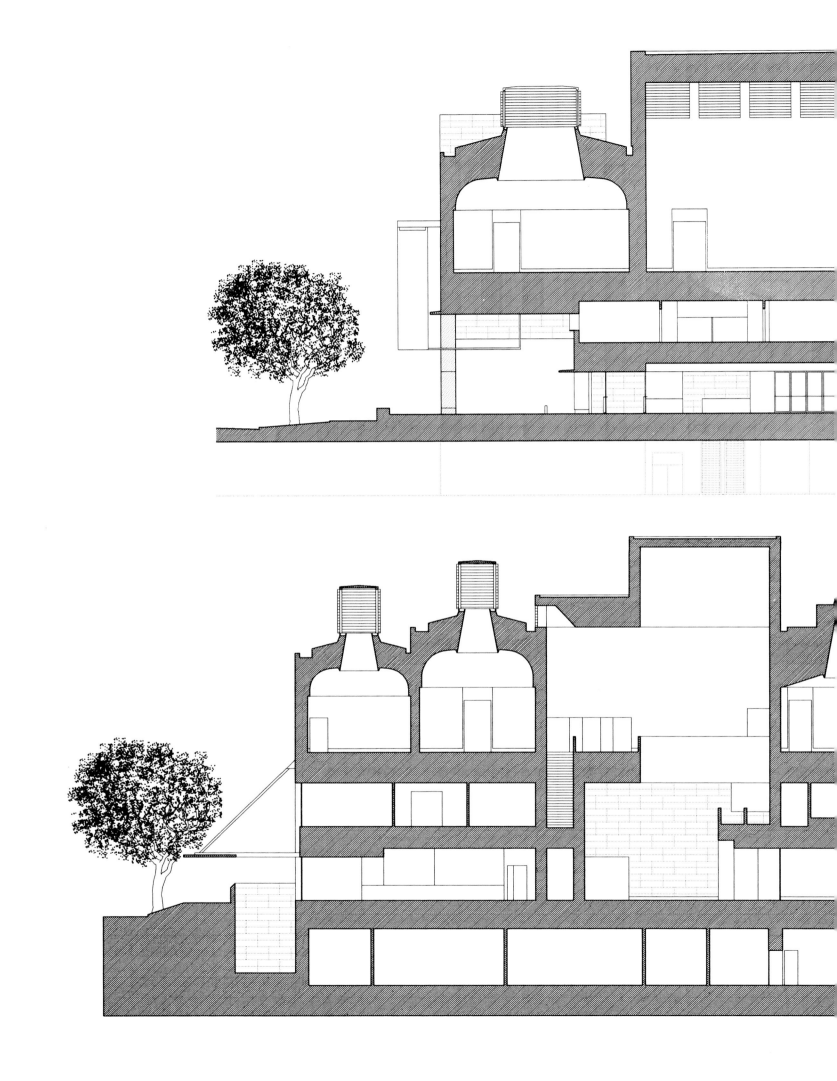

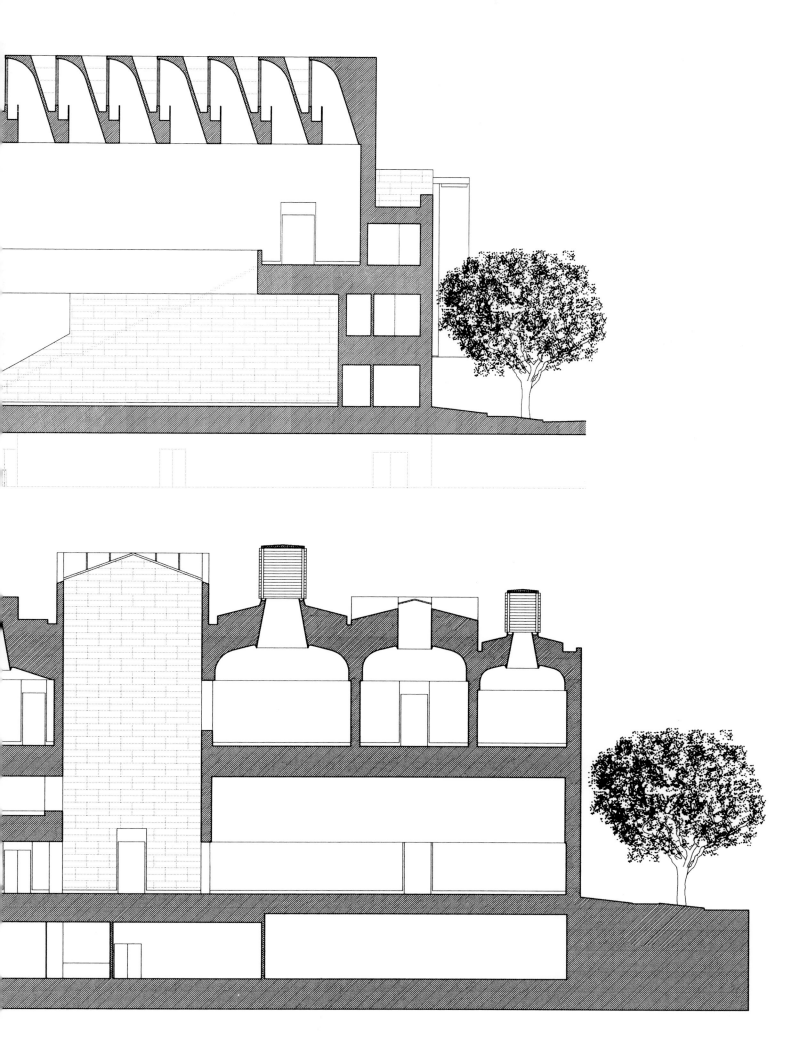

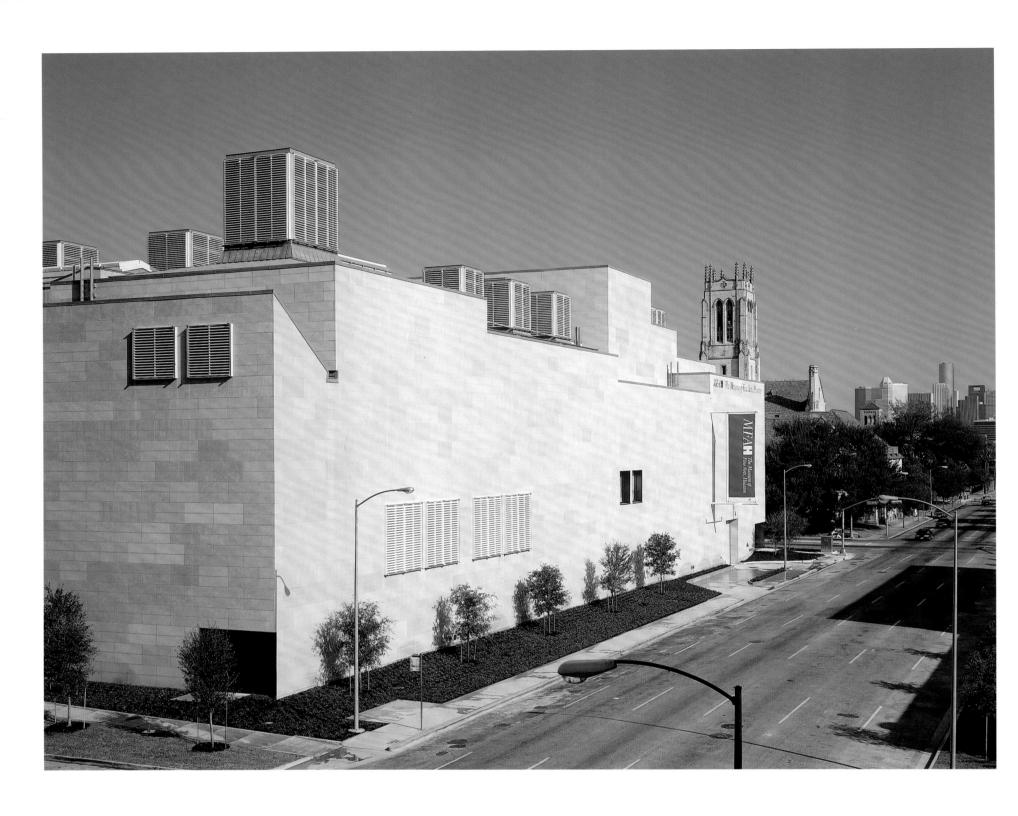

p. 22/23
1. Aerial view of the Beck Building with the Law Building to the right.

2. View of the Beck Building from Fannin Street.
3. View of the MFAH Visitors Center and Parking Garage from the intersection of Fannin and Binz Streets.
4. View of the MFAH Visitors Center and Parking Garage and the Beck Building from Binz Street.

5, 6. View of the building from Main Street with architectural banners enhancing the main entrance.
7. View of the building from Binz Street.

p. 28, 29
8. View of the building from the intersection of Main Street with Binz Street and Bissonnet Street.

9, 10. Close-ups of rooftop lanterns.
11. Detail view of the façade facing Ewing Street with rooftop lanterns.

p. 32, 33
12, 13. Detail views of the façade facing Main Street with main entrance.

p. 34, 35
14. Main entrance at Main Street.
15. Side entrance at Binz Street.

16, 17. Covered passageway along Main Street
with main entrance.

18. View of the atrium from the Main Street entrance.
19. The atrium looking toward the lobby and the Main Street entrance.

20, 21. Detail views of the atrium.

22, 23. The upper atrium.

p. 44, 45
24. The Galleries of American Art feature *A Wooded Landscape in Three Panels*, c. 1905, by Louis Comfort Tiffany, Tiffany Studios, New York.

25. Gallery for works on paper and photography on the Fannin Street side.
26. Galleries of American Art. Gallery on the Fannin Street side.

27. Galleries of European Art. Gallery adjacent to the atrium on the southwest side.
28. Galleries of European Art. Gallery on the Ewing Street side.

29. Galleries of European Art. Gallery on the Main Street side with installation in process.

30, 31. Galleries of European Art. Galleries on the Main Street side with installation in process.

p. 54, 55
32. Galleries of European Art. Gallery above the entrance on the Main Street side with installation in process.
33. Galleries of European Art. Gallery on the corner of Main and Binz Streets with installation in process.

The Audrey Jones Beck Building
Museum of Fine Arts
Houston, Texas

Client
The Museum of Fine Arts, Houston
Director: Peter C. Marzio
Owner's representative: Gwendolyn H. Goffe

Design architect
José Rafael Moneo, Arquitecto, Madrid, Spain
Staff: Eduardo Miralles

Production architect
Kendall/Heaton Associates, Inc., Houston, Texas
Principal-in-charge: Laurence C. Burns, Jr.
Staff: Steve Bell, John Goodman

Sarah Campbell Blaffer Foundation consulting architect
Eubanks Group Architects, Houston, Texas
Principal-in-charge: Edwin Eubanks

Landscape architect
Clark Condon Associates, Houston, Texas
Principal-in-charge: Sheila Condon

Project consultant
Hines, Houston, Texas
Executive vice president: Louis Sklar
Vice president: Fred Jenkins

Graphics
Vignelli Associates, New York, New York
Principal-in-charge: Massimo Vignelli
Staff: Peter Vetter, Yoshiki Waterhouse

Mechanical engineers
Altieri Sebor Wieber, Norwalk, Connecticut
Principal-in-charge: Andrew Sebor
Project engineer: Vladimir Goldin
Plumbing: Jay Kohler, Robert Cancian
Fire protection: David Lussier
Electrical engineer: Joseph Pawell
Field inspector: Joseph Pappolla

Structural engineers
CBM Engineers, Inc., Houston, Texas
Principal-in-charge: Joseph Colaco
Senior structural consultant: Wally Ford

Lighting design
Fisher Marantz Renfro Stone, New York, New York
Principals-in-charge: Paul Marantz, Richard Renfro
Staff: Alicia Kapheim, Hank Forrest

Builder
W. S. Bellows Construction Corporation, Houston, Texas
President: Tom Bellows
Vice president: Don Jones
Project manager: Bob Higgins
Superintendent: Robert Knox
Project engineer: Brent Miller